FreeCAD

モデリングマスター

原田将孝 著

はじめに

この度は、本書を手に取っていただき、誠にありがとうございます。

本書では、誰でも無料で利用できる非常に便利なCADソフト「FreeCAD」の使い方を紹介しています。特に、ものづくりを愛する皆様や教育現場にてSTEAM教育をお考えの皆様にお役立ていただける内容となっております。

本書はFreeCADを使い3Dモデリングの基本を学びながら、創造性を養うことを意図して執筆しました。FreeCADで設計した3Dモデルは、家庭用3Dプリンターを使用して実際に造形物として出力できるため、誰でも簡単にアイデアを形にすることができます。

私自身、映画監督から映画に使用するロボットの試作品依頼に約30万円、理学療法士から器具の試作品依頼に約8万円など、案件を受注してFreeCADで設計してきました。これらの経験からFreeCADは私たちの創造性を高め、フリーランスとして活躍するための強力な武器になることも体感しています。

またFreeCADは、Science（科学）、Technology（技術）、Engineering（工学・ものづくり）、Art（芸術・リベラルアーツ）、Mathematics（数学）の各分野を統合するSTEAM教育にも非常に適しています。このソフトウェアを使用することで、学生は3Dモデリングの技術を通じて論理的思考と空間認識能力を鍛えることができます。また、科学的な実験や技術的な問題解決、工学的な設計、数学的な計算、さらには芸術的な表現も、すべてこのプラットフォーム上で結びつけることが可能です。学生たちは、実際に手を動かしながらこれらのスキルを統合的に学ぶことができ、理論だけでなく実践的な理解も深められます。

本書では、FreeCADを用いて様々な形状をデザインする方法を、初心者でも理解しやすいように一から丁寧に解説しています。さらに本書を通じて、FreeCADの多機能性を最大限に活用するためのテクニックやコツも紹介しています。具体的なモデリング事例を豊富に取り入れ、実践的なスキルの習得を目指した内容になっています。

2020年4月よりFreeCADを使い始め、これまで多くの方々のご支援とご助言に支えられ、ついに本書を完成させることができました。特にYouTubeチャンネル「DIY LAB」の運営に携わってくださった関係者の方々、様々な試練や苦難がありましたが、こうして書籍出版まで辿り着けたこと、これもひとえに皆様のご支援の賜物です。この場をお借りして感謝申し上げます。またYouTubeチャンネル「DIY LAB」の視聴者の皆様、本書の執筆にあたり、多大なるご支援とご助言、誠にありがとうございました。

最後に、この本が皆様のものづくりの技術を向上させるだけでなく、新しい学びの形として、教育現場や家庭での3Dプリント活用にも役立てられることを願っています。無料で使える商用利用も可能なFreeCADとともに、創造的な旅を楽しんでください。

それでは、充実したものづくりの旅を始めましょう。

2024年8月

原田将孝

CONTENTS

Chapter 1 基本操作を覚えよう！　　7

Chapter 2 モーニングプレートを作ろう！　　51

Chapter 3 文房具トレイを作ろう！　　85

Chapter 4 ペン立てスマホスタンドを作ろう！　　119

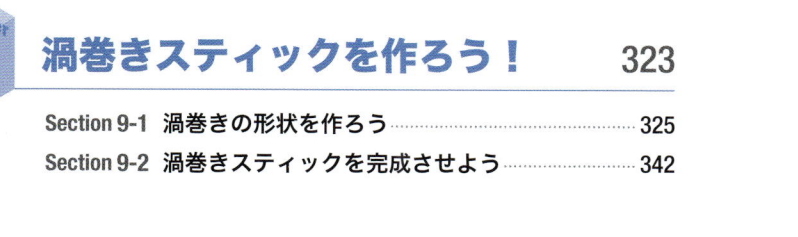
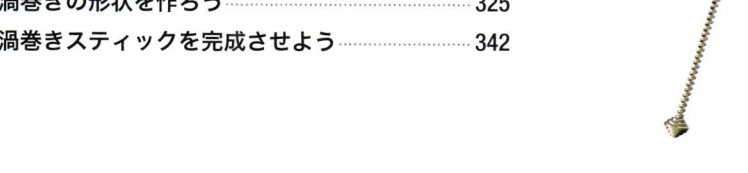

本書の使い方

本書は、FreeCADのビギナーからステップアップを目指すユーザーを対象にしています。

作例の制作を実際に進めることで、FreeCADの操作やテクニックをマスターすることができます。

◈ サポートサイトについて

本書の内容をより理解していただくために、作例で使用するFreeCADのドキュメントのアーカイブ（ZIP形式）をダウンロードできます。以下のURLにアクセスして、本書と併せてご利用ください。

▶http://www.sotechsha.co.jp/sp/1336/

◈ ショートカットキーについて

本文のキーボードショートカットの記載はMac、Chapter 1の**「ナビゲーション」**の設定の表（13ページ参照）についてはWindowsによるものです。MacとWindowsそれぞれのユーザーは、キー操作を次のように置き換えて読み進めてください。

Mac ↔ Windows

⌘ ↔ Ctrl

option ↔ Alt

また、マウスはホイール付きで、ホイールがクリックできるタイプを使用してください。マウスについては、12ページも参考にしてください。

◈ バージョンと動作環境について

原稿執筆時のFreeCADのバージョンはRelease 0.21（2023年11月リリースの安定版）、また動作環境はmacOS Sonomaで確認しています。

◈ FreeCAD Projectについて

オープンソースのソフトウェアとして開発・無償配布されているFreeCADは、FreeCAD Project（https://www.freecad.org/）が所有しています。FreeCADの最新情報やインストーラーを入手する際にもお役立てください。

FreeCADの使用・複製・改変・再配布については、GNU General Public License（GPL）の規定にしたがう限りにおいて許可されています。GPLについての詳細は、「GNUオペレーティング・システム」（https://www.gnu.org/）を参照してください。

基本操作を覚えよう！

最初にFreeCADのインストールから初期設定、基本的な画面操作を学び、さらにはモデルの作成から3Dプリンターで印刷可能なデータ作成まで、作業全体の流れを解説します。特にSection 1-2の初期設定では、これからFreeCADを使いこなす上で最も重要な知識を学習します。

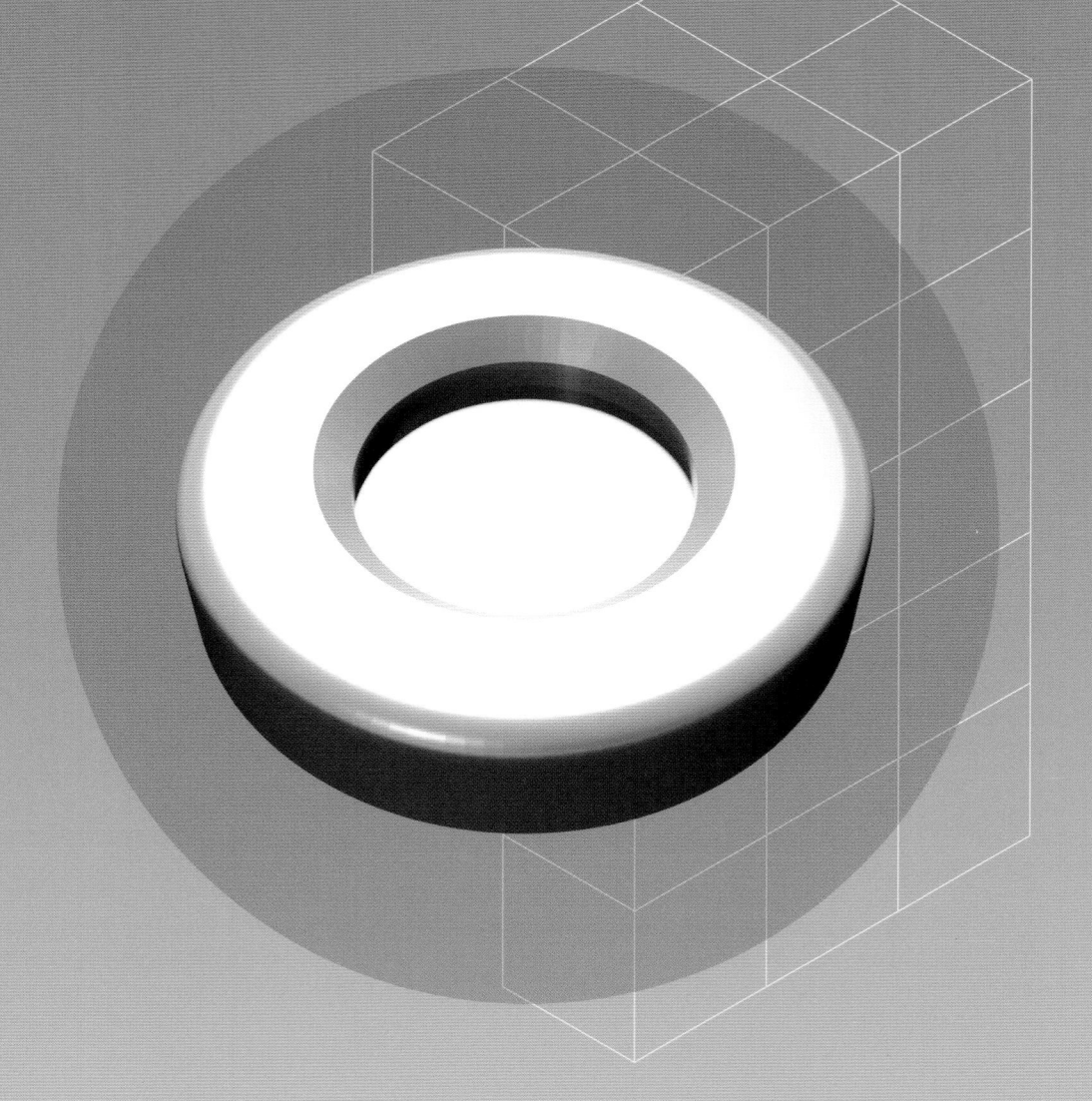

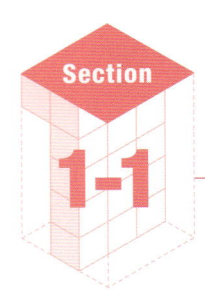

FreeCADのインストール

FreeCADのインストールは簡単です。公式のWebサイトからアプリケーションをダウンロードして、実行後は指示通りに進めていくと完了します。

動作環境

　FreeCADは、Windows、macOS、Linuxの各プラットフォームに対応しています。CPUが32bitのパソコンにはインストールできないので、64bitのパソコンをご用意ください。また、動作環境は公式で発表されていませんが、参考までに筆者の体験を元に、使用可能なパソコンのスペックを紹介しておきます。

▼使用可能なパソコンのスペック

OS	・Microsoft Windows 7以降（Windows 10以降を推奨） ・Apple macOS Sierra 10.12以降 ・Linux
CPUの種類	・64bitプロセッサ（Core iシリーズ以降などを推奨） 　※32bitはサポートされていません。
メモリ	・8GB以上のRAM（16GB以上を推奨）
グラフィックスカード	・512MB以上のGDDR RAM（GPU 4GB以上を推奨）
ディスク空き容量	・2.5GB以上

FreeCADの魅力

　FreeCADは、CAD初心者にとって理想的な3Dモデリングソフトウェアです。完全に無料のオープンソースで、個人からプロフェッショナルまで幅広く利用されています。その最大の魅力は、フィーチャが持つ寸法情報などを変更することで形状を変えられるパラメトリック機能です。この機能により、オブジェクトの形状やサイズを簡単に変更でき、設計の途中でも柔軟に修正が可能です。またFreeCADは非常に多機能で、建築設計、機械設計、エレクトロニクスなどさまざまな分野に対応するワークベンチが用意されています。

　CAD初心者でも安心して使える理由の1つに、直感的な操作性が挙げられます。ユーザーインターフェイスはシンプルでありながら、必要な機能がしっかり揃っているため、初めての人でも迷うことなく操作を始められます。さらに、FreeCADはPythonプログラミングでカスタマイズすることが可能で、スクリプトやマクロを使って独自の機能を追加することができます。これにより、自分だけのワークフローを構築できるため、CADソフトウェアに馴染みのない人でも、使いこなす楽しさを感じられるでしょう。

　FreeCADのもう1つの大きな魅力は、プラットフォームに依存しない点です。Windows、macOS、LinuxといったさまざまなOSで動作するため、どんな環境でも使用することができます。さらに、オープンソースコミュニティが継続的に機能を改善しており、新しいバージョンが定期的にリリースされるため、最新の機能を常に利用することができます。

　CAD初心者にとって、FreeCADは最初の一歩を踏み出すのに最適なツールです。簡単な操作で自分だけの3Dモデルを作り上げる喜びを感じることができ、使い込むほどにその深さと可能性を実感できるでしょう。もしあなたが3Dモデリングに興味があるなら、ぜひFreeCADを試してみてください。新しいクリエイティブな世界が広がることでしょう。

インストールの方法

　ブラウザでFreeCADの公式サイト（https://www.freecad.org/downloads.php）のダウンロードページにアクセスして、ご使用のOSに合ったファイルをダウンロードします。

　インストールが完了してFreeCADを起動すると、すぐに使用できます。

▼FreeCAD公式サイトのダウンロードページ

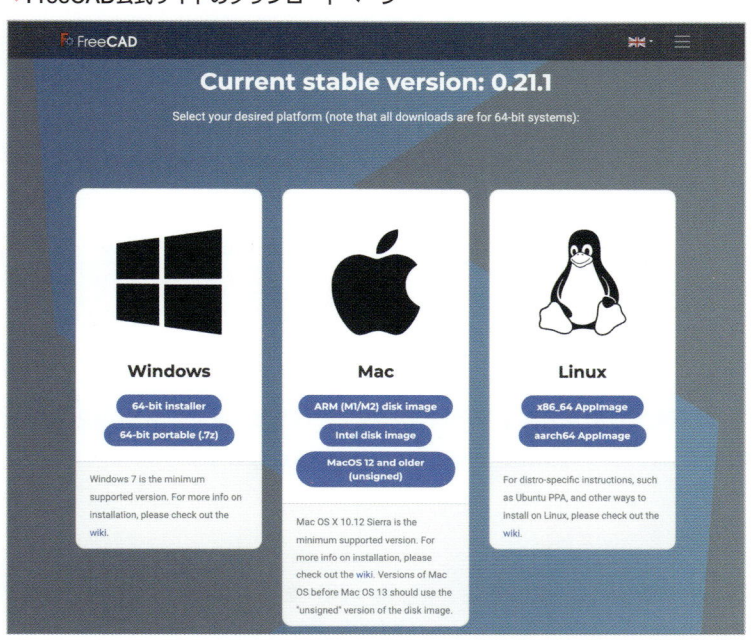

インストーラをダウンロードする方法の解説動画

著者のYouTubeチャンネル「DIY Lab」では、FreeCADのダウンロード方法などを動画で解説しています。
FreeCADのインストールが上手く実行できない場合には、以下の動画をご参照ください。

Windowsの場合	https://youtu.be/mHOrlqf856Y?si=s5oxalYzLM29ArUh
macOSの場合	https://youtu.be/Wt45NPPJlHs?si=Zdglny8sMlHG6pYR

Windows　　macOS

▼FreeCADのダウンロード方法などを解説しているYouTubeチャンネル「DIY Lab」

DIY Lab
@diylab3881 · チャンネル登録者数 4060人 · 129 本の動画
▶概要 〉
diylab.jp、他 2 件のリンク
チャンネル登録

ホーム　動画　ショート　再生リスト　コミュニティ　チャンネル　概要

初期設定と画面の操作について

Section 1-2

ここでは、FreeCADの初期設定と画面構成について解説します。FreeCADは初期設定で使いやすさが変わるため、じっくりお読みいただくことをお勧めします。

🔲 FreeCADは初期設定が重要

FreeCADを使い始める際には、初期設定が非常に重要です。特にユーザーインターフェイスのカスタマイズやデフォルトのユニット（mmやinchなど）の設定を適切に行うことが、実際の作業のスムーズさに直結します。設定が不適切だとツールの使い方が難しく感じたり、期待通りの結果が得られなかったりすることで、挫折につながることがあります。作業を開始する前に、Section 1-2の基本的な設定を見直し、自分の作業スタイルに合わせて調整することをお勧めします。

🔲 バージョンについて

FreeCADのバージョンによって設定の項目が変更されることがあります。本書は、原稿執筆時の2023年11月のリリースバージョン（FreeCAD 0.21.1）をベースに、macOSの画面で解説します。

🔲 「設定」ダイアログボックスを表示する

1 1.メニューバーの「**FreeCAD 0.21.1**」を選択して、2.「**設定**」（⌘＋.）を選択すると、「設定」ダイアログボックスが表示されます。

▼FreeCADの初期設定

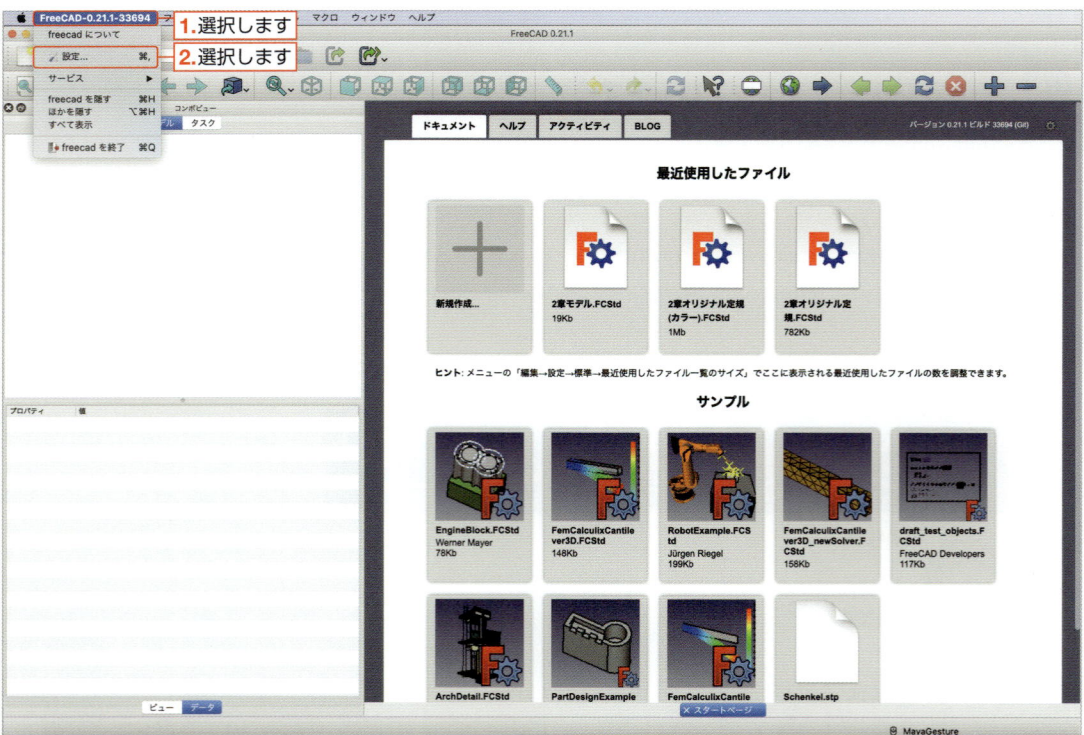

「言語（Language）」「単位系」「小数点以下桁数」の設定

「言語（Language）」「単位系」「小数点以下桁数」は、作業の効率と快適さに影響します。設定を適切に行うことでFreeCADをより効率良く正確に使用することができ、作業プロセスがスムーズになります。

2 「**標準**」パネルの「**標準**」を設定します。「設定」ダイアログボックスの **1.**左のリストにある「**標準（General）**」をクリックして、**2.**「**標準（General）**」タブをクリックします。

次に、**3.**「**言語（language）**」をクリックして「**日本語（Japanese）**」を選択し、**4.**「**適用（Apply）**」ボタンをクリックします。続いて、**5.**「**単位系**」は「**Standard (mm, kg, s, degree)**」を選択します。

最後に、**6.**「**小数点以下桁数**」を「**2**」と設定して、**4.**「**適用**」ボタンをクリックすると、設定は完了です。

※「言語（language）」は「日本語（Japanese）」以外でも使用可能です。
※ここでは、長さの単位を「mm」に設定しましたが、「m」に変更したい場合は「単位系」を「MKS(m, kg, s, degree)」に設定します。

▼初期設定（標準 - 標準）

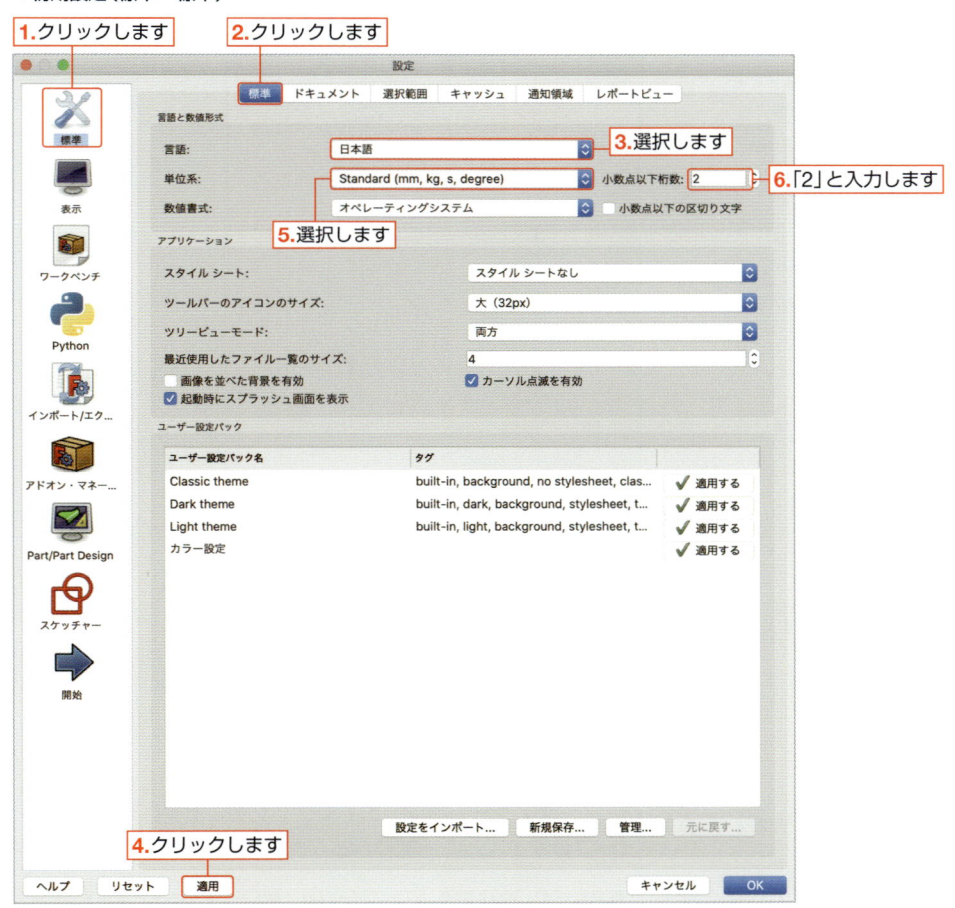

- **言語（Language）**：ソフトウェアのインターフェイスに表示される言語を選択します。言語を自分の母国語に設定することで、メニューやオプションの理解が容易になり、使いやすくなります。例えば「日本語」を選択すると、全てのメニューやダイアログボックスが日本語で表示されます。

- **単位系**：測定値（長さ、重量、時間など）をどの単位で表示するかを定義します。例えば「mm, kg, s」は、一般的なメトリック（国際単位系）「ミリメートル、キログラム、秒」です。使用するプロジェクトや業界によって適切な単位系が異なるため、作業に最も適した単位系を選択することが重要です。

- **小数点以下桁数**：数値が表示される際の精度を定めます。例えば「小数点以下桁数」を「2」と設定すると、数値は小数点以下二桁まで表示されます。これによって、設計の精度が向上し、より正確な計測が可能になります。精密な工業製品を扱う場合や、科学的な計算を行う場合には特に重要です。

🗔「ドキュメント」の設定

3 **1.** 左のリストにある「**標準**」をクリックして、**2.**「**ドキュメント**」タブをクリックします。
3.「**ドキュメントで元に戻す／やり直しの使用**」にチェックを入れます。**4.**「**元に戻す／やり直し」の最大回数**」は「**20**」に設定します。**5.** ストレージにある「**起動時に自動修復を実行**」と「**自動修復の情報を常に保存**」にチェックを入れて、最後に **6.**「**適用**」ボタンをクリックすると、設定は完了です。

▼ 初期設定（標準 - ドキュメント）

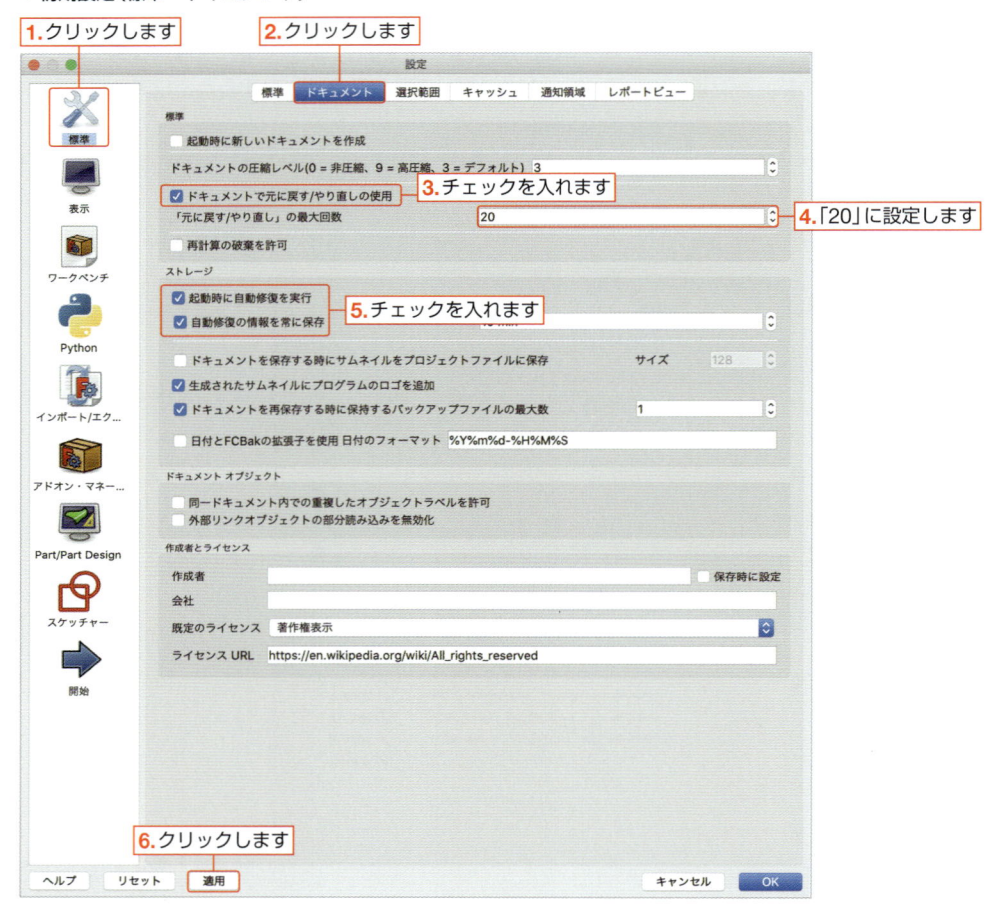

🗔「ナビゲーション」の設定

4 **1.** 左のリストにある「**表示**」をクリックして、**2.**「**ナビゲーション**」タブをクリックします。**3.**「**ナビゲーションキューブ**」にチェックを入れて、**4.**「**キューブのサイズ**」に「**300**」と入力します。

※「ナビゲーションキューブ」については、21ページで解説します。不要な場合は「ナビゲーションキューブ」のチェックを外すと消えます。

5 次に「**ズーム量**」を設定します。「ズーム量」とは画面を拡大縮小する際の度合いで、「ズーム量」が大きいと画面の拡大縮小が急激になり作業がしづらいため、慣れるまでは「ズーム量」を小さくすることをお勧めします。**5.** ズーム量に「**0.01**」と入力します。

6 マウスの種類を設定します。マウスの操作方法は種類によって変わります。詳しくは、次ページの表を参照してください。**6.**「**3Dナビゲーション**」からマウスの種類を選択します。
その後、**7.**「**マウス…**」ボタンをクリックすると、選択したマウスの操作方法が表示されます。
最後に **8.**「**適用**」ボタンをクリックすると、設定は完了です。

Chapter 1

▼初期設定（表示 - ナビゲーション）

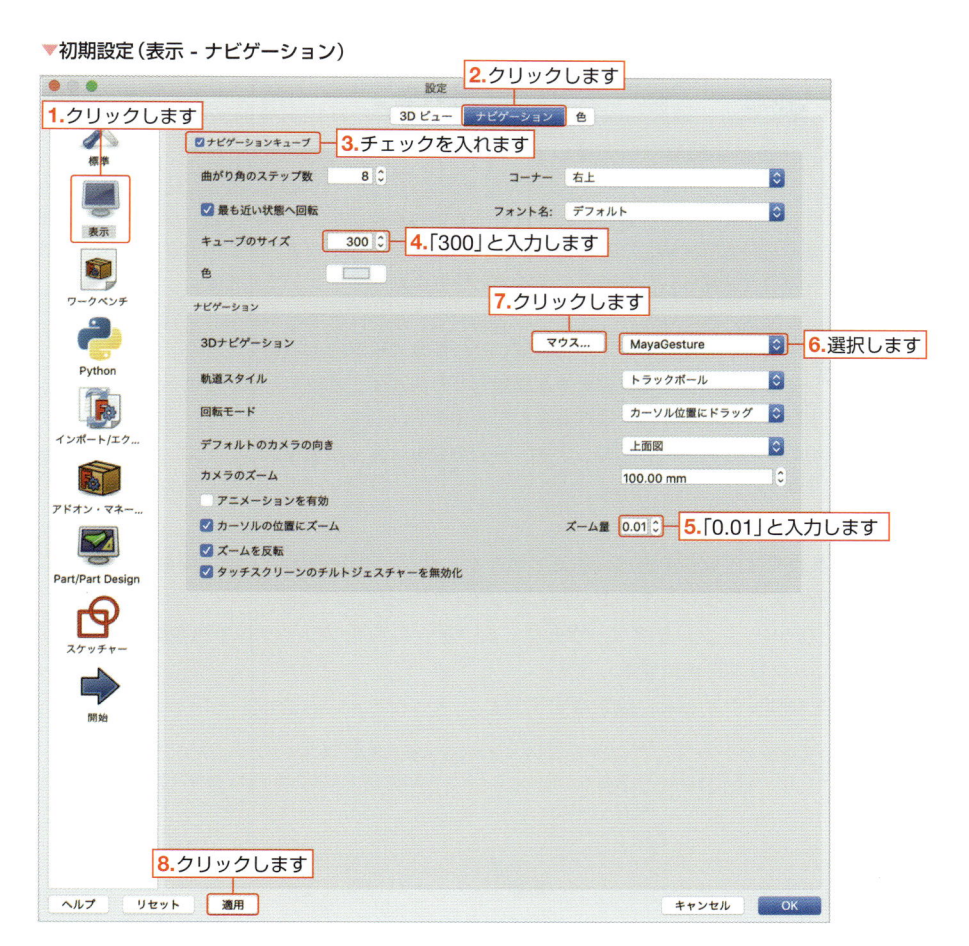

▼マウスの種類による操作の違い

マウスの種類	選択	平行移動	回転	拡大縮小
OpenInventor	Ctrl キーを押しながらマウスの左ボタンを押す	マウスの中央ボタンを押す	マウスの左ボタンを押す	マウスの中央ボタンをスクロールする
CAD	マウスの左ボタンを押す	マウスの中央ボタンを押す	マウスの中央ボタン＋左ボタンまたは中央ボタン＋右ボタンを押す	マウスの中央ボタンを押したまま、マウスを上下に移動させる
Revit	マウスの左ボタンを押す	マウスの中央ボタンを押す	Shift キーとマウスの中央ボタンを押す	マウスの中央ボタンをスクロールする
Blender	マウスの左ボタンを押す	Shift キーとマウスの中央ボタンを押す	マウスの中央ボタンを押す	マウスの中央ボタンをスクロールする
MayaGesture	タップまたはマウスの左ボタンを押す	画面を2本の指でドラッグするか、Alt キーとマウスの中央ボタンを押す	画面を1本の指でドラッグするか、Alt キーとマウスの左ボタンを押す	2本の指を画面に置き、互いに離すようにドラッグするか、マウスの中央ボタンをスクロールする
Touchpad	マウスの左ボタンを押す	Shift キーを押す	Alt キーを押す	Ctrl キーと Shift キーを押す
Gesture	タップまたはマウスの左ボタンを押す	2本指でスクリーンをドラッグするか、マウスの右ボタンを押す	画面を1本の指でドラッグするか、マウスの左ボタンを押す	2本の指を画面に置き、互いに離すようにドラッグするか、マウスの中央ボタンをスクロールする
OpenCascade	マウスの左ボタンを押す	Ctrl キーとマウスの中央ボタンを押す	Ctrl キーとマウスの右ボタンを押す	Ctrl キーを押しながらマウスの左ボタンを押す
OpenSCAD	マウスの左ボタンを押す	マウスの右ボタンを押しながらマウスを移動させる	マウスの左ボタンを押しながらマウスを移動させる	マウスの中央ボタンまたは Shift キーを押しながらマウスの右ボタンを押す
TinkerCAD	マウスの左ボタンを押す	マウスの中央ボタンを押す	マウスの右ボタンを押す	マウスの中央ボタンをスクロールする

◈「背景色」について

　背景色は、FreeCADでの作業で意外に重要な役割を果たします。背景色は作業環境全体の見た目に影響し、直接的に作業の快適性や効率、さらには精度にも関連します。

- **視認性の向上**：背景色は、オブジェクトや図面の線がどれだけ見やすいかを決定します。例えば、暗い背景に明るい線ははっきりと見える一方で、明るい背景に白や黄色の線は見づらくなることがあります。適切な背景色を選ぶことで目の疲れを減らし、長時間の作業でも快適に進めることができます。
- **作業効率の向上**：背景色が適切に設定されていると、作業中の図面やモデルが一目でわかりやすくなります。これによって、エラーの確認や修正が容易になり、作業効率が向上します。
- **疲労の軽減**：長時間のデザイン作業では、目の疲れが大きな問題となり得ます。背景色が適切であれば、目にかかる負担が軽減され、より長く快適に作業を続けることができます。
- **美的な側面**：背景色は作業環境の美的な側面にも影響します。自分の好みに合った色を選ぶことで、モチベーションの向上にもつながります。

7 表示の色を設定します。本書では背景色を白色に設定しますが、デフォルトのままでよい場合は設定不要です。
1.左のリストにある「表示」をクリックして、**2.**「色」タブをクリックします。
3.「背景色」の「線状グラデーション」をクリックして、**4.**「上」の色をクリックして白色に変更します。続けて、**5.**「下」の色をクリックして白色に変更します。
最後に**6.**「適用」ボタンをクリックすると、設定は完了です。

※背景色を白色にした場合には、手順**11**（18ページ）で説明する「スケッチャー」の色設定を行ってください。スケッチの線は白色がデフォルトの設定なので、スケッチャーの色設定を行わないと背景色と同化してスケッチの線が見えないため、ご注意ください。

▼ 初期設定（表示 - 色）

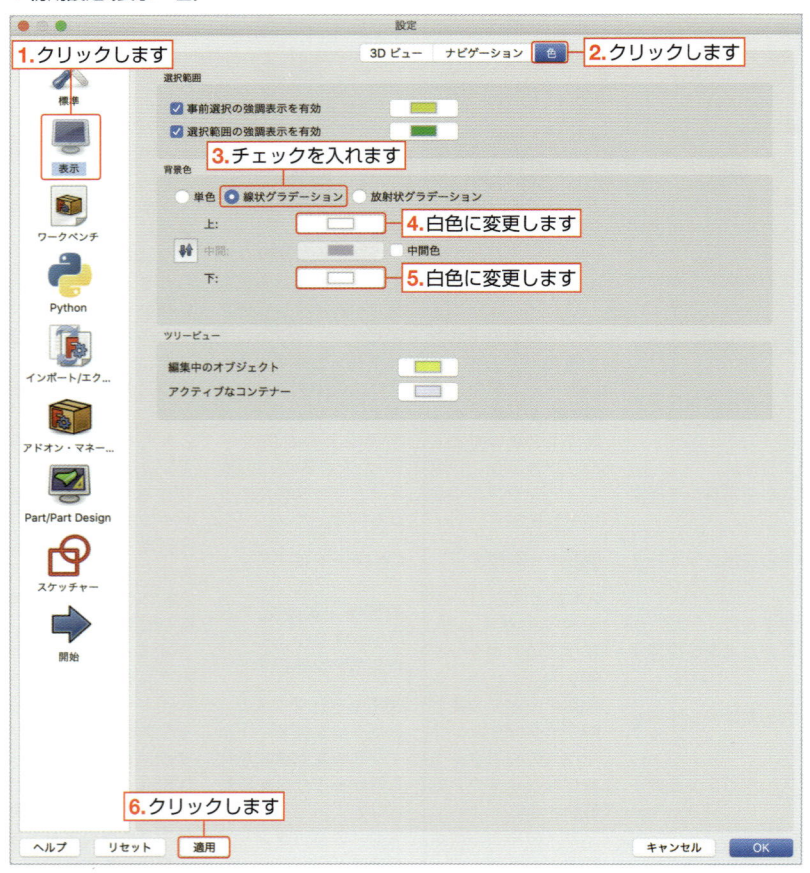

背景色を選ぶ際には、自分が扱うオブジェクトの色とのコントラストを考え、長時間作業しても目が疲れにくい色を選ぶことが重要です。また、環境によって背景色を変えることも1つの方法です。

最終的には、作業効率と快適性を最大化する色を選ぶことが理想的です。

「開始時のワークベンチ」について

FreeCAD起動時の**ワークベンチ**を設定します。ワークベンチとはプログラムを起動したときに最初に表示される作業環境のことで、ワークベンチを切り替えることでツールバーのボタンが切り替わります。

例えば、基本的な2Dの図面を描く場合は「Sketcher」のワークベンチ、3Dパーツを設計する場合は「**Part Design**」のワークベンチを使用します。本書では「Part Design」のワークベンチを主に使用するので、FreeCAD起動時に「Part Design」のワークベンチになるように設定します。

8 **1.**左のリストにある「**ワークベンチ**」をクリックします。**2.**「開始時のワークベンチ」を「**Part Design**」に変更して、**3.**「適用」ボタンをクリックすると、ワークベンチの設定は完了です。

▼初期設定（ワークベンチ - 利用可能なワークベンチ）

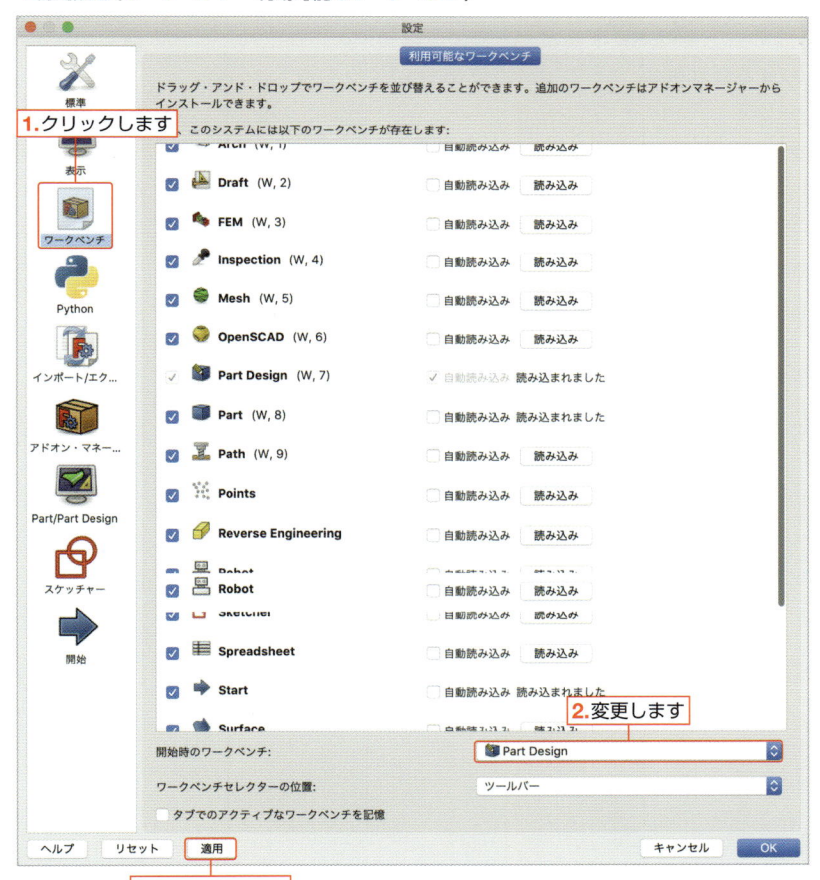

15

🔷「スケッチャー」の便利な設定

次に、FreeCADでのスケッチ作業をより効率的で快適なものにする3つの便利な設定を説明します。
特に初心者の方は、スムーズにCAD作業を進められるようになるでしょう。

冗長な要素を自動削除

スケッチ中に不必要または重複する要素がある場合、自動的に削除します。これによって、スケッチがすっきりと整理され、エラーが減少し、処理速度が向上します。

Escキーでスケッチ編集モードを終了できます

スケッチモード中にEscキーを押すだけで編集モードを終了できるようになります。これによって、マウスを使ってボタンをクリックする手間が省け、作業の速度が上がります。

自動的な拘束代入を通知

スケッチを描く際、FreeCADは図形が正確になるように自動的で拘束（図形の形状や位置を固定するルール）を追加することがあります。この設定を有効にすると、そのような拘束が追加されたときに通知が表示され、何が変更されたのかを把握しやすくなります。

9 **1.**左のリストにある「**スケッチャー**」をクリックし、**2.**「**標準**」タブをクリックします。**3.**「**冗長な要素を自動削除**」「**Escキーでスケッチ編集モードを終了できます**」「**自動的な拘束代入を通知**」のそれぞれにチェックを入れます。**4.**「**適用**」ボタンをクリックすると、設定は完了します。

▼初期設定（スケッチャー - 標準）

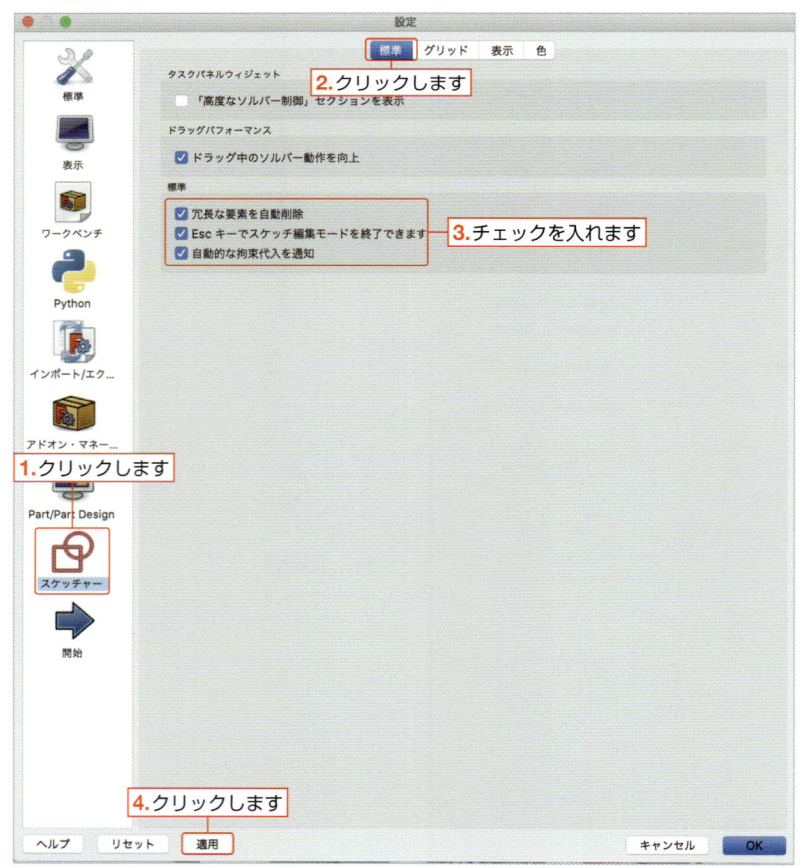

🎁 グリッド機能について

　FreeCADでのグリッド機能は、スケッチやモデル作成時に参考となる線のネットワークを画面上に表示するものです。これは、正確な位置決めや寸法の取り方、オブジェクトの整列を助けるために非常に役立ちます。

　ユーザーは手作業で寸法を測る必要がないので、設計の基準点やガイドラインとして機能します。

グリッドの利点
- **整列**：オブジェクトをグリッドに沿って整列できるため、直線的なデザインや対称的なデザインが容易になります。
- **正確性**：寸法を直接測定するよりも正確にオブジェクトを配置できます。
- **効率**：設計プロセスが速く、より効率的になります。グリッドに沿って素早く要素をスナップさせることができるため、作業時間を短縮できます。

グリッドの設定項目
- **グリッドの表示**：グリッドの表示／非表示を選択して、画面の煩雑さを避けることができます。
- **グリッド間隔を自動調整**：一部の設定では、グリッドの間隔を自動的に調整するオプションがあります。これによって、ズームレベルに応じて最適な間隔が設定され、常に最適な視認性と操作性を確保できます。
- **グリッド間隔**：グリッドの間隔は1mmや10mmなど、作業に適した間隔を数値で選択できます。

10 **1.** 左のリストにある「**スケッチャー**」をクリックし、**2.**「**グリッド**」タブをクリックします。**3.**「**グリッド**」にチェックを入れ、**4.**「**グリッド間隔を自動調整**」のチェックを外します。**5.**「**グリッド間隔**」に「**10mm**」と入力して、**6.**「**適用**」ボタンをクリックすると、設定が完了します。

※「グリッド間隔」は状況に合わせて変更してみてください。

▼初期設定（スケッチャー – グリッド）

🔲「スケッチャー」のフォントサイズ（表示）について

FreeCADでのフォントサイズの設定は、設計作業の効率と精度に大きな影響を与えます。

- **視認性の向上**：フォントサイズが適切に設定されていると、スケッチや図面上のテキスト（寸法、ラベル、注記など）がはっきりと見えます。これによって、設計者は情報をすばやく正確に読み取ることができ、作業の速度と効率が向上します。

- **エラーの削減**：適切なフォントサイズは、誤解釈や読み間違いを防ぎます。特に寸法や重要なデータを扱う際、間違った読み取りによる設計ミスを減らすために重要です。

- **作業の快適性**：目に優しいフォントサイズは、長時間の作業において目の疲れを軽減します。設計作業は細かいディテールが多いため、目の負担を減らすことは作業の持続性につながります。

- **カスタマイズの自由度**：フォントサイズを自由に調整できるため、個々の視力や好みに合わせて最適な設定が可能となり、よりパーソナライズされた使用感を得ることができます。

フォントサイズを適切に管理することで、FreeCADを使った3DモデリングやCAD設計がよりスムーズで快適になり、最終的な製品の質を高めることができます。初心者の方は、自分にとって読みやすいフォントサイズを見つけ、適切に設定することから始めてみてください。

11 **1.** 左のリストにある「スケッチャー」をクリックし、**2.**「表示」タブをクリックします。**3.**「フォントサイズ」を「**40px**」に変更して、**4.**「適用」ボタンをクリックすると、スケッチャーの表示設定が完了します。

※スケッチの文字サイズが小さい場合には、「フォントサイズ」を大きくします。

▼初期設定（スケッチャー - 表示）

「スケッチャー」の色について

　スケッチャーの色を設定します。スケッチャーとは、スケッチを作成するためのワークベンチ（手順 **8** ／ 15 ページ参照）のことです。ワークベンチを切り替えると、ツールバーのボタンが切り替わります。

12 **1.** 左のリストにある「**スケッチャー**」をクリックし、**2.**「**色**」タブをクリックします。

3.「作業中の色」の「**カーソルの十字線**」をクリックして黒色に変更し、**4.**「ジオメトリー要素の色」の「**エッジ**」にある「**非拘束**」をクリックして黒色に変更します。

「拘束」とはスケッチのエッジや頂点などが固定され、動かない状態のことです。逆に「非拘束」とは、スケッチのエッジや頂点などが固定されていないで、自由に動く状態のことです。

続いて、**5.**「スケッチャー外部の色」の「**エッジ**」をクリックして黒色に変更し、同じく**6.**「**頂点**」も黒色に変更します。

最後に**7.**「適用」ボタンをクリックすると、スケッチャーの色設定が完了します。

以上で、全ての設定が完了です。**8.**「OK」ボタンをクリックして、「設定」ダイアログボックスを閉じます。

※手順 **7**（14ページ）で背景色を白色に変更した場合は、手順 **11**（18ページ）で説明したスケッチャーの色設定を行ってください。
※設定をデフォルトの状態に戻したい場合には、「リセット」ボタンをクリックします。

▼ 初期設定（スケッチャー - 色）

13 FreeCAD を再起動します。

FreeCADのインターフェイス

FreeCADのバージョンによって、ツールバーのデザインやメニューの名前が変更されることがあります。
本書では、原稿執筆時のバージョン（FreeCAD 0.21.1）をベースに解説しています。

表示するツールを選択する

1 **1.**ツールバー内で右クリックします。**2.**【コンボビュー】【ファイル】【編集】【ワークベンチ】【ビュー】【Part Designヘルパー】【部品設計】をクリックしてチェックを入れます。

▼FreeCADのインターフェイス

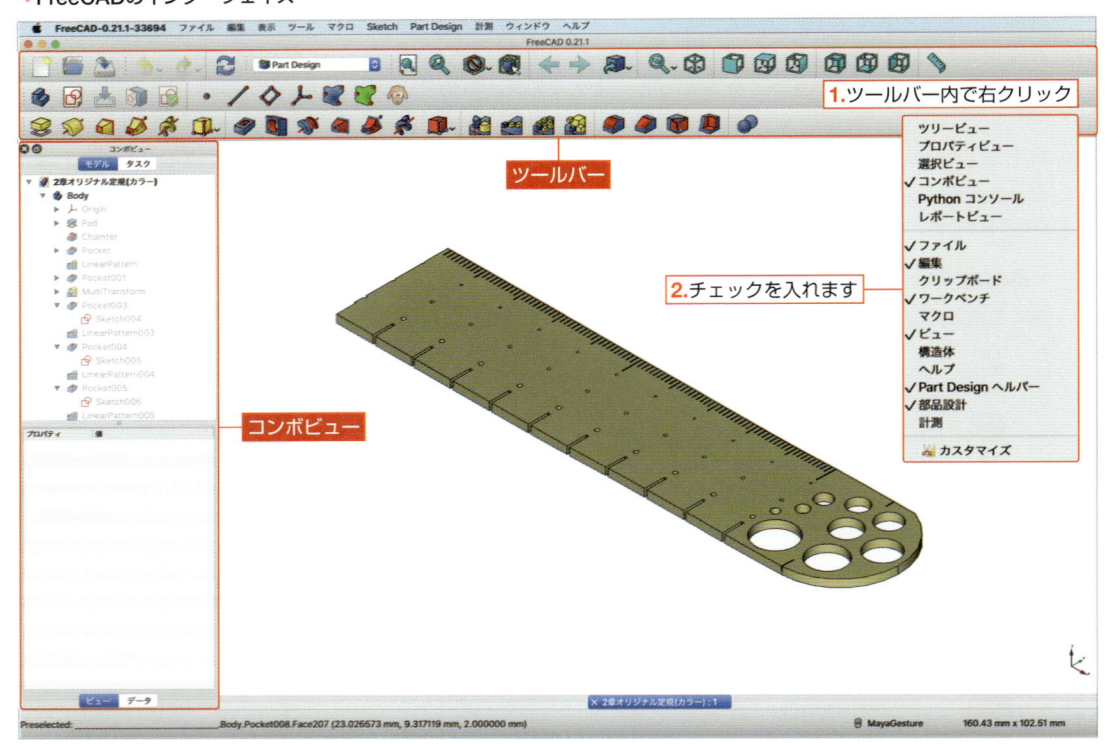

2 ツールバー内のツールは、5つの縦に並んだ点をドラッグ＆ドロップすると位置を移動できます。

▼ツールの位置を移動する方法について

バージョンごとの違いに注意

FreeCADはオープンソースソフトウェアで頻繁に更新が行われるため、新しいバージョンではインターフェイスが変更されることがあります。

新しいバージョンを使用する際は変更点を確認し、適応することが重要です。

◻ ナビゲーションキューブ

「**ナビゲーションキューブ**」は**3D ビュー**の右上にある立方体のことです。視点を変更したり、モデルをどちらの方向から見ているのかを確認することができます。

　ナビゲーションキューブが不要な場合やサイズを変更したい場合は、初期設定の手順 **4**（12 ページ）を参照してください。

▼ナビゲーションキューブ

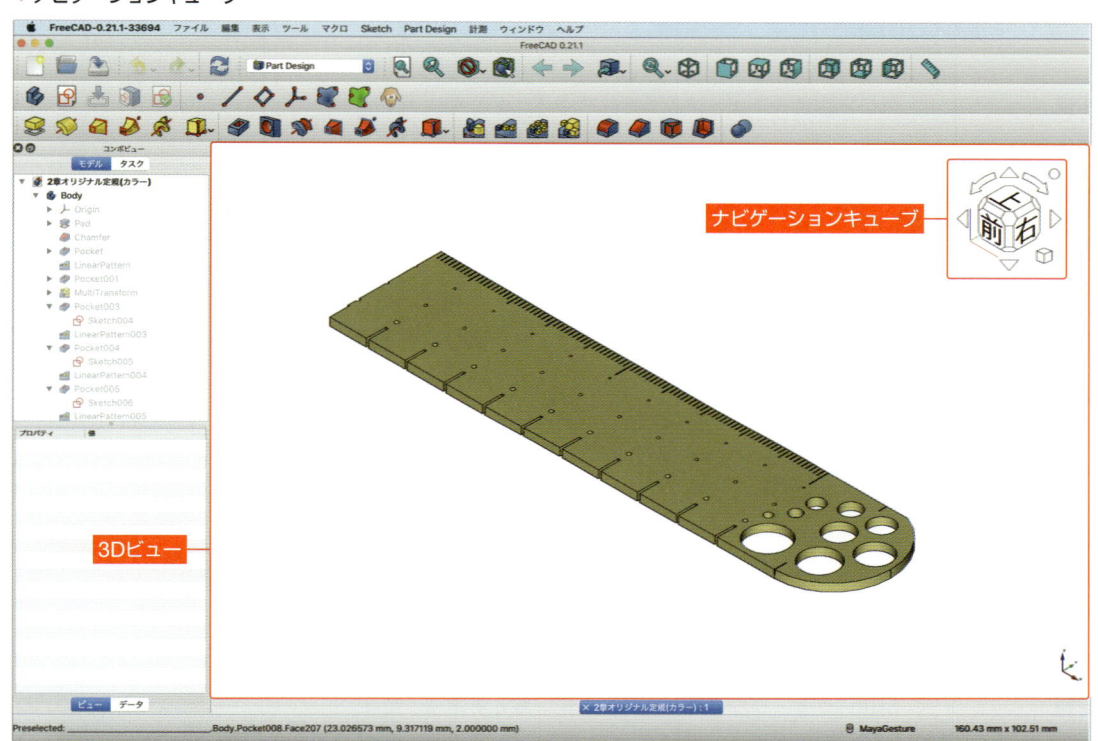

◻ ナビゲーションキューブの位置を移動する

1. ナビゲーションキューブの右下にある立方体をクリックします。
2. 「移動可能なナビゲーションキューブ」をクリックしてチェックを入れます。
3. ナビゲーションキューブをドラッグ＆ドロップすると、位置を移動できます。

▼ナビゲーションキューブの位置移動について

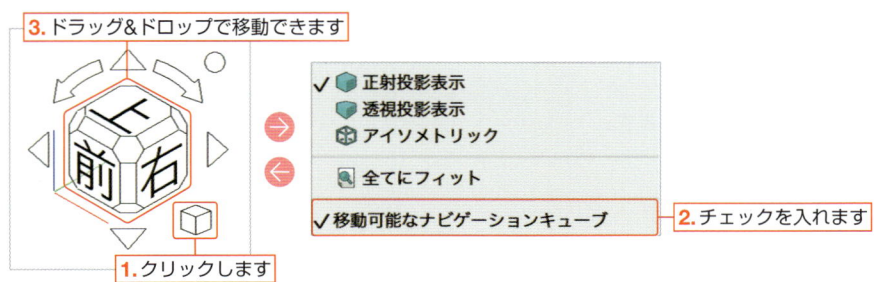

【ファイル】ツール

【ファイル】ツールのボタンは、メニューバーの「**ファイル**」にも同じコマンドが用意されています。

▼【ファイル】ツール（ツールバー内のボタン）

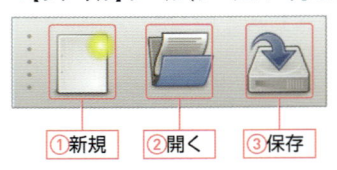

①新規　②開く　③保存

① 新規	新しい空のドキュメントを作成するボタンです。
② 開く	ドキュメントを開く、またはファイルをインポートするボタンです。
③ 保存	作業中のドキュメントを保存するボタンです。

【編集】ツール

初期設定の手順 **3**（12ページ）で設定した「**「元に戻す／やり直し」の最大回数**」に対応しています。

▼【編集】ツール（ツールバー内のボタン）

①元に戻す　②やり直し　③更新

① 元に戻す	1つ前の状態に戻すボタンです。
② やり直し	取り消した操作をやり直すボタンです。
③ 更新	現在アクティブなドキュメントを再計算するボタンです。

【ワークベンチ】ツール

　FreeCADのワークベンチは、特定の作業を効率的に行うための専用ツールを整理したもので、初心者からプロフェッショナルまで幅広いユーザーに対応しています。

　それぞれのワークベンチを適切に選択して使用することで、設計プロセスが大きく改善されます。

▼【ワークベンチ】ツール（ツールバー内のボタン）

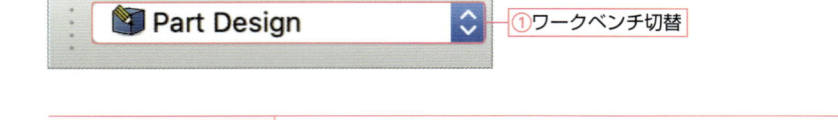

①ワークベンチ切替

① ワークベンチ切替	ワークベンチを切り替えます。

ワークベンチの例とその用途

■ 「Sketcher」ワークベンチ

　2D図面やスケッチを描くためのツールを提供します。これは、3Dモデルの基礎となる設計図を作成する際に使用されます。29ページも参考にしてください。

■ 「Part Design」ワークベンチ

「Part Design」ワークベンチは、3D部品設計に必要なツールを備えています。これらのツールを使ってスケッチから立体的なパーツを生成し、詳細なモデリングが行えます。

【ビュー】ツール

▼【ビュー】ツール（ツールバー内のボタン）

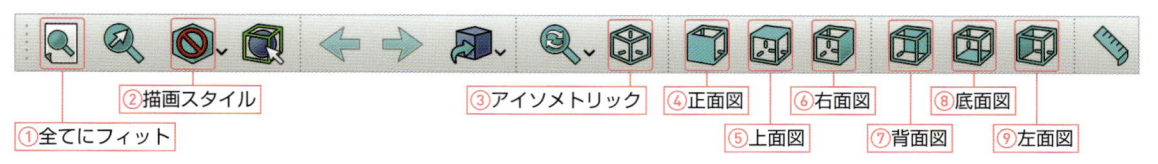

① **全てにフィット**	画面上の全てのコンテンツにフィットするボタンです。
② **描画スタイル**	オブジェクトの描画スタイルを変更するボタンです。
③ **アイソメトリック**	等角投影ビューに設定するボタンです。
④ **正面図**	前面ビューに設定するボタンです。
⑤ **上面図**	上面ビューに設定するボタンです。
⑥ **右面図**	右面ビューに設定するボタンです。
⑦ **背面図**	背面ビューに設定するボタンです。
⑧ **底面図**	底面ビューに設定するボタンです。
⑨ **左面図**	左面ビューに設定するボタンです。

② 描画スタイル（そのまま／ワイヤ フレーム／シェーディング無し／シェーディング）

▼【ビュー】ツール：描画スタイル「そのまま」

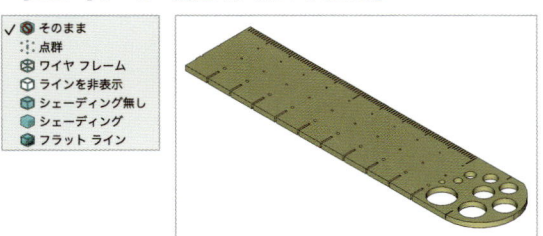

▼【ビュー】ツール：描画スタイル「ワイヤ フレーム」

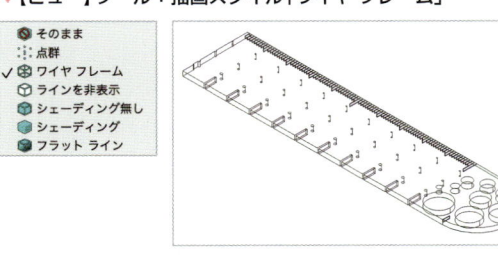

▼【ビュー】ツール：描画スタイル「シェーディング無し」

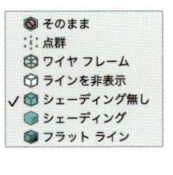
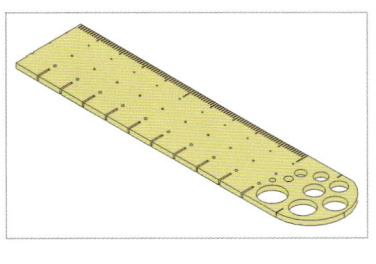

▼【ビュー】ツール：描画スタイル「シェーディング」

③ アイソメトリック

▼【ビュー】ツール：アイソメトリック

 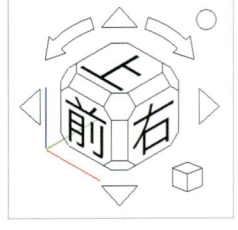

④ 正面図

▼【ビュー】ツール：正面図

⑤ 上面図

▼【ビュー】ツール：上面図

 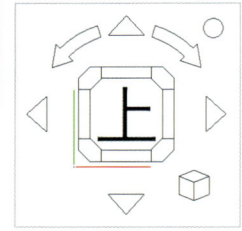

⑥ 右面図

▼【ビュー】ツール：右面図

⑦ 背面図

▼【ビュー】ツール：背面図

 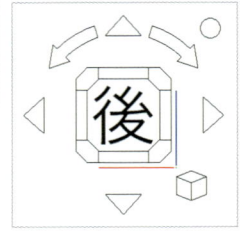

⑧ 底面図

▼【ビュー】ツール：底面図

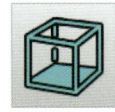 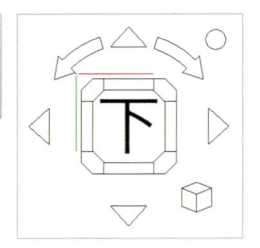

⑨ 左面図

▼【ビュー】ツール：左面図

【Part Design ヘルパー】ツール

▼【Part Design ヘルパー】ツール（ツールバー内のボタン）

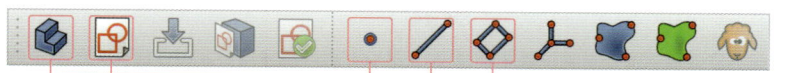

①ボディを作成　②スケッチを作成　③データム点を作成　④データム線を作成　⑤データム面を作成

①	ボディを作成	新しいボディを作成するボタンです。
②	スケッチを作成	新規スケッチを作成するボタンです。
③	データム点を作成	新しいデータム点を作成するボタンです。
④	データム線を作成	新しいデータム線を作成するボタンです。
⑤	データム面を作成	新しいデータム面を作成するボタンです。

【部品設計】ツール

▼【部品設計】ツール（ツールバー内のボタン）

①パッド　②レボリューション　③加算ロフト　④加算パイプ　⑤加算らせん　⑥ポケット　⑦グルーブ　⑧減算ロフト　⑨減算パイプ　⑩減算らせん　⑪鏡像　⑫直線状パターン　⑬円状パターン　⑭マルチ変換を作成　⑮フィレット　⑯面取り　⑰厚み

①	パッド	選択したスケッチを押し出しするボタンです。
②	レボリューション	選択したスケッチを回転押し出しするボタンです。
③	加算ロフト	選択した2つ以上のスケッチからロフト加算するボタンです。
④	加算パイプ	スケッチを断面とし経路に沿いスイープ加算するボタンです。
⑤	加算らせん	選択したスケッチをらせん状にスイープ加算するボタンです。
⑥	ポケット	選択したスケッチでポケットを作成するボタンです。
⑦	グルーブ	選択したスケッチを回転減算するボタンです。
⑧	減算ロフト	選択した2つ以上のスケッチからロフト減算するボタンです。
⑨	減算パイプ	スケッチを断面とし経路に沿いスイープ減算するボタンです。
⑩	減算らせん	選択したスケッチをらせん状にスイープ減算するボタンです。
⑪	鏡像	鏡像コピーを作成するボタンです。
⑫	直線状パターン	直線状のパターン形状を作成するボタンです。
⑬	円状パターン	円状のパターン形状を作成するボタンです。
⑭	マルチ変換を作成	マルチ変換による形状を作成するボタンです。
⑮	フィレット	面や立体のエッジにフィレットを作成するボタンです。
⑯	面取り	選択したエッジを面取りするボタンです。
⑰	厚み	厚みのあるソリッドを作成するボタンです。

FreeCADの基本操作

ここでは、FreeCADの基本操作を学びます。「ドキュメントの作成➡ボディの作成➡スケッチの作成➡モデルの作成➡データの保存➡3Dプリンターで印刷可能なデータの出力」まで、一連の流れを解説します。

●「スケッチャー」ワークベンチで簡単なモデルを作ろう

FreeCADの作業に慣れるために、実際にモデルの作成から3Dプリンターで印刷可能なデータの出力までを操作してみましょう。

● Step 1：ドキュメントを作成する

FreeCADは初心者にも扱いやすい無料の3DCADソフトウェアです。まずは、ユーザーインターフェイスと基本的なツールバーの位置を覚えることから始めましょう。図形を描く「スケッチャー」ワークベンチを使って、線や形を描きながら操作の感覚を掴んでください。

次に、これらのスケッチを使って3Dオブジェクトに「パッド」や「ポケット」操作を行い、立体形状を作成します。最初はあまり難しく考えずに、手順通りに操作を進めてみましょう。失敗を恐れずに、試行錯誤を繰り返すことが大切です。

1 FreeCADを起動して、ツールバーの【ファイル】にある **「新規」ボタン** をクリックします。
または、メニューバーの **「ファイル」** を選択して、**「新規」**（ ⌘ ＋ N ）を選択します。

▼新しい空のドキュメントを作成

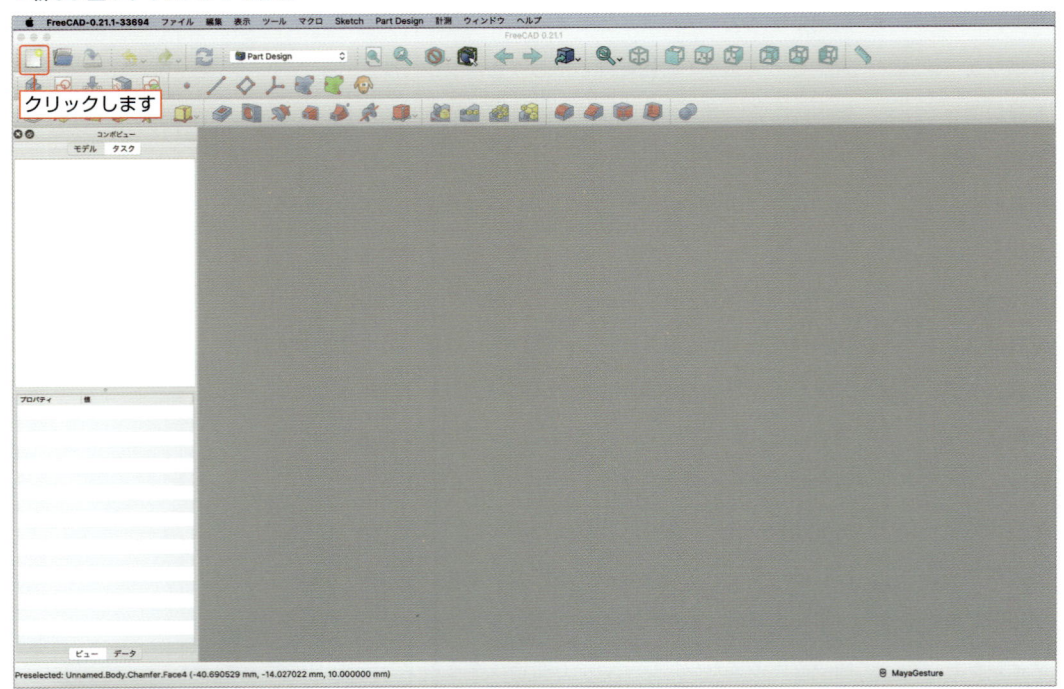

2 **コンボビュー**に新しい**ドキュメント**が作成されました。ドキュメントとは、FreeCADのファイルそのものだと考えてください。データが未保存の場合には、「**Unnamed**」と表記されます。データを保存すると、Unnamedから保存したファイル名に変更されます。次に**「ボディを作成」ボタン**をクリックします。

▼新規ボディの作成

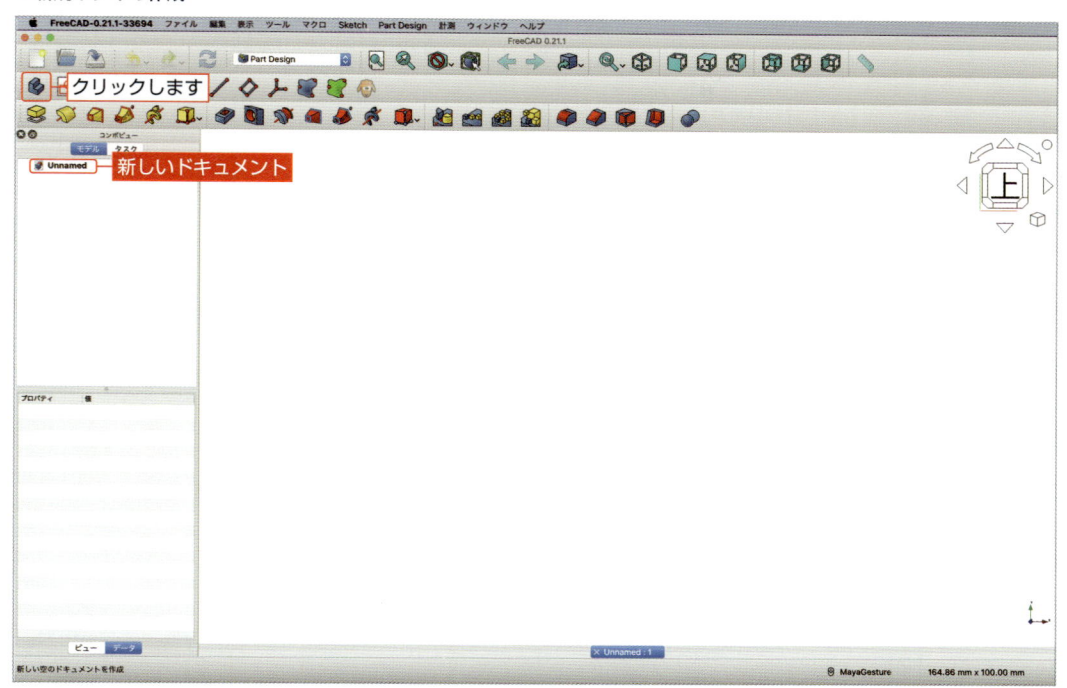

3 **コンボビュー**に新しい**ボディ**が作成されました。ボディとは、1つの部品だと考えてください。
3Dプリンターで印刷可能なデータは、ボディごとにデータを出力する必要があります。
続いて、**「スケッチを作成」ボタン**をクリックします。

▼新規スケッチの作成

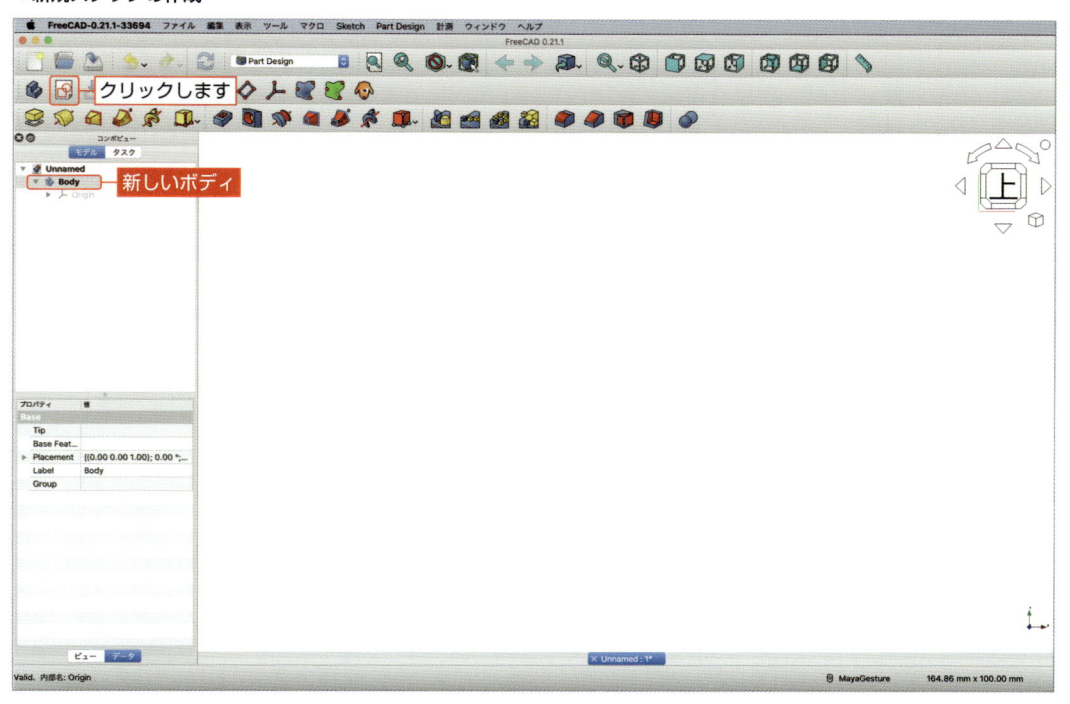

4 **1.** コンボビューが「**タスク**」タブに切り替わります。

2.「**XY-plane**」を選択して、**3.**「OK」ボタンをクリックします。

▼ スケッチの平面を指定

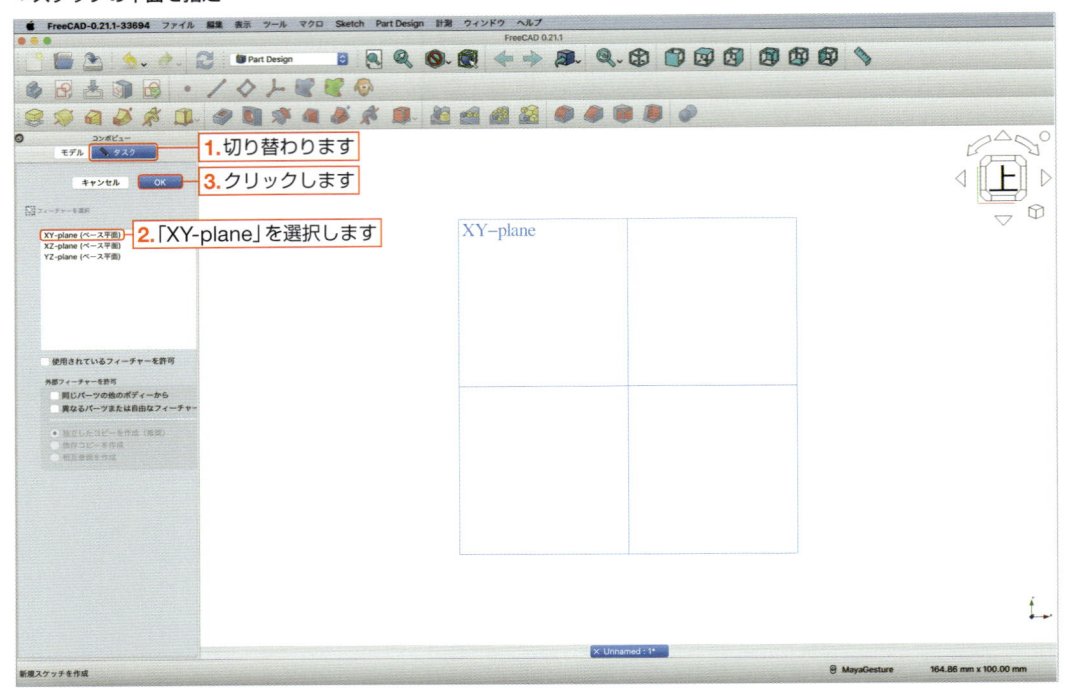

POINT

「Sketcher」ワークベンチで必要なツール

　スケッチの作成を始めると、ワークベンチが「Sketcher」に切り替わります。**1.** ツールバー内で右クリックして、**2.** ショートカットメニューで必要なツール（【ファイル】【編集】【ワークベンチ】【ビュー】【スケッチャー編集モード】【スケッチャージオメトリ】【スケッチャー拘束】【スケッチャー編集ツール】）にチェックを入れます。

▼「Sketcher」ワークベンチ

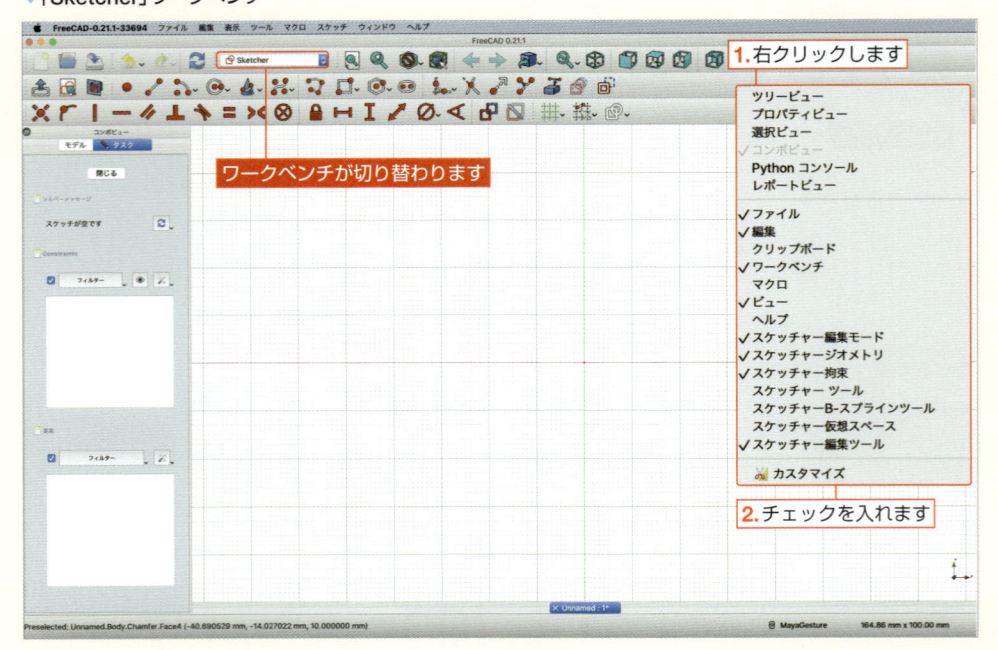

●「Sketcher」ワークベンチで使うツール

　ここでは、前ページの**POINT**で選択した「Sketcher」ワークベンチで使うツールについて、その機能を紹介します。

●【スケッチャー編集モード】ツール

　【スケッチャー編集モード】ツールのボタンは、メニューバーの「**スケッチ**」にも同じコマンドが用意されています。

▼【スケッチャー編集モード】ツール（ツールバー内のボタン）

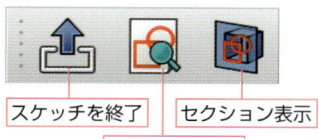

スケッチを終了　　セクション表示
　　　スケッチを表示

スケッチを終了	アクティブなスケッチの編集を終了します。
スケッチを表示	視点の向きをスケッチ面に垂直な位置に移動します。
セクション表示	スケッチ面のみボディを表示させます。

●【スケッチャージオメトリ】ツール

　【スケッチャージオメトリ】ツールは、多様な2D図形の作成や編集を容易にするためのもので、CADソフトウェアの中核的な機能の1つです。

　このツールセットには、基本的な幾何学形状から複雑な図形までを生成する機能が含まれています。

- **基本的な形状の作成**：ユーザーは点、直線、円、円弧などの基本的な幾何学形状を作成することができます。これには、スケッチ上に特定の位置に点を配置したり、直線や円を描く機能が含まれます。
- **複合形状の作成**：ポリライン、長方形、正多角形、長円形など、より複雑な形状もサポートされています。これらはプロジェクトに応じてさまざまな設計要求を満たすために使用されます。
- **曲線の作成**：B-スプラインや円錐曲線の作成機能を通じて、滑らかで複雑な曲線を描くことが可能です。これらの曲線は、自由形状のデザインに不可欠です。
- **ジオメトリの編集**：作成したエッジをトリム（削除）、延長、分割することができ、これによって図形の調整や再設計が容易になります。
- **高度な操作**：スケッチフィレット機能で直線の交点を滑らかな曲線に変換したり、外部ジオメトリーをリンクして複雑な参照関係を作成できます。また、カーボンコピーを作成して他のスケッチからジオメトリを複製することも可能です。
- **ビュー操作**：スケッチを終了し、視点をスケッチ面に垂直に移動させることで、デザインの確認を直感的に行うことができます。また、スケッチ面のみを表示させるセクション表示も利用可能です。

　【スケッチャージオメトリ】ツールは、設計者が精密な2Dスケッチを効率的に作成し、それを3Dモデルに発展させる基盤を築くために不可欠です。各ツールは特定のタスクに最適化されており、ユーザーが複雑な形状や部品を正確に、かつ迅速に設計できるよう支援します。

▼【スケッチャージオメトリ】ツール（ツールバー内のボタン）

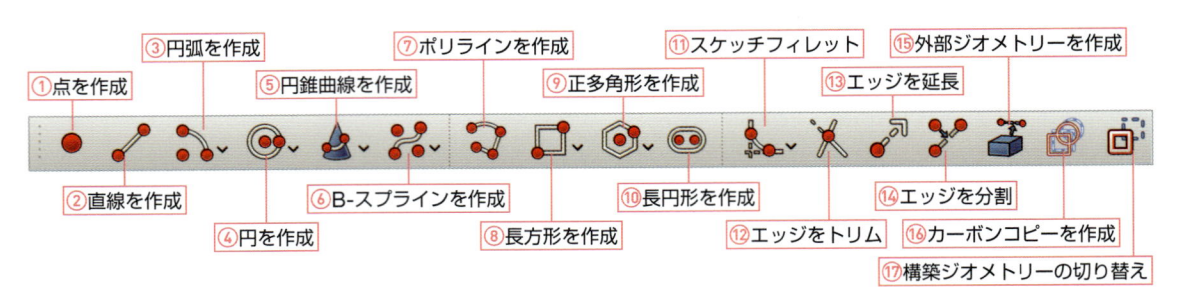

① 点を作成	スケッチ上に点を作成します。
② 直線を作成	スケッチ上に直線を作成します。
③ 円弧を作成	スケッチ上に円弧を作成します。
④ 円を作成	スケッチ上に円を作成します。
⑤ 円錐曲線を作成	スケッチ上に円錐曲線を作成します。
⑥ B-スプラインを作成	スケッチ上にB-スプラインを作成します。
⑦ ポリラインを作成	スケッチ上にポリラインを作成します。
⑧ 長方形を作成	スケッチ上に長方形を作成します。
⑨ 正多角形を作成	スケッチ上に正多角形を作成します。
⑩ 長円形を作成	スケッチ上に長円形を作成します。
⑪ スケッチフィレット	直線と直線の交点を曲線に変換させます。
⑫ エッジをトリム	エッジを削除します。
⑬ エッジを延長	エッジを延長します。
⑭ エッジを分割	エッジを分割します。
⑮ 外部ジオメトリーを作成	外部形状にリンクするエッジを作成します。
⑯ カーボンコピーを作成	別のスケッチのジオメトリーをコピーします。
⑰ 構築ジオメトリーの切り替え	ジオメトリを構築モードに切り替えます。

③ 円弧を作成

▼円弧を作成する2種類の方法

中心点と端点	——— 円弧の中心点と円弧上2点から円弧を作成します。
端点と円周上の点から作成	——— 円弧上3点から円弧を作成します。

④ 円を作成

▼円を作成する2種類の方法

中心点と周上の点から円を作成	——— 円の中心点と円周上1点から円を作成します。
円上の3点	——— 円周上3点から円を作成します。

⑤ 円錐曲線を作成

▼円錐曲線を作成する5種類の方法

中心、長半径、点を指定して楕円を作成	——— 楕円の中心、長半径、点から楕円を作成します。
近点、遠点、短半径を指定して楕円を作成	——— 楕円の近点、遠点、短半径から楕円を作成します。
中心、長半径、端点からなる楕円弧	——— 楕円の中心、長半径、端点から楕円弧を作成します。
中心、長半径、端点からなる双曲線の円弧	——— 双曲線の中心、長半径、端点から双曲線の円弧を作成します。
焦点、頂点、端点からなる放物線の円弧	——— 放物線の焦点、頂点、端点から放物線の円弧を作成します。

⑥ B-スプラインを作成

▼B-スプラインを作成する4種類の方法

制御点によるB-スプライン	——— 制御点によって、B-スプラインを作成します。
制御点による周期的なB-スプライン	——— 制御点によって、周期的なB-スプラインを作成します。
ノットによるB-スプライン	——— ノットによって、B-スプラインを作成します。
ノットによる周期的なB-スプライン	——— ノットによって、周期的なB-スプラインを作成します。

⑧ 長方形を作成

▼長方形を作成する3種類の方法

四角形	——— 長方形を作成します。
中心配置長方形	——— 長方形の中心に点が配置された長方形を作成します。
角丸長方形	——— 長方形の角が曲線になった長方形を作成します。

⑨ 正多角形を作成

▼正多角形を作成する7種類の方法

三角形	———	三角形を作成します。
正方形	———	正角形を作成します。
五角形	———	五角形を作成します。
六角形	———	六角形を作成します。
七角形	———	七角形を作成します。
八角形	———	八角形を作成します。
正多角形	———	正多角形を作成します。

⑪ スケッチフィレット

▼スケッチフィレットを作成する2種類の方法

スケッチフィレット	———	直線と直線の交点を曲線に変換させます。
拘束を維持したスケッチフィレット	———	直線と直線の交点位置を維持させたまま、交点を曲線に変換させます。

🔷 【スケッチャー拘束】ツール

【スケッチャー拘束】ツールは、CADソフトウェアで2Dスケッチの幾何学的特性を制御するために不可欠です。【スケッチャー拘束】ツールを使用することで、設計者はスケッチの寸法と形状を正確に定義できます。

- **基本的な幾何学的拘束**：水平拘束や垂直拘束は、エッジを水平または垂直に保持します。これによって、設計の整合性が確保され、意図しない角度の変更を防ぐことができます。
- **関係性に基づく拘束**：一致拘束、平行拘束、直角拘束は、エッジやポイント間の特定の関係を設定します。これによって、部品間の整合性や機能的な配置が保たれます。
- **寸法拘束**：寸法拘束を通じて、エッジの長さや角度、円の直径を具体的に設定できます。この拘束は、スケッチの寸法精度を確保する上で重要です。
- **距離と角度の拘束**：水平距離拘束、垂直距離拘束、角度拘束を使って、特定の距離や角度を正確に保持します。これは、部品同士の正確な配置や動きを設計する際に役立ちます。
- **高度な拘束**：対称拘束やブロック拘束を使用して、スケッチ内の要素間により複雑な関係を設定することができます。対称拘束は、ある線を基準にして幾何学的要素を対称に配置します。

【スケッチャー拘束】ツールは、設計過程においてスケッチの意図を正確に伝え、製造過程におけるエラーを最小限に抑えるために非常に重要です。これらの拘束を適切に使用することで、設計の一貫性と製品の品質が向上します。

　また、拘束のアクティブ化や非アクティブ化を通じて設計者はスケッチの柔軟性を管理し、必要に応じて拘束を調整することができます。

▼【スケッチャー拘束】ツール（ツールバー内のボタン）

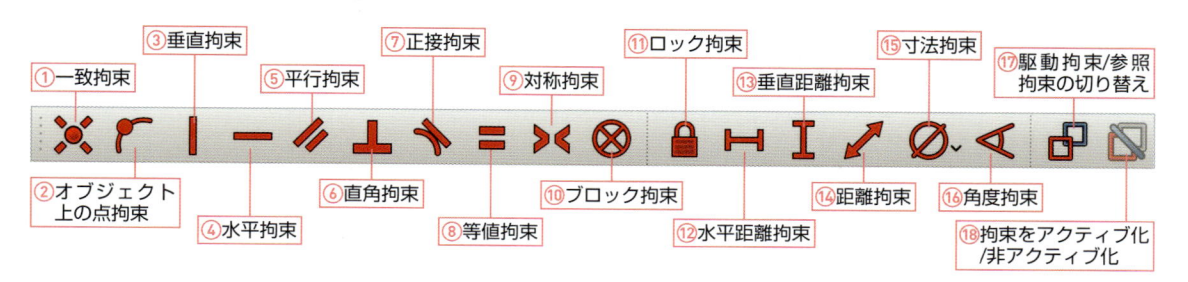

①	一致拘束	選択した2点を一致させます。
②	オブジェクト上の点拘束	選択した点を選択したエッジ上に拘束させます。
③	垂直拘束	選択したエッジを垂直に拘束させます。
④	水平拘束	選択したエッジを水平に拘束させます。
⑤	平行拘束	選択した2直線を平行に拘束させます。
⑥	直角拘束	選択した2直線を垂直に拘束させます。
⑦	正接拘束	選択した直線を選択した曲線に対して正接に拘束させます。
⑧	等値拘束	選択したエッジの長さを等値に拘束させます。
⑨	対称拘束	選択した2点を線または点に対して対称に拘束させます。
⑩	ブロック拘束	選択したエッジを完全拘束させます。
⑪	ロック拘束	選択した点の水平距離および垂直距離を拘束させます。
⑫	水平距離拘束	選択した2点の水平距離を拘束させます。
⑬	垂直距離拘束	選択した2点の垂直距離を拘束させます。
⑭	距離拘束	選択した2点の距離を拘束させます。
⑮	寸法拘束	円や円弧の直径または半径を拘束させます。
⑯	角度拘束	2直線のなす角度を拘束させます。
⑰	駆動拘束 / 参照拘束の切り替え	駆動モードと参照モードを切り替えます。
⑱	拘束をアクティブ化 / 非アクティブ化	拘束の状態を変更できます。

⑮ 寸法拘束

▼寸法拘束の3種類

⬭ 半径拘束	── 半径寸法を入力して、円弧や円の円周を拘束させます。
⬭ 直径拘束	── 直径寸法を入力して、円弧や円の円周を拘束させます。
⬭ 半径/直径を自動拘束	── 円弧の場合は半径寸法、円の場合は直径寸法で円周を拘束させます。

🍱 【スケッチャー編集ツール】ツール

「グリッド機能」は、スケッチ作成の精度と効率を向上させます。設定には、グリッドの表示を切り替える「Toggle grid」、グリッドのサイズが自動で調整される「Grid auto spacing」、具体的なグリッドサイズを手動で設定する「Spacing」があります。

　自動設定を無効にして特定のサイズを指定することで、細かなデザインニーズに対応可能です。

▼【スケッチャー編集ツール】ツール（ツールバー内のボタン）

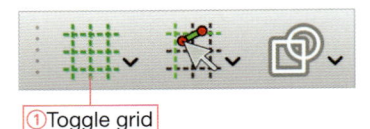

①Toggle grid

① Toggle grid	スケッチのグリッドを切り替えます。

① **Toggle grid**

▼Toggle gridの設定

☑ Grid auto spacing ──── チャックが入っていると、グリッドのサイズが自動的に変更されます。グリッドのサイズを固定したい場合は外してください。

Spacing 10.00 mm ⬍ ── グリッドのサイズを指定します。

🍱 Step 2：ボディを作成する

1 円を描きます。**1.**「円を作成」ボタン 🔘 の右にある ▼ をクリックし、**2.**「中心点と周上の点から円を作成」を選択します。**3.**原点でクリックして、**4.**右上に移動して適当な位置でクリックします。

▼スケッチで円を描く

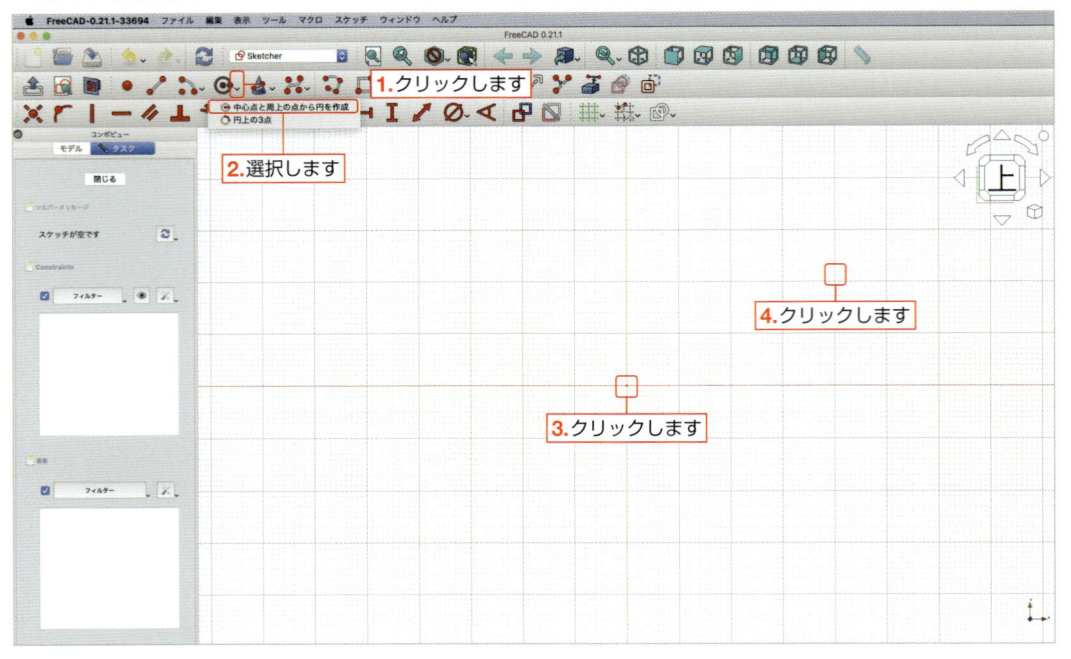

2 円の直径を拘束します。**1.** [esc] キーを押して、**「円を作成」ボタン** を解除します。

2. 円周を選択して、**3.**「寸法拘束」ボタンの右にある ⌄ をクリックし、**4.**「直径拘束」を選択します。

▼円の直径を拘束する

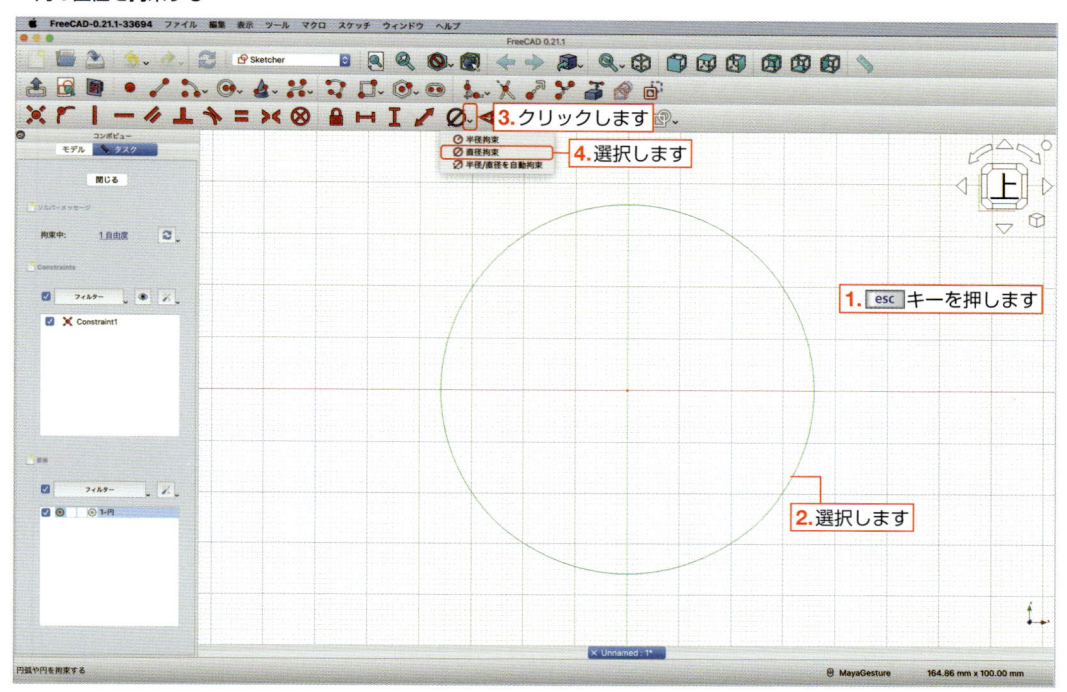

3 **1.**「直径を挿入」ダイアログボックスの「直径」に「**100mm**」と入力して、**2.**「OK」ボタンをクリックします。

▼直径寸法を入力する

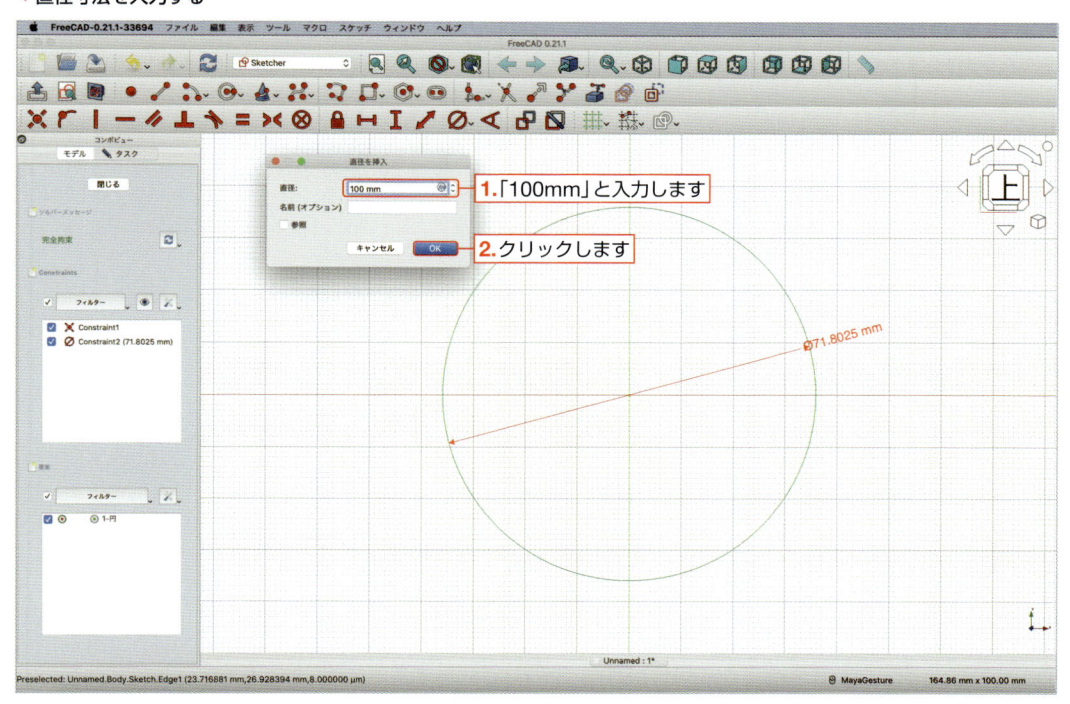

4 1. **「全てにフィット」ボタン**💾をクリックして、視点の位置を調整します。**コンボビュー**の「ソルバーメッセージ」に「**完全拘束**」と表記されていれば、スケッチは完全に拘束されています。

2. **コンボビュー**の「閉じる」をクリックして、スケッチを終了します。

▼スケッチの完全拘束

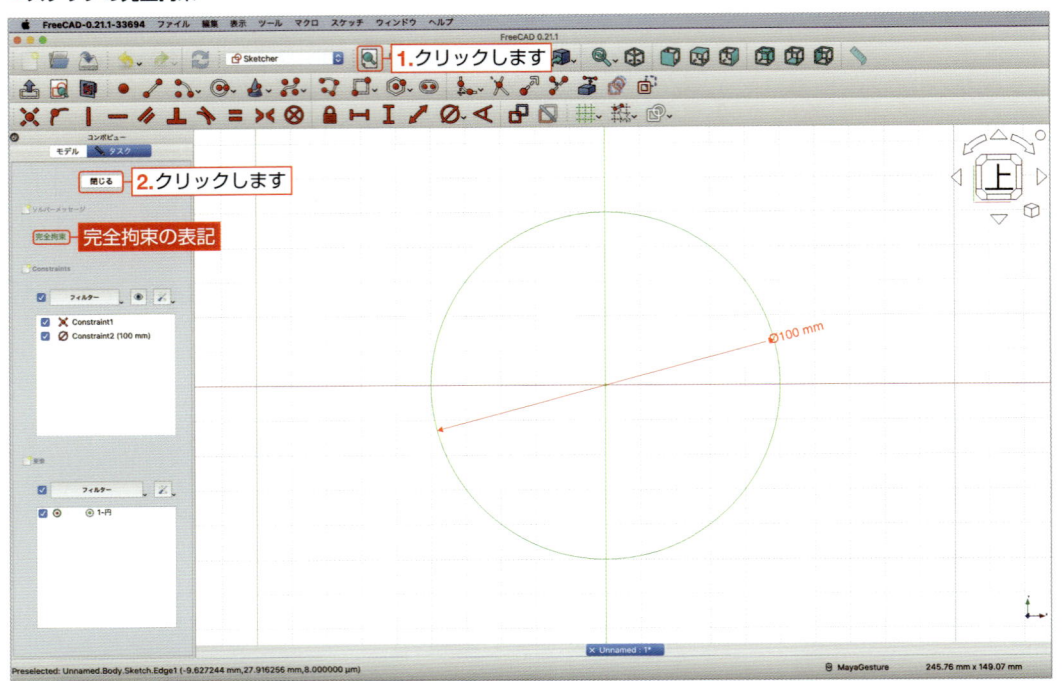

スケッチの「自由度」

コンボビューの「ソルバーメッセージ」にはスケッチの「自由度」が表記されています。**「自由度」とはスケッチが動ける方向の数**で、例えば円のスケッチであればX方向とY方向に移動でき、円の直径が拘束されていないときは「自由度」は「3」になります。スケッチに拘束条件を与えて、「自由度」が「0」（完全拘束）になるとスケッチは完全に固定されるため、動かない状態になります。スケッチを作成するときは、必ず「自由度」が「0」になってから次の操作に進んでください。

▼スケッチの自由度について

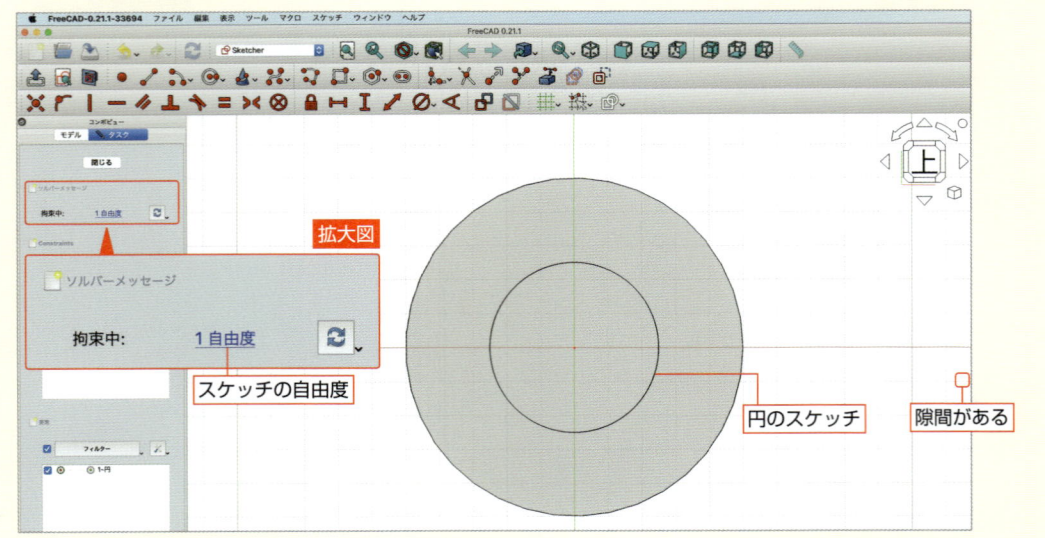

🔷 スケッチの完全拘束

スケッチの完全拘束とは、CADソフトウェアにおいてスケッチ内の全ての図形が固定され、不要な動きや変形が起こらない状態のことです。これは、図形の寸法や位置が正確に定義され、設計の意図どおりに保たれることを指します。

◆完全拘束の重要性

完全拘束されたスケッチは、製造や他の工程に進む際に予期せぬエラーや問題を避けるために重要です。

また、スケッチが完全拘束されていれば、設計の変更が必要な場合にも、より予測可能で制御しやすい変更ができます。

◆完全拘束の方法

- 寸法拘束：図形の長さ、角度、直径などを具体的な数値で設定します。
  例えば、線の長さを60mmと指定することで、その寸法が固定されます。
- 幾何拘束：図形同士の位置関係を定義します。
  例えば、2つの線が垂直または平行であること、またはある点が他の図形上に存在することを指定します。
- 垂直・水平拘束：線を垂直または水平に固定します。
- 接続拘束：点が他の線や曲線に接触していることを保証します。
- 平行・直角拘束：線同士が平行または直角になるように拘束します。
- 対称拘束：図形が特定の軸に対して対称であることを確保します。

◆完全拘束の確認

FreeCADでは、スケッチが完全に拘束されているかどうかを視覚的に確認できます。初期設定を変更していない場合、完全拘束された要素は緑色で表示されます。スケッチ線が緑色になっていない場合は、まだ拘束が不完全であることを示しています。

初心者の方は、1つひとつの要素に対して拘束を適用することから始めるとよいでしょう。また、スケッチの各段階で拘束が適切に機能しているかを確認することが大切です。この習慣をつけることで、より複雑な設計に進んだ際にも正確なスケッチを効率的に作成できるようになります。

▼拘束前の図形（左）と完全拘束された図形（右）

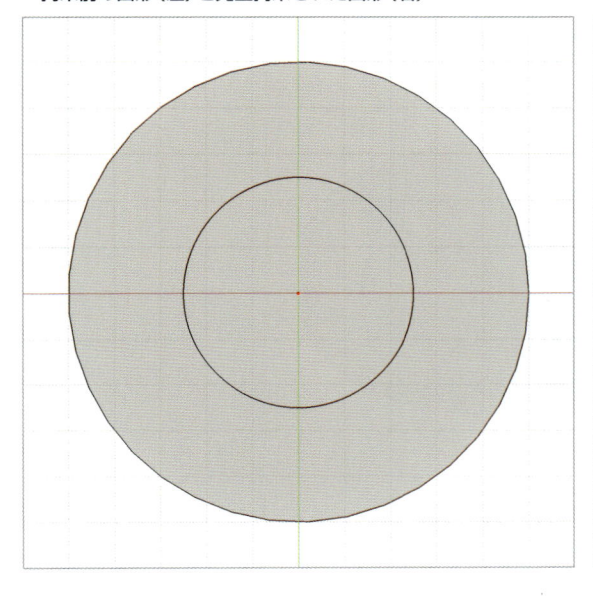 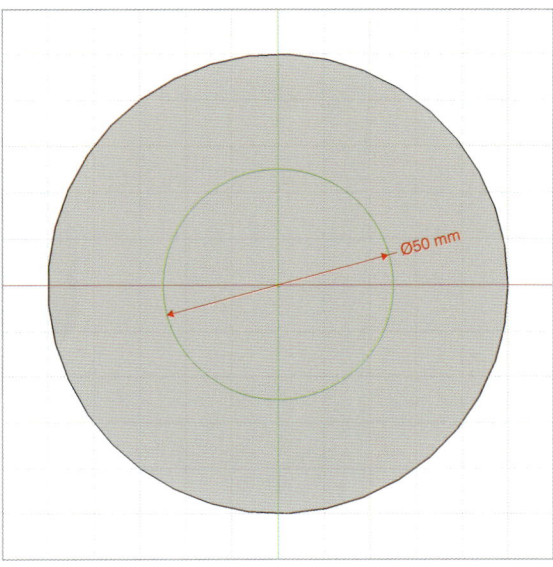

🔶 Step 3：モデルを作成する

1 1.「全てにフィット」ボタン📷をクリックして、視点の位置を調整します。

視点を等角図にするために、2.「アイソメトリック」ボタン⊕をクリックします。

次に**コンボビュー**に新しく作られた3.「Sketch」を選択して、4.「パッド」ボタン🟫をクリックします。

▼スケッチの押し出し

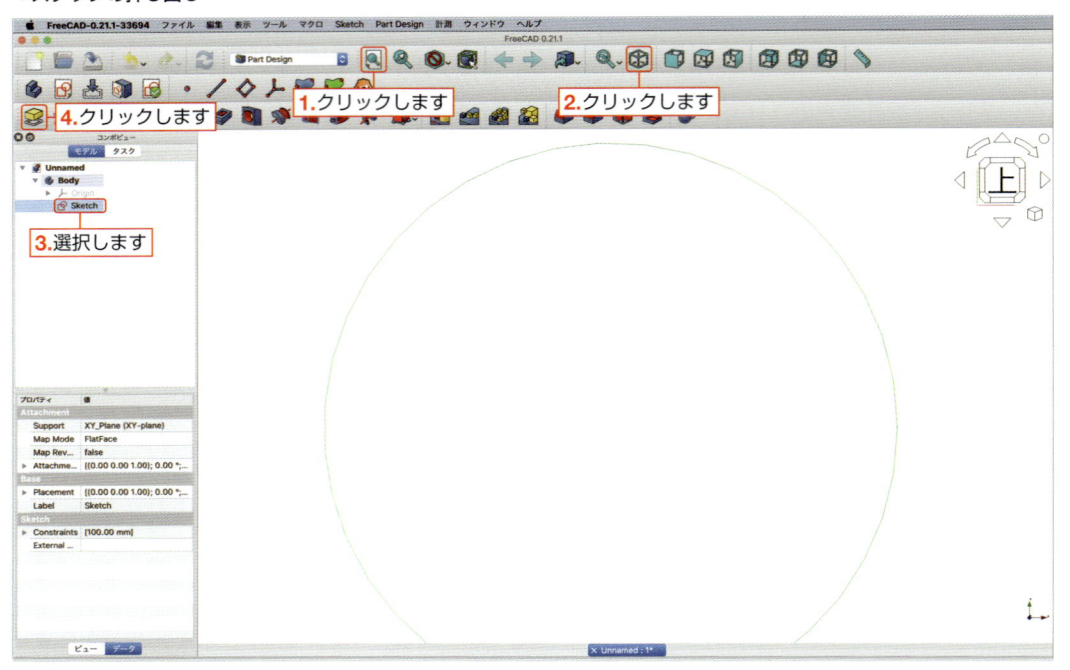

2 **コンボビュー**に「**パッドパラメーター**」が表示されるので、1.「長さ」に「**20mm**」と入力して、2.「OK」
ボタンをクリックします。

▼パッドパラメーターの設定

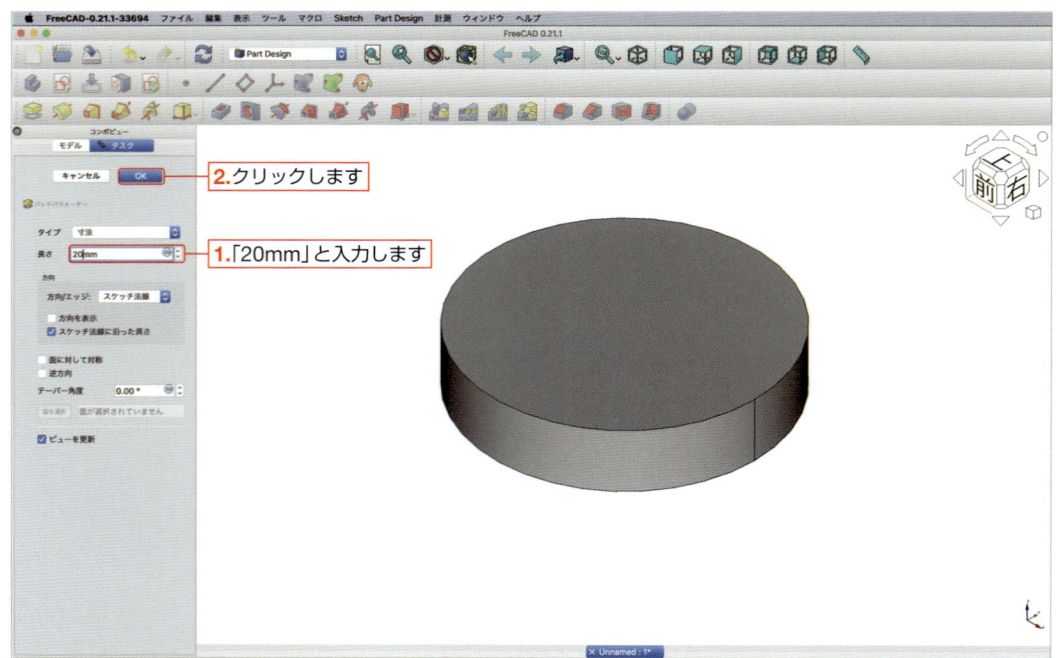

3 モデルが作成されました。次にモデル上面にスケッチを作成します。
1. モデル上面を選択し、**2.**「**スケッチを作成**」**ボタン**をクリックします。

▼ モデル上面に対して新規スケッチを作成

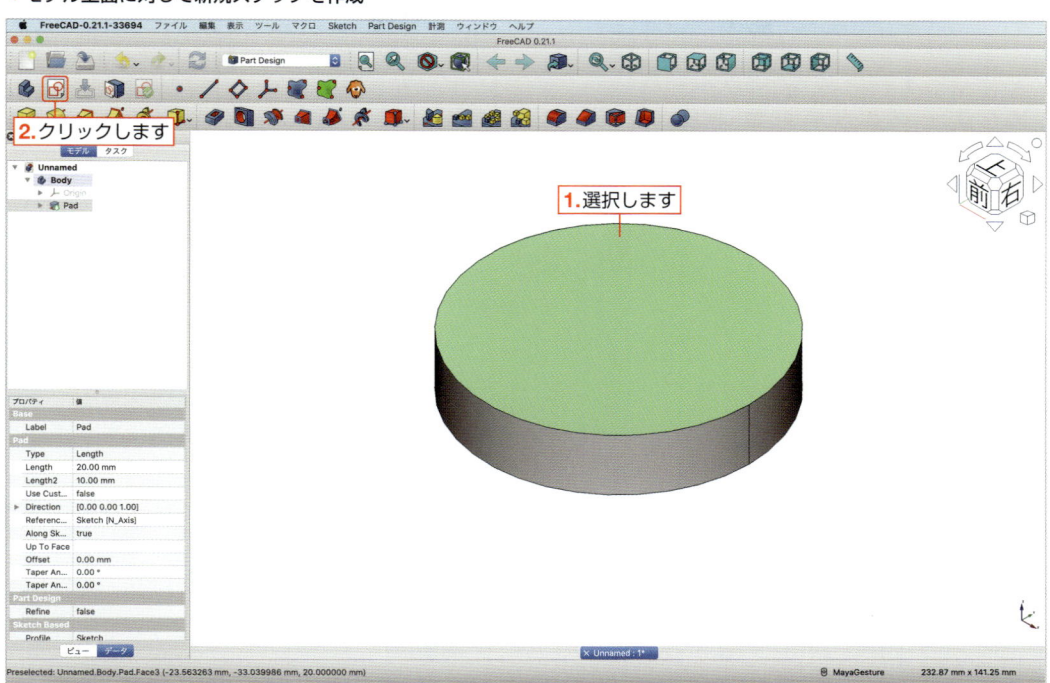

4 円を描きます。**1.**「**円を作成**」**ボタン**の右にある▼をクリックし、**2.**「**中心点と周上の点から円を作成**」を選択します。次に、**3.** 原点でクリックし、**4.** 右上に移動して適当な位置でクリックします。

▼ モデル上面にスケッチで円を描く

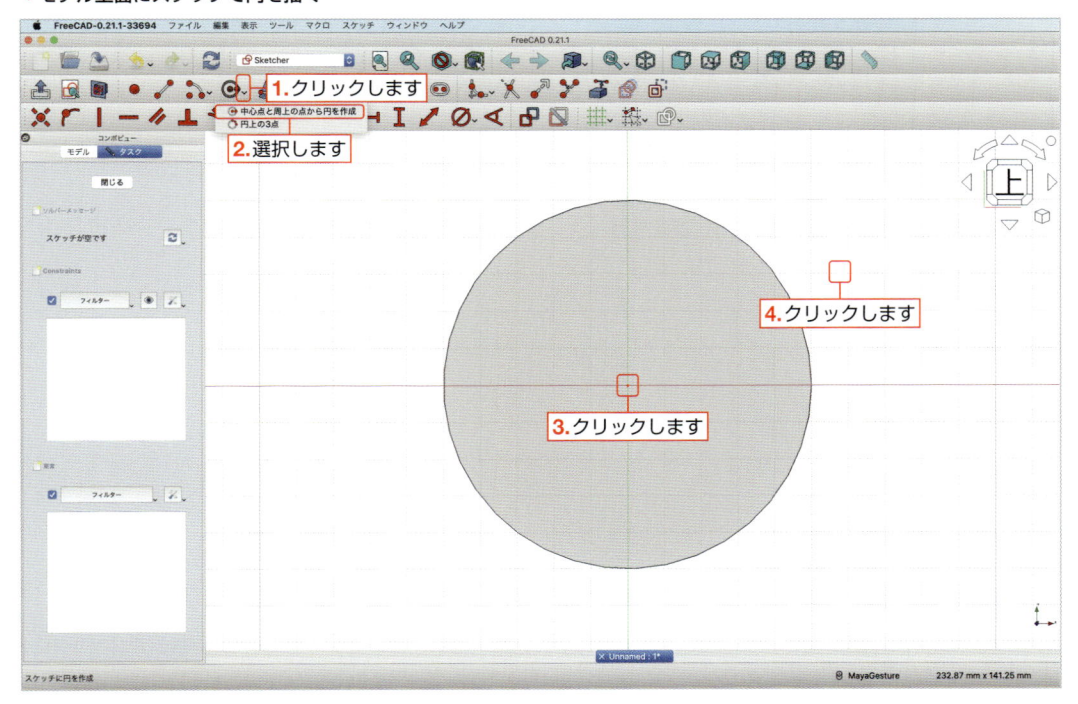

5 円の直径を拘束します。**1.** esc キーを押して、ボタンを解除します。**2.** 円の円周を選択し、**3.** 「寸法拘束」ボタンの右にある ▼ をクリックし、**4.** 「直径拘束」を選択します。

▼円の直径を拘束する

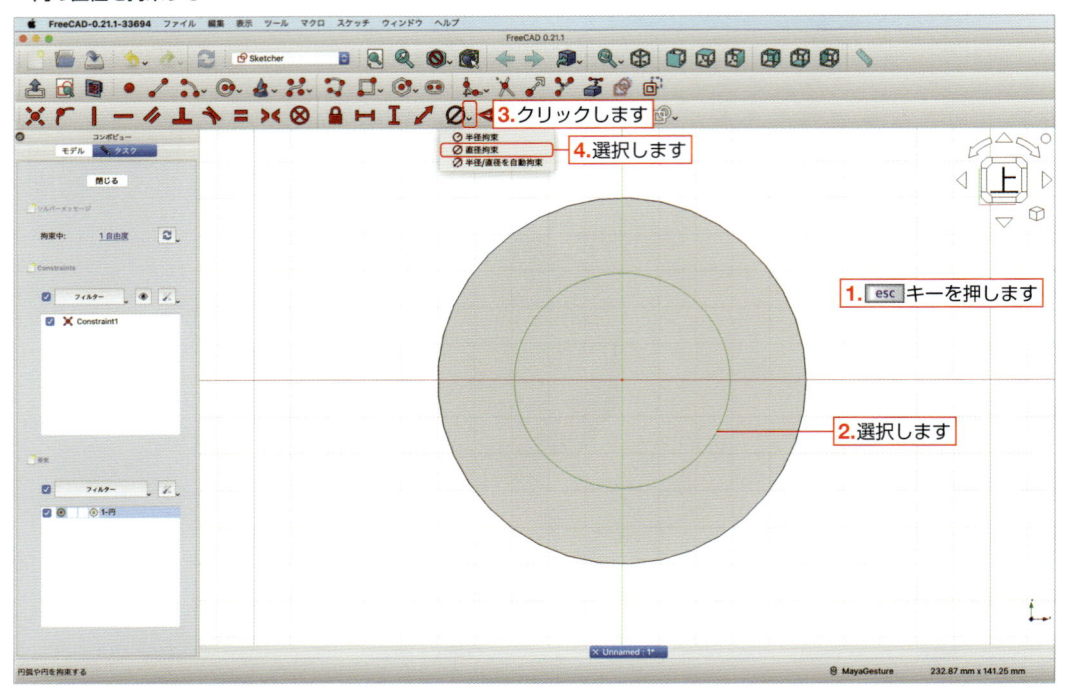

6 **1.** 「直径を挿入」ダイアログボックスの「直径」に「**50mm**」と入力して、**2.** 「OK」ボタンをクリックします。

▼直径寸法を入力する

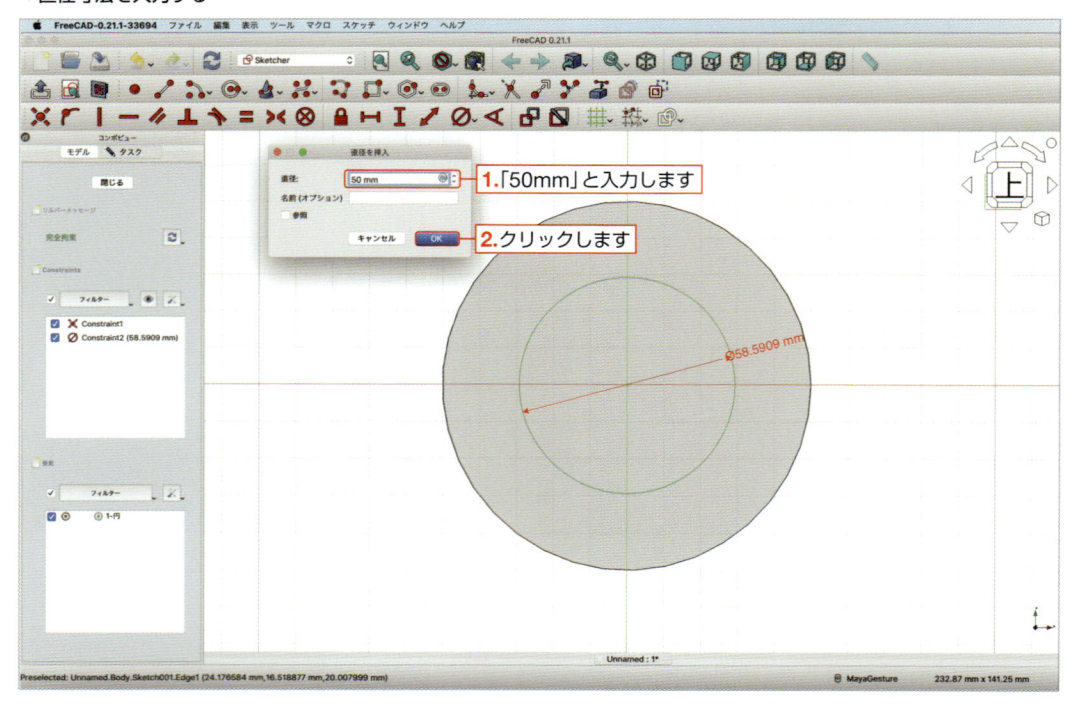

7 **コンボビュー**の「ソルバーメッセージ」に「**完全拘束**」と表記されていれば、スケッチは完全に拘束されています。**コンボビュー**の「閉じる」をクリックして、スケッチを終了します。

▼スケッチの完全拘束

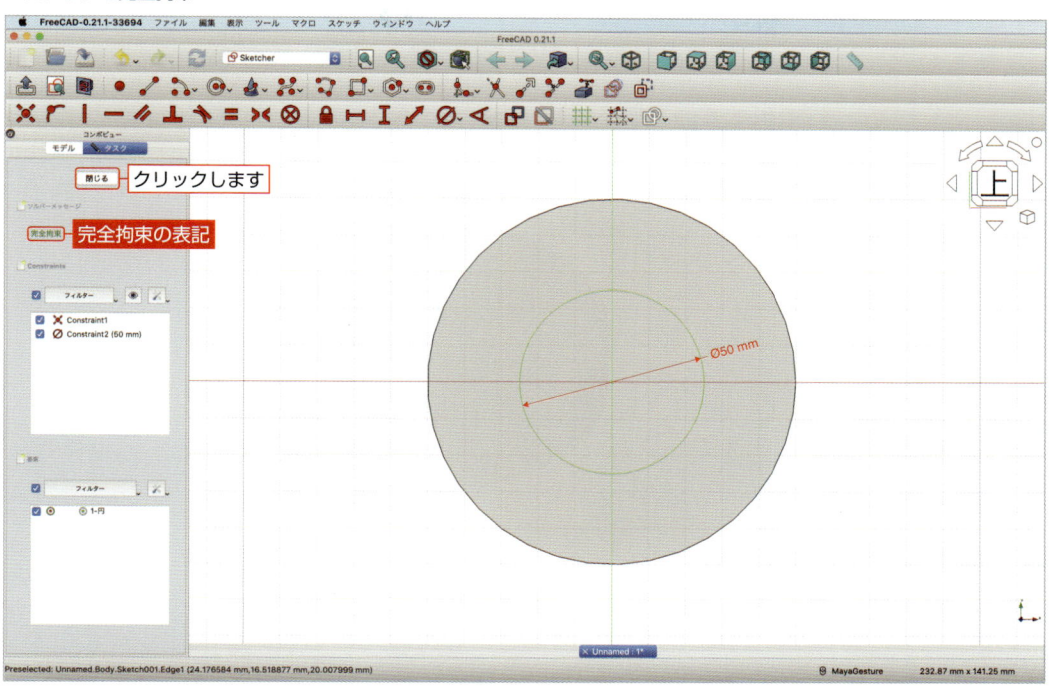

8 **コンボビュー**に新しく作られた**1.**「**Sketch001**」を選択し、**2.**「**ポケット**」ボタン🔴をクリックします。

▼ポケットの作成

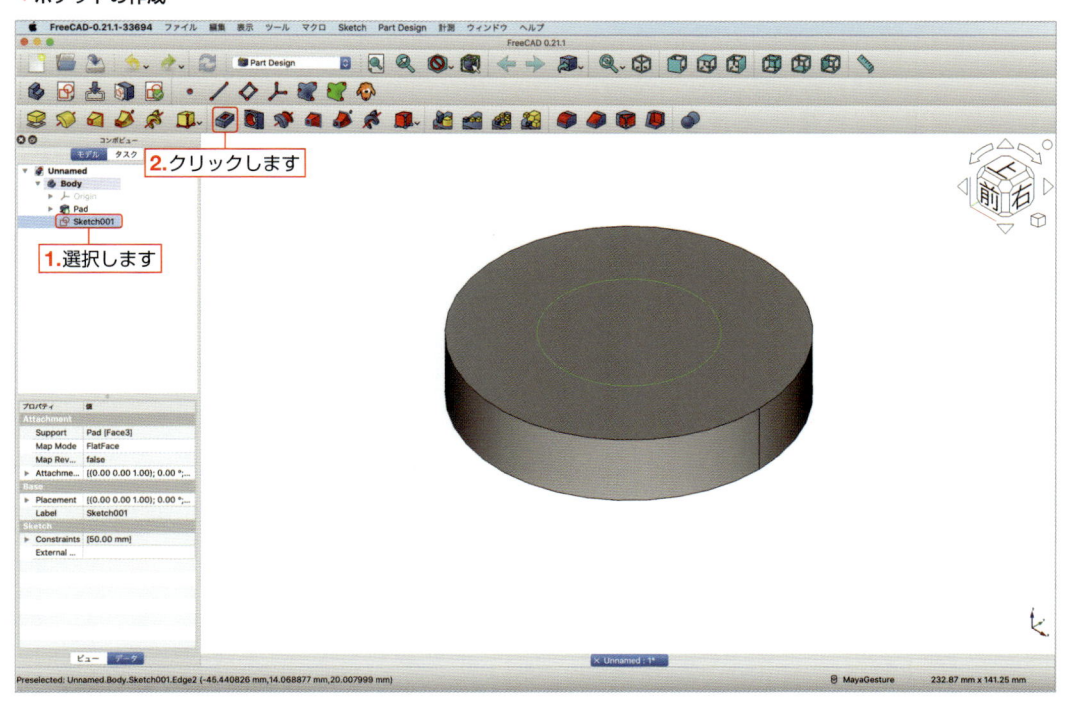

9 コンボビューに「**ポケットパラメーター**」が表示されるので、**1.**「長さ」に「**10mm**」と入力して、**2.**「OK」ボタンをクリックします。

▼ポケットパラメーターの設定

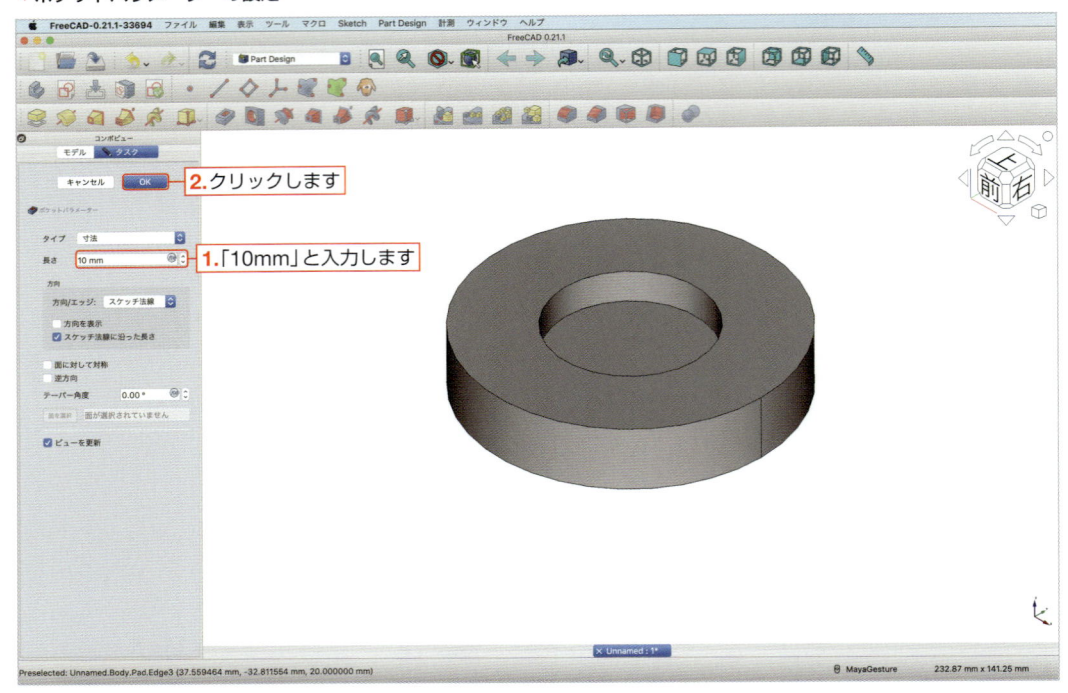

10 面取りを作成します。**1.** モデル上面の内側エッジを選択し、**2.**「**面取り**」**ボタン** 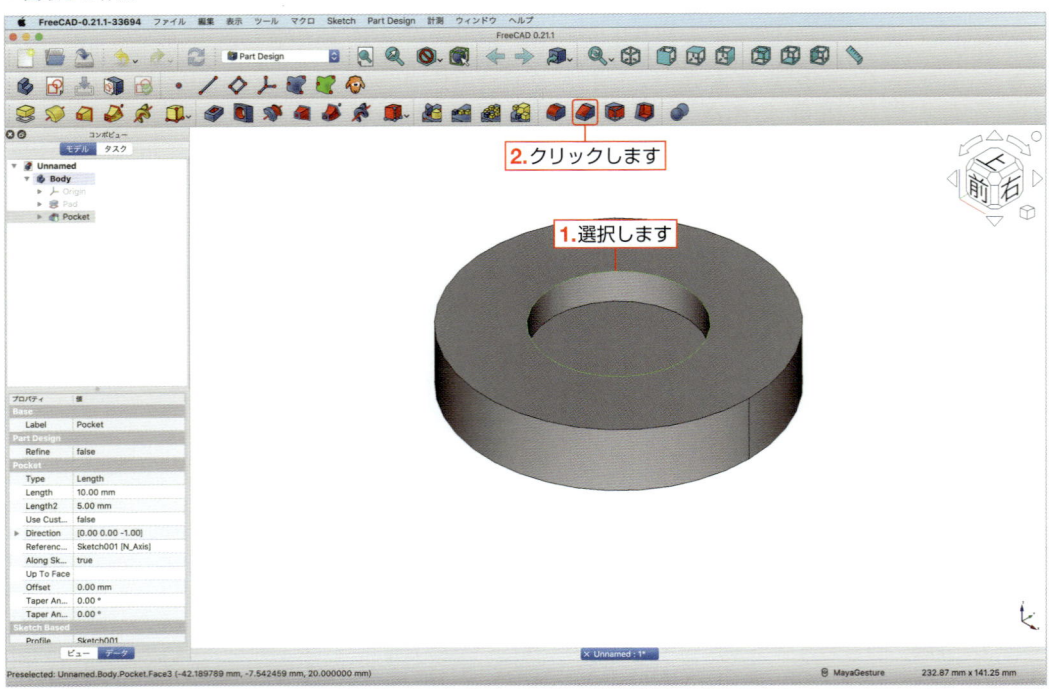 をクリックします。

▼面取りの作成

11 **コンボビュー**に「**面取りパラメーター**」が表示されるので、**1.**「サイズ」に「**5mm**」と入力して、**2.**「OK」ボタンをクリックします。

▼面取りパラメーターの設定

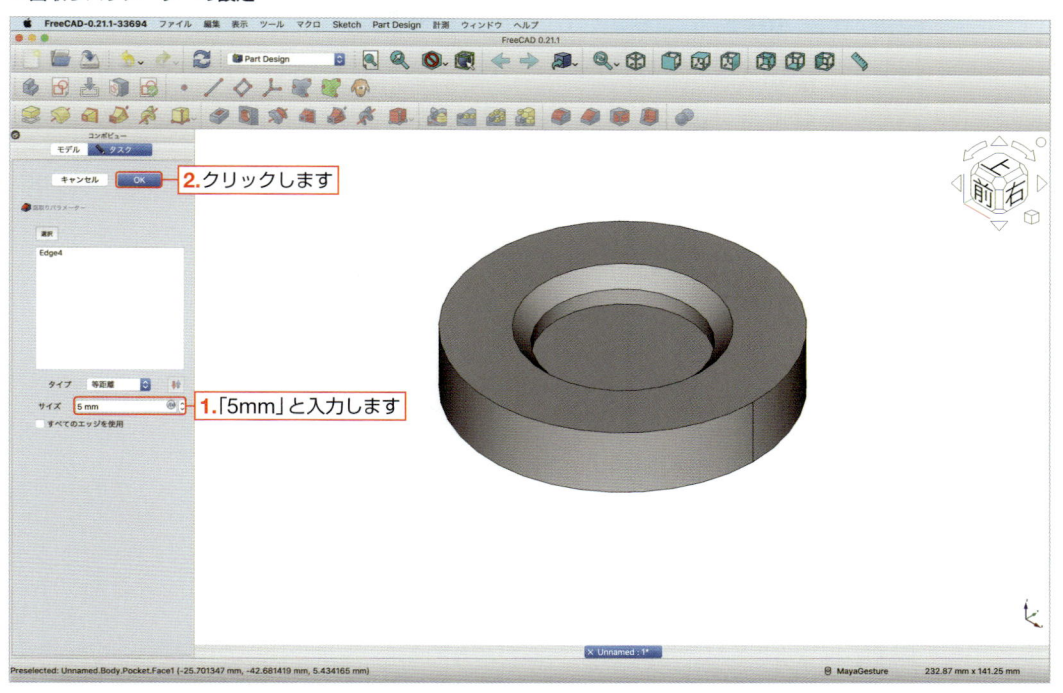

12 フィレットを作成します。**1.**モデル上面の外側エッジを選択し、**2.**「**フィレット**」ボタン 🔴 をクリックします。

▼フィレットの作成

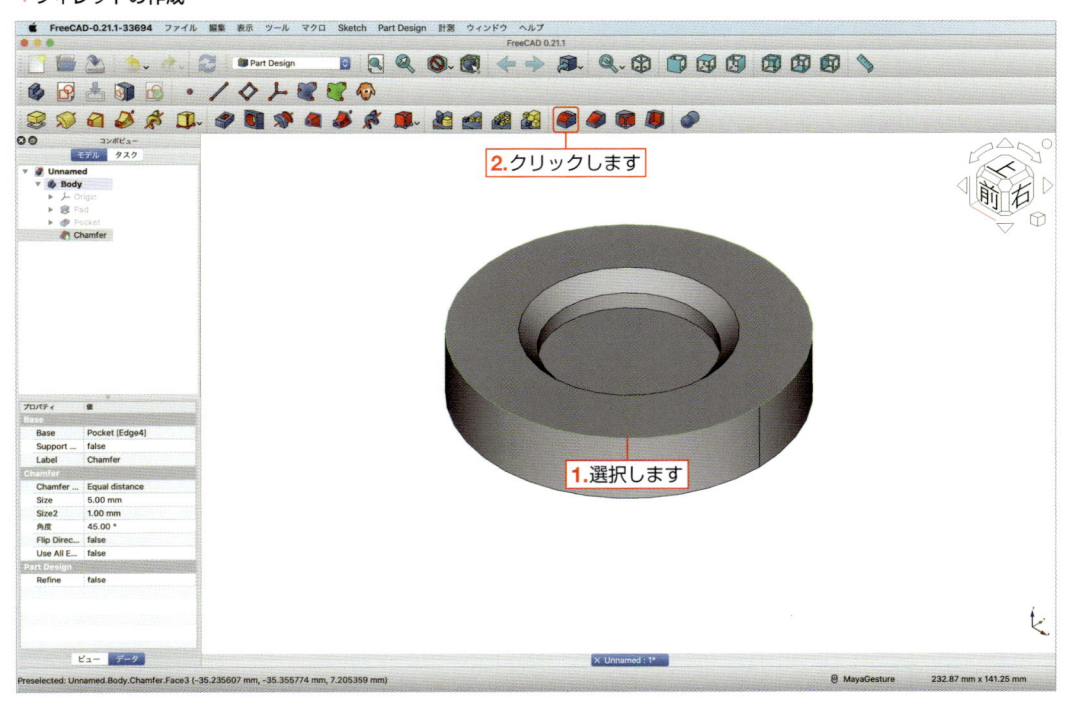

13 コンボビューに「**フィレットパラメーター**」が表示されるので、**1.**「半径」に「**5mm**」と入力して、**2.**「OK」ボタンをクリックします。

▼フィレットパラメーターの設定

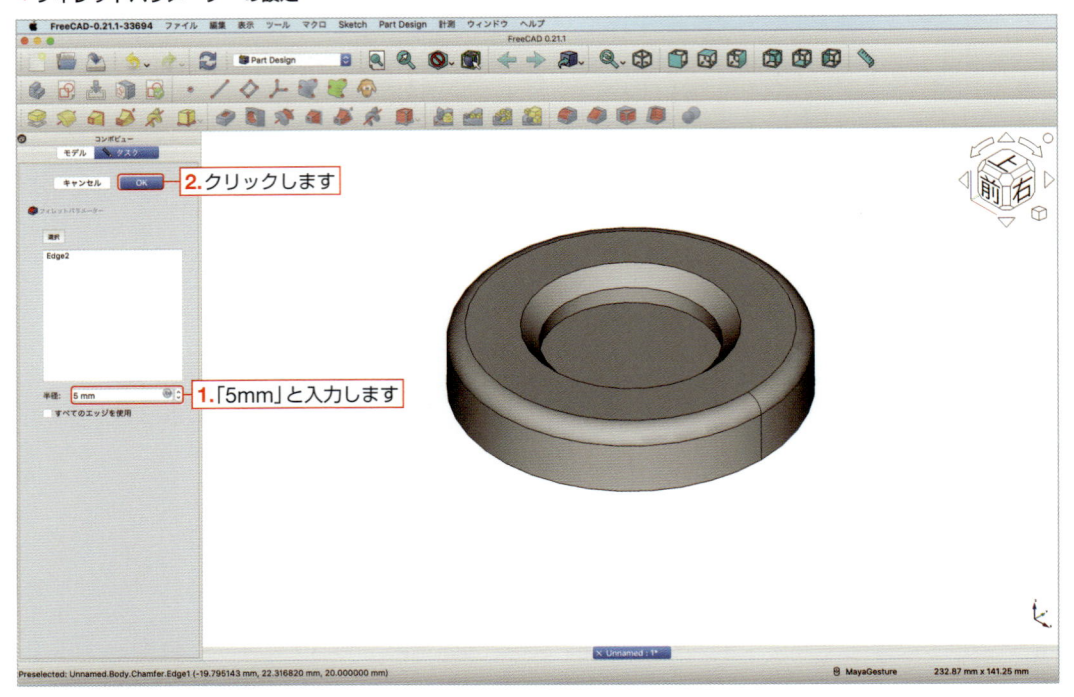

🔷 Step 4：データを保存する

1 ドキュメントを保存します。**1.**「**作業中のドキュメントを保存**」ボタン📄をクリックするとダイアログボックスが表示されるので、**2.**「Save As」にファイル名として「**1-3節モデル**」と入力します。
3.「Where」にファイルを格納したいフォルダを指定して、**4.**「Save」ボタンをクリックします。

▼ドキュメントの保存

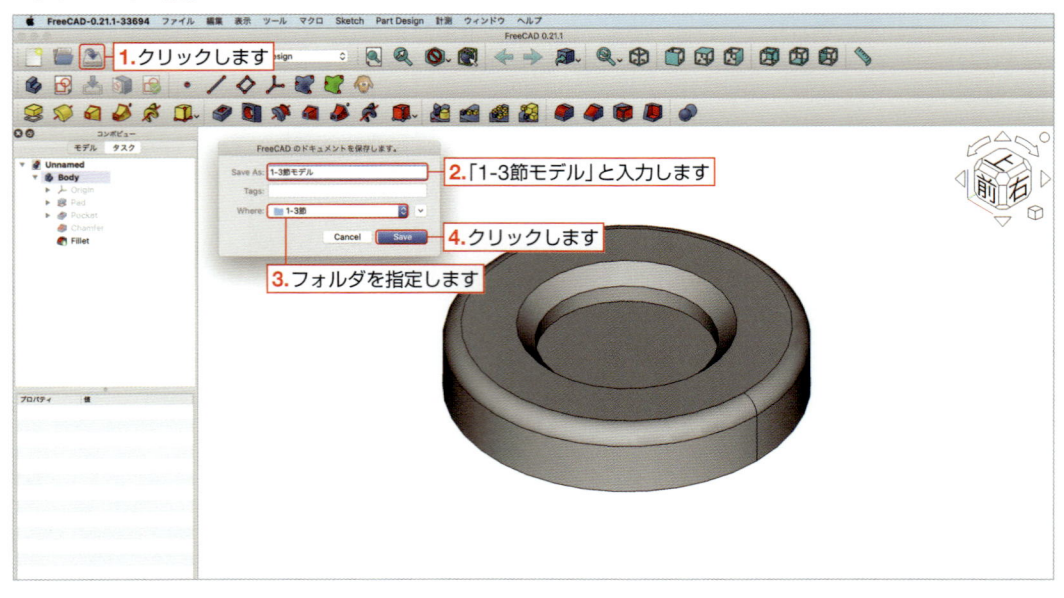

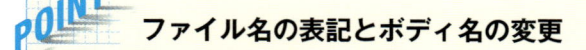 **ファイル名の表記とボディ名の変更**

ドキュメントを保存すると、ファイル名が**コンボビュー**と**3Dビュー**の下のタブに表示されます。ボディ名を変更したい場合には、**1.コンボビュー**の「Body」を右クリックして、**2.**ショートカットメニューから「名前の変更」を選択します。

▼**ファイル名の表記とボディ名の変更**

Step 5：3Dプリンターで印刷可能なデータを出力する

2 **1.コンボビュー**の「**Body**」を選択し、**2.**メニューバーの「**ファイル**」を選択して、**3.**「**エクスポート**」（⌘ + E）を選択します。

▼**3Dプリンターで印刷可能なデータの出力**

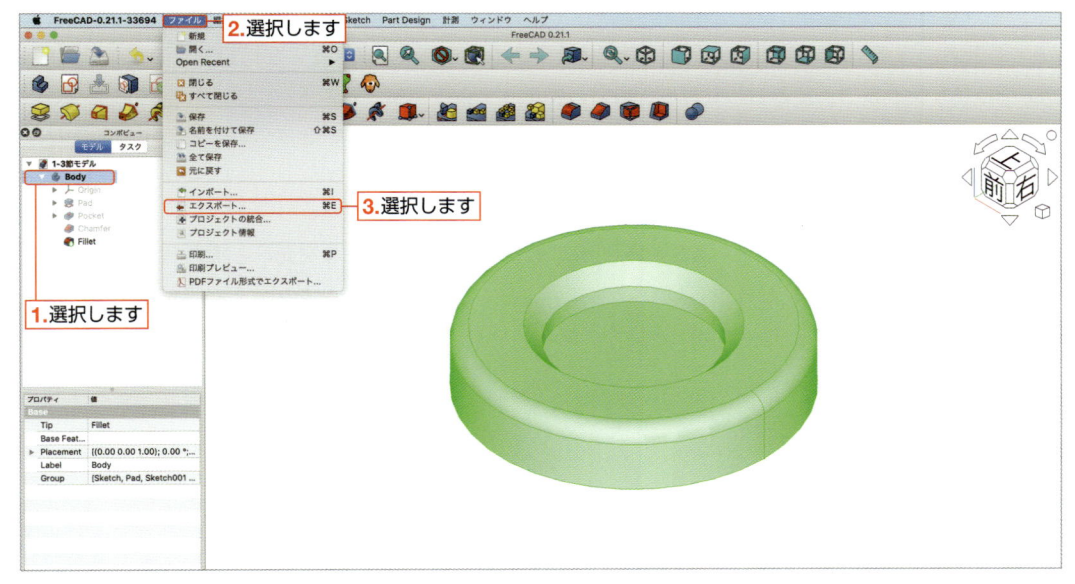

3 「ファイルのエクスポート」ダイアログボックスが表示されるので、**1.**「Save As」にファイル名として「**1-3 節モデル(3Dプリンター用データ)**」と入力します。

2.「Where」にファイルを格納したいフォルダを指定します。**3.** 出力するファイルの種類では「**STL Mesh**」を指定し、最後に **4.**「Save」ボタンをクリックして、データを出力します。

▼「ファイルのエクスポート」ダイアログボックス

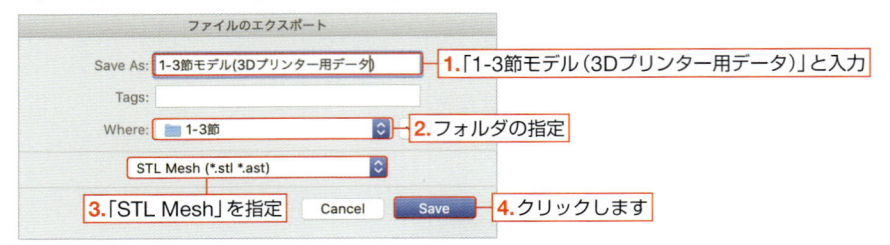

POINT
3Dプリンターで印刷可能なデータ

3Dプリンターでモデルを印刷するためには、まずFreeCADで作成した3DモデルをSTLファイルとして出力します。

その後に「**スライサーソフト**」と呼ばれる3Dプリンター用のデータを生成するソフトを使って、STLファイルを3Dプリンター用のデータに変換させます。使用する3Dプリンターの種類によって印刷可能なデータが異なるため、FreeCADで出力したSTLファイルを必要なデータに変換させて、3Dプリンターで3Dモデルを印刷してください。

 ## 3DCADモデリングの面白さ

3DCADモデリングは、あなたのアイデアを実際の3次元オブジェクトに変換する魔法のようなプロセスです。想像したデザインが画面上で形になり、さらには手に取ることができる製品にまで進化するのを見るのは、非常に魅力的な体験です。3DCADは、エンジニアリング、建築、ゲームデザイン、映画、ファッションなど、幅広い分野で利用されています。

例えば家具をデザインする場合、3DCADソフトウェアを使用して椅子やテーブルの形状、サイズ、素材を決定し、それを自分の部屋のコンピュータ上で試してみることができます。調整はいくつでも、どんなに細かいものでも瞬時に行え、最終的なデザインに完全に納得するまで無限に試すことが可能です。

また、3Dプリント技術と組み合わせれば、設計したアイテムを直接プリントアウトし、実際に使うことができます。これは、趣味でモノづくりを楽しむ人からプロのデザイナーまで、全ての人にとって革新的なツールです。

3DCADモデリングを学ぶことで、あなたのクリエイティビティは新たな次元へと導かれます。始めるのにあたって必要なのは、パソコンとFreeCAD、そして何よりも「創造を形にしたい」という情熱です。色々なモデルに挑戦してみることで、どれほど3DCADモデリングが面白いか、きっと驚かれるはずです。

FreeCADに対応しているファイル形式

Chapter 1 の最後に、FreeCAD に対応しているファイル形式をまとめました。

インポートに対応しているファイル形式

インポートに対応しているファイル形式は、多岐にわたる業界と技術で使用されており、それぞれ特定の用途に特化しています。これらのファイル形式は3Dモデリング、CAD（コンピュータ支援設計）、画像処理、文書作成、データ分析、プログラミングなど、幅広い分野で活用されます。

- Supported formats（.3ds、.3mf、.FCMacro、.FCMat、.FCScript、.asc、.ast、.bdf、.bmp、.bms、.brep....vtk、.vtu、.wbmp、.webp、.wrl、.wrl.gz、.wrz、.xbm、.xdmf、.xhtml、.xlsx、.xml、.xpm、.yaml、.z88、.zip）
- 3D Manufacturing Format（.3mf）
- 3D Studioメッシュ（.3ds）
- Aliasメッシュ（.obj）
- Autodesk DWG 2D（.dwg）
- Autodesk DXF 2D（.dxf）
- BREP形式（.brep、.brp）
- バイナリーメッシュ（.bms）
- Collada（.dae）
- 汎用翼形状データ（.dat）
- Excelスプレッドシート（.xlsx）
- FEMメッシュ Fenics（.xml、.xdmf）
- FEMメッシュ YAML/JSON（.meshyaml、.meshjson、.yaml、.json）
- FEMメッシュ Z88（*i1.txt）
- FEMメッシュ形式（.bdf、.dat、.inp、.med、.unv、.vtk、.vtu、.pvtu、.z88）
- FEM結果 CalculiX（.frd）
- FEM結果 VTK（.vtk、.vtu、.pvtu）
- FEM結果 Z88 変位（*o2.txt）
- FreeCADマテリアルカード（.FCMat）
- Gコード（.nc、.gc、.ncc、.ngc、.cnc、.tap、.gcode）
- IDF emn（.emn）
- IGES（.iges、.igs）
- Image formats（.bmp、.cur、.gif、.heic、.heif、.icns、.ico、.jp2、.jpeg、.pbm、.pdf、.pgm、.png、.ppm、.svg、.svgz、.tga、.tif、.tiff、.wbmp、.webp、.xbm、.xpm）
- Industry Foundation Classes（.ifc）
- Inventor V2.1（.iv）
- オブジェクトファイル形式メッシュ（.off）
- Open CAD（.oca、.gcad）
- OpenSCAD CSG（.csg）
- PLM XML（.plmxml）
- 点群データ（.asc、.pcd、.ply、.e57）
- Pythonファイル（.py、.FCMacro、.FCScript）
- 色付き STEP（.step、.stp）
- STEP Zip（.stpZ、.stpz）
- STLメッシュ（.stl、.ast）
- SVG形状データ（.svg）
- シェイプファイル（.shp）
- シンプルモデル形式（.smf）
- スプレッドシート形式（.csv）
- スタンフォード３角形メッシュ（.ply）
- SweetHome3D XML エクスポート（.zip）
- VRML V2.0（.wrl、.vrml、.wrz、.wrl.gz）
- Wavefront OBJ - Archワークベンチ（.obj）
- Webページ（.html、.xhtml）

◆3DモデリングとCAD

.3ds／.3mf：3Dモデリングとアニメーションのためのファイル形式で、3Dプリントやゲーム開発で広く利用されています。

.dwg／.dxf：AutoCADなどのCADソフトウェアで使用される形式で、建築や機械設計の分野で標準とされています。

.stp／.step：製品データの交換のための形式で、さまざまなCADソフトウェア間での互換性を提供します。

◆画像ファイル

.bmp ／ .jpeg ／ .png ／ .tiff：デジタル画像の保存と共有に使用される標準的なフォーマットです。Webページやデジタルメディアで一般的に利用されています。

◆文書と表計算

.docx ／ .xlsx：Microsoft Officeの文書や表計算シートの形式で、ビジネスや教育の現場で広く使われています。

.pdf：書類の共有と印刷に便利な形式で、フォーマットが変わらないため、正確なレイアウトを保つことができます。

◆プログラミングとスクリプト

.py：Python言語のスクリプトファイルで、データサイエンスやWeb開発、自動化スクリプトなどさまざまな用途に使われます。

.FCMacro：FreeCADのマクロファイルで、CAD作業の自動化に使用されます。

◆シミュレーションと分析

FEMファイル（.bdf ／ .vtk）：構造解析や流体力学のための有限要素モデリングに関連するデータファイルです。

.frd：計算結果を保存するためのファイルで、主に工学的なシミュレーションで利用されます。

◆その他の特殊なフォーマット

.iges ／ .igs：複雑なCADデータを異なるソフトウェア間で転送するために使用されるファイル形式です。

.stl：3Dプリンターでモデルを作成する際に用いられる形式で、各面を三角形で表現します。

.obj：3Dグラフィックスとゲームエンジンで使用される汎用的なメッシュ形式です。

エクスポートに対応しているファイル形式

　エクスポートに対応しているファイル形式は、3Dモデリング、CAD（コンピュータ支援設計）、FEM（有限要素法）解析、画像処理、ドキュメント作成など、さまざまな技術分野において使用されるデータ形式があります。これらのフォーマットは、特定の産業やプロセスに最適化されており、データの交換、保存、可視化に重要な役割を果たします。

- 3D造形形式（.3mf）
- 積層造形形式（.amf）
- Aliasメッシュ（.obj）
- Autodesk DWG 2D（.dwg）
- Autodesk DXF 2D（.dxf）
- BREP形式（.brep、.brp）
- バイナリーメッシュ（.bms）
- Collada（.dae）
- FEMメッシュ Fenics（.xml、.xdmf）
- FEMメッシュ Nastran（.bdf）
- FEMメッシュ Python（.meshpy）
- FEMメッシュ TetGen（.poly）
- FEMメッシュ YAML/JSON（.meshyaml、.meshjson、.yaml、.json）
- FEMメッシュ Z88（*i1.txt）
- FEMメッシュ形式（.dat、.inp、.med、.stl、.unv、.vtk、.vtu、.z88）
- FEM結果 VTK（.vtk、.vtu）
- 平面投影SVG（.svg）
- IGES（.iges、.igs）
- Industry Foundation Classes（.ifc）
- Industry Foundation Classes - IFCJSON（.ifcJSON）
- Inventor V2.1（.iv）
- JavaScript Object 記法（.json）
- オブジェクトファイル形式メッシュ（.off）
- Open CAD（.oca）
- OpenSCAD CSG（.csg）
- OpenSCAD（.scad）
- 点群データ（.asc、.pcd、.ply）
- PDF（.pdf）
- 色付き STEP（.step、.stp）
- STEP Zip（.stpZ、.stpz）
- STLメッシュ（.stl、.ast）
- シンプルモデル形式（.smf）
- スタンフォード3角形メッシュ（.ply）
- テクニカルドローイング（.svg、.dxf、.pdf）
- VRML V2.0（.wrl、.vrml、*wrz、.wrl.gz）
- Wavefront OBJ - Arch ワークベンチ（.obj）
- WebGL（.html）
- WebGL/X3D（.xhtml）
- X3D拡張3D（.x3d、.x3dz）
- glTF（.glTF、.glb）≈

◆3DモデリングとCAD

　3D造形形式（.3mf）／積層造形形式（.amf）：主に3Dプリンティングで使用され、デジタルオブジェクトの詳細なレイヤー情報を提供します。

　Aliasメッシュ（.obj）／ Wavefront OBJ（.obj）：汎用の3Dメッシュファイル形式で、広範なソフトウェアでサポートされています。

　Autodeskのフォーマット（.dwg ／ .dxf）：CADデータの交換や編集に広く使用されるフォーマットです。

　BREP形式（.brep ／ .brp）／バイナリーメッシュ（.bms）：複雑な3D形状の表現に適しています。

◆FEM（有限要素法）

　FEMメッシュフォーマット（.xml ／ .xdmf ／ .bdf ／ .dat ／ .inp ／ .med ／ .stl ／ .unv ／ .vtk ／ .vtu ／ .z88）：構造解析や流体力学などで使用され、物理的挙動のシミュレーションに必要なメッシュデータを保持します。

　FEM結果ファイル（.vtk ／ .vtu）：解析結果を保存して、可視化ソフトウェアでの使用が可能です。

◆画像処理とドキュメント

点群データ（.asc ／ .pcd ／ .ply）：3DスキャンデータやLIDARデータの表現に用いられます。

画像フォーマット（.pdf ／ .svg）：ドキュメント共有や技術図面の作成に利用されます。

Web技術（.html ／ .xhtml ／ .json）：Webページの構造やデータ交換のフォーマットとして広く使用されます。

◆特殊な用途と拡張性

Industry Foundation Classes（.ifc ／ .ifcJSON）：建築情報モデリング（BIM）データの交換に特化したフォーマットです。

VRML（.wrl ／ .vrml)／ X3D（.x3d ／ .x3dz）：仮想現実環境や3DWebアプリケーションでの使用に適した形式です。

glTF（.glTF ／ .glb）：効率的な3Dモデルの伝送とローディングを目的としたフォーマットで、Webやゲームエンジンでの使用に適しています。

Chapter 2

モーニングプレート
を作ろう！

ここでは、モーニングプレートのデザインとモデリングを行います。まず基本的な形状をスケッチとして作成し、「パッド」コマンドで3Dの形状に変換する方法を学びます。
これによって、初心者でもFreeCADの操作に慣れ、自らのアイデアを形にする楽しさを体感できます。

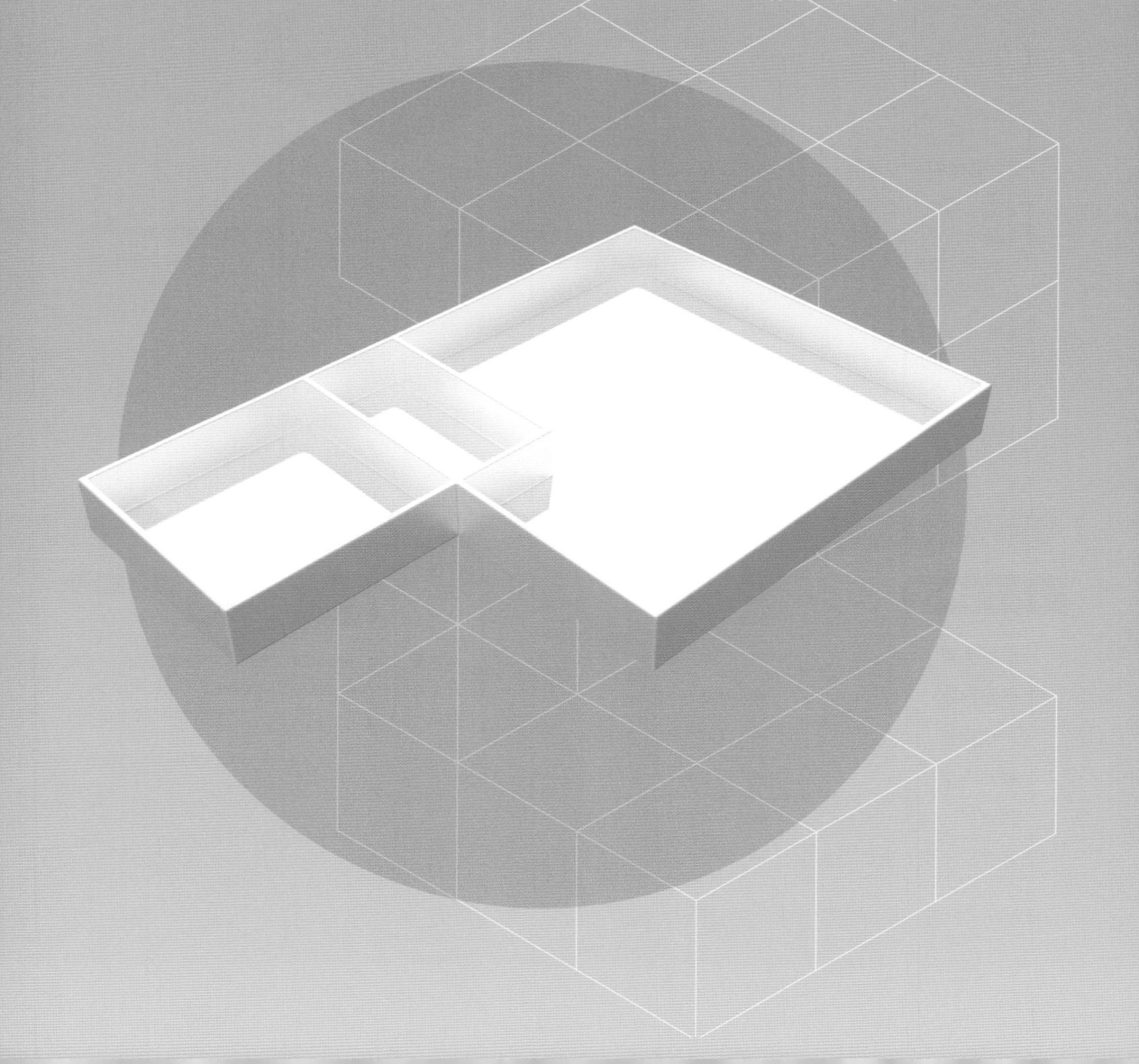

ここで作る3Dモデルの完成形

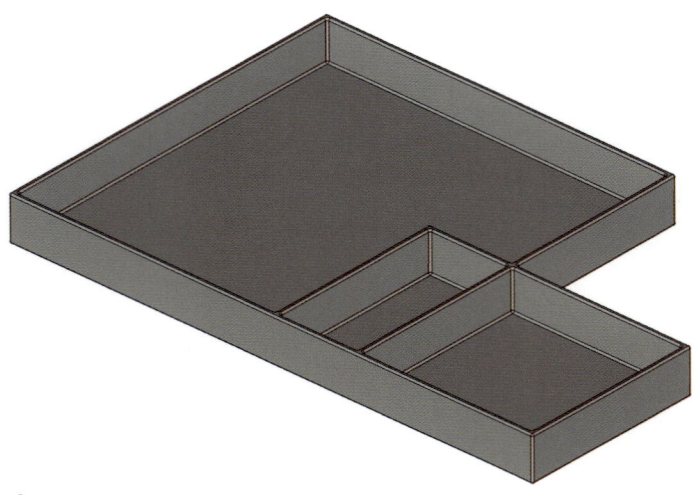

 制作のポイント

■ 基本形状の理解

通常、モーニングプレートはプレートや食べ物のアイテム（パン、卵、ベーコンなど）、カップなど複数の基本的な形状から成り立っています。各アイテムは単純な形状（円、楕円、長方形など）から作成して、徐々に詳細を加えていきます。

■ 寸法の正確さ

各アイテムのサイズが、実際の食器や食べ物に近い比率であることを確認してください。
寸法が不正確だと全体のバランスが崩れて、見た目が不自然になります。

■ カーブや角の処理

プレートの端は滑らかにして、食べ物が取りやすいようにします。

学習する項目

水平拘束	➡	56ページ
垂直拘束	➡	56ページ
一致拘束	➡	63ページ
等値拘束	➡	72ページ
パッド	➡	74ページ
オブジェクト上の点拘束	➡	76ページ

POINT
モデリングの方向（座標系）や初期設定について

本書では、FreeCADの規定の設定に従い、Z軸を上方向で作業を進めていきます。初期設定については、Section 1-2（10ページ）を確認してください。

モーニングプレートの 大まかな形を作ろう

Section 2-1

最初に練習としてモーニングプレートを作りながら、3DCADの操作に慣れていきましょう。
手順通りに進めることで、スケッチの描画と3Dモデリングの操作を身につけることができます。

◆ モーニングプレートの底を作っていこう

スケッチを描き、「パッド」コマンドを使うことで、モーニングプレートの底を作っていきましょう。
長方形の描き方やスケッチの拘束についても学んでいきます。

◆ モデル作成の準備をしよう

最初にモデル作成の準備をします。ここではドキュメントを作って、ファイルを保存する操作を学びます。
この操作は **Chapter 3** 以降も行いますので、忘れた場合には本項をお読みください。

1 **1.** ツールバーの【ワークベンチ】バー➡「ワークベンチを切り替える」➡「Part Design」*に変更します。
2. ツールバーの「**新規**」ボタン▱をクリックします。

* Chapter 1の初期設定をしている場合、ワークベンチは最初から「Part Design」です。

▼新しい空のドキュメントを作成

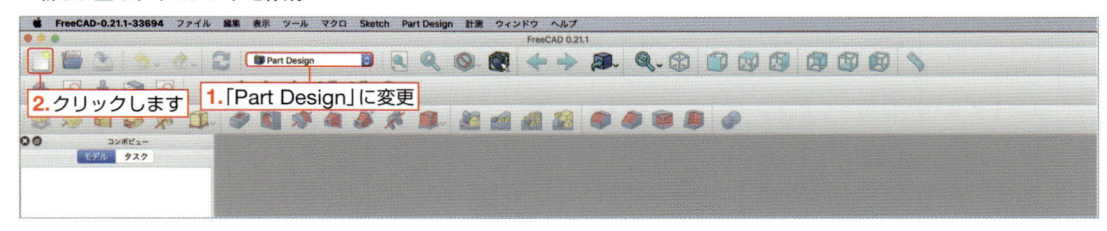

2 **コンボビュー**内に新しいドキュメントが作成されました。データが未保存のため「**Unnamed**」と表記されているので、まずはドキュメントを保存します。**1.** 「**保存**」ボタン▤をクリックするとダイアログボックスが表示されるので、**2.** 「Save As」にファイル名として「**2-1節モデル**」と入力します。続いて、**3.** 「Where」にファイルを格納したいフォルダを指定します。最後に、**4.** 「**Save**」ボタンをクリックします。

▼ドキュメントの保存

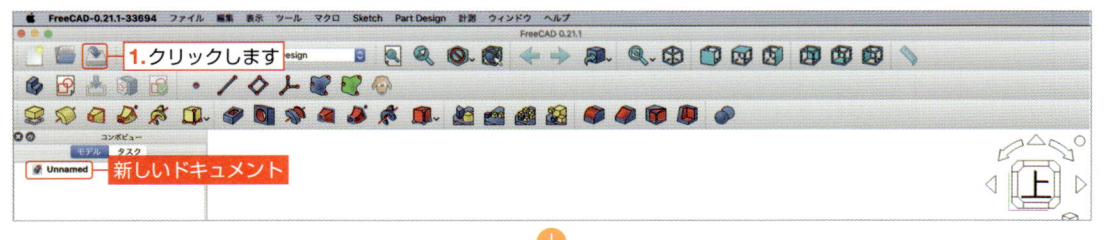

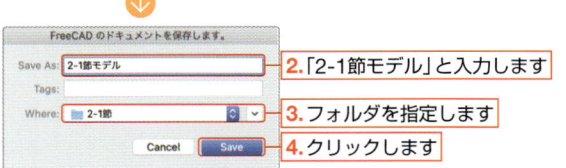

3 ドキュメントを保存すると、ファイル名が**コンボビュー**内と**3D ビュー**の下のタブに表記されます。
次に**「ボディを作成」ボタン**をクリックします。

▼ボディを作成

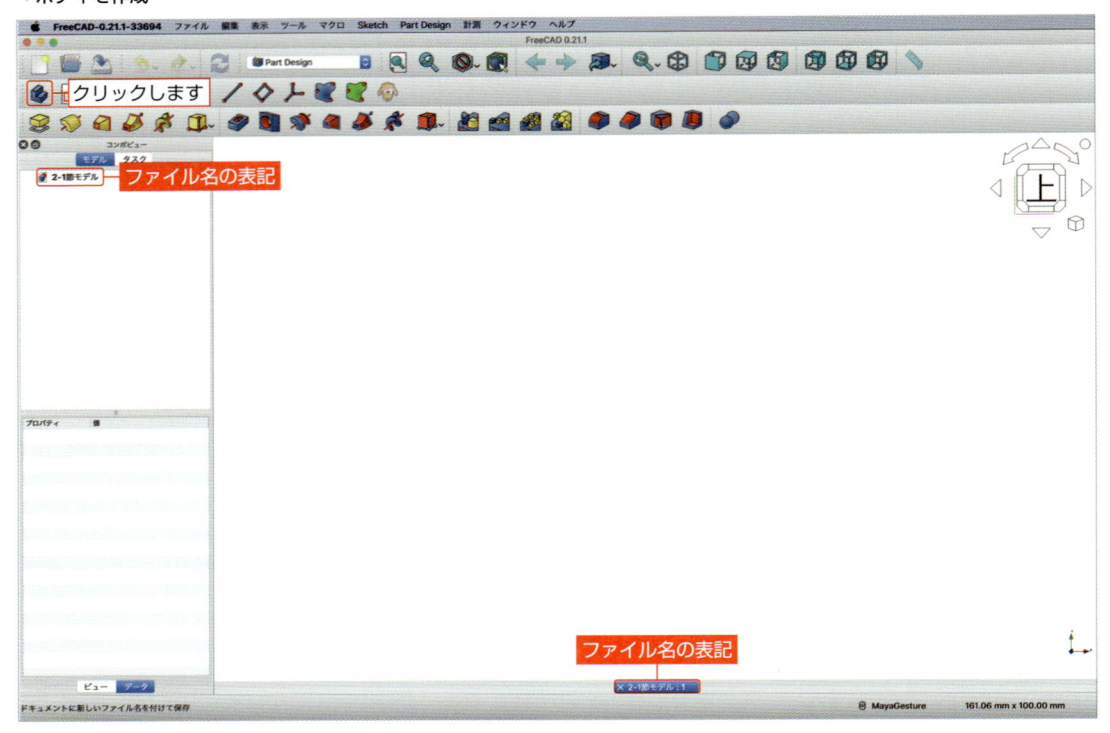

4 **コンボビュー**内に新しいボディが作成されました。続いて**「スケッチを作成」ボタン**をクリックします。

▼スケッチを作成

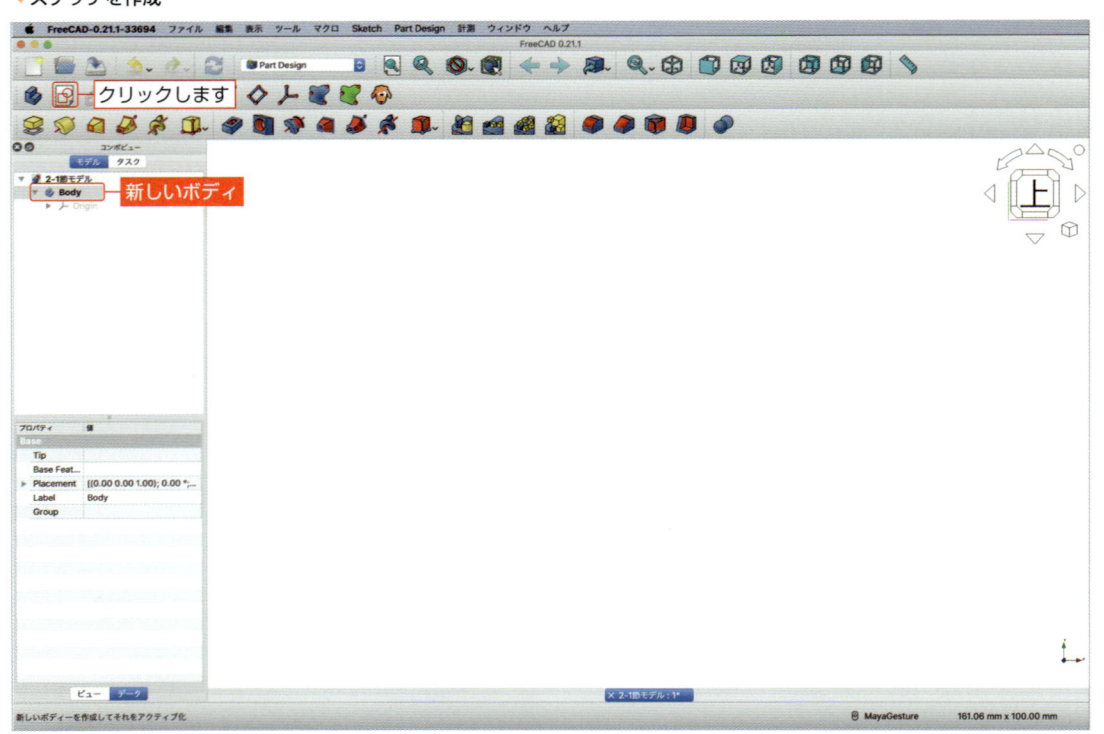

5 スケッチを作成する平らな面（平面）を選択します。ここでは、モーニングプレートを上から見たときの輪郭を描いていくため、「XY平面」を選択します。

1. コンボビューの **「XY-plane」** を選択し、**2.** 「OK」ボタンをクリックします。

▼スケッチ平面の選択

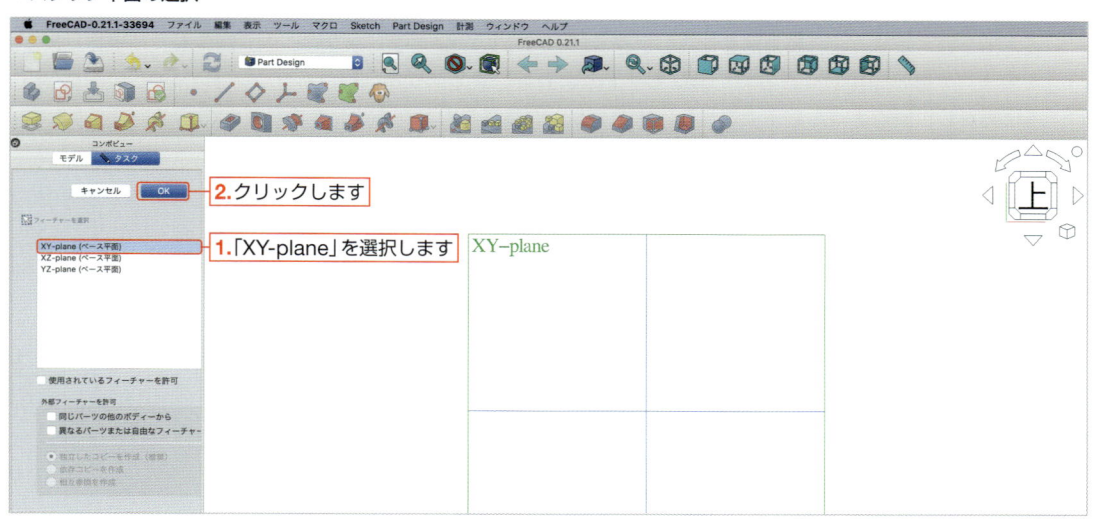

スケッチの原点および軸について

赤線と緑線の交わるところが**原点**と呼ばれるもので、座標位置を定めるための基準点となります。ここではスケッチの平面を「XY平面」にしたため、赤線がX軸、緑線がY軸を表しています。また、軸の向きは**3Dビュー**の右下にあるマークで確認します。

▼スケッチの原点および軸について

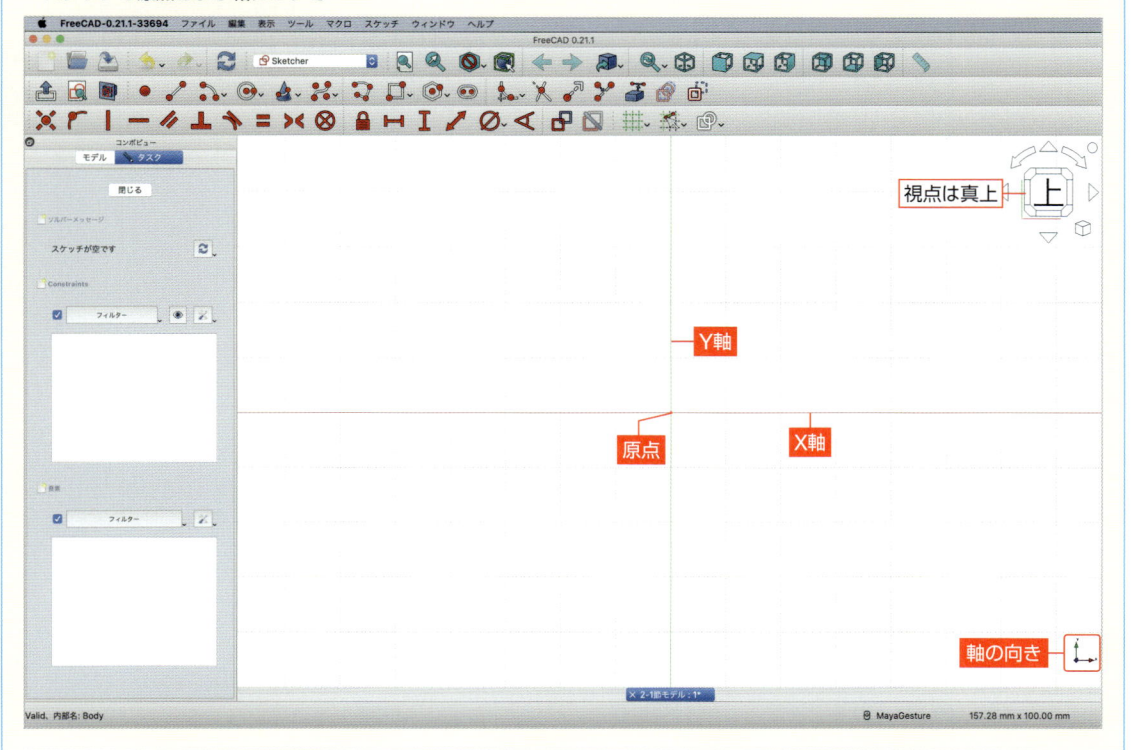

🔷 スケッチを描いていこう

スケッチとは、平らな面に2次元の線を描くことです。

モーニングプレートの底を作るために、長方形を描いていきましょう。

6 長方形を描きます。**1.「長方形を作成」ボタン**▣の右にある▼をクリックし、**2.「四角形」** を選択します。**3.** 原点（赤線と緑線が交わる点）よりも左上の適当な位置でクリックし、**4.** マウスポインタ（カーソル）を右下に動かし、原点よりも右下の適当な位置でクリックして長方形を作成します。

▼長方形の描き方

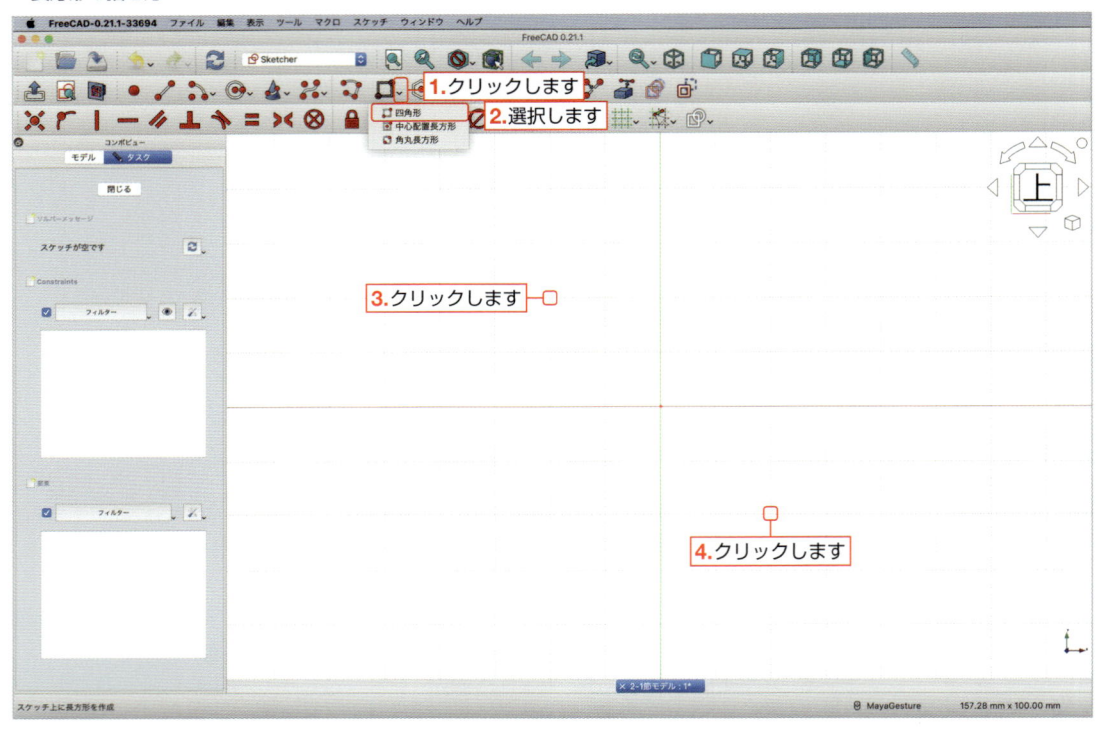

POINT

スケッチの拘束について

　スケッチに拘束を与えることで、スケッチを固定します。線を水平に拘束する条件を **「水平拘束」**、線を垂直に拘束する条件を **「垂直拘束」** といい、スケッチの線の近くにマークが表記されます。

▼スケッチの拘束

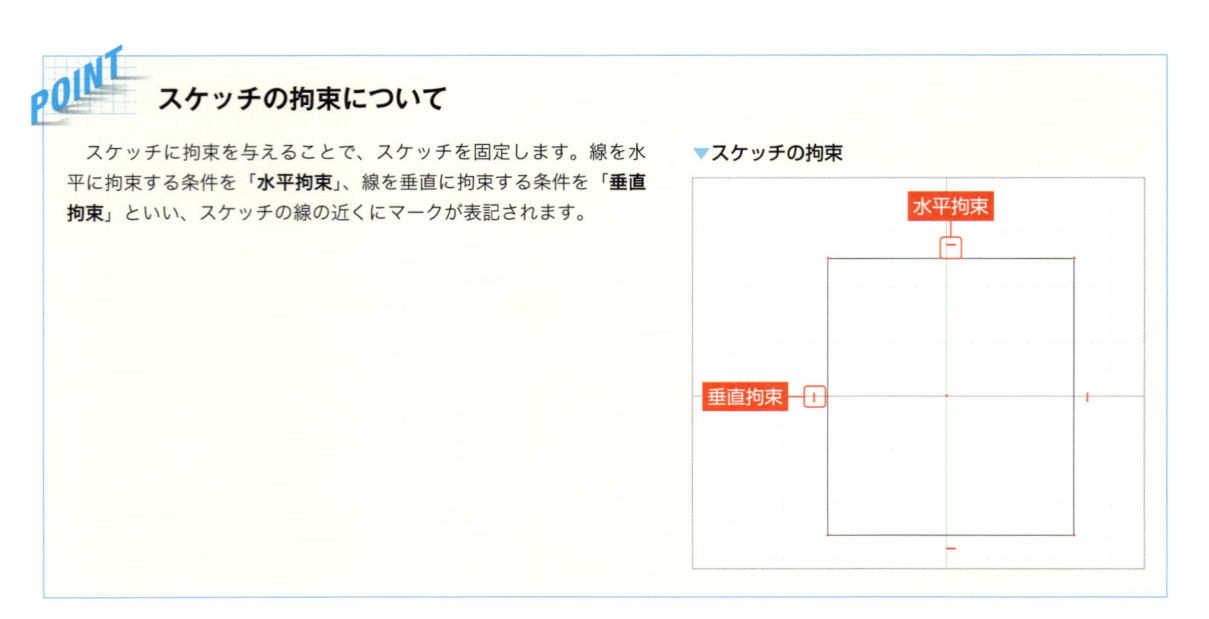

7 **1.** esc キーを押して、**「長方形を作成」ボタン**■を解除します。

次に原点（赤線と緑線が交わる点）を基準に、長方形の左上端点と右下端点が対称となるように拘束します。

2. 長方形の左上端点をクリックし、**3.** 右下端点をクリックします。**4.** 原点をクリックして 3 つの点が選択された状態で、**5.** ツールバーの**「対称拘束」ボタン**▷◁をクリックします。

▼ 対称拘束の方法

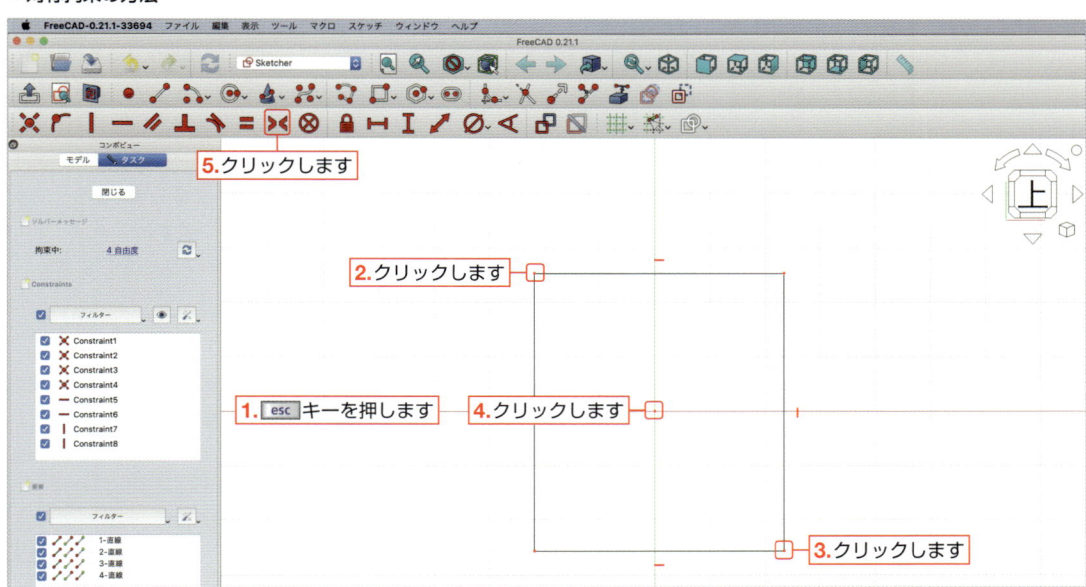

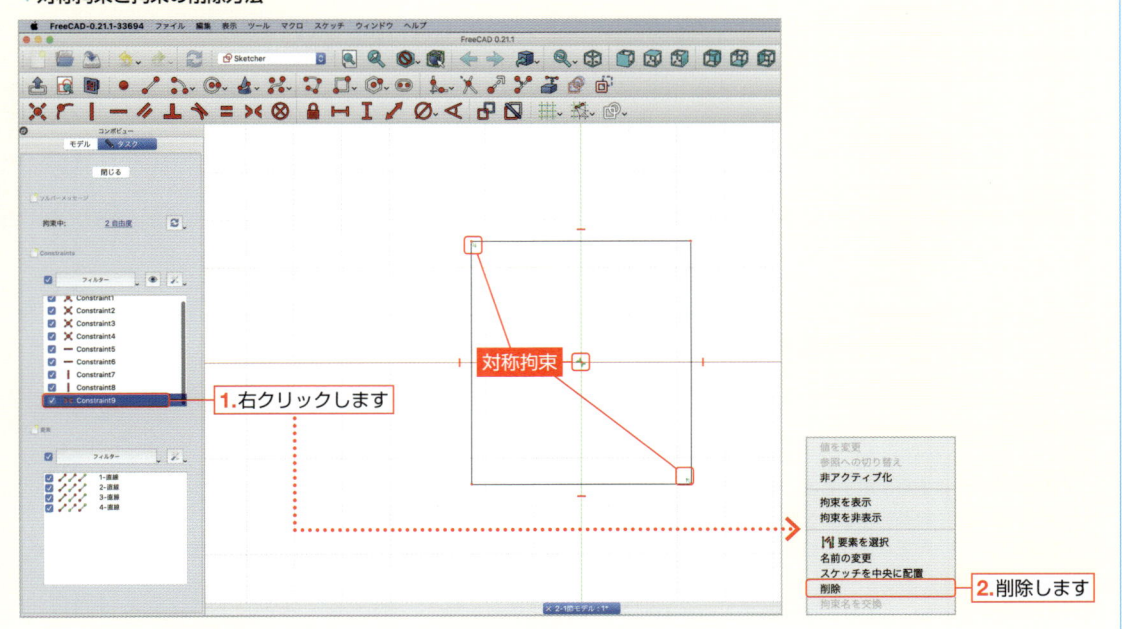

POINT

対称拘束と拘束の削除

「**対称拘束**」とは、最初に選択した 2 つの点を、3 つ目に選択した線や点に対して対称となるように拘束する条件です。例えば、長方形の左上端点と右下端点は、原点（赤線と緑線が交わる点）に対して対称となるように拘束されています。

この場合、**1.** コンボビューの「**Constraints**」に表記された拘束を右クリックして、**2.**「削除」を選択すると、拘束条件を削除できます。

▼ 対称拘束と拘束の削除方法

ボタンを解除するEscキーについて

　手順**7**の**1.**では、esc キーを押して**「長方形を作成」ボタン** を解除しました。スケッチを拘束する際に点や線を選択しますが、ボタンが解除されていないと選択できません。そのため、**「長方形を作成」ボタン** などスケッチの線を描いた後は esc キーを押してボタンを解除し、その後に点や線を選択するようにしましょう。

　また esc キーを誤って2回以上押してしまうと、スケッチが閉じてしまいます。もし誤ってスケッチを閉じてしまった場合には、**コンボビューの「Sketch」をダブルクリック**するとスケッチを再編集できます。スケッチの再編集については、60ページの**POINT**を参照してください。

8 長方形の縦寸法を拘束します。**1.**長方形の左上端点をクリックし、**2.**左下端点をクリックします。
2つの点が選択された状態で、**3.**ツールバーの**「垂直距離拘束」ボタン** をクリックします。
4.「長さを挿入」ダイアログボックスで「**200mm**」と入力して、**5.**「OK」ボタンをクリックします。
※数値の入力は、半角で行ってください。

▼垂直距離の拘束方法

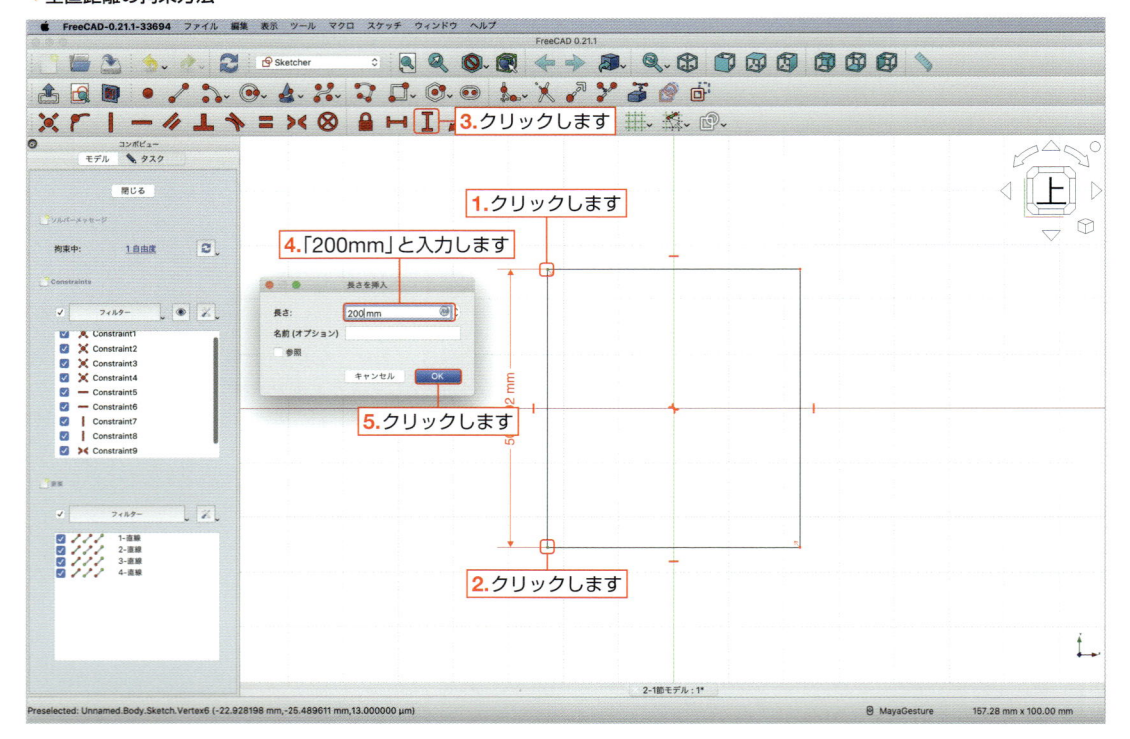

スケッチ拘束の重要性

　スケッチの拘束は、FreeCADを使用する際の基本的で重要な技術です。これらを適切に学んで使いこなすことで、効率的かつ正確な設計が可能になります。

- **精度の向上**：拘束を使用すると、設計が意図した通りの寸法や位置関係を維持します。
- **エラーの減少**：自動的に整合性をチェックするため、エラーが発生する可能性が減少します。
- **変更の容易さ**：拘束を使って設計することで、後で寸法や形状を変更する際に、関連する他の要素も自動的に更新されます。

9 長方形の横寸法を拘束します。**1.**長方形の左上端点をクリックし、**2.**右上端点をクリックします。
2つの点が選択された状態で、**3.**ツールバーの**「水平距離拘束」ボタン**をクリックします。
4.「長さを挿入」ダイアログボックスで「**200mm**」と入力して、**5.**「OK」ボタンをクリックします。
※数値の入力は、半角で行ってください。
最後に視点を合わせるため、**6.「全てにフィット」ボタン**をクリックします。

▼水平距離の拘束方法

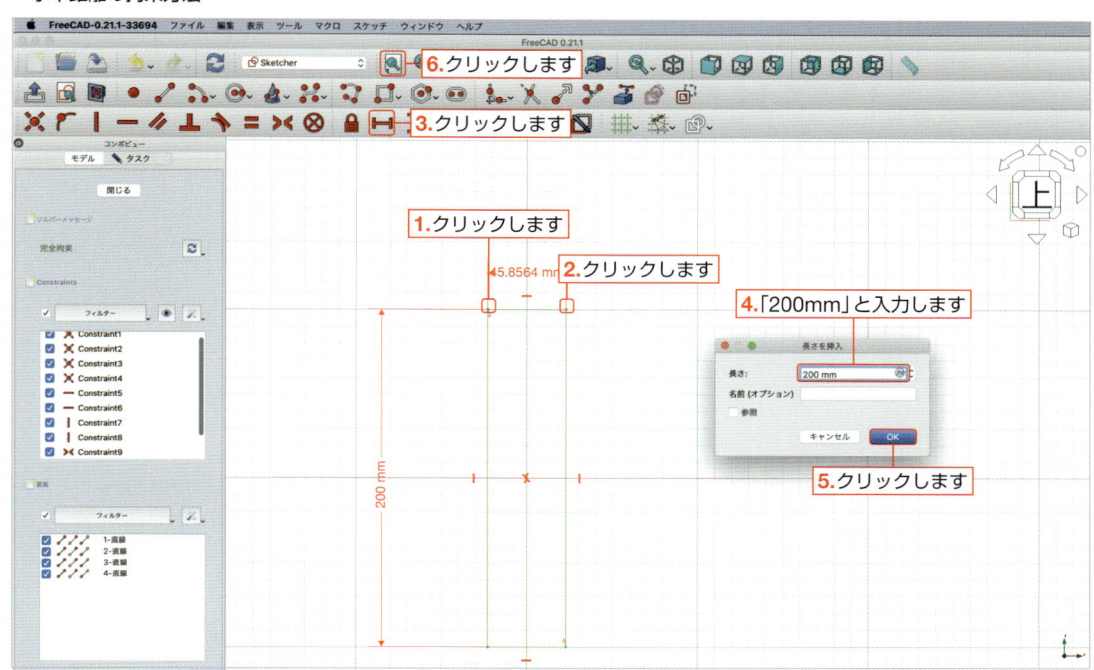

10 スケッチが完全に拘束されると、線が緑色に変わります。**コンボビュー**の「ソルバーメッセージ」にも「**完全拘束**」と表記が出ます。
スケッチを閉じるために**コンボビュー**の「閉じる」をクリックして、スケッチを終了します。

▼スケッチの完全拘束

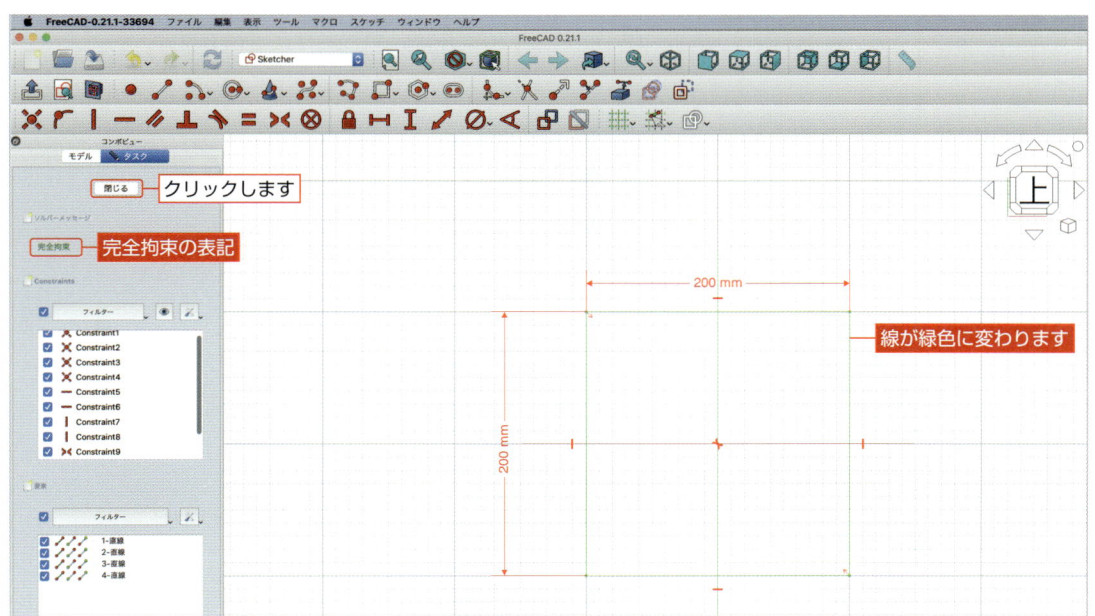

POINT スケッチの再編集

スケッチを終了するとスケッチ作成が終了し、定義した寸法は非表示になります。作成したスケッチは**コンボビュー**に保存され、ダブルクリックすると再編集できます。また、右クリックしてスケッチの削除や名前の変更ができます。

▼スケッチの再編集

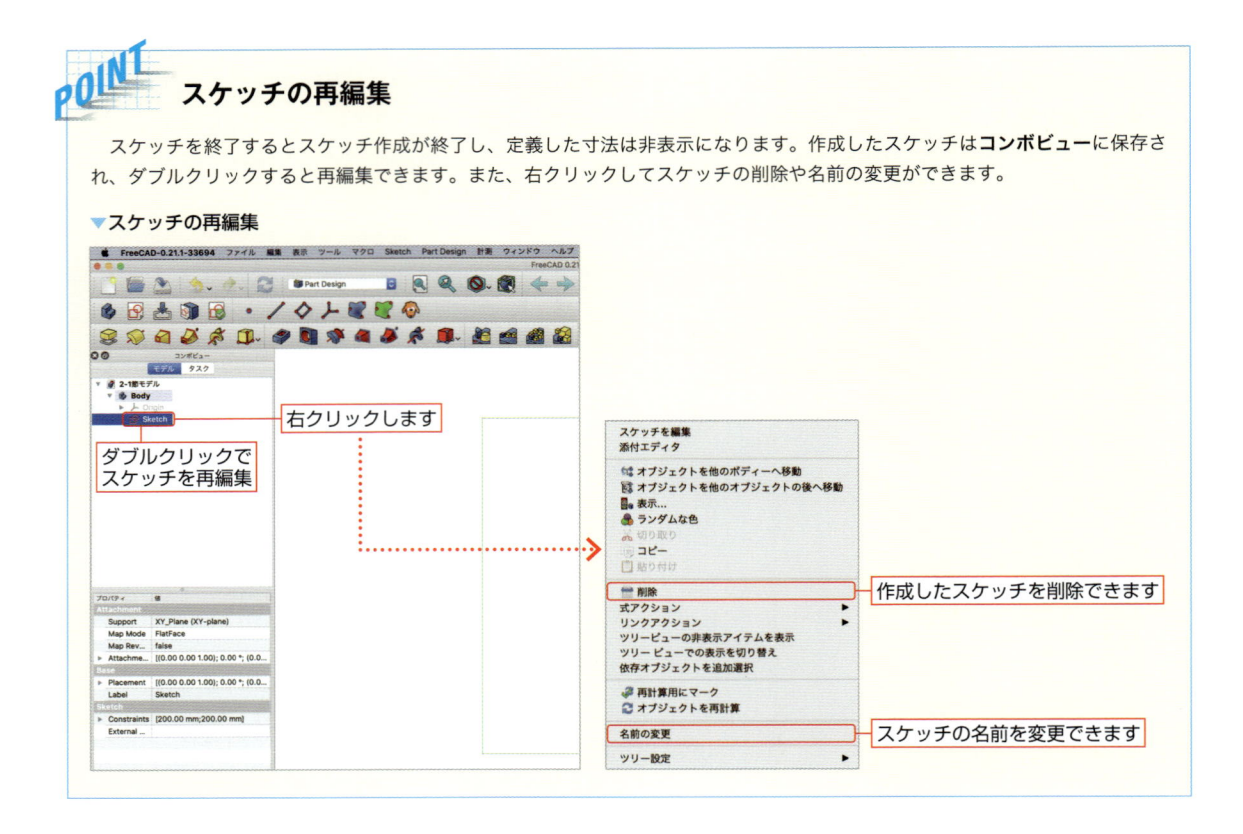

🔲 スケッチを立体化しよう

これまでの作業で、長方形を作成することができました。しかし、これはまだ2D（2次元）の図でしかありません。3D（3次元）の立体物にするにはどうしたらよいのでしょうか？

そこで多用されるのが、スケッチを立体化できる「パッド」コマンドです。

11 視点を合わせるために、**1.「全てにフィット」ボタン**🔍をクリックします。また視点を等角図に切り替えるため、**2.「アイソメトリック」ボタン**⊞をクリックします。
3.コンボビューの**「Sketch」**を選択して、**4.** ツールバーの**「パッド」ボタン**📦をクリックします。

▼スケッチの立体化

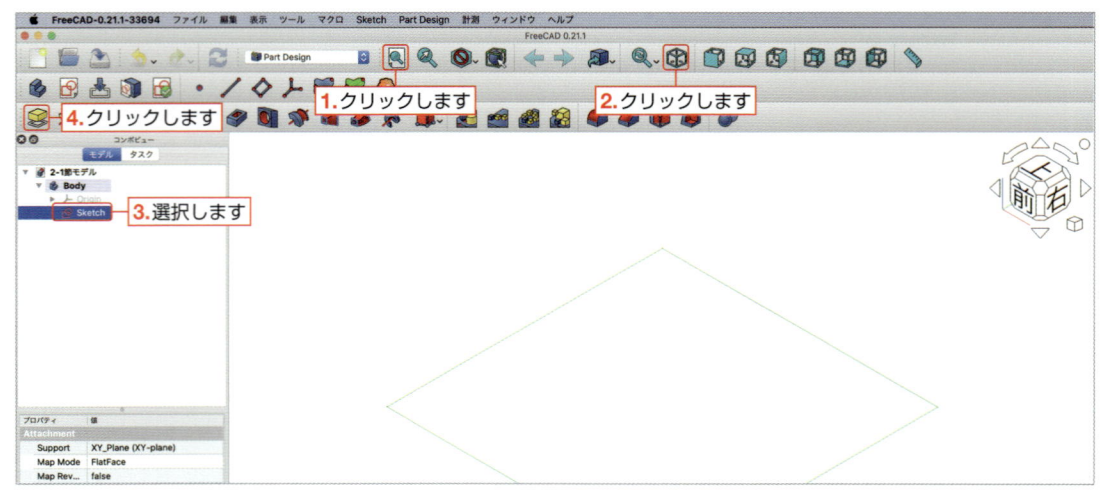

12 「パッドパラメーター」が表示されます。

1.「長さ」に「**3mm**」と入力して、**2.**「OK」ボタンをクリックします。

▼パッドパラメーターの設定

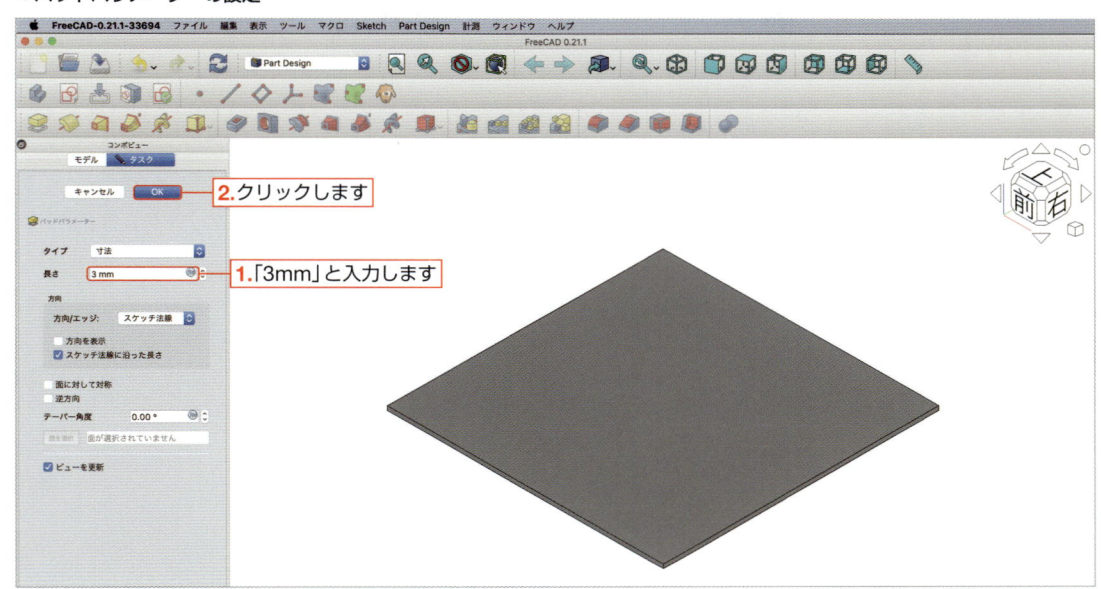

POINT

フィーチャ編集

フィーチャとは3DCADでモデルを作るための機能やコマンド（指令）のことで、その機能で作成される形状のことも指します。例えば「パッド」コマンドを実行すると、使用したスケッチは自動的に非表示になります。また、パッドは**コンボビュー**に保存され、アイコンをダブルクリックして押し出し量の変更や向きの反転などが行えます（**フィーチャ編集**）。

また、アイコンを右クリックするとショートカットメニューからフィーチャ削除や名前の変更などさまざまなコマンドが実行できます。本書の後半で作成するスケッチやパッドなどのフィーチャも**コンボビュー**に順番に保存され、編集や削除が可能です。

▼フィーチャ編集

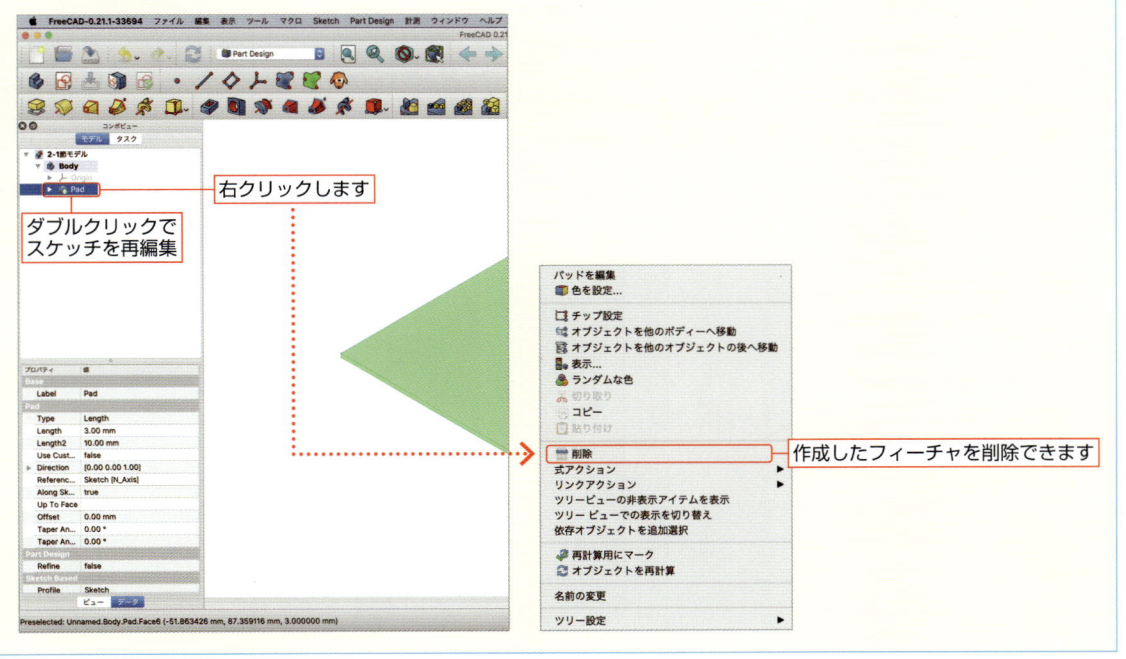

🧊 モーニングプレートの枠を作ってみよう

次はモーニングプレートの底の四方に厚み3mm、高さ22mmの枠を作っていきます。

🧊 枠のスケッチを描いていこう

最初にモーニングプレートの底に枠を作るために、厚み3mmの枠をスケッチとして描いていきましょう。

13 モデルの上面にスケッチを作成します。

1. モデルの上面をクリックして選択された状態で、**2.「スケッチを作成」ボタン**をクリックします。

▼モデル上面にスケッチを作成

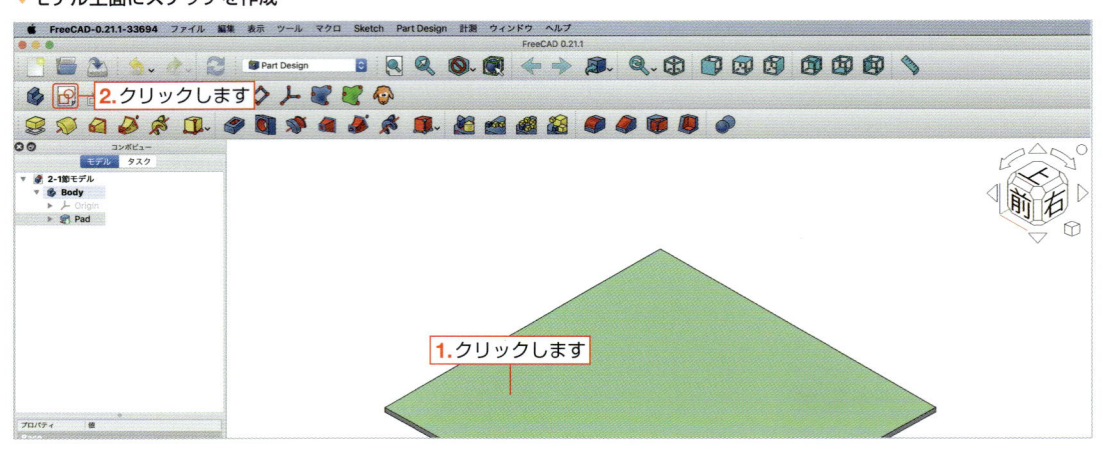

14 外部形状にリンクするエッジを作成します。**1.** ツールバーの**「外部ジオメトリーを作成」ボタン**をクリックします。**2.** モデルの上辺をクリックし、**3.** モデルの下辺をクリックします。

最後に、**4.** esc キーを押してボタンを解除します。

▼外部ジオメトリーを作成

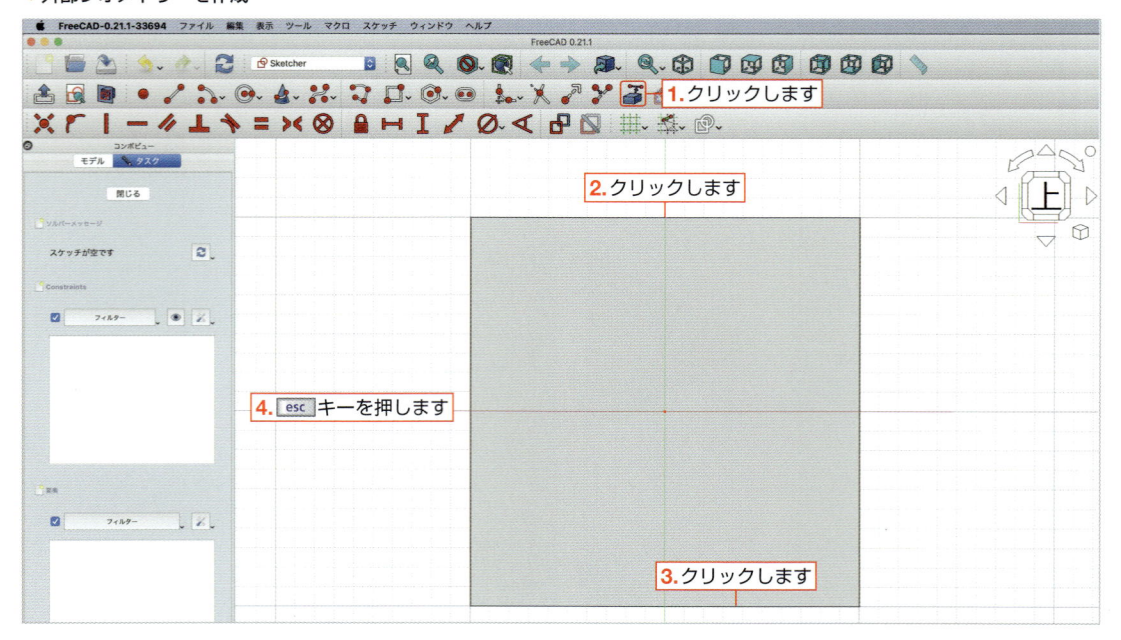

外部形状にリンクするエッジについて

外部形状にリンクするエッジとは、モデルの外部形状に対して作成されたエッジのことをいいます。エッジはモデルの外部形状に対して作成されるため、寸法変更などモデルの外部形状が変わると、エッジの位置も自動的に変わります。

15 長方形を作成します。**1.「長方形を作成」ボタン**□の右にある∨をクリックし、**2.「四角形」**を選択します。先ほど作成した外部形状にリンクするエッジ2本のうち、**3.** 上にあるエッジの左端点にマウスポインタ（カーソル）を合わせると**「一致拘束」ボタン**✖が現れるので、クリックします。

次にマウスポインタ（カーソル）を右下に動かし、先ほど作成した外部形状にリンクするエッジ2本のうち、**4.** 下にあるエッジの右端点にマウスポインタ（カーソル）を合わせると**「一致拘束」ボタン**✖が現れるので、クリックして長方形を作成します。

▼長方形を描く

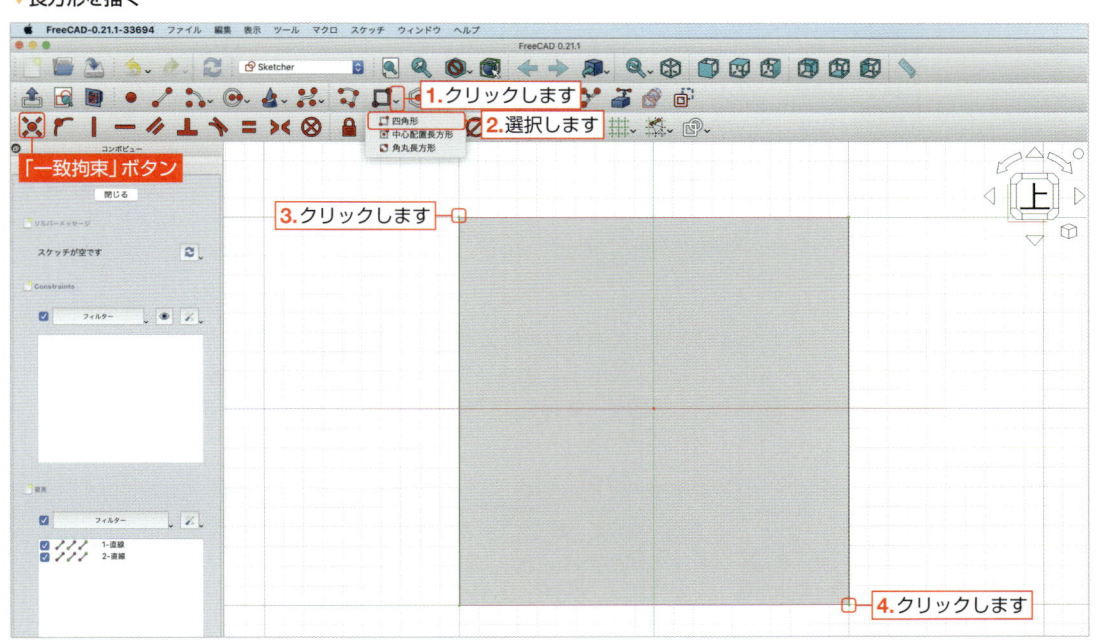

「一致拘束」について

「一致拘束」とは点と点を一致させる拘束条件です。手順**15**では外部形状にリンクするエッジの端点を使って、長方形を拘束しました。長方形の左上端点は上にあるエッジの左端点と一致し、長方形の右下端点は下にあるエッジの右端点と一致するように長方形は拘束されています。もし「一致拘束」されていない場合は、一致させたい2つの点を選択して**「一致拘束」ボタン**✖を使います。

スケッチャーの「自動拘束」について

　Section 1-2の手順⑫（19ページ参照）では、スケッチャーの標準設定を行いました。前ページの手順⑮のように長方形を作成する際、マウスポインタ（カーソル）をエッジの端点に合わせると、**「一致拘束」ボタン**✖️が現れました。これは、スケッチャーの「自動拘束」という機能です。スケッチを開いた状態で**コンボビュー**の「constraint」から「設定」をクリックすると、「自動拘束」にチェックが入っているはずです。このチェックを外すと、マウスポインタ（カーソル）をエッジの端点に合わせても**「一致拘束」ボタン**✖️が現れなくなります。また**「冗長な要素を自動削除」**は、過剰な拘束を自動で削除してくれる機能です。

　これら２つの機能は、基本的にチェックを入れておくことをおすすめします。

▼ スケッチの自動拘束

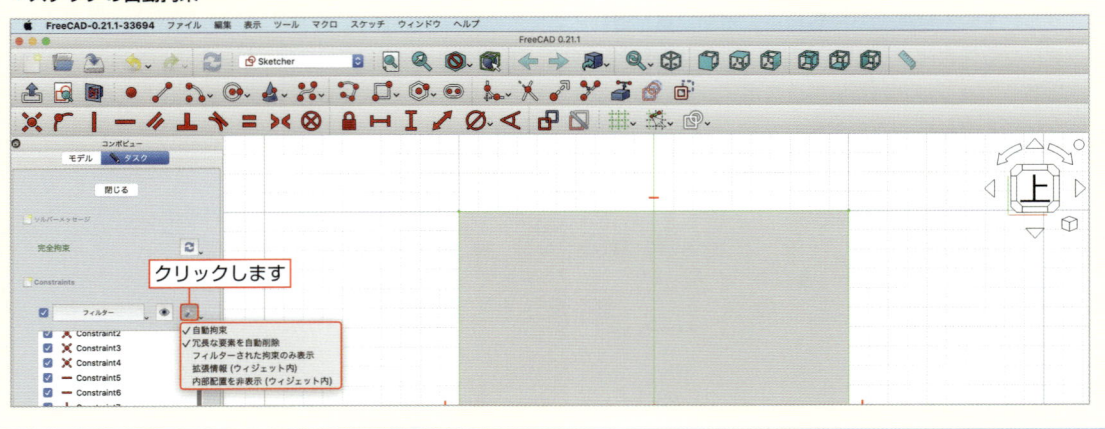

⑯ 再び長方形を作成します。**1.**先ほど作成した長方形の左上端点の右下付近でクリックします。

　次にマウスポインタ（カーソル）を右下に動かし、**2.**先ほど作成した長方形の右下端点の左上付近でクリックして長方形を作成します。最後に、**3.** esc キーを押して**「長方形を作成」ボタン**▢を解除します。

▼ 長方形を描く

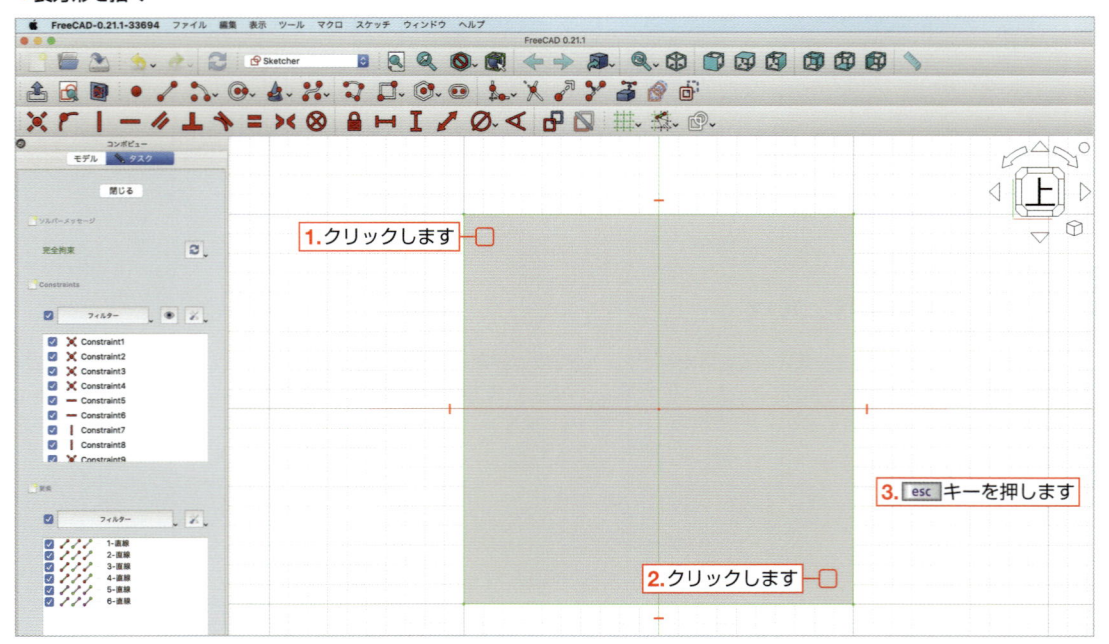

17 原点（赤線と緑線が交わる点）を基準に、長方形の左上端点と右下端点が対称となるように拘束します。

1. 長方形の左上端点をクリックし、**2.** 右下端点をクリックします。

3. 原点をクリックして、3つの点が選択された状態で、**4.**「対称拘束」ボタン✕をクリックします。

▼長方形の端点に対して対称拘束

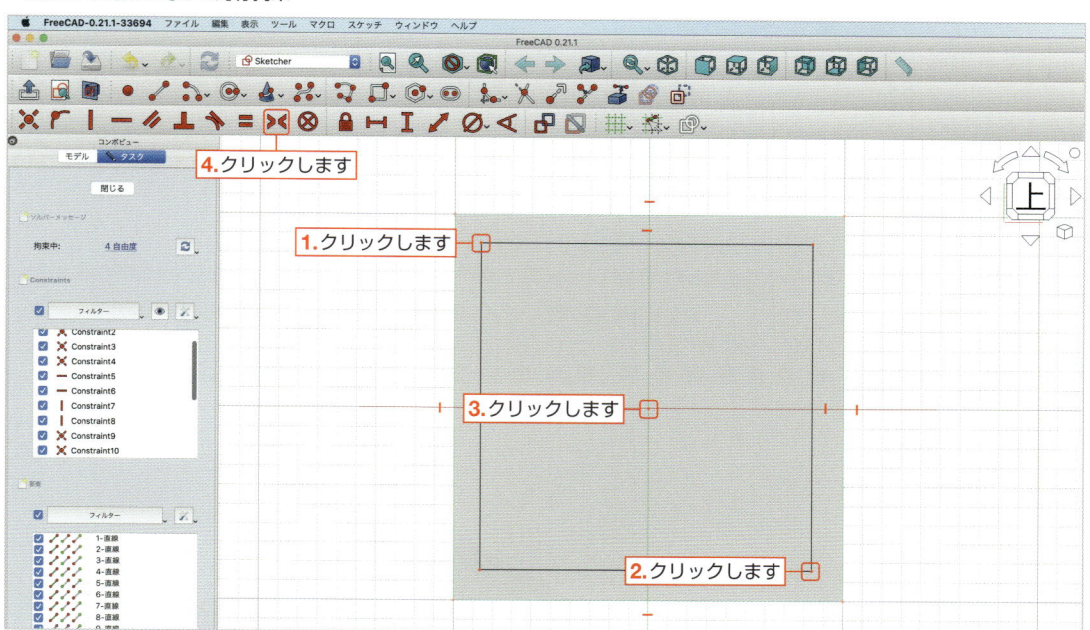

18 長方形の位置を拘束します。**1.** 上にあるエッジの左端点をクリックし、**2.** 長方形の左上端点をクリックします。2つの点が選択された状態で、**3.**「水平距離拘束」ボタン⊢をクリックします。「長さを挿入」ダイアログボックスが表示されるので、**4.**「長さ」に **3mm** と入力して、**5.**「OK」ボタンをクリックします。

次に、**6.** 上にあるエッジの左端点をクリックし、**7.** 長方形の左上端点をクリックします。2つの点が選択された状態で、**8.**「垂直距離拘束」ボタンⅠをクリックします。「長さを挿入」ダイアログボックスが表示されるので、**9.**「長さ」に **3mm** と入力して、**10.**「OK」ボタンをクリックします。

※数値の入力は、半角で行ってください。

▼水平距離および垂直距離の拘束

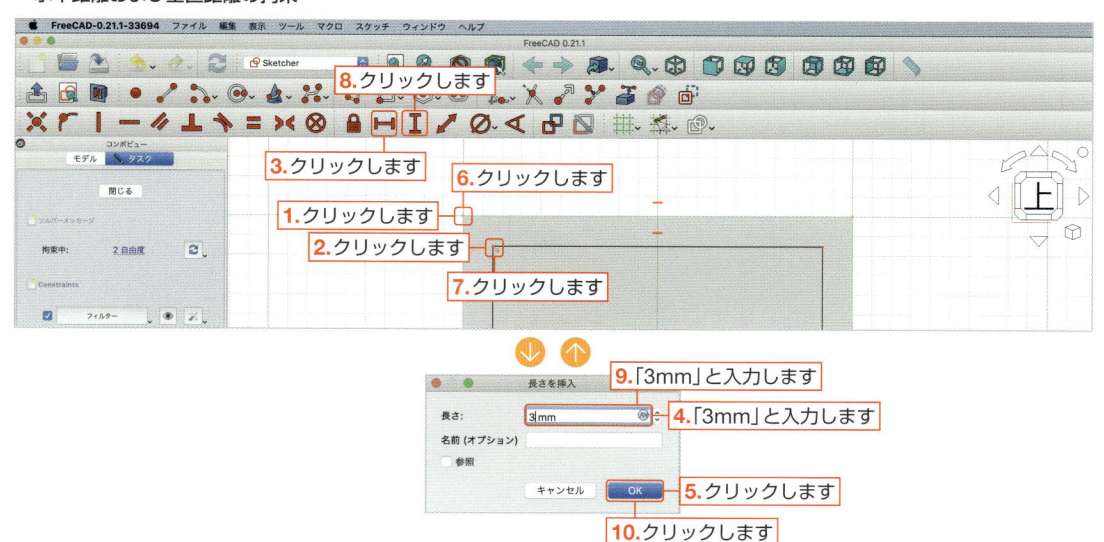

19 手順**10**（59ページ）と同様に、スケッチが完全に拘束されると線が緑色に変わります。

また、**コンボビュー**の「ソルバーメッセージ」にも**「完全拘束」**と表記が出ます。

スケッチを閉じるために**コンボビュー**の「閉じる」をクリックして、スケッチを終了します。

枠のスケッチを立体化させよう

作成したスケッチをもとに、モーニングプレートの枠を立体化しましょう。スケッチでは枠の厚み3mmを指定しました。ここでは「パッド」コマンドを使って、枠の高さ22mmを指定します。

20 **1.**コンボビューの「Sketch」を選択して、**2.**ツールバーの**「パッド」ボタン**をクリックします。

▼スケッチの立体化

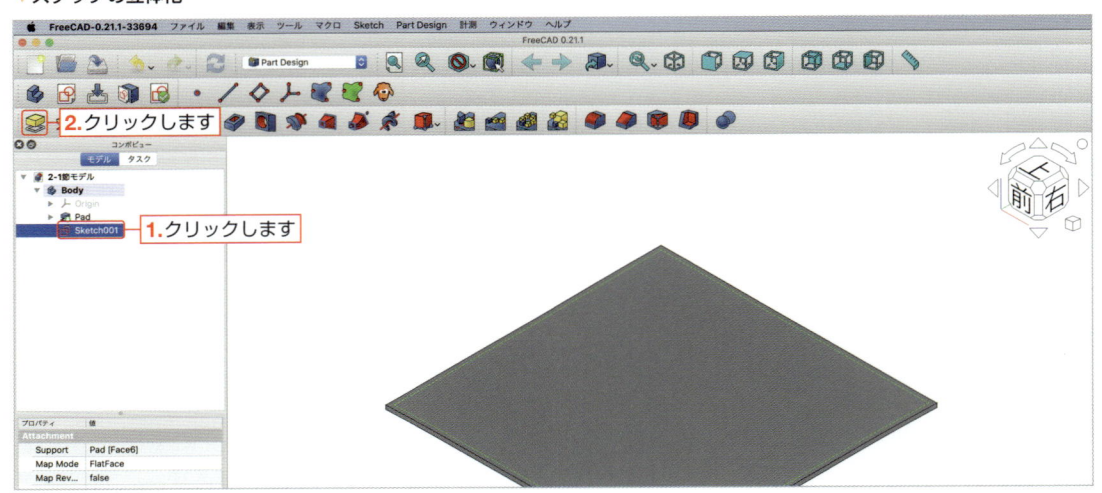

21 「パッドパラメーター」が表示されます。**1.**「長さ」に**22mm**と入力して、**2.**「OK」ボタンをクリックします。

▼パッドパラメーターの設定

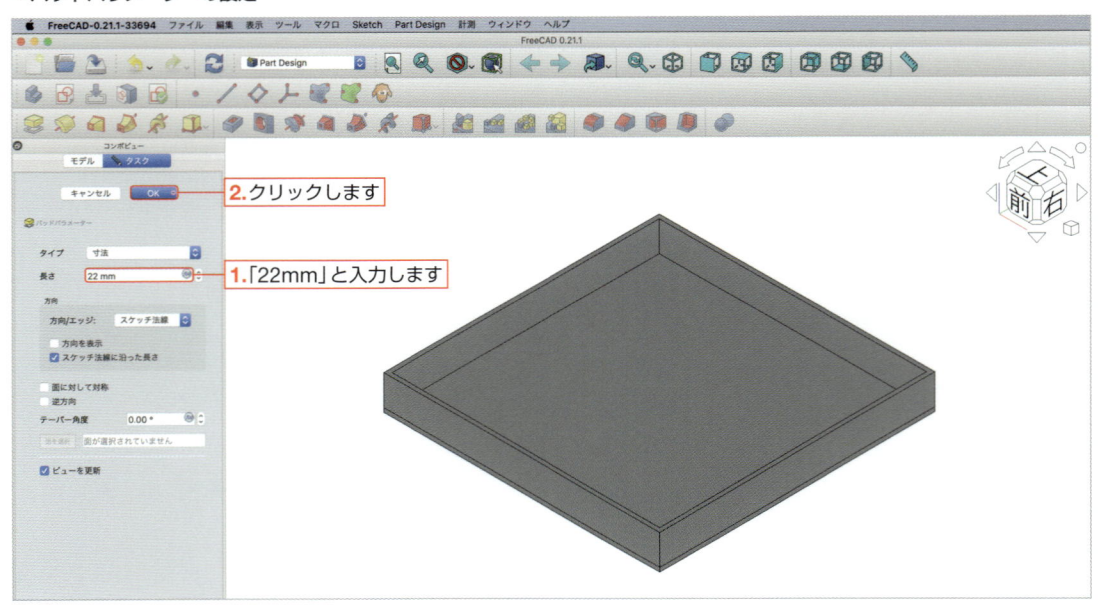

🧊 ファイルを保存してドキュメントを閉じよう

これで、Section 2-1 のレッスンが終了しました。ファイルを保存してドキュメントを閉じましょう。

22 1. **「保存」ボタン**🖼 をクリックして、ファイルを保存します。
    2. メニューバーの「ファイル」➡「閉じる」（□ ⌘ ＋ W）を選択して、ドキュメントを閉じます。

▼ファイル保存とドキュメントを閉じる方法

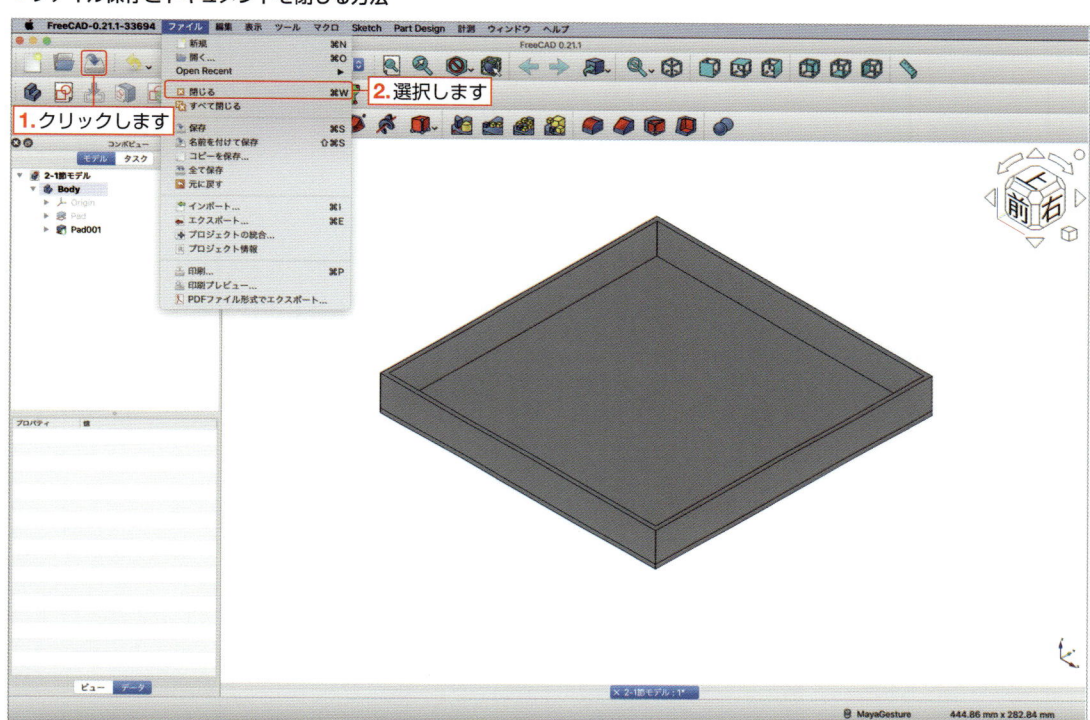

3Dモデリングの注意点

3Dモデリングを始める際には、以下の基本的な注意点を押さえておくとよいでしょう。
これらを心掛けることで、3Dモデリングの基本が身につき、より高品質な作品を作ることができるようになります。

正確な寸法
  実物と同じスケールでモデルを作成することが重要です。寸法が正確でないと、モデルは現実のものと異なる形になってしまいます。

シンプルな形状から始める
  複雑な形状を作る前に、基本的な形から開始して、徐々に詳細を加えていくことが推奨されます。

モデルのクリーンアップ
  不要な面や頂点は削除して、モデルをなるべくシンプルに保つことで、処理速度の向上やエラーの減少につながります。

リアルなテクスチャとマテリアルの使用
  見た目のリアリティを高めるために、適切なテクスチャと材料を選び、正確に適用しましょう。

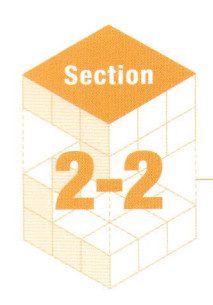

Section 2-2

モーニングプレートを完成させよう

ここではモーニングプレートに新しい枠を作りながら、モデリングの操作に慣れていきます。
手順通りに操作していけば、スケッチの描き方や「パッド」コマンドの使い方などの理解を深めることができます。

◈ 既存のモーニングプレートに新しい底を追加しよう

Section 2-1で作成したモーニングプレートに新しい底を追加しましょう。
ここでは、既存のモデルに対して加工する方法を学んでいきます。

◈ Section 2-1で作ったファイルを読み込もう

Section 2-1で作ったモーニングプレートのファイルを開き、新しい名前を付けて別ファイルとして保存するまでの操作を学びます。この操作は **Chapter 3** 以降も行いますので、忘れた場合には本項をお読みください。

1 Section 2-1で作成したファイルを開きます。**1.**ツールバーの **「開く」ボタン**🗁をクリックして、**2.**「**2-1節モデル**」を選択し、**3.**「Open」ボタンをクリックします。

▼ファイルを開く

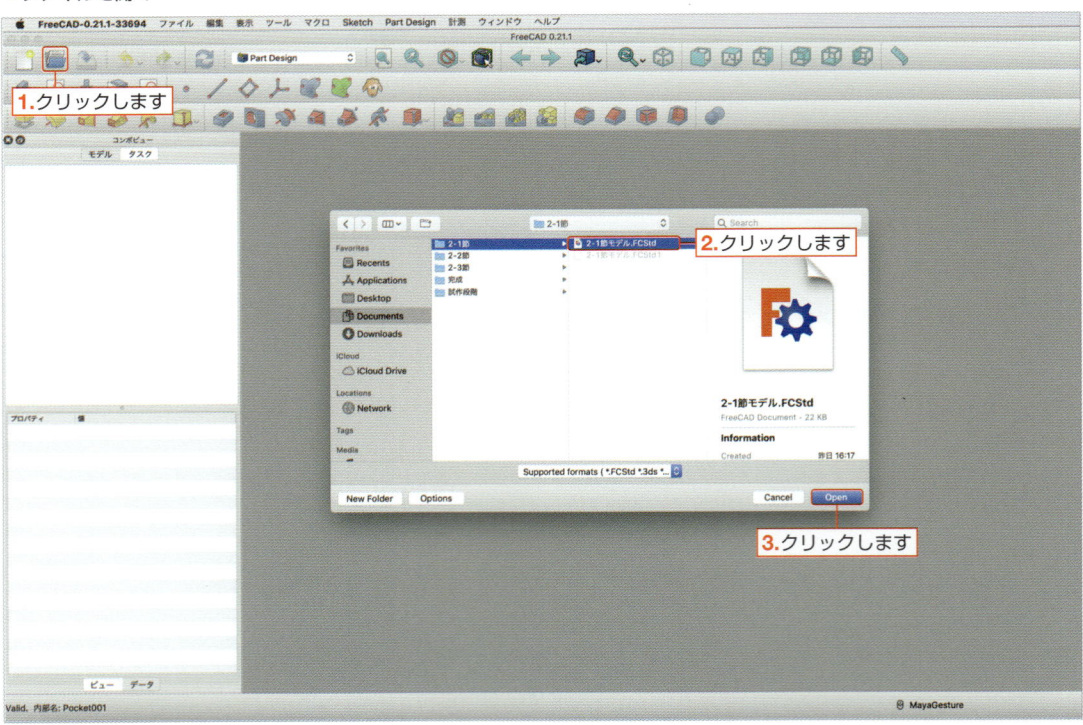

2 次に名前を付けて保存します。**1.**メニューバーの「ファイル」➡「名前を付けて保存」（ shift ＋ ⌘ ＋ S ）を選択します。ダイアログボックスが表示されるので、**3.**「Save As」に「**2-2節モデル**」と入力して、**4.**「Save」ボタンをクリックして保存します。

▼名前を付けて保存

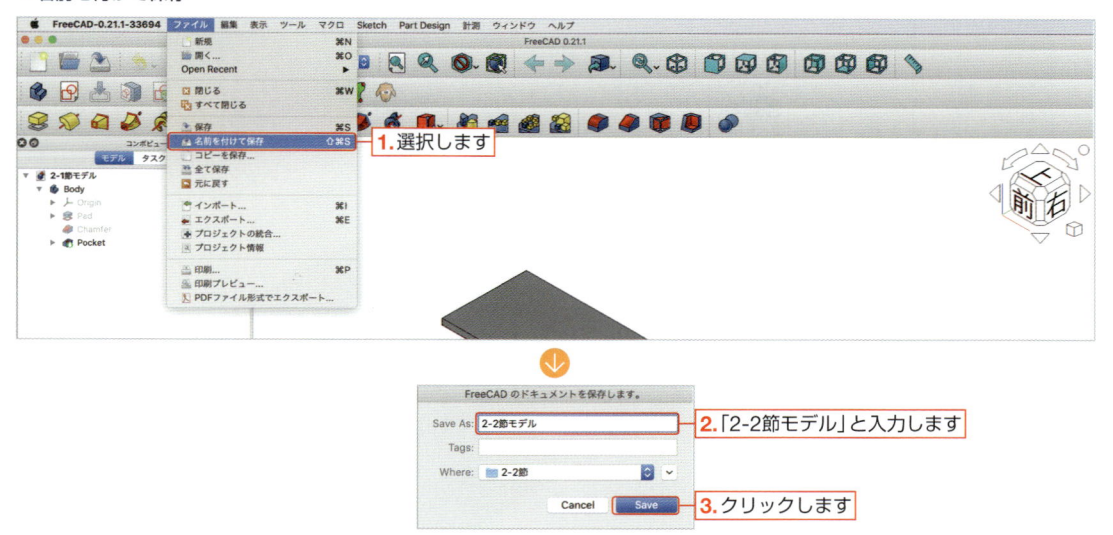

モデル上面にスケッチを描いていこう

ここでは、モーニングプレート底の上面にスケッチを描いていきます。

3 スケッチを作成します。**1.** モデルの上面をクリックして選択された状態で、**2.「スケッチを作成」**ボタン🔲を
クリックします。

▼モデル上面にスケッチを作成

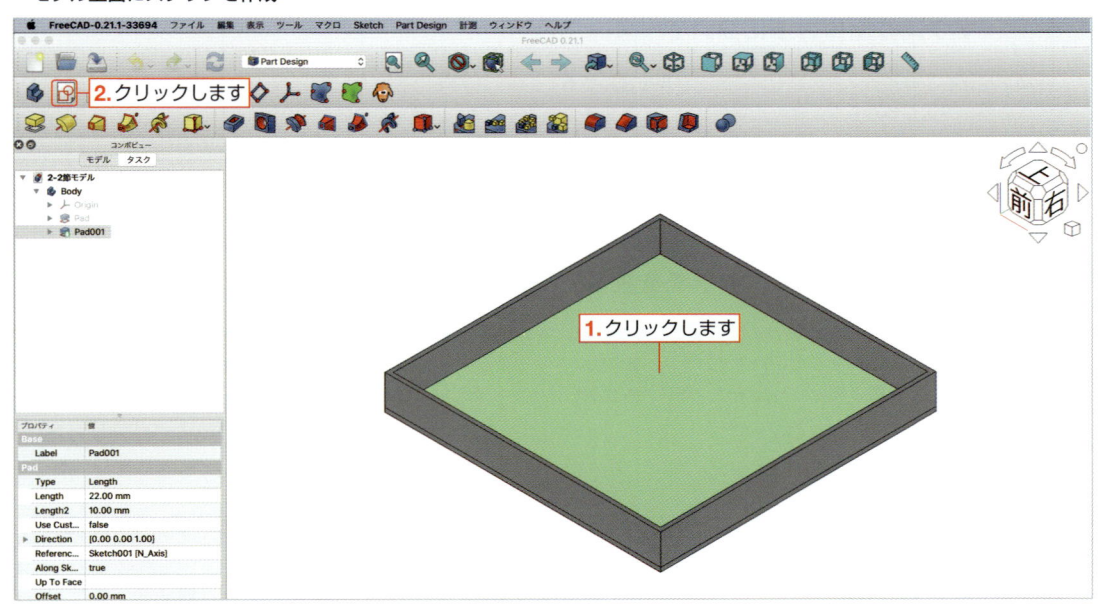

4 視点を等角図にするために、**1.「アイソメトリック」**ボタン🔲をクリックします。**2.** 画面右下にあるマウスマー
クにカーソルを合わせると、マウスの操作方法が表示されます。モデルを回転させてみましょう。
次に**3.「セクション表示」**ボタン🔲をクリックして、モデルの断面を表示させます。
最後に**4.「スケッチを表示」**ボタン🔲をクリックして、スケッチ平面に対して垂直方向の視点に切り替えます。

▼マウス操作方法およびセクション表示について

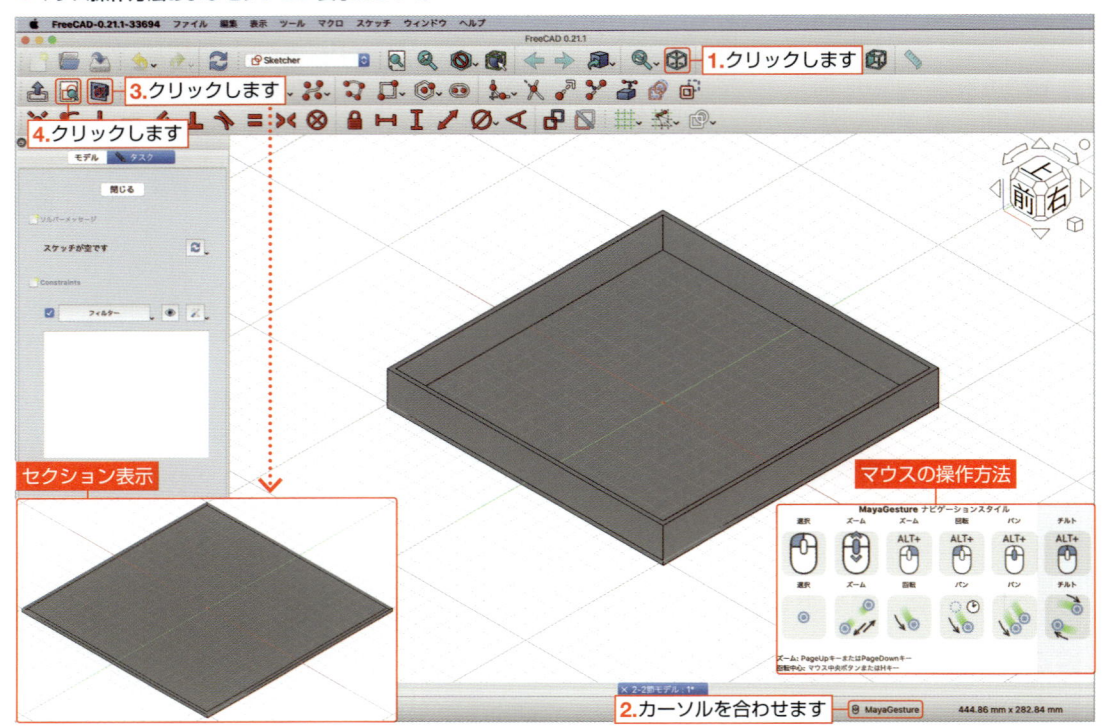

マウスの操作方法について

　上図の画面右下にあるマウスマークにカーソルを合わせると、マウスの操作方法（ナビゲーションスタイル）が表記されます。マウスの操作方法がわからなくなった場合には、こちらをご参照ください。またマウスマークをクリックすると、マウスの種類を変更できます。初期設定でマウスの種類を変更したい場合は、**Section 1-2**（12ページ）を参照してください。

セクション表示とスケッチを表示について

　モデルの断面を表示させたい場合には**「セクション表示」ボタン**を使います。スケッチ平面をモデルの断面にできるため、スケッチを描くときに活用すると便利です。また、視点をスケッチ平面に対して垂直な向きにしたい場合には、**「スケッチを表示」ボタン**を使います。視点を動かした後に、再びスケッチを真上から見たいときに利用します。

5 モデルの底辺に外部形状にリンクするエッジを作成します。**1.「外部ジオメトリーを作成」ボタン**をクリックし、**2.**モデルの底辺をクリックします。

次に長方形を作成します。**3.「長方形を作成」ボタン**の右にある をクリックし、**4.「四角形」**を選択します。

5.先ほど作成した外部形状にリンクするエッジの右端点にマウスポインタ（カーソル）を合わせると、**「一致拘束」ボタン**が現れるのでクリックします。

6.マウスポインタ（カーソル）を右上に動かし、適当な位置でクリックして長方形を作成します。

最後に、**7.** esc キーを押して**「長方形を作成」ボタン**を解除します。

▼長方形を作成

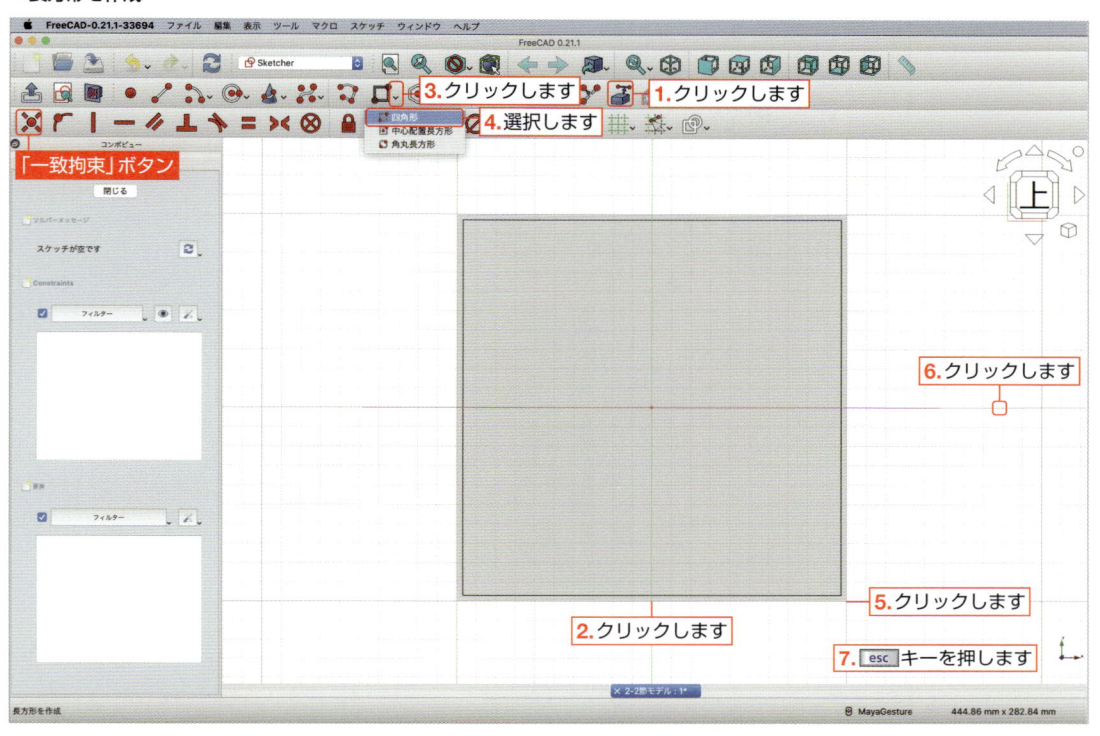

6 長方形の水平距離を拘束します。**1.** 長方形の左上端点と、**2.** 右上端点をクリックします。2つの点が選択された状態で、**3.** ツールバーの **「水平距離拘束」ボタン** をクリックします。「長さを挿入」ダイアログボックスが表示されるので、**4.** 「長さ」に「**100mm**」と入力して、**5.** 「OK」ボタンをクリックします。

※数値の入力は、半角で行ってください。

▼長方形の水平距離を拘束

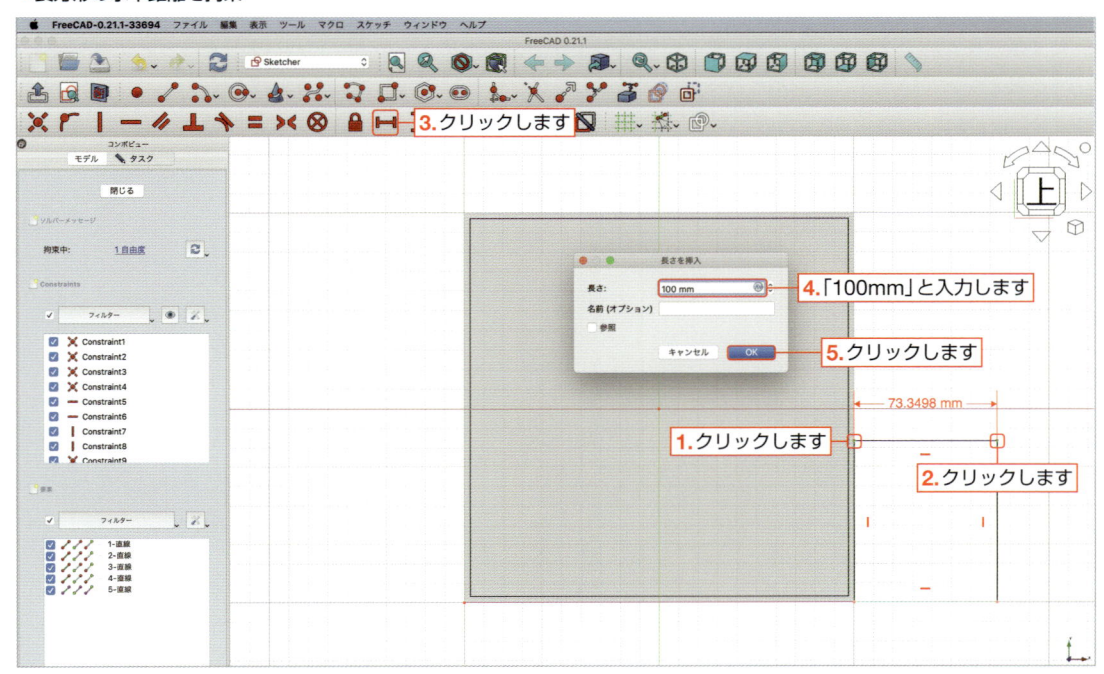

7 長方形の縦と横を同じ長さにします。**1.** 長方形の上辺と、**2.** 長方形の右辺をクリックします。2つの線が選択された状態で、**3.** ツールバーの**「等値拘束」ボタン**をクリックします。

▼長方形の縦横を等値拘束

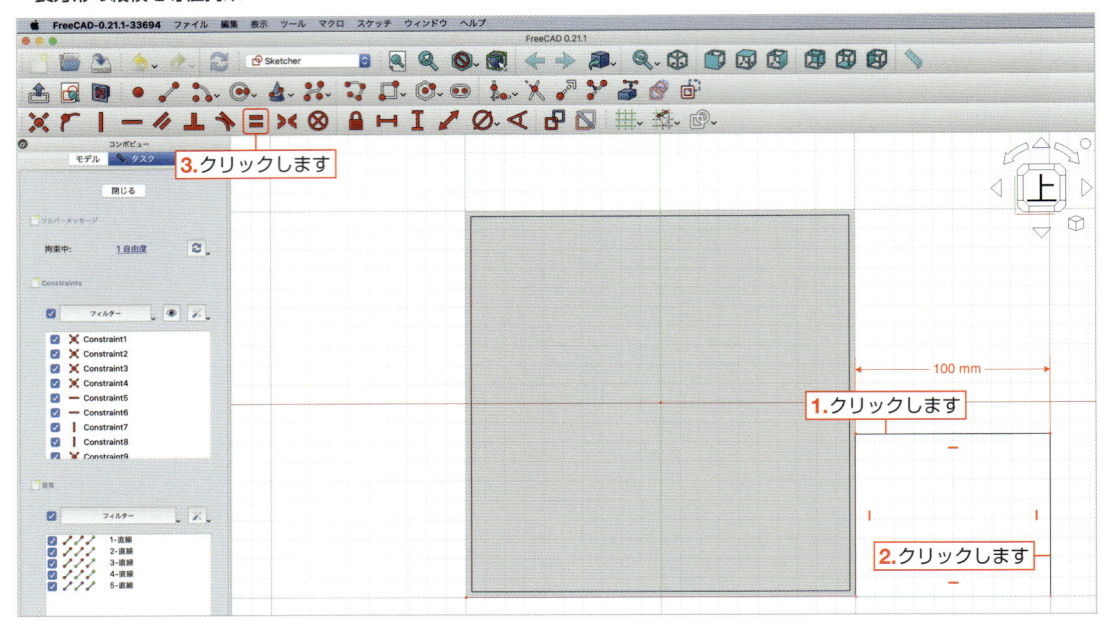

POINT　等値拘束について

等値拘束とは、選択された直線の長さを同じにさせる拘束条件です。2本以上の直線を選択して**「等値拘束」ボタン**をクリックすると、選択された全ての直線の長さが同じになります。また、等値拘束は円や円弧の直径や半径に対しても使用できます。例えば円の直径を同じにしたい場合には、2つ以上の円の円周を選択して**「等値拘束」ボタン**をクリックします。

---

8 スケッチが完全に拘束され、線が緑色に変わります。**コンボビュー**の「ソルバーメッセージ」にも**「完全拘束」**と表記が出ています。**コンボビュー**の「閉じる」をクリックして、スケッチを終了します。

▼スケッチの完全拘束

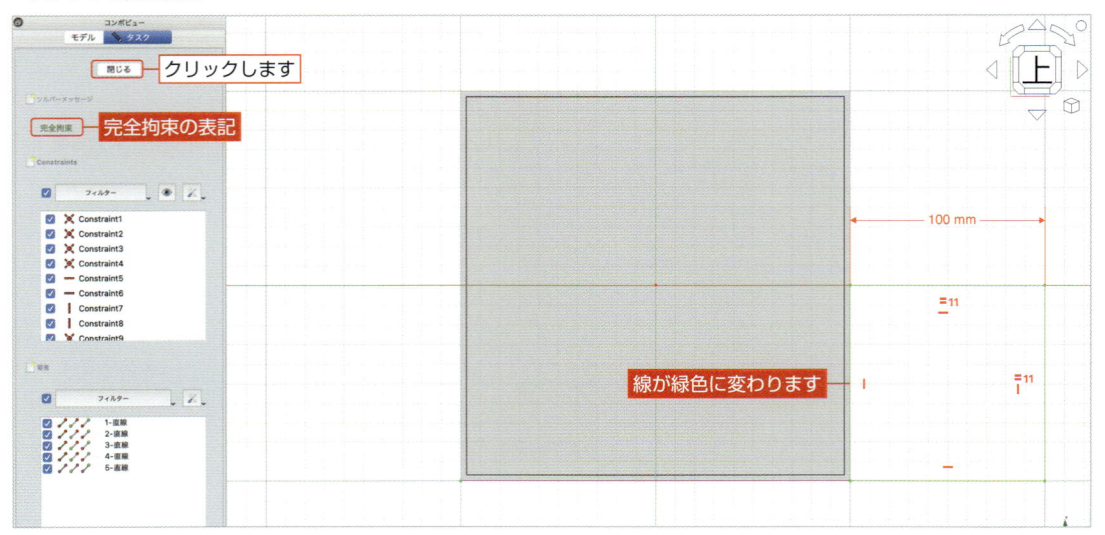

🔲 スケッチを立体化させて新しい底を追加しよう

作成したスケッチを使って、モーニングプレートに新しい底を追加しましょう。

スケッチでは縦横100mmの底を描きました。ここでは「パッド」コマンドを使って、厚み3mmのモデルを追加させます。

9 **1.** コンボビューの「Sketch002」を選択して、**2.** ツールバーの「パッド」ボタン🎨をクリックします。

▼スケッチの立体化

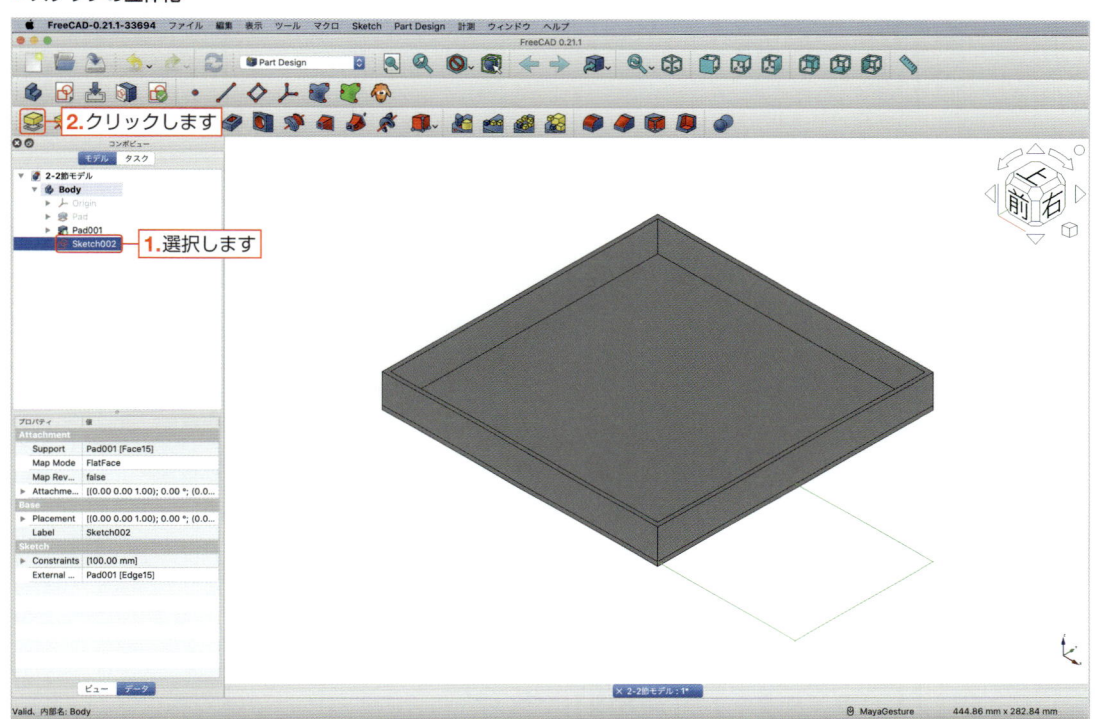

POINT

「パッド」機能の基本的な使い方

FreeCADで使われる「パッド」機能は、2Dスケッチを基にして3D形状を生成する非常に便利なツールです。特に初心者には、2Dデザインを簡単に立体的なオブジェクトに変換する手助けとなります。基本的な機能は、以下の通りです。

1. スケッチの作成
FreeCADで新しいスケッチを開始して、必要な図形を2Dで描きます。
このスケッチは、後に3D形状に変換される基盤となります。

2. パッドの適用
スケッチが完成したら、「Part Design」ワークベンチの **「パッド」ボタン**🎨をクリックします。
これにより、選択した2Dスケッチが指定した厚みを持つ3D形状に押し出されます。

3. 厚みの設定
「パッドパラメーター」 では、押し出す厚みを指定できます。
この値を変更することで、3Dオブジェクトの高さが調整されます。

10 **コンボビュー**に「**パッドパラメーター**」が表示されます。**1.**「長さ」に「**3mm**」と入力して、**2.**「逆方向」に
チェックを入れます。最後に、**3.**「OK」ボタンをクリックして立体化させます。

▼パッドパラメーターの設定

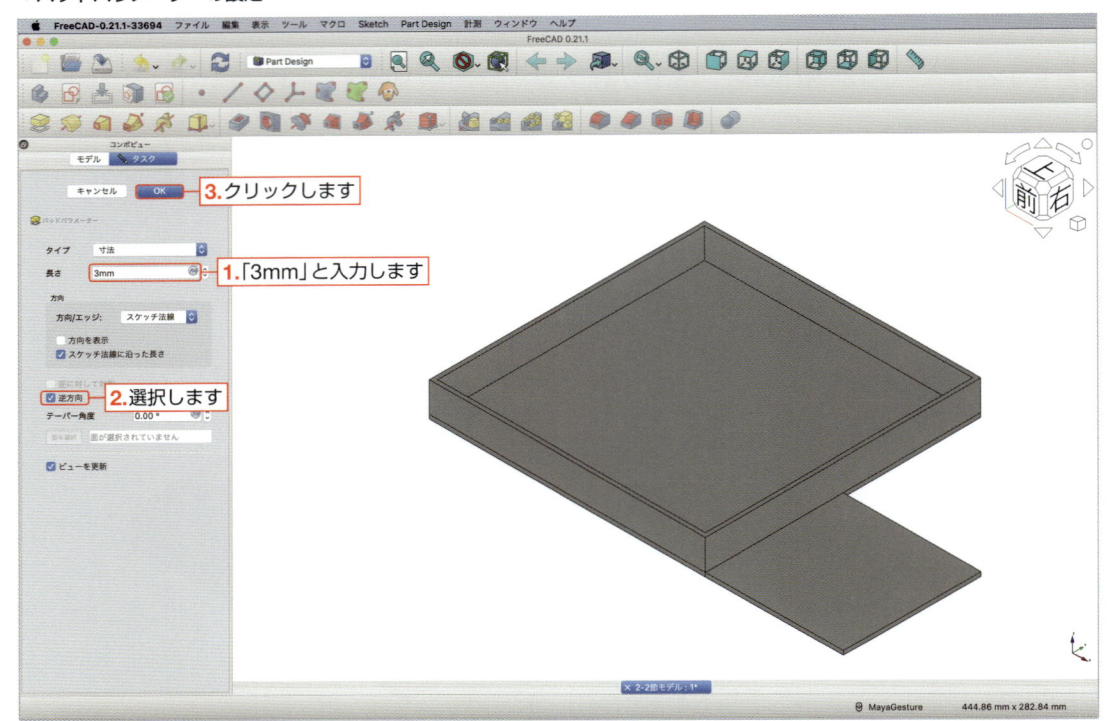

「パッドパラメーター」の「逆方向」について

「**パッドパラメーター**」の「**逆方向**」にチェックを入れると、押し出し方向が反転します。通常は、スケッチを描いた平面に
対して奥行から手前の方向に押し出します。

逆に「**逆方向**」にチェックを入れると方向が反転して、手前から奥行の方向に押し出されます。

「パッド」機能の利点

初心者が3Dモデリングを学ぶ際に「パッド」機能をマスターすることは、2Dデザインから3Dプリントや機械加工の世界に
スムーズに移行する大きな一歩となります。この機能を利用して、自分のアイデアを具体的な形に変えてみましょう。

直感的

スケッチを立体的な形状に変換する過程が直感的で、視覚的に理解しやすいため、初心者でも扱いやすいです。

迅速

複雑な3D形状を短時間で作成できるため、デザインのプロトタイピングが迅速に行えます。

多用途

単純な部品から複雑なアセンブリまで、様々な3Dモデリングに対応可能です。

寸法の正確さ

各アイテムのサイズが実際の食器や食べ物に近い比例であることを確認してください。

モーニングプレートに新しい枠を追加しよう

次に、新しい枠を追加します。

モデル上面にスケッチを描いていこう

モーニングプレート底の上面にスケッチを描いていきます。

11 スケッチを作成します。**1.**モデルの上面をクリックして選択された状態で、**2.「スケッチを作成」ボタン**をクリックします。

▼モデル上面にスケッチを作成

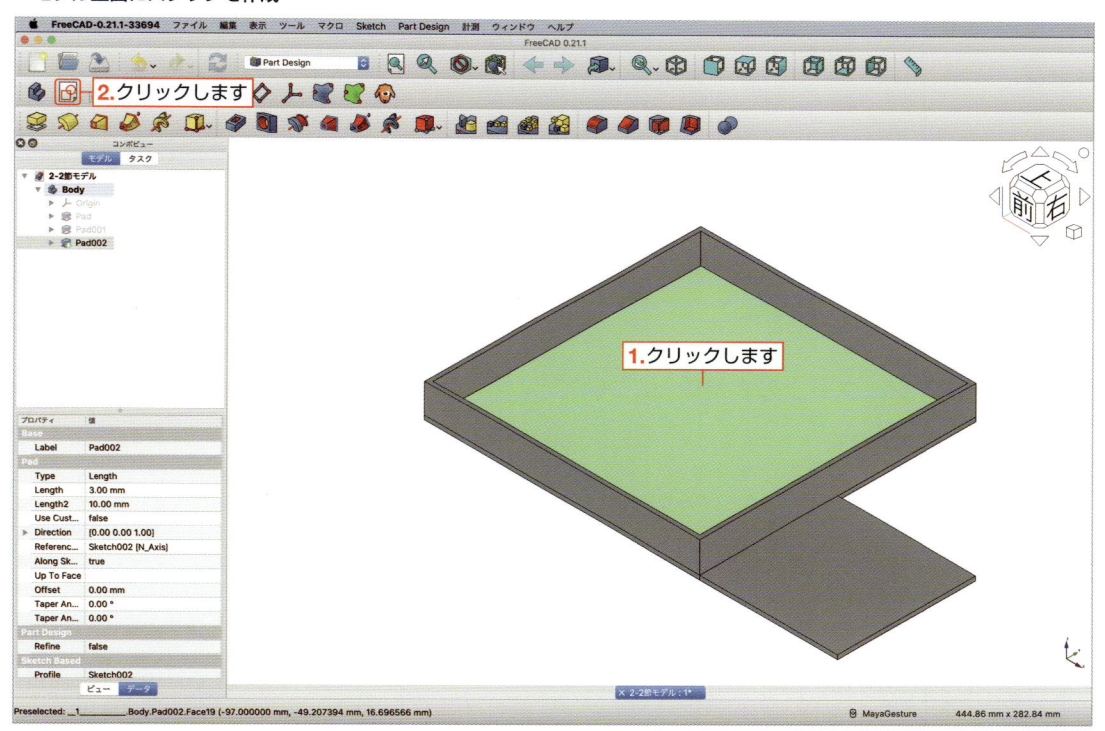

12 **1.「セクション表示」ボタン**をクリックして、モデルの断面を表示させます。

次に追加した新しい底の底面に外部形状にリンクするエッジを作成します。**2.「外部ジオメトリーを作成」ボタン**をクリックし、**3.**追加した新しい底の底辺をクリックします。

次に長方形を作成します。**4.「長方形を作成」ボタン**の右にある▼をクリックし、**5.「四角形」**を選択します。

6.先ほど作成した外部形状にリンクするエッジの右端点にマウスポインタ（カーソル）を合わせると、**「一致拘束」ボタン**が現れるのでクリックします。

7.マウスポインタ（カーソル）を左上に動かし、横軸（赤線）上にマウスポインタ（カーソル）を合わせると**「オブジェクト上の点拘束」ボタン**が現れるので、クリックして長方形を作成します。

最後に、**8.** `esc` キーを押して **「長方形を作成」ボタン**を解除します。

▼長方形を作成

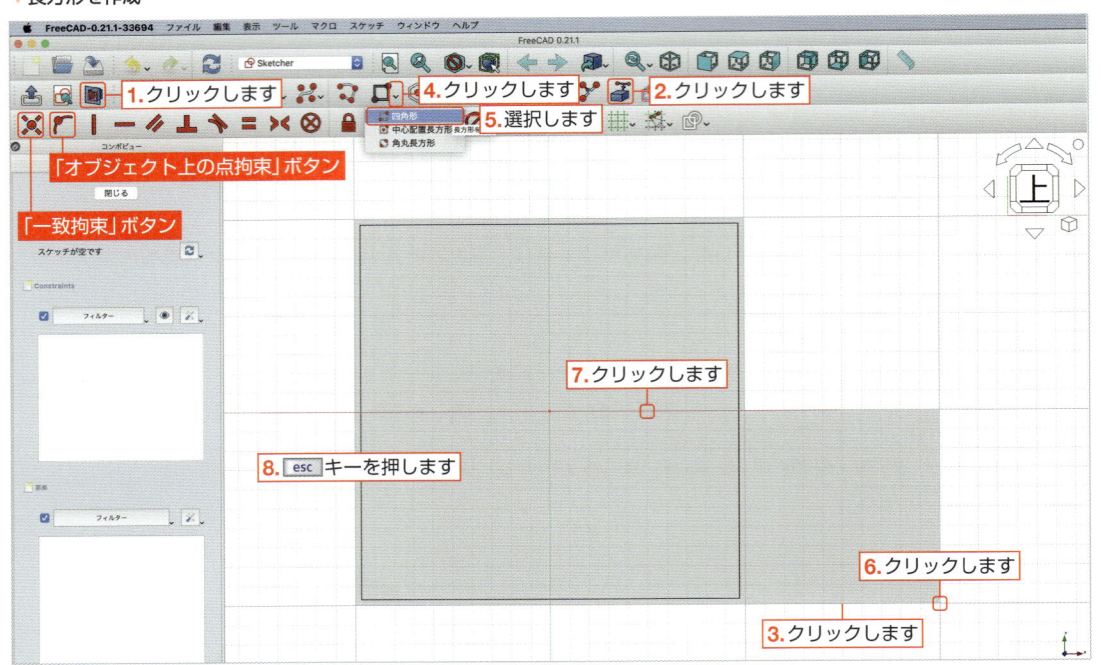

POINT

「オブジェクト上の点拘束」について

「オブジェクト上の点拘束」とは点を直線上や曲線上に拘束させる条件で、指定した点が指定した線上のみを移動できるようになります。今回の場合は、長方形の左上端点が赤線上（X軸上）のみを移動できるようになっています。

また「オブジェクト上の点拘束」は1つの点を選択し、1つの直線あるいは曲線を選択することで使用できます。

---

13 長方形の水平距離を拘束します。**1.**長方形の左上端点と**2.**右上端点をクリックします。

2つの点が選択された状態で、**3.**ツールバーの**「水平距離拘束」ボタン**をクリックします。

「長さを挿入」ダイアログボックスが表示されるので、**4.**「長さ」に「**150mm**」と入力して、**5.**「OK」ボタンをクリックします。

※数値の入力は、半角で行ってください。

▼長方形の水平距離を拘束

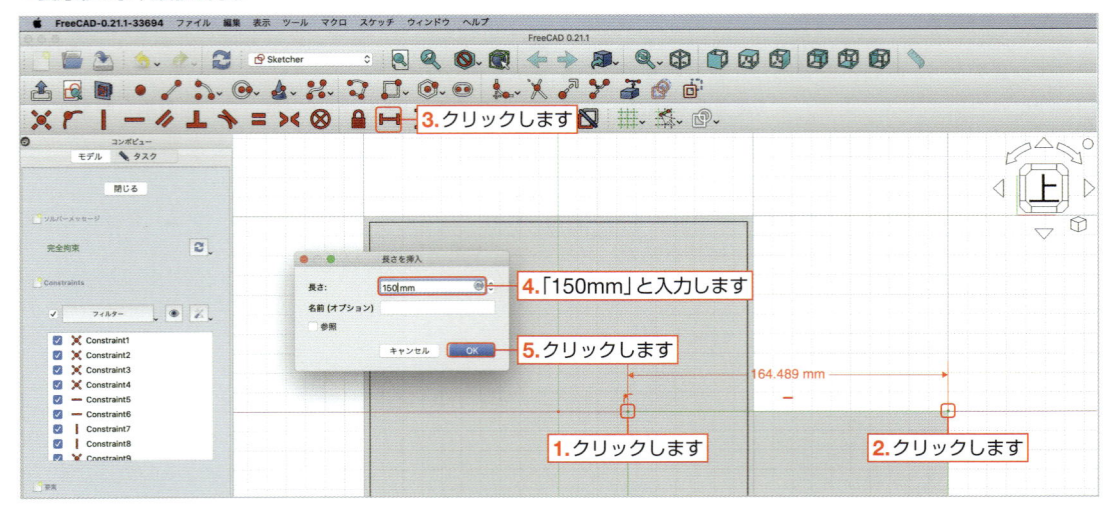

完全拘束された長方形の内側に長方形を作成しよう

完全拘束された長方形の内側3mmの位置に長方形を作成していきましょう。

14 長方形を作成します。**1.**「**長方形を作成**」**ボタン**の右にある▼をクリックし、**2.**「**四角形**」を選択します。
3. 完全拘束された長方形の左上端点の右下付近をクリックします。**4.** 右下に移動して、完全拘束された長方形の右下端点の左上付近でクリックして、新たに長方形を作成します。
最後に、**5.** esc キーを押して「**長方形を作成**」**ボタン**を解除します。

▼長方形を作成

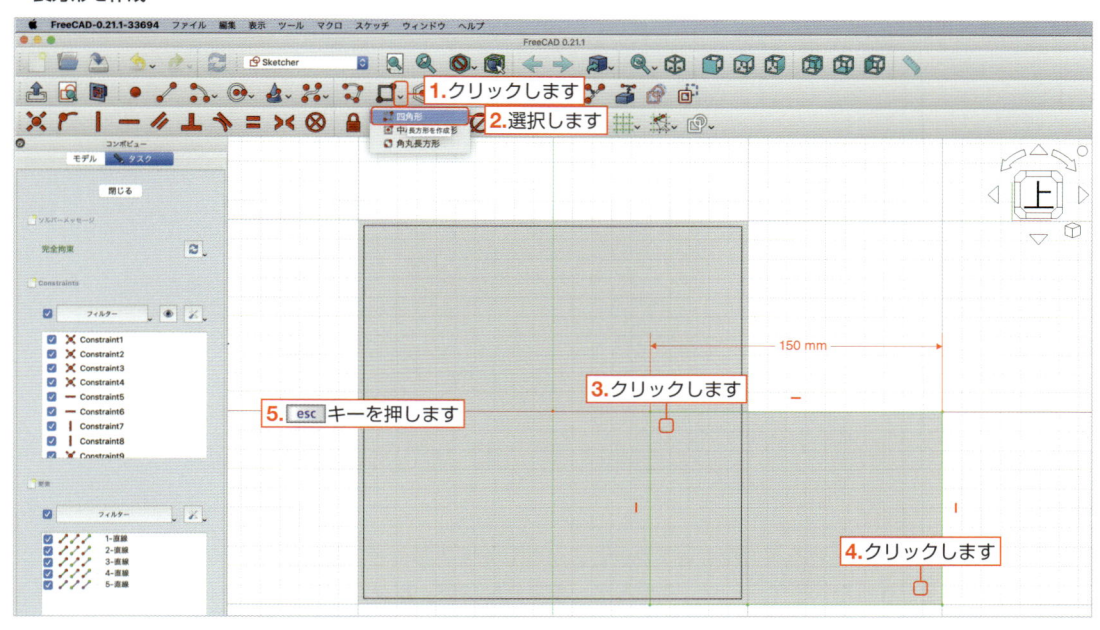

15 完全拘束された長方形の内側3mmの位置に長方形を拘束します。**1.** 完全拘束された長方形の左上端点と、**2.** 作成した長方形の左上端点をクリックします。
2つの点が選択された状態で、**3.** ツールバーの「**水平距離拘束**」**ボタン**をクリックします。
「長さを挿入」ダイアログボックスが表示されるので、**4.**「長さ」に「**3mm**」と入力して、**5.**「OK」ボタンをクリックします。

※数値の入力は、半角で行ってください。

▼長方形の位置を拘束1

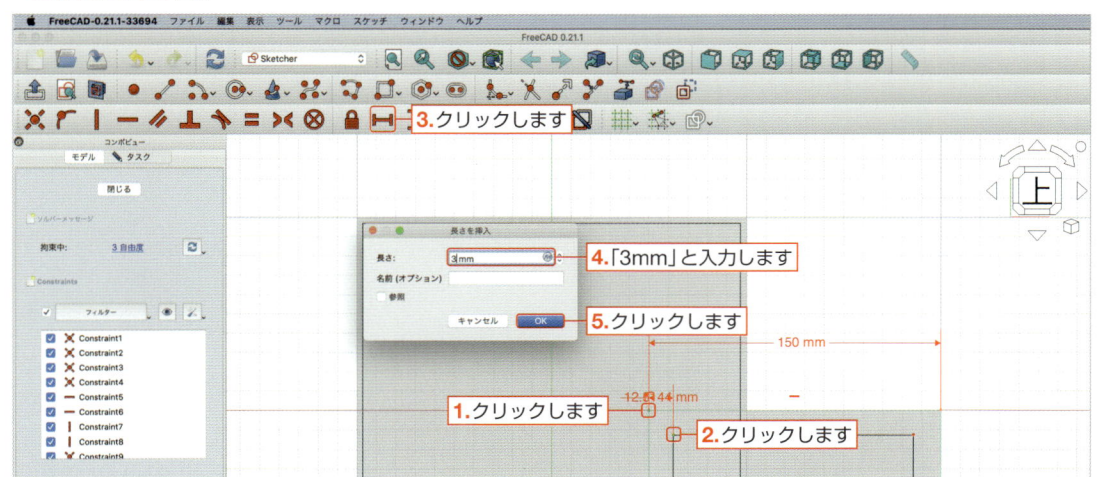

16 再度、**1.** 完全拘束された長方形の左上端点と、**2.** 作成した長方形の左上端点をクリックします。
2つの点が選択された状態で、**3.** ツールバーの**「垂直距離拘束」ボタン I** をクリックします。「長さを挿入」ダイアログボックスが表示されるので、**4.**「長さ」に「**3mm**」と入力して、**5.**「OK」ボタンをクリックします。
※数値の入力は、半角で行ってください。

▼長方形の位置を拘束2

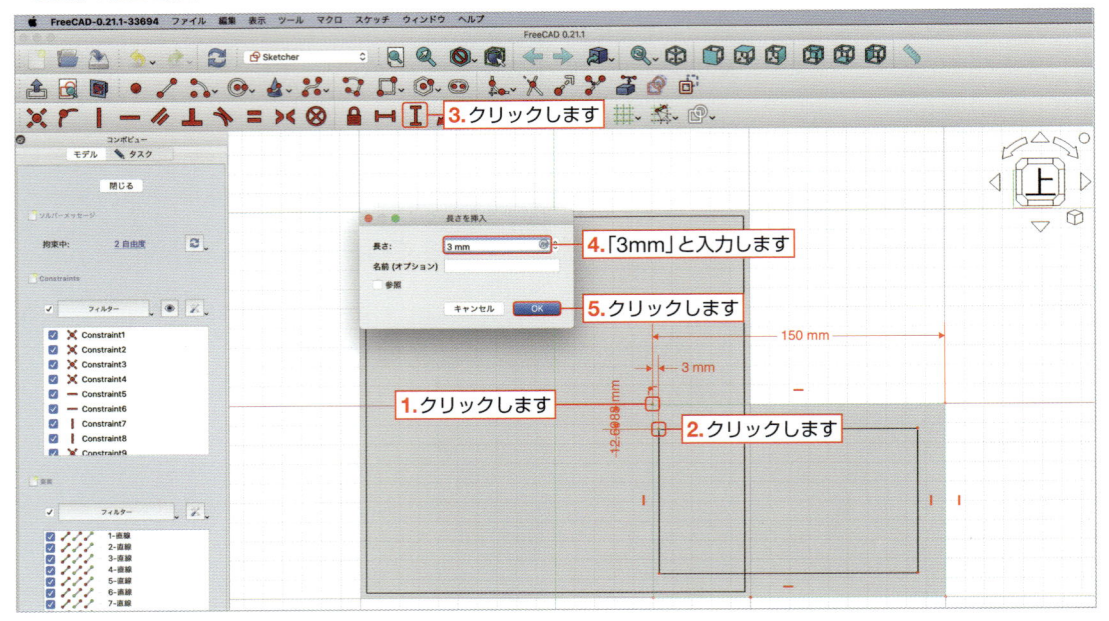

17 続いて、**1.** 完全拘束された長方形の右下端点と **2.** 作成した長方形の右下端点をクリックします。
2つの点が選択された状態で、**3.** ツールバーの**「水平距離拘束」ボタン** ⊢ をクリックします。「長さを挿入」ダイアログボックスが表示されるので、**4.**「長さ」に「**3mm**」と入力して、**5.**「OK」ボタンをクリックします。
※数値の入力は、半角で行ってください。

▼長方形の位置を拘束3

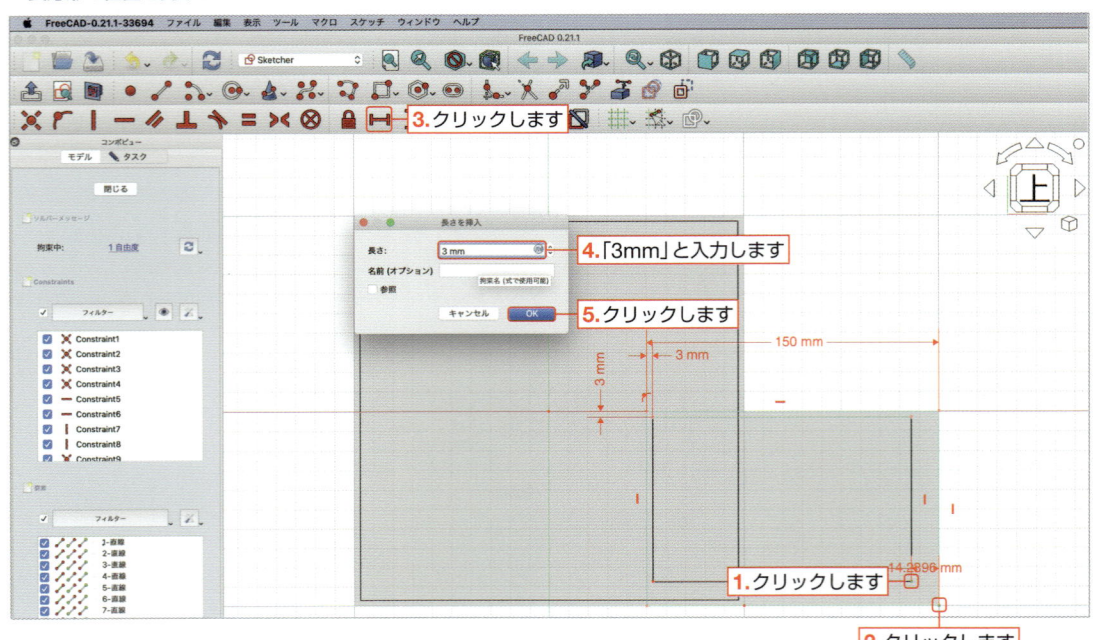

18 再度、**1.**完全拘束された長方形の右下端点と、**2.**作成した長方形の右下端点をクリックします。
2つの点が選択された状態で、**3.**ツールバーの**「垂直距離拘束」ボタン** I をクリックします。「長さを挿入」ダイアログボックスが表示されるので、**4.**「長さ」に「**3mm**」と入力して、**5.**「OK」ボタンをクリックします。
※数値の入力は、半角で行ってください。

▼長方形の位置を拘束4

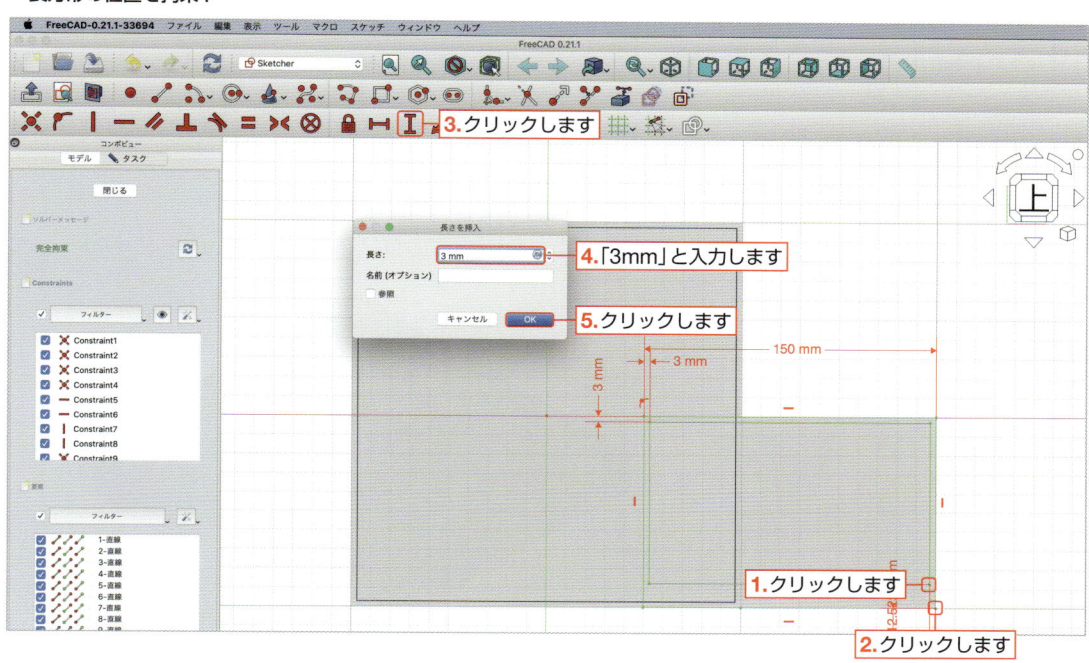

19 スケッチが完全に拘束され、線が緑色に変わりました。**コンボビュー**の「ソルバーメッセージ」にも「**完全拘束**」と表記が出ています。
スケッチを閉じるために**コンボビュー**の「閉じる」をクリックして、スケッチを終了します。

▼スケッチの完全拘束

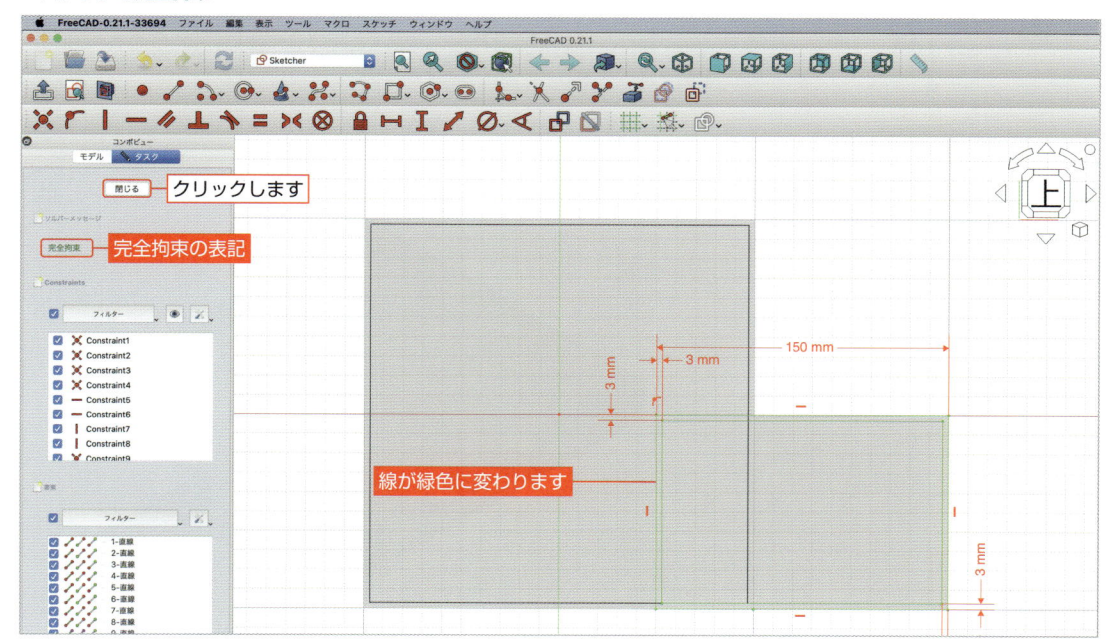

🧊 スケッチを立体化させて新しい枠を追加しよう

　作成したスケッチを使って、モーニングプレートに新しい枠を追加しましょう。スケッチでは厚み3mmの枠を描きました。ここでは「パッド」コマンドを使って、高さ22mmのモデルを追加させます。

20 **1.** コンボビューの「Sketch003」を選択して、**2.** ツールバーの「パッド」ボタン🧊をクリックします。

▼スケッチの立体化

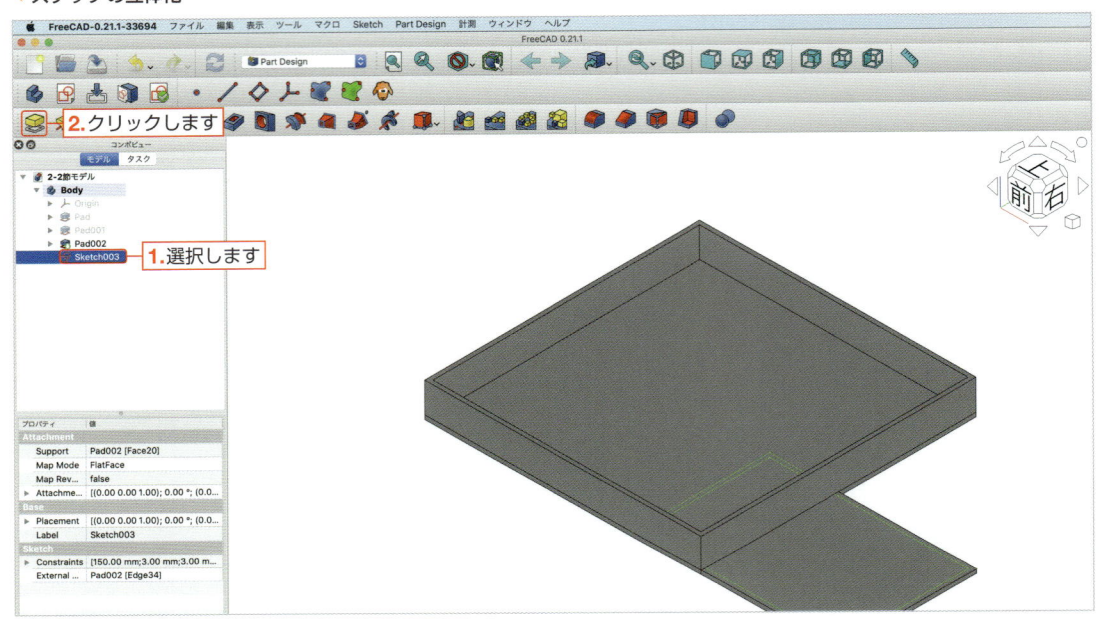

21 コンボビューに「パッドパラメーター」が表示されます。
1.「長さ」に「**22mm**」と入力して、**2.**「OK」ボタンをクリックして立体化させます。

▼パッドパラメーターの設定

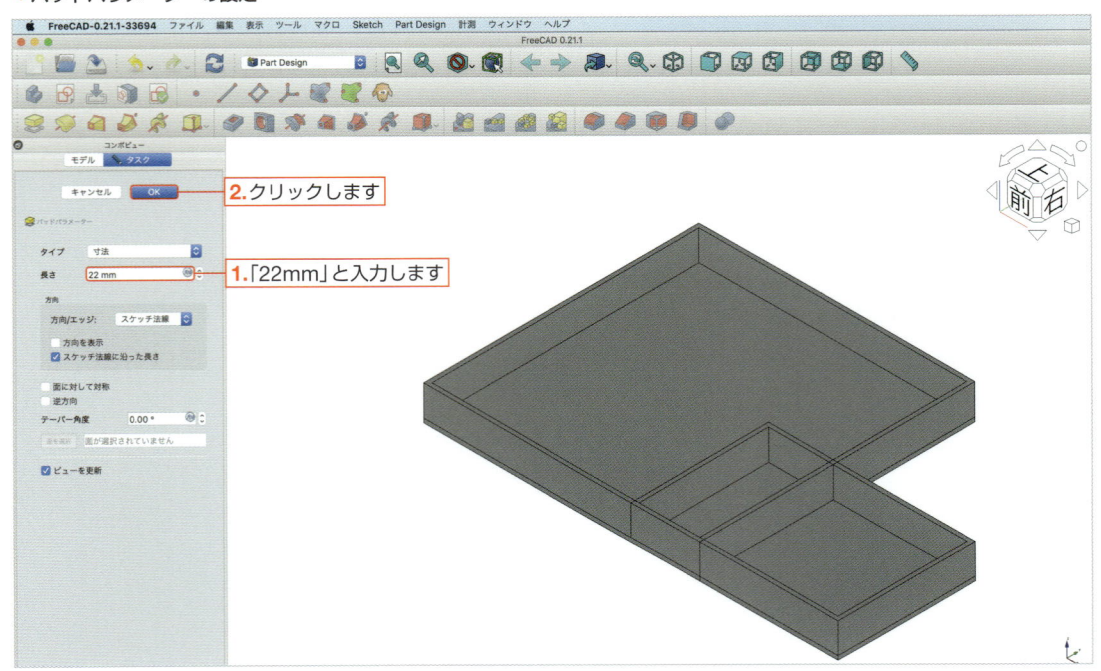

🟧 モーニングプレートを完成させよう

　最後に、新しく追加したモデルを一体化させて、さらに角に丸みをつけ、モーニングプレートを完成させましょう。

🔷 モデルを一体化させよう

　モデルを追加させると、境界線ができます。

　ここではモデルの境界線をなくして、モデルを一体化します。

22 **コンボビュー**の「**Pad003**」を選択して、**2.プロパティビュー**の「**データ**」タブをクリックし、**3.**「Refine」を「**true**」に変更します。

▼モデルの一体化

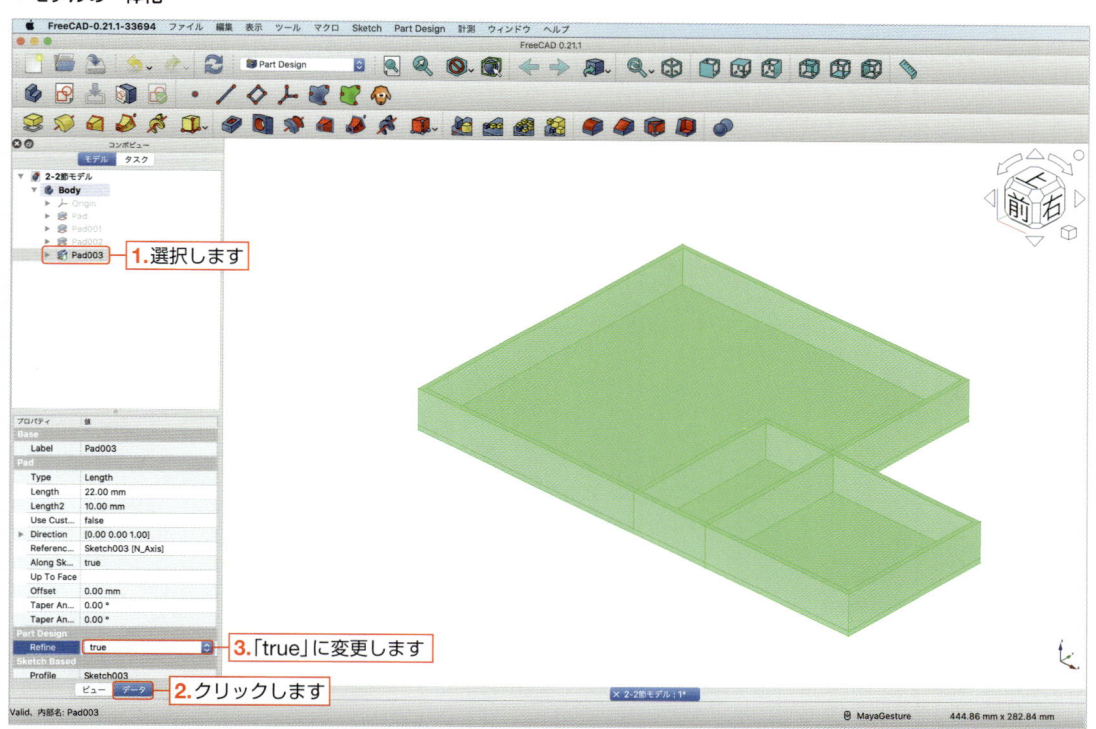

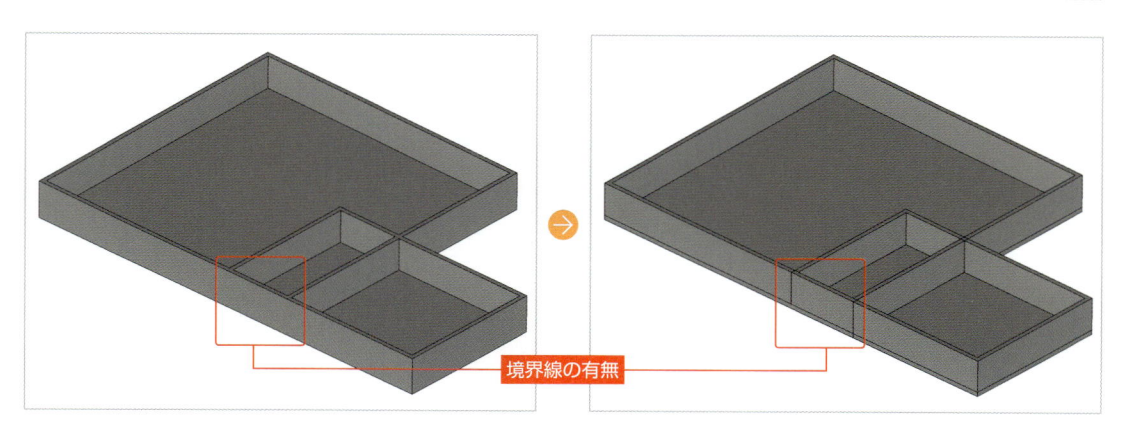

境界線の有無

 **「モデルの一体化」について**

「モデルの一体化」をしないと追加したモデルに境界線があるため、不具合が生じる場合があります。**プロパティビュー**の「データ」タブにある「Refine」を「**true**」に変更すると、モデルが一体化されます。

モデルを追加したときには「モデルの一体化」を行いましょう。

⬡ 角を丸めよう

モーニングプレートの角を丸めて完成させましょう。

ここでは**「フィレット」ボタン** 🔴 を使って、角を丸めていきます。

23 1.モデルのエッジを選択して、2.**「フィレット」ボタン** 🔴 をクリックします。**コンボビュー**に「**フィレットパラメーター**」が表示されます。3.半径に「**1mm**」と入力し、4.**「すべてのエッジに使用」**にチェックを入れて、5.「OK」ボタンをクリックします。

▼フィレットパラメーターの設定

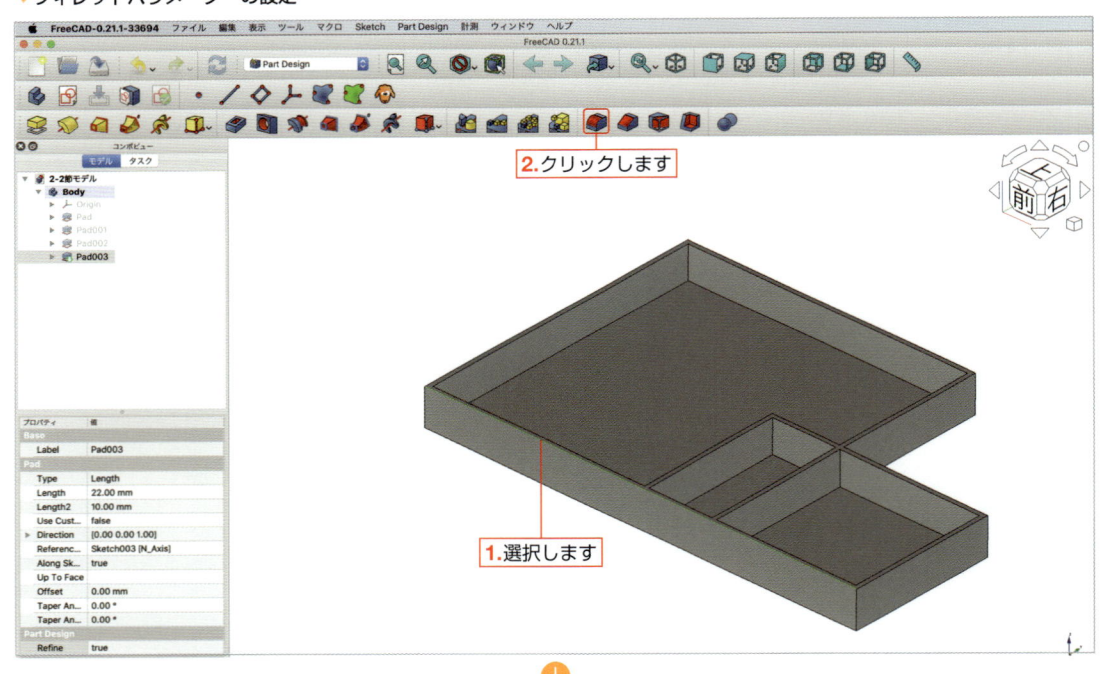

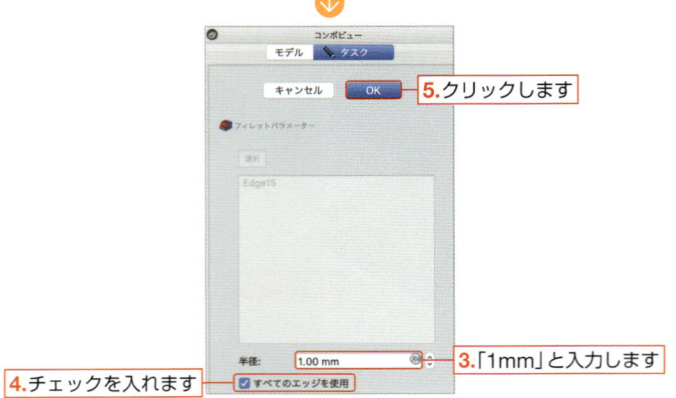

ファイルを保存してドキュメントを閉じよう

これで、**Chapter 2**のモデルが完成しました。

最後にファイルを保存して、ドキュメントを閉じましょう。

24 **1.**「**保存**」ボタン🔖をクリックして、ファイルを保存します。

2.メニューバーの「ファイル」をクリックして、**3.**「閉じる」（🔲 + Ｗ）を選択して、ドキュメントを閉じます。

▼ファイル保存とドキュメントを閉じる方法

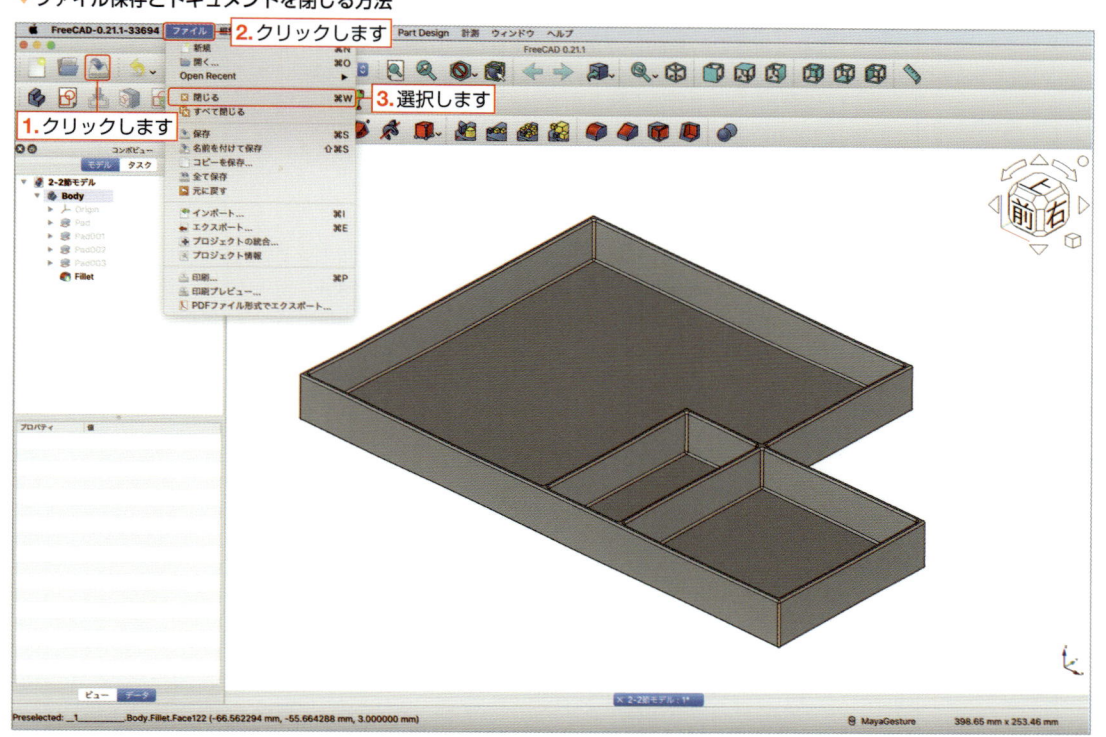

3DモデリングはSTEAM教育に役立つツール

　3Dモデリングは、**STEAM** 教育（科学・技術・工学・芸術・数学）に非常に役立つツールです。3DモデリングをSTEAM教育に取り入れることで、学生は多角的な視点で問題にアプローチし、解決策を見出す能力を養うことができます。これらのスキルは将来的にどの分野に進んでも役立つため、教育現場での積極的な導入が推奨されます。

1. 科学的理解の深化

　3Dモデリングを通じて物理的なオブジェクトの動作や構造をシミュレートし、探究することが可能です。

　例えば、**科学（Science）** 的な生物のモデルを作成することで、その構造を詳細に理解できます。

2. 技術的スキルの向上

　3Dモデリングソフトウェアを使用する過程で、学生はコンピューター操作、ソフトウェアツールの使い方、技術的問題解決スキルを学びます。これらは、**技術（Technology）** と**工学（Engineering）** の基本的な要素です。

3. 創造性の促進

　3Dモデリングは、学生が自らのアイデアを具体化し、視覚的に表現する力を育てます。芸術的要素と技術的スキルを組み合わせることで創造的な思考が促進されるため、**芸術（Art）** と直接関連します。

4. 数学的概念の適用

　モデリング中には寸法設定やスケーリング、比率など、多くの数学的概念が用いられます。

　これによって、**数学（Mathematics）** の抽象的な概念が具体的な形で理解されるようになります。

5. 協働学習の促進

　3Dプロジェクトはグループで取り組むことが多く、計画、設計、実行の各フェーズで協力することが求められます。

　これによって、コミュニケーション能力やチームワークのスキルが向上します。

Chapter 3

文房具トレイ
を作ろう！

文房具トレイの設計を例に、モデリング技術をさらに深めていきます。基本形状の作成から始まり、仕切りを設計して追加するプロセスを通じて、FreeCADの機能を学びます。
特にスケッチにおける円弧の描き方や、スケッチの拘束条件などに焦点を当てて解説します。

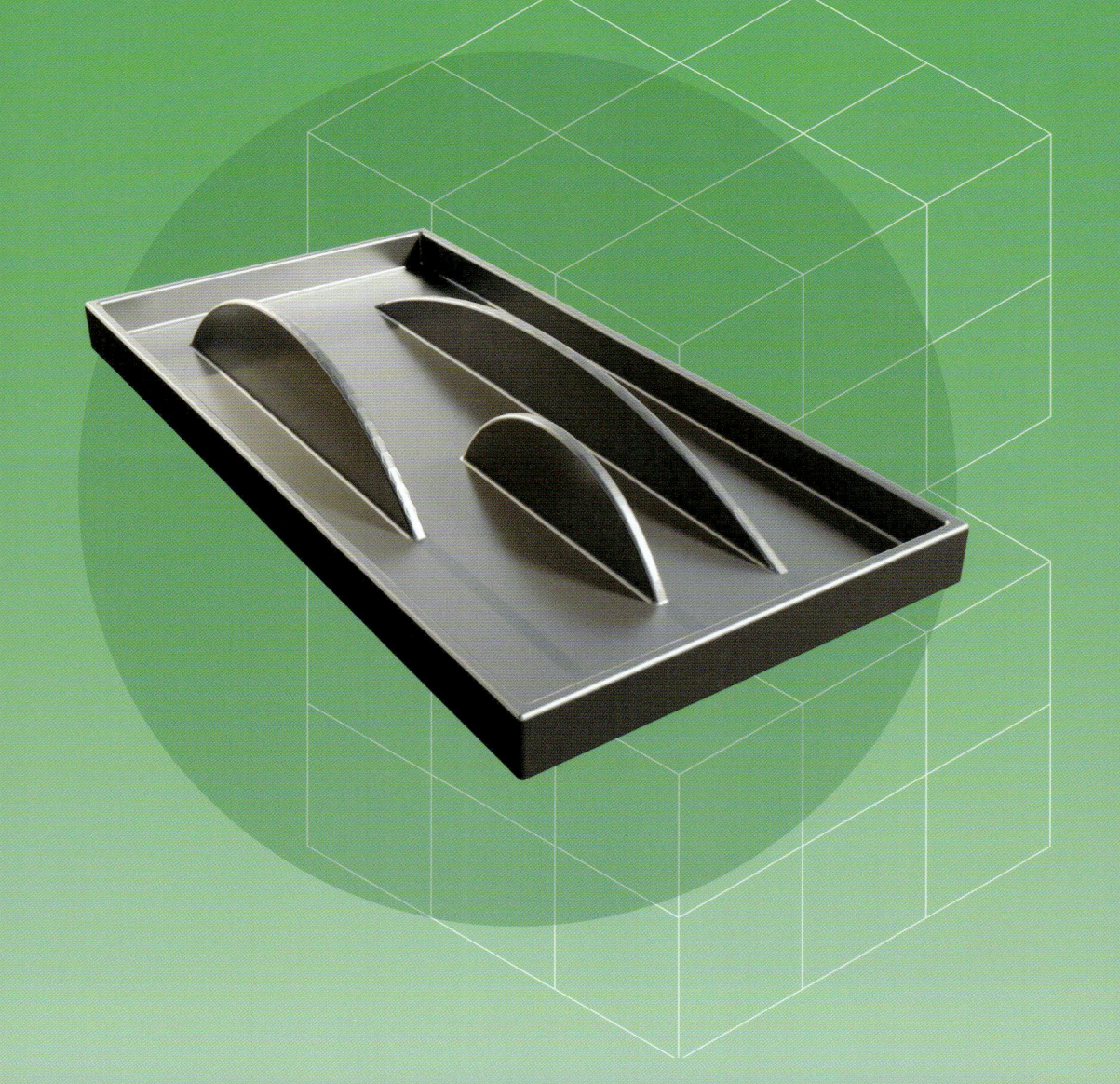

ここで作る3Dモデルの完成形

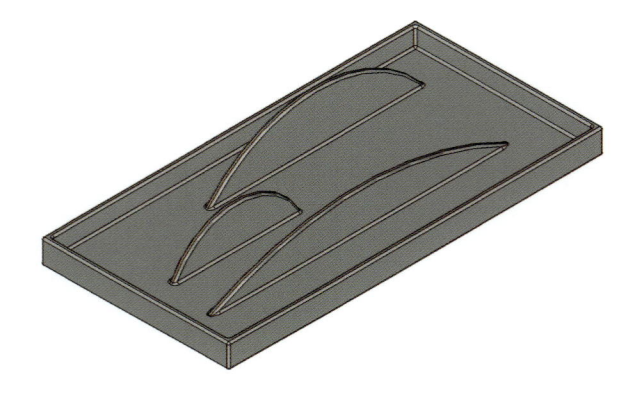

➡ 制作のポイント

■ デザインと創造性の促進

文房具トレイをデザインする過程で、自らの創造性を
発揮し、形状、サイズ、機能性を考慮しながらオリジ
ナルの製品を生み出します。この過程で美的感覚やデ
ザインの基本原則を学ぶことができます。

■ 工学的思考の適用

文房具トレイを設計するには、物体がどのように機能
するか、どのように部品が組み合わさるかを理解する
必要があります。

■ 技術的スキルの習得

3Dモデリングソフトウェアを使って文房具トレイを
デザインすることは、CAD（コンピュータ支援設計）
ソフトウェアの操作方法を学ぶ絶好の機会です。これ
は将来、工学や建築、製造業など多様な分野で役立つ
スキルです。

■ リアルワールドの適用

実際に使用可能な文房具トレイを作成することで、学
んだことが現実の世界でどのように役立つかを体験で
きます。これにより、学びがより具体的で意味のある
ものになります。

学習する項目

垂直距離拘束	➡	89ページ
水平距離拘束	➡	90ページ
直線を作成	➡	101ページ
円弧を作成	➡	102ページ
半径拘束	➡	103ページ
スケッチの平行移動	➡	106ページ
フィレット	➡	118ページ

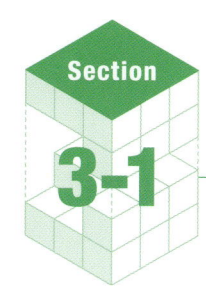

文房具トレイの大まかな形を作ろう

3-1

ここでは文房具トレイの大まかな形を作りながら、モデリングの操作に慣れていきましょう。
Chapter 2で学習した内容を、異なるモデルで復習します。

🟩 文房具トレイの底を作っていこう

スケッチを描き、「パッド」コマンドを使うことで文房具トレイの底を作っていきましょう。
ここでは、**Chapter 2**で学習した長方形の作成やスケッチの拘束を復習します。

🟩 モデル作成の準備をしよう

最初にモデル作成の準備をします。**Section 2-1**の手順 **1**〜**5**（53ページ参照）を行います。図は割愛しますが、操作方法を忘れてしまった場合には、前述したページを参照して確認してください。

1 ツールバーの【ワークベンチ】バー➡「ワークベンチを切り替える」➡「Part Design」*に変更します。
ツールバーの**「新規」ボタン**🗋をクリックします。

* Chapter 1の初期設定をしている場合、ワークベンチは最初から「Part Design」です。

2 **コンボビュー**内に新しいドキュメントが作成されました。データが未保存のため、「**Unnamed**」と表記されています。
「保存」ボタン🖫をクリックすると保存用のダイアログボックスが表示されるので、「Save As」にファイル名として**「3-1節モデル」**と入力します。続いて、「Where」にファイルを格納したいフォルダを指定します。最後に、「Save」ボタンをクリックしてドキュメントを保存します。

3 ドキュメントを保存すると、ファイル名が**コンボビュー**内と**3Dビュー**の下のタブに表記されます。
「ボディを作成」ボタン🔲をクリックします。

4 **コンボビュー**内に新しいボディが作成されました。
「スケッチを作成」ボタン🔲をクリックします。

5 スケッチを作成する平らな面（平面）を選択します。
ここでは、文房具トレイを上から見たときの輪郭を描いていくため、「XY平面」を選択します。
コンボビューの「**XY-plane**」を選択し、「OK」ボタンをクリックします。

🔷 スケッチを描いていこう

文房具トレイの底を作るために、長方形を描いていきましょう。

6 長方形を描きます。**1.「長方形を作成」ボタン**📱の右にある💙をクリックし、**2.「四角形」**を選択します。**3.**原点（赤線と緑線が交わる点）よりも左上の適当な位置でクリックし、**4.**マウスポインタ（カーソル）を右下に動かし、原点よりも右下の適当な位置でクリックして長方形を作成します。

▼長方形の描き方

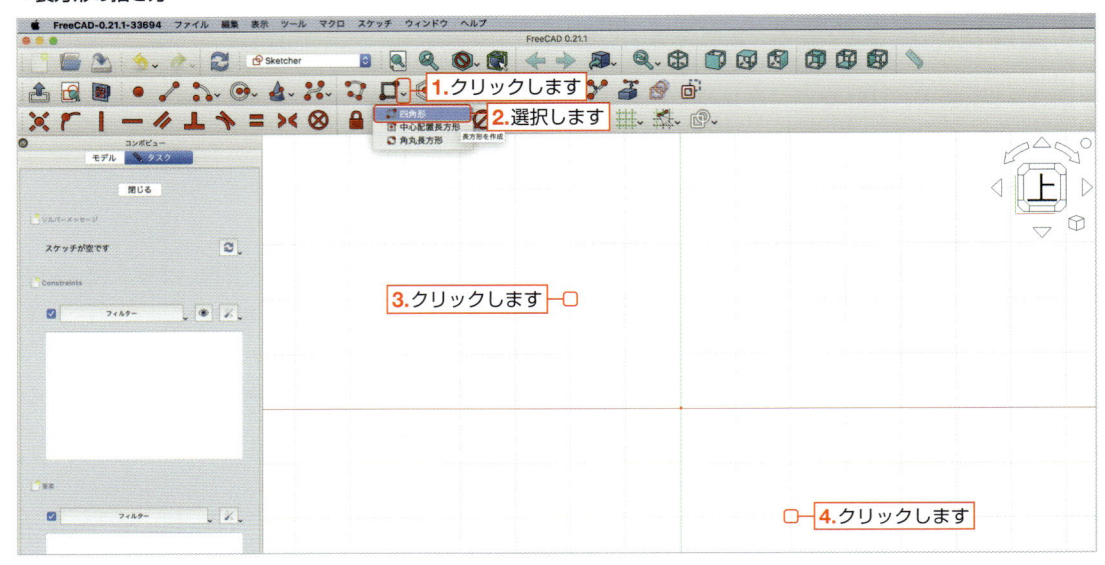

7 **1.** esc キーを押して、**「長方形を作成」ボタン**📱を解除します。
原点（赤線と緑線が交わる点）を基準に、長方形の左上端点と右下端点が対称となるように拘束します。
2.長方形の左上端点と**3.**右下端点をクリックして選択します。さらに、**4.**原点をクリックして3つの点が選択された状態で、**5.**ツールバーの**「対称拘束」ボタン**✖をクリックします。

▼対称拘束の方法

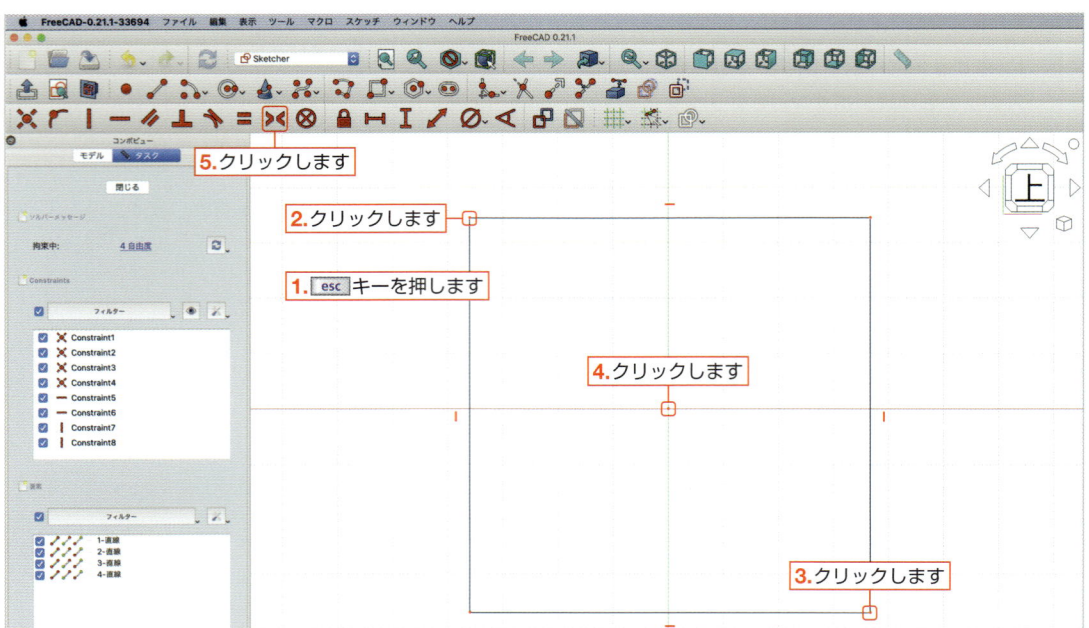

8 長方形の縦寸法を拘束します。**1.**長方形の左上端点と**2.**左下端点をクリックします。
2つの点が選択された状態で、**3.**ツールバーの**「垂直距離拘束」ボタン** I をクリックします。
4.「長さを挿入」ダイアログボックスが表示されるので、「長さ」に「**200mm**」と入力して、**5.**「OK」ボタンをクリックします。

※数値の入力は、半角で行ってください。

最後に視点を合わせるため、**6.「全てにフィット」ボタン** をクリックします。

▼ 垂直距離の拘束方法

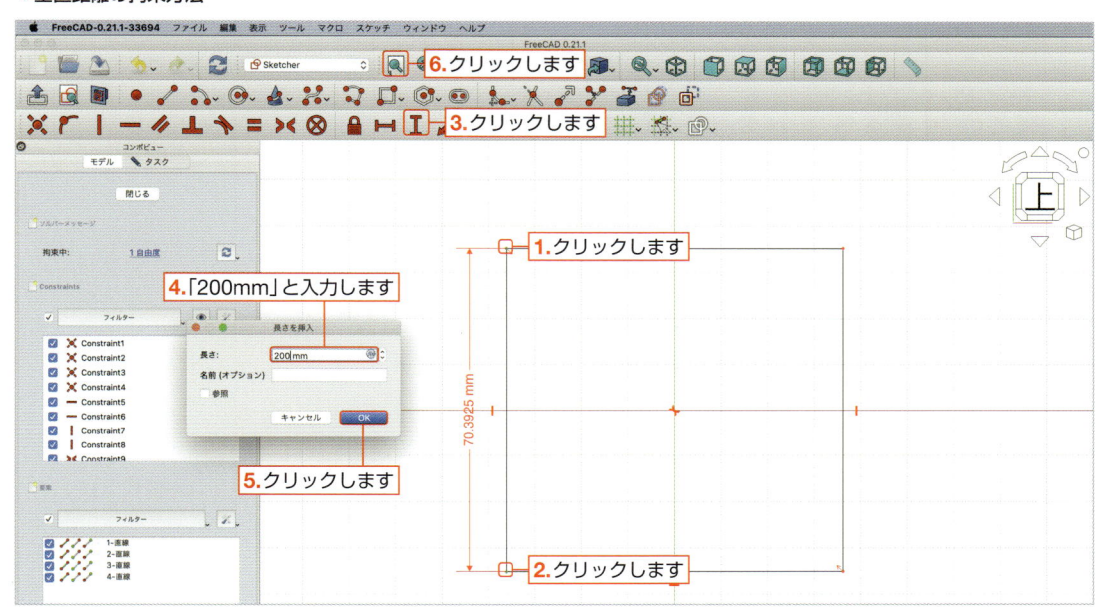

 **「垂直距離拘束」について**

「垂直距離拘束」ボタン I は2点の垂直距離を拘束する機能です。まず垂直距離を拘束したい2点を選択し、その後に**「垂直距離拘束」ボタン** I をクリックします。

「長さを挿入」ダイアログボックスが表示されるので、「長さ」に距離を入力して「OK」ボタンをクリックすると、垂直距離を拘束できます。

 **3Dモデリングで数学を学習するアイデア**

3Dモデリングを活用して数学を学習するアイデアとして、次のような幾何学的な問題解決や数学的概念の実践的な理解を深めることが効果的です。

1. 幾何学的図形の作成（学習目標: 幾何学的な性質と垂直性の理解を深める）
様々な2D形状（三角形、四角形、多角形）を作成し、それぞれの形状において垂直距離拘束を使って、特定の辺を垂直に保持させます。例えば、平行四辺形を作成し、一対の対辺が互いに垂直になるように拘束します。

2. 体積と表面積の計算（学習目標: 体積と表面積の計算方法を学び、数学の公式を実際のモデリングに適用する）
箱型の3Dオブジェクトを設計し、垂直距離拘束を使用して高さ、幅、奥行きを設定します。
次に、これらの寸法を基にして体積と表面積の計算を行います。

3. ピタゴラスの定理の実証（学習目標: ピタゴラスの定理の理解とその検証）
直角三角形を作成し、斜辺ではない一辺を底辺、他の一辺を高さとして、垂直距離拘束を適用します。
斜辺の長さを計算し、ピタゴラスの定理が成り立つことを確認します。

9 長方形の横寸法を拘束します。**1.**長方形の左上端点と**2.**右上端点をクリックします。

2つの点が選択された状態で、**3.**ツールバーの**「水平距離拘束」ボタン**▬をクリックします。

4.「長さを挿入」ダイアログボックスが表示されるので、「長さ」に「**100mm**」と入力して、**5.**「OK」ボタンをクリックします。

※数値の入力は、半角で行ってください。

最後に視点を合わせるため、**6.「全てにフィット」ボタン**をクリックします。

▼水平距離の拘束方法

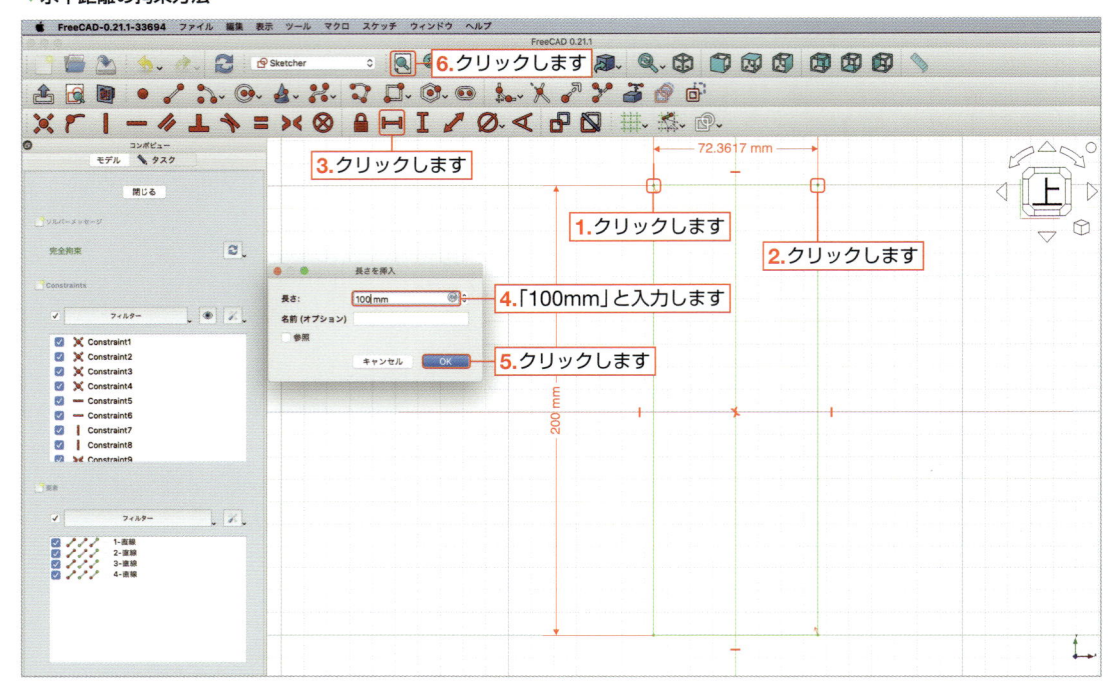

「水平距離拘束」について

「水平距離拘束」ボタン▬は2点の水平距離を拘束する機能です。まず水平距離を拘束したい2点を選択し、その後に**「水平距離拘束」ボタン**▬をクリックします。「長さを挿入」ダイアログボックスが表示されるので、「長さ」に距離を入力して「OK」ボタンをクリックすると、水平距離を拘束できます。

3DモデリングをDIYに活かすアイデア

3DモデリングをDIYに活かすことで、カスタマイズされた家具やユニークな家庭用アクセサリを設計・制作することができます。3Dモデリングの技術を学びながら、自宅をパーソナライズしてみましょう。

1.ガーデンデコレーション

プラントスタンドや花瓶、散水カンなど庭のための装飾品を3Dモデリングで設計して、3Dプリントすれば、自分だけのガーデンスペースを作れます。

2.カスタム家具のフィッティング

家具のジョイントや接続部を3Dモデリングで設計し、それを3Dプリントして用いれば、自作家具の組み立てができます。

3.キッチンツールとアクセサリ

キッチン用品や調理器具を3Dモデリングで設計し、3Dプリントして使用します。例えば、スパイスラックやカトラリーホルダー、カスタムコースターなど、日常生活で役立つアイテムを自作することができます。

10 スケッチが完全に拘束されると、線が緑色に変わります。**コンボビュー**の「ソルバーメッセージ」にも「**完全拘束**」と表記が出ます。これで、長方形を作成することができました。
スケッチを閉じるために**コンボビュー**の「閉じる」をクリックして、スケッチを終了します。

▼スケッチの完全拘束

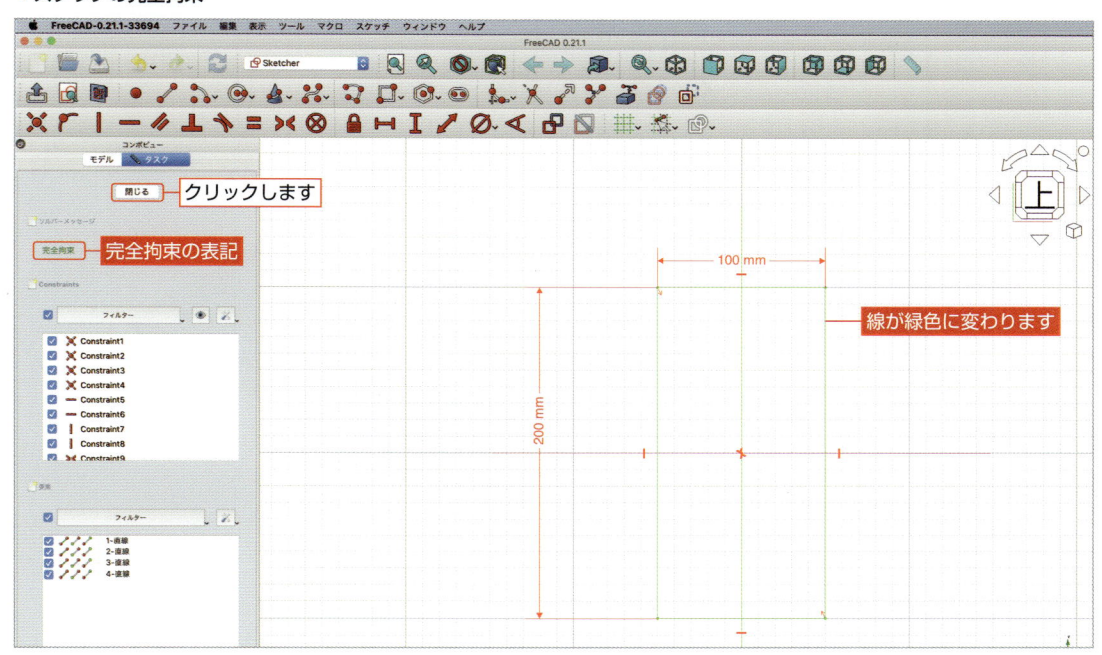

スケッチを立体化しよう

次は「パッド」コマンドを使って、スケッチを立体化していきます。

11 視点を合わせるために、**1.「全てにフィット」ボタン**をクリックします。
また、視点を等角図に切り替えるため、**2.「アイソメトリック」ボタン**をクリックします。
3.コンボビューの「Sketch」を選択して、**4.**ツールバーの**「パッド」ボタン**をクリックします。

▼スケッチの立体化

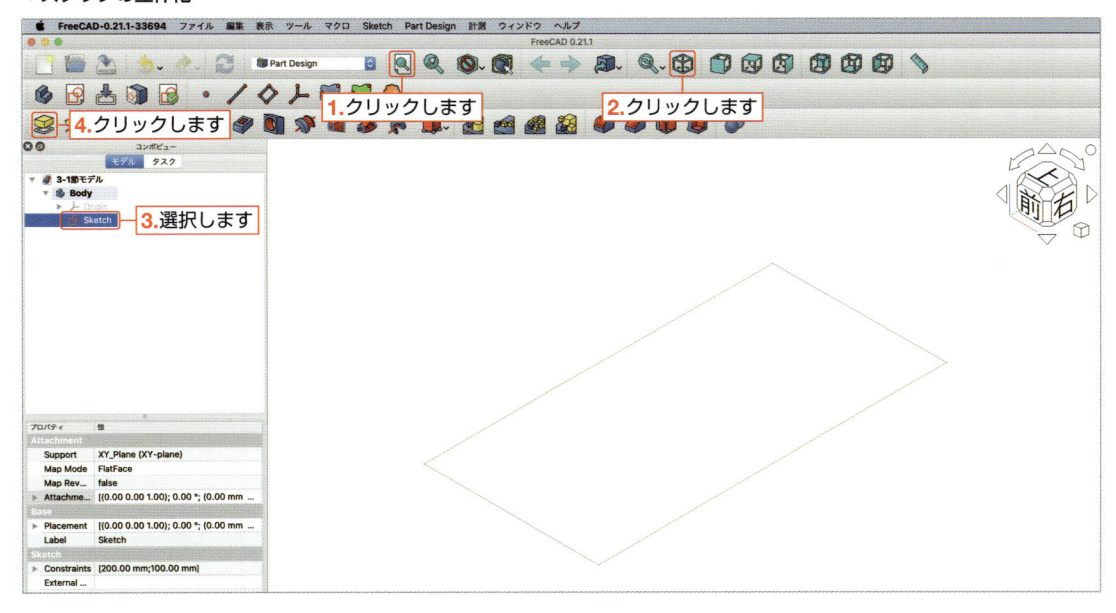

12 「**パッドパラメーター**」が表示されます。
1.「長さ」に「**3mm**」と入力して、**2.**「OK」ボタンをクリックします。

▼パッドパラメーターの設定

文房具トレイの枠を作ってみよう

文房具トレイの底を作りました。次は底の四方に厚み3mm、高さ10mmの枠を作っていきます。

最初にトレイの底に枠を作るために、厚み3mmの枠をスケッチとして描いていきましょう。

13 モデルの上面にスケッチを作成します。**1.** モデルの上面をクリックして選択された状態で、**2.**「**スケッチを作成**」ボタン を クリックします。

▼モデル上面にスケッチを作成

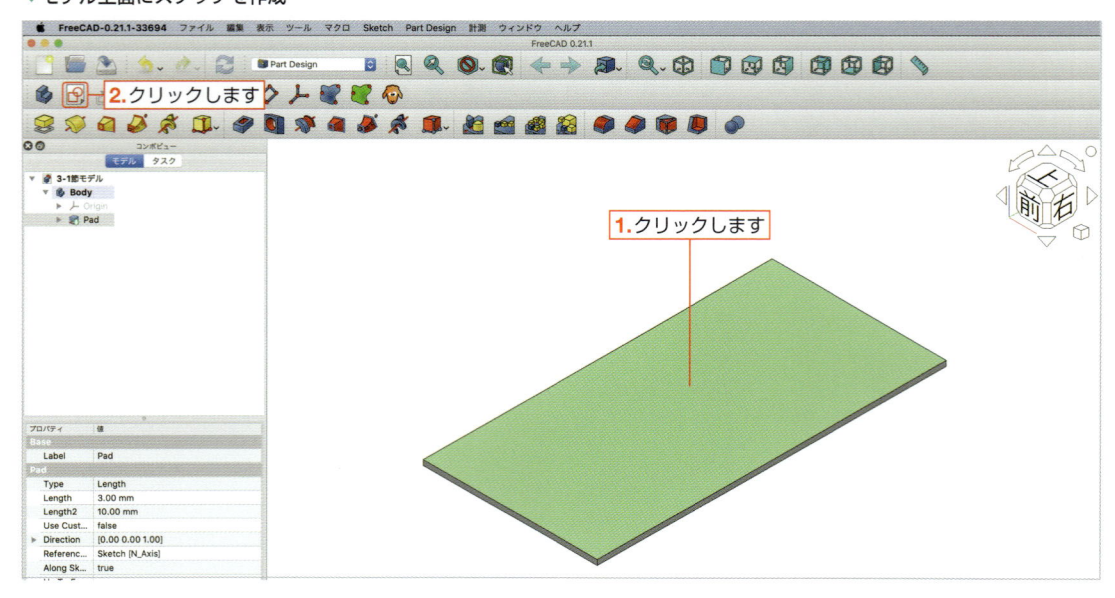

14 外部形状にリンクするエッジを作成します。**1.**ツールバーの**「外部ジオメトリーを作成」ボタン**をクリックします。**2.**モデルの上辺をクリックして、**3.**モデルの下辺をクリックします。
最後に、**4.** esc キーを押してボタンを解除します。

▼外部ジオメトリーを作成

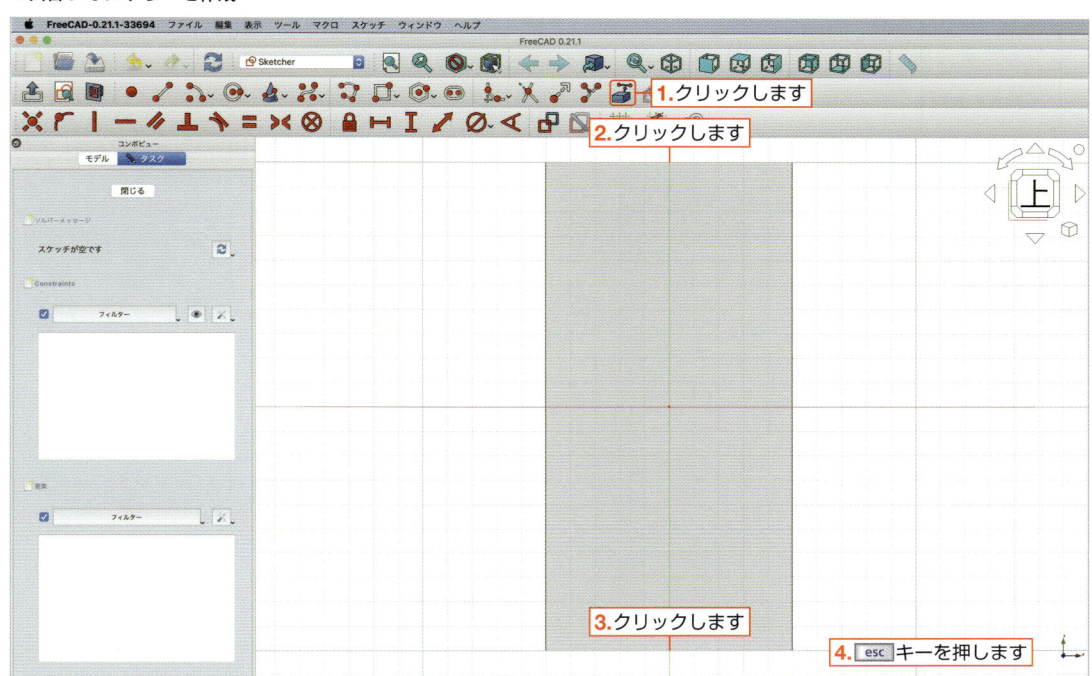

 **「外部ジオメトリーを作成」ボタンの重要性**

「外部ジオメトリーを作成」ボタンは、複雑な設計プロセスで以下のような重要な役割を果たします。
この機能を利用することで、より効率的かつ精密なモデル設計が可能になります。

1. 既存ジオメトリーの再利用（効率性と一貫性の向上）

　「外部ジオメトリーを作成」ボタンを使用することで、他のスケッチやモデル部品の既存ジオメトリー（点、線、面）を新しいスケッチや部品に取り込むことができます。これにより、同じ寸法や形状を再度作成する手間を省くことができ、設計プロセスが迅速化します。

2. 整合性と精度の保持（効率性と一貫性の向上）

　外部ジオメトリーを参照して使用することで、複数の部品やアセンブリ全体の整合性を保ちながら設計を進めることができます。これは、特に相互に関連する複数のコンポーネントを持つ複雑な設計において、寸法の誤差を最小限に抑えるのに役立ちます。

3. 動的な更新のサポート（設計の柔軟性）

　外部ジオメトリーを参照することで、元となるジオメトリーが変更された場合に、それに依存するスケッチや部品も自動的に更新されます。これにより、設計の変更が頻繁に発生するプロジェクトでも最新の状態を維持することが容易になります。

4. エラーの削減（設計の一貫性）

　手動でジオメトリーをコピー＆ペーストする場合、ミスが発生する可能性があります。外部ジオメトリー機能を使えば、このような人的ミスを削減し、設計過程でのエラーを減らすことが可能です。

「外部ジオメトリーの作成」は、設計の効率性、精度、柔軟性を大幅に向上させるため、3Dモデリングにおいて重要なツールとなります。この機能を適切に活用することで、時間とリソースの節約だけでなく、最終製品の品質向上にもつながります。

15 長方形を作成します。**1.「長方形を作成」ボタン**□の右にある▼をクリックし、**2.「四角形」**を選択します。先ほど作成した外部形状にリンクするエッジ2本のうち、**3.** 上にあるエッジの左端点にマウスポインタ（カーソル）を合わせると、**「一致拘束」ボタン**✖が現れるのでクリックします。

次にマウスポインタ（カーソル）を右下に動かし、先ほど作成した外部形状にリンクするエッジ2本のうち、**4.** 下にあるエッジの右端点にマウスポインタ（カーソル）を合わせると**「一致拘束」ボタン**✖が現れるので、クリックして長方形を作成します。

▼長方形を描く

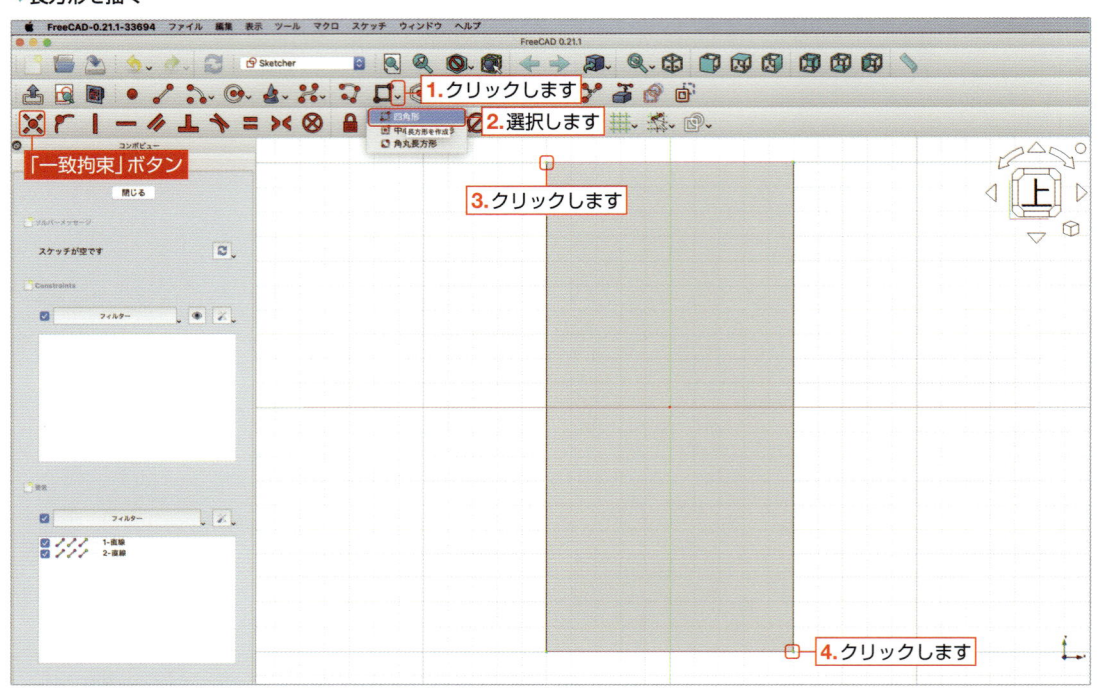

16 さらに長方形を作成します。**1.** 先ほど作成した長方形の左上端点の右下付近でクリックします。

次にマウスポインタ（カーソル）を右下に動かし、**2.** 先ほど作成した長方形の右下端点の左上付近でクリックして長方形を作成します。最後に、**3.** esc キーを押して**「長方形を作成」ボタン**□を解除します。

▼長方形を描く

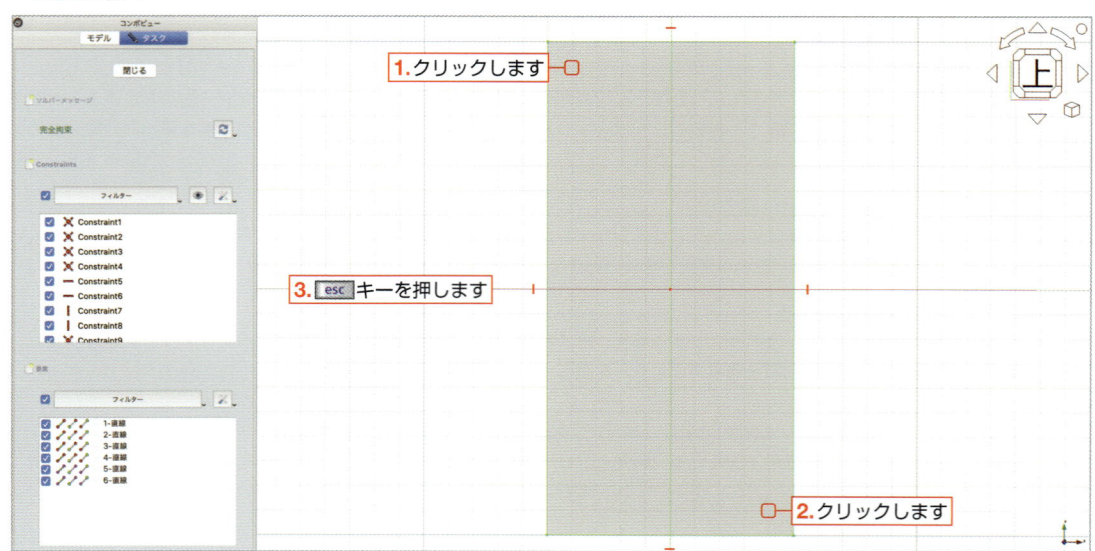

17 原点（赤線と緑線が交わる点）を基準に、長方形の左上端点と右下端点が対称となるように拘束します。

1.長方形の左上端点と**2.**右下端点をクリックします。

さらに、**3.**原点をクリックして、3つの点が選択された状態で**4.「対称拘束」ボタン**をクリックします。

▼長方形の端点に対して対称拘束

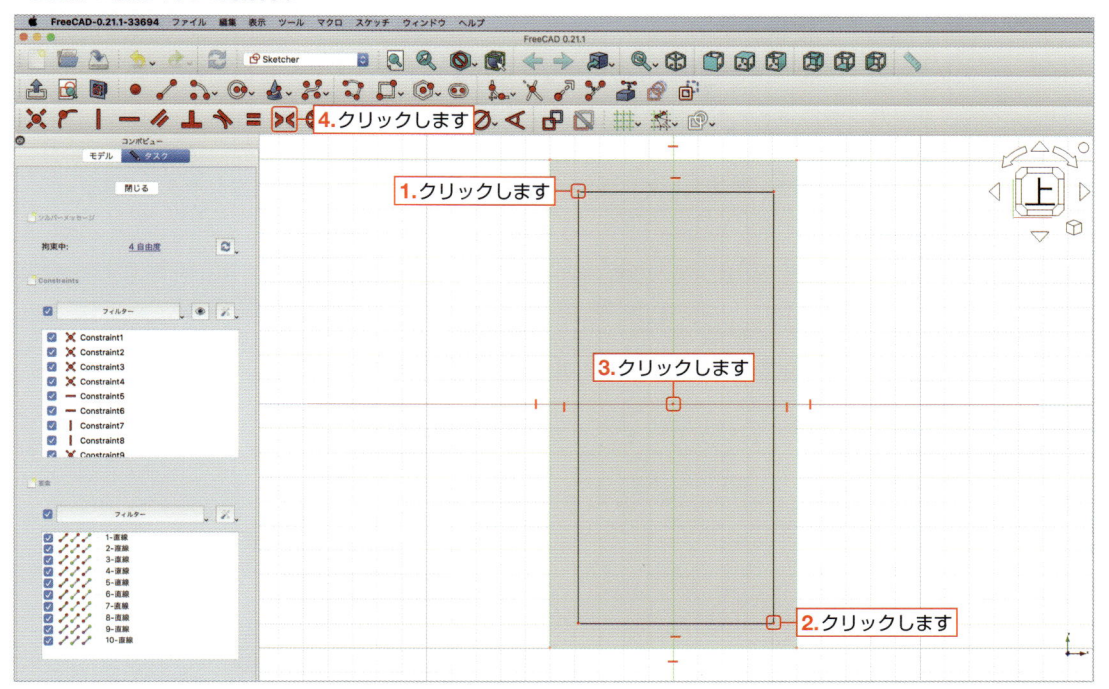

18 長方形の位置を拘束します。**1.**上にあるエッジの左端点と**2.**長方形の左上端点をクリックします。

2つの点が選択された状態で、**3.「水平距離拘束」ボタン**をクリックします。「長さを挿入」ダイアログボックスが表示されるので、**4.**「長さ」に「**3mm**」と入力して、**5.**「OK」ボタンをクリックします。

再度、**6.**上にあるエッジの左端点と**7.**長方形の左上端点をクリックします。2つの点が選択された状態で、**8.「垂直距離拘束」ボタン**をクリックします。「長さを挿入」ダイアログボックスが表示されるので、**9.**「長さ」に「**3mm**」と入力して、**10.**「OK」ボタンをクリックします。

※数値の入力は、半角で行ってください。

▼水平距離および垂直距離の拘束

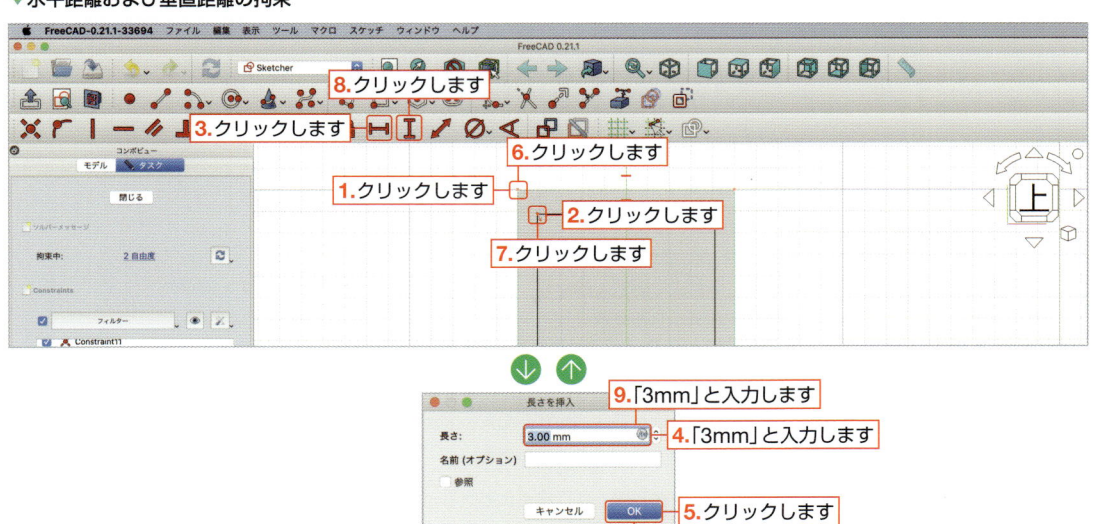

19 手順 **10**（91ページ）と同様に、スケッチが完全に拘束されると線が緑色に変わります。また、**コンボビュー**の「ソルバーメッセージ」にも「**完全拘束**」と表記が出ます。
スケッチを閉じるために**コンボビュー**の「閉じる」をクリックして、スケッチを終了します。

枠のスケッチを立体化させよう

作成したスケッチをもとに、文房具トレイの枠を立体化しましょう。スケッチでは枠の厚み3mmを指定しました。ここでは「パッド」コマンドを使って、枠の高さ10mmを指定します。

20 **1.コンボビュー**の「Sketch」を選択して、**2.**ツールバーの「**パッド**」ボタンをクリックします。

▼スケッチの立体化

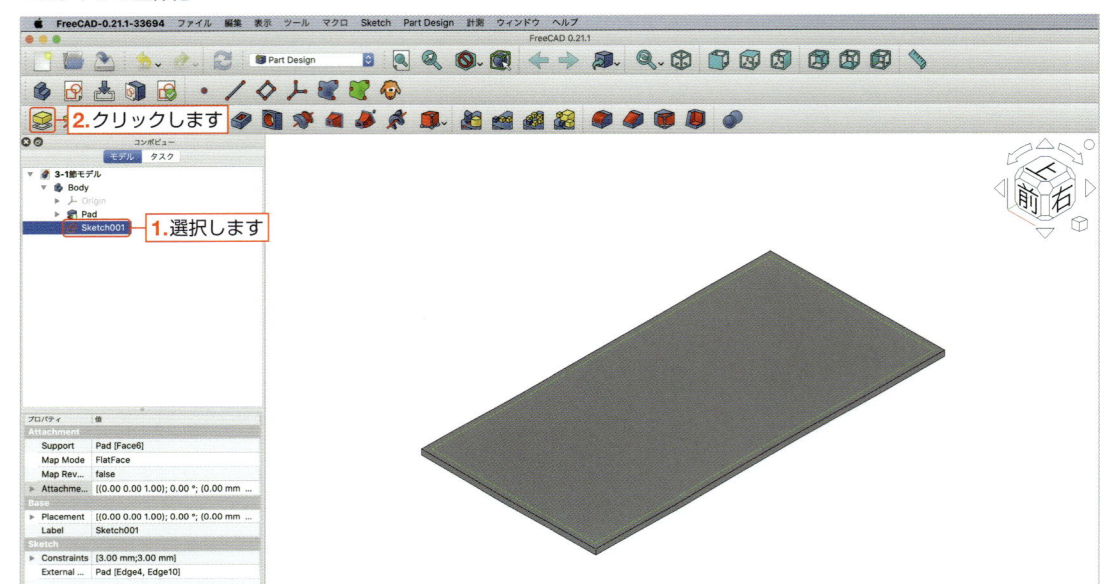

POINT

スケッチを立体化するときの注意点

スケッチを立体化する過程で注意すべきポイントを抑えておくことで、3Dモデリングのプロセスがスムーズに進み、より精度の高い製品を作成することができます。特に初心者は、次のような基本的なステップと注意点を理解することが大切です。

1. スケッチの完全性（閉じたループ）
立体化する前に、スケッチが完全に閉じていることを確認してください。
開いているループがあると、立体化する際にエラーが発生する可能性があります。

2. スケッチの清潔さ（冗長な線や点の削除）
スケッチを清潔に保ち、必要のない線や点を削除します。
冗長な要素は計算処理を複雑にし、エラーや予期せぬ結果を招くことがあります。

3. スケッチの拘束の適用（適切な拘束の使用）
スケッチには水平、垂直、寸法などの拘束を適切に適用し、スケッチが正確に描かれていることを確認します。
これにより、立体化した際の形状が意図した通りになります。

4. 立体化の方向と深さ（押し出しの方向と深さの選択）
スケッチを立体化する際には、押し出しの方向と深さを正確に設定します。
これが製品の形状と機能を左右します。方向が逆だったり、深さが不適切だったりすると、望んだ形状になりません。

5. 立体化後の検証（モデルのチェック）
立体化した後はモデルを丁寧に検証して、設計通りに形成されているかを確認します。
特に、意図しないシャープなエッジや不必要な凹凸がないか、注意深く見る必要があります。

21 「パッドパラメーター」が表示されます。
　1.「長さ」に「**10mm**」と入力して、**2.**「OK」ボタンをクリックします。

　▼パッドパラメーターの設定

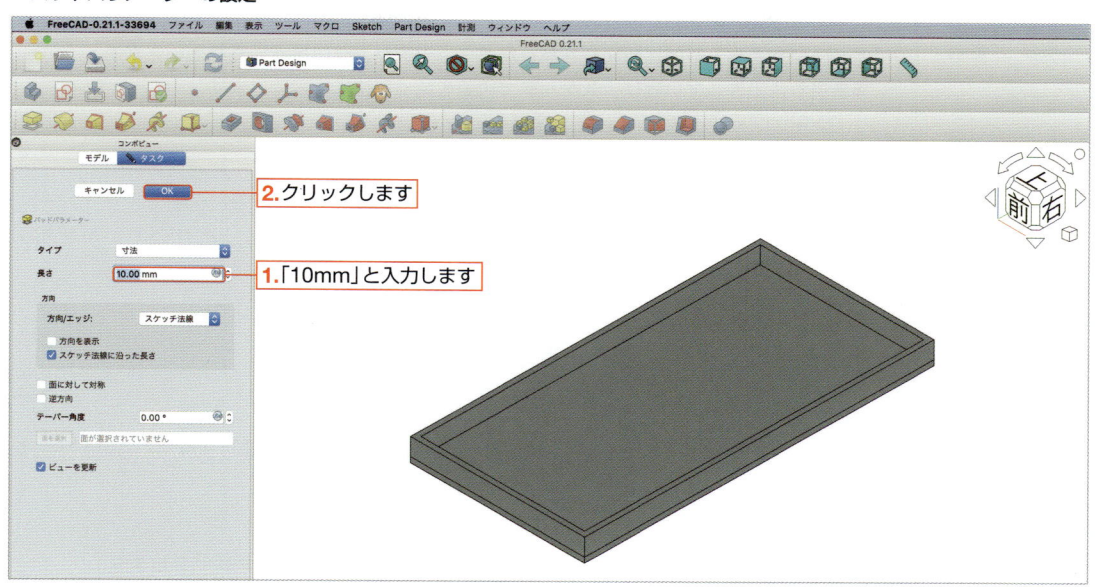

ファイルを保存してドキュメントを閉じよう

　これで、**Section 3-1** のレッスンが終了しました。ファイルを保存してドキュメントを閉じましょう。

22 **1.**「**保存**」**ボタン**をクリックして、ファイルを保存します。
　2. メニューバーの「ファイル」を選択し、**3.**「閉じる」を選択してドキュメントを閉じます。

　▼ファイル保存とドキュメントを閉じる方法

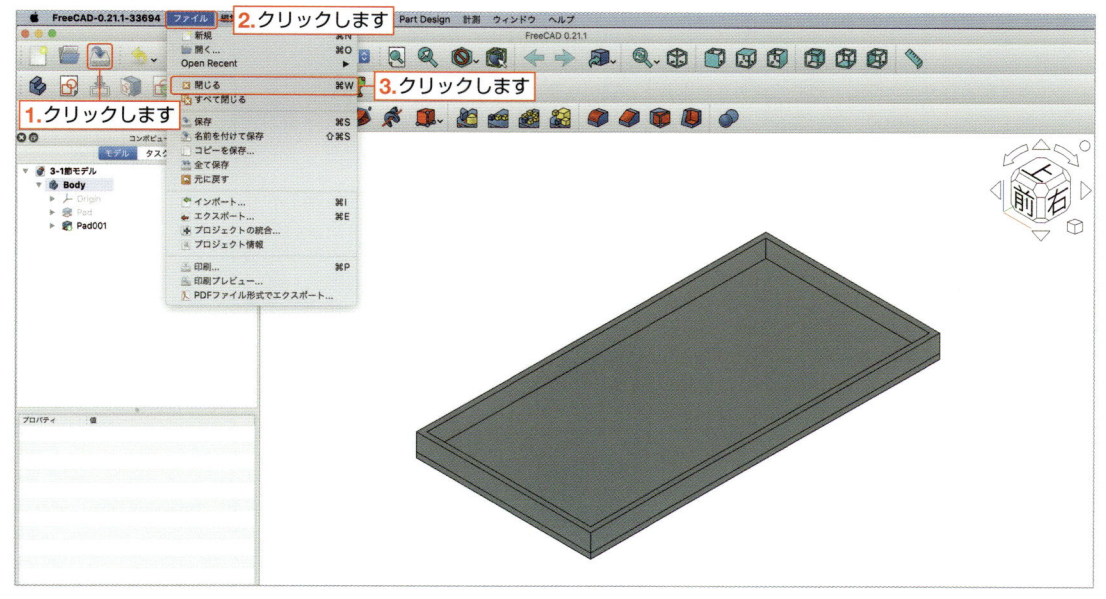

Section 3-2 文房具トレイを完成させよう

ここでは文房具トレイに仕切りを作りながら、モデリングの操作に慣れていきます。
手順通りに操作していけば、スケッチで円弧を描く方法を学習できます。

🟩 文房具トレイに仕切りを追加しよう

Section 3-1で作った文房具トレイに仕切りを追加していきましょう。ここでは、既存のモデルを加工します。

🟩 Section 3-1で作ったファイルを読み込もう

Section 3-1で作った文房具トレイのファイルを開き、新しい名前を付けて保存します。

この操作は、Section 2-2の手順 **1** 〜 **2**（68ページ参照）と同じです。図は割愛しますが、操作方法を忘れてしまった場合には、前述したページをご参照ください。

1 Section 3-1で作成したファイルを開きます。ツールバーの **「開く」ボタン**🖼️をクリックします。
「3-1節モデル」 を選択し、「Open」ボタンをクリックします。

2 次に名前を付けて保存します。メニューバーの「ファイル」を選択し、「名前を付けて保存」を選択します。
「Save As」に **「3-2節モデル」** と入力して、「Save」ボタンをクリックして保存します。

POINT 文房具トレイを作成する際に役立つ豆知識

3Dモデリングで文房具トレイを作成する際に役立つ豆知識をまとめてみました。これらを活用して、実用的で美しい文房具トレイを作成してください。デザインのプロセスを楽しみながら、機能性とデザイン性を兼ね備えた製品を目指しましょう。

1. 用途の検討（機能性を考慮する）
文房具トレイの各区画で何を収納するかを考え、適切なサイズと形状を検討します。
例えば、ペンや鉛筆、消しゴム、クリップなどがすっきりと収まるように設計しましょう。

2. 寸法の正確さ（寸法を実物に合わせる）
実際にトレイに収納する文房具を測定し、それに基づいて3Dモデルの寸法を設定します。
これにより、文房具がぴったりと収まるトレイを作成できます。

3. モデリング技術の選択（押し出しとモデリング）
基本的なスケッチから始めて、押し出し機能を使って立体化します。この方法は、比較的単純な形状の文房具トレイに適しています。

4. 立体化のテクニック（分割と組み合わせ）
複雑な区画が必要な場合は、複数の部品を個別にモデル化し、最後に組み合わせる方法も有効です。これにより、各部分の詳細を細かく調整できます。

5. 素材とテクスチャ（素材の選定／テクスチャと色）
3Dプリントする場合は、使用するプリンターと材料を考慮して設計します。PLAやABSなどの一般的なプリント素材が使いやすいでしょう。最終的な見た目を考慮し、色やテクスチャをモデルに適用することで、見栄えを良くすることができます。

6. 製作前の確認（プロトタイプを作成する）
可能であれば、最終的な3Dプリント前にプロトタイプを作成してみましょう。これにより、デザインに問題がないかを確認し、必要に応じて修正を加えることができます。

🔶「YZ平面」に新しいスケッチを描いていこう

ここでは、「YZ平面」にスケッチを描きます。
円弧を使いながら、仕切りの形状を作ってみましょう。

3 スケッチを作成します。**1.「スケッチを作成」ボタン**🔳をクリックします。
次にスケッチを作成する平面を選択します。ここでは、文房具トレイを右側から見たときの輪郭を描いていく
ため、「YZ平面」を選択します。**2. コンボビュー**の「**YZ-plane**」を選択し、**3.**「OK」ボタンをクリックします。

▼YZ平面のスケッチを作成

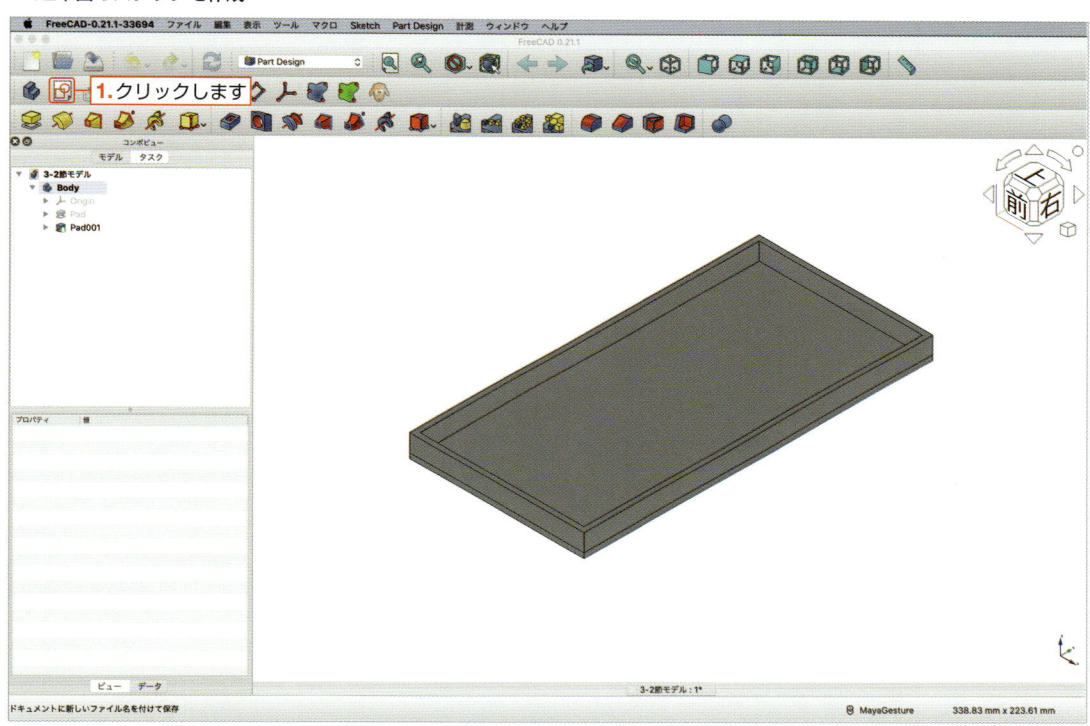

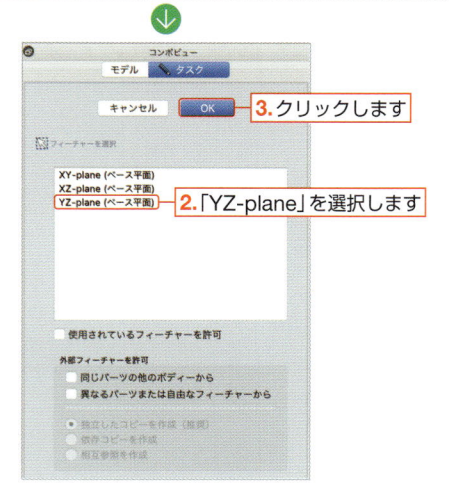

4 **1.** **「セクション表示」ボタン**をクリックして、モデルの断面を表示させます。

次に文房具トレイ底の上面に外部形状にリンクするエッジを作成します。

2. **「外部ジオメトリーを作成」ボタン**をクリックし、**3.** 文房具トレイ底の上辺をクリックします。

▼外部ジオメトリーを作成

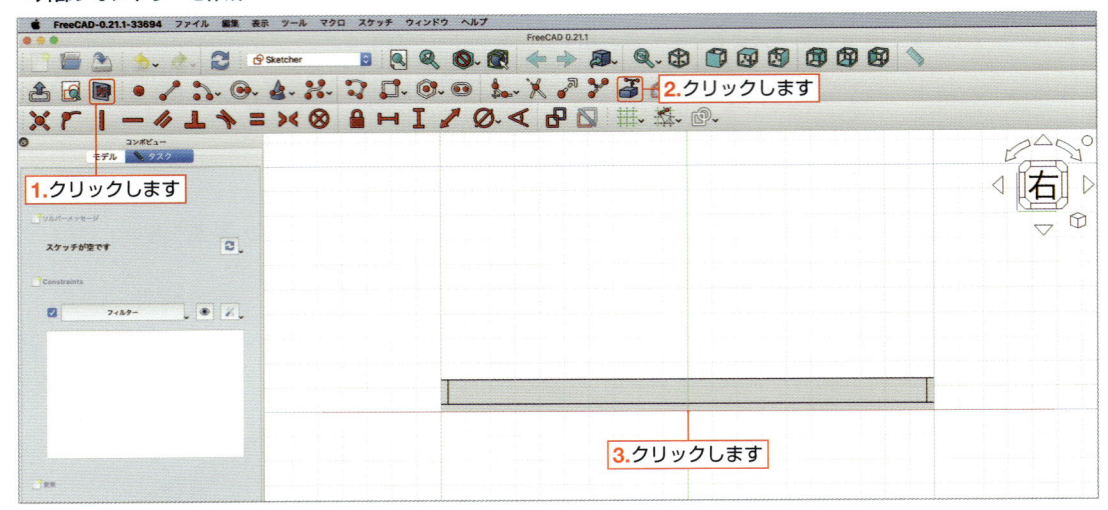

5 先ほど作成した外部形状にリンクするエッジ上に直線を作成します。

1. **「直線を作成」ボタン**をクリックします。

2. 先ほど作成した外部形状にリンクするエッジ上で、かつエッジの左端点付近にマウスポインタ（カーソル）を合わせると、**「オブジェクト上の点拘束」ボタン**が現れるのでクリックします。

続いて **3.** マウスポインタ（カーソル）を右に動かし、エッジ上で、かつエッジの右端点付近にマウスポインタ（カーソル）を合わせると**「オブジェクト上の点拘束」ボタン**が現れるので、クリックして直線を作成します。

最後に、**4.** esc キーを押して **「直線を作成」ボタン**を解除します。

▼直線を作成

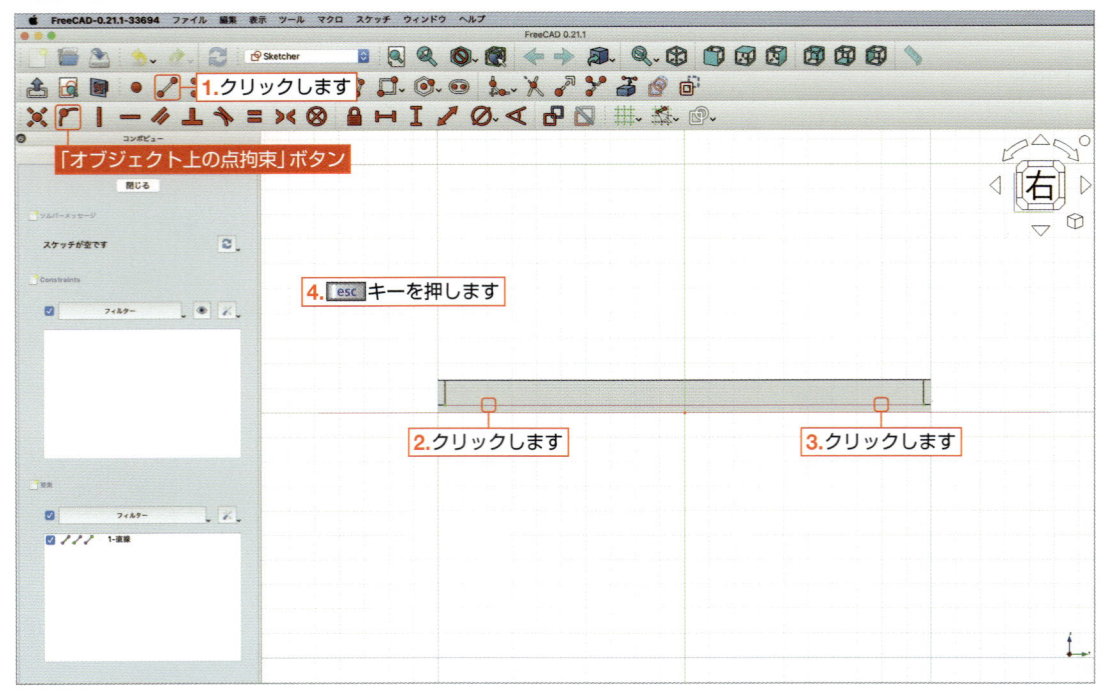

「直線を作成」について

「直線を作成」ボタン ✏ は直線を作る機能です。2点を指定すると直線の両端点が決まり、直線が作成されます。今回のようにエッジ上にマウスポインタ（カーソル）を合わせて**「オブジェクト上の点拘束」**させると、直線の端点がエッジ上を動くように拘束されます。

また、点にマウスポインタ（カーソル）を合わせて**「一致拘束」**（94ページ参照）させると、直線の端点が点に拘束されます。

---

6 エッジの両端点と直線の両端点との水平距離を拘束します。**1.** エッジの左端点と **2.** 直線の左端点をクリックして、2つの点が選択された状態で **3. 「水平距離拘束」ボタン** ┡ をクリックします。

「長さを挿入」ダイアログボックスが表示されるので、**4.**「長さ」に「**15mm**」と入力して、**5.**「OK」ボタンをクリックします。

次に、**6.** エッジの右端点と **7.** 直線の右端点をクリックします。2つの点が選択された状態で、**8. 「水平距離拘束」ボタン** ┡ をクリックします。

「長さを挿入」ダイアログボックスが表示されるので、**9.**「長さ」に「**20mm**」と入力して、**10.**「OK」ボタンをクリックします。

※数値の入力は、半角で行ってください。

▼エッジの両端点と直線の両端点との水平距離を拘束

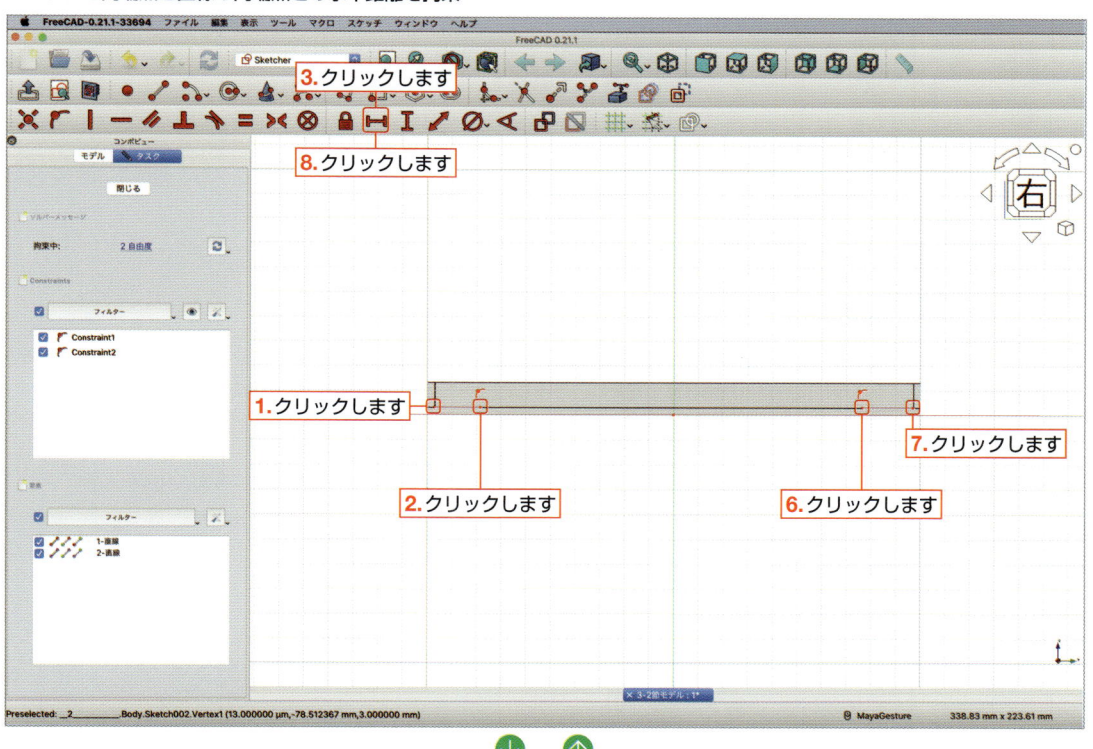

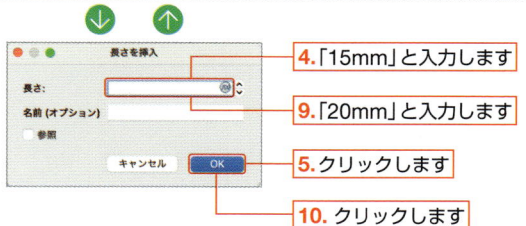

7 円弧を作成します。**1.「円弧を作成」ボタン** の右にある をクリックし、**2.「端点と円周上の点から作成」** を選択します。**3.** 直線の左端点と、**4.** 右端点をクリックします。**5.** 直線の上部付近でクリックして、円弧を作成します。最後に、**6.** esc キーを押して **「円弧を作成」ボタン** を解除します。

▼円弧を作成

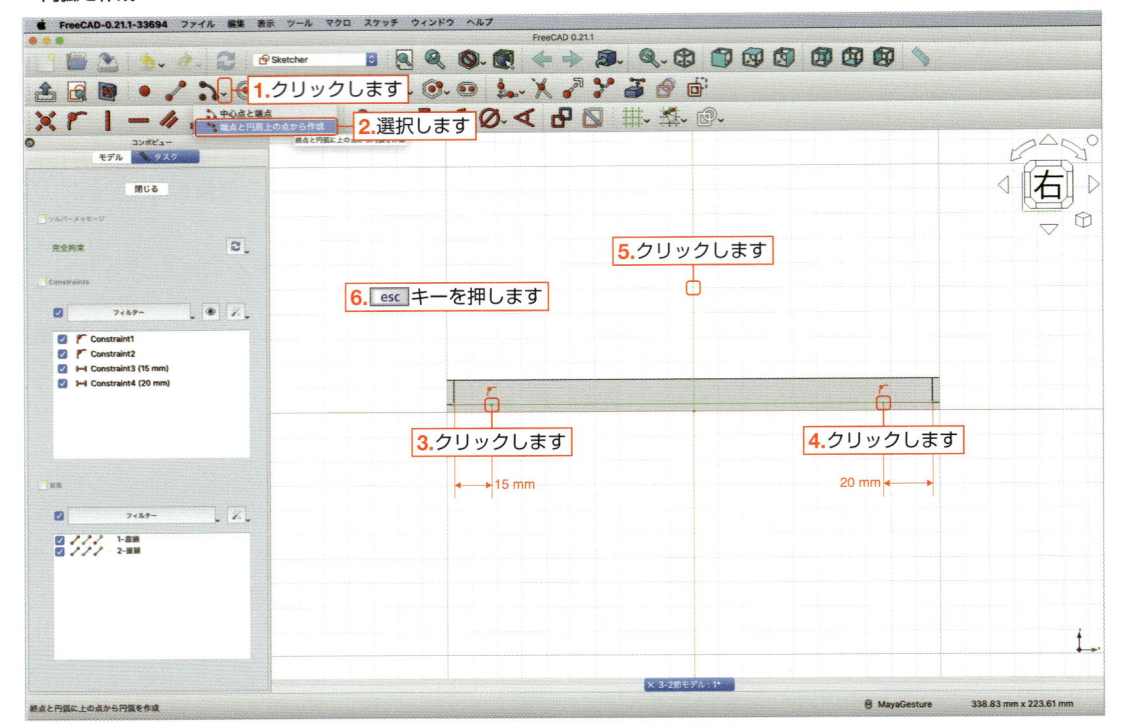

POINT

「円弧を作成」について

　円弧を作成する方法には **「中心点と端点」** と **「端点と円周上の点から作成」** の2種類があります。手順 **7** で使った **「端点と円周上の点から作成」** では最初に円弧の両端2点を指定し、最後に円弧の円周を指定して円弧を作成しました。

　一方で **「中心点と端点」** では最初に円弧の中心点を指定し、最後に円弧の両端2点を指定して円弧を作成します。円弧を作成する場合は2種類の方法を上手に使い分けると便利です。

　2つの使い分けについては、書籍の後半で紹介しているモデルを作成すると、理解できるように構成されています。

8 円弧の半径170mmに拘束します。**1.**円弧の円周をクリックして、選択された状態にします。**2.**「**円や円弧を拘束**」の右にある◥をクリックし、**3.**「**半径拘束**」◯を選択します。「半径を挿入」ダイアログボックスが表示されるので、**4.**「半径」に「<mark>170mm</mark>」と入力して、**5.**「OK」ボタンをクリックします。

▼円弧の半径を拘束

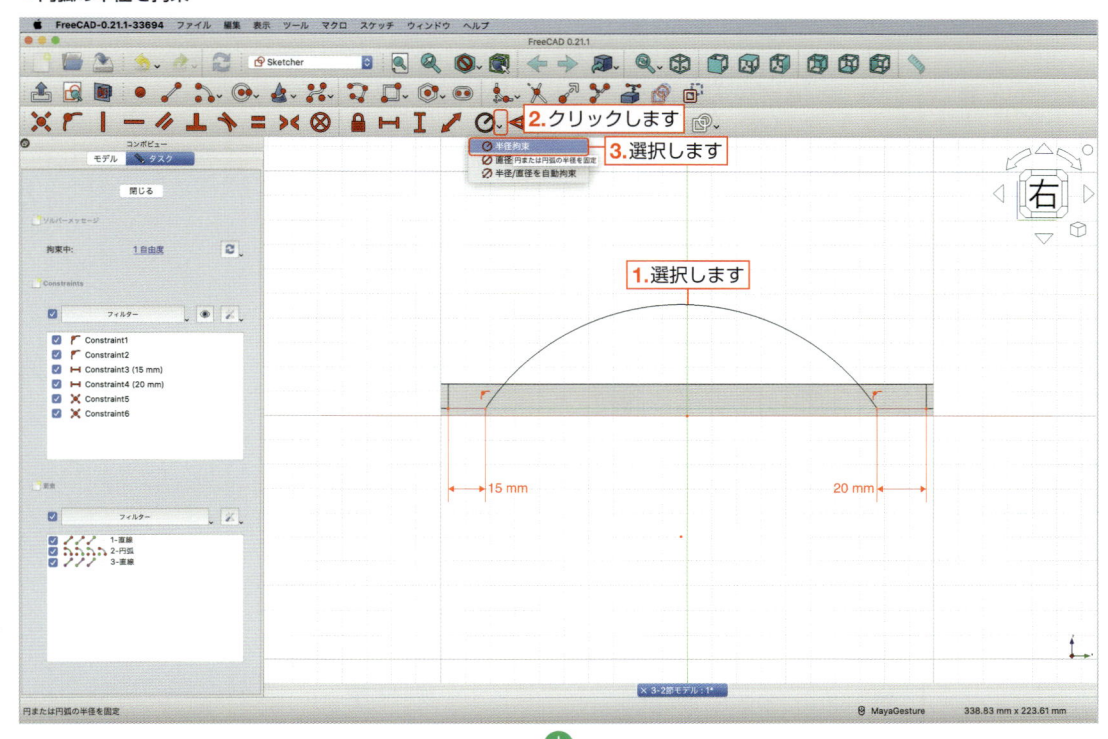

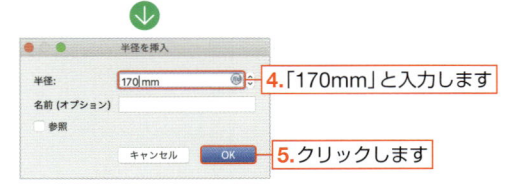

POINT 「半径拘束」について

　【スケッチャー拘束】ツールの「**寸法拘束**」には「**半径拘束**」「**直径拘束**」「**半径/直径を自動拘束**」の3種類があります。手順**8**で使った「**半径拘束**」では半径寸法を入力して、円弧や円の円周を拘束させます。

　また「**直径拘束**」は、直径寸法を入力して円弧や円の円周を拘束させます。「**半径/直径を自動拘束**」は、円弧の場合は半径寸法、円の場合は直径寸法で円周を拘束させます。Section 1-3 の33ページも併せて参照してください。

9 スケッチが完全に拘束されると、線が緑色に変わります。**コンボビュー**の「ソルバーメッセージ」にも「**完全拘束**」と表記が出ます。

スケッチを閉じるために**コンボビュー**の「閉じる」をクリックして、スケッチを終了します。

▼スケッチの完全拘束

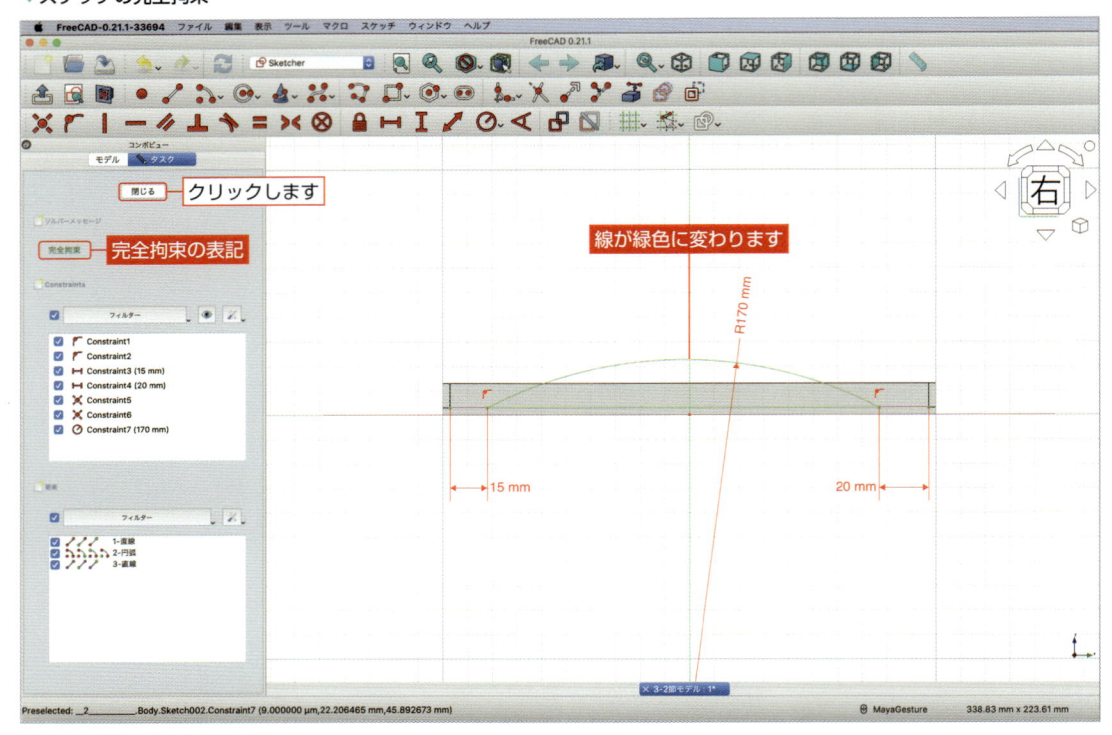

スケッチを平行移動させよう

ここでは、スケッチの平行移動を学習します。

スケッチの平面に対して、奥行きから手前の方向に20mmの平行移動をさせてみましょう。

10 視点を等角図にするために **1.「アイソメトリック」ボタン**⊕をクリックして、スケッチを平行移動させます。

2. コンボビューの「Sketch002」を選択し、**3.**「データ」タブをクリックします。

4.「Attachment Offset」の右にある⊡をクリックすると**コンボビュー**が切り替わるので、**5.**「平行移動量」のZ方向に「**20mm**」と入力し、**6.**「OK」ボタンをクリックします。

▼スケッチの平行移動

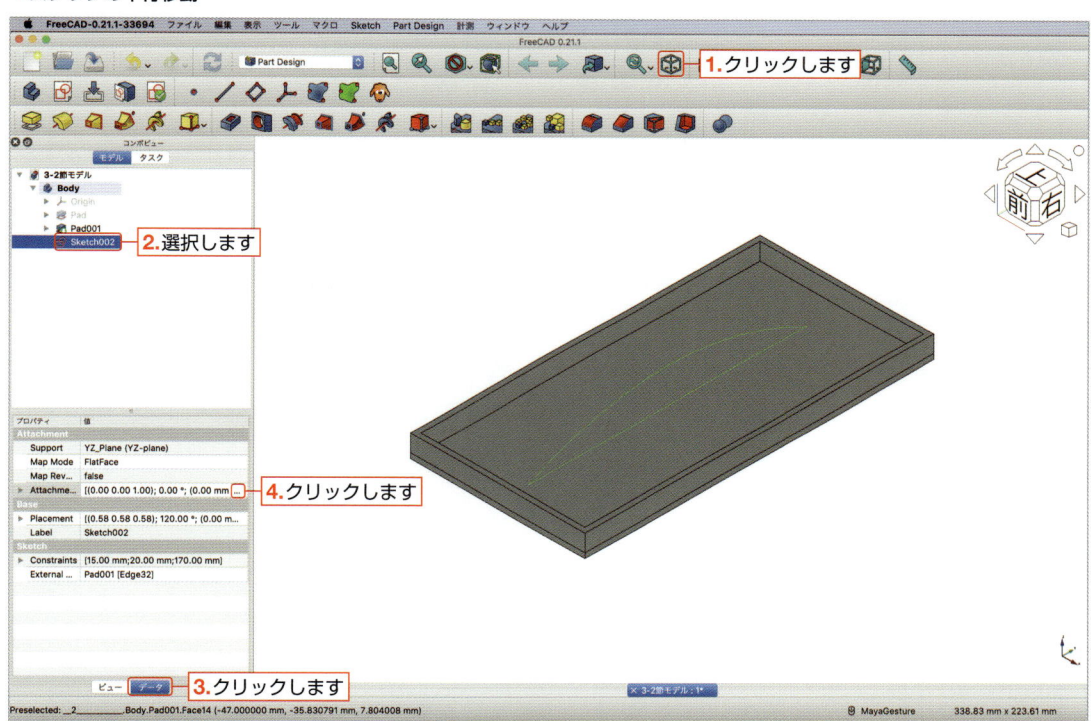

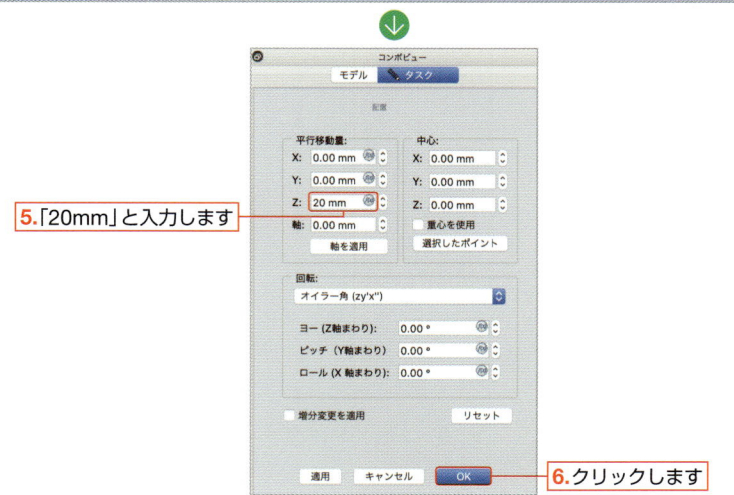

スケッチの平行移動について

　スケッチの平行移動にはコツがあります。前ページの手順 10 で設定した「**Attachment Offset**」では、スケッチの平面に対して右方向をX軸、上方向をY軸、奥行きから手前の方向をZ軸と定めています。そのため、緑色で示した座標軸が「**Attachment Offset**」の平行移動の設定で使用されます。

　今回の場合、スケッチの平面をYZ平面としていますので、赤色で示した座標軸が通常です。したがってスケッチの平面に対して奥行きから手前の方向に20mmの平行移動させるには、赤色の座標軸ではX軸の方向に20mmの設定を行うはずです。

　しかし、「**Attachment Offset**」では緑色で示した座標軸を使用するため、Z軸の方向に20mmと設定します。もし「XY平面」のスケッチを平行移動する場合には、通常の座標軸と「**Attachment Offset**」の座標軸が同じになりますが、「XY平面」以外のスケッチを平行移動する場合には注意が必要です。

▼ スケッチの平行移動について

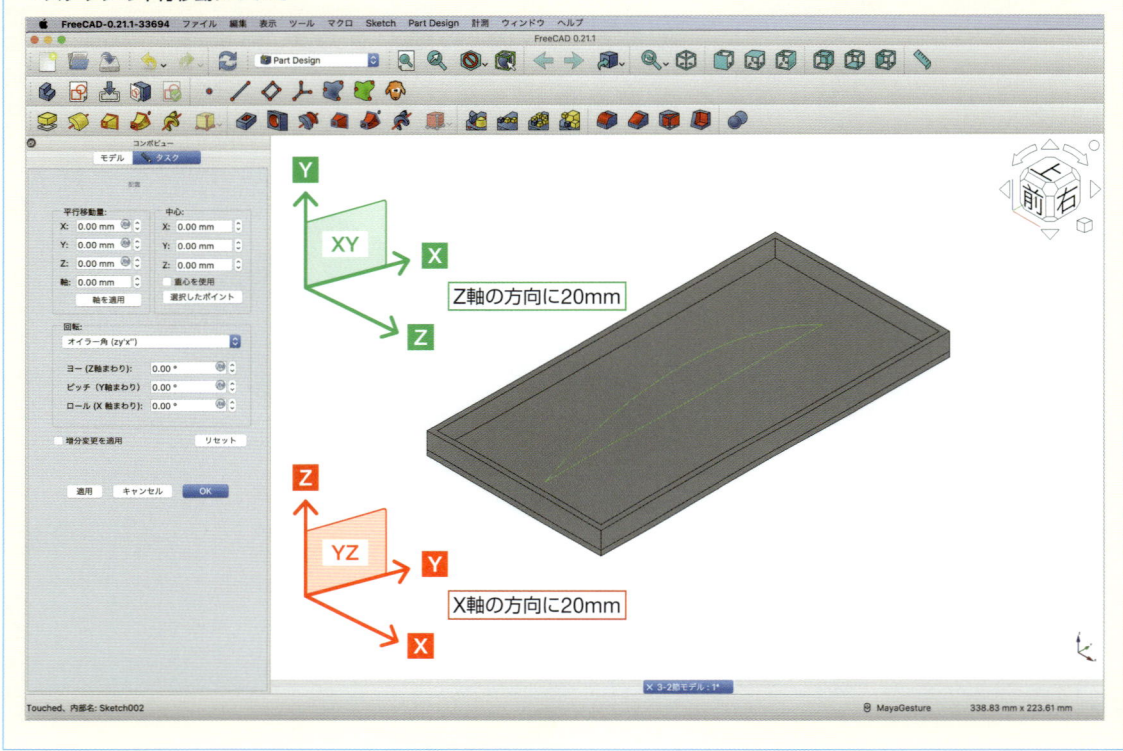

🔲 スケッチを立体化させて仕切りを追加しよう

ここでは「パッド」コマンドを使って、文房具トレイに厚み3mmの仕切りを追加します。

11 **1.**コンボビューの「Sketch002」を選択して、**2.「パッド」ボタン**🍱をクリックします。
コンボビューが「パッドパラメーター」に切り替わるので、**3.**「長さ」に「**3mm**」と入力して、**4.**「OK」ボタンをクリックして立体化させます。

▼スケッチの立体化

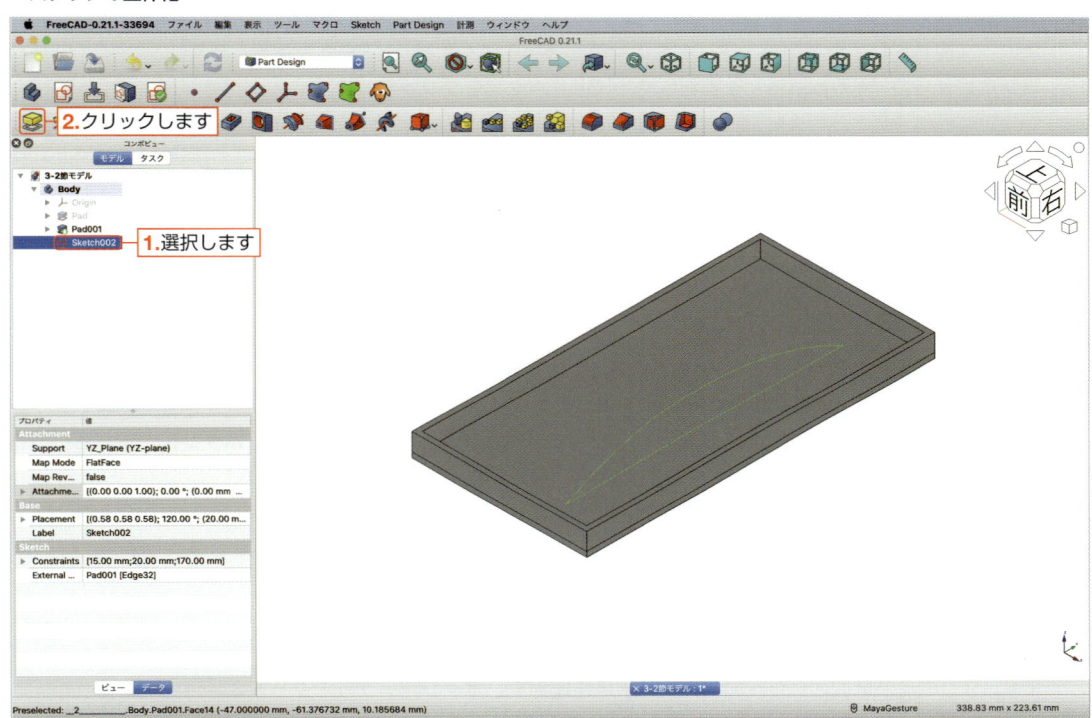

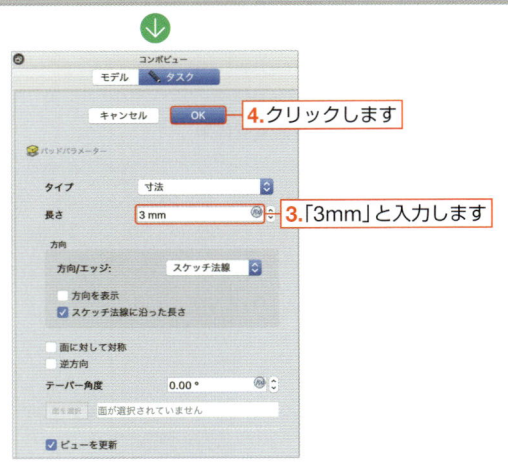

🟢 2つの仕切りを追加して文房具トレイを完成させよう

最後に、さらに2つの仕切りを追加して、文房具トレイを完成させましょう。

🟢 YZ平面に新しいスケッチを描いていこう

再び、YZ平面にスケッチを描きます。円弧を使いながら、仕切りの形状を作ってみましょう。

12 手順 **3**（99ページ）と同様の操作を行います。**「スケッチを作成」ボタン**🔲をクリックします。
次に、文房具トレイを右側から見たときの輪郭を描いていくため、YZ平面を選択します。
コンボビューの「YZ-plane」を選択して、「OK」ボタンをクリックします。

13 手順 **4**（100ページ）と同様の操作を行います。
「セクション表示」ボタン🔲をクリックして、モデルの断面を表示させます。
次に文房具トレイ底の上面に外部形状にリンクするエッジを作成します。
「外部ジオメトリーを作成」ボタン🔲をクリックして、文房具トレイ底の上辺をクリックします。

14 手順 **5**（100ページ）と同様の操作を行います。
先ほど作成した外部形状にリンクするエッジ上に直線を作成します。
「直線を作成」ボタン✏️をクリックします。先ほど作成した外部形状にリンクするエッジ上で、かつエッジの左端点付近にマウスポインタ（カーソル）を合わせると、**「オブジェクト上の点拘束」ボタン**🔲が現れるのでクリックします。
マウスポインタ（カーソル）を右に動かし、エッジ上で、かつエッジの右端点付近にマウスポインタ（カーソル）を合わせると、**「オブジェクト上の点拘束」ボタン**🔲が現れるのでクリックして直線を作成します。
最後に、 esc キーを押して**「直線を作成」ボタン**✏️を解除します。

15 エッジの左端点と直線の左端点との水平距離を拘束します。**1.**エッジの左端点と**2.**直線の左端点をクリックします。2つの点が選択された状態で、**3.「水平距離拘束」ボタン**🔲をクリックします。
「長さを挿入」ダイアログボックス（89ページ参照）で「長さ」に**20mm**と入力して、**5.**「OK」ボタンをクリックします。
※数値の入力は、半角で行ってください。

▼エッジの左端点と直線の左端点との水平距離を拘束

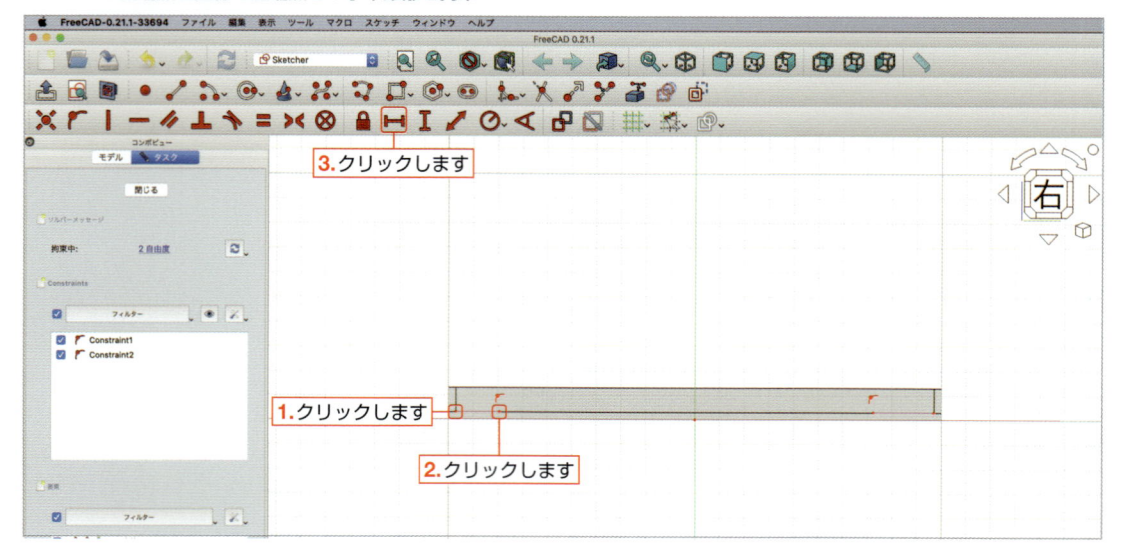

16 直線における両端点の水平距離を拘束します。**1.**直線の左端点と**2.**直線の右端点をクリックします。
2つの点が選択された状態で、**3.「水平距離拘束」ボタン**をクリックします。
「長さを挿入」ダイアログボックス（89ページ参照）で「長さ」に**「68mm」**と入力して、「OK」ボタンをクリックします。
※数値の入力は、半角で行ってください。

▼直線における両端点の水平距離を拘束

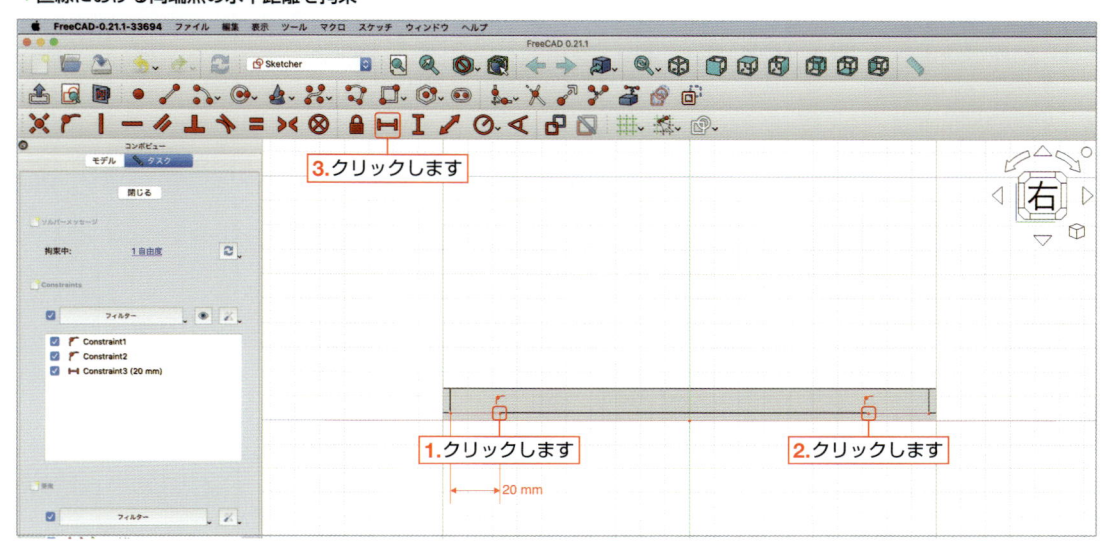

17 手順 **7**（102ページ）と同様の操作を行います。
1.「円弧を作成」ボタンの右にある をクリックして、**2.「端点と円周上の点から作成」**を選択します。
3.直線の左端点をクリックして、**4.**直線の右端点をクリックします。
5.直線の上部付近でクリックして円弧を作成します。
最後に、**6.** esc キーを押して **「円弧を作成」ボタン**を解除します。

▼円弧を作成

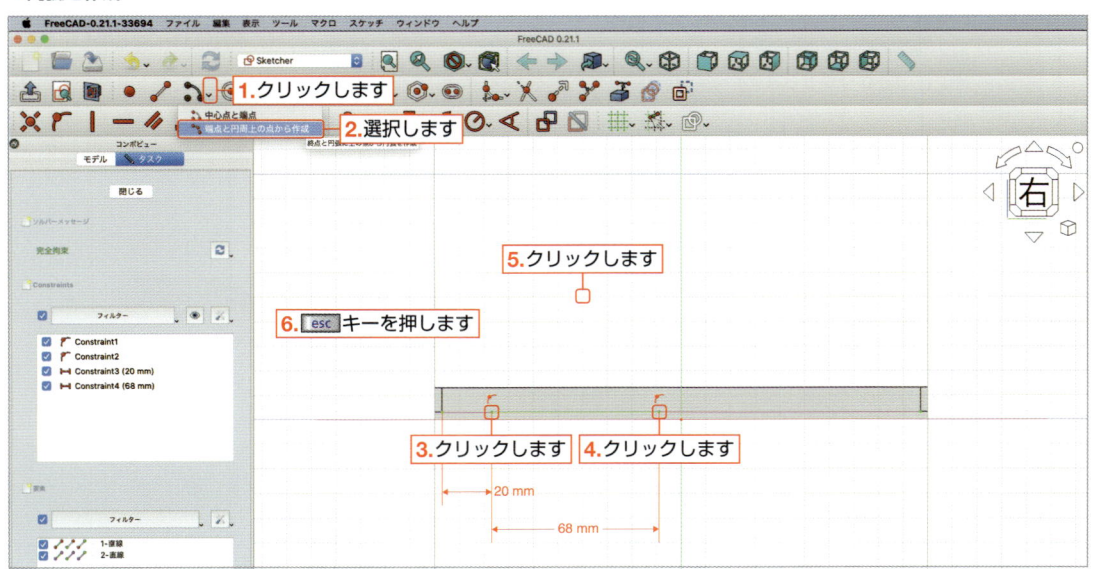

18 円弧の半径38mmに拘束します。**1.** 円弧の円周をクリックして選択された状態にします。**2.** 「**円や円弧を拘束**」の右にある ▼ をクリックし、**3.** 「**半径拘束**」 ◎ を選択します。「半径を挿入」ダイアログボックス（103ページ参照）で「半径」に「**38mm**」と入力して、「OK」ボタンをクリックします。

▼円弧の半径を拘束

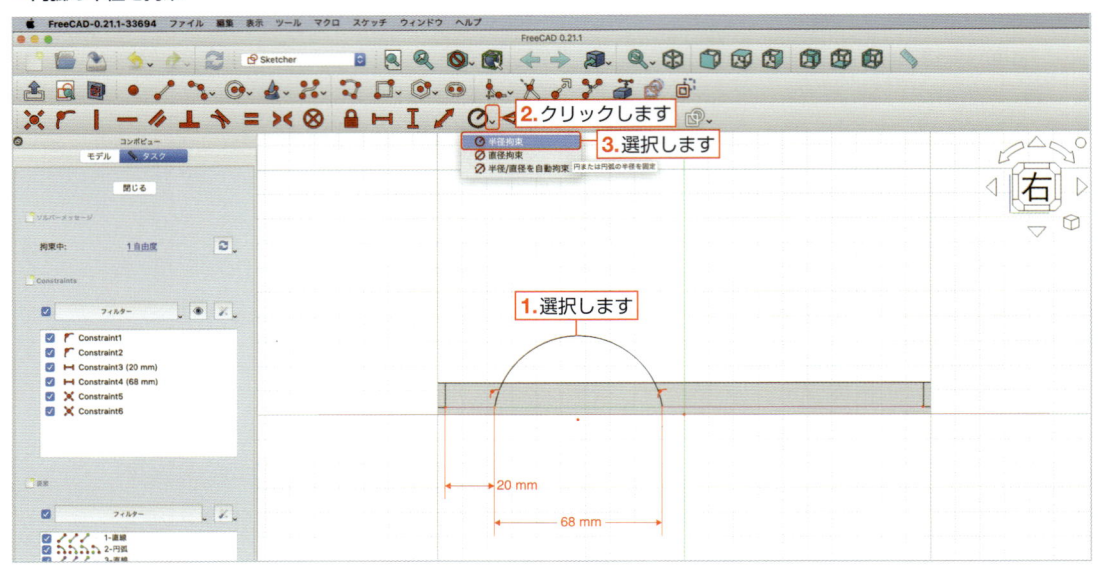

19 スケッチが完全に拘束されると、線が緑色に変わります。**コンボビュー**の「ソルバーメッセージ」にも「**完全拘束**」と表記が出ます。
スケッチを閉じるために**コンボビュー**の「閉じる」をクリックして、スケッチを終了します。

▼スケッチの完全拘束

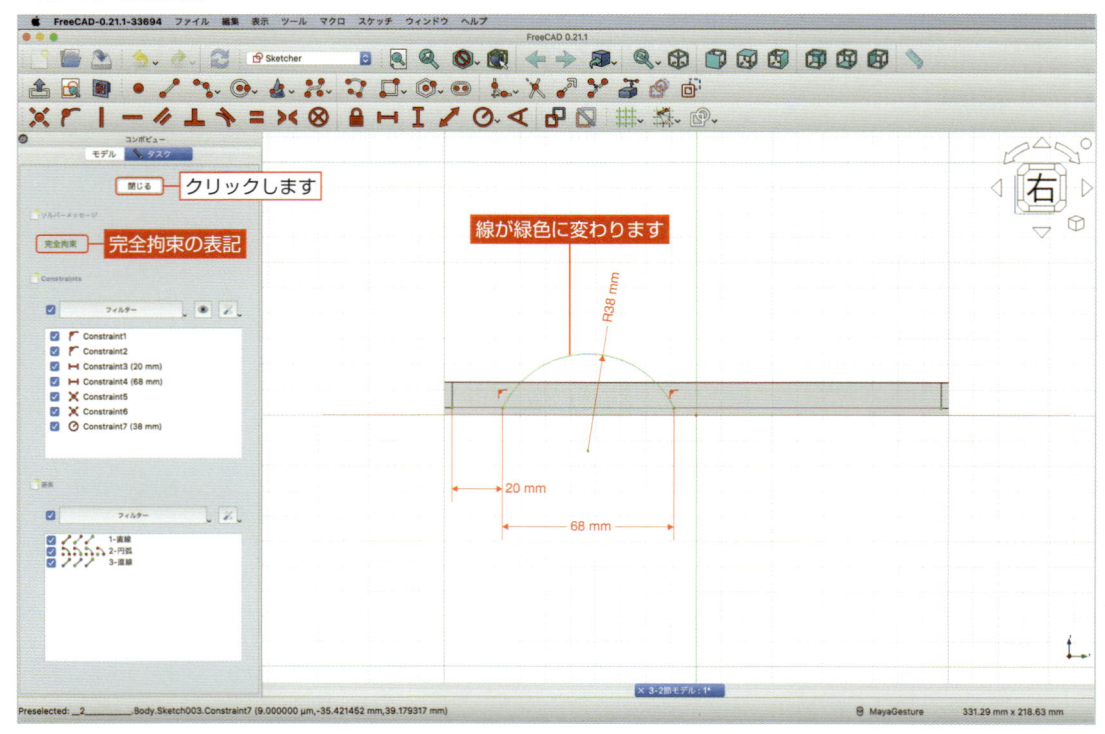

スケッチを平行移動させよう

ここでは、スケッチの平面に対して手前から奥行きの方向に、5mmの平行移動をさせてみましょう。

20 視点を等角図にするために、**1.「アイソメトリック」ボタン**をクリックします。
次に、スケッチを平行移動させます。**2.コンボビュー**の「Sketch003」を選択し、**3.**「データ」タブをクリックします。
4.「**Attachment Offset**」の右にある□をクリックすると**コンボビュー**が切り替わるので（105ページ参照）、「平行移動量」のZ方向に「**-5mm**」と入力し、「OK」ボタンをクリックします。

▼ スケッチの平行移動

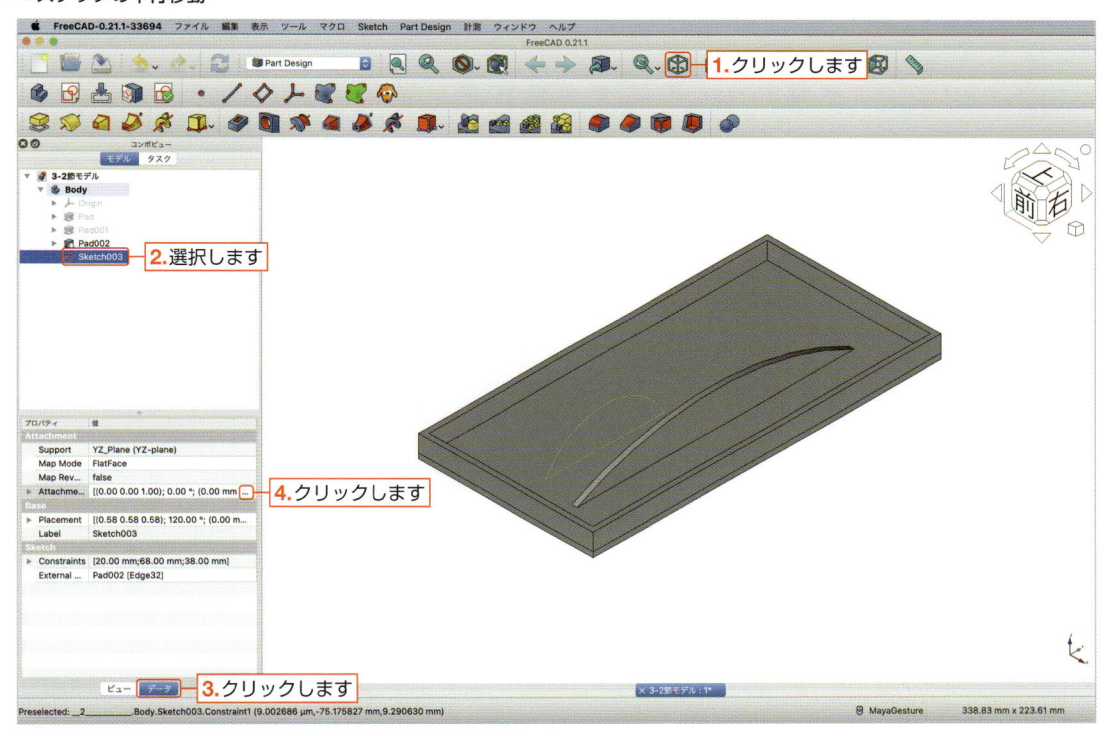

🟩 スケッチを立体化させて仕切りを追加しよう

さらに仕切りを追加します。

「パッド」コマンドを使って、文房具トレイに厚み3mmの仕切りを追加しましょう。

21 **1.コンボビューの「Sketch003」を選択して、2.「パッド」ボタン**🟡をクリックします。
コンボビューが「パッドパラメーター」に切り替わるので（107ページ参照）、**「長さ」**に**「3mm」**と入力して、**「OK」**ボタンをクリックして立体化させます。

▼スケッチの立体化

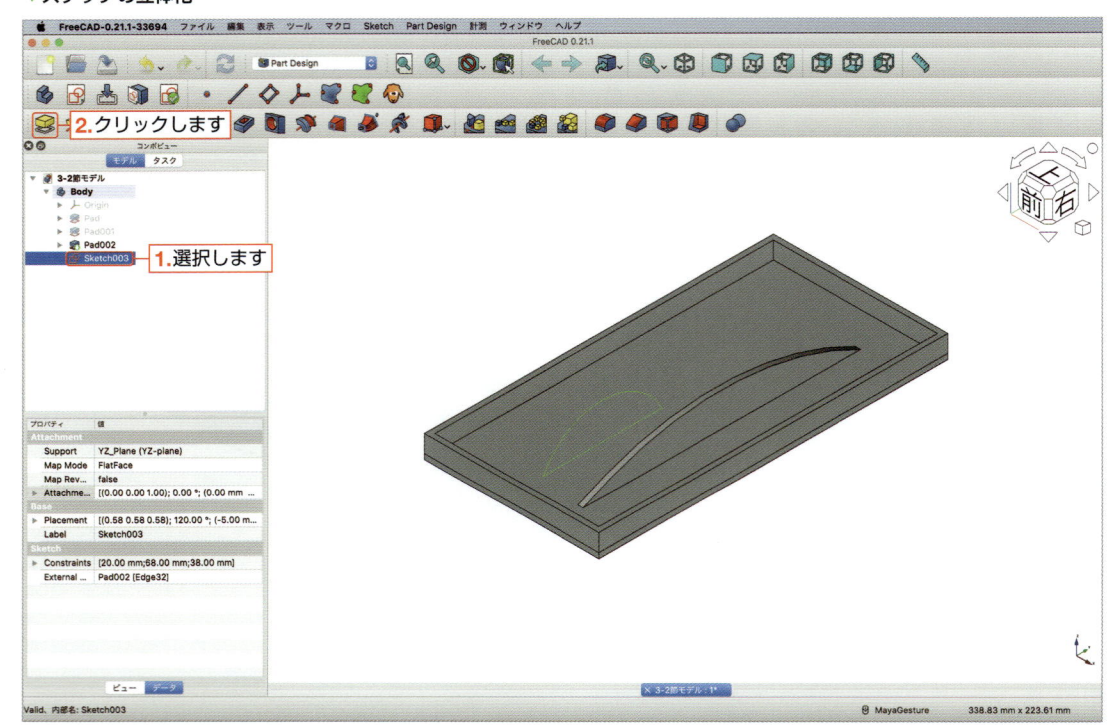

🟩 さらに新しいスケッチを描こう

さらにYZ平面にスケッチを描きます。円弧を使いながら、仕切りの形状を作ってみましょう。

22 手順 **3** （99ページ）と同様の操作を行います。**「スケッチを作成」ボタン**🔲をクリックします。
次に文房具トレイを右側から見たときの輪郭を描いていくため、YZ平面を選択します。
コンボビューの「YZ-plane」を選択し、「OK」ボタンをクリックします。

23 手順 **4** （100ページ）と同様の操作を行います。**「セクション表示」ボタン**🔲をクリックして、モデルの断面を表示させます。次に文房具トレイ底の上面に外部形状にリンクするエッジを作成します。**「外部ジオメトリーを作成」ボタン**🔲をクリックして、文房具トレイ底の上辺をクリックします。

24 手順 **5** （100ページ）と同様の操作を行います。先ほど作成した外部形状にリンクするエッジ上に直線を作成します。**「直線を作成」ボタン**🖊をクリックします。先ほど作成した外部形状にリンクするエッジ上で、かつエッジの左端点付近にマウスポインタ（カーソル）を合わせると、**「オブジェクト上の点拘束」ボタン**🔲が現れるのでクリックします。

続いて **3.** マウスポインタ（カーソル）を右に動かし、エッジ上でエッジの右端点付近にマウスポインタ（カーソル）を合わせると**「オブジェクト上の点拘束」ボタン**が現れるので、クリックして直線を作成します。
最後に、**4.** `esc` キーを押して**「直線を作成」ボタン**を解除します。

25 エッジの右端点と直線の右端点との水平距離を拘束します。**1.** エッジの右端点をクリックし、**2.** 直線の右端点をクリックします。2つの点が選択された状態で、**3.**「水平距離拘束」ボタンをクリックします。
「長さを挿入」ダイアログボックス（89ページ参照）で「長さ」に「**15mm**」と入力して、「OK」ボタンをクリックします。
※数値の入力は、半角で行ってください。

▼エッジの右端点と直線の右端点との水平距離を拘束

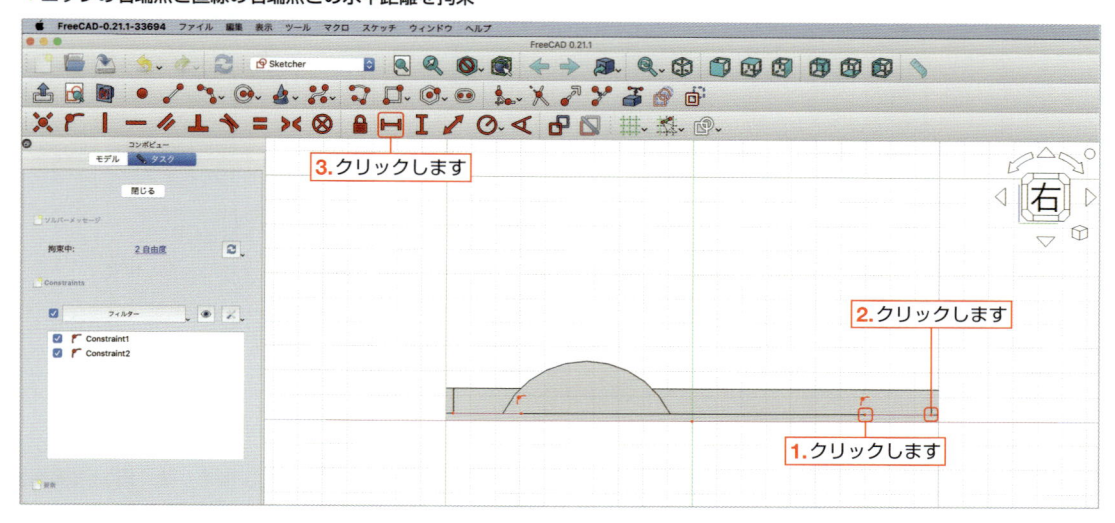

26 直線における両端点の水平距離を拘束します。**1.** 直線の左端点と **2.** 右端点をクリックします。2つの点が選択された状態で、**3.**「水平距離拘束」ボタンをクリックします。
「長さを挿入」ダイアログボックス（89ページ参照）で「長さ」に「**115mm**」と入力して、「OK」ボタンをクリックします。
※数値の入力は、半角で行ってください。

▼直線における両端点の水平距離を拘束

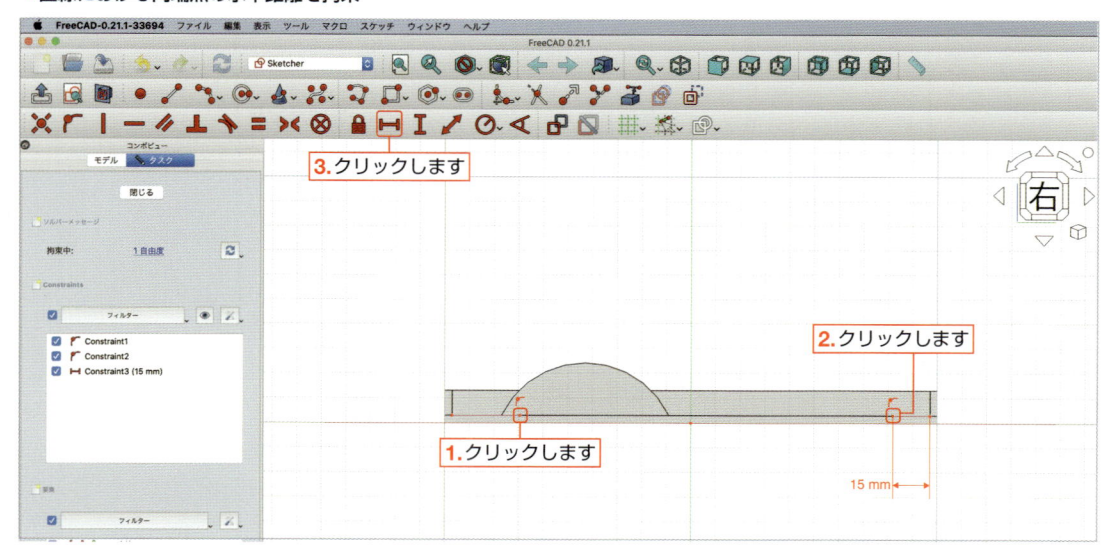

27 手順 **7**（102ページ）と同様の操作を行います。円弧を作成します。**1.「円弧を作成」ボタン**📐の右にある✔️
をクリックし、**2.**「端点と円周上の点から作成」を選択します。**3.** 直線の左端点をクリックし、**4.** 直線の右端
点をクリックします。**5.** 直線の上部付近でクリックして円弧を作成します。
最後に、**6.** [esc] キーを押して**「円弧を作成」ボタン**📐を解除します。

▼円弧を作成

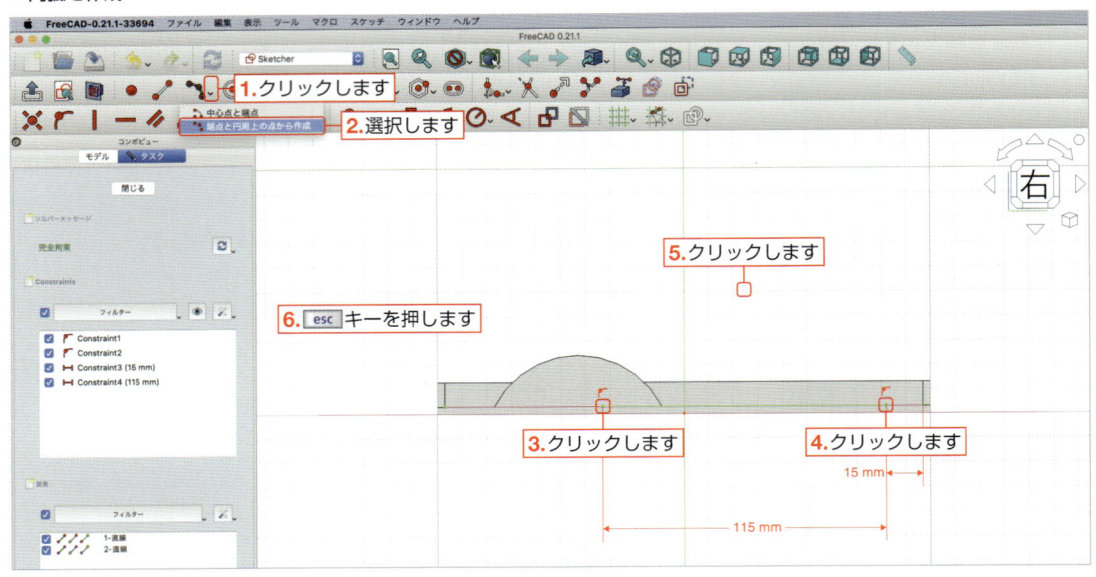

28 円弧の半径75mmを拘束します。**1.** 円弧の円周をクリックして選択された状態にします。**2.「円や円弧を拘束」**
の右にある✔️をクリックして、**3.「半径拘束」**⊘を選択します。「半径を挿入」ダイアログボックス（103ペー
ジ参照）で「半径」に「**75mm**」と入力して、「OK」ボタンをクリックします。

▼円弧の半径を拘束

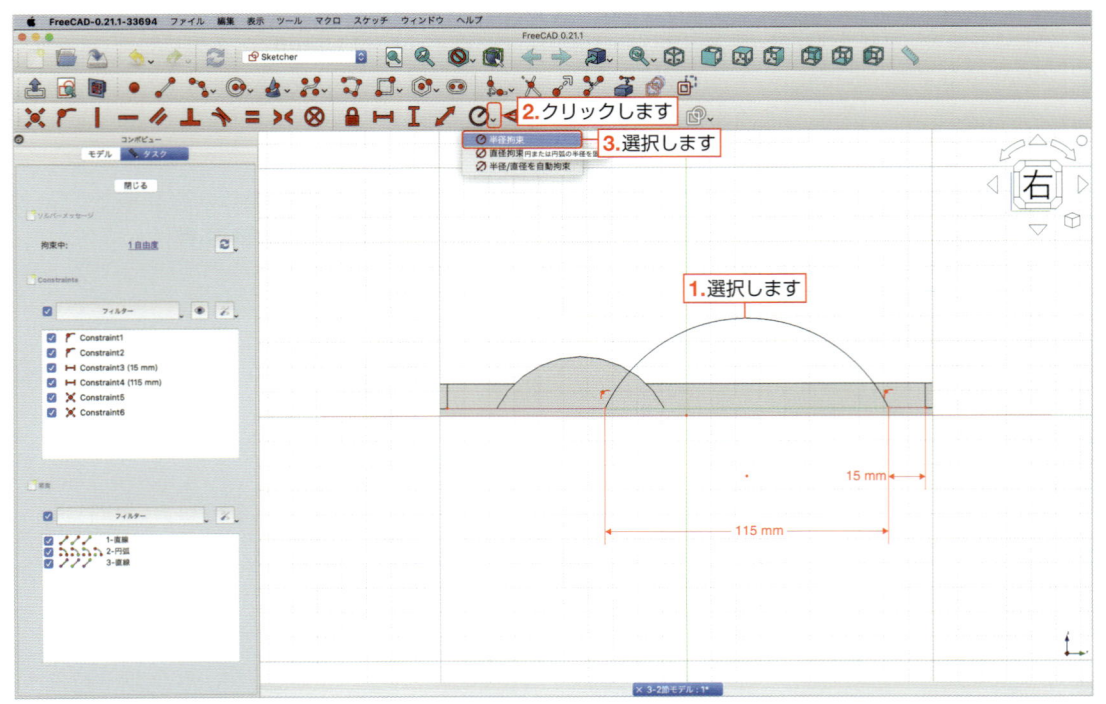

29 スケッチが完全に拘束されると、線が緑色に変わります。**コンボビュー**の「ソルバーメッセージ」にも「**完全拘束**」と表記が出ます。

スケッチを閉じるために**コンボビュー**の「閉じる」をクリックして、スケッチを終了します。

▼ スケッチの完全拘束

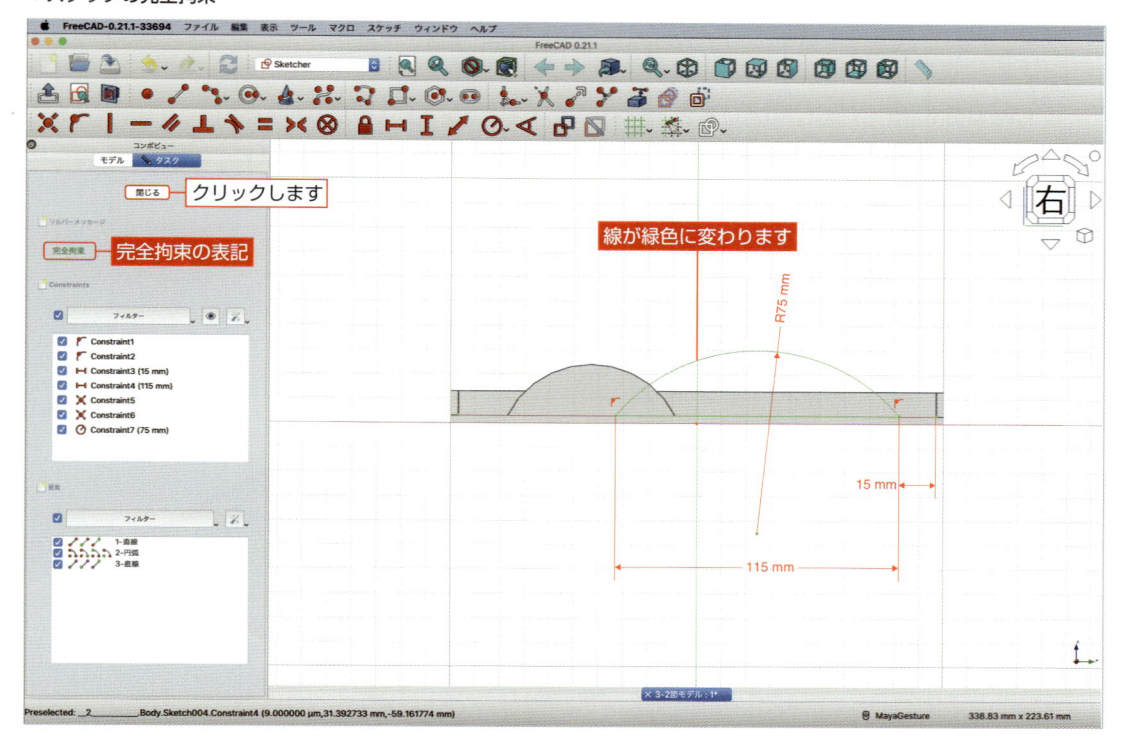

スケッチを平行移動させよう

ここでは、スケッチの平面に対して手前から奥行きの方向に、30mmの平行移動をさせてみます。

30 視点を等角図にするために、**1.「アイソメトリック」ボタン** をクリックします。
スケッチを平行移動させます。**2.コンボビュー**の「Sketch004」を選択し、**3.**「データ」タブをクリックします。
4.「**Attachment Offset**」の右にある □ をクリックすると**コンボビュー**が切り替わるので（105ページ参照）、「平行移動量」のZ方向に「**-30mm**」と入力して、「OK」ボタンをクリックします。

▼ スケッチの平行移動

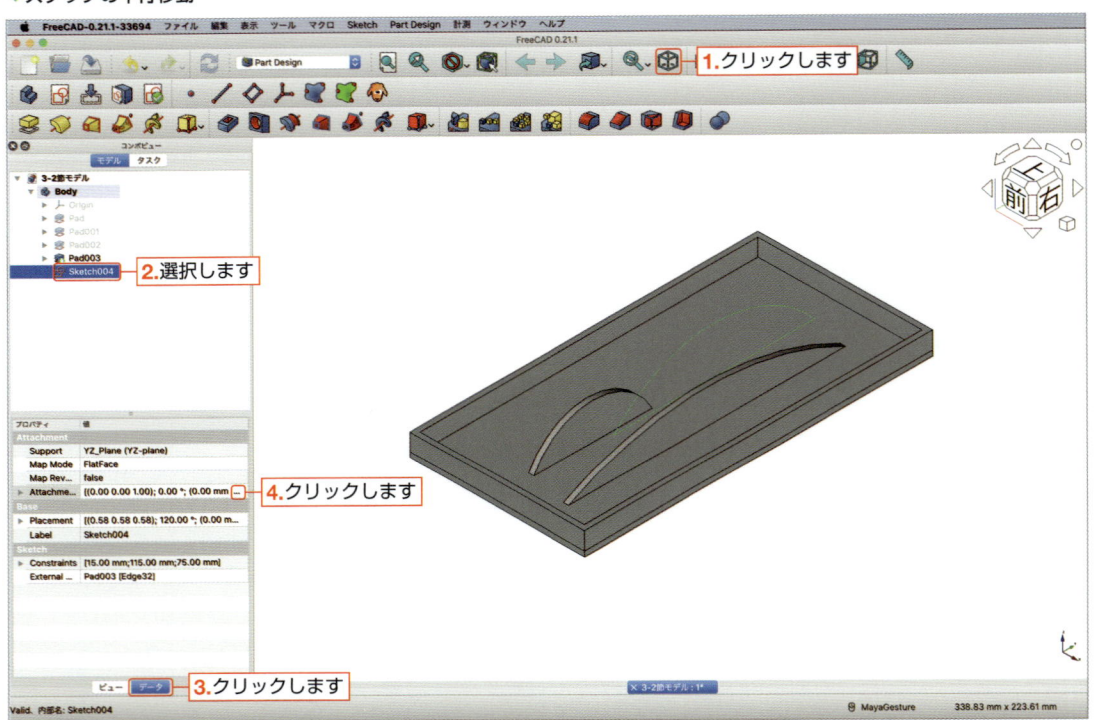

スケッチを立体化させて仕切りを追加しよう

さらに「パッド」コマンドを使って、文房具トレイに厚み3mmの仕切りを追加しましょう。

31 **1.コンボビュー**の「Sketch004」を選択して、**2.「パッド」ボタン** をクリックします。
コンボビューが「**パッドパラメーター**」に切り替わるので（107ページ参照）、「長さ」に「**3mm**」と入力して、「OK」ボタンをクリックして立体化させます。

▼スケッチの立体化

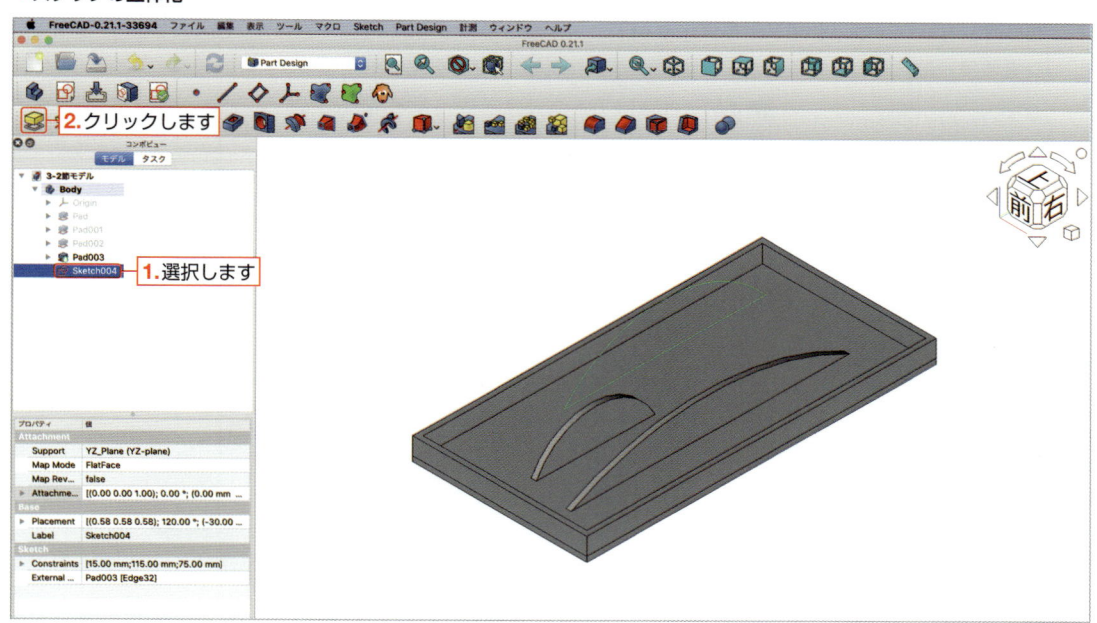

文房具トレイを完成させよう

モデルを一体化して、文房具トレイのエッジを丸めて完成させましょう。

32 モデルを一体化させます。**コンボビュー**の「**Pad004**」を選択して、**2.** **プロパティビュー**の「データ」タブを
クリックして、**3.**「Refine」を**true**に変更します。

▼モデルの一体化

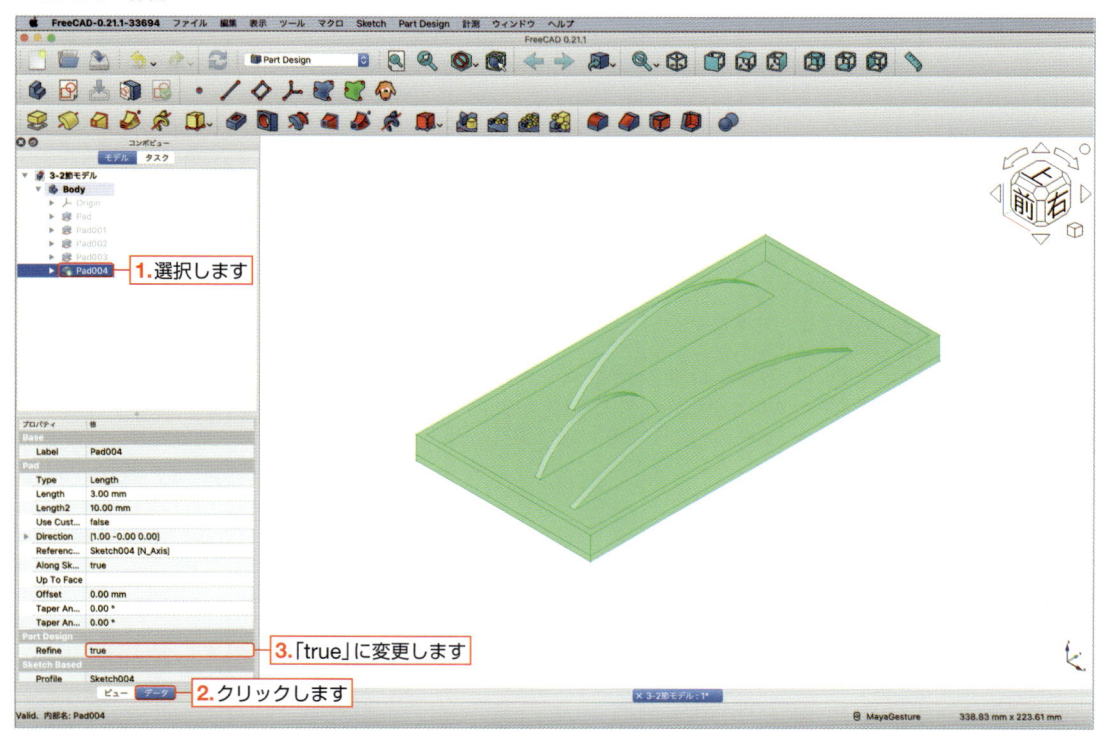

33 文房具トレイのエッジを丸めます。**1.** モデルのエッジを選択し、**2.「フィレット」ボタン** ⬤ をクリックします。**コンボビュー**が「**フィレットパラメーター**」に切り替わるので、**3.** 半径に「<mark>1mm</mark>」と入力し、**4.「すべてのエッジを使用」**にチェックを入れます。最後に、**5.**「OK」ボタンをクリックします。

▼フィレットパラメーターの設定

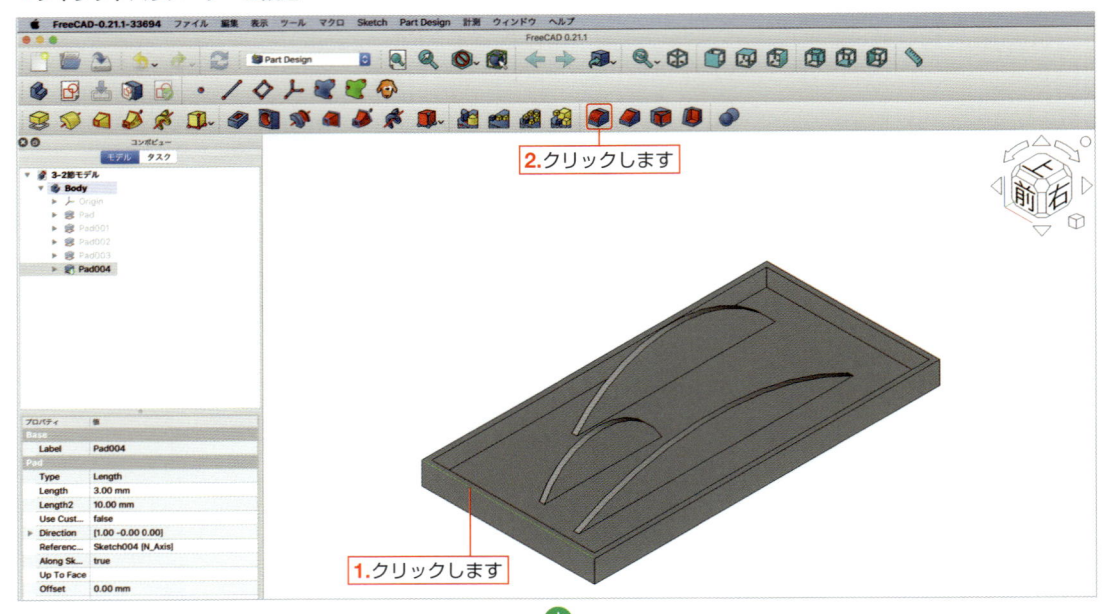

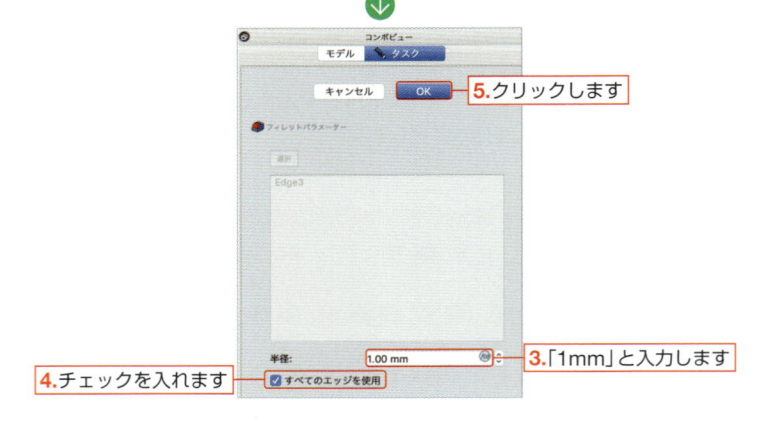

 **「フィレット」について**

「**フィレット**」とは、モデルのエッジを丸くする機能です。「**フィレットパラメーター**」の半径はエッジを丸めるときの半径を示しています。ここでは「すべてのエッジを使用」にチェックを入れたため、モデルのすべてのエッジを丸めています。
「**フィレットパラメーター**」で「選択」ボタンを使用すると、選択したエッジのみを丸めることができます。

🟩 ファイルを保存してドキュメントを閉じよう

これで、**Chapter 3** のモデルが完成しました。
最後に手順 **22**（97ページ）を参考にしてファイルを保存して、ドキュメントを閉じましょう。

Chapter 4

ペン立てスマホスタンド を作ろう！

ここでは、ペン立てとスマホスタンドを一体化させた複合機能を持つ製品を設計します。

ここでは基本形状を作成した後、「ポケット」コマンドを使った加工法を学び、スタイリッシュなペン立てスマホスタンドを完成させます。

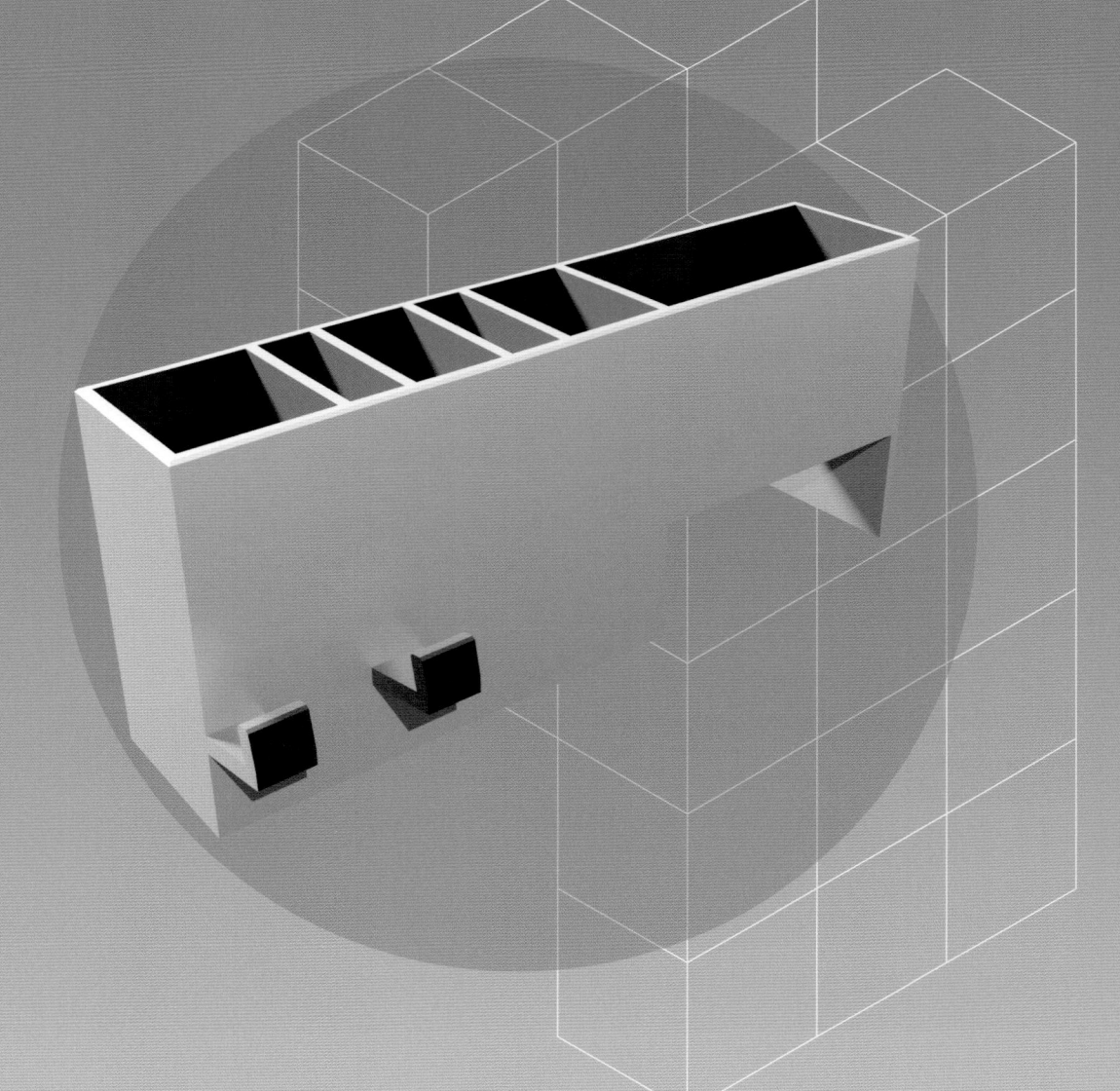

ここで作る3Dモデルの完成形

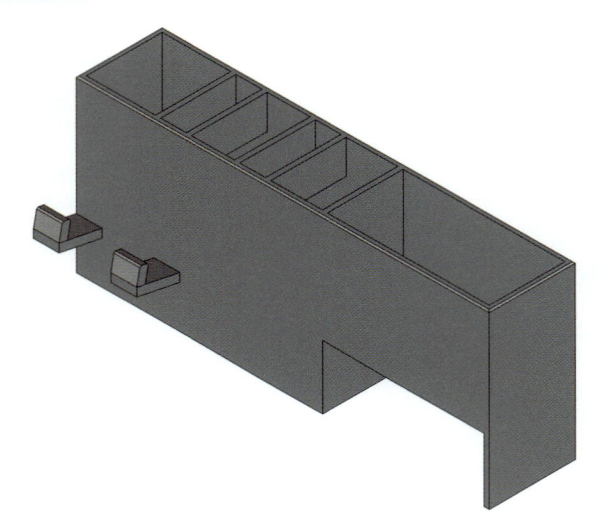

🔷 制作のポイント

■ デザインの計画（用途を明確にする）
どんな種類のペンやスマホが収納されるかを事前に考え、それに合ったサイズと形状を計画します。
ペンの太さやスマホの大きさに合わせて設計しましょう。

■ 安定性の確保（バランスを考える）
スマホを支えるためには、スタンドの底部が十分な重さと幅を持つことが重要です。
スマホを置いた時に倒れないように設計を検討してください。

■ 人間工学の考慮（角度を調整する）
スマホスタンドの傾斜角度は、視認性と使いやすさを向上させるために重要です。
使用時の快適な視角を提供できるような角度に調整しましょう。

■ 素材選び（適切な材料を選ぶ）
3Dプリントする際は、耐久性と美観を考慮した材料を選びます。
PLAやABSなどのプラスチックは一般的で、色も選べるためカスタマイズが容易です。

■ 精度の確認（寸法を正確に）
FreeCADでの寸法入力には注意が必要です。
特にスマホが入るスロットの幅は、使用するデバイスにぴったり合うように正確に設定する必要があります。

■ テストと改善（プロトタイプの作成）
最初のデザインを3Dプリントしてみて、実際のペンやスマホでテストを行いましょう。
問題点を見つけたら、モデルを調整し、再びテストを繰り返します。

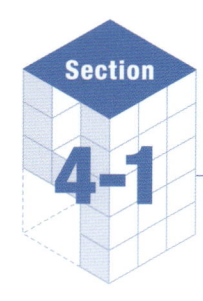

Section 4-1 ペン立てスマホスタンドの 大まかな形を作ろう

ペン立てスマホスタンドの大まかな形を作りながら、モデリングの操作に慣れていきましょう。
ここまでに学習した内容に加えて、新たに「ポケット」コマンドを学習します。

■ ペン立てスマホスタンドの母体を作ろう

スケッチを描き、**「パッド」コマンド**を使って、ペン立てスマホスタンドの母体を作っていきます。
ここでは、**Chapter 3**までに学習した長方形の作成やスケッチの拘束を復習します。

■ モデル作成の準備をしよう

最初にモデル作成の準備をします。**Section 2-1**の手順**1**〜**5**（53ページ参照）を行います。図は割愛しますが、操作方法を忘れてしまった場合には、前述したページを参照して確認してください。

1 ツールバーの**【ワークベンチ】バー**➡「ワークベンチを切り替える」➡「**Part Design**」*に変更します。
ツールバーの**「新規」ボタン**をクリックします。

＊Chapter 1の初期設定をしている場合、ワークベンチは最初から「Part Design」です。

2 **コンボビュー**内に新しいドキュメントが作成されました。データが未保存のため、「**Unnamed**」と表記されています。
「保存」ボタンをクリックすると保存用のダイアログボックスが表示されるので、「Save As」にファイル名として「**4-1 節モデル**」と入力します。続いて、「Where」にファイルを格納したいフォルダを指定します。最後に、「Save」ボタンをクリックしてドキュメントを保存します。

3 ドキュメントを保存すると、ファイル名が**コンボビュー**内と**3Dビュー**の下のタブに表記されます。
「ボディを作成」ボタンをクリックします。

4 **コンボビュー**内に新しいボディが作成されました。
「スケッチを作成」ボタンをクリックします。

5 スケッチを作成する平らな面（平面）を選択します。
ここでは、ペン立てスマホスタンドを上から見たときの輪郭を描いていくため、「XY平面」を選択します。
コンボビューの「**XY-plane**」を選択して、「OK」ボタンをクリックします。

■ スケッチを描いていこう

ペン立てスマホスタンドの母体を作るために、長方形を描いていきましょう。

6 長方形を描きます。**1.「長方形を作成」ボタン**の右にある▼をクリックし、**2.**「四角形」を選択します。**3.**横軸（赤線）よりも上部の位置で、かつ縦軸（緑線）上にマウスポインタ（カーソル）を合わせて、**「オブジェクト上の点拘束」ボタン**が現れたらクリックします。
次に**4.**マウスポインタ（カーソル）を右下に動かし、横軸よりも下部の位置でクリックして長方形を作成します。最後に、**5.** esc キーを押して**「長方形を作成」ボタン**を解除します。

▼長方形の描き方

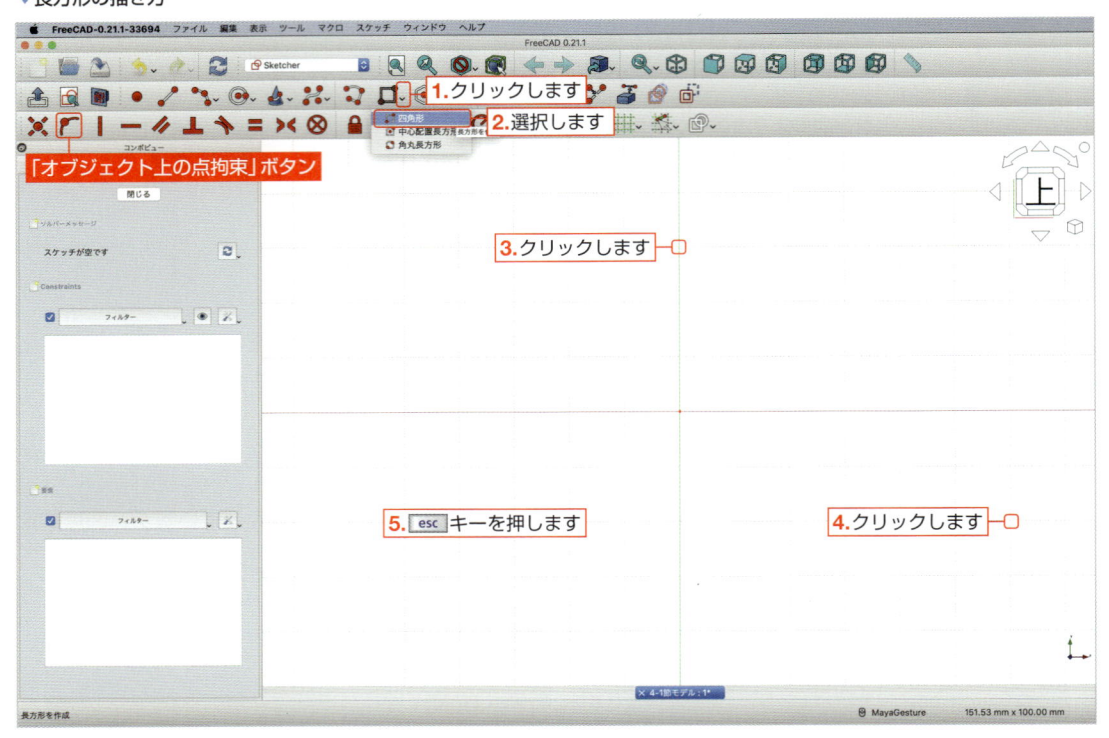

7 横軸（赤線）を基準に、長方形の左上端点と左下端点が対称となるように拘束します。

1. 長方形の左上端点と**2.** 左下端点をクリックします。**3.** 横軸をクリックして2つの点と1つの線が選択された状態で、**4.「対称拘束」ボタン** をクリックします。

▼横軸（赤線）を基準に長方形の左上端点と左下端点を対称拘束

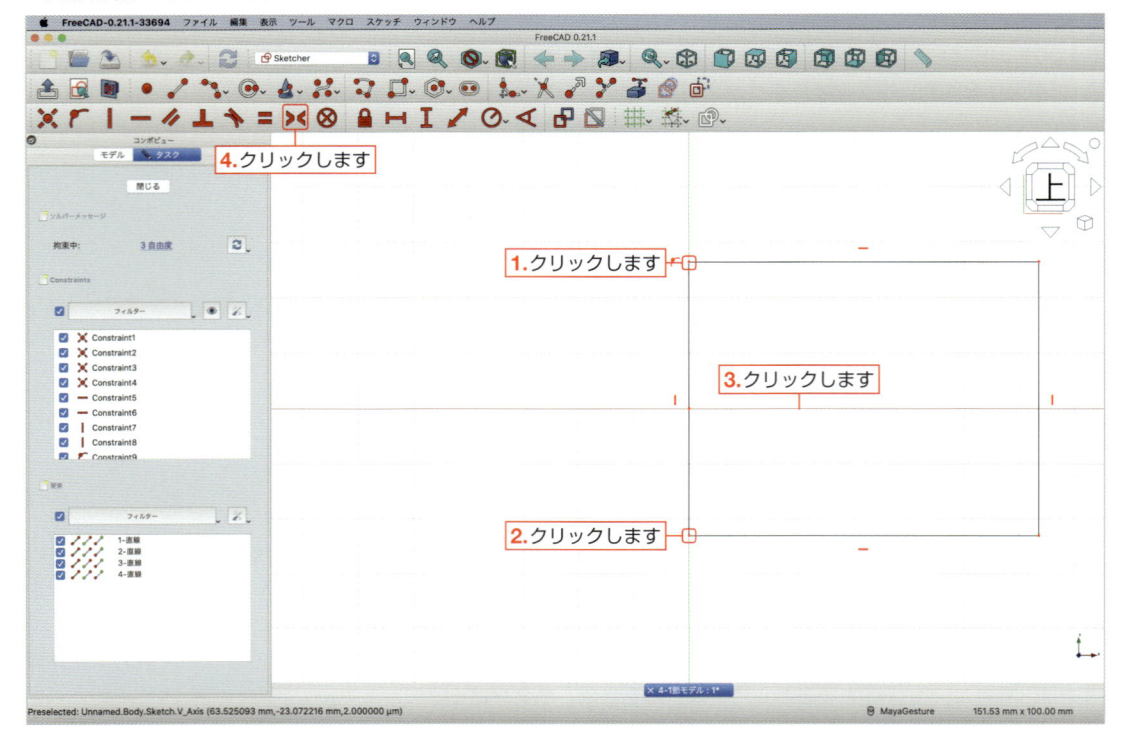

8 長方形の縦寸法を拘束します。**1.**長方形の左上端点と**2.**左下端点をクリックします。2つの点が選択された状態で、**3.「垂直距離拘束」ボタン**Ⅰをクリックします。「長さを挿入」ダイアログボックスが表示されるので、**4.「長さ」**に「**50mm**」と入力して、**5.**「OK」ボタンをクリックします。

※数値の入力は、半角で行ってください。

最後に視点を合わせるために、**6.「全てにフィット」ボタン**をクリックします。

▼長方形の左上端点と左下端点の垂直距離拘束

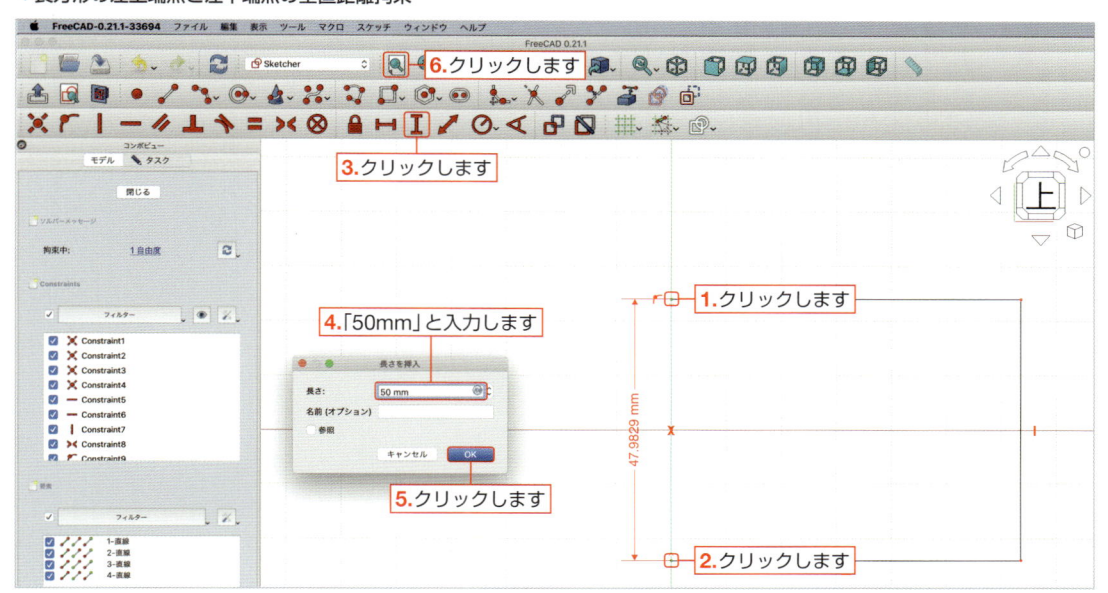

9 長方形の横寸法を拘束します。**1.**長方形の左上端点と**2.**右上端点をクリックします。2つの点が選択された状態で、**3.「水平距離拘束」ボタン**をクリックします。「長さを挿入」ダイアログボックスが表示されるので、**4.「長さ」**に「**240mm**」と入力して、**5.**「OK」ボタンをクリックします。

※数値の入力は、半角で行ってください。

最後に視点を合わせるために、**6.「全てにフィット」ボタン**をクリックします。

▼長方形の左上端点と右上端点の水平距離拘束

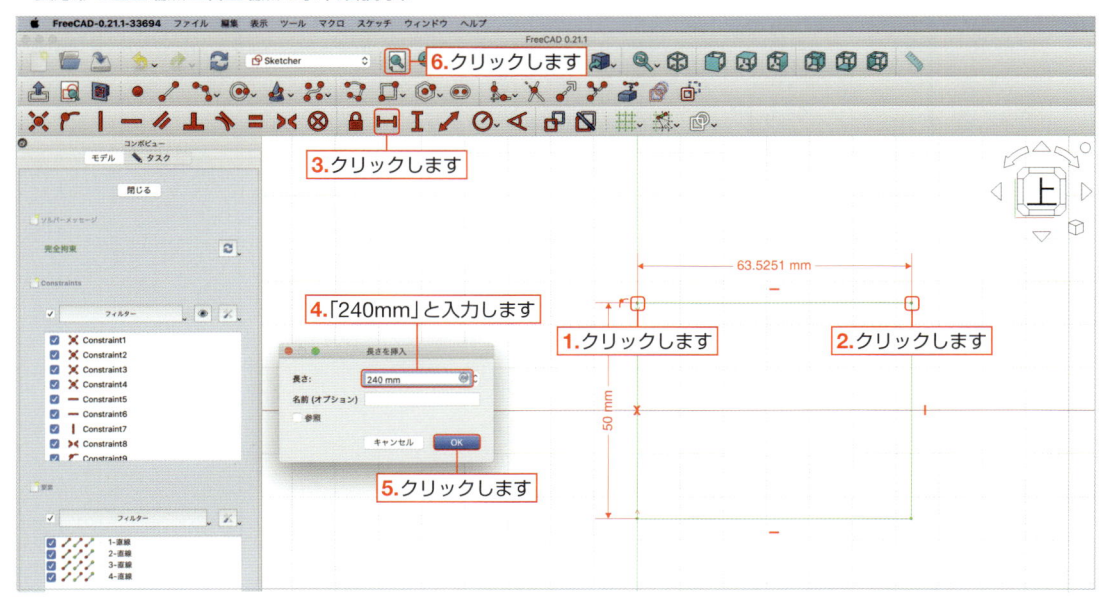

10 スケッチが完全に拘束されると、線が緑色に変わります。**コンボビュー**の「ソルバーメッセージ」にも「**完全拘束**」と表記が出ます。
スケッチを閉じるために**コンボビュー**の「閉じる」をクリックして、スケッチを終了します。

▼スケッチの完全拘束

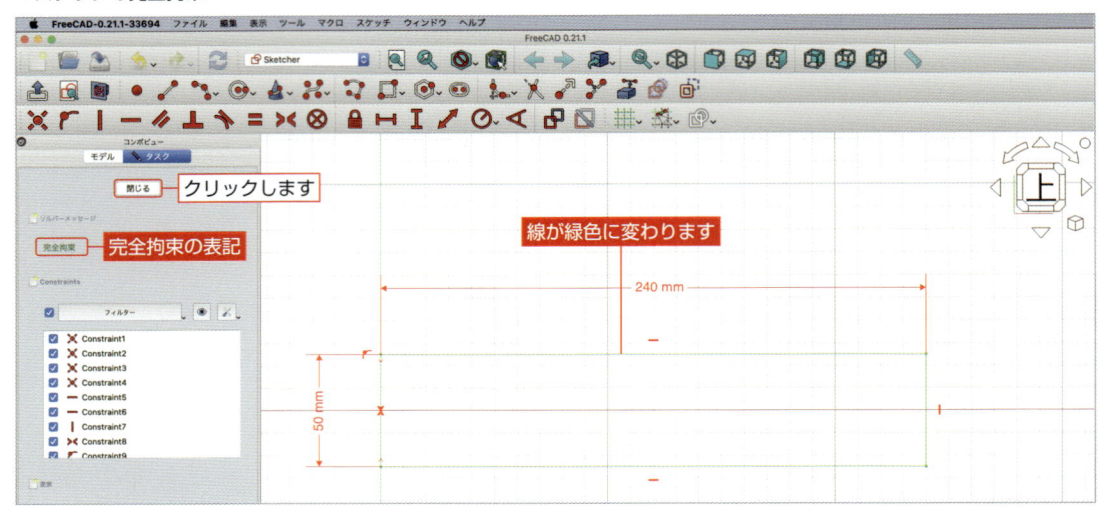

🟦 スケッチを立体化しよう

🔷 モデルの母体を作ろう

作成したスケッチを使って、ペン立てスマホスタンドの母体を作ってみましょう。
ここでは、モデルを作る「パッド」コマンドを使用します。

11 視点を合わせるために、**1.「全てにフィット」ボタン**🔍をクリックします。
また視点を等角図に切り替えるため、**2.「アイソメトリック」ボタン**🔲をクリックします。
3.コンボビューの「Sketch」を選択して、**4.「パッド」ボタン**🟩をクリックします。

▼スケッチの立体化

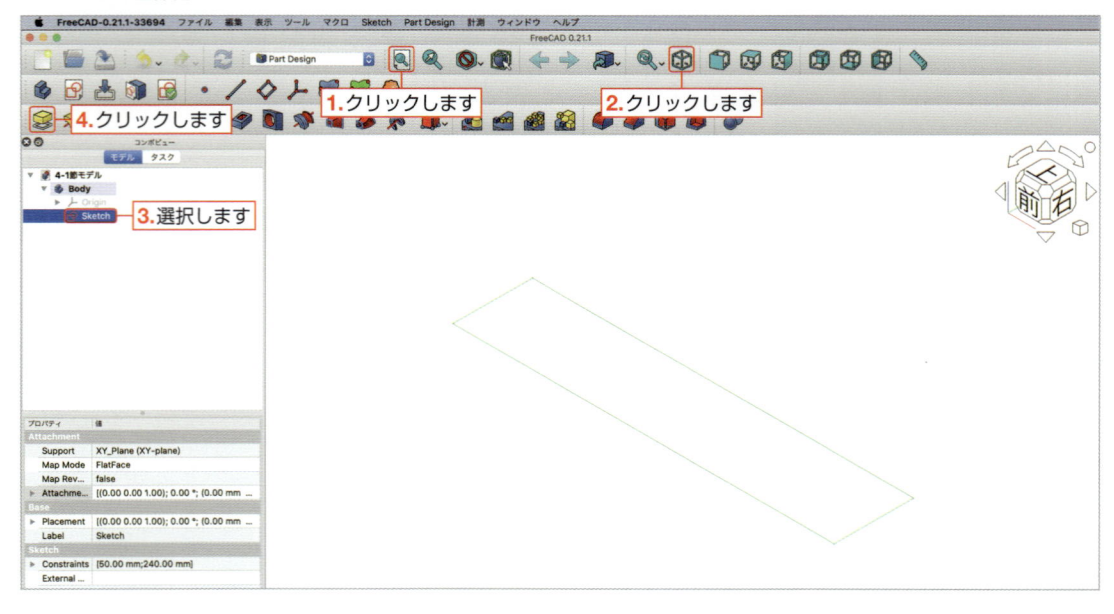

12 「パッドパラメーター」が表示されます。

1.「長さ」に「**100mm**」と入力して、**2.**「OK」ボタンをクリックします。

▼パッドパラメーターの設定

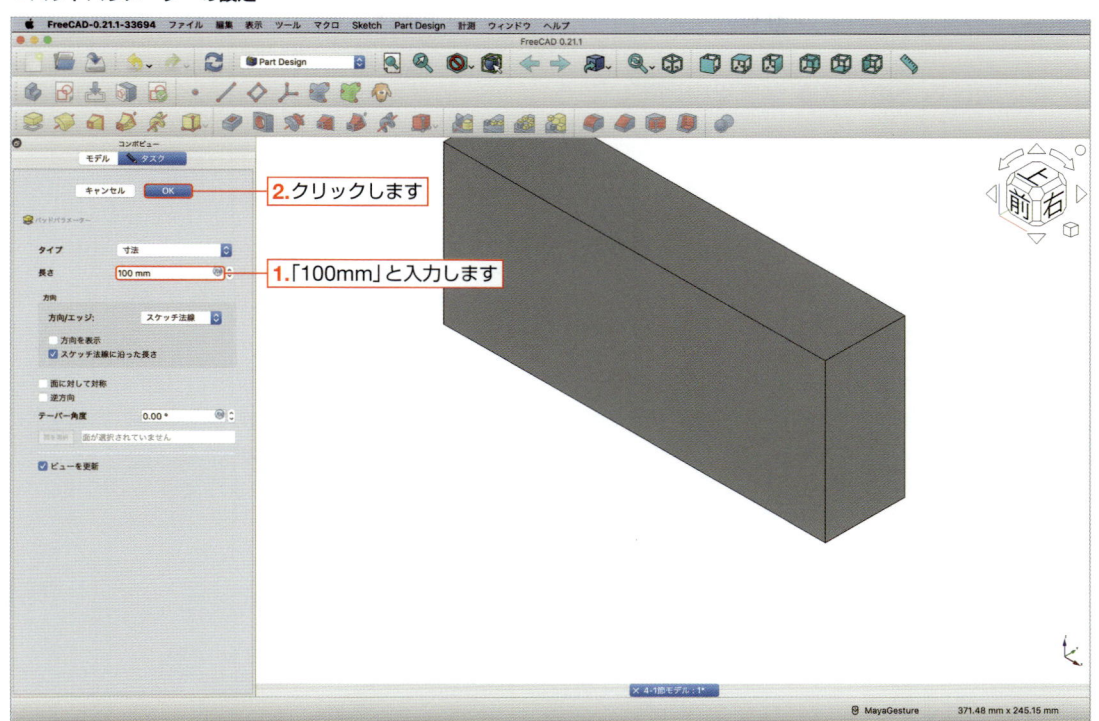

モデルの前面に穴を開けていこう

ペン立てスマホスタンドの母体ができました。
ここではモデルの前面に穴を開けて、ペン立ての形を作っていきます。

穴を開けるためにスケッチを描いていこう

モデルに穴を開けるためのスケッチを描いていきます。
モデルの前面に長方形を描いていきましょう。

13 視点を合わせるために、**1.「全てにフィット」ボタン**をクリックします。
次にモデルの前面にスケッチを作成します。**2.** モデルの前面をクリックして選択された状態で、**3.「スケッチを作成」ボタン**をクリックします。

▼モデル前面にスケッチを作成

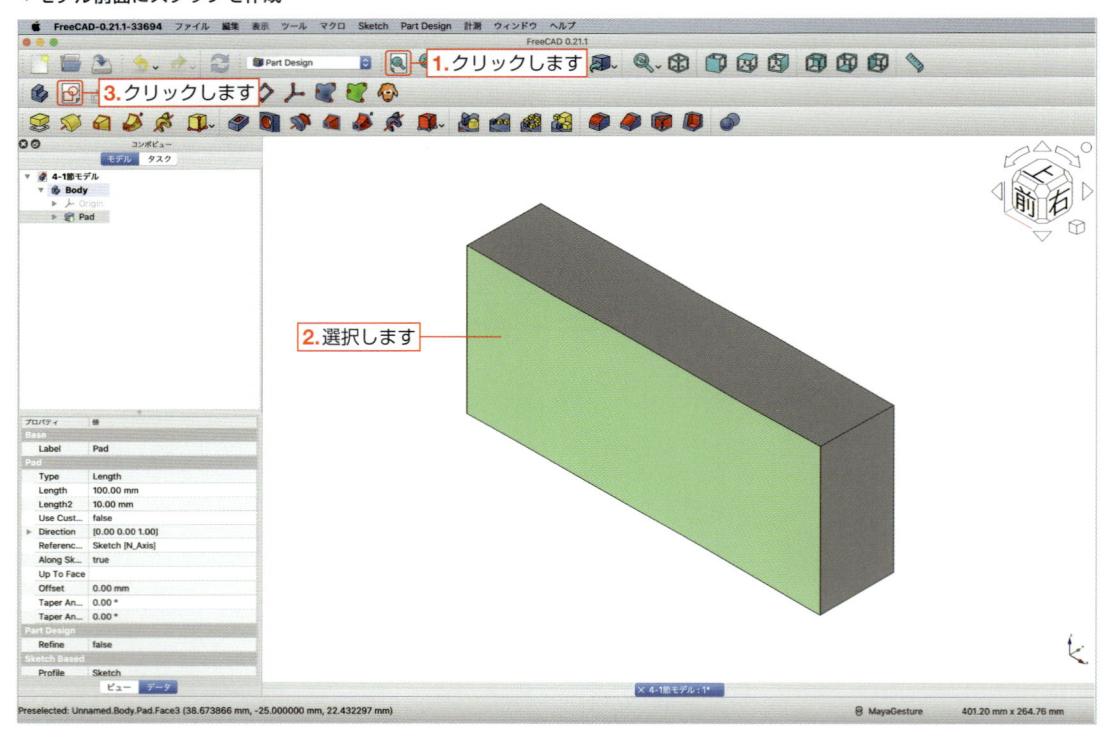

14 外部形状にリンクするエッジを作成します。**1.**「外部ジオメトリーを作成」ボタン📋をクリックします。
2. モデルの右辺をクリックして、**3.** モデルの下辺をクリックします。
最後に、**4.** esc キーを押して「外部ジオメトリーを作成」ボタン📋を解除します。

▼外部ジオメトリーを作成

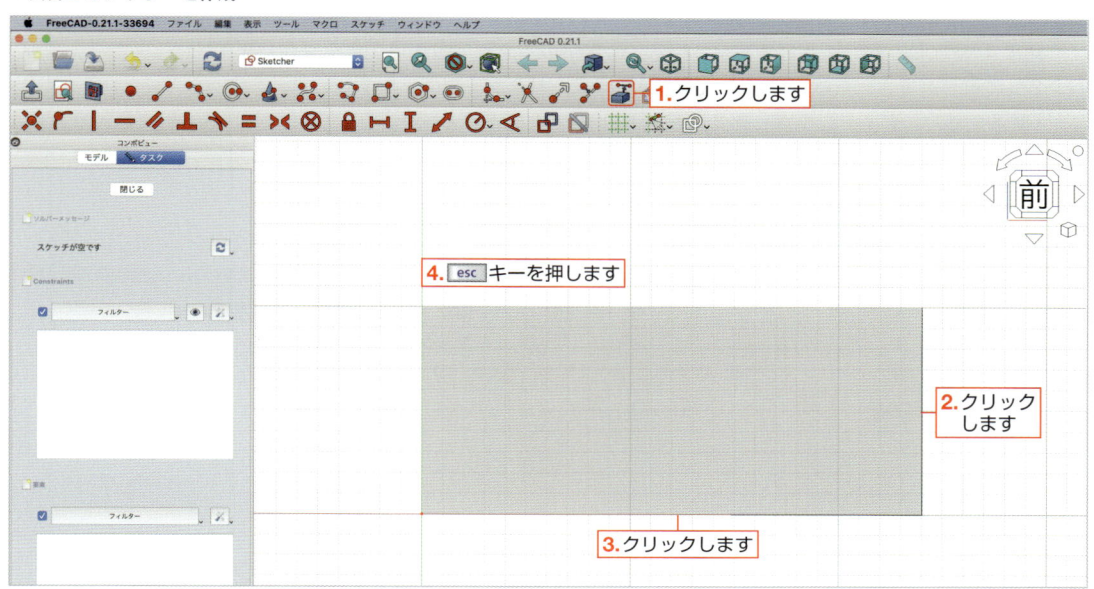

15 長方形を作成します。**1.**「長方形を作成」ボタン🔲の右にある∨をクリックして、**2.**「四角形」を選択します。
3. モデル右下端点の左上付近でクリックし、**4.** マウスポインタ（カーソル）を左上に動かして適当な位置でクリックして長方形を作成します。
最後に、**5.** esc キーを押して「長方形を作成」ボタン🔲を解除します。

▼長方形を描く

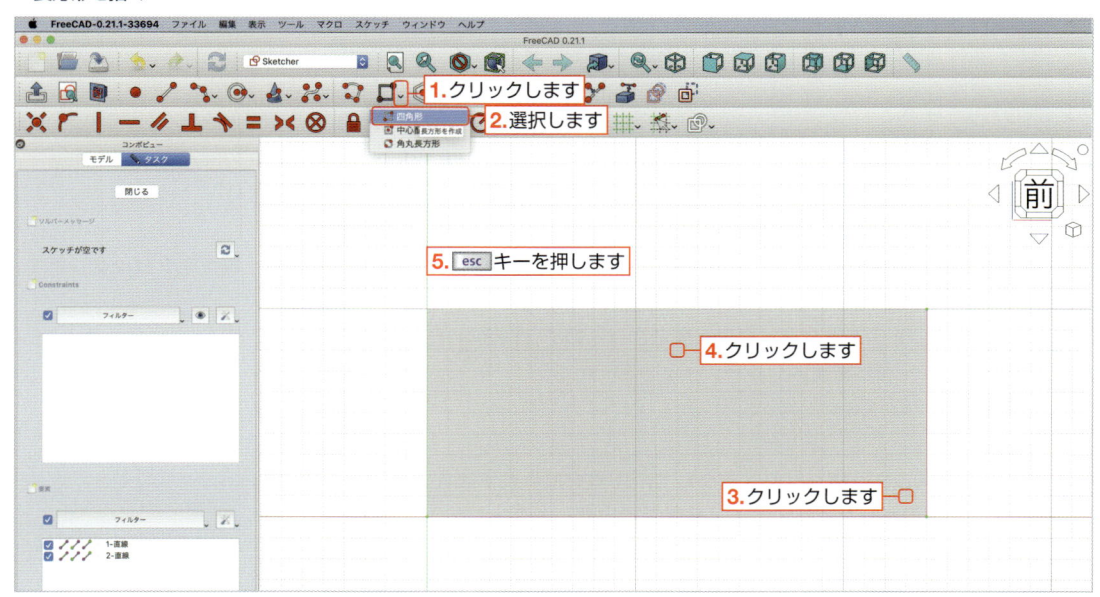

16 長方形の右下端点の位置を拘束します。**1.**長方形の右下端点をクリックして、**2.**水平のエッジの右端点をクリックします。2つの点が選択された状態で、**3.「水平距離拘束」ボタン**をクリックします。

「長さを挿入」ダイアログボックスが表示されるので（123ページ参照）、「長さ」に「**3mm**」と入力して、「OK」ボタンをクリックします。

再度**4.**長方形の右下端点をクリックして、**5.**水平のエッジの右端点をクリックします。

2つの点が選択された状態で、**6.「垂直距離拘束」ボタン**をクリックします。

「長さを挿入」ダイアログボックスが表示されるので（123ページ参照）、「長さ」に「**3mm**」と入力して、「OK」ボタンをクリックします。

※数値の入力は、半角で行ってください。

▼長方形の右下端点の位置を拘束

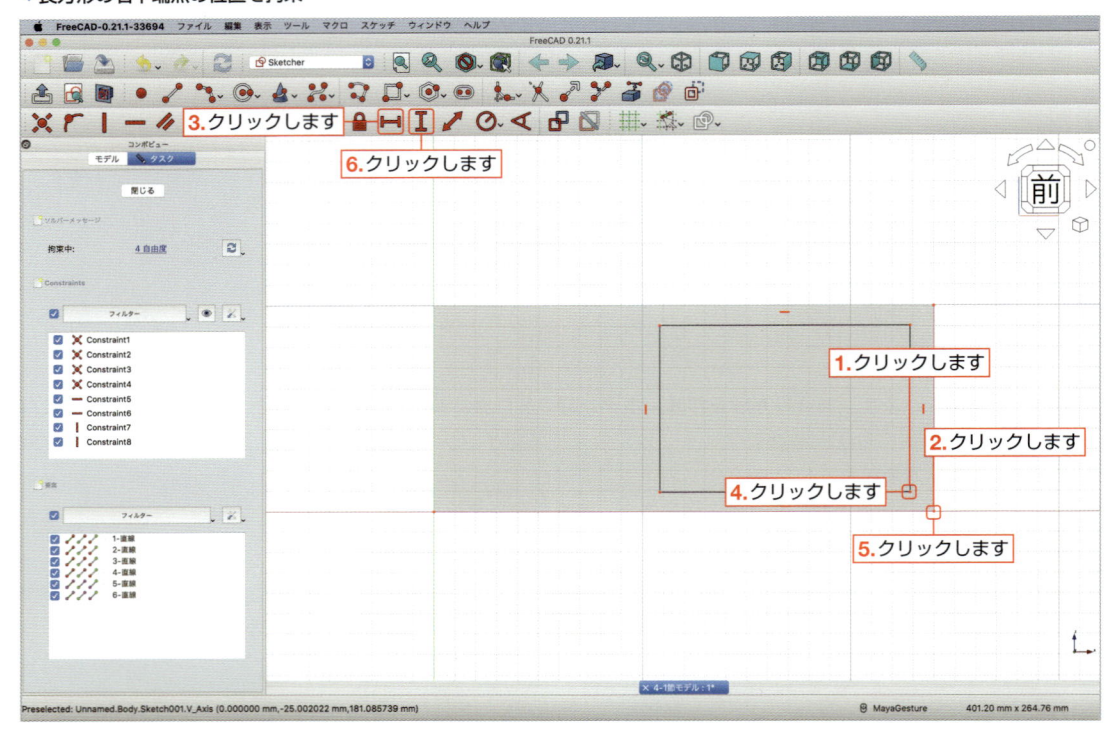

17 長方形の縦横を拘束します。**1.**長方形の左上端点をクリックして、**2.**長方形の右上端点をクリックします。

2つの点が選択された状態で、**3.「水平距離拘束」ボタン**をクリックします。

「長さを挿入」ダイアログボックスが表示されるので（123ページ参照）、「長さ」に「**94mm**」と入力して、「OK」ボタンをクリックします。

※数値の入力は、半角で行ってください。

次に**4.**長方形の左上端点をクリックして、**5.**長方形の左下端点をクリックします。

2つの点が選択された状態で、**6.「垂直距離拘束」ボタン**をクリックします。

「長さを挿入」ダイアログボックスが表示されるので（123ページ参照）、「長さ」に「**34mm**」と入力して、「OK」ボタンをクリックします。

※数値の入力は、半角で行ってください。

▼長方形の縦横を拘束

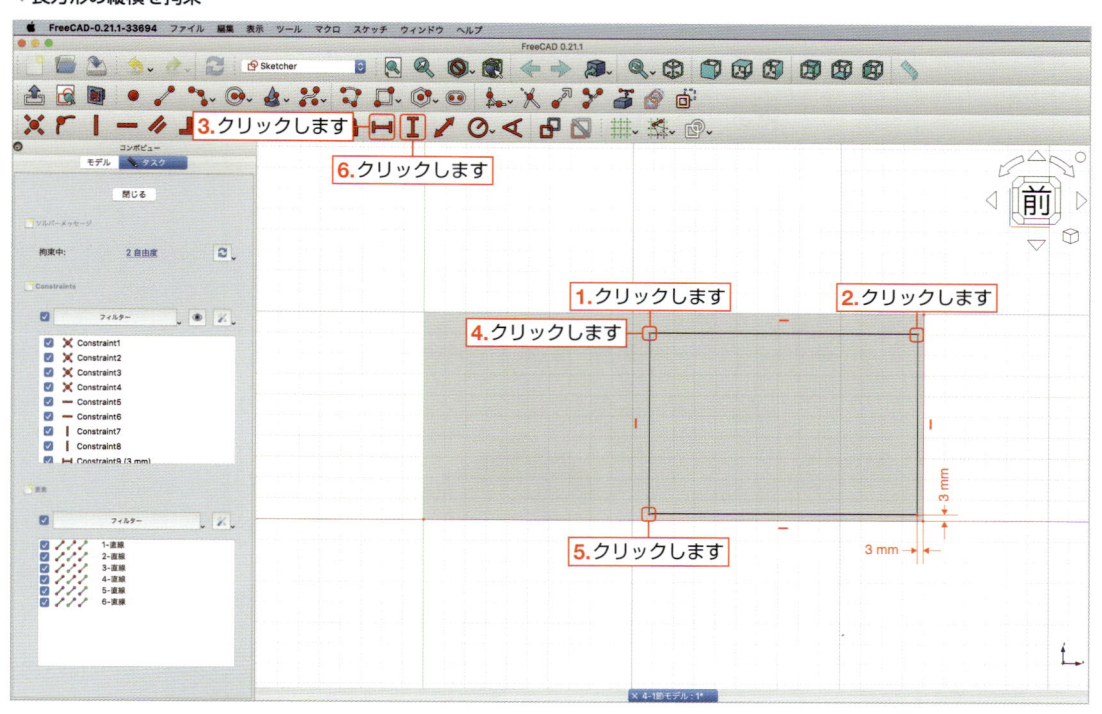

18 スケッチが完全に拘束されると、線が緑色に変わります。**コンボビュー**の「ソルバーメッセージ」にも「**完全拘束**」と表記が出ます。

スケッチを閉じるために**コンボビュー**の「閉じる」をクリックして、スケッチを終了します。

▼スケッチの完全拘束

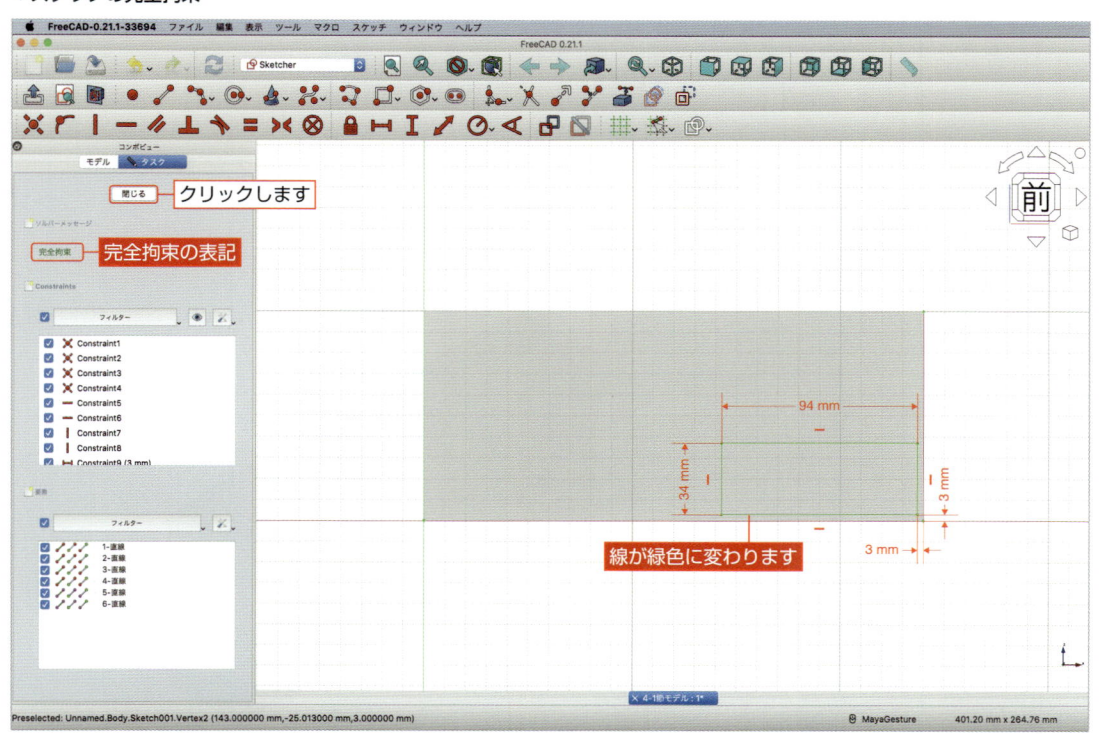

◎ モデルの前面に穴を開けよう

作成したスケッチを使って、モデルの前面に穴を開けてみましょう。
ここでは、モデルに穴を開ける「ポケット」コマンドを使用します。

19 **1.** コンボビューの「Sketch001」を選択して、**2.** 「**ポケット**」ボタン ●をクリックします。

▼モデルに穴を開ける「ポケット」コマンド

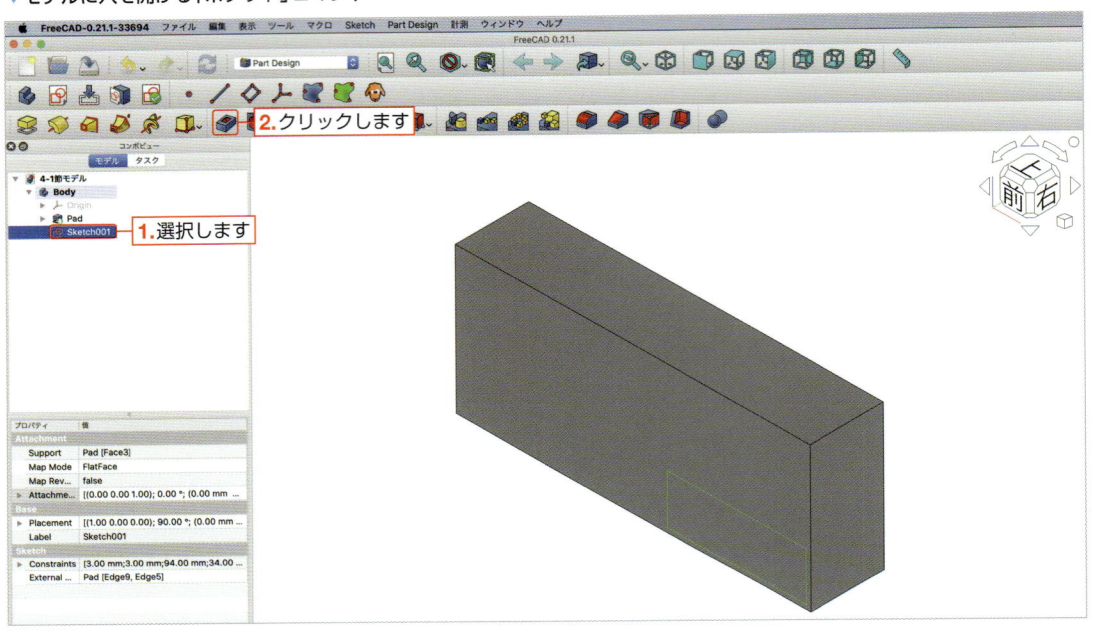

20 コンボビューが「**ポケットパラメーター**」に切り替わります。
1. 「長さ」に「**47mm**」と入力して、**2.** 「OK」ボタンをクリックします。

▼ポケットパラメーターの設定

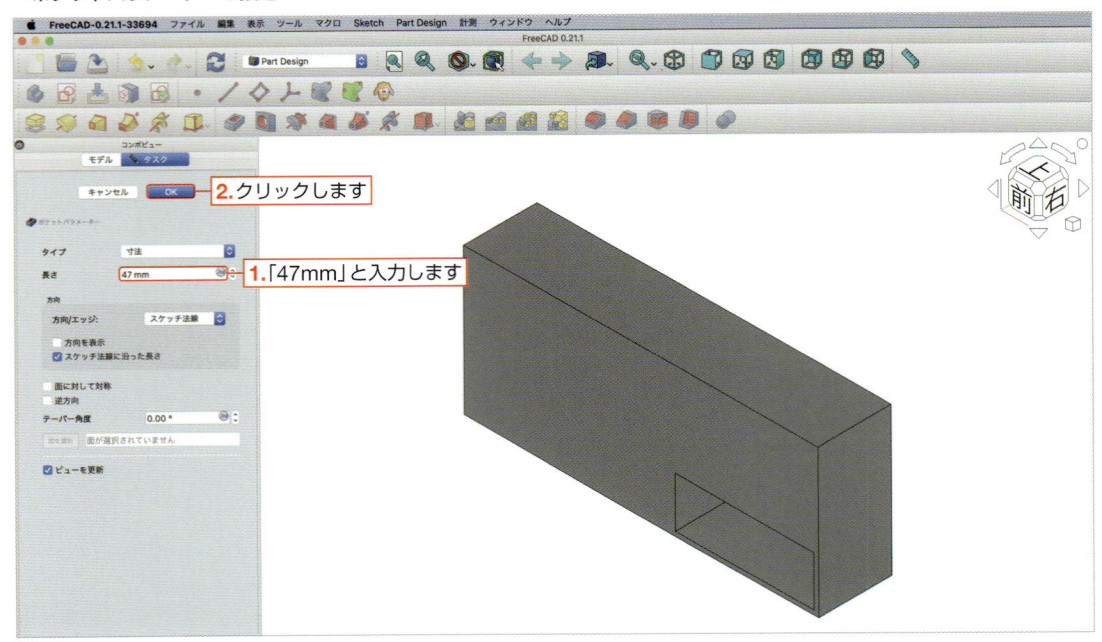

 **「ポケット」について**

　「**ポケット**」とはモデルに穴を開ける機能です。前ページの手順⑲（130ページ）のように選択したスケッチを断面としてモデルに穴を開けられます。「**ポケットパラメーター**」では、穴の深さを設定できます。手順⑳（130ページ）では「**長さ**」に「47mm」と設定しましたが、これはスケッチ平面からの穴の深さを示しています。

　また、穴を開ける方向はスケッチ平面に対して手前から奥行きの方向ですが、「**ポケットパラメーター**」で「**逆方向**」にチェックを入れると反転して奥行きから手前の方向になります。今回の場合は「**逆方向**」にチェックを入れるとモデルが存在しないため、穴を開けることができません。

🧊 モデルの上面に穴を開けていこう

モデルの上面に穴を開けて、ペン立ての形を作っていきます。

🧊 穴を開けるためにスケッチを描いていこう

モデルに穴を開けるためのスケッチを描いていきます。
モデルの上面に長方形を描いていきましょう。

21 視点を合わせるために、**1.「全てにフィット」ボタン**🔍をクリックします。
次にモデルの上面にスケッチを作成します。**2.** モデルの上面をクリックして選択された状態で、**3.「スケッチを作成」ボタン**📐をクリックします。

▼モデル上面にスケッチを作成

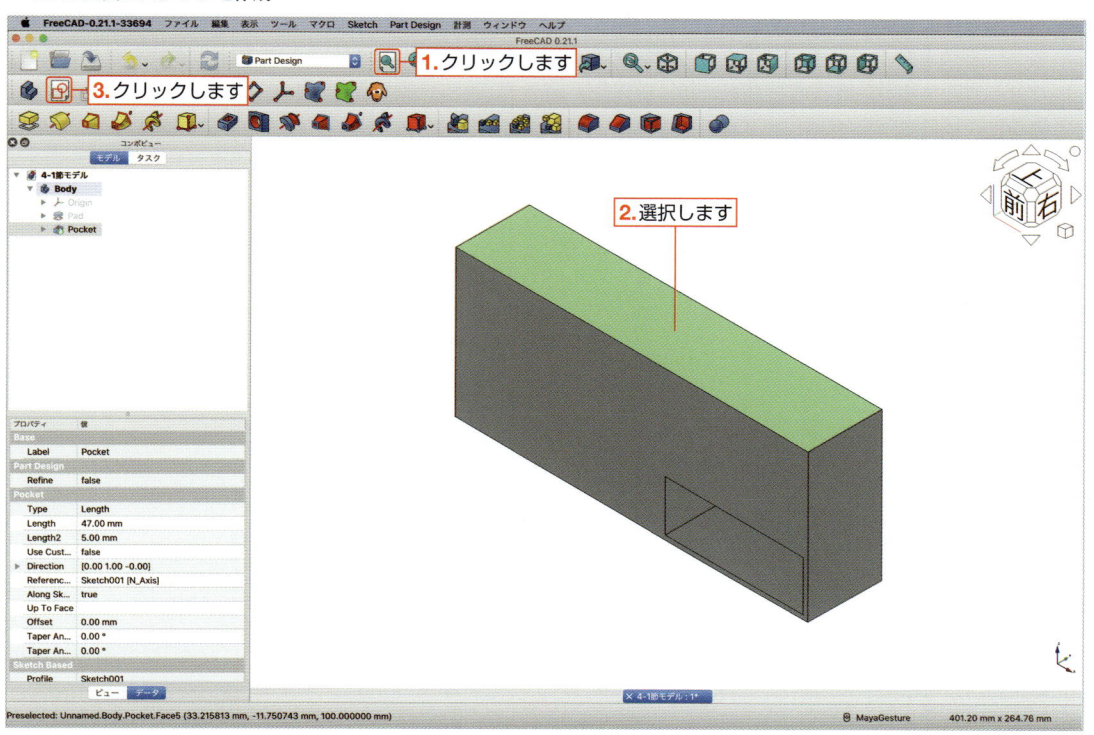

Chapter 4

22 外部形状にリンクするエッジを作成します。**1.「外部ジオメトリーを作成」ボタン** をクリックします。
2. モデルの右辺をクリックします。

最後に、**3.** esc キーを押して**「外部ジオメトリーを作成」ボタン** を解除します。

▼外部ジオメトリーを作成

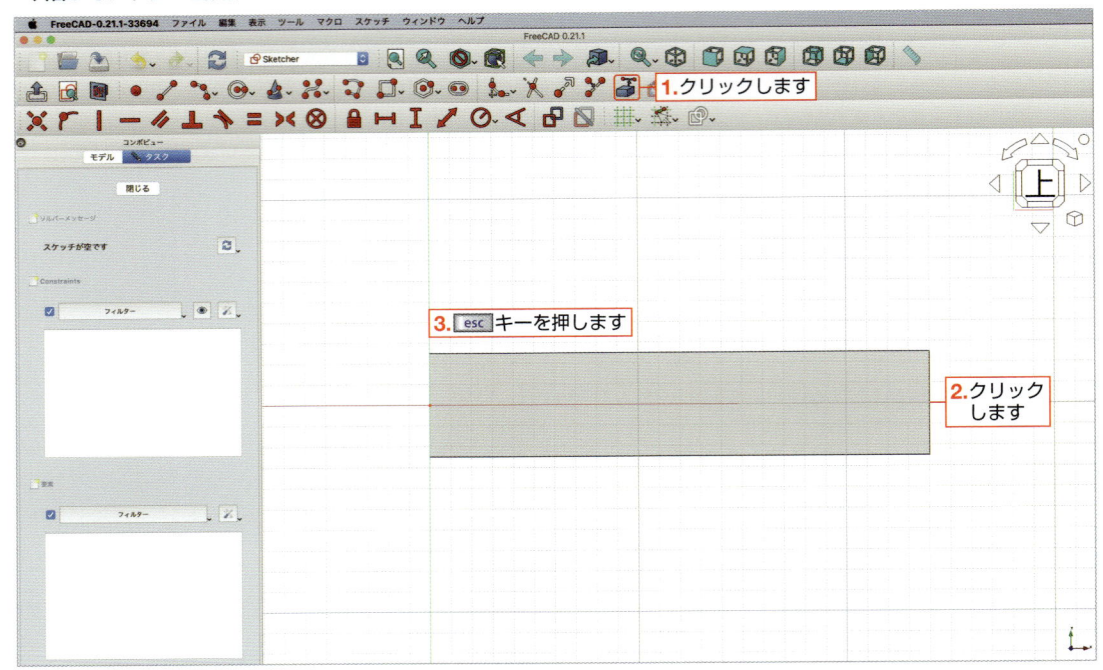

23 長方形を作成します。**1.「長方形を作成」ボタン** の右にある をクリックし、**2.「四角形」** を選択します。
3. エッジの下端点の左上付近でクリックして、**4.** マウスポインタ（カーソル）を左上に動かして適当な位置でクリックして長方形を作成します。

最後に、**5.** esc キーを押して**「長方形を作成」ボタン** を解除します。

▼長方形を描く

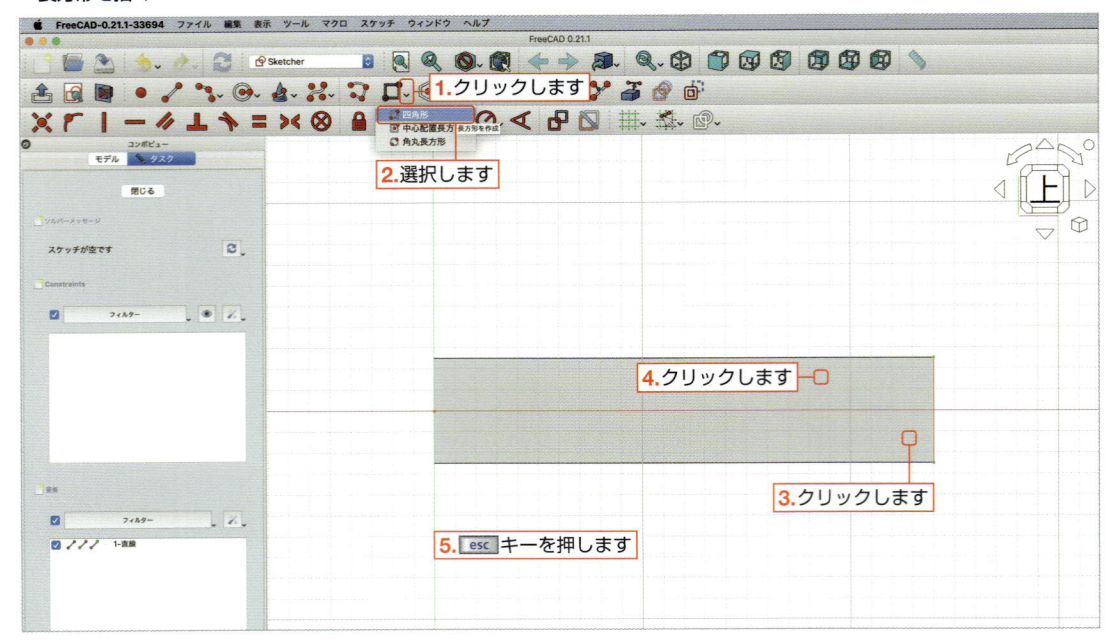

24 長方形の右下端点の位置を拘束します。**1.**長方形の右下端点と**2.**エッジの下端点をクリックします。

2つの点が選択された状態で、**3.「水平距離拘束」ボタン**をクリックします。

「長さを挿入」ダイアログボックスが表示されるので（123ページ参照）、「長さ」に「**3mm**」と入力して、「OK」ボタンをクリックします。

再度、**4.**長方形の右下端点と**5.**エッジの下端点をクリックします。

2つの点が選択された状態で、**6.「垂直距離拘束」ボタン**をクリックします。

「長さを挿入」ダイアログボックスが表示されるので（123ページ参照）、「長さ」に「**3mm**」と入力して、「OK」ボタンをクリックします。

※数値の入力は、半角で行ってください。

▼長方形の右下端点の位置を拘束

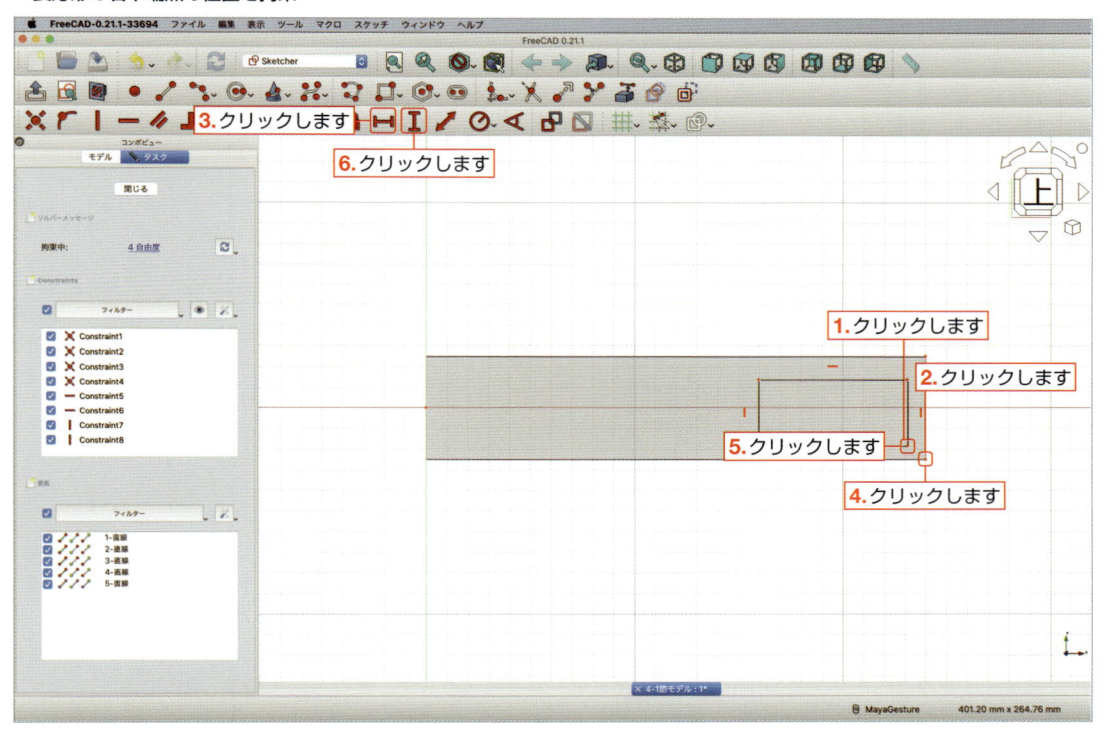

25 長方形の縦横を拘束します。**1.**長方形の左上端点と**2.**長方形の右上端点をクリックして選択します。

2つの点が選択された状態で、**3.「水平距離拘束」ボタン**⊢をクリックします。

「長さを挿入」ダイアログボックスが表示されるので（123ページ参照）、「長さ」に「**94mm**」と入力して、「OK」ボタンをクリックします。

次に**4.**長方形の左上端点と**5.**長方形の左下端点をクリックして選択します。

2つの点が選択された状態で、**6.「垂直距離拘束」ボタン**Ⅰをクリックします。

「長さを挿入」ダイアログボックスが表示されるので（123ページ参照）、「長さ」に「**44mm**」と入力して、「OK」ボタンをクリックします。

※数値の入力は、半角で行ってください。

▼長方形の縦横を拘束

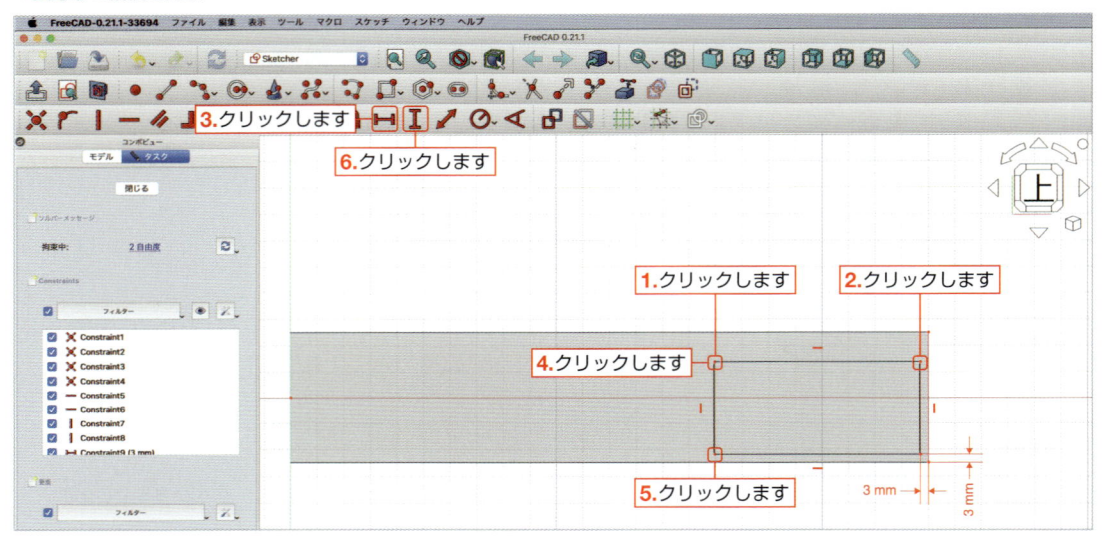

26 スケッチが完全に拘束されると、線が緑色に変わります。**コンボビュー**の「ソルバーメッセージ」にも「**完全拘束**」と表記が出ます。

スケッチを閉じるために**コンボビュー**の「閉じる」をクリックして、スケッチを終了します。

▼スケッチの完全拘束

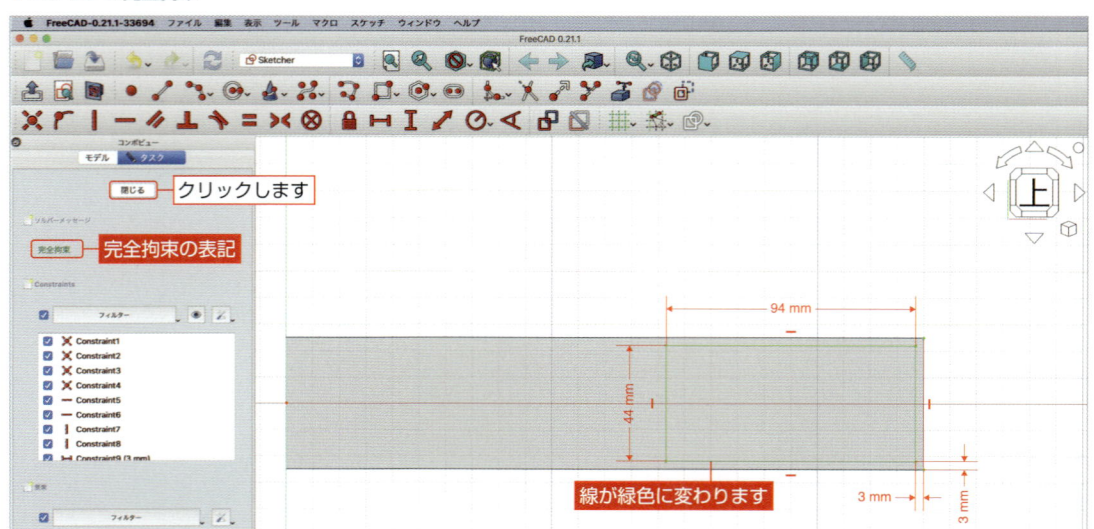

🫧 モデルの上面に穴を開けよう

作成したスケッチを使って、モデルの上面に穴を開けてみましょう。

ここでも、モデルに穴を開ける「ポケット」コマンドを使用します。

27 **1.** コンボビューの「Sketch002」を選択して、**2.**「ポケット」ボタン🫧をクリックします。

▼モデルに穴を開ける「ポケット」コマンド

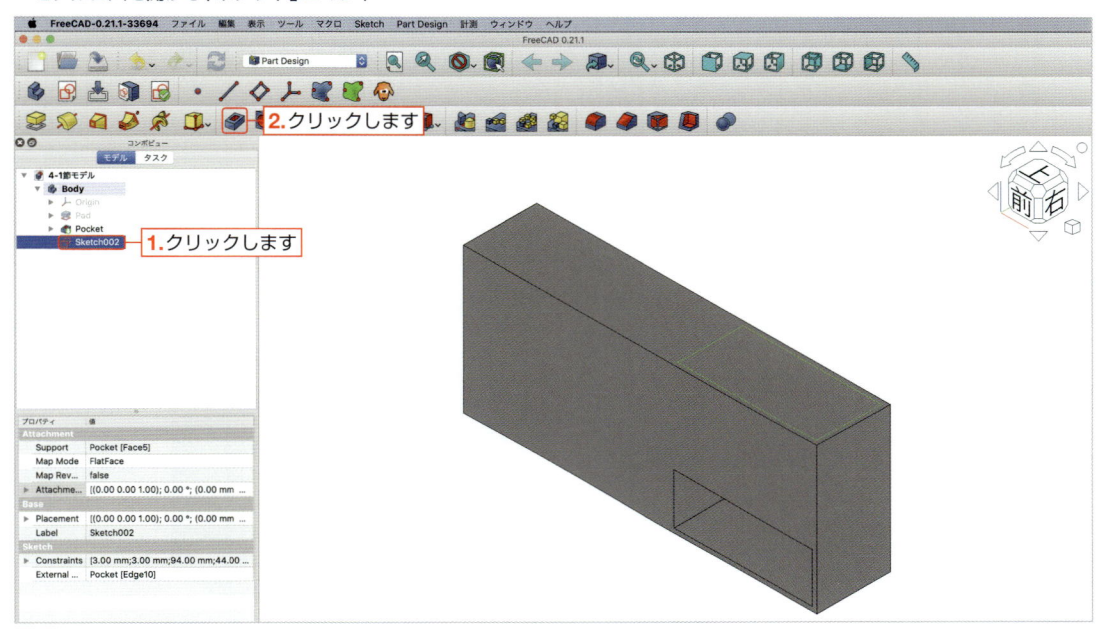

28 コンボビューが「ポケットパラメーター」に切り替わります。

1.「長さ」に「**60mm**」と入力して、**2.**「OK」ボタンをクリックします。

▼ポケットパラメーターの設定

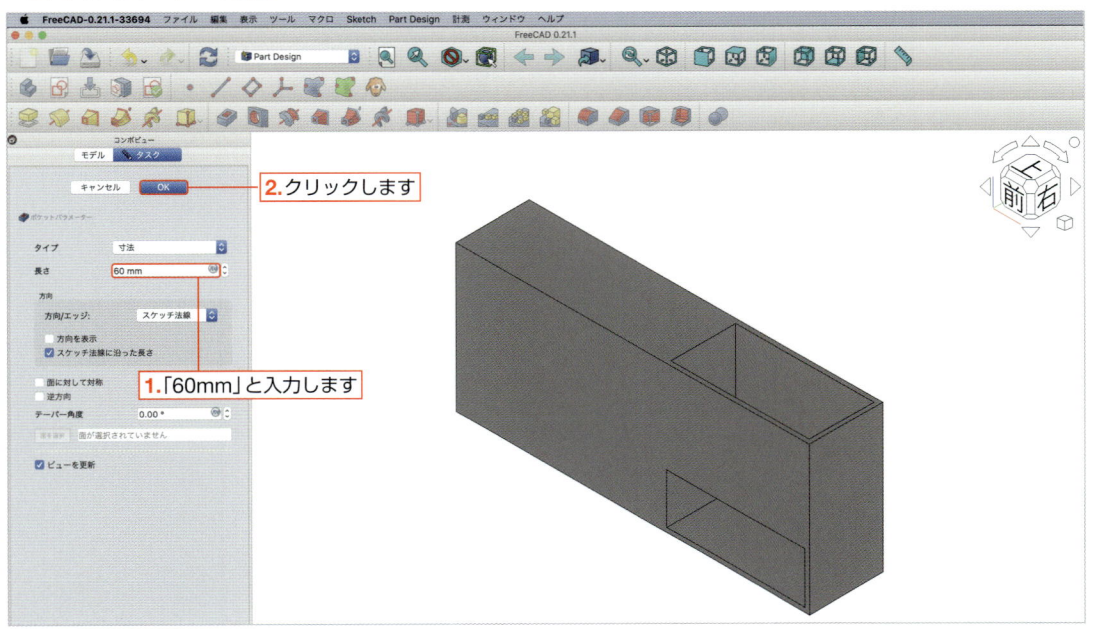

135

🔵 ファイルを保存してドキュメントを閉じよう

これで、Section 4-1のレッスンが終了しました。ファイルを保存してドキュメントを閉じましょう。

29 **1.**「**保存**」**ボタン**🖫をクリックして、ファイルを保存します。

2.メニューバーの「ファイル」を選択し、**3.**「閉じる」を選択してドキュメントを閉じます。

▼ファイル保存とドキュメントを閉じる方法

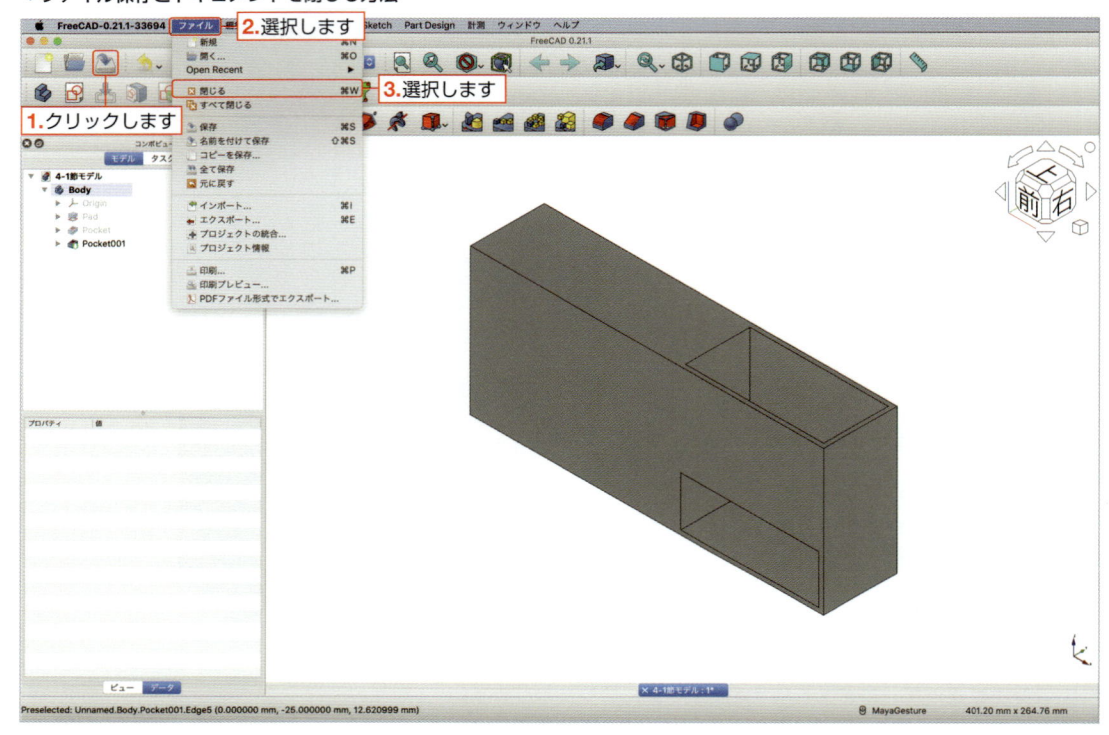

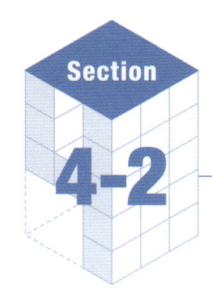

ペン立ての形状を完成させよう

ここでは、ペン立てスマホスタンドのペン立ての部分の形状を作っていきます。モデルの形状を作る「パッド」コマンドと、モデルに穴を開ける「ポケット」コマンドの使い方に慣れていきましょう。

🧊 再びモデルの上面に穴を開けていこう

Section 4-1 の手順 21（131ページ参照）で行ったように、モデルの上面に穴を開けてペン立ての形を作っていきます。

🧊 Section 4-1 で作ったファイルを読み込もう

Section 4-1 で作ったペン立てスマホスタンドのファイルを開き、新しい名前を付けて保存します。

この操作は、Section 2-2 の手順 1 ～ 2（68ページ参照）と同じです。図は割愛しますが、操作方法を忘れてしまった場合には、前述したページをご参照ください。

1 Section 4-1 で作成したファイルを開きます。ツールバーの**「開く」ボタン**🖿をクリックします。「**4-1節モデル**」を選択して、「Open」ボタンをクリックします。

2 次に名前を付けて保存します。メニューバーの「ファイル」を選択して、「名前を付けて保存」を選択します。「Save As」に「**4-2節モデル**」と入力して、「Save」ボタンをクリックして保存します。

🧊 穴を開けるためにスケッチを描いていこう

モデルに穴を開けるためのスケッチを描きます。

モデルの上面に長方形を描きましょう。

3 モデルの上面にスケッチを作成します。

1. モデルの上面をクリックして選択された状態で、**2.「スケッチを作成」ボタン**🖼をクリックします。

▼モデル上面にスケッチを作成

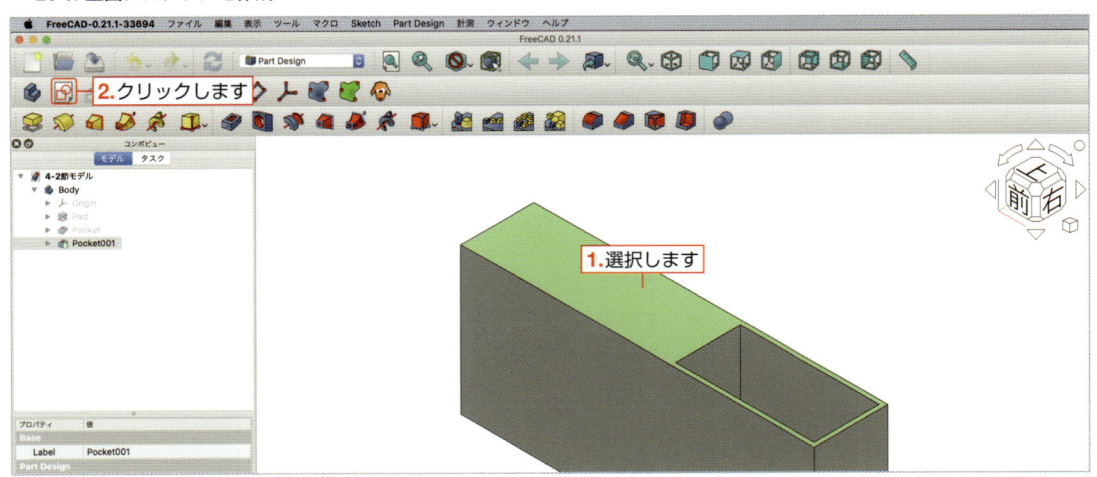

4 外部形状にリンクするエッジを作成します。**1.「外部ジオメトリーを作成」ボタン**■をクリックします。
2. モデルの左辺をクリックし、**3.** 長方形の穴の左辺をクリックします。
最後に、**4.** esc キーを押して**「外部ジオメトリーを作成」ボタン**■を解除します。

▼外部ジオメトリーを作成

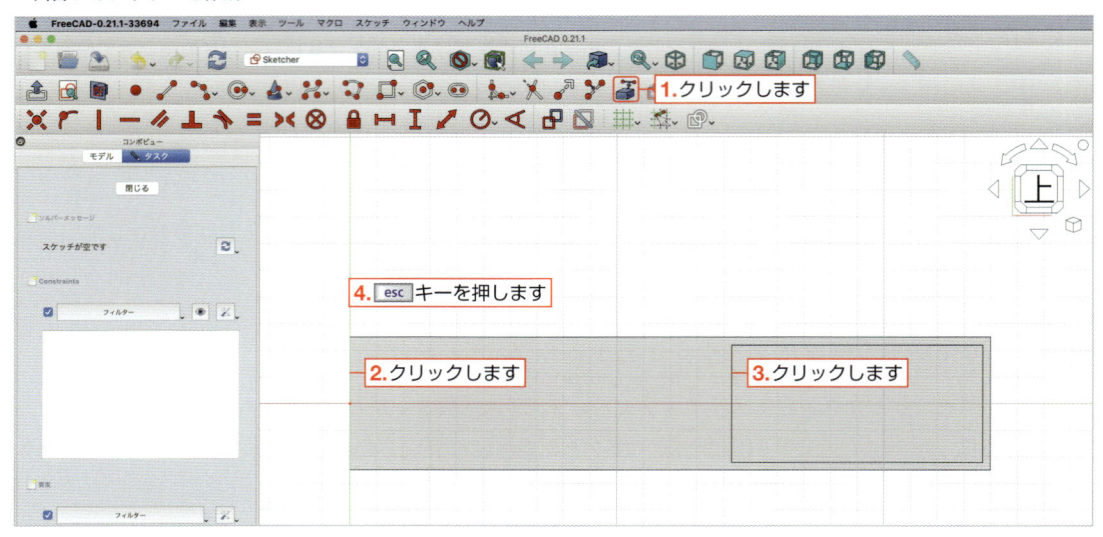

5 長方形を作成します。**1.「長方形を作成」ボタン**■の右にある▼をクリックし、**2.「四角形」**を選択します。
3. 左にあるエッジの上端点の右下付近でクリックして、**4.** マウスポインタ（カーソル）を右下に動かし、右にあるエッジの下端点の左上付近でクリックして長方形を作成します。
最後に、**5.** esc キーを押して**「長方形を作成」ボタン**■を解除します。

▼長方形を描く

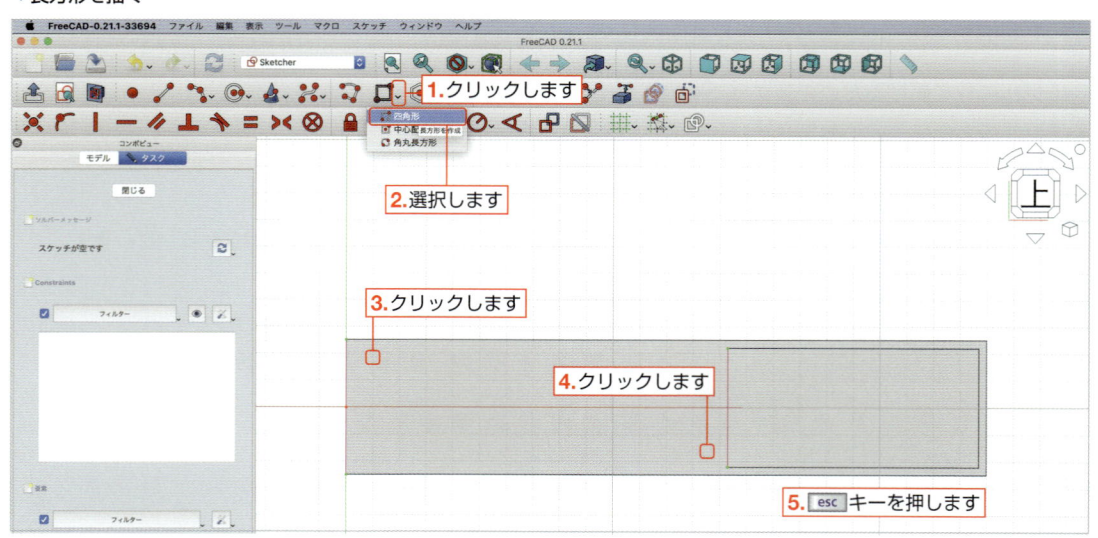

6 長方形の左上端点の位置を拘束します。**1.** 左にあるエッジの上端点と**2.** 長方形の左上端点をクリックします。
2つの点が選択された状態で、**3.「水平距離拘束」ボタン**■をクリックします。
「長さを挿入」ダイアログボックスが表示されるので（123ページ参照）、「長さ」に「**3mm**」と入力して、「OK」ボタンをクリックします。
※数値の入力は、半角で行ってください。

再び**4.**左にあるエッジの上端点と**5.**長方形の左上端点をクリックします。

2つの点が選択された状態で、**6.「垂直距離拘束」ボタン**Ｉをクリックします。

「長さを挿入」ダイアログボックスが表示されるので（123ページ参照）、「長さ」に「**3mm**」と入力して、「OK」ボタンをクリックします。

※数値の入力は、半角で行ってください。

▼長方形の左上端点の位置を拘束

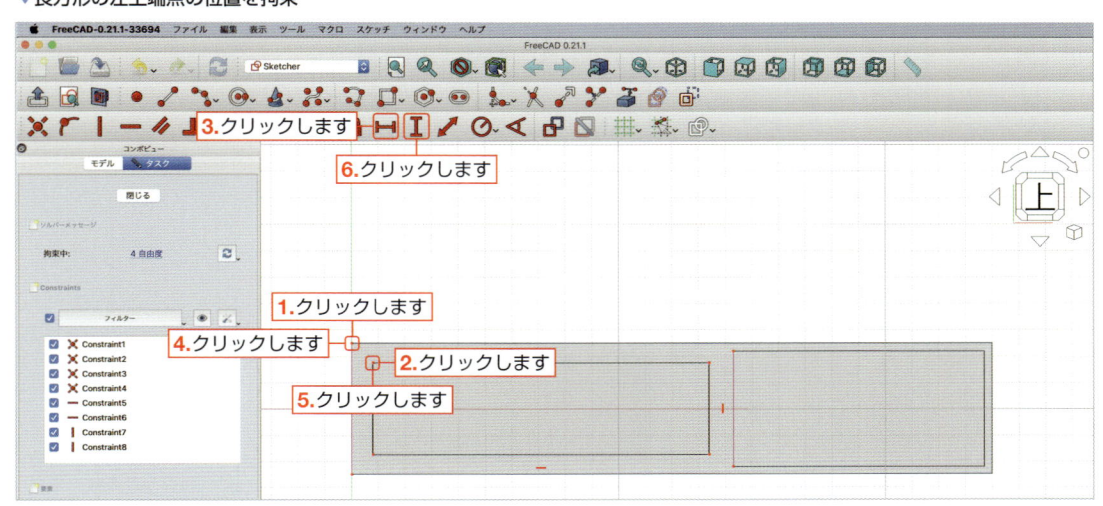

7 長方形の位置を拘束します。**1.**左にあるエッジと**2.**長方形の左下端点をクリックします。

2つの点が選択された状態で、**3.「垂直距離拘束」ボタン**Ｉをクリックします。

「長さを挿入」ダイアログボックスが表示されるので（123ページ参照）、「長さ」に「**3mm**」と入力して、「OK」ボタンをクリックします。

次に**4.**右にあるエッジの上端点をクリックし、**5.**長方形の右上端点をクリックします。

2つの点が選択された状態で、**6.「水平距離拘束」ボタン**├┤をクリックします。

「長さを挿入」ダイアログボックスが表示されるので（123ページ参照）、「長さ」に「**3mm**」と入力して、「OK」ボタンをクリックします。

※数値の入力は、半角で行ってください。

▼長方形の位置を拘束

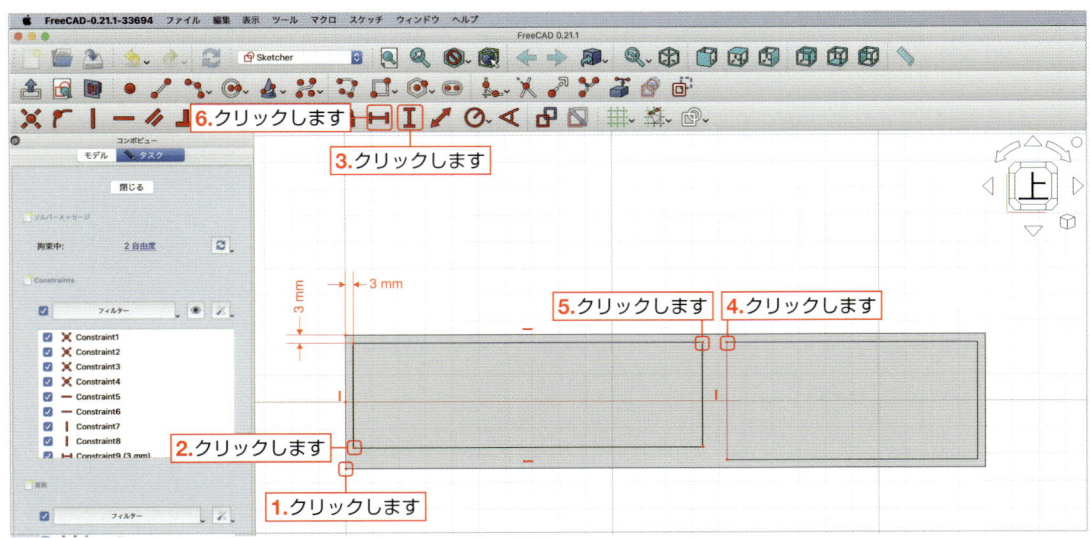

8 スケッチが完全に拘束されると、線が緑色に変わります。**コンボビュー**の「ソルバーメッセージ」にも「**完全拘束**」と表記が出ます。
スケッチを閉じるために**コンボビュー**の「閉じる」をクリックして、スケッチを終了します。

▼スケッチの完全拘束

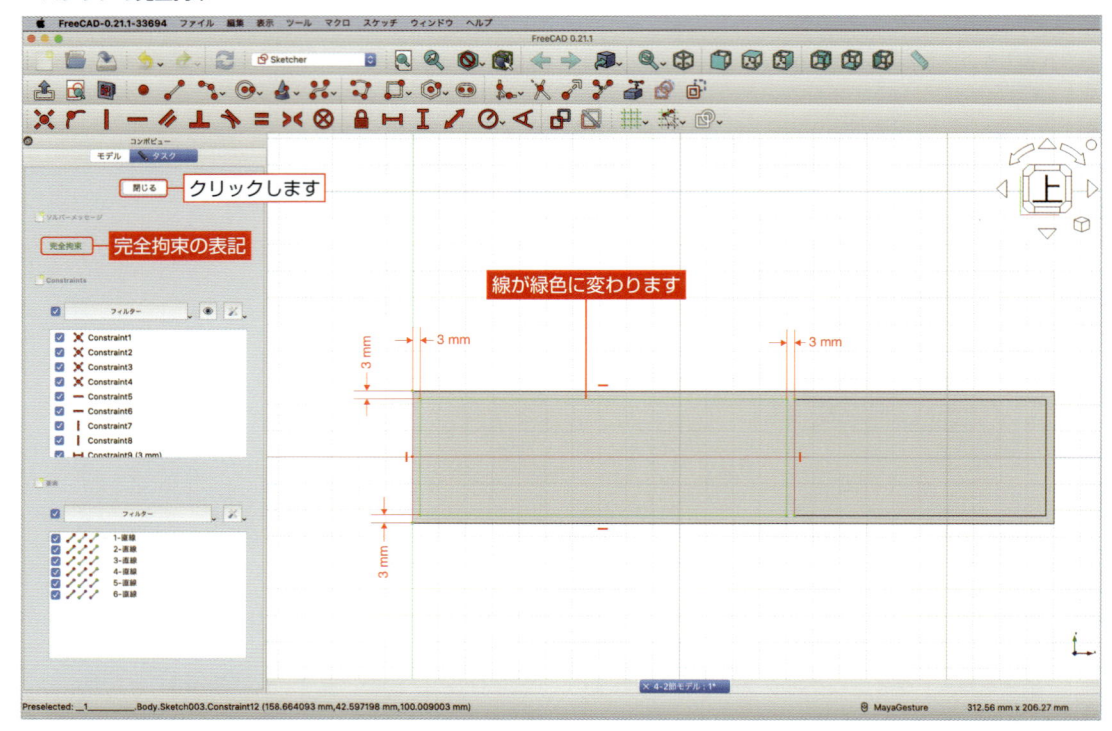

🗋 モデルの上面に穴を開けよう

作成したスケッチを使って、モデルの上面に穴を開けてみましょう。

ここでは、モデルに穴を開ける「ポケット」コマンドを使用します。

9 1.コンボビューの「Sketch003」を選択して、2.**「ポケット」ボタン** 🎨 をクリックすると、**コンボビューが「ポケットパラメーター」** に切り替わります。

3.「長さ」に「**97mm**」と入力して、4.「OK」ボタンをクリックします。

▼モデルに穴を開ける「ポケット」コマンド

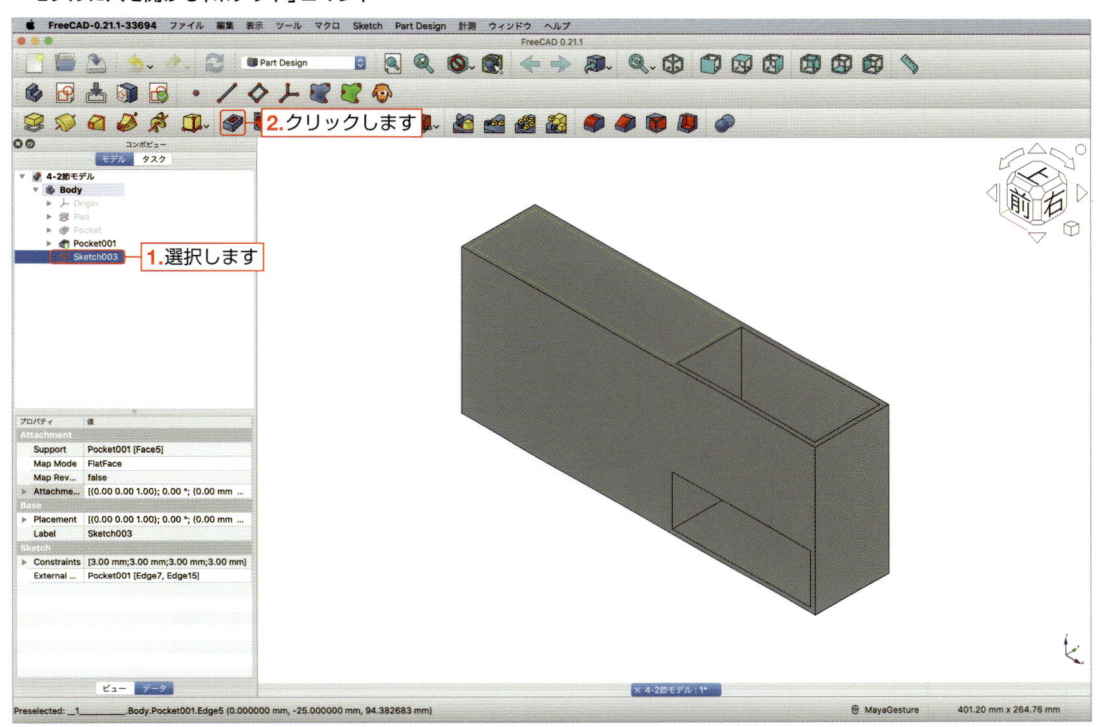

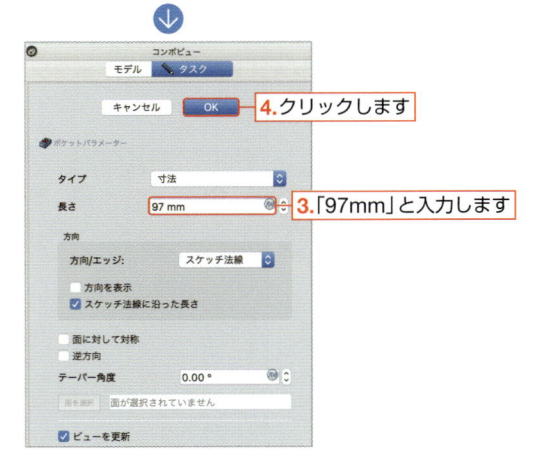

ペン立ての仕切りを作ろう

手順 **9**（137 〜 141 ページ）までの操作でペンが入る穴を開けました。次に、ペン立ての仕切りを作ります。

仕切りを作るためにスケッチを描いていこう

ペン立ての仕切りを作るためのスケッチを描きます。
モデルの上面にスケッチを描きましょう。

10 モデルの上面にスケッチを作成します。
1. モデルの上面をクリックして選択された状態で、**2.「スケッチを作成」ボタン**をクリックします。

▼モデル上面にスケッチを作成

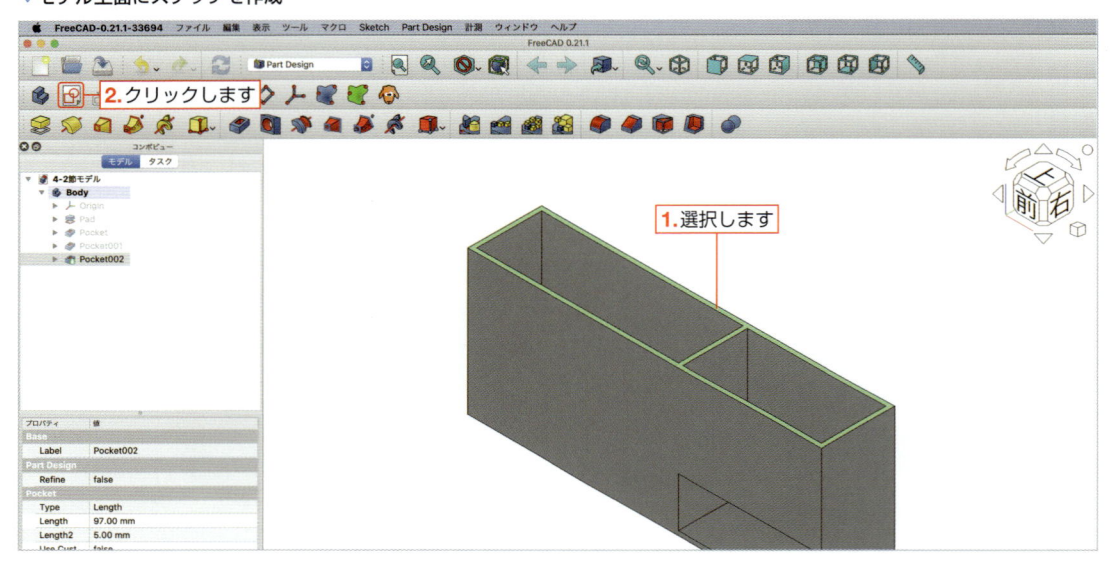

11 外部形状にリンクするエッジを作成します。**1.「外部ジオメトリーを作成」ボタン**をクリックします。
2. 左にある長方形の穴の上辺と **3.** 下辺をクリックします。
最後に、**4.** esc キーを押して **「外部ジオメトリーを作成」ボタン**を解除します。

▼外部ジオメトリーを作成

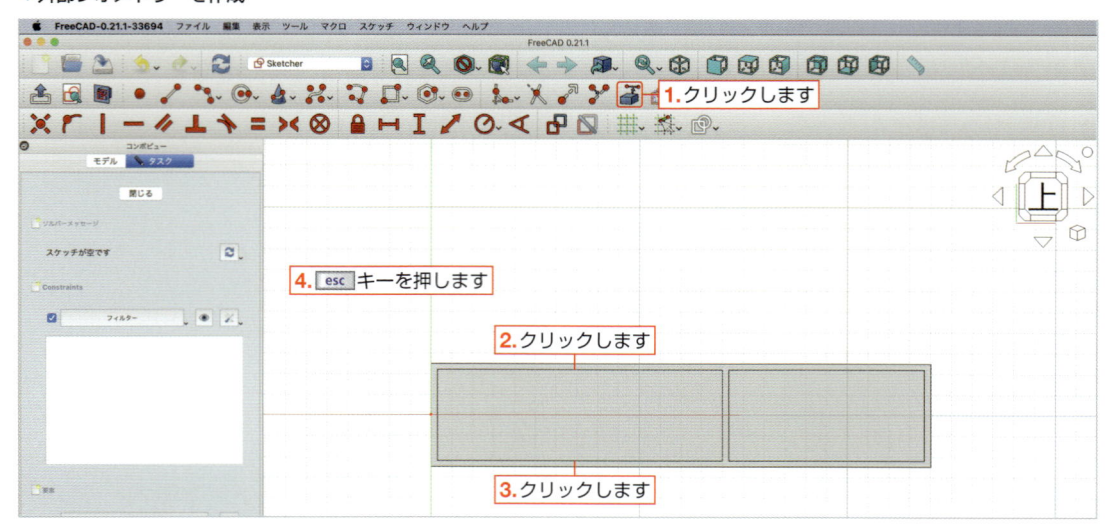

12 長方形を4つ作成します。**1.「長方形を作成」ボタン**■の右にある▼をクリックし、**2.「四角形」**を選択します。
3. 上にあるエッジにマウスポインタ（カーソル）を合わせて、**「オブジェクト上の点拘束」ボタン**▢が現れたら
クリックします。**4.** マウスポインタ（カーソル）右下に動かし、下にあるエッジに合わせて**「オブジェクト上
の点拘束」ボタン**▢が現れたら、クリックして長方形を作成します。
上記の操作を下図の**5.**〜**6.**➡**7.**〜**8.**➡**9.**〜**10.**の位置で3回繰り返して、さらに3つの長方形を作成します。
最後に、**11.** esc キーを押して**「長方形を作成」ボタン**■を解除します。

▼長方形を描く

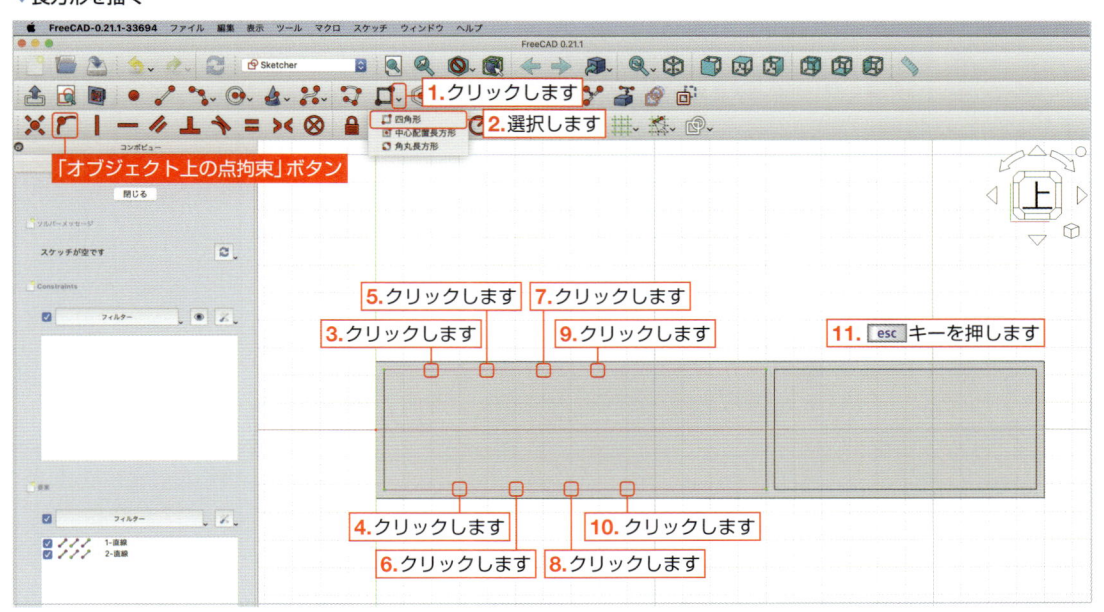

13 4つの長方形の横寸法を同じにします。**1.**4つの長方形の上辺をクリックして選択します。
4つの線が選択された状態で、**2.「等値拘束」ボタン**═をクリックします。

▼長方形の横寸法を等値拘束

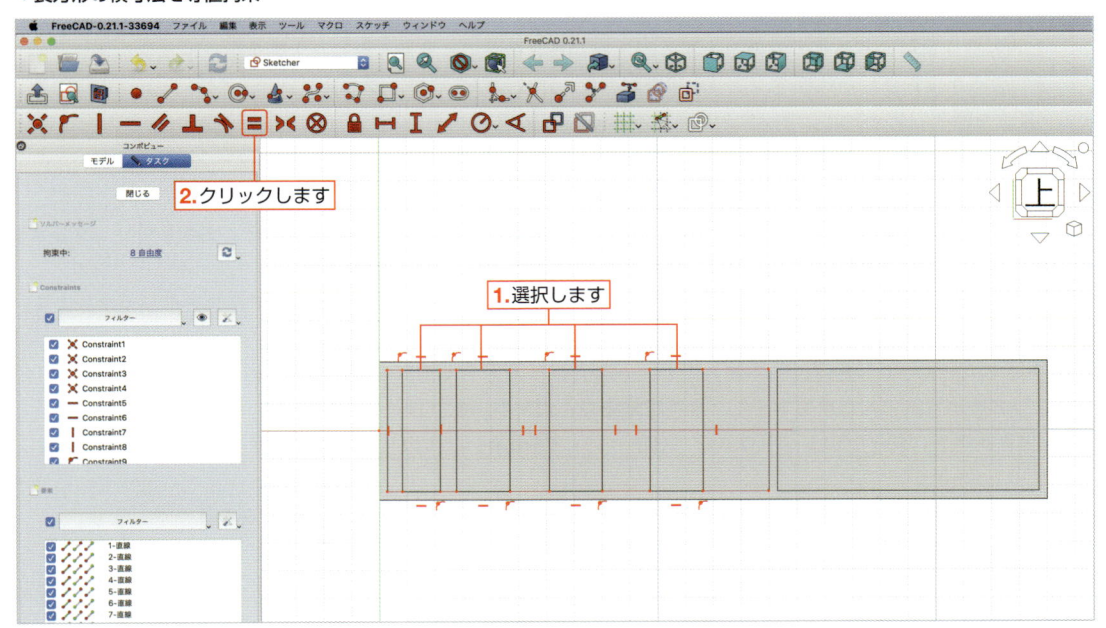

14 長方形の横寸法を拘束します。**1.**一番左にある長方形の左上端点と**2.**右上端点をクリックして選択します。

2つの点が選択された状態で、**3.「水平距離拘束」ボタン**をクリックします。

「長さを挿入」ダイアログボックスが表示されるので（123ページ参照）、「長さ」に「**3mm**」と入力して、「OK」ボタンをクリックします。

※数値の入力は、半角で行ってください。

▼長方形の横寸法を拘束

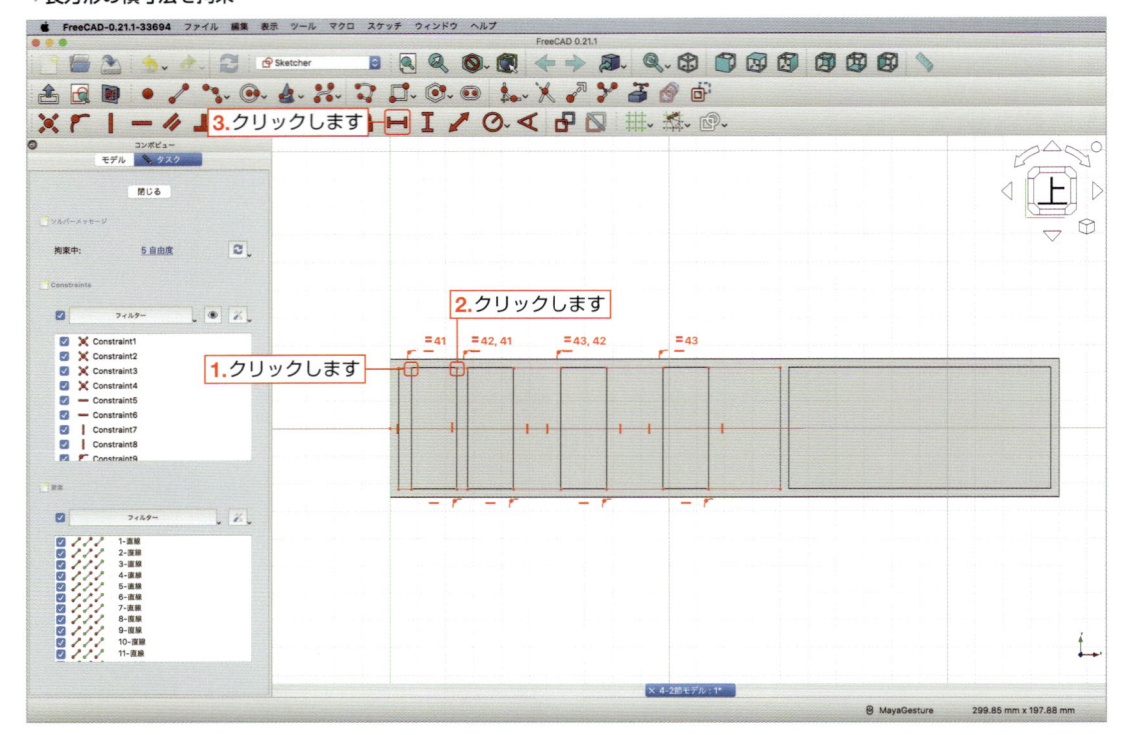

15 4つの長方形の位置を拘束します。

1.右から1番目にある長方形の左上端点と**2.**右から2番目にある長方形の右上端点をクリックします。

2つの点が選択された状態で、**3.「水平距離拘束」ボタン**をクリックします。

「長さを挿入」ダイアログボックスが表示されるので（123ページ参照）、「長さ」に「**15mm**」と入力して、「OK」ボタンをクリックします。

次に、**4.**右から2番目にある長方形の左上端点と**5.**右から3番目にある長方形の右上端点をクリックします。

2つの点が選択された状態で、**6.「水平距離拘束」ボタン**をクリックします。

「長さを挿入」ダイアログボックスの「長さ」に「**25mm**」と入力して、「OK」ボタンをクリックします。

続いて、**7.**右から3番目にある長方形の左上端点と**8.**右から4番目にある長方形の右上端点をクリックします。

2つの点が選択された状態で、**9.「水平距離拘束」ボタン**をクリックします。

「長さを挿入」ダイアログボックスの「長さ」に「**15mm**」と入力して、「OK」ボタンをクリックします。

最後に、**10.**右から4番目にある長方形の左上端点と**11.**左にあるエッジの上端点をクリックします。

2つの点が選択された状態で、**12.「水平距離拘束」ボタン**をクリックします。

「長さを挿入」ダイアログボックスの「長さ」に「**40mm**」と入力して、「OK」ボタンをクリックします。

▼4つの長方形の位置を拘束

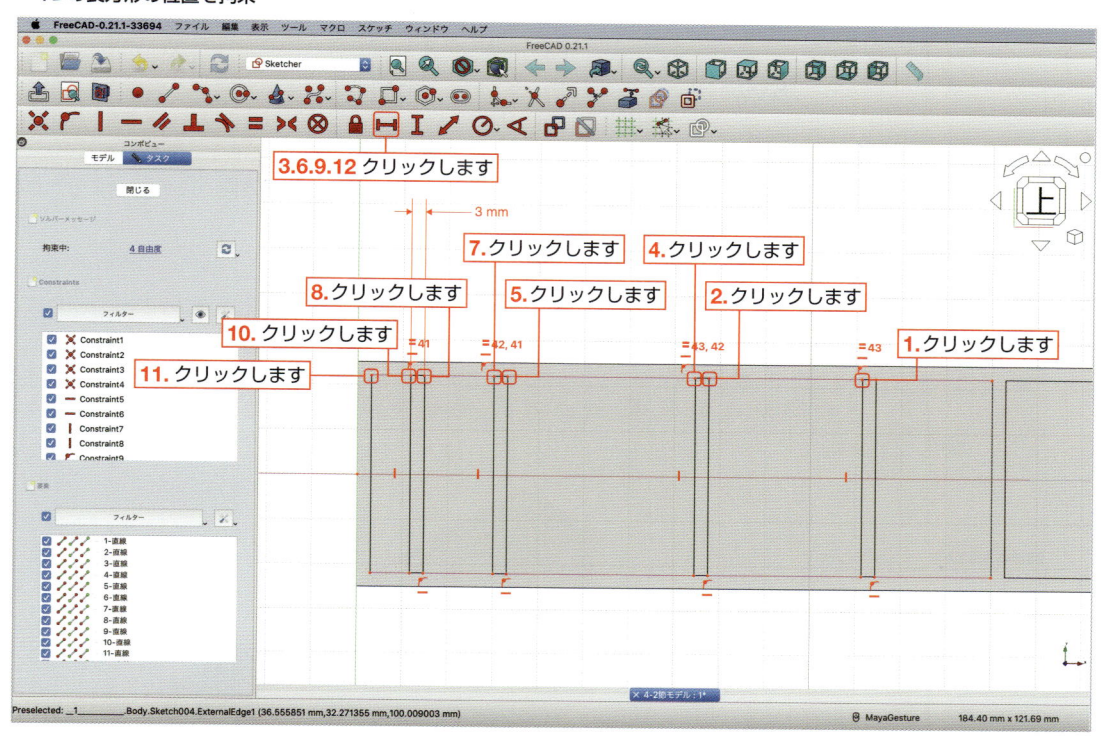

16 スケッチが完全に拘束されると、線が緑色に変わります。**コンボビュー**の「ソルバーメッセージ」にも「**完全
拘束**」と表記が出ます。
スケッチを閉じるために**コンボビュー**の「閉じる」をクリックして、スケッチを終了します。

▼スケッチの完全拘束

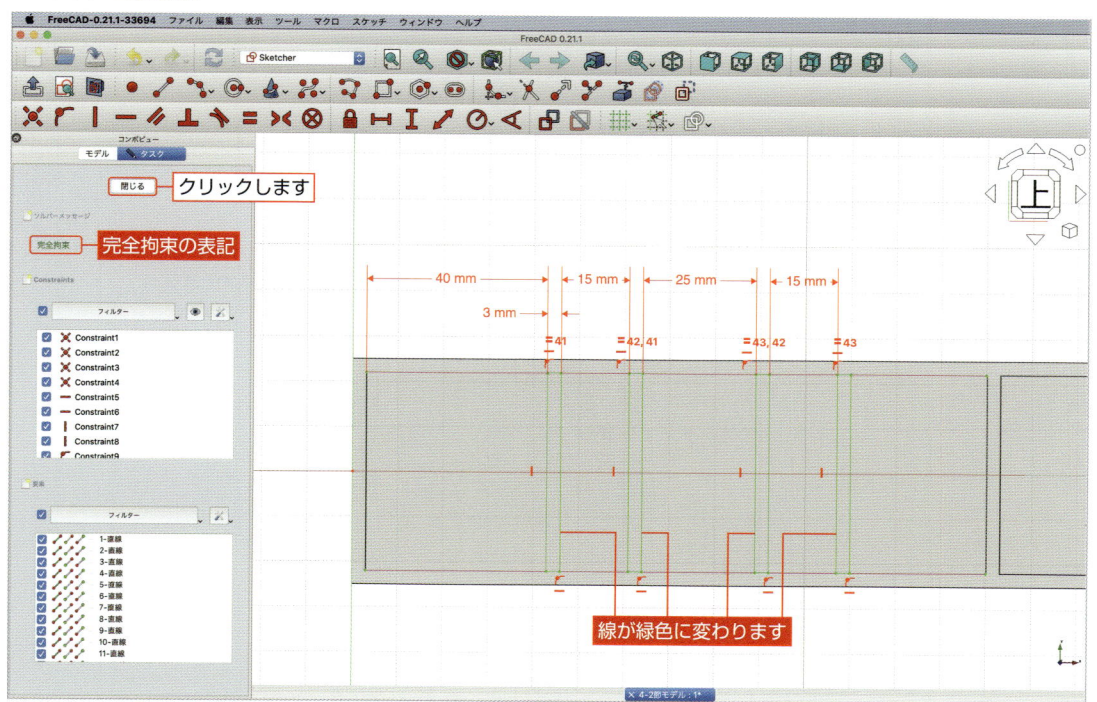

モデルの上面に仕切りを作ろう

作成したスケッチを使って、モデルの上面に仕切りを作ってみましょう。

ここでは、モデルを作る「パッド」コマンドを使用します。

17 1.コンボビューの「Sketch004」を選択して、2.**「パッド」ボタン**をクリックすると、**コンボビューが「パッドパラメーター」**に切り替わります。3.「長さ」に「**20mm**」と入力して、4.**「逆方向」**にチェックを入れます。最後に5.「OK」ボタンをクリックします。

▼モデルを作る「パッド」コマンド

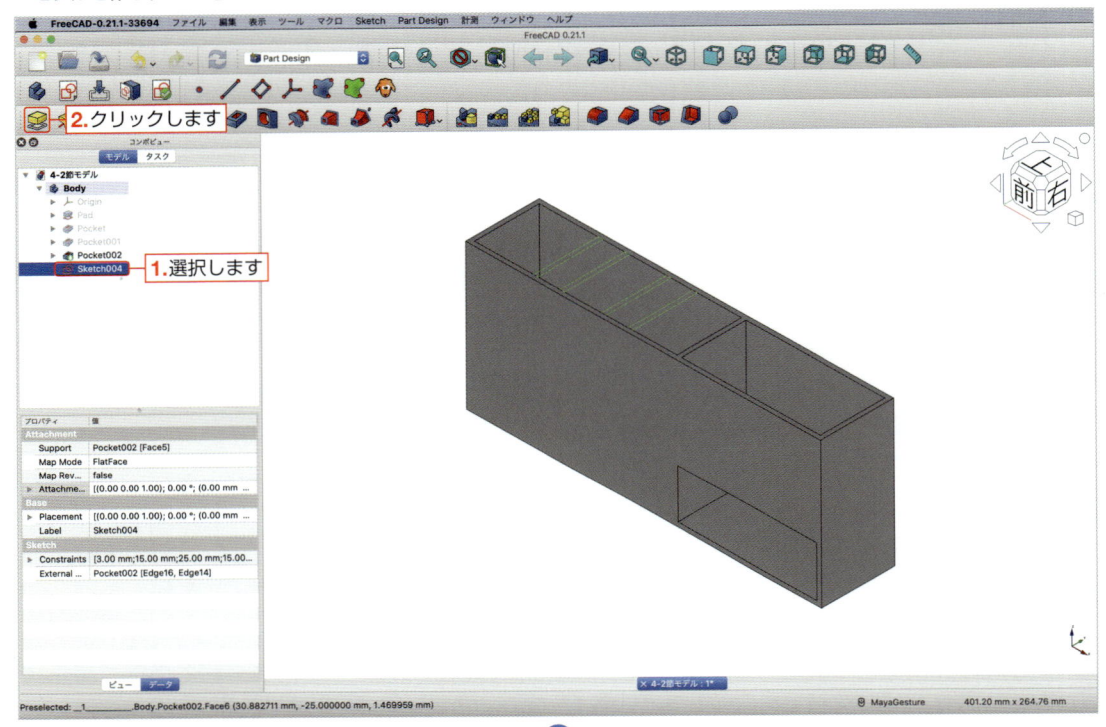

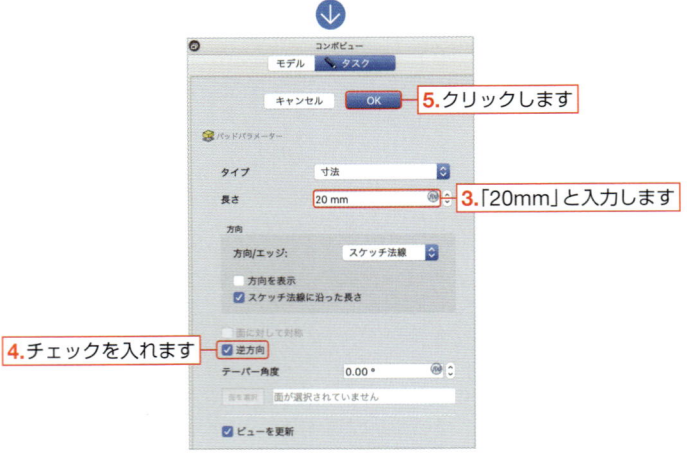

モデルの前面に穴を開けて形状を完成させよう

Section 4-1で開けた前面の穴を加工していきます。

🔵 穴を開けるためにスケッチを描いていこう

モデルに穴を開けるためのスケッチを描いていきます。モデルの前面に長方形を描いていきましょう。

18 モデルの前面にスケッチを作成します。

1. モデルの前面をクリックして選択された状態で、**2.「スケッチを作成」ボタン** 🔲 をクリックします。

▼モデル前面にスケッチを作成

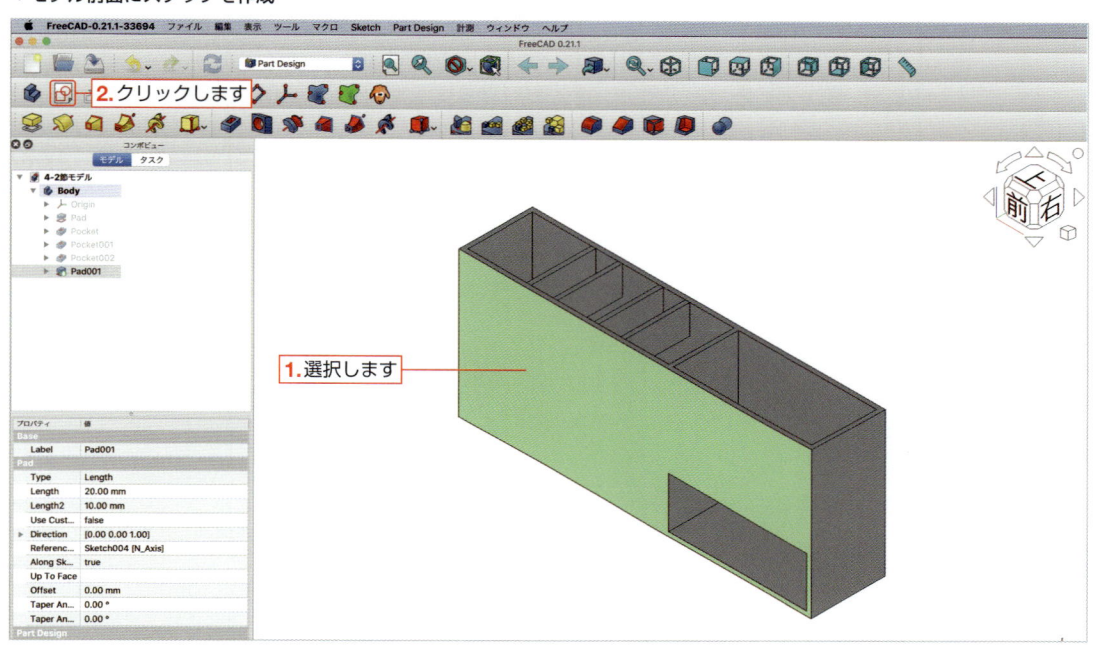

19 外部形状にリンクするエッジを作成します。

1.「外部ジオメトリーを作成」ボタン 🔳 をクリックします。**2.** 長方形の穴の上辺をクリックします。

最後に、**3.** esc キーを押して**「外部ジオメトリーを作成」ボタン** 🔳 を解除します。

▼外部ジオメトリーを作成

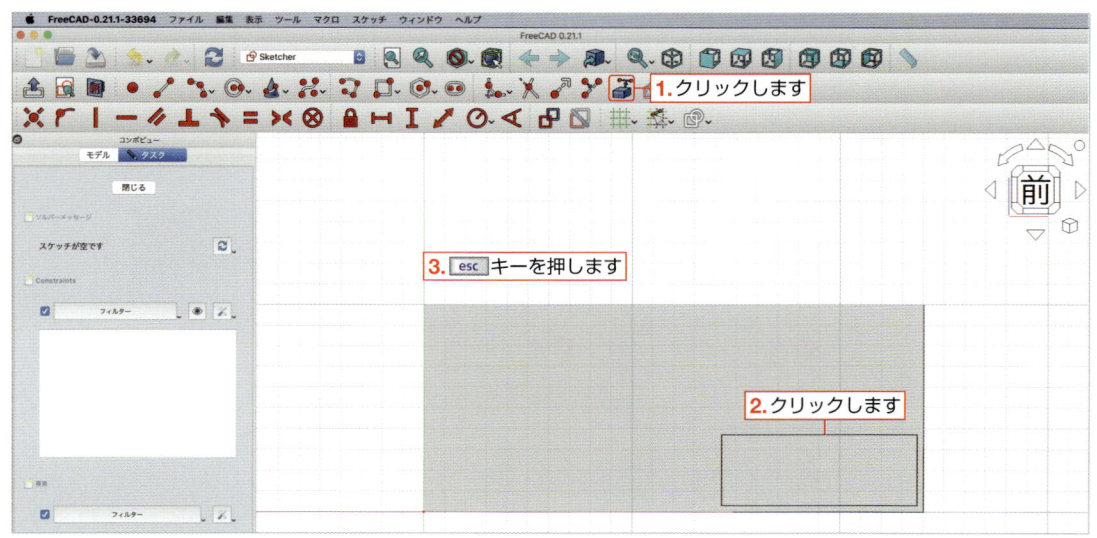

20 長方形を作成します。**1.「長方形を作成」ボタン**■の右にある▼をクリックし、**2.「四角形」**を選択します。

3. エッジの左端点にマウスポインタ（カーソル）を合わせて、**「一致拘束」ボタン**✖が現れたらクリックします。

4. マウスポインタ（カーソル）右下に動かし、横軸（赤線）上に合わせて、**「オブジェクト上の点拘束」ボタン**●が現れたらクリックして長方形を作成します。

最後に、**5.** esc キーを押して**「長方形を作成」ボタン**■を解除します。

▼長方形を描く

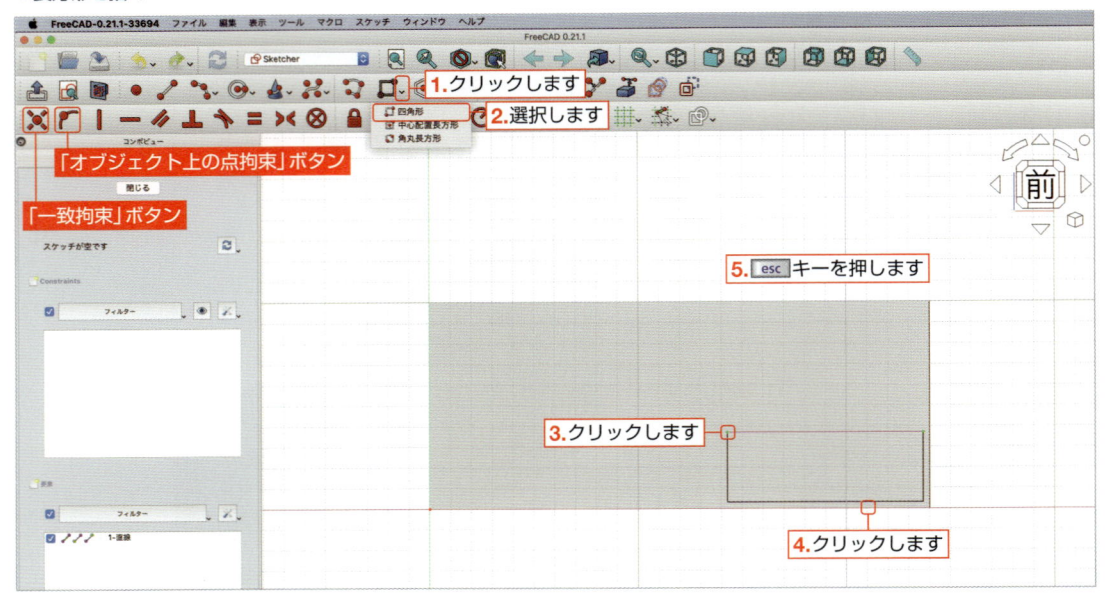

21 次に長方形の右端点とエッジの右端点を一致させます。**1.** 長方形の右上端点と**2.** エッジの右端点をクリックします。2つの点が選択された状態で、**3.「一致拘束」ボタン**✖をクリックします。

▼長方形の右端点とエッジの右端点を一致拘束

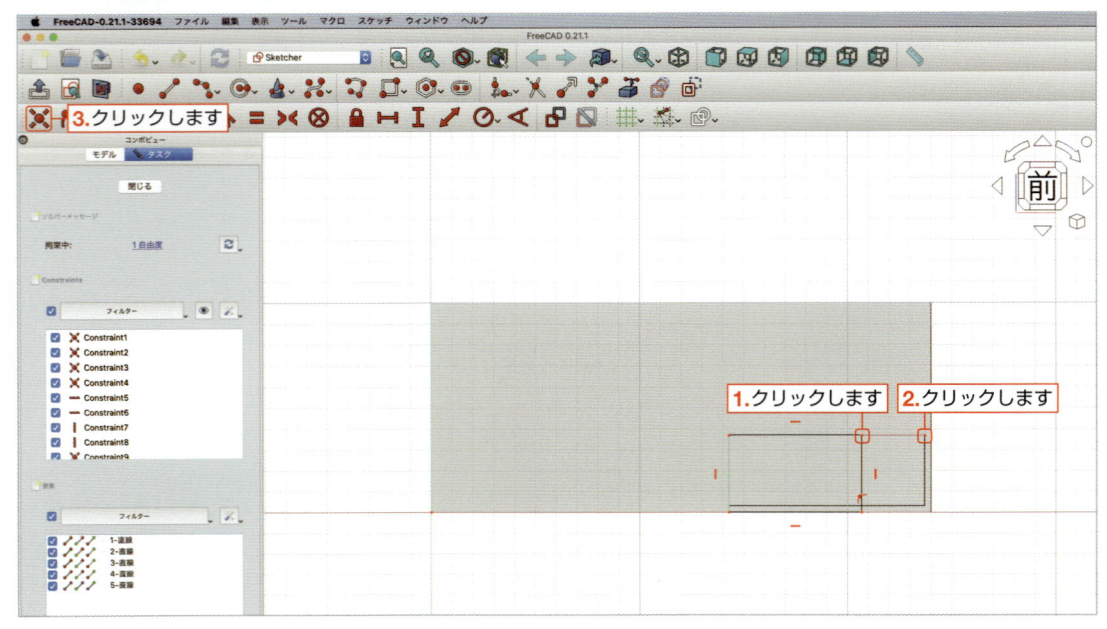

22 スケッチが完全に拘束されると、線が緑色に変わります。**コンボビュー**の「ソルバーメッセージ」にも「**完全拘束**」と表記が出ます。
スケッチを閉じるために**コンボビュー**の「閉じる」をクリックして、スケッチを終了します。

▼スケッチの完全拘束

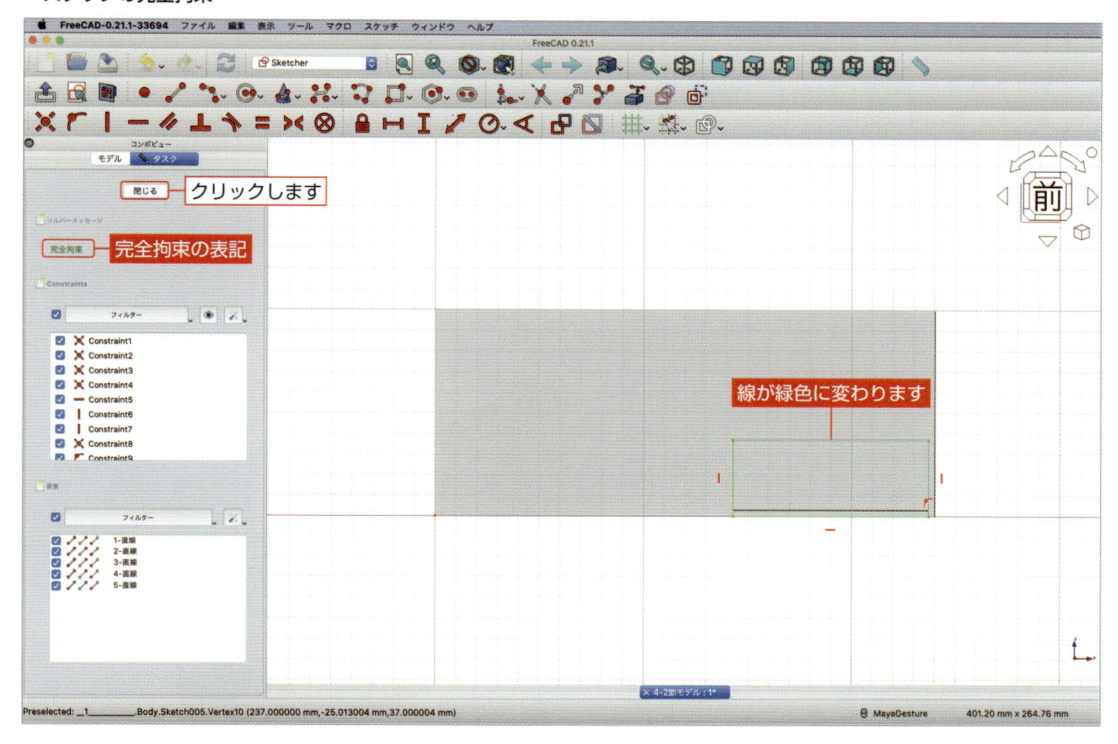

🔵 モデルの前面に穴を開けよう

作成したスケッチを使って、モデルの前面に穴を開けてみましょう。

ここでは、モデルに穴を開ける「ポケット」コマンドを使用します。

23 **1.**コンボビューの「Sketch005」を選択して、**2.**「ポケット」ボタン🪣をクリックすると、**コンボビューが「ポケットパラメーター」**に切り替わります。

3.「タイプ」を「**貫通**」に変更して、**4.**「OK」ボタンをクリックします。

▼モデルに穴を開ける「ポケット」コマンド

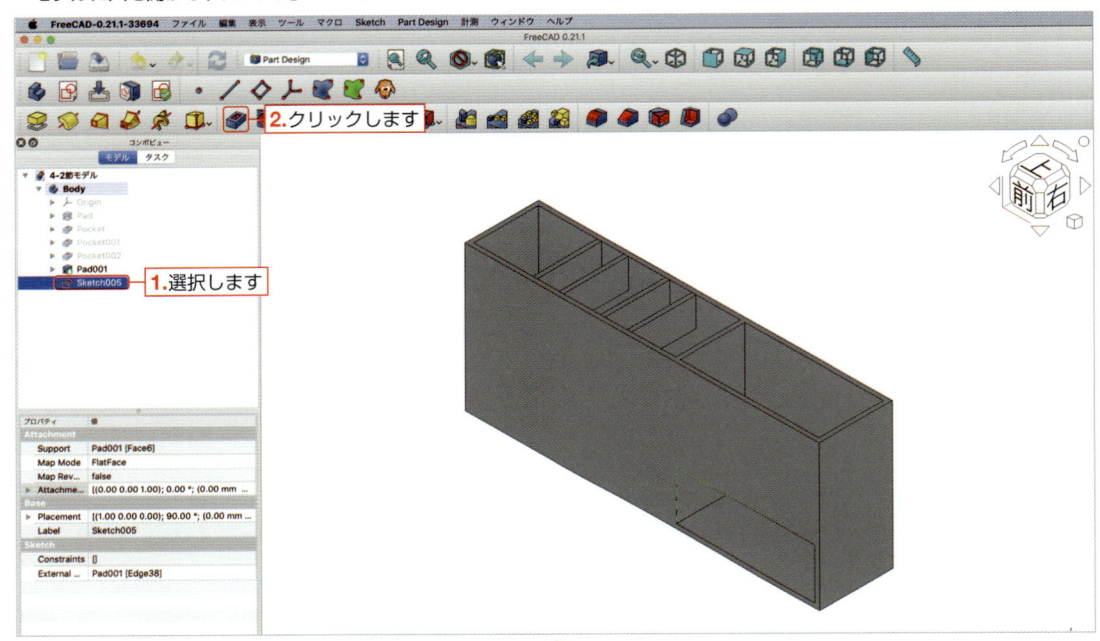

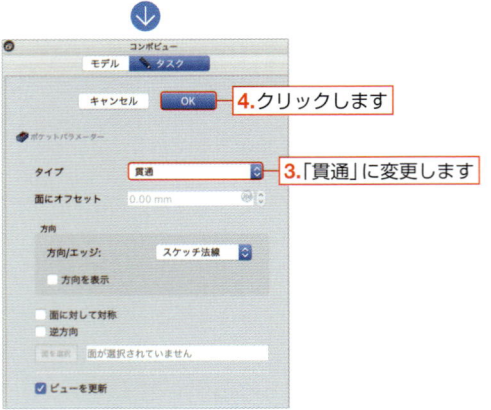

POINT 「ポケットパラメーター」の「貫通」について

　「ポケット」はモデルに穴を開ける機能です。「ポケット」では手順**23**のように選択したスケッチを断面としてモデルに穴を開けています。ここでは**「ポケットパラメーター」**で「タイプ」を「**貫通**」に設定しましたが、これはスケッチ平面に対して手前から奥行きの方向に穴を貫通させる設定です。穴の深さを設定する必要がないため、穴を貫通させたい場合に活用しましょう。

🪟 モデルを一体化させよう

モデルを加工すると、境界線ができます。

ここではモデルの境界線をなくして、モデルを一体化しましょう。

24 **コンボビュー**の「**Pocket003**」を選択して、**2.**プロパティビューの「データ」タブをクリックし、**3.**「Refine」を「**true**」に変更します。

▼モデルの一体化

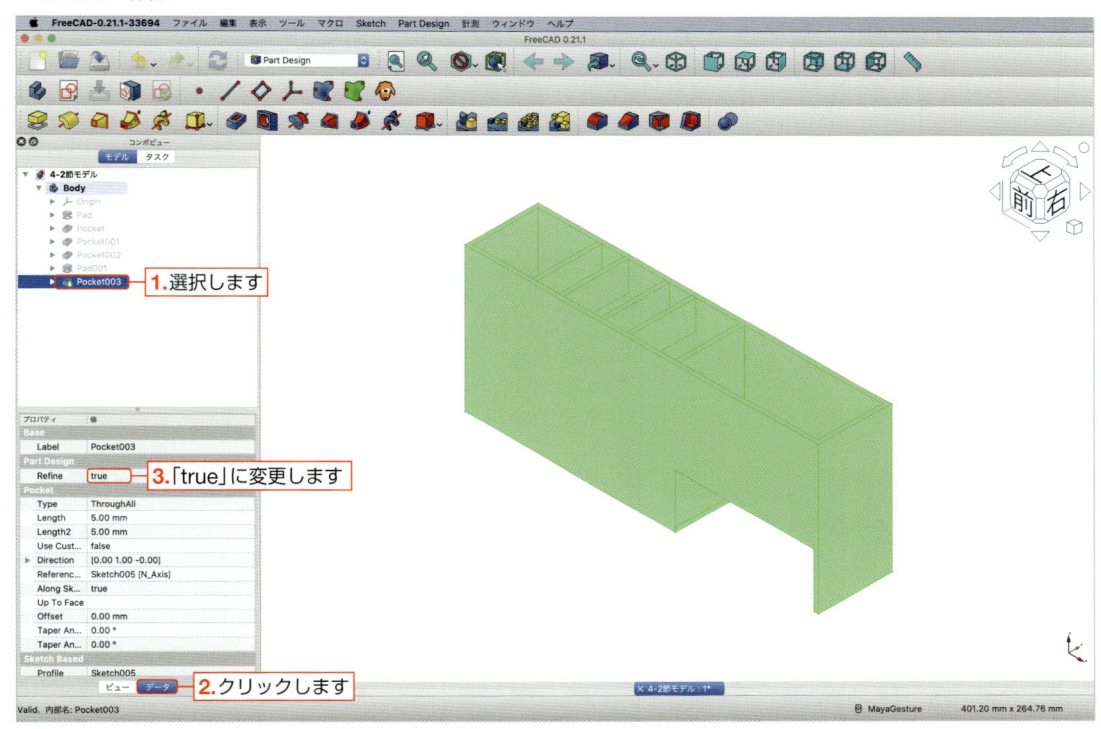

これで、**Section 4-2**のレッスンが終了しました。ファイルを保存してドキュメントを閉じましょう。

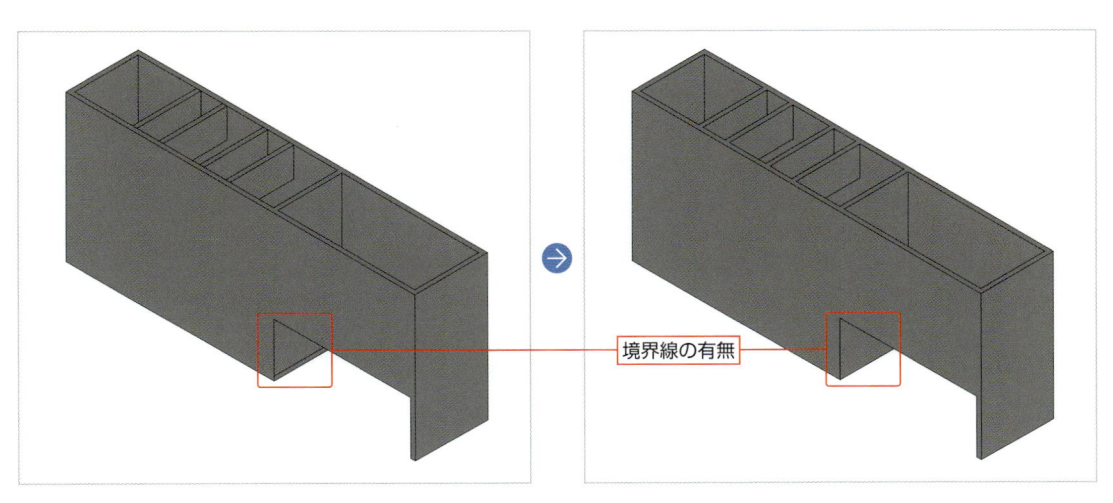

境界線の有無

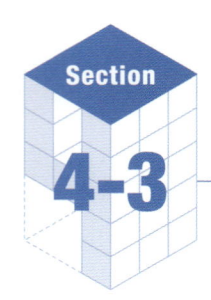

Section 4-3

ペン立てスマホスタンドを完成させよう

ここでは、スマホスタンドの形状を作っていきます。モデルの形状を作る「パッド」コマンドで新しい機能を学びながら、ペン立てスマホスタンドを完成させていきましょう。

🟦 モデルの前面にスマホを乗せる台を作ろう

ここでは、モデルの前面にスマホを乗せる台を作っていきます。

🔷 Section 4-2で作ったファイルを読み込もう

Section 4-2で作ったペン立てスマホスタンドのファイルを開き、新しい名前を付けて保存します。

この操作は、Section 2-2の手順 **1** ～ **2**（68ページ参照）と同じです。図は割愛しますが、操作方法を忘れてしまった場合には、前述したページをご参照ください。

1 Section 4-2で作成したファイルを開きます。ツールバーの**「開く」ボタン** をクリックします。
「4-2節モデル」 を選択して、「Open」ボタンをクリックします。

2 次に名前を付けて保存します。メニューバーの「ファイル」を選択して、「名前を付けて保存」を選択します。
「Save As」に **「4-3節モデル」** と入力して、「Save」ボタンをクリックして保存します。

🔷 スマホを乗せる台を作るためにスケッチを描いていこう

モデルにスマホを乗せる台を作るためのスケッチを描いていきます。

ここでは、モデルの前面に長方形を描いていきましょう。

3 モデルの前面にスケッチを作成します。
1. モデルの前面をクリックして選択された状態で、**2.「スケッチを作成」ボタン** をクリックします。

▼モデル前面にスケッチを作成

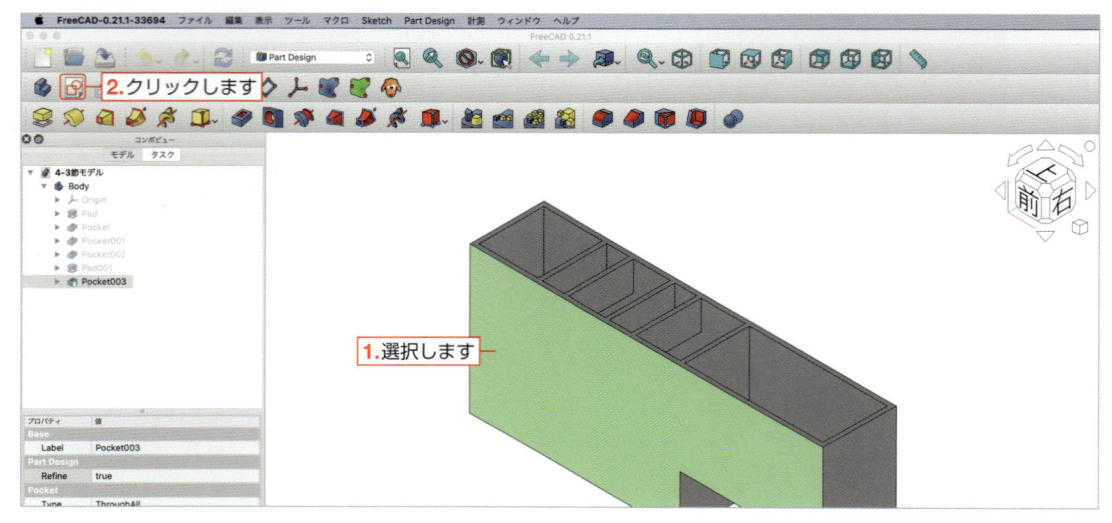

4 長方形を作成します。**1.**「**長方形を作成**」**ボタン**📇の右にある🔽をクリックし、**2.**「**四角形**」を選択します。
3. マウスポインタ（カーソル）を原点より上部で、かつ縦軸（緑線）上に合わせて、**「オブジェクト上の点拘束」**
ボタン📐が現れたらクリックします。
4. マウスポインタ（カーソル）を右下に移動し、適当な位置でクリックして長方形を作成します。
最後に、**5.** `esc` キーを押して **「長方形を作成」ボタン**📇を解除します。

▼長方形を描く

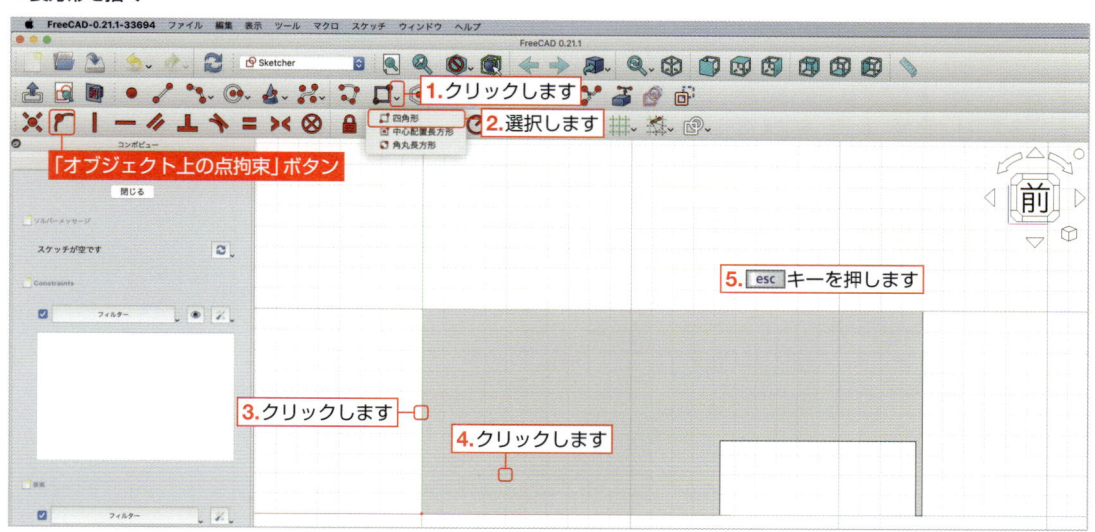

5 長方形の縦横の寸法を拘束します。**1.** 長方形の左上端点と**2.** 長方形の左下端点をクリックします。
2つの点が選択された状態で、**3.**「**垂直距離拘束**」**ボタン**Ⅰをクリックします。
「長さを挿入」ダイアログボックスが表示されるので（123ページ参照）、「長さ」に「**5mm**」と入力して、「OK」
ボタンをクリックします。

次に**4.** 長方形の左上端点をクリックし、**5.** 長方形の右上端点をクリックします。
2つの点が選択された状態で、**6.**「**水平距離拘束**」**ボタン**╍をクリックします。
「長さを挿入」ダイアログボックスの「長さ」に「**15mm**」と入力して、「OK」ボタンをクリックします。
※数値の入力は、半角で行ってください。

▼長方形の縦横の寸法を拘束

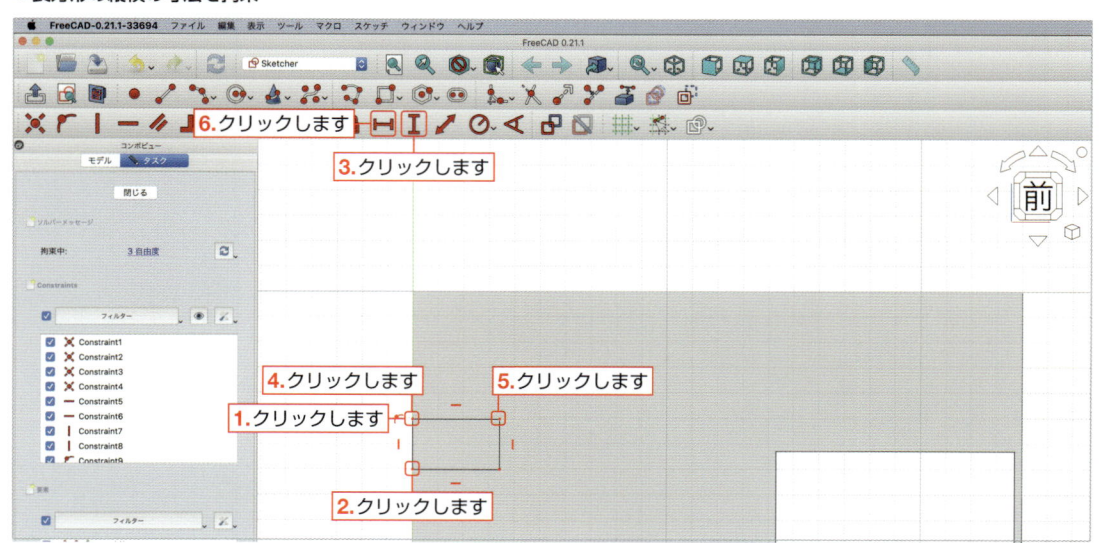

6 長方形の位置を拘束します。**1.** 長方形の左下端点と **2.** 原点をクリックします。
2つの点が選択された状態で、**3.「垂直距離拘束」ボタン** I をクリックします。
「長さを挿入」ダイアログボックスが表示されるので（123ページ参照）、「長さ」に「**25mm**」と入力して、「OK」
ボタンをクリックします。
※数値の入力は、半角で行ってください。

▼長方形の位置を拘束

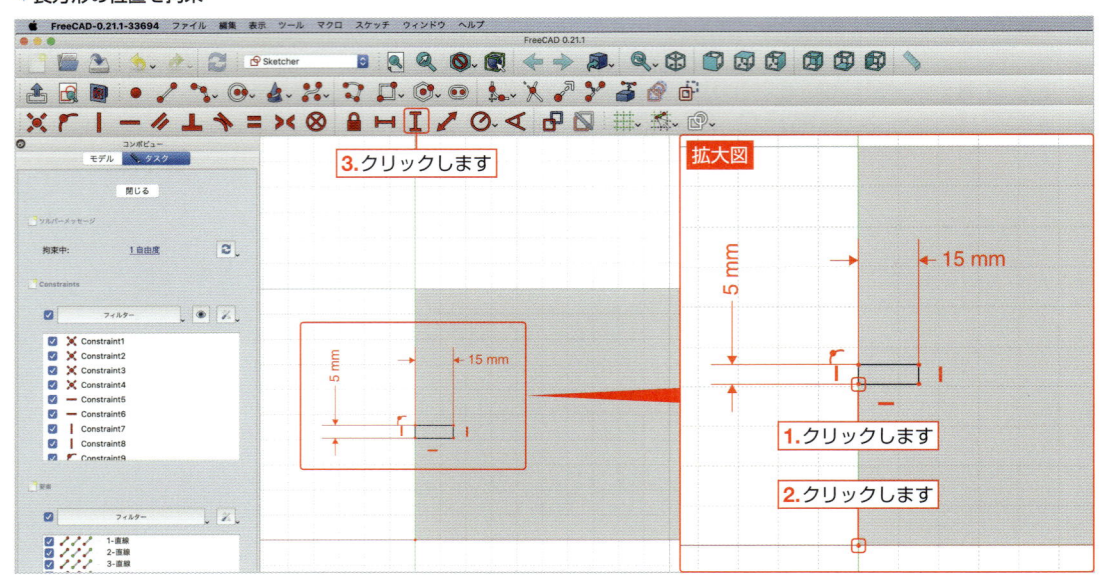

7 再び長方形を作成します。**1.「長方形を作成」ボタン** の右にある ∨ をクリックし、**2.「四角形」** を選択します。
3. 先ほど作成した長方形の右上端点の右付近でクリックし、**4.** マウスポインタ（カーソル）を右下に移動して
適当な位置でクリックして長方形を作成します。
最後に、**5.** esc キーを押して **「長方形を作成」ボタン** を解除します。

▼長方形を描く

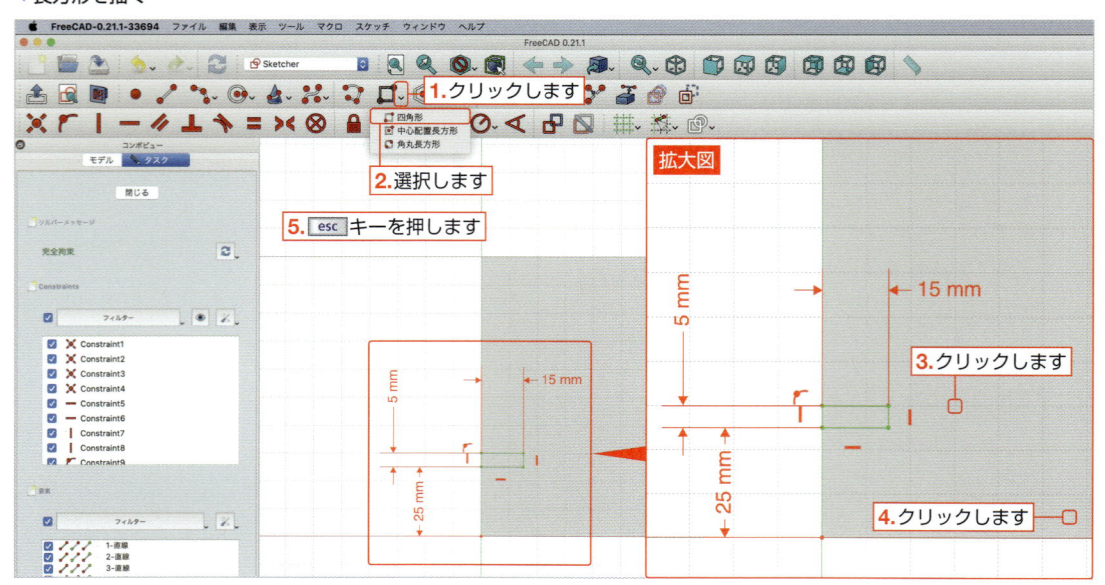

8 長方形の大きさを同じにします。**1.**左にある長方形の上辺と**2.**右にある長方形の上辺を選択します。
2つの線が選択された状態で、**3.**「等値拘束」ボタン■をクリックします。
次に**4.**左にある長方形の右辺を選択し、**5.**右にある長方形の右辺を選択します。
2つの線が選択された状態で、**6.**「等値拘束」ボタン■をクリックします。

▼2つの長方形を等値拘束

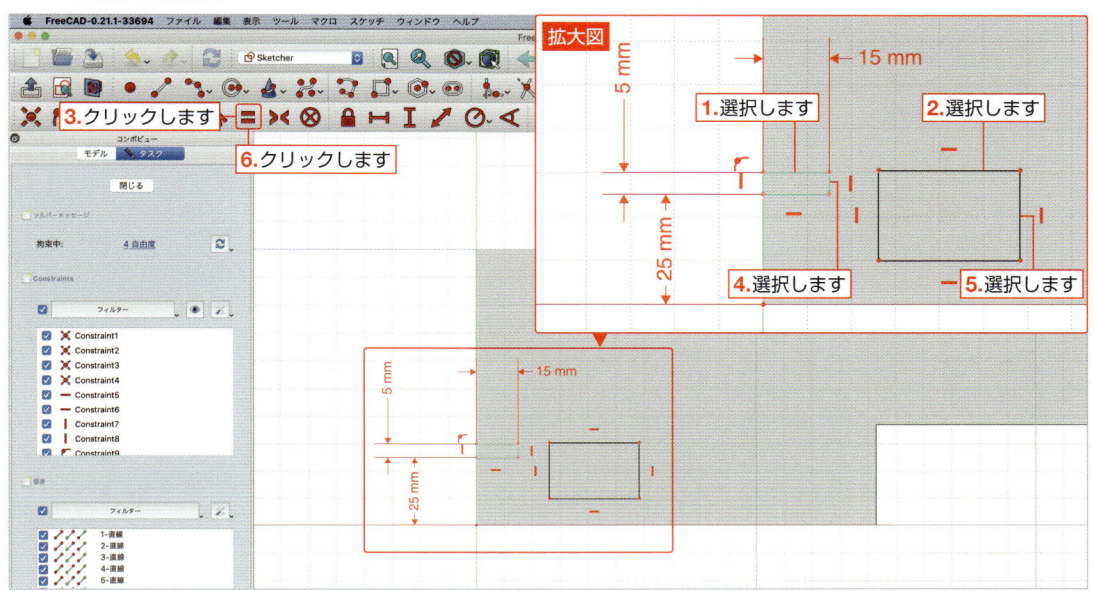

9 長方形の位置を拘束します。**1.**左にある長方形の右上端点と**2.**右にある長方形の左上端点をクリックします。
2つの点が選択された状態で、**3.**「水平拘束」ボタン■をクリックします。
次に**4.**再び左にある長方形の右上端点と**5.**右にある長方形の左上端点をクリックします。2つの点が選択され
た状態で、**6.**「水平距離拘束」ボタン■をクリックします。
「長さを挿入」ダイアログボックスが表示されるので（123ページ参照）、「長さ」に「**30mm**」と入力して、「OK」
ボタンをクリックします。
※数値の入力は、半角で行ってください。

▼長方形の位置を拘束

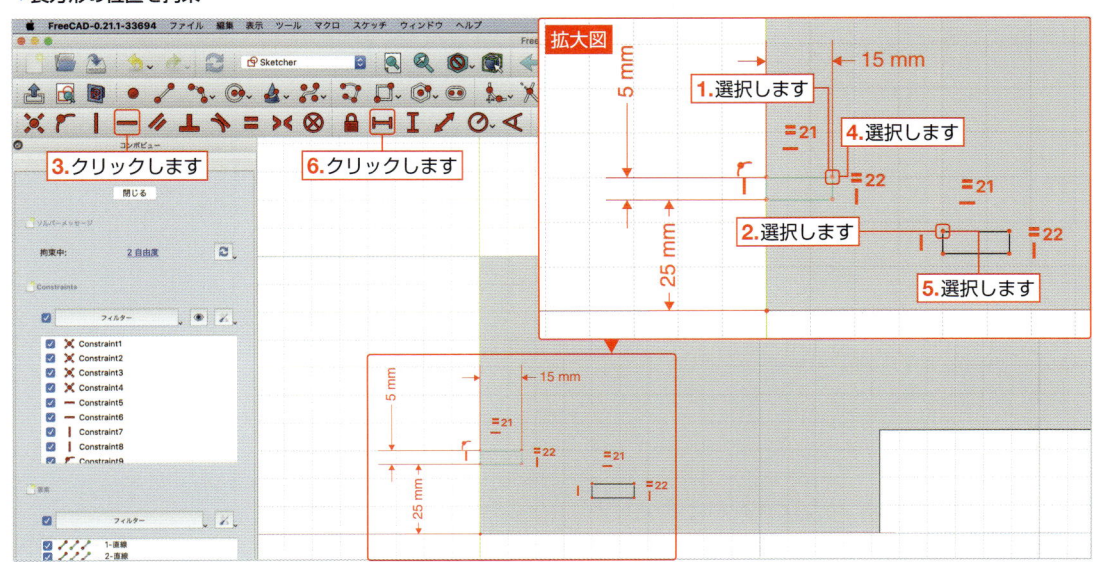

10 スケッチが完全に拘束されると、線が緑色に変わります。**コンボビュー**の「ソルバーメッセージ」にも「**完全拘束**」と表記が出ます。
スケッチを閉じるために**コンボビュー**の「閉じる」をクリックして、スケッチを終了します。

▼スケッチの完全拘束

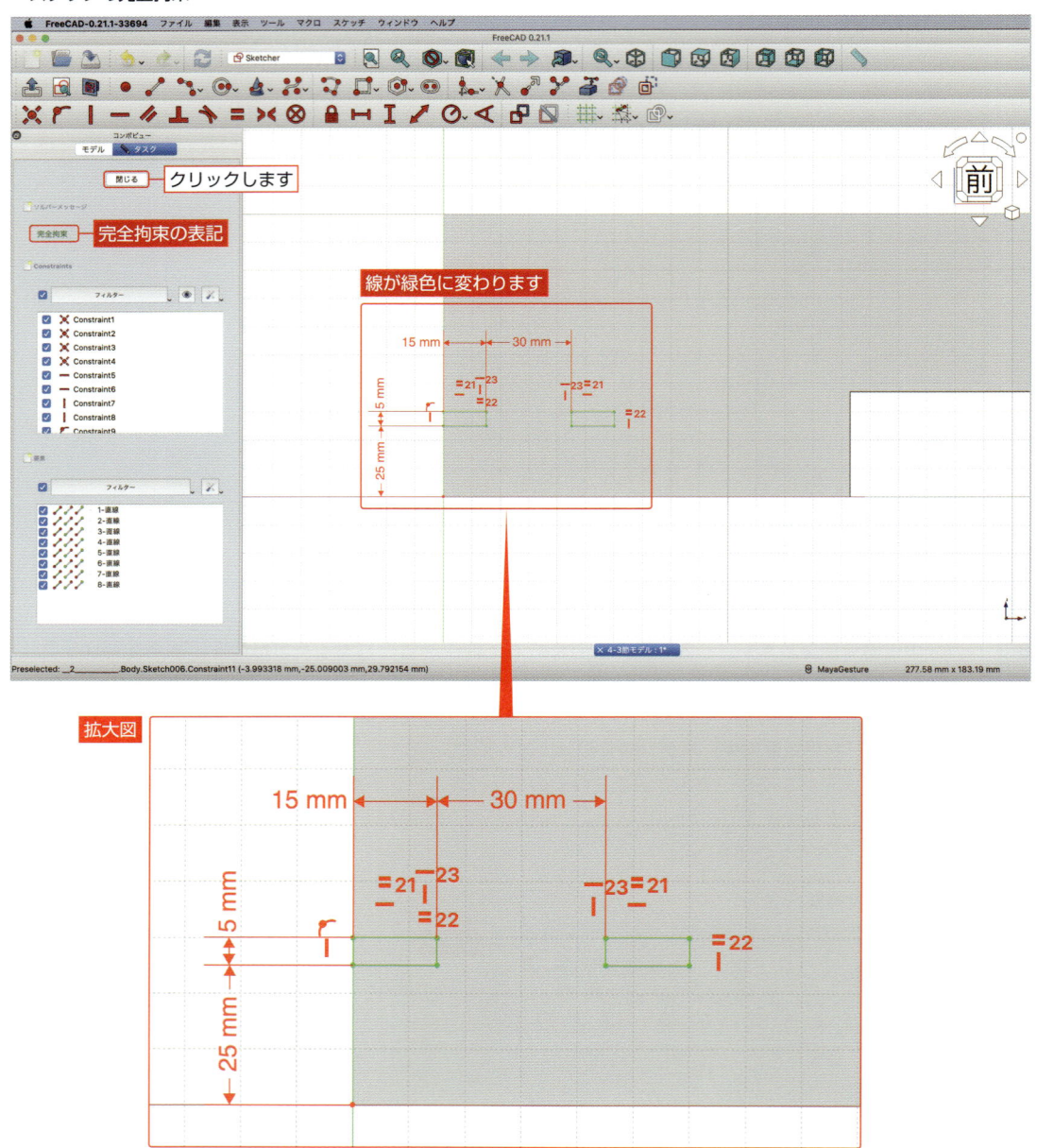

◈ スマホを乗せる台を作ろう

作成したスケッチを使って、モデルの前面にスマホを乗せる台を作ってみましょう。

ここでは、モデルの形状を作る「パッド」コマンドを使用します。

11 **1.** コンボビューの「Sketch006」を選択して、**2.** **「パッド」ボタン**🥩をクリックします。

コンボビューが「**パッドパラメーター**」に切り替わります。**3.**「長さ」に「**25mm**」と入力して、**4.**「方向/エッジ」を「**カスタム方向**」に変更します。**5.**「Z」に「**0.2**」と入力して、**6.**「OK」ボタンをクリックします。

▼ モデルの形状を作る「パッド」コマンド

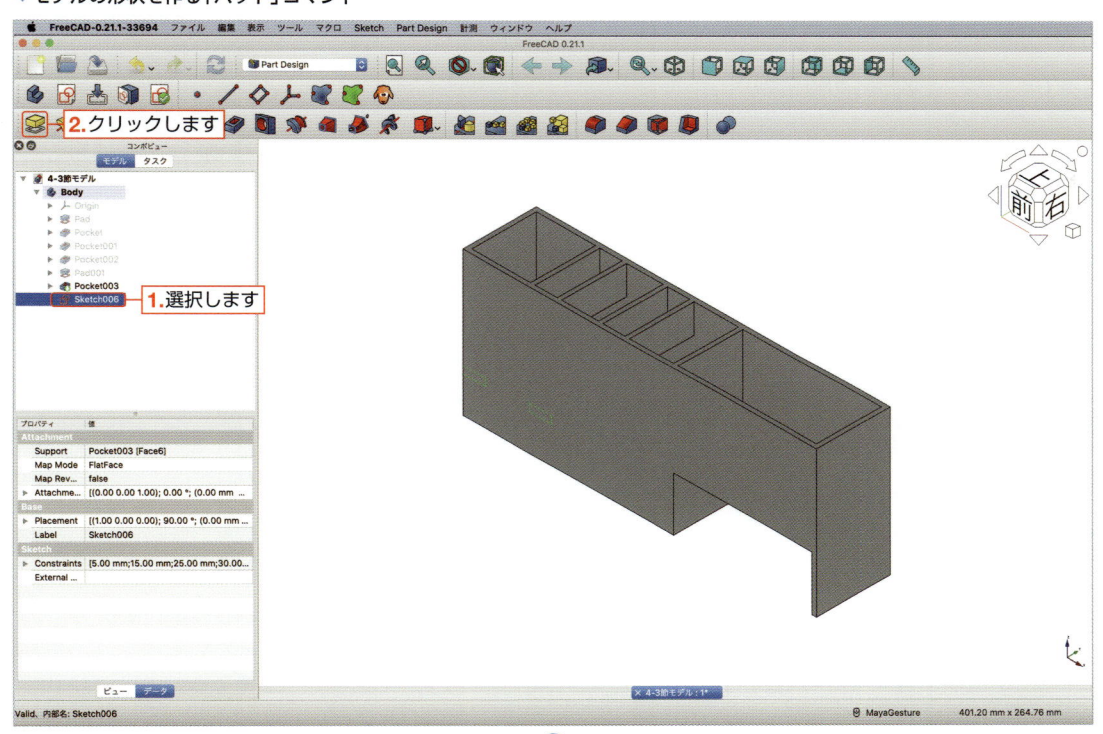

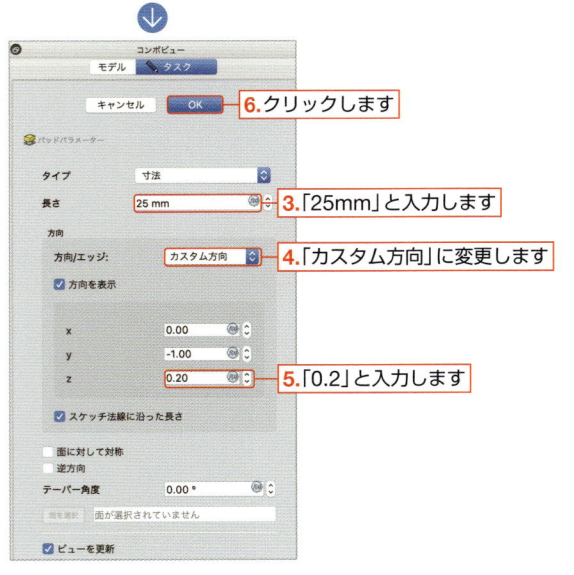

「パッドパラメーター」の「方向」について

前ページの手順**11**では、「**パッドパラメーター**」の「方向」を「**カスタム方向**」に設定しました。通常は「スケッチの法線」が選択されており、スケッチ平面に対して奥行きから手前方向に形状が作られます。

例えば今回のようにモデルの前面（XZ平面）にスケッチ平面をとった場合、スケッチ平面に対して奥行きから手前の方向に形状が作られ、それはY軸のマイナス方向に形状を作ることになります。

手順**11**で使用した「カスタム方向」では、その方向を変えることができます。Y軸のマイナス方向に形状を作る場合、方向をベクトルで表現するとX=0,Y=-1,Z=0となります。

手順**11**では左方向（Y軸のマイナス方向）と上方向（Z軸のプラス方向）の比率を「5：1」にしたいため、「Z」に「**0.2**」と設定しました。また例えば左方向（Y軸のマイナス方向）と上方向（Z軸のプラス方向）の比率を「2：1」にしたい場合は「Z」を「**0.5**」に、比率を「1：1」にしたい場合は「Z」を「**1**」に設定します。

▼パッドパラメーターの「方向」について

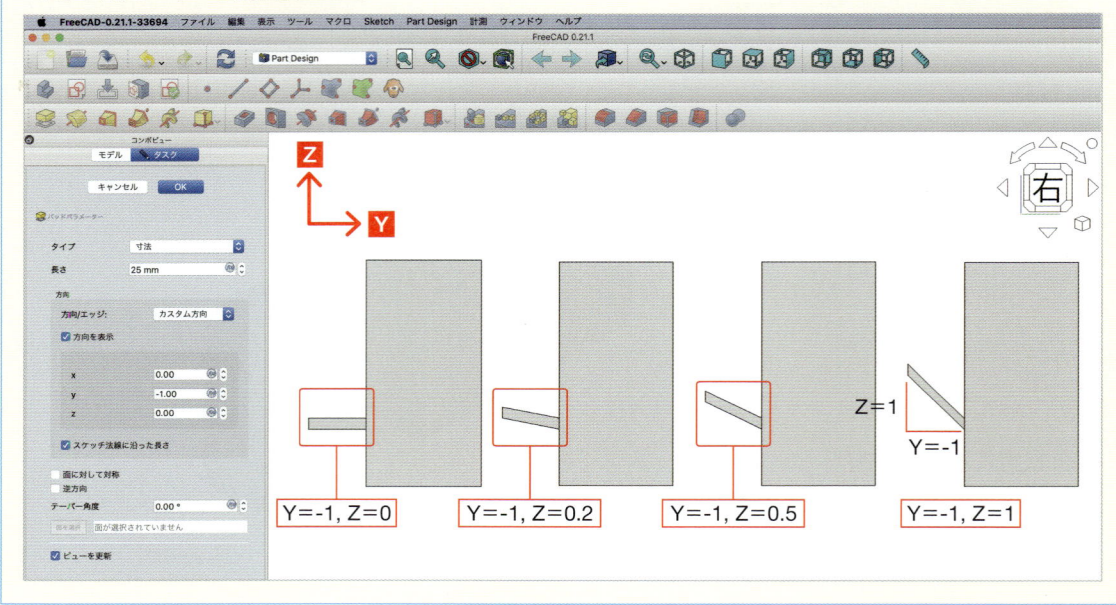

スマホを乗せる台にストッパーを作ろう

スマホが落ちないように、台にストッパーを作ります。

台にストッパーを作るためにスケッチを描いていこう

スマホを乗せる台に長方形を描きます。

12 スマホを乗せる台にスケッチを作成します。**1.** スマホを乗せる台の面をクリックして選択された状態で、**2.「スケッチを作成」ボタン**をクリックします。

▼スマホを乗せる台の面にスケッチを作成

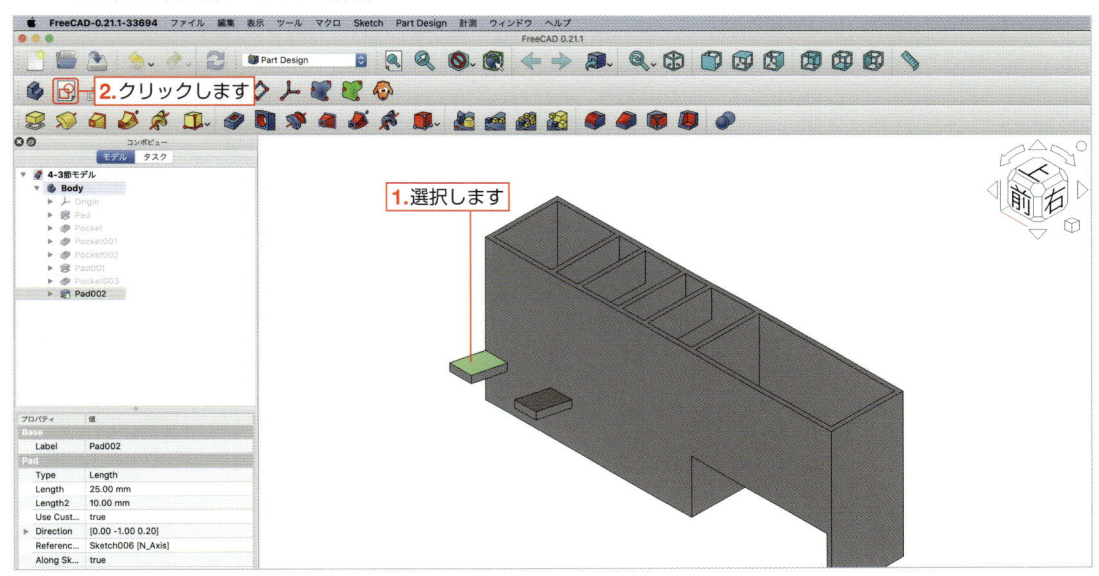

13 外部形状にリンクするエッジを作成します。**1.「外部ジオメトリーを作成」ボタン**をクリックします。
次にスマホを乗せる台2つのうち、**2.** 左にある台の下辺と**3.** 右にある台の下辺をクリックして選択します。
最後に、**4.** esc キーを押して **「外部ジオメトリーを作成」ボタン**を解除します。

▼外部ジオメトリーを作成

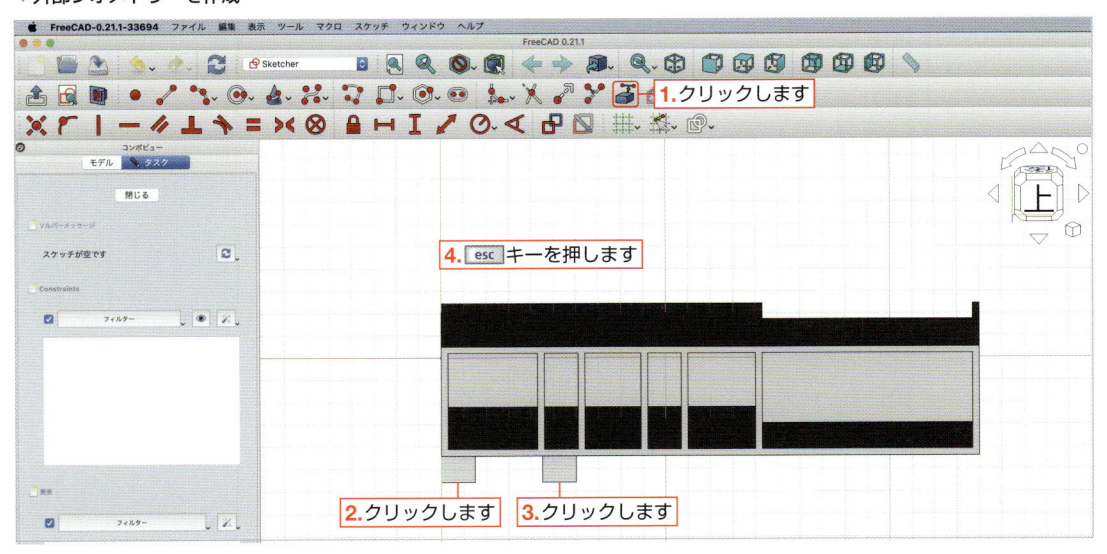

14 長方形を2つ作成します。**1.「長方形を作成」ボタン**■の右にある▼をクリックし、**2.「四角形」**を選択します。**3.** 左にあるエッジの右端点をクリックし、**4.** マウスポインタ（カーソル）を左上に動かし、縦軸（緑線）上に合わせて**「オブジェクト上の点拘束」ボタン**■が現れたら、クリックして長方形を作成します。
次に **5.** 右にあるエッジの右端点をクリックし、**6.** マウスポインタ（カーソル）を左上に動かし、適当な位置でクリックして長方形を作成します。
最後に、**7.** esc キーを押して**「長方形を作成」ボタン**■を解除します。

▼長方形を描く

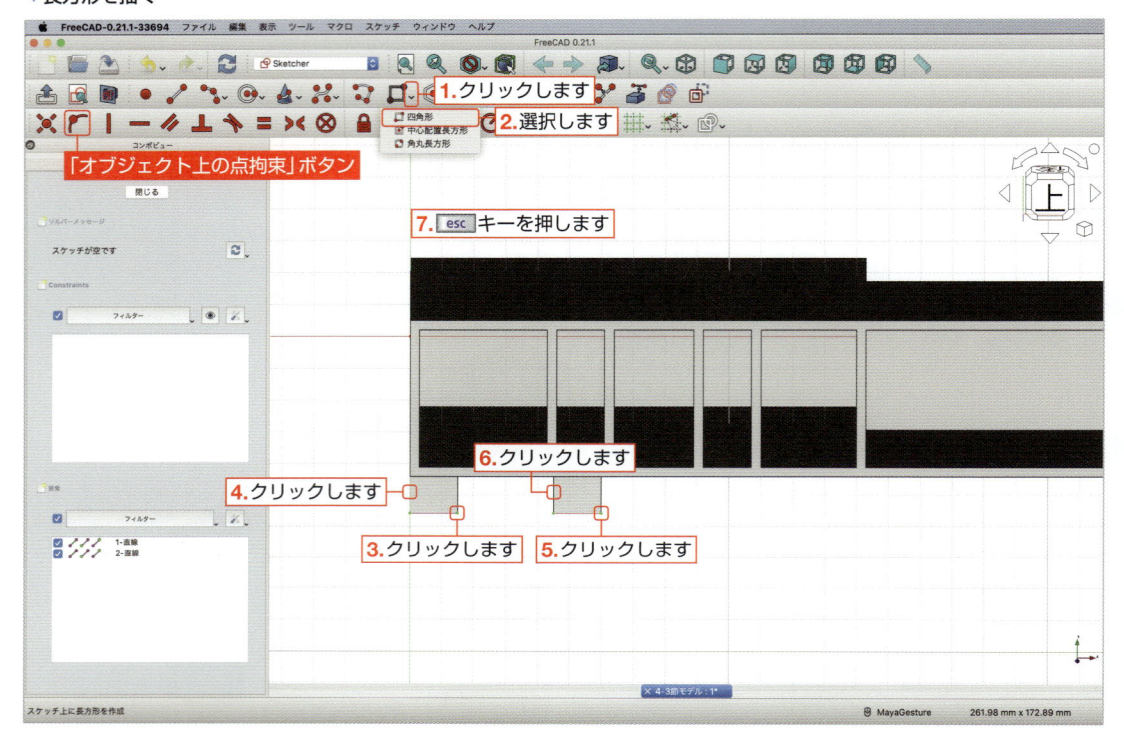

15 長方形の位置を拘束します。**1.**右にある長方形の左下端点と**2.**右にあるエッジの左端点を選択します。

2つの点が選択された状態で、**3.「一致拘束」ボタン**をクリックします。

次に**4.**左にある長方形の右辺と**5.**右にある長方形の右辺を選択します。

2つの線が選択された状態で、**6.「等値拘束」ボタン**をクリックします。

続いて、**7.**左にある長方形の左上端点と**8.**左下端点を選択します。

2つの点が選択された状態で、**9.「垂直距離拘束」ボタン**をクリックします。

「長さを挿入」ダイアログボックスが表示されるので（123ページ参照）、「長さ」に「**5mm**」と入力して、「OK」ボタンをクリックします。

※数値の入力は、半角で行ってください。

▼長方形の位置を拘束

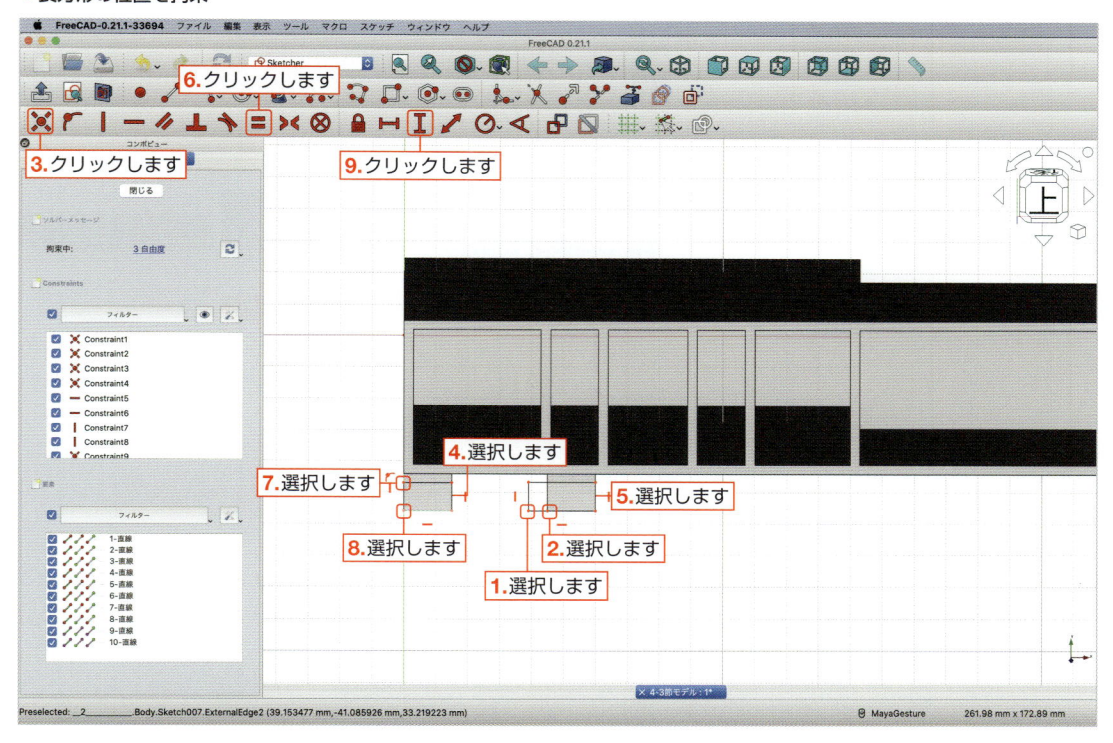

16 スケッチが完全に拘束されると、線が緑色に変わります。**コンボビュー**の「ソルバーメッセージ」にも、「**完全拘束**」と表記が出ます。

スケッチを閉じるために**コンボビュー**の「閉じる」をクリックして、スケッチを終了します。

▼スケッチの完全拘束

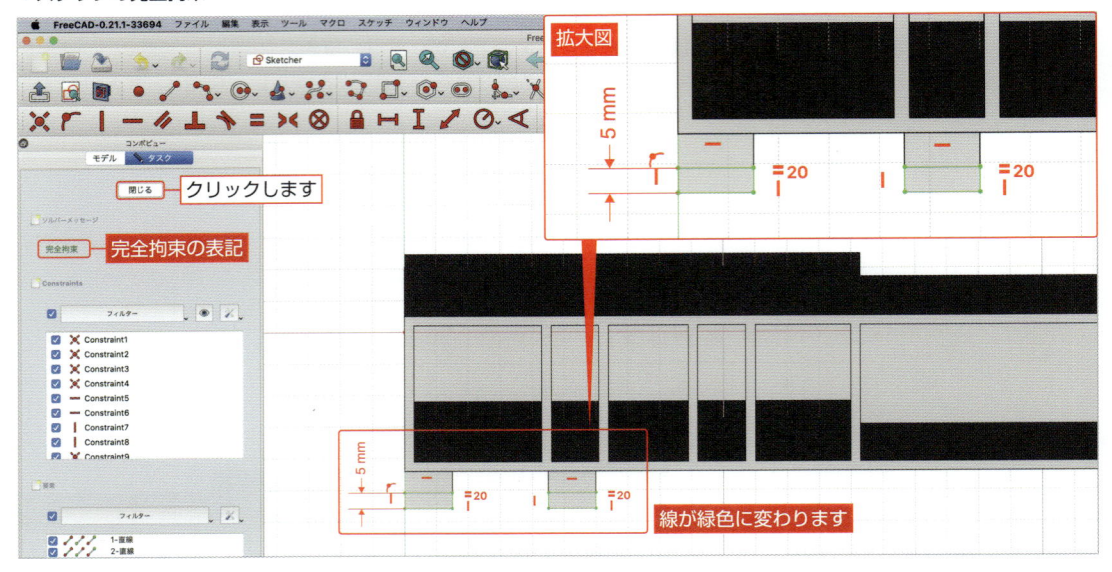

台にストッパーを作ろう

作成したスケッチを使って、台にストッパーを作ってみましょう。

モデルの形状を作る「パッド」コマンドを使用します。

17 **1.コンボビュー**の「**Sketch007**」を選択して、**2.**「**パッド**」ボタン■をクリックすると、**コンボビュー**が「**パッドパラメーター**」に切り替わります。**3.**「長さ」に「**10mm**」と入力して、**4.**「OK」ボタンをクリックします。

▼モデルの形状を作る「パッド」コマンド

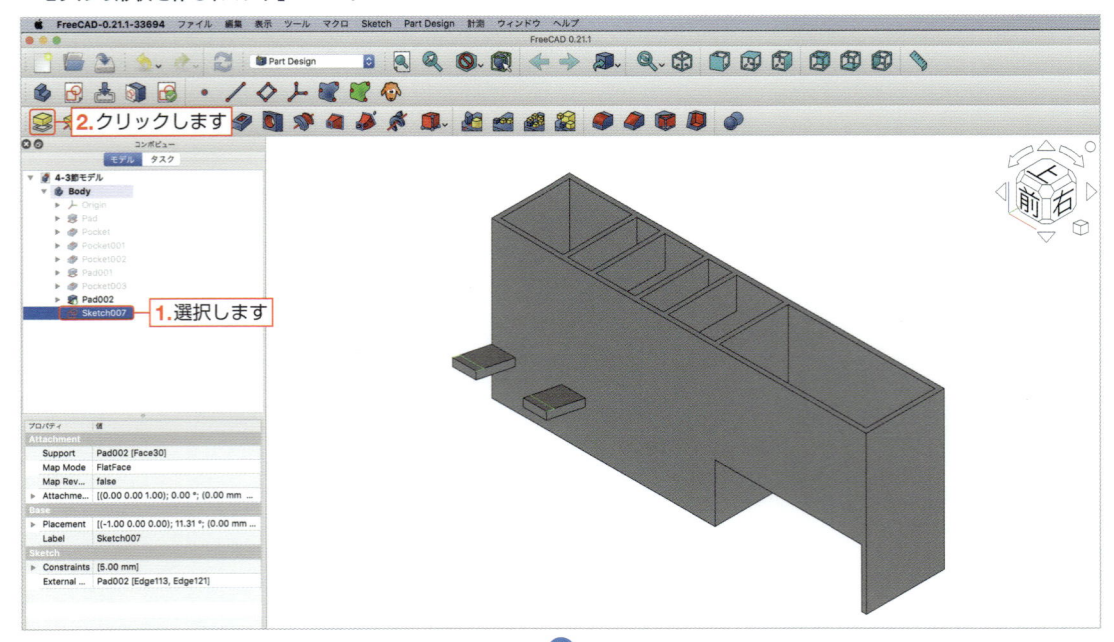

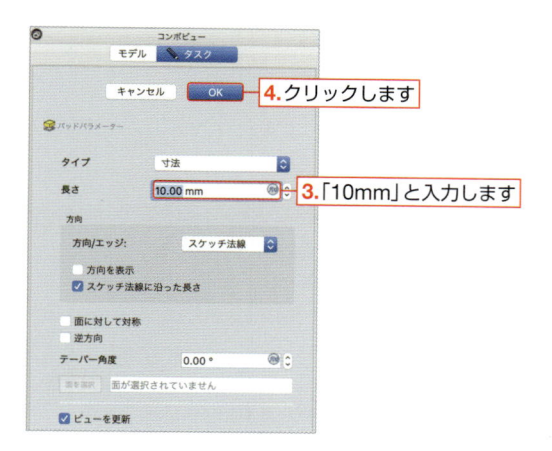

モデルのエッジを面取りして完成させよう

最後の工程として、エッジを面取りして完成させましょう。

18 モデルのエッジを面取りします。**1.** モデルのエッジを選択して、**2.「面取り」ボタン** をクリックします。

▼面取り

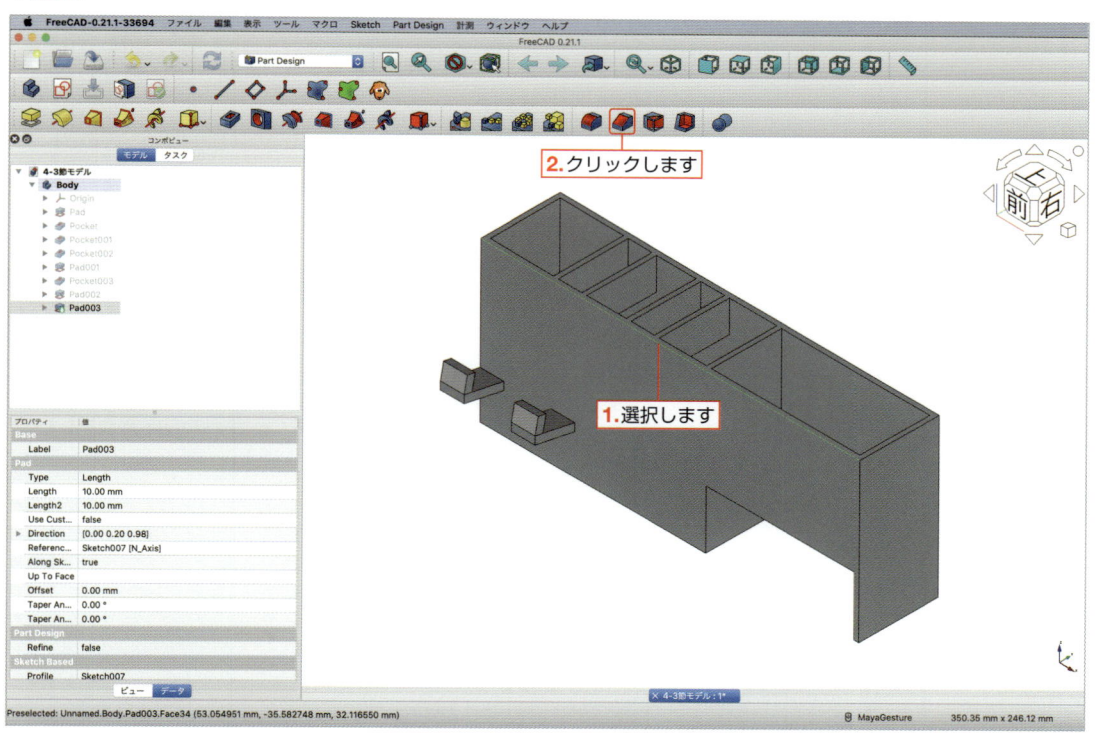

19 コンボビューが「**面取りパラメーター**」に切り替わるので、**1.**「選択」ボタン*をクリックし、**2.**「サイズ」に「**1mm**」と入力します。

＊「選択」ボタンをクリックすると、ボタン名の表記が「プレビュー」に切り替わります。

8本のエッジ（**3.** ～ **10.**）を選択して、最後に **11.**「OK」ボタンをクリックします。

▼面取りパラメーターの設定

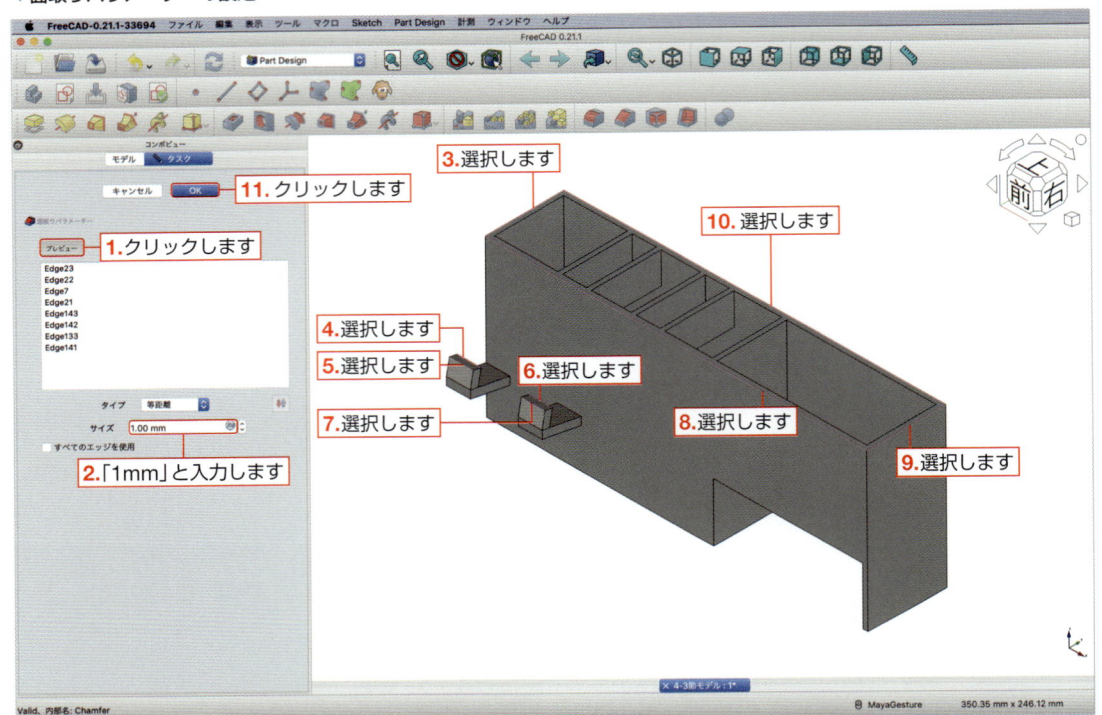

POINT

「面取り」について

「面取り」とは、モデルのエッジを面にするための機能です。「**面取りパラメーター**」の「サイズ」はエッジを面にするときの大きさを示しています。「すべてのエッジを使用」にチェックを入れると、モデルのすべてのエッジに対して面取りします。

また、今回のように「**面取りパラメーター**」で「プレビュー」ボタンをクリックし、選択したエッジのみに面取りをすることもできます。

⬡ ファイルを保存してドキュメントを閉じよう

これで、**Chapter 4**のモデルが完成しました。

最後にファイルを保存して、ドキュメントを閉じましょう。

Chapter 5

オリジナル定規を作ろう！

ここでは、オリジナル定規のモデリングを通じて、個性的で機能的な定規を設計するプロセスを学びます。
FreeCADで直線や円弧を使ったスケッチ作成の基本から穴開けや要素を直線状に複製させる方法まで、さまざまなモデリング技術を習得します。

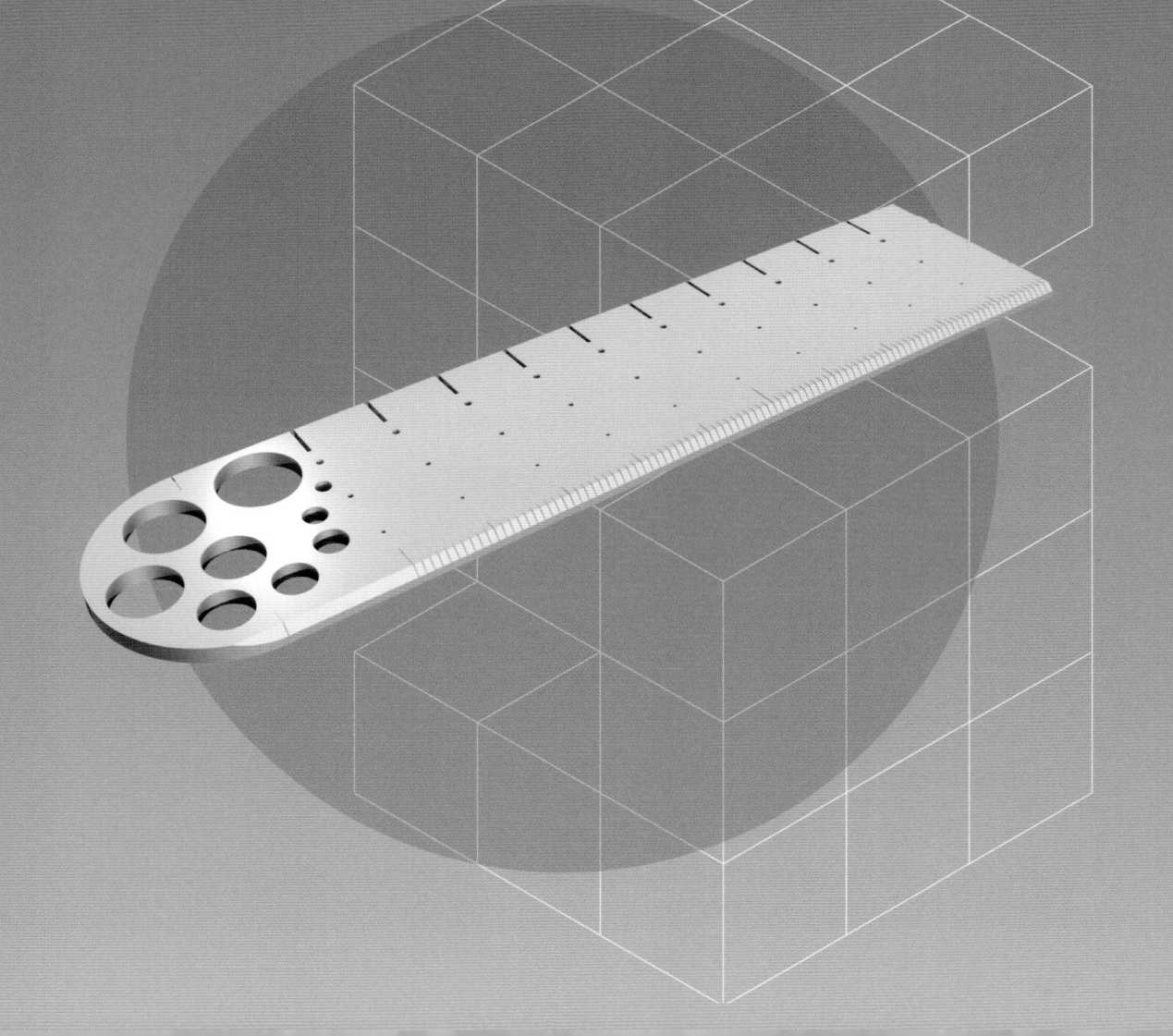

ここで作る3Dモデルの完成形

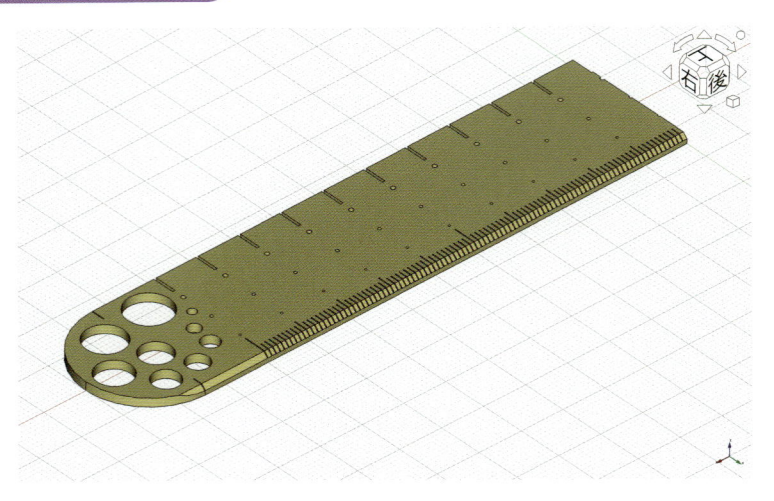

➡ 制作のポイント

■ 寸法の正確性（精度を確保する）

定規は測定ツールであるため、寸法の正確性が非常に重要です。
モデリングソフトウェア内での寸法を正確に入力し、スケールを正しく設定することが必要です。

■ デザインのシンプルさ（機能に焦点を当てる）

デザインはシンプルに保ち、使用する際の機能性を最優先に考えます。
視認性の良い目盛りや、使いやすい形状を考慮してください。

■ 材質の選択（適切な材料を選ぶ）

3Dプリントに適した材料を選びます。定規には剛性と耐久性が求められるため、ABSやPETGのような少し硬めのプラスチックが適しています。

■ 目盛りの追加（目盛りの詳細）

目盛りは定規の最も重要な機能の1つです。目盛りの間隔や大きさが一定であることを確認し、必要に応じて、ミリメートル単位とインチ単位の両方を含めることを検討します。

学習する項目

オリジナル定規の大まかな形を作ろう

Section 5-1

ここでは、オリジナル定規の大まかな形を作りながら、モデリングの操作に慣れていきましょう。
Chapter 4 までに学習した内容を使って、モデルを作っていきます。

🟣 スケッチを描いていこう

オリジナル定規の母体を作るために、長方形を描いていきましょう。

1 ツールバーの**【ワークベンチ】バー** ➡ 「**ワークベンチを切り替える**」 ➡ 「**Part Design**」*に変更します。
ツールバーの「**新規**」**ボタン** 🗋 をクリックします。

＊ Chapter 1 の初期設定をしている場合、ワークベンチは最初から「Part Design」です。

2 **コンボビュー**内に新しいドキュメントが作成されましたが、データが未保存のため「**Unnamed**」と表記され
ています。最初にドキュメントを保存します。「**作業中のドキュメントを保存**」**ボタン**をクリックすると保存用
のダイアログボックスが表示されるので、「Save As」にファイル名として「**5-1 節モデル**」と入力します。
「Where」にファイルを格納したいフォルダを指定し、「Save」ボタンをクリックしてドキュメントを保存しま
す。

3 ドキュメントを保存すると、ファイル名が**コンボビュー**内と **3D ビュー**の下のタブに表記されます。
次に、「**ボディを作成**」**ボタン** 🍷 をクリックします。

4 **コンボビュー**内に新しいボディ（**Body**）が作成されました。
続いて、「**スケッチを作成**」**ボタン** 🖼 をクリックします。

5 スケッチを作成する平らな面（平面）を選択します。ここでは、オリジナル定規を上から見たときの輪郭を描
いていくため、「XY 平面」を選択します。
1.コンボビューの「**XY-plane**」を選択し、**2.**「**OK**」ボタンをクリックします。

▼スケッチ平面の選択

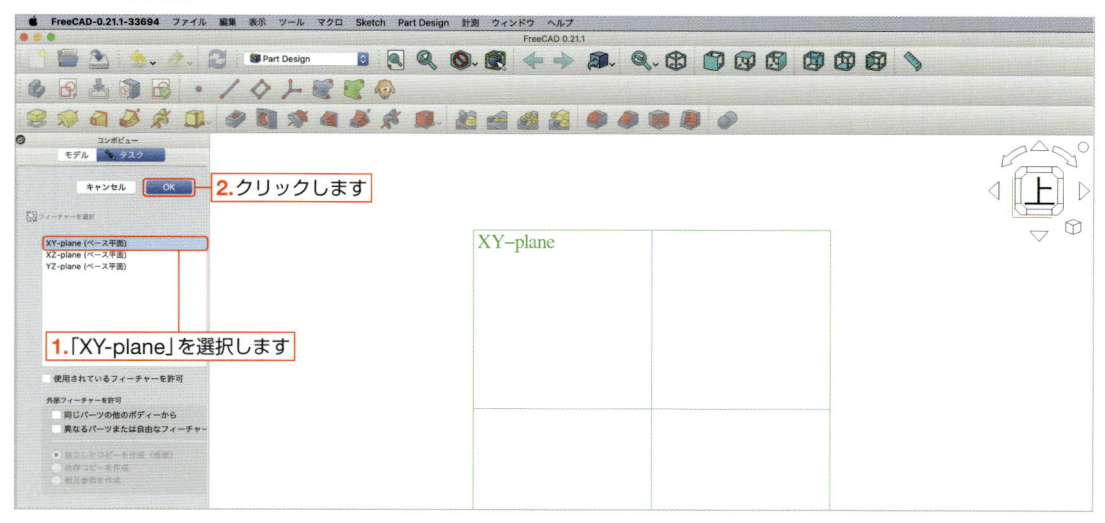

6 長方形を描きます。**1.「長方形を作成」ボタン**■の右にある▼をクリックし、**2.「四角形」**を選択します。

3.原点（赤線と緑線が交点）よりも上部で、かつ縦軸（緑線）上にマウスポインタ（カーソル）を合わせて**「オブジェクト上の点拘束」ボタン**■が現れたらクリックします。

4.マウスポインタ（カーソル）を右下に動かし、横軸（赤線）よりも下部の適当な位置でクリックして長方形を作成します。最後に **5.** esc キーを押して、**「長方形を作成」ボタン**■を解除します。

▼長方形の描き方

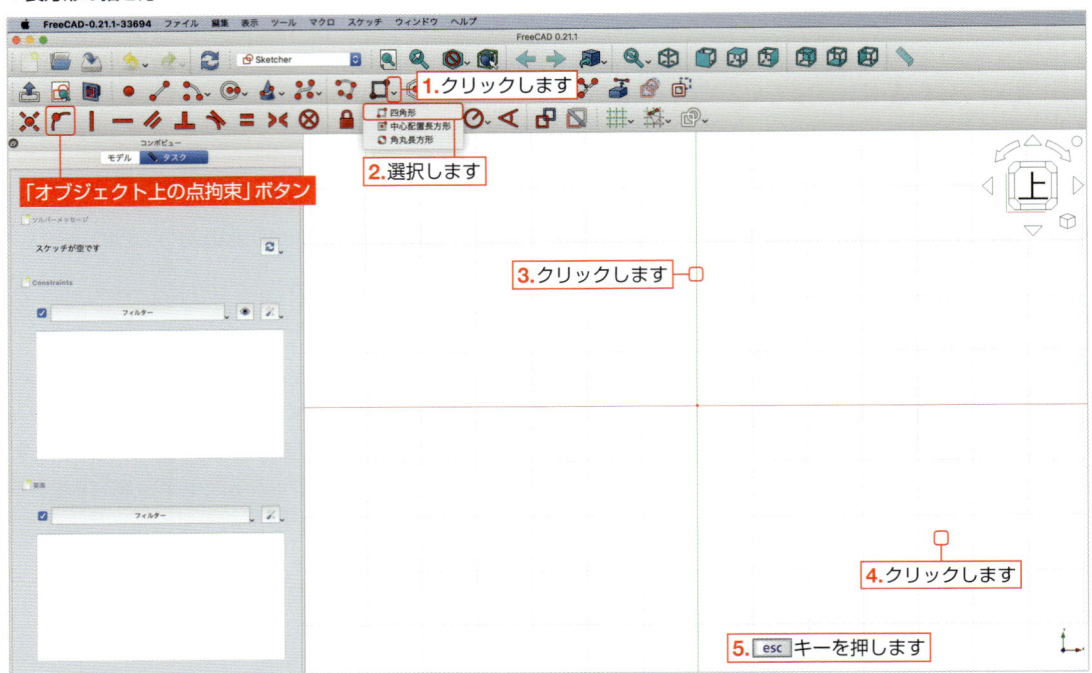

7 横軸（赤線）を基準に長方形の左上端点と左下端点が対称となるように拘束します。

1.長方形の左上端点と **2.**左下端点をクリックします。**3.**横軸（赤線）をクリックし、2つの点と1つの線が選択された状態で、**4.「対称拘束」ボタン**■をクリックします。

▼横軸（赤線）を基準に長方形の左上端点と左下端点を対称拘束

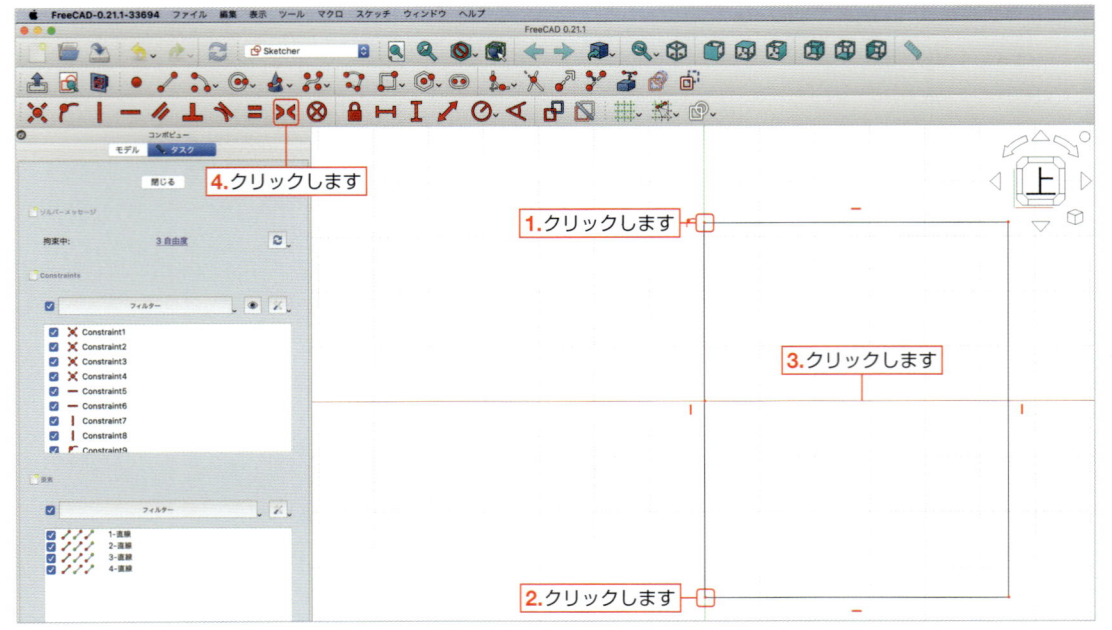

8 長方形の縦寸法を拘束します。**1.**長方形の左上端点と**2.**左下端点をクリックします。2つの点が選択された状態で、**3.「垂直距離拘束」ボタン I** をクリックすると「長さを挿入」ダイアログボックス（123ページ参照）が表示されるので、「長さ」に「**30mm**」と入力して、「OK」ボタンをクリックします。

視点を合わせるために、**4.「全てにフィット」ボタン** をクリックします。

次に長方形の横寸法を拘束します。**5.**長方形の左上端点と**6.**右上端点をクリックします。2つの点が選択された状態で、**7.「水平距離拘束」ボタン** をクリックすると「長さを挿入」ダイアログボックスが表示されるので、「長さ」に「**130mm**」と入力して、「OK」ボタンをクリックします。

最後に視点を合わせるため、**8.「全てにフィット」ボタン** をクリックします。

※数値の入力は、半角で行ってください。

▼長方形の縦横の寸法を拘束

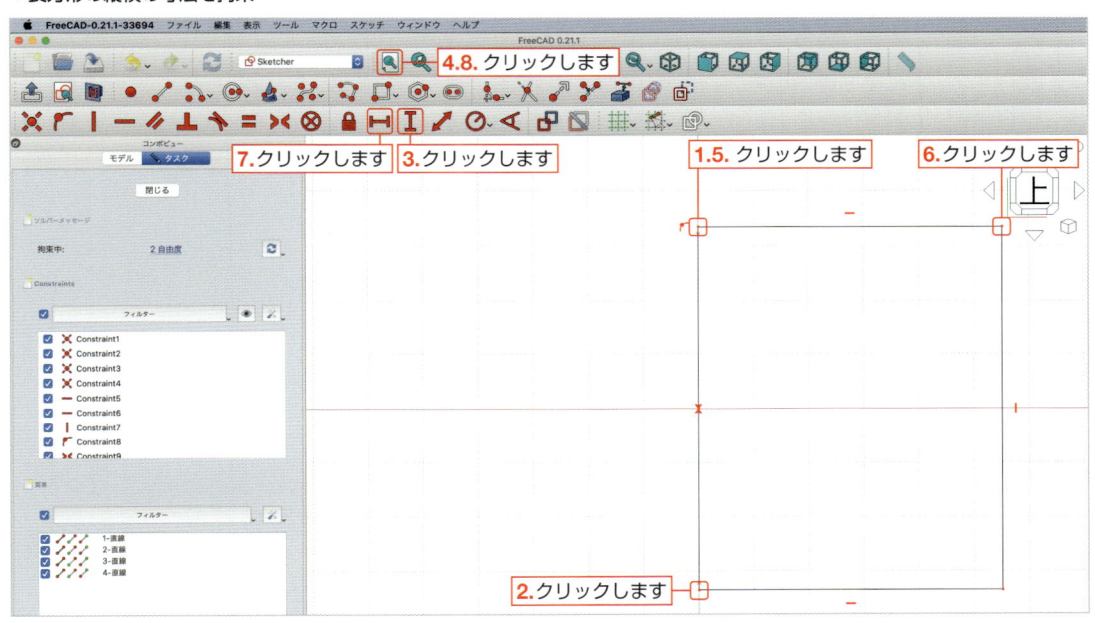

9 スケッチが完全に拘束されると、線が緑色に変わります。**コンボビュー**の「ソルバーメッセージ」にも**「完全拘束」**と表示されます。**コンボビュー**の「閉じる」をクリックして、スケッチを終了します。

▼スケッチの完全拘束

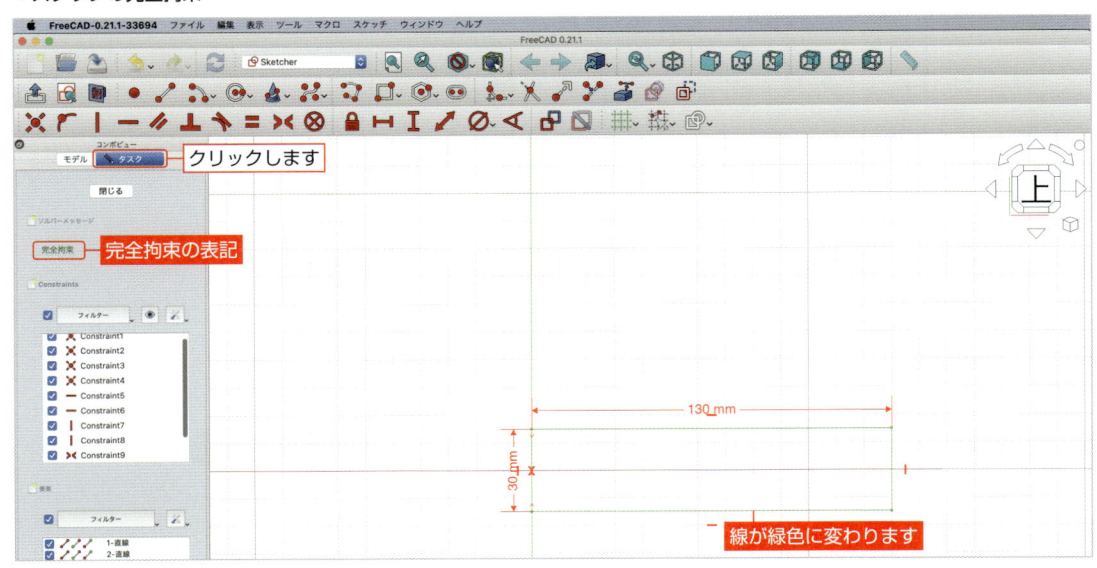

🔷 モデルの母体を作ろう

作成したスケッチを使ってオリジナル定規の母体を作ってみましょう。

ここでは、モデルを作る**「パッド」**コマンドを使用します。

10 視点を合わせるために、**1.「全てにフィット」ボタン**をクリックします。また視点を等角図に切り替えるため、

2.「アイソメトリック」ボタンをクリックします。

3.コンボビューの「Sketch」を選択し、**4.**ツールバーの**「パッド」ボタン**をクリックします。

▼スケッチの立体化

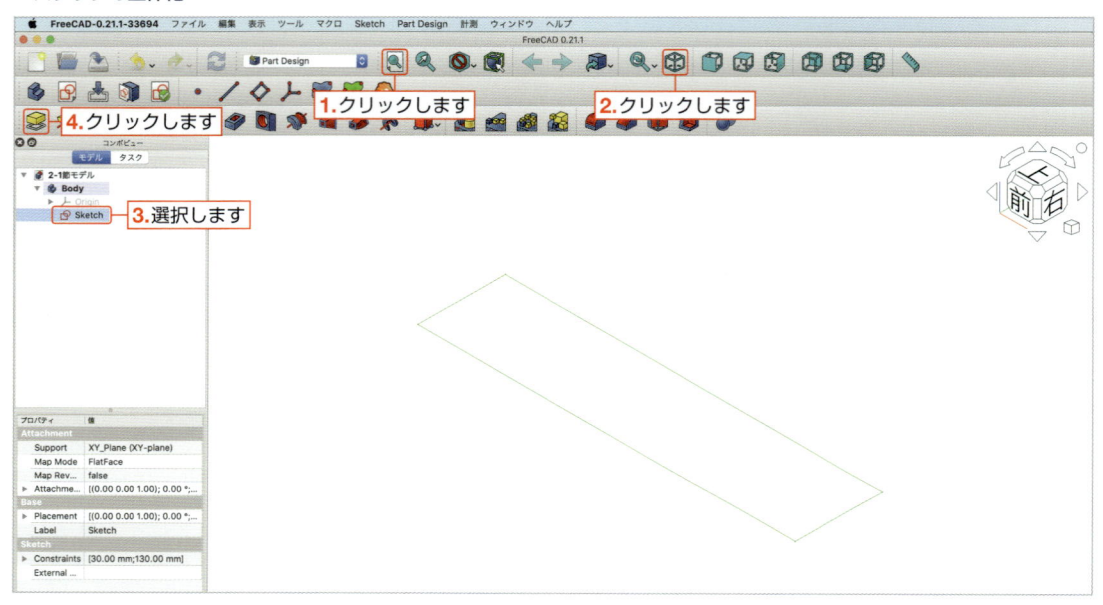

11「パッドパラメーター」が表示されます。

1.「長さ」に**「2mm」**と入力して、**2.**「OK」ボタンをクリックします。

▼パッドパラメーターの設定

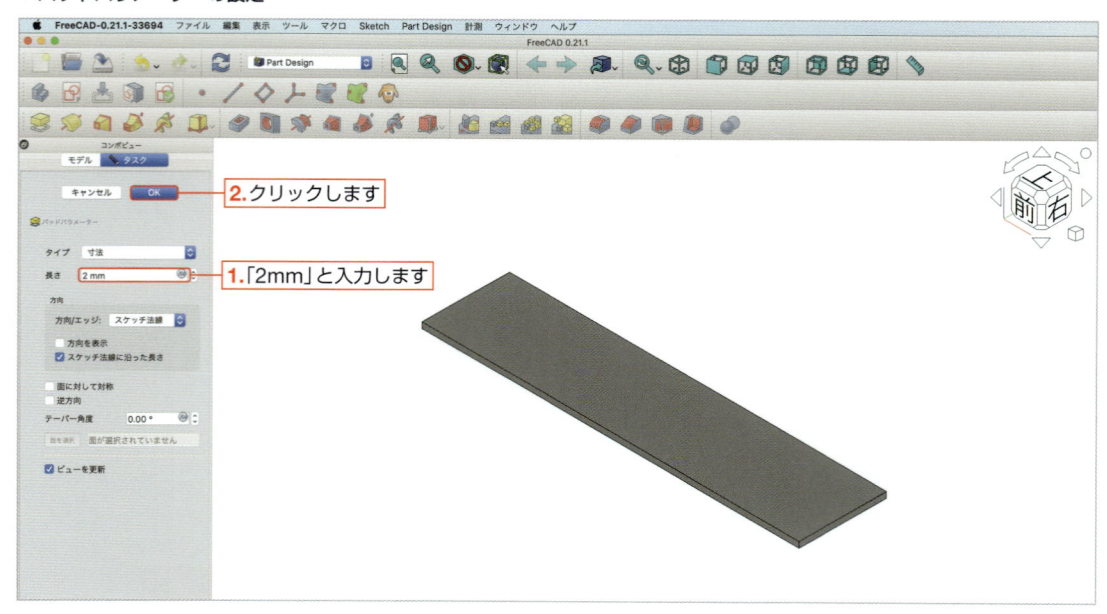

🔷 面取りをしてみよう

ここでは**「面取り」**コマンド（163ページ参照）を使って、オリジナル定規の形を作ります。

12 視点を上面図に切り替えます。**1.**ツールバーの**「上面図」ボタン**をクリックします。

2.モデルの上辺をクリックして選択された状態で、**3.**ツールバーの**「面取り」ボタン**をクリックします。

▼視点の変更と面取り

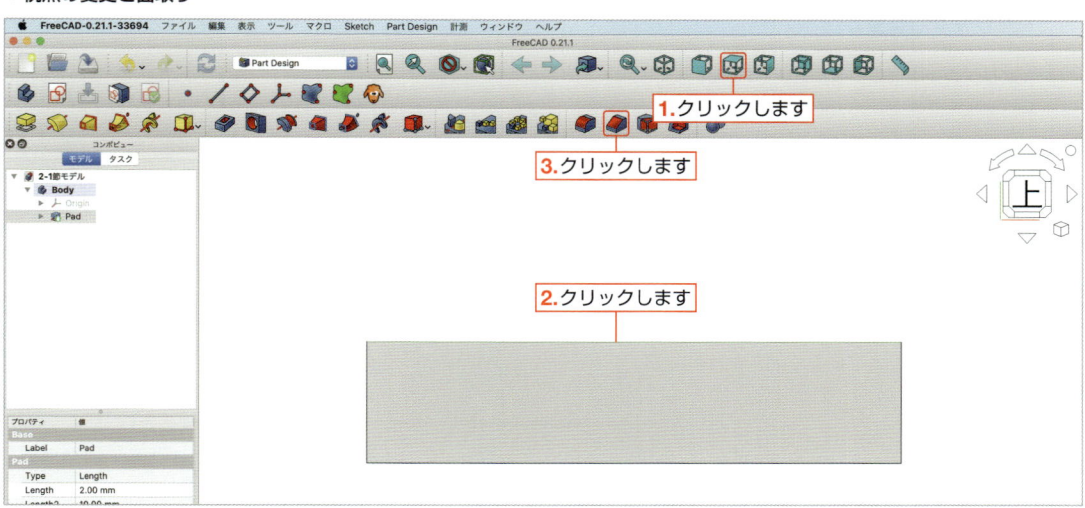

13 コンボビューに**「面取りパラメーター」**が表示されます。

1.「サイズ」に**「1mm」**と入力して、**2.**「OK」ボタンをクリックします。

※数値の入力は、半角で行ってください。

▼面取りパラメーターの設定

Chapter 5

🧊 丸くカットしよう

次は**「ポケット」**コマンドを活用して、オリジナル定規を丸くカットします。

先ほど使用した「パッド」コマンドではスケッチから立体化させましたが、「ポケット」コマンドは立体物の形をカット（切り取り）するためのコマンドです。

14 **1.**オリジナル定規の上面をクリックして面が選択された状態で、**2.**ツールバーの**「スケッチを作成」ボタン**📐をクリックします。

▼オリジナル定規の上面にスケッチ作成

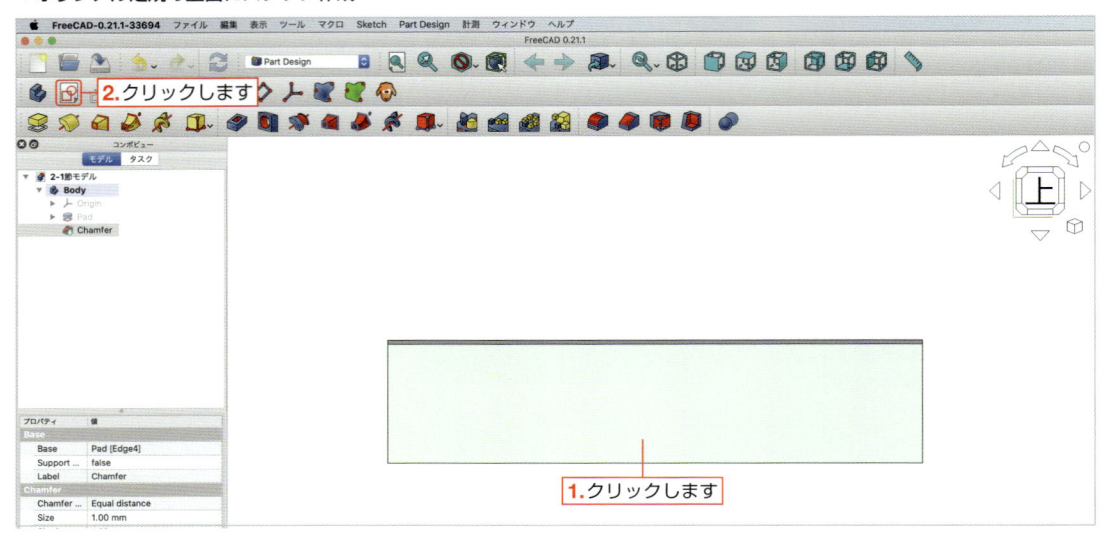

15 円弧を描きます。**1.「円弧を作成」ボタン**🌙の右にある▼をクリックして、**2.「中心点と端点」**を選択します。**3.**原点（赤線と緑線が交わる点）よりも右側で、かつ横軸（赤線）上にマウスポインタ（カーソル）を合わせて**「オブジェクト上の点拘束」ボタン**📌が現れたらクリックします。**4.**マウスポインタ（カーソル）を右上に動かしてクリックし、**5.**下に動かして横軸（赤線）よりも下部でクリックして円弧を作成します。

▼円弧の作成

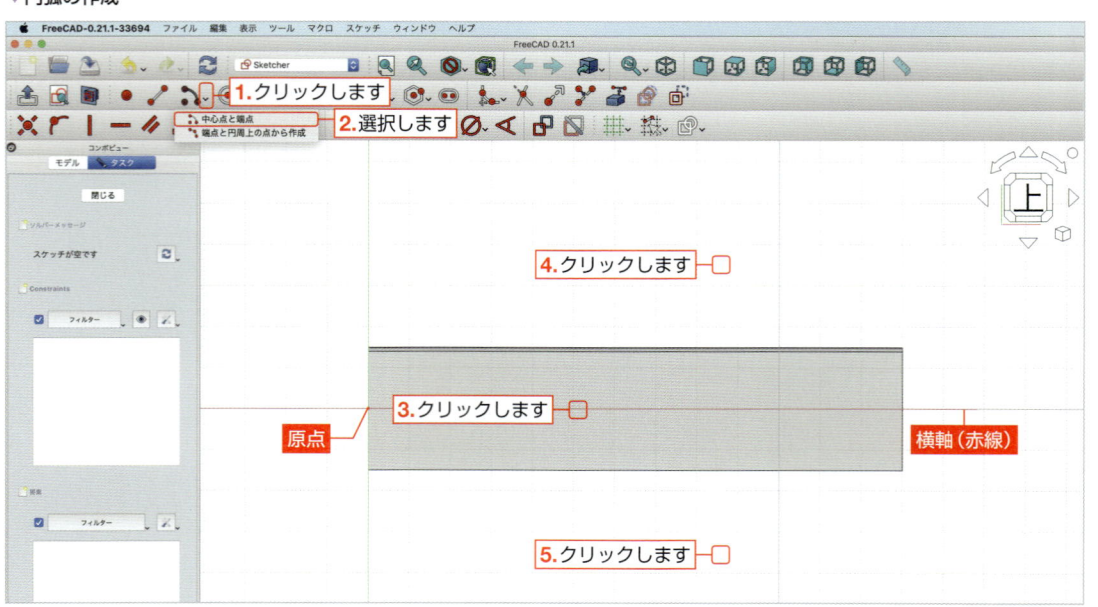

16 **1.** esc キーを押して、**「円弧を作成」ボタン** を解除します。

次に、円弧の上端点と中心点を垂直に拘束します。**2.** 円弧の上端点と **3.** 円弧の中心点をクリックします。

2つの点が選択された状態で、**4.** ツールバーの**「垂直拘束」ボタン** を選択します。

▼円弧の上端点と中心点を垂直拘束

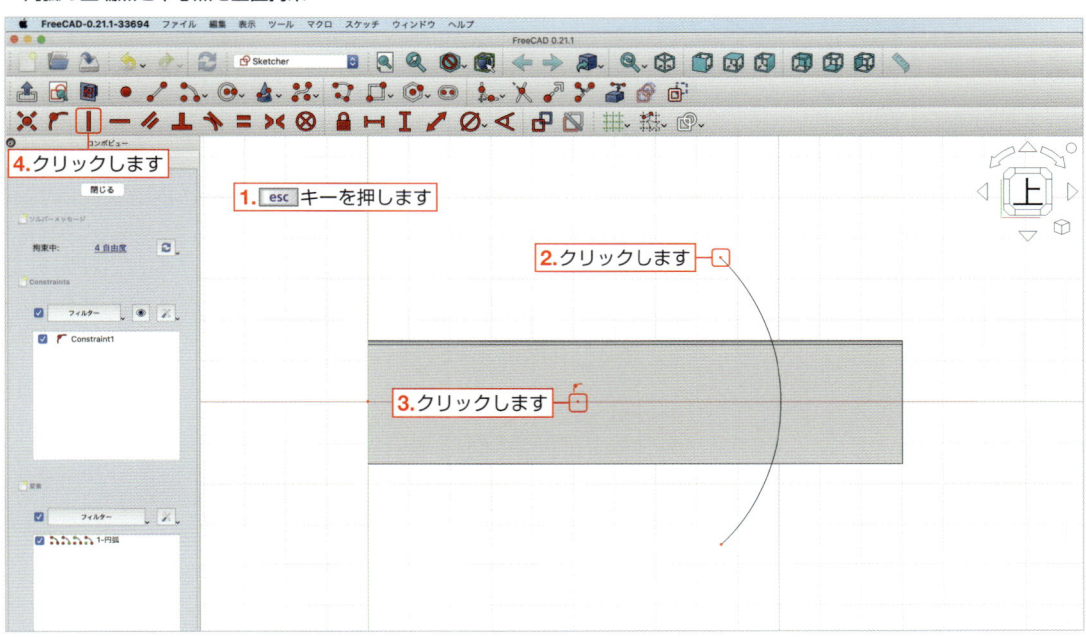

17 円弧の下端点と中心点を垂直に拘束します。**1.** 円弧の下端点と **2.** 円弧の中心点をクリックします。

2つの点が選択された状態で、**3.** ツールバーの**「垂直拘束」ボタン** を選択します。

▼円弧の下端点と中心点を垂直拘束

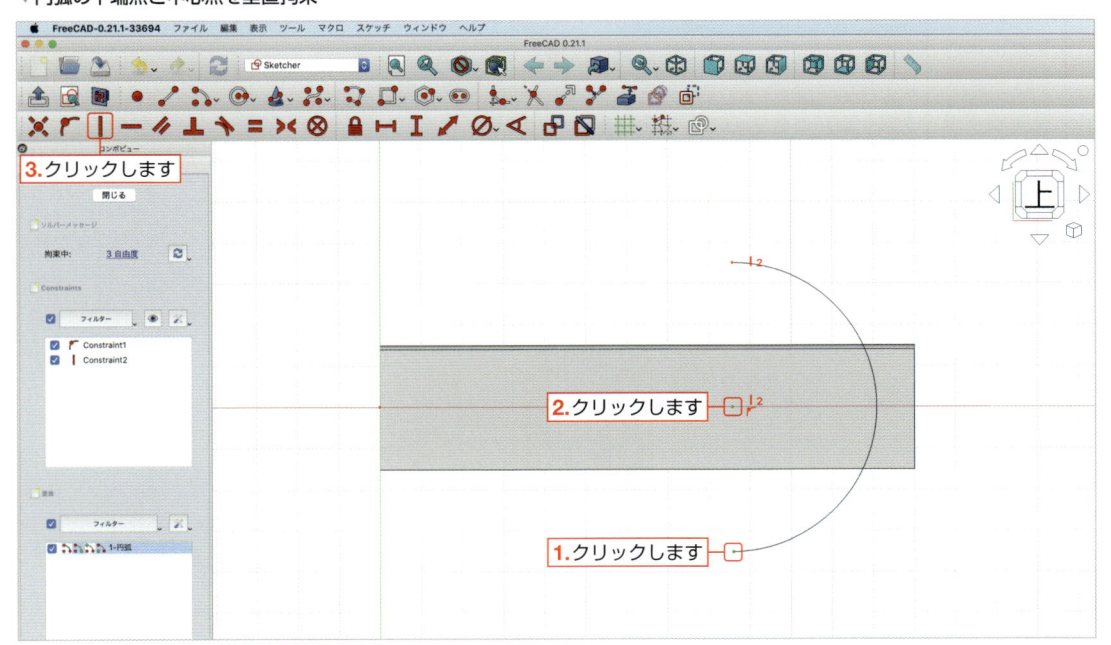

18 円弧の直径を拘束します。**1.**円弧の円周をクリックして選択された状態で、**2.**ツールバーの**「円弧や円を拘束する」ボタン**の右にある ∨ をクリックし、**3.「直径拘束」**を選択します。

「直径を挿入」ダイアログボックスが表示されるので、**4.**「直径」に**「30mm」**と入力し、**5.**「OK」ボタンをクリックします。

※数値の入力は、半角で行ってください。

▼円弧の直径を拘束

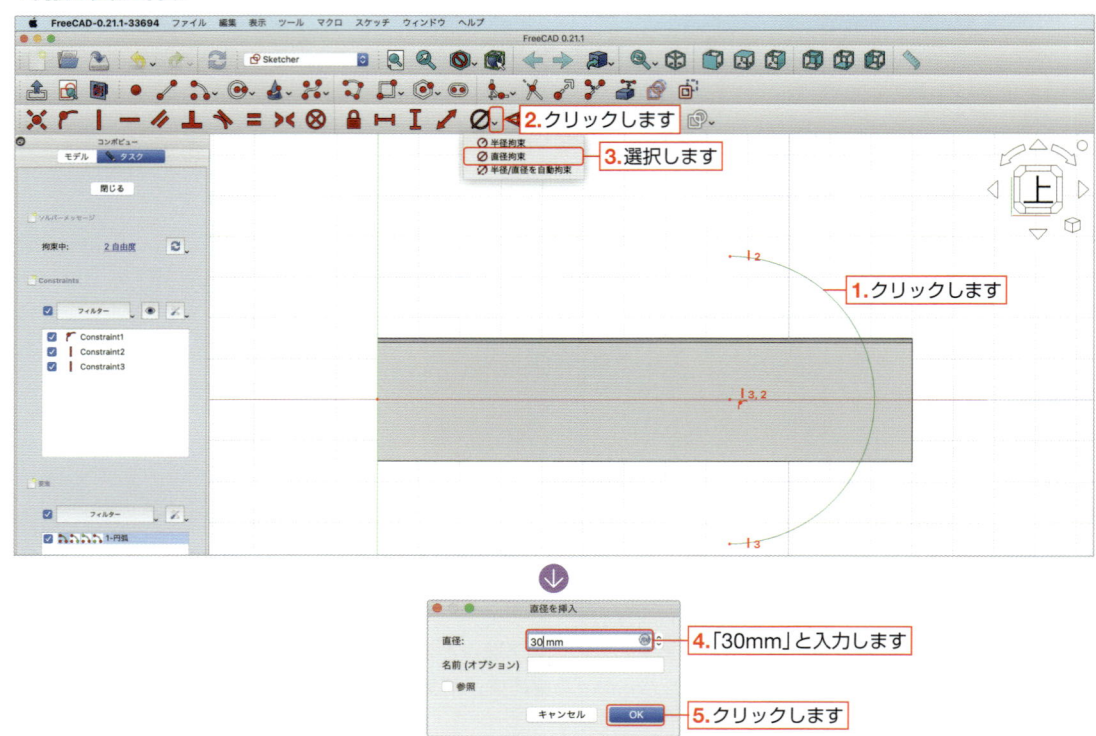

19 円弧の中心点を拘束します。**1.**円弧の中心点と**2.**原点をクリックします。

2つの点が選択された状態で、**3.**ツールバーの**「水平距離拘束」ボタン** ⊢ をクリックします。「長さを挿入」ダイアログボックスが表示されるので、**4.**「長さ」に**「115mm」**と入力し、**5.**「OK」ボタンをクリックします。

※数値の入力は、半角で行ってください。

▼円弧の中心点と原点の水平距離拘束

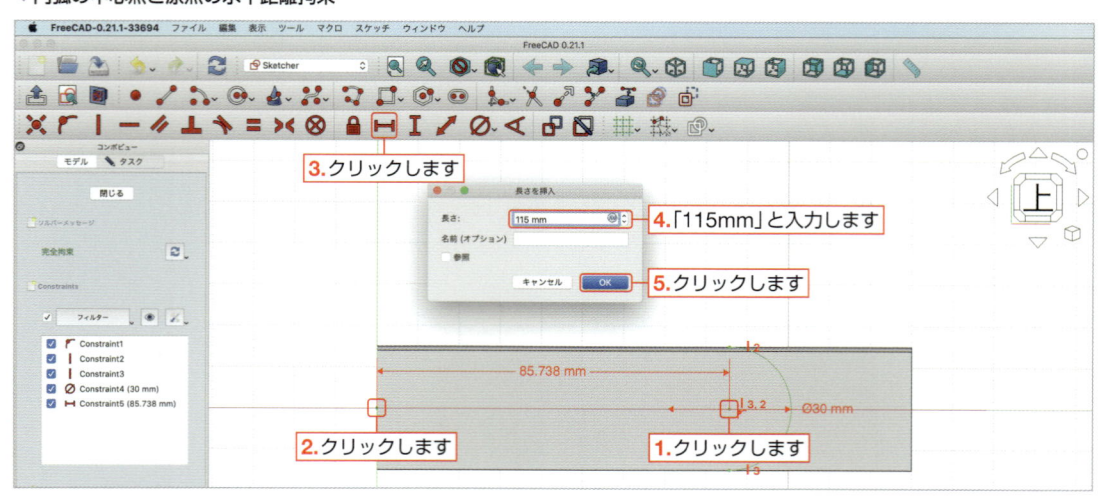

20 直線を描きます。**1.「ポリラインを作成」ボタン** 🔲 をクリックします。

2. 円弧の上端点をクリックし、**3.** マウスポインタ（カーソル）を右水平に動かして適当な位置でクリックします。

4. マウスポインタ（カーソル）を下垂直に動かしてクリックし、**5.** 左水平に動かしてクリックします。

▼ポリラインの作成

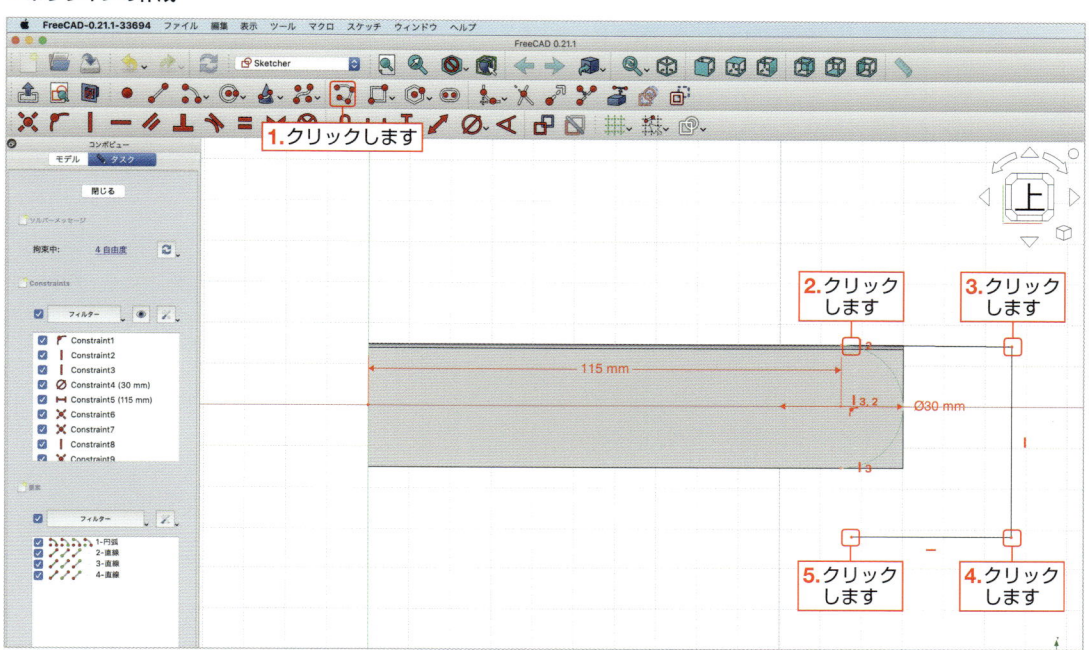

21 **1.** esc キーを押して、**「ポリラインを作成」ボタン** 🔲 を解除します。

次に、直線を水平拘束します。先ほど描いた直線のうち、**2.** 上部の水平線をクリックして選択された状態で、

3. ツールバーの **「水平拘束」ボタン** ━ をクリックします。

▼直線の水平拘束

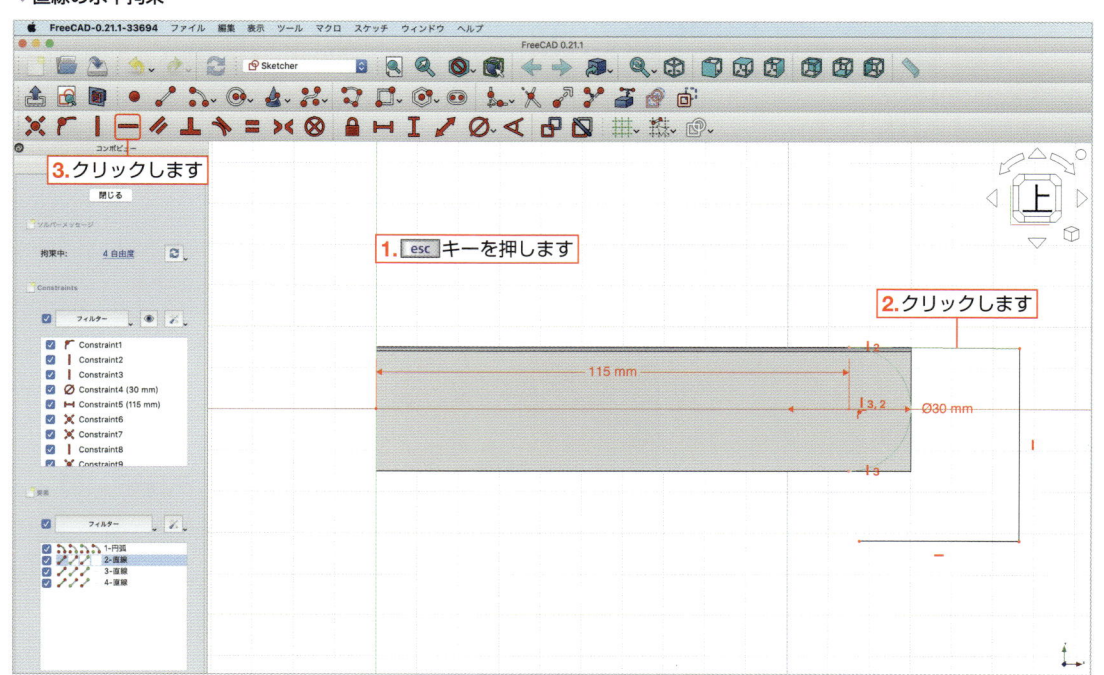

「ポリラインを作成」について

「ポリラインを作成」では、複数の直線を作成できます。101ページの **POINT** で解説した「直線を作成」では直線の両端2点を指定して1本の直線を作成しました。今回の「ポリラインを作成」では手順**16**（173ページ）のように点を指定するごとに端点が作成され、端点と端点が結ばれるように直線が作成されます。

22 直線の端点と円弧の端点を一致させます。**1.**下にある水平線の左端点と**2.**円弧の下端点をクリックします。2つの点が選択された状態で、**3.**ツールバーの**「一致拘束」ボタン**をクリックします。

▼直線の端点と円弧の端点の一致拘束

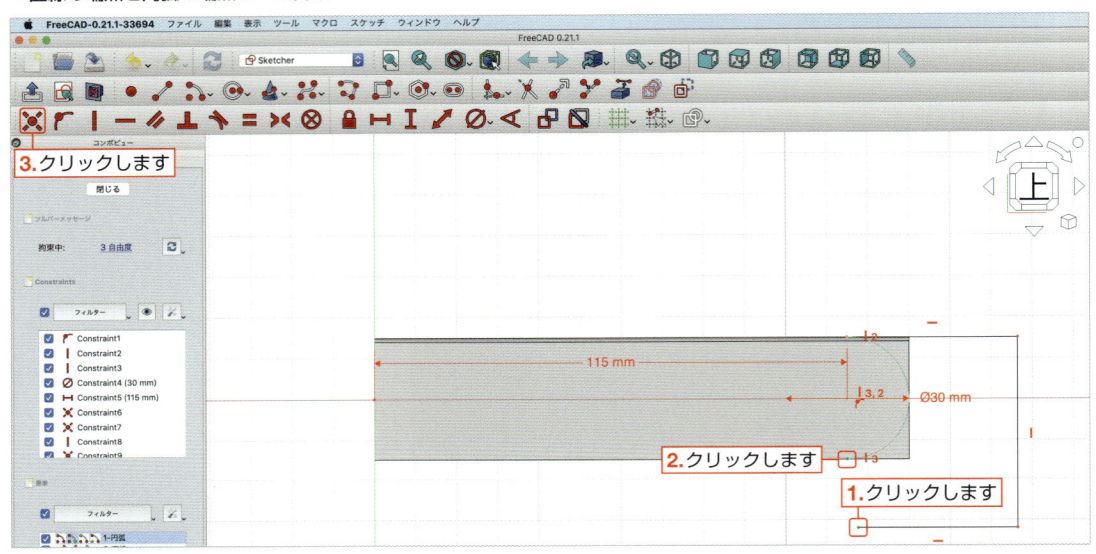

23 直線の水平距離を拘束します。**1.**上にある水平線の左端点と**2.**右端点をクリックします。2つの点が選択された状態で、**3.**ツールバーの**「水平距離拘束」ボタン**を選択します。
「長さを挿入」ダイアログボックスが表示されるので、**4.**「長さ」に **30mm** と入力して、**5.**「OK」ボタンをクリックします。

※数値の入力は、半角で行ってください。

▼直線の水平距離拘束

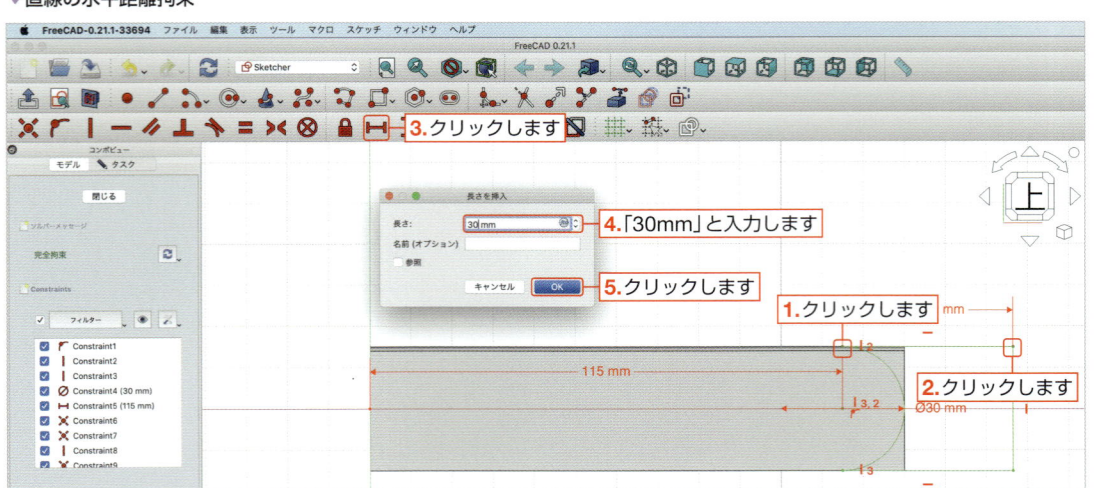

24 スケッチが完全に拘束されると、線が緑色に変わります。**コンボビュー**の「ソルバーメッセージ」にも「**完全拘束**」と表記が出ます。**コンボビュー**の「閉じる」をクリックして、スケッチを終了します。

▼スケッチの完全拘束

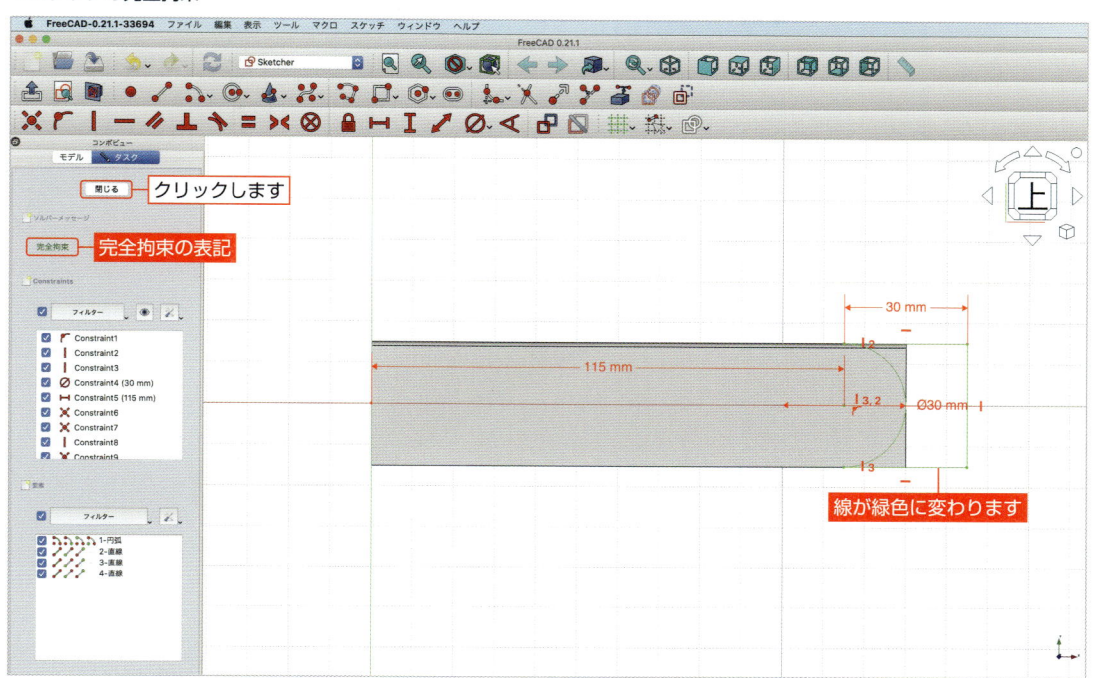

25 コンボビューに「Sketch001」が作成されました。

1.「アイソメトリック」ボタン⊞をクリックして、視点を等角図にします。次にポケットを作成します。

2. コンボビューの「Sketch001」を選択し、**3.**「ポケット」ボタン◈をクリックします。

▼ポケットの作成

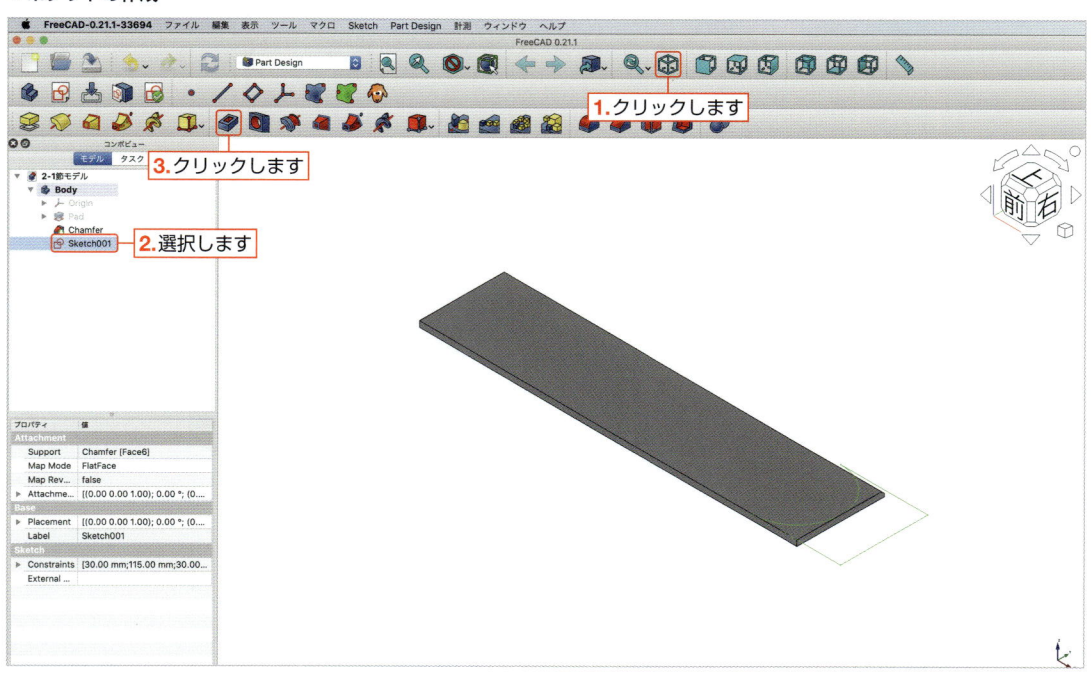

26 「**ポケットパラメーター**」が表示されます。
1.「タイプ」を**「貫通」**に変更して、**2.**「OK」ボタンをクリックします。

▼ポケットパラメーターの設定

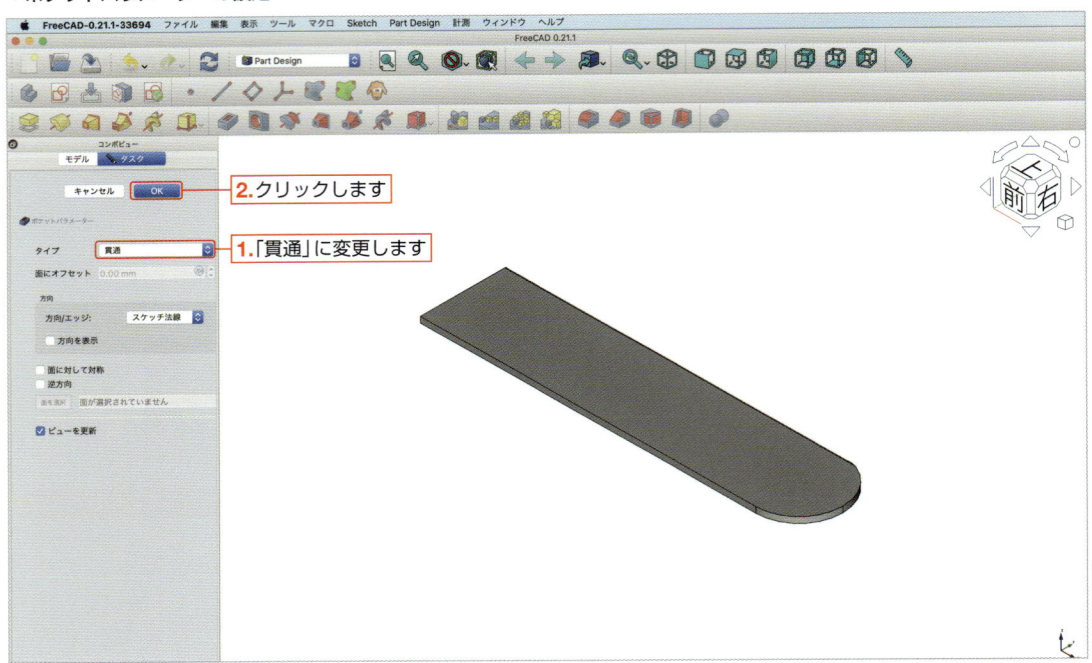

27 これで、Section 5-1のレッスンが終了しました。ドキュメントを保存するために、**1.「保存」ボタン**をクリックします。**2.**メニューバーの「ファイル」➡「閉じる」（⌘＋W）を選択して、ドキュメントを閉じます。

▼ドキュメントの保存と閉じる方法

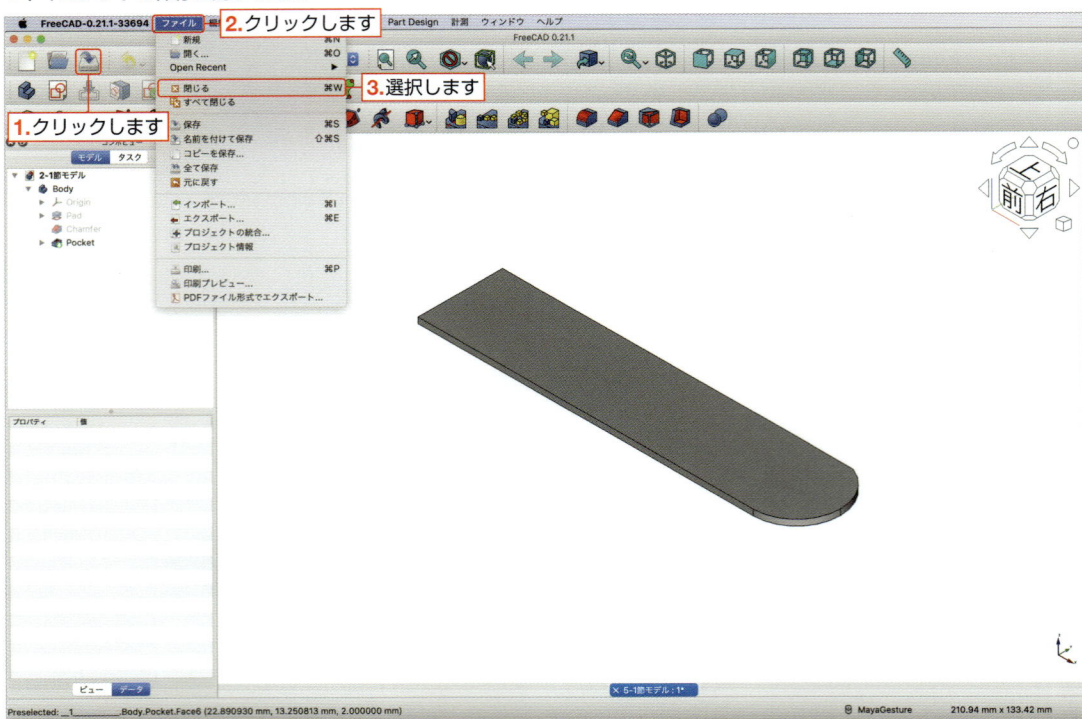

Section 5-2

オリジナル定規に穴を開けていこう

ここでは、オリジナル定規に穴を開けながらフィーチャを直線状に複製させる「直線状パターン」
コマンドを学習していきます。

■ 「ポケット」で穴を開けよう

「**ポケット**」とは、選択したスケッチを断面としてソリッドを減算させるフィーチャです。

まずはスケッチを描き、「ポケット」コマンドでオリジナル定規に穴を開けてみましょう。

● Section 5-1 で作ったファイルを読み込もう

Section 5-1で作ったファイルを開き、新しい名前を付けて保存します。

この操作は、Section 2-2の手順 **1** ～ **2** （68ページ参照）と同じです。図は割愛しますが、操作方法を忘れてしまった場合には、前述したページをご参照ください。

1 Section 5-1で作成したファイルを開きます。ツールバーの「**開く**」ボタン をクリックします。
「**5-1節モデル**」を選択して、「Open」ボタンをクリックします。

2 次に名前を付けて保存します。メニューバーの「ファイル」を選択して、「名前を付けて保存」を選択します。
「Save As」に「**5-2節モデル**」と入力して、「Save」ボタンをクリックして保存します。

3 スケッチを作成します。
1. モデルの上面をクリックして選択された状態で、**2.「スケッチを作成」ボタン** をクリックします。

▼スケッチを作成

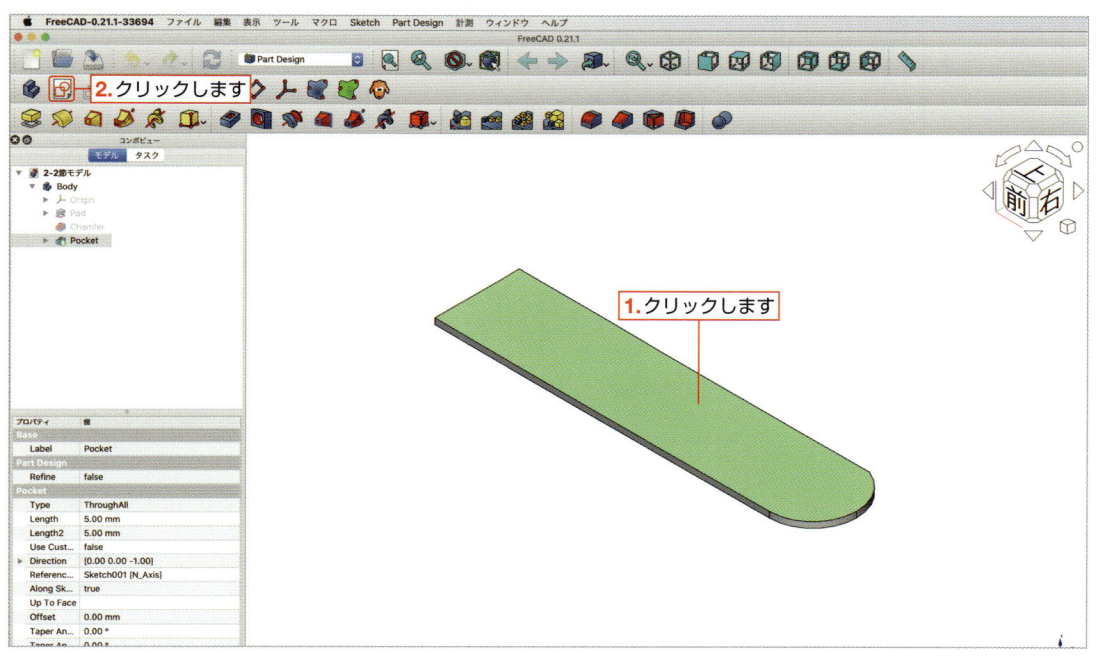

4 3つの円を作成します。**1.**「円を作成」ボタン◉の右にある⌄をクリックし、**2.**「中心点と周上の点から円を作成」を選択します。まず **3.**原点より上で、かつ縦軸（緑線）上でクリックし、**4.**右上に移動してクリックして円を描きます。次に **5.**原点でクリックし、**6.**右上に移動してクリックして円を描きます。

続いて、**7.**原点より下で、かつ縦軸（緑線）上でクリックし、**8.**右上に移動してクリックして円を描きます。

▼長方形の作成

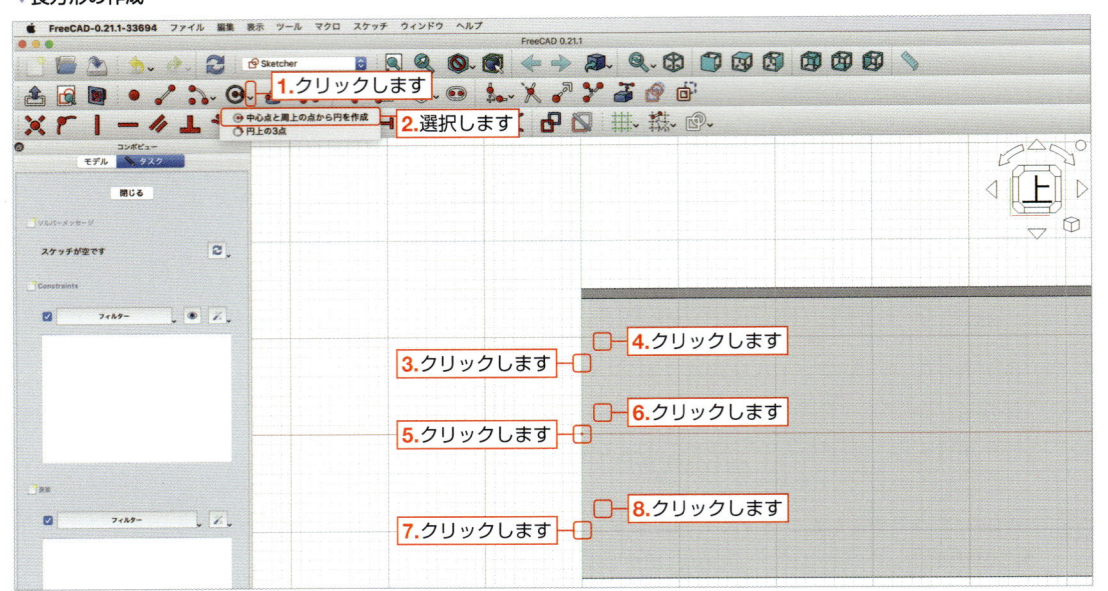

POINT 「円を作成」について

　円を作成する方法には、「**中心点と周上の点から円を作成**」と「**円上の3点**」の2種類があり、上手に使い分けると便利です。ここで使った「**中心点と周上の点から円を作成**」では最初に円の中心点を指定し、次に円周上の1点を指定して円を作成しました。一方で「**円上の3点**」では円周上の3点を指定して円を作成します。

---

5 **1.** esc キーを押して、「**円を作成**」ボタン◉を解除します。

次に、上にある円の位置を固定します。**2.**上にある円の中心点と **3.**原点をクリックします。

2つの点が選択された状態で、**4.**「**垂直距離拘束**」ボタン I をクリックします。「長さを挿入」ダイアログボックスが表示されるので、**5.**「長さ」に「**7.5mm**」と入力して、**6.**「OK」ボタンをクリックします。

▼上にある円の位置拘束（垂直距離拘束）

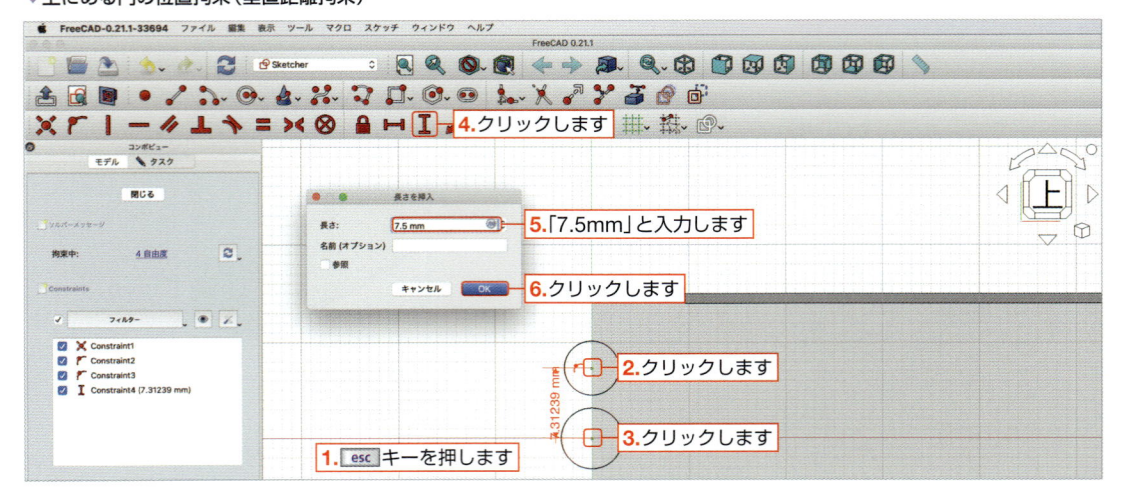

6 続いて、下にある円の位置を固定します。**1.** 下にある円の中心点と **2.** 原点をクリックします。
2つの点が選択された状態で、**3.「垂直距離拘束」ボタン** $\mathbf{I}$ をクリックします。「長さを挿入」ダイアログボックスが表示されるので、**4.**「長さ」に「**7.5mm**」と入力して、**5.**「OK」ボタンをクリックします。

▼下にある円の位置拘束（垂直距離拘束）

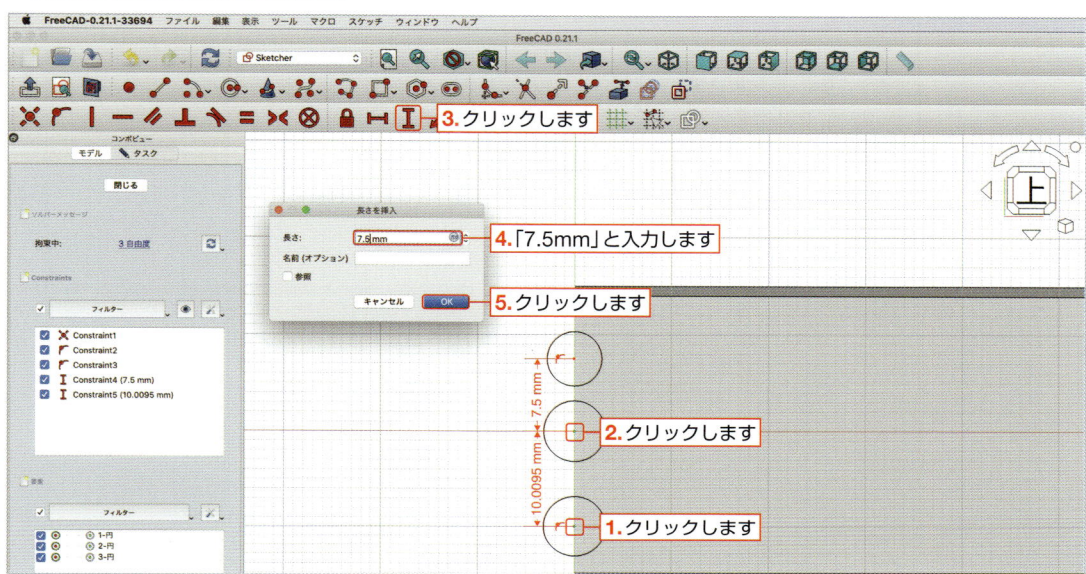

7 上にある円の直径を拘束します。**1.** 上にある円の円周をクリックして選択された状態で、**2.「円弧や円を拘束する」ボタン** の右にある ▼ をクリックし、**3.「直径拘束」** を選択します。「直径を挿入」ダイアログボックスが表示されるので、**4.**「長さ」に「**0.5mm**」と入力して、**5.**「OK」ボタンをクリックします。

▼上にある円の直径拘束

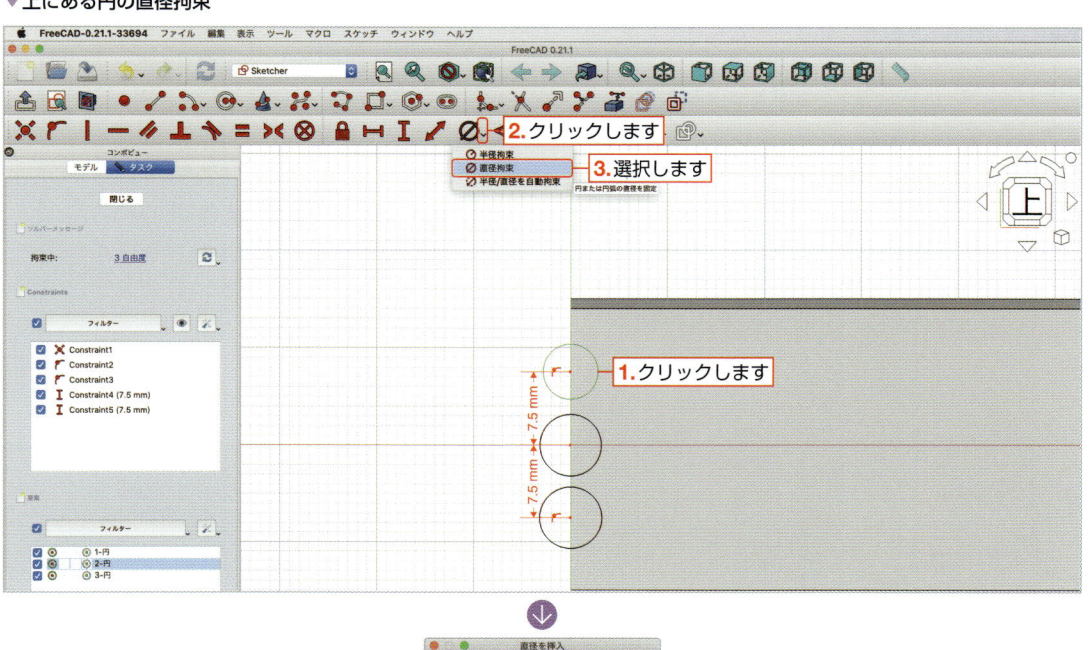

181

8 中央にある円の直径を拘束します。**1.** 中央にある円の円周をクリックして選択された状態で、**2.「円弧や円を拘束する」ボタン**の右にある ∨ をクリックし、**3.「直径拘束」**を選択します。「直径を挿入」ダイアログボックスが表示されるので、**4.「長さ」**に「**0.7mm**」と入力して、**5.「OK」**ボタンをクリックします。

▼中央にある円の直径拘束

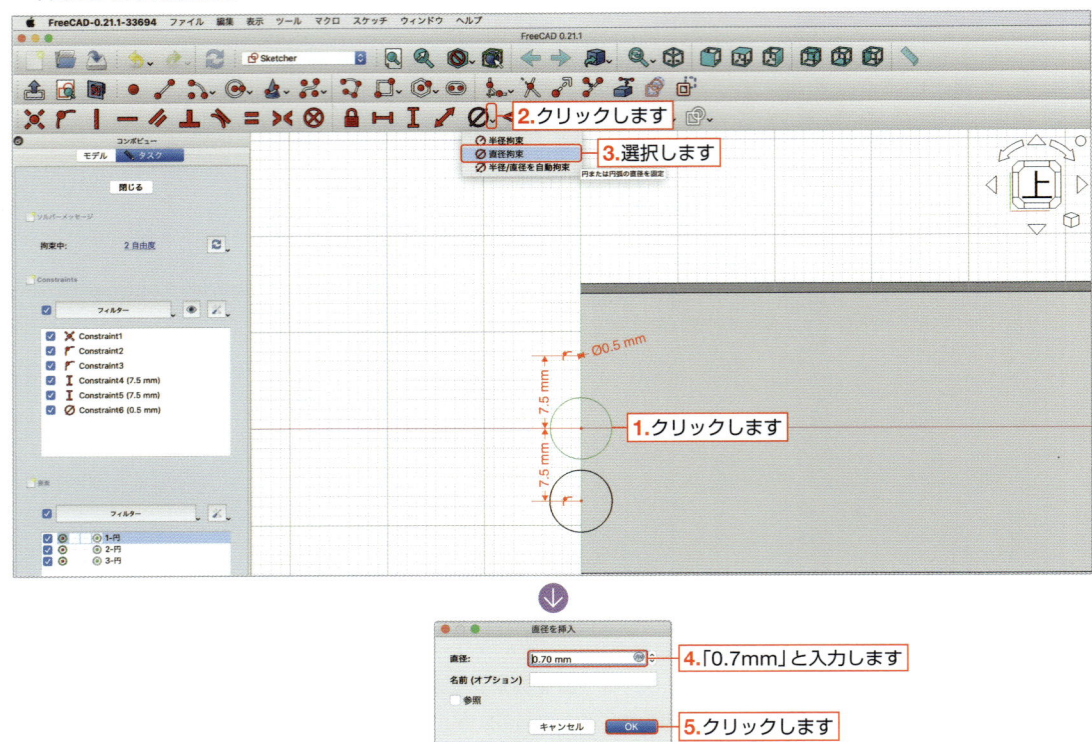

9 下にある円の直径を拘束します。**1.** 下にある円の円周をクリックして選択された状態で、**2.「直径拘束」ボタン** ∅ をクリックします。「直径を挿入」ダイアログボックスが表示されるので、**3.「長さ」**に「**1mm**」と入力して、**4.「OK」**ボタンをクリックします。

▼下にある円の直径拘束

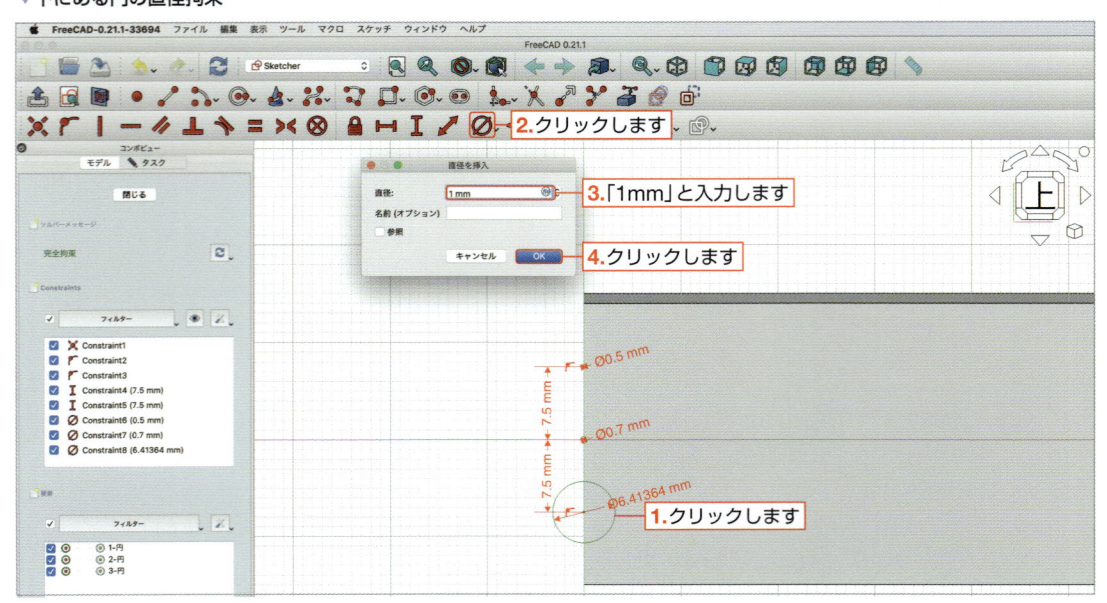

10 外部形状にリンクするエッジを作成します。**1.** ツールバーの **「外部ジオメトリーを作成」ボタン** をクリックし、**2.** モデルの下辺をクリックします。

▼外部形状にリンクするエッジを作成

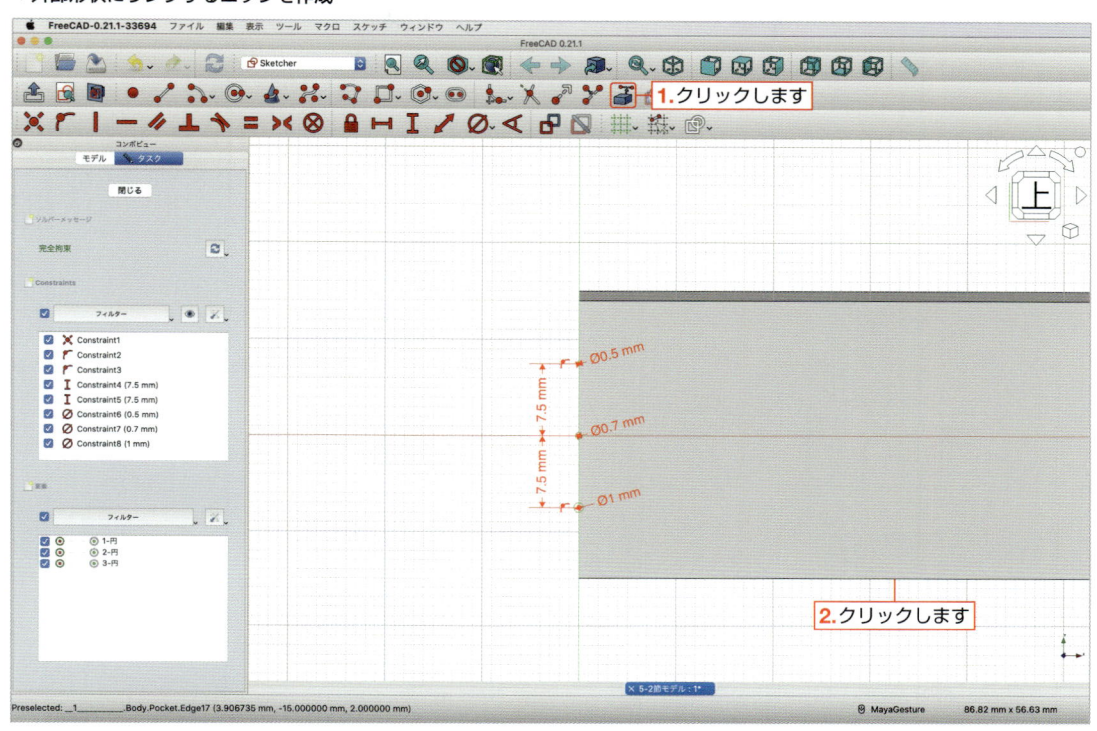

11 長方形を作成します。**1.「長方形を作成」ボタン** の右にある をクリックし、**2.「四角形」** を選択します。**3.** 先ほど作成したエッジ上でクリックし、**4.** 左上に移動して縦軸（緑線）よりも左側でクリックして長方形を描きます。

▼長方形の作成

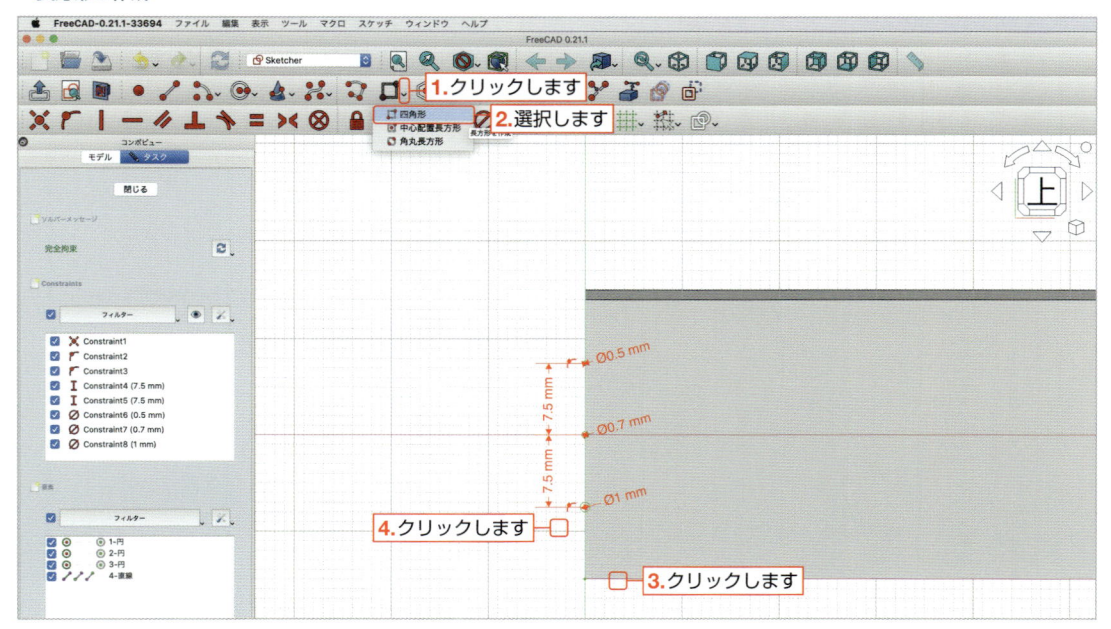

12 **1.** `esc` キーを押して、**「長方形を作成」ボタン**▢を解除します。

次に、長方形の下辺に対して対称拘束を作成します。**2.**長方形の左下端点と **3.**右下端点をクリックします。

2点が選択された状態で、**4.**外部形状にリンクするエッジの左端点をクリックします。

3点が選択された状態で、**5.「対称拘束」ボタン**▷◁をクリックします。

▼長方形の下辺に対して対称拘束を作成

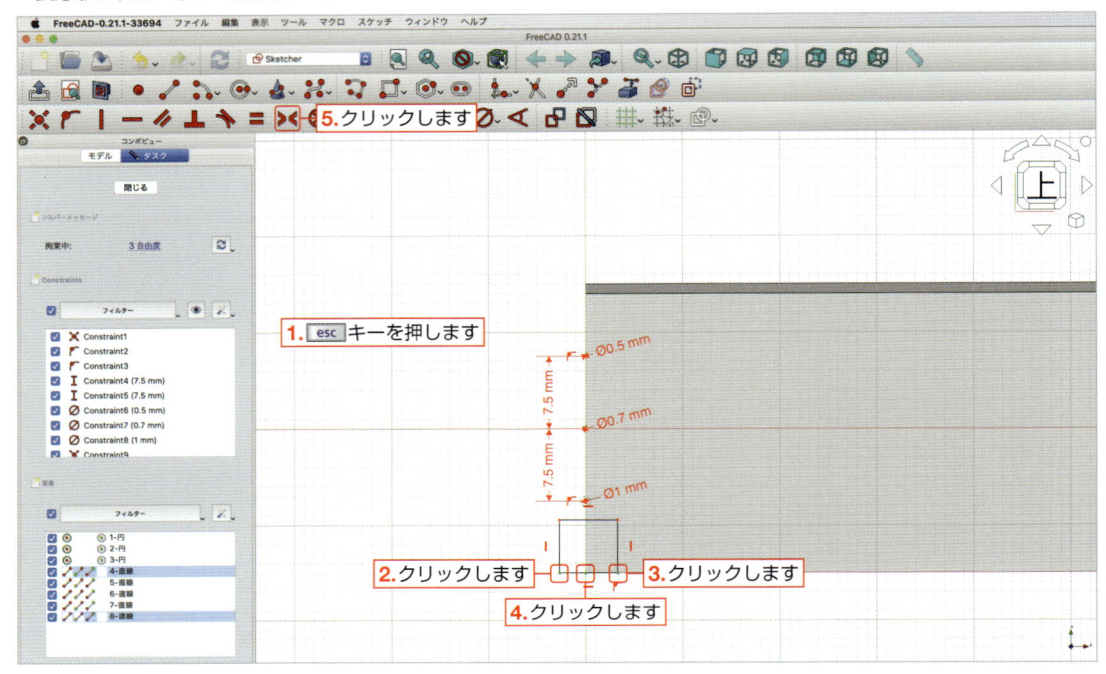

13 長方形の垂直寸法を拘束します。**1.**長方形の左下端点と **2.**左上端点をクリックします。

2つの点が選択された状態で、**3.「垂直距離拘束」ボタン**Ⅰをクリックします。「長さを挿入」ダイアログボックスが表示されるので、**4.「5mm」**と入力して、**5.**「OK」ボタンをクリックします。

▼長方形の垂直寸法を拘束

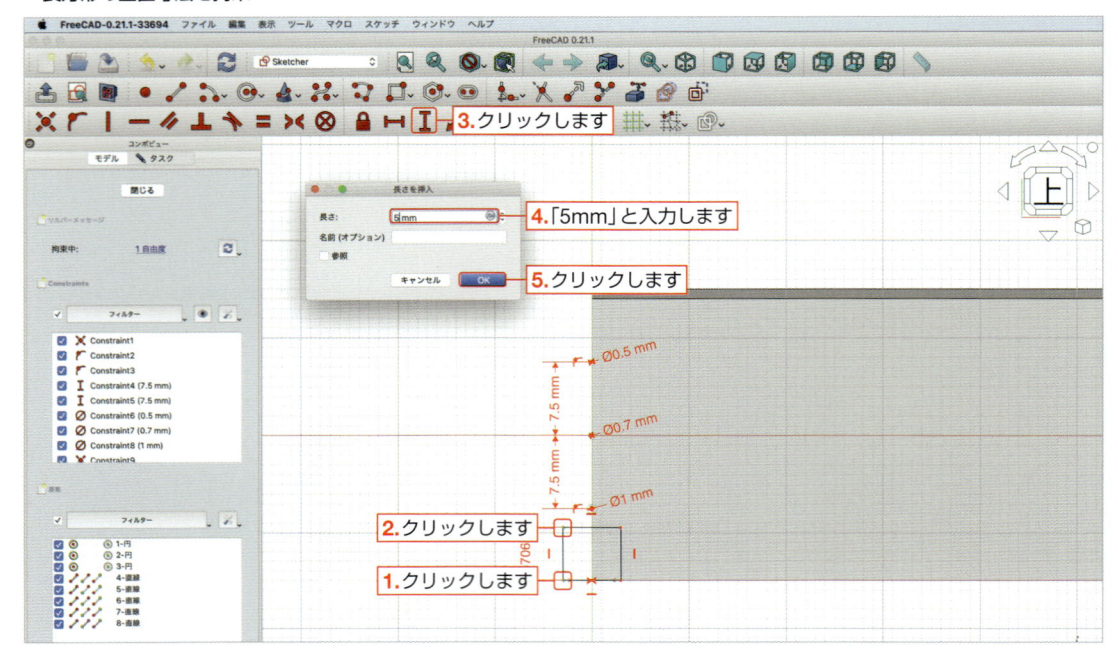

14 長方形の水平寸法を拘束します。**1.**長方形の左下端点と**2.**右下端点をクリックして選択します。2つの点が選択された状態で、**3.「水平距離拘束」ボタン**をクリックします。「長さを挿入」ダイアログボックスが表示されるので、**4.「0.6mm」**と入力して、**5.**「OK」ボタンをクリックします。

▼長方形の水平寸法を拘束

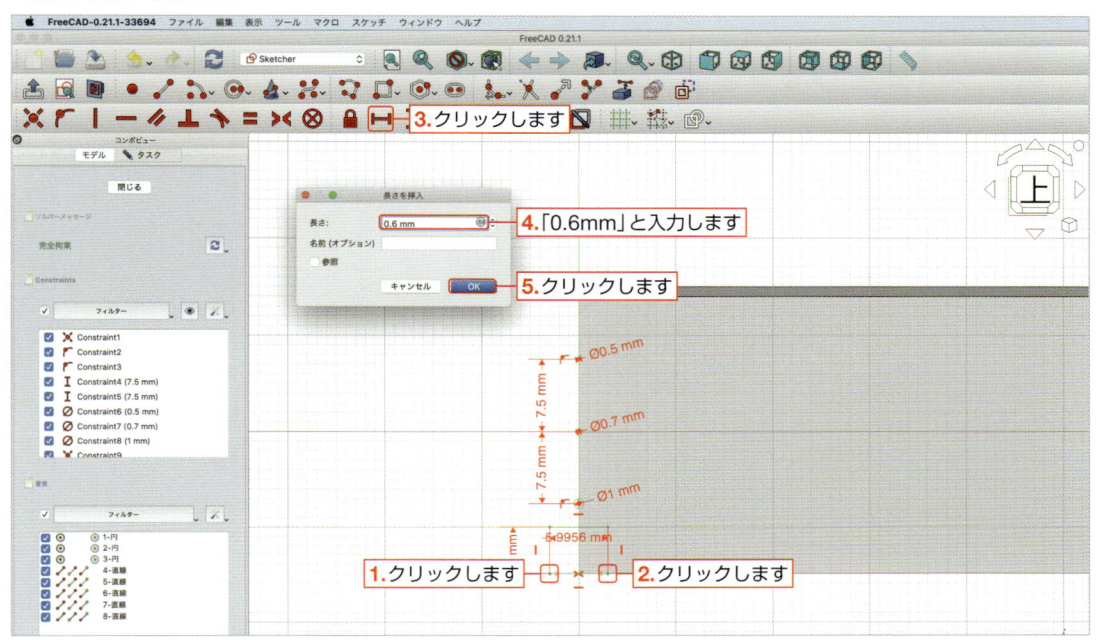

15 コンボビューの「ソルバーメッセージ」に**「完全拘束」**が表示されました。
スケッチを閉じるために、**コンボビュー**の「閉じる」をクリックしてスケッチを終了します。

▼スケッチの完全拘束

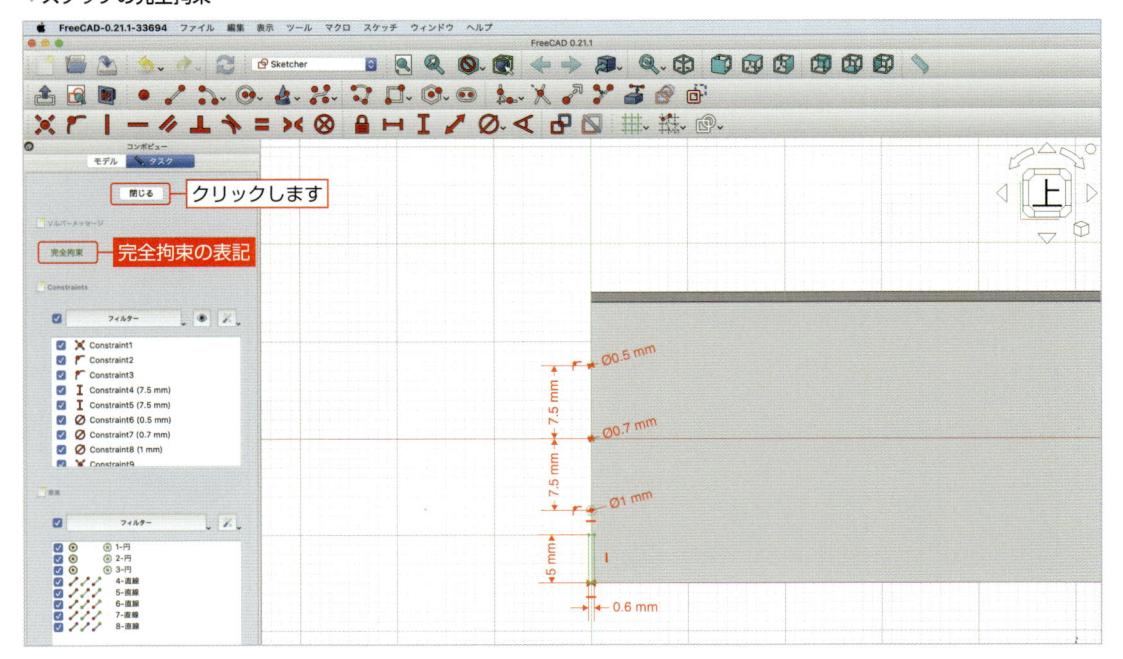

16 **コンボビュー**に新しく「Sketch002」が作成されました。スケッチに対してポケットを作成します。

1.コンボビューの「Sketch002」を選択し、**2.**ツールバーの**「ポケット」ボタン**をクリックします。

▼ポケットの作成

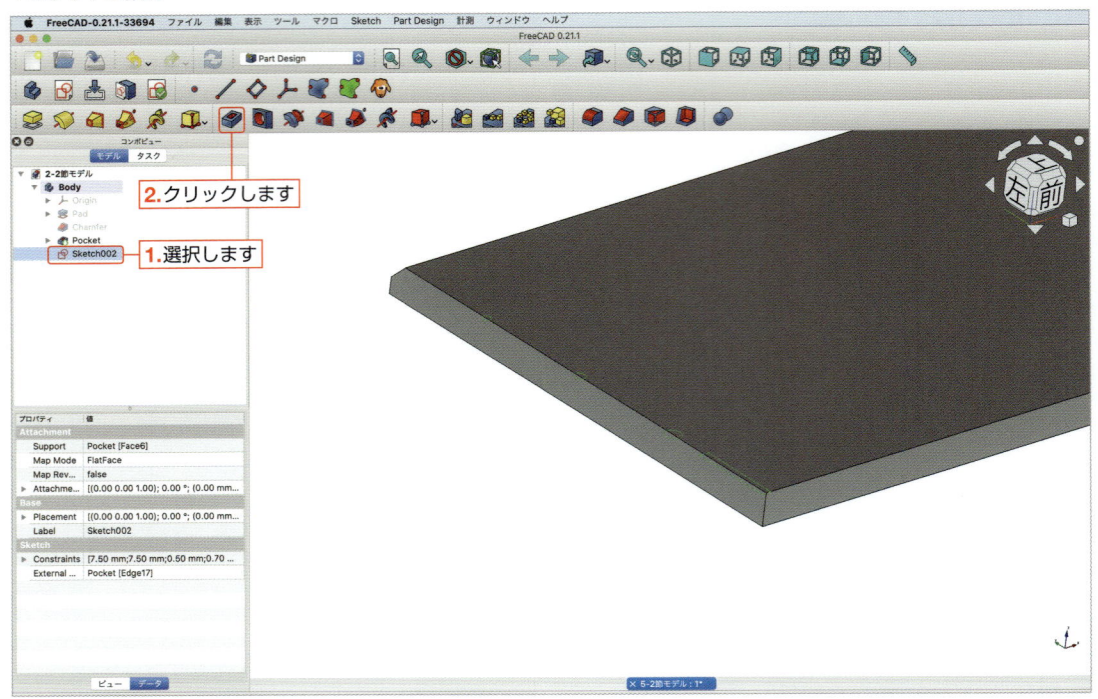

17 「**ポケットパラメーター**」が表示されます。

1.「タイプ」を「**貫通**」に変更して、**2.**「OK」ボタンをクリックします。

▼ポケットパラメーターの設定

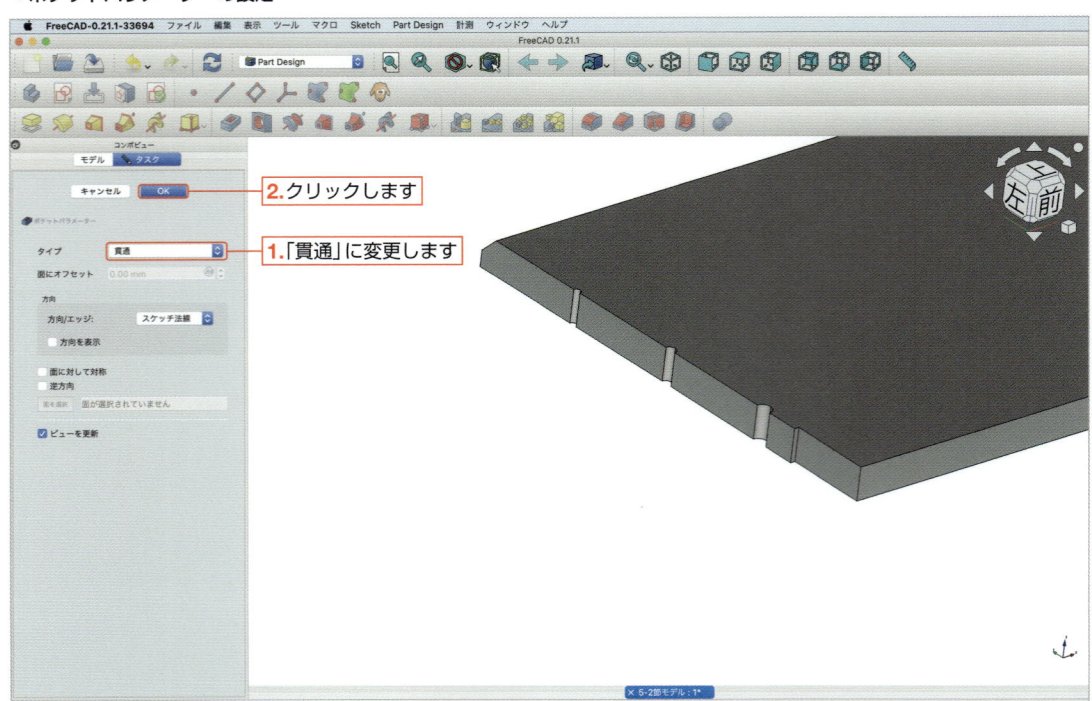

🔷 穴を直線状に複製させよう

「直線状パターン」コマンドを使うと、「パッド」や「ポケット」などのフィーチャを直線状に複製させることができます。ここでは、手順**17**（前ページ）で作成した穴を直線状に複製させてみましょう。

18 「ポケット」フィーチャを直線状に複製させます。**1.**コンボビューの「Pocket001」を選択して、**2.**「**直線状パターン**」ボタン をクリックします。

▼「ポケット」フィーチャを直線状に複製

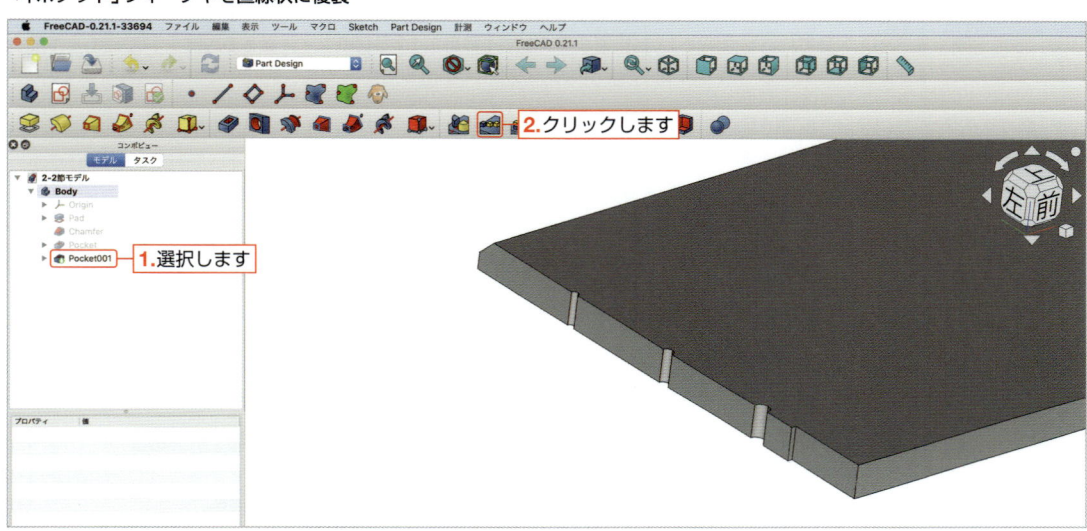

19 「**直線状パターンパラメーター**」が表示されます。**1.**方向を「ベースX軸」に変更します。**2.**「長さ」に「**100mm**」、**3.**「回数」に「**11**」と入力します。コンボビューの「変換フィーチャメッセージ」に「**変換成功**」と表記されたことを確認して、**4.**「OK」ボタンをクリックします。

▼直線状パターンパラメーターの設定

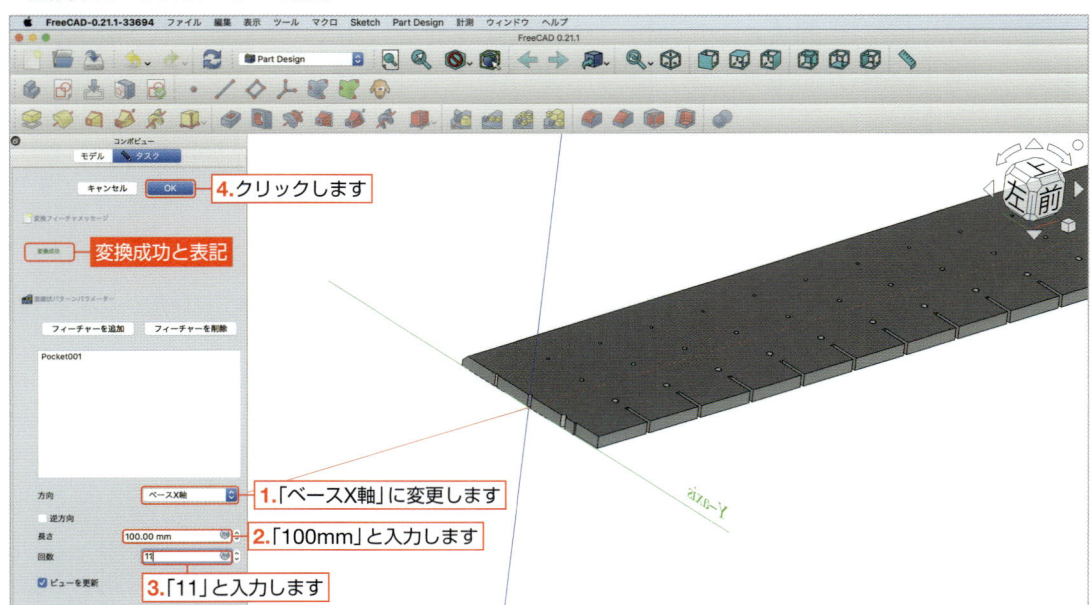

「直線状パターン」について

　「直線状パターン」は「パッド」や「ポケット」などのフィーチャを直線状に複製する機能です。直線状に複製したいフィーチャを選択し、直線状に複製させる「**方向**」を選択します。主にベースX軸方向、ベースY軸方向、ベースZ軸方向の3方向から選択し、軸の方向を逆方向にしたい場合は「**逆方向**」にチェックを入れます。

　また独自に作成した方向を設定することもできます。次に複製させるフィーチャの「**長さ**」と「**回数**」を設定します。「**長さ**」は複製させるフィーチャの最初の位置と最後の位置との距離、「**回数**」は複製させるフィーチャの数を示しています。

　例えば「**回数**」が「3」、「**長さ**」が「100mm」の場合、最初の位置（1番目）と最後の位置（3番目）の距離が100mmとなります。手順12では方向が「ベースX軸、逆方向にチェックなし、長さ「100mm」、回数「11」の設定でした。この場合は「**フィーチャをベースX軸方向に等間隔で11個複製させ、かつ1番目と11番目のフィーチャの距離を100mmとする**」という設定になります。言い換えると「**11個のフィーチャを直線状に10mmの等間隔で並べる**」ということになります。

▼「直線状パターン」コマンドについて

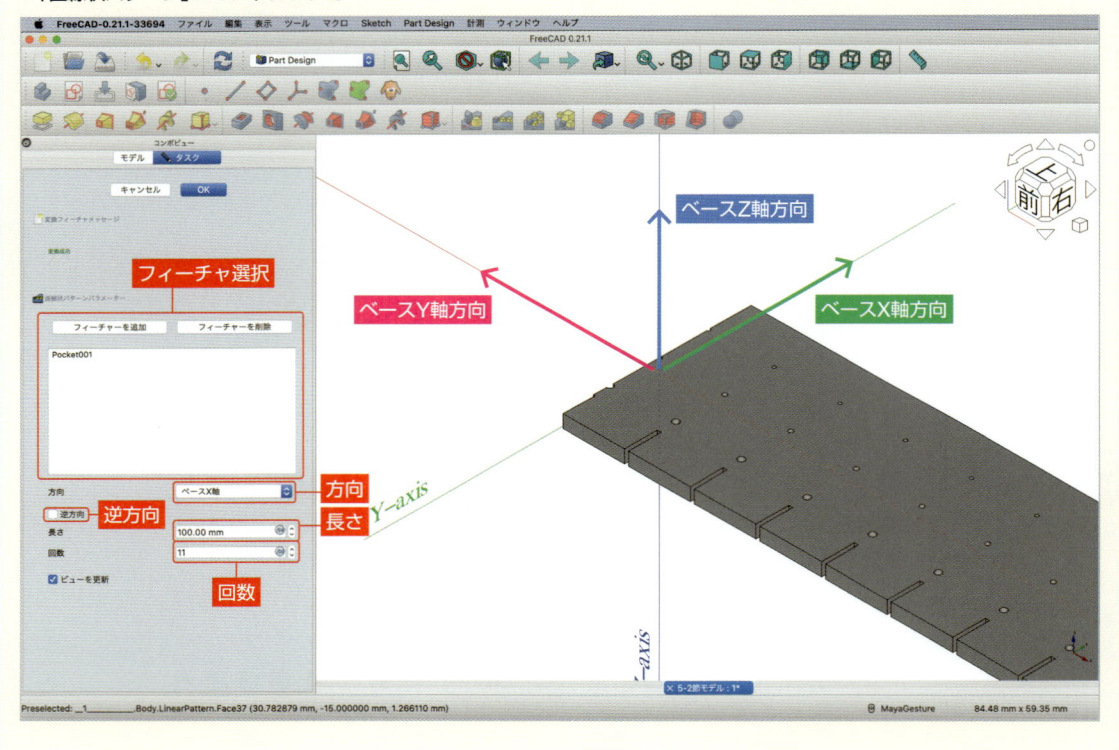

💠 モデルの色を変更してみよう

　モデルの色は**プロパティビュー**の「**Shape Color**」から変更できます。ここでは「HTML」のカラー指定で色を変えていますが、RGB（赤・緑・青）や色相・彩度・明度で設定することもできます。

20 モデルの色を変更します。**1.プロパティビュー**の「**Body**」を選択します。**2.**「ビュー」タブをクリックし、**3.**「Shape Color」の右にある色をクリックします。「色を選択」ダイアログボックスが表示されるので、**4.**「HTML」に「**#f5e281**」と入力して、**5.**「OK」ボタンをクリックします。

▼ソリッドの色設定

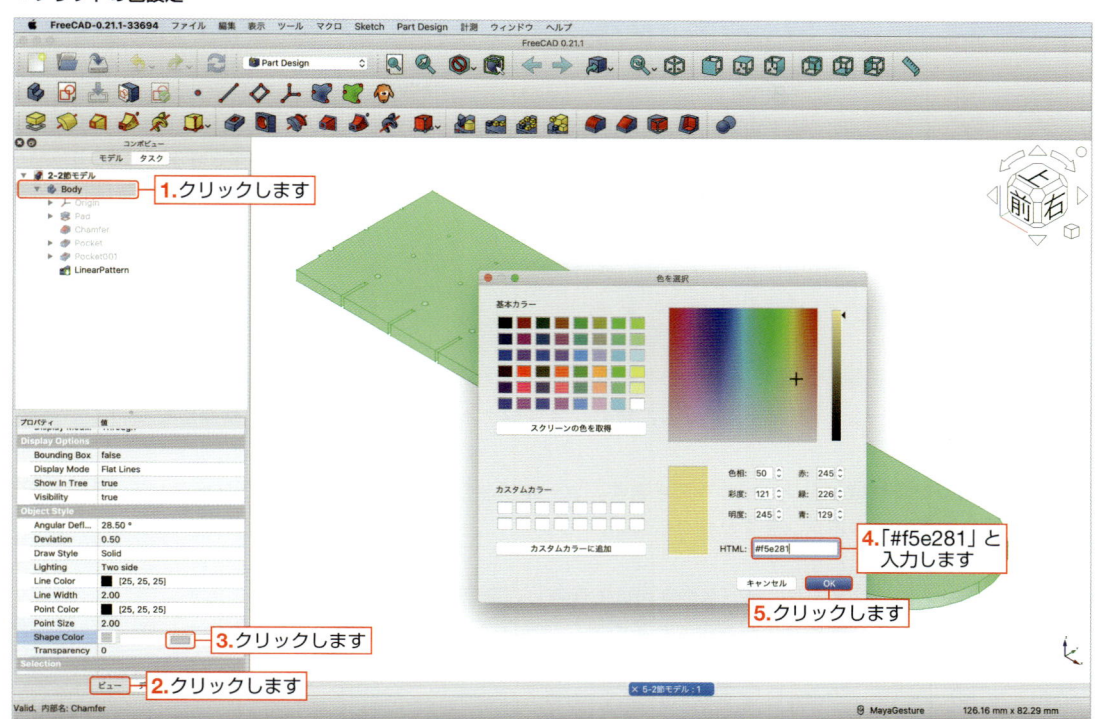

3Dモデリングにおける色の適用について

3Dモデリングにおける色の適用は、モデルの視覚的な魅力と機能性を大きく向上させることができます。
ここでは、色を効果的に使うためのポイントをまとめました。

1. 色の目的を理解する（識別・美観・機能）

色を使うと、モデルの異なる部分が区別しやすくなります。これは、特に複数のコンポーネントが組み合わさる複雑なモデルにおいて有効です。また、色を駆使することで、モデルをより美しく、また実際の製品に近い見た目にすることができます。　さらに、特定の機能を持つ部分に色を使うことで、その機能を直感的に理解しやすくなります。

2. 色の選択

モデルが現実のオブジェクトを表す場合には、実際のモノに近い色を選ぶことが重要です。また、色のコントラストを活用して、モデルの特定の特徴を強調することができます。例えば、重要な操作部分に明るい色を使用することで、視認性を高めることができます。

3. 色の一貫性

モデル全体で色の使用が一貫していることが重要です。特に、1つのプロジェクト内で複数のモデルを扱う場合、同じ色を同じ目的で使用することで、一貫性と専門性を保ちます。

4. マテリアルとテクスチャ

色だけでなく、マテリアルの質感や反射特性も考慮します。例えば、金属部分には光沢のあるテクスチャ、布部分にはマットなテクスチャを適用することで、よりリアルな見た目になります。

🟪 ファイルを保存してドキュメントを閉じよう

これで、**Section 5-2**のレッスンが終了しました。ファイルを保存してドキュメントを閉じましょう。

オリジナル定規に目盛りをつけよう

ここではオリジナル定規に目盛りをつけながら、モデリングの操作を学習します。手順通りに操作することで、フィーチャを指定した平面を基準に対称の位置に複製させる「鏡像」コマンドや、複製コマンドを連続して使用できる「マルチ変換を作成」コマンドの使い方を身につけることができます。

10mm間隔の目盛りをつけよう

まずはオリジナル定規の上面にスケッチを描き、「ポケット」コマンドでオリジナル定規に目盛りをつけます。次に「直線状パターン」コマンドで複製させて、オリジナル定規に10mm間隔の目盛りをつけていきます。

1 Section 5-2で作成したファイルを開きます。ツールバーの**「開く」ボタン**🗁をクリックして**「5-2節モデル」**を選択し、「Open」ボタンをクリックします。

2 メニューバーの「ファイル」➡「名前を付けて保存」（ shift ＋ ⌘ ＋ S ）を選択します。
保存用のダイアログボックスが表示されるので、「Save As」に**「5-3節モデル」**と入力して、「Save」ボタンをクリックします。

3 オリジナル定規の上面にスケッチを作成します。
1. モデルの上面をクリックして選択された状態で、**2.「スケッチを作成」ボタン**🖉をクリックします。

▼モデルの上面にスケッチを作成

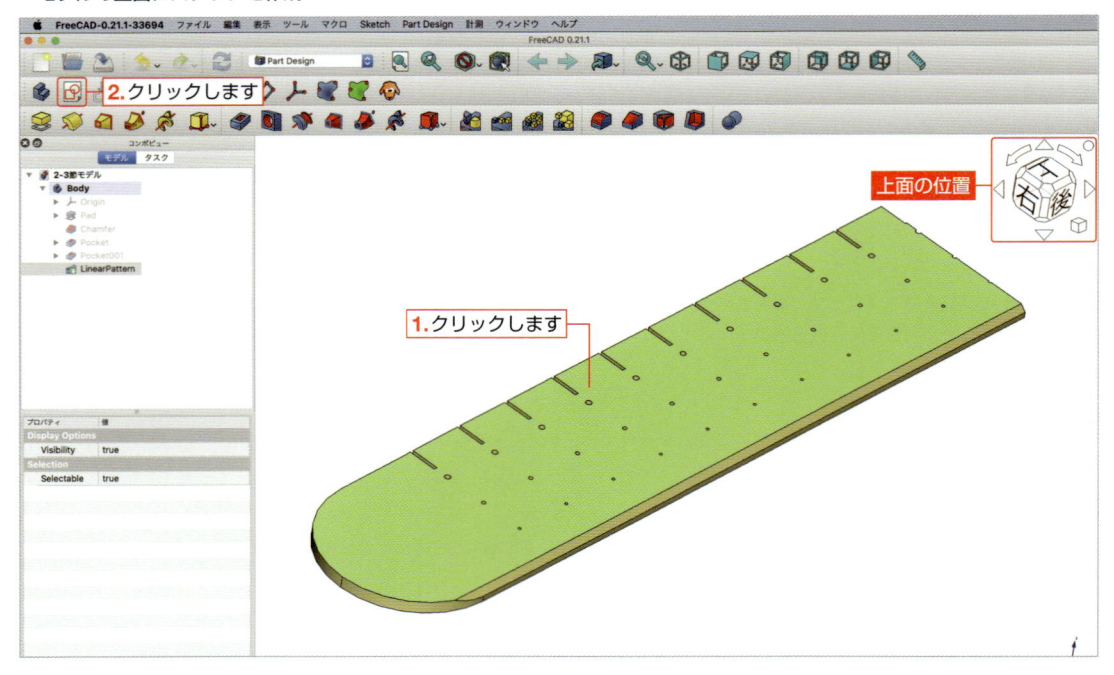

4 外部形状にリンクするエッジを作成します。

1.「外部ジオメトリーを作成」ボタンをクリックし、**2.** モデルの上辺をクリックします。

次に **3.「点を作成」ボタン**をクリックし、**4.** 先ほど作成したエッジ上でクリックして点を作成します。

▼外部形状にリンクするエッジおよび点の作成

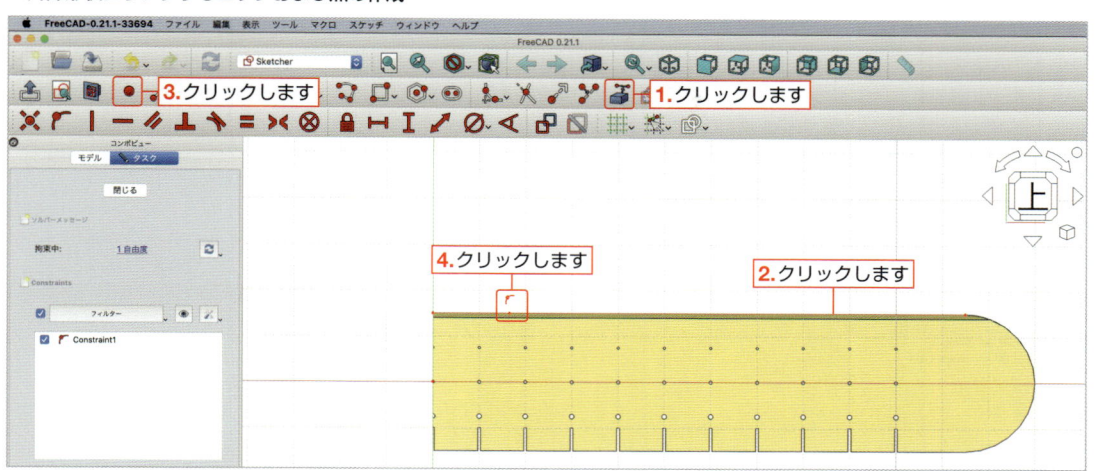

 **「点を作成」について**

「点を作成」ボタンは点を作る機能です。点の位置を指定するだけで点が作成されます。今回のようにエッジ上にマウスポインタ（カーソル）を合わせて**「オブジェクト上の点拘束」**させると、作成した点がエッジ上を動くように拘束されます。

5 **1.** esc キーを押して、**「点を作成」ボタン**を解除します。

次に、エッジの左端点と作成した点の水平距離を定めます。**2.** エッジの左端点と **3.** 作成した点をクリックします。2点が選択された状態で、**4.「水平距離拘束」ボタン**をクリックします。「長さを挿入」ダイアログボックスが表示されるので、**5.「長さ」に「10mm」**と入力し、**6.「OK」**ボタンをクリックします。

▼作成した点の位置拘束（水平距離拘束）

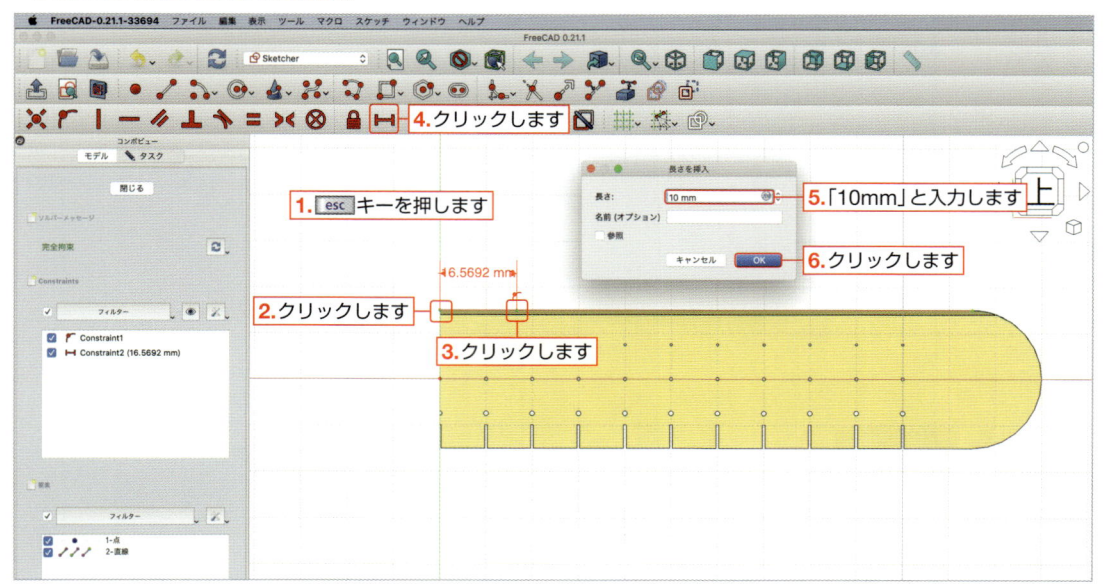

6 長方形を作成します。**1.「長方形を作成」ボタン**📱の右にある🔽をクリックし、**2.「四角形」**を選択します。**3.**エッジの左端点と作成した点の間で、かつエッジ上でクリックし、**4.**右下に移動して、適当な位置でクリックして長方形を描きます。

▼長方形の作成

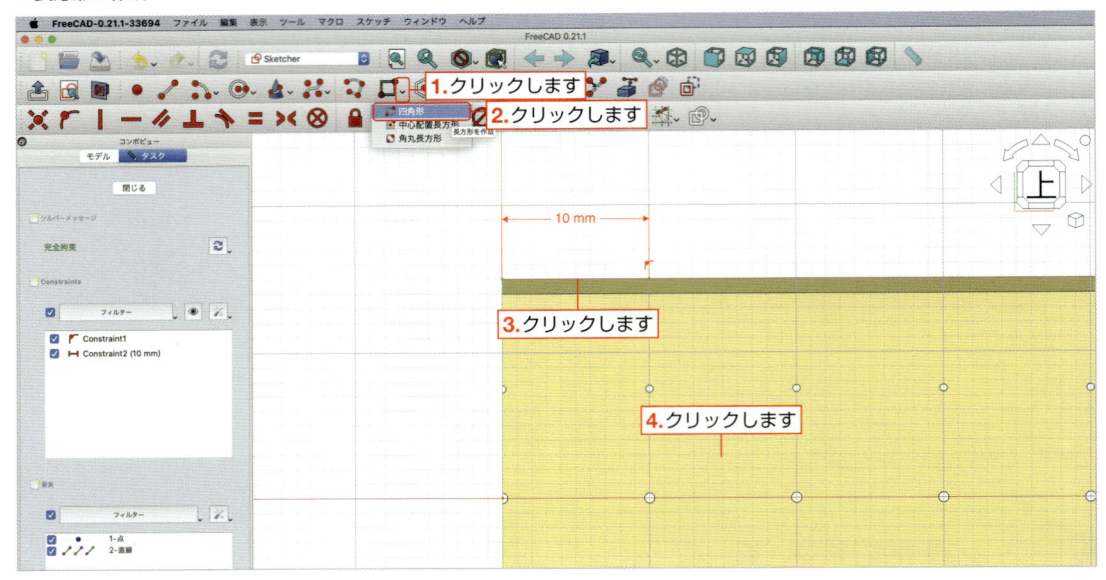

7 **1.** esc キーを押して、**「長方形を作成」ボタン**📱を解除します。
次に、エッジ上に作成した点を基準に長方形の左上端点と右上端点が対称となるように拘束します。
2.長方形の左上端点と **3.**右上端点をクリックします。**4.**エッジ上に作成した点をクリックして3つの点が選択された状態で、**5.「対称拘束」ボタン**🔀をクリックします。

▼対称拘束の作成

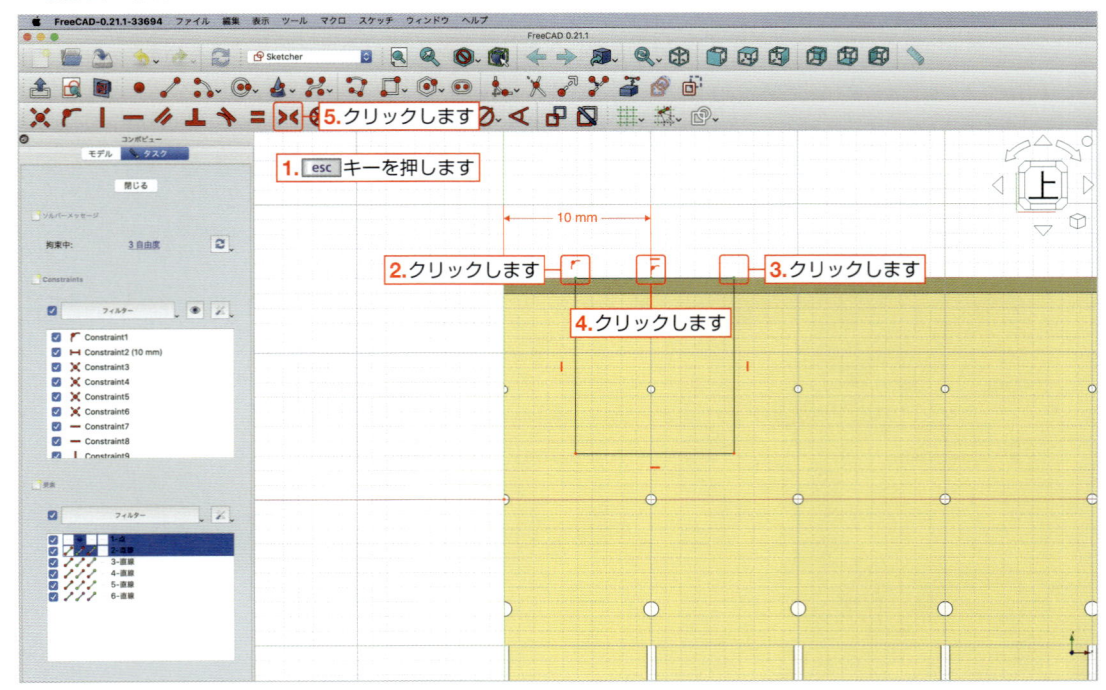

8 長方形の垂直寸法を定めます。**1.** 長方形の左上端点と **2.** 左下端点をクリックします。
2つの点が選択された状態で、**3.**「**垂直距離拘束**」**ボタン I** をクリックします。「長さを挿入」ダイアログボックスが表示されるので、**4.**「長さ」に「**4mm**」と入力し、**5.**「OK」ボタンをクリックします。

▼長方形の垂直距離拘束

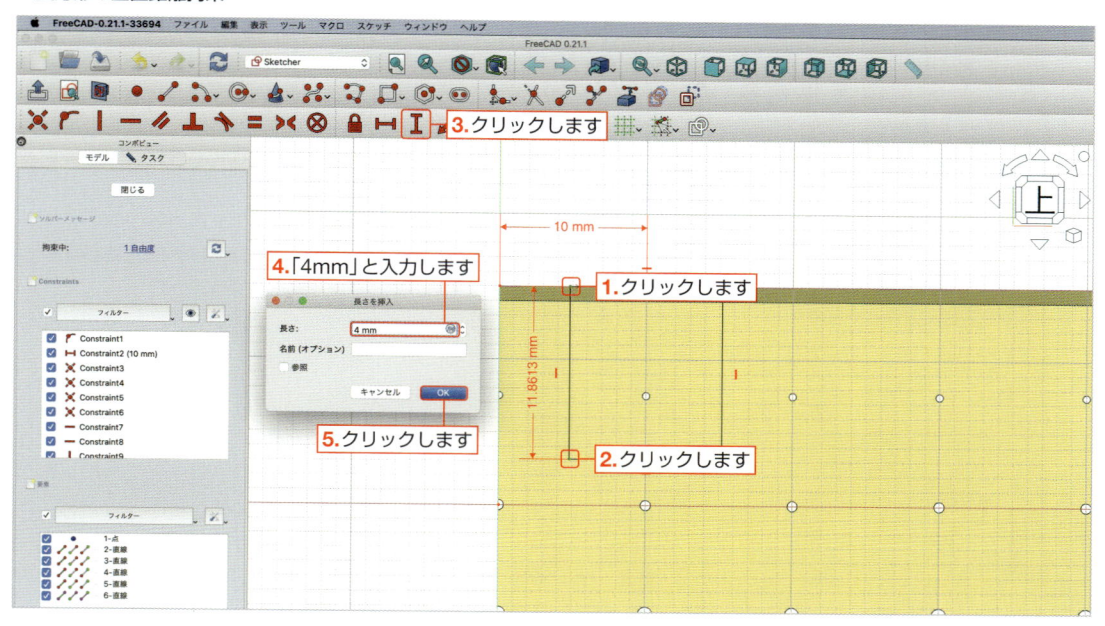

9 長方形の水平寸法を定めます。**1.** 長方形の左下端点と **2.** 右下端点をクリックします。2つの点が選択された状態で、**3.**「**水平距離拘束**」**ボタン** をクリックします。「長さを挿入」ダイアログボックスが表示されるので、**4.**「長さ」に「**0.2mm**」と入力し、**5.**「OK」ボタンをクリックします。

▼長方形の水平距離拘束

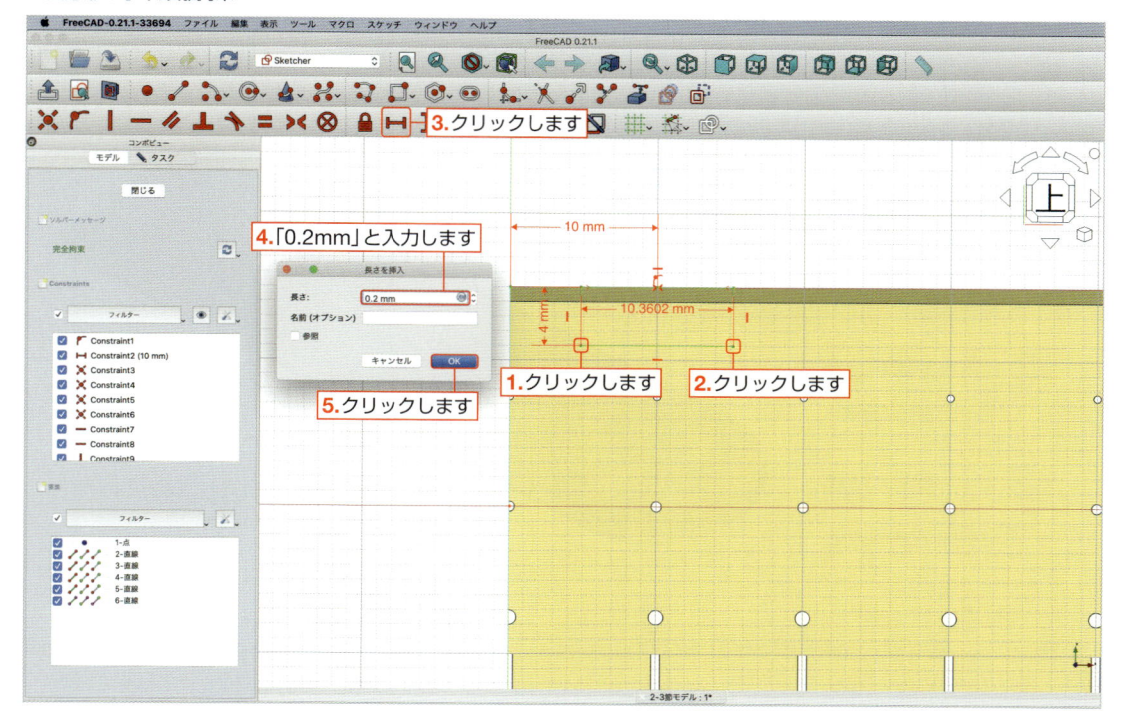

10 コンボビューの「ソルバーメッセージ」に「**完全拘束**」と表示されました。
コンボビューの「閉じる」をクリックして、スケッチを終了します。

▼スケッチの完全拘束

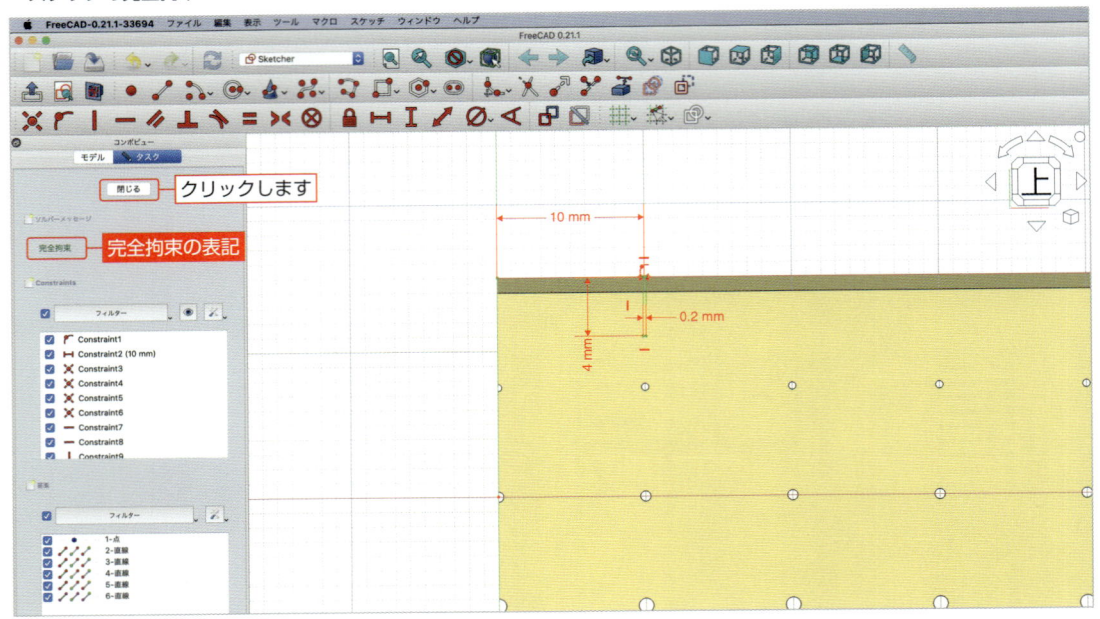

11 コンボビューに新しく「Sketch003」が作成されました。スケッチに対してポケットを作成します。
1. コンボビューの「**Sketch003**」を選択し、**2.「ポケット」ボタン** をクリックします。

▼ポケットの作成

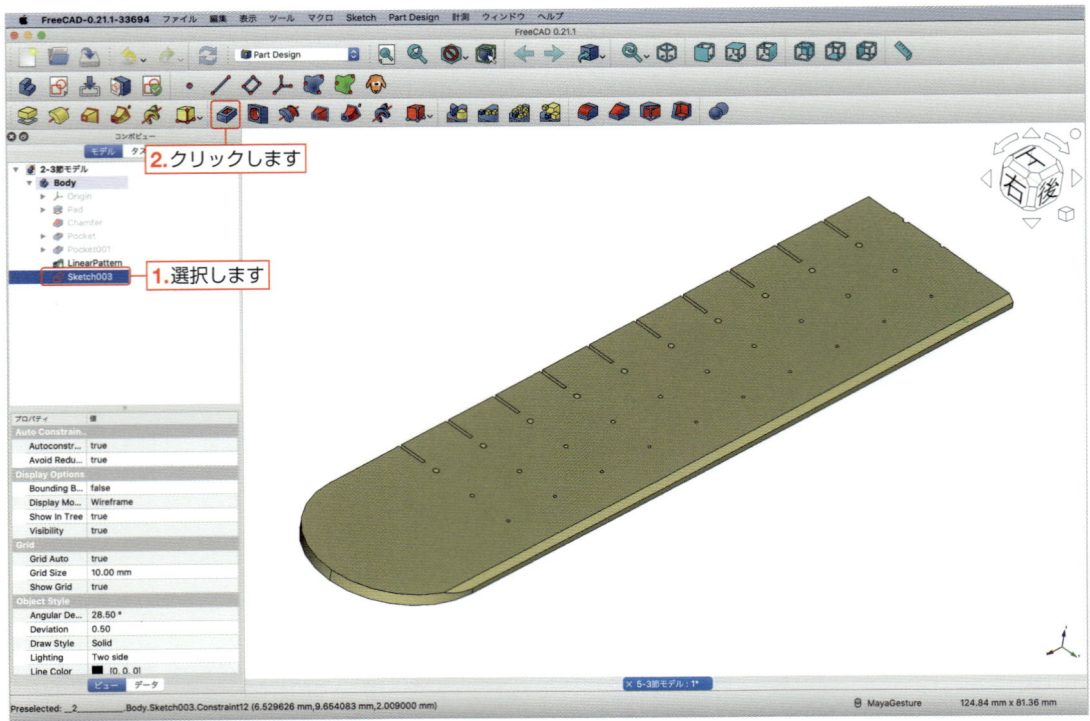

12 「**ポケットパラメーター**」が表示されます。**1.**「**タイプ**」を「**寸法**」に変更して、**2.**「**長さ**」に「**1mm**」と入力します。最後に **3.**「**OK**」ボタンをクリックして、オリジナル定規に目盛りをつけます。

▼ポケットパラメーターの設定

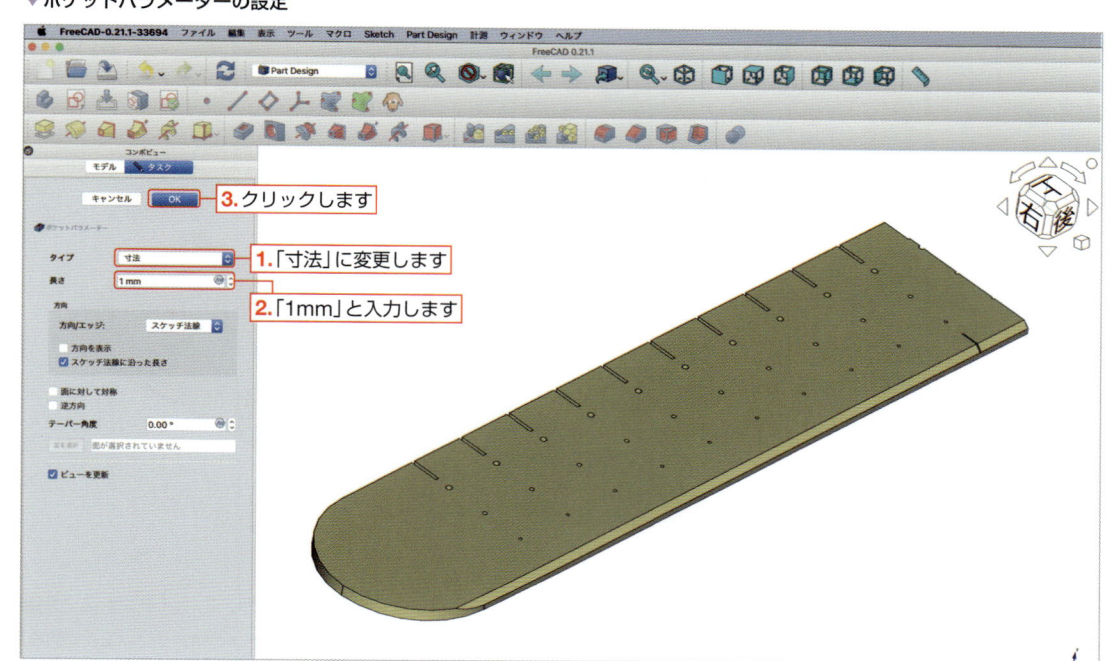

「ポケットパラメーター」のタイプ「寸法」について

　「**ポケットパラメーター**」にはタイプが5種類ありますが、ここではタイプ「**寸法**」について解説します。

　「**寸法**」には、「**長さ**」「**方向**」「**面に対して対称**」「**逆方向**」「**テーパー角度**」の5つの設定項目があります。

　❶「**長さ**」は減算（カット）させる量の設定です。

　❷「**方向**」はスケッチに対して減算（カット）させる方向の設定です。通常はスケッチに対して垂直の方向に減算（カット）させるため、「**スケッチ法線**」を選択しますが、任意方向の設定も可能です。例えば、**Chapter 9** で紹介するデータム線を作成して、その方向にしたい場合は「**参照を選択**」を選択して、作成した「**データム線**」を選びます。

　また、ベクトル表記で方向を設定したい場合は「**カスタム方向**」を選択し、ベクトル表記で方向を設定します。

　「**ポケット**」ではスケッチ平面に対して手前から奥行きの方向に減算（カット）させますが、❹「**逆方向**」にチェックを入れると反転して、奥行きから手前の方向に減算（カット）となります。

　❸「**面に対して対称**」にチェックを入れると、スケッチ平面に対して奥行方向と手前方向の両方向に減算（カット）となります。

　例えば「**長さ**」を「**10mm**」とした場合、スケッチ平面に対して奥行方向に5mm、手前方向に5mmの減算（カット）となります。

　❺「**テーパー角度**」はスケッチ平面を拡大させながら減算（カット）させる、あるいは縮小させながら減算（カット）させる設定になります。

　「**テーパー角度**」をプラスにすると減算（カット）方向に対してスケッチ平面は拡大されるように減算（カット）され、マイナスにすると縮小されるように減算（カット）されます。

　例えば、円のスケッチに対してテーパー角度を「-1°」に設定した場合、減算（カット）方向に対して円のスケッチが縮小されながら減算（カット）されていきます。このとき、減算（カット）された形状は円錐になり、その円錐の半頂角が1°となります。

▼「ポケットパラメーター」について

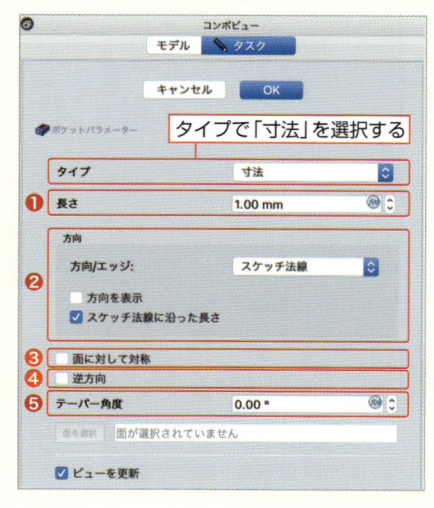

13 「ポケット」フィーチャを直線状に複製させます。
1. コンボビューの「Pocket002」を選択して、**2.**「**直線状パターン**」ボタン をクリックします。

▼「ポケット」フィーチャを直線状に複製

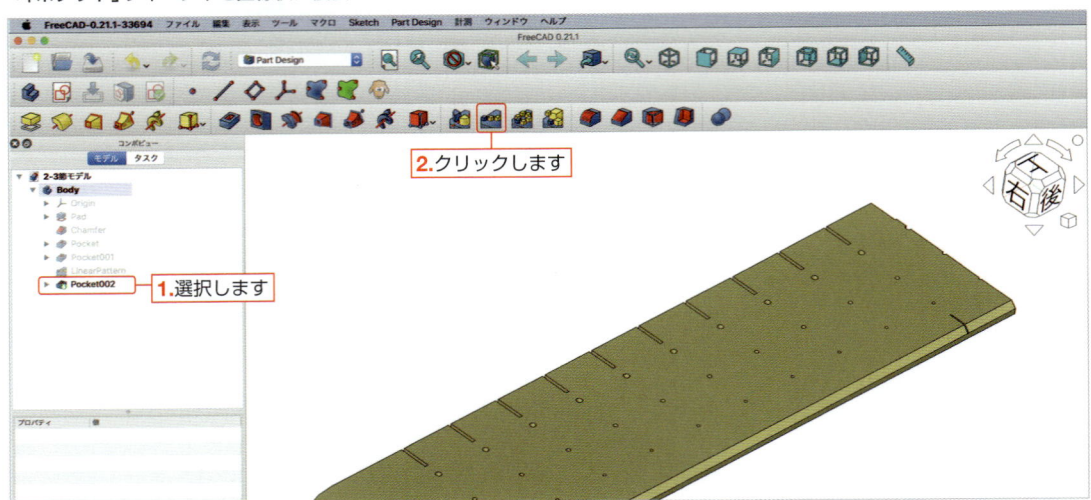

14 「**直線状パターンパラメーター**」が表示されます。**1.**「方向」を「**ベースX軸**」に変更して、**2.**「長さ」に「**90mm**」と入力します。**3.**「回数」に「**10**」と入力して、**コンボビュー**の「変換フィーチャメッセージ」に「**変換成功**」と表記されたことを確認して、**4.**「OK」ボタンをクリックします。

▼直線状パターンパラメーターの設定

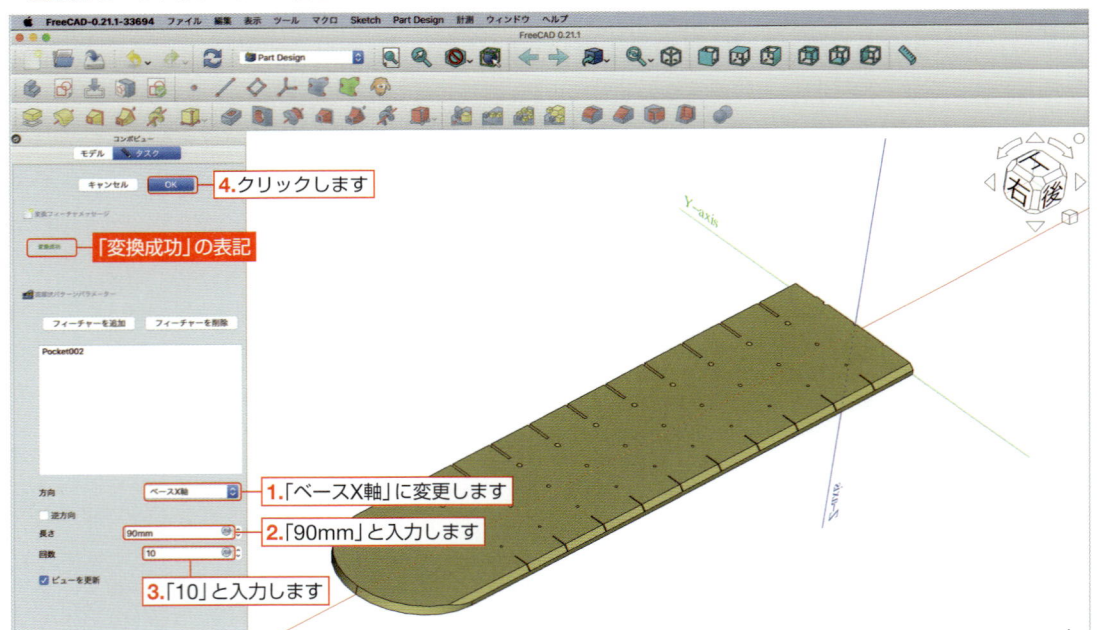

POINT

「直線状パターン」コマンドの復習

　今回の「**直線状パターンパラメーター**」では「フィーチャをベースX軸方向に等間隔で10個複製させ、かつ1番目と10番目のフィーチャの距離を90mmとする」という設定になります。

　つまり「10個のフィーチャを直線状に10mmの等間隔で並べる」ということです。

🟦 1mm間隔の目盛りをつけよう

　次に、オリジナル定規に1mm間隔の目盛りをつけていきます。今回もオリジナル定規の上面にスケッチを描き、「ポケット」コマンドでオリジナル定規に目盛りをつけます。

　ここでは「マルチ変換を作成」コマンドで複製させて、目盛りをつけていきましょう。

15 オリジナル定規の上面にスケッチを作成します。

1. モデルの上面をクリックして選択された状態で、**2.**「**スケッチを作成**」**ボタン**🖫をクリックします。

▼モデルの上面にスケッチを作成

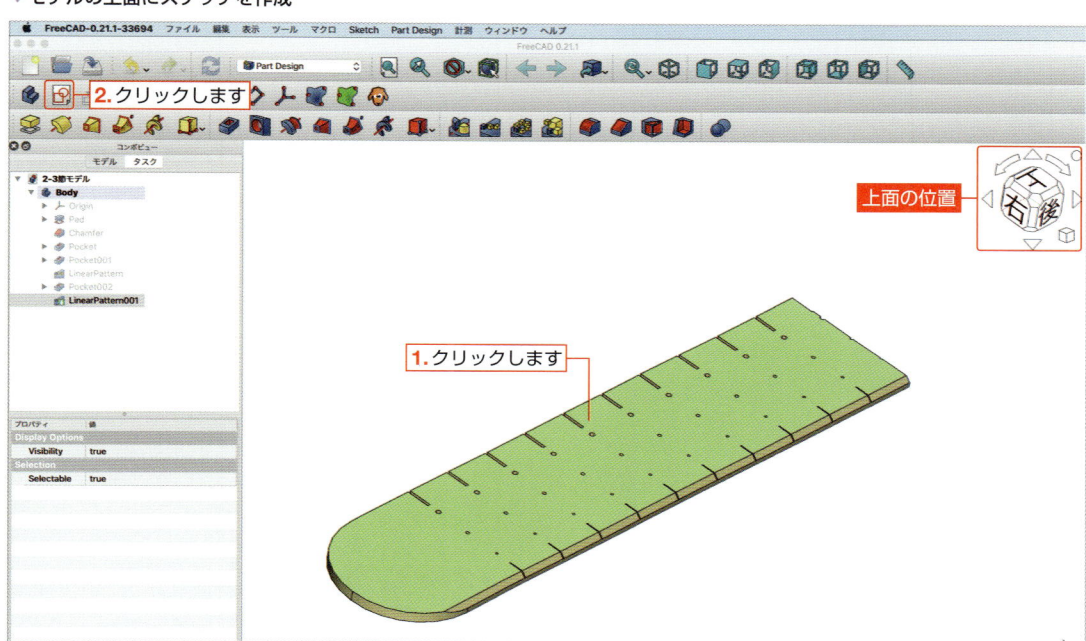

16 モデルの左上領域を拡大して、外部形状にリンクするエッジを作成します。

▼スケッチの拡大

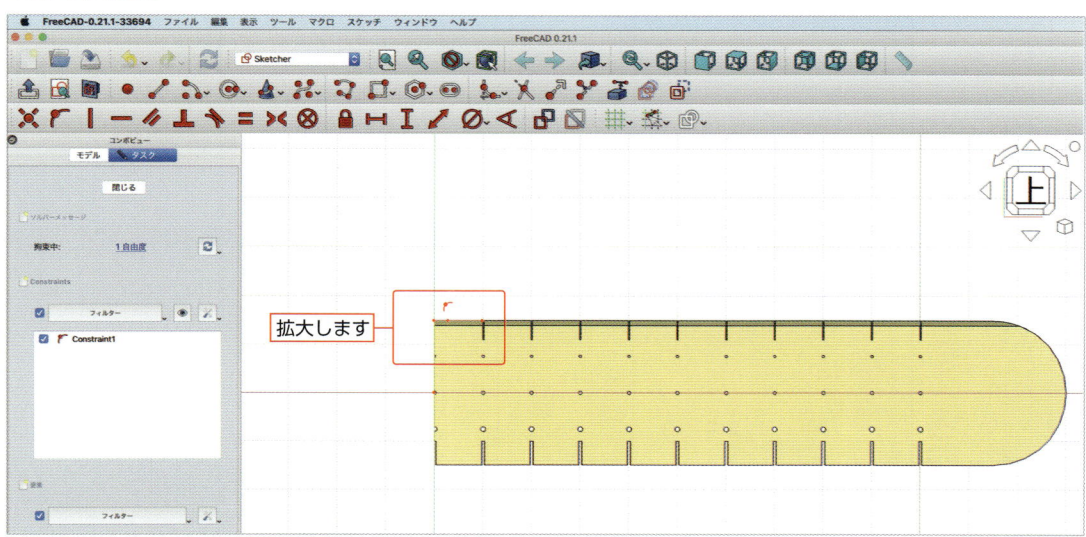

1. ツールバーの**「外部ジオメトリーを作成」ボタン**🔧をクリックし、**2.** モデルの上辺で、かつモデル上辺の左端点と1つ目の目盛りの間でクリックします。

次に **3.**「**点を作成」ボタン**●をクリックし、**4.** 作成したエッジ上でクリックして点を作成します。続いて、長方形を作成します。**5.**「**長方形を作成」ボタン**🔲の右にある✔をクリックし、**6.**「**四角形**」を選択します。

▼外部形状にリンクするエッジと点の作成

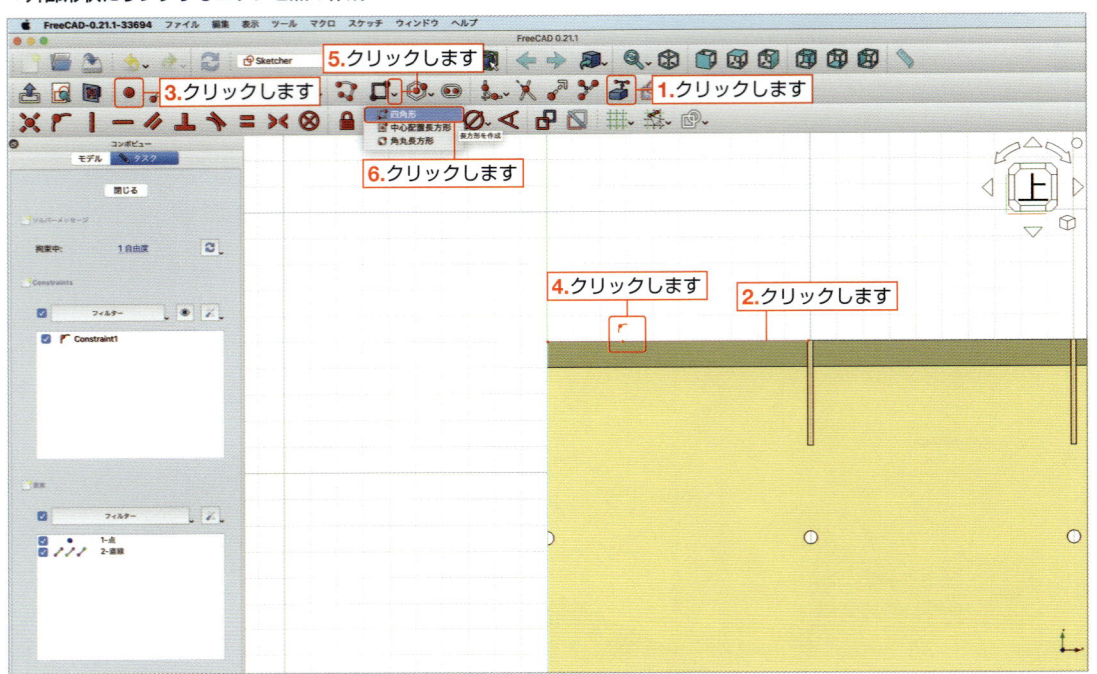

17 **1.** 先ほど作成した点よりも左側で、かつエッジ上でクリックします。
2. 右下に移動して、先ほど作成した点よりも右側でクリックして長方形を描きます。

▼長方形の作成

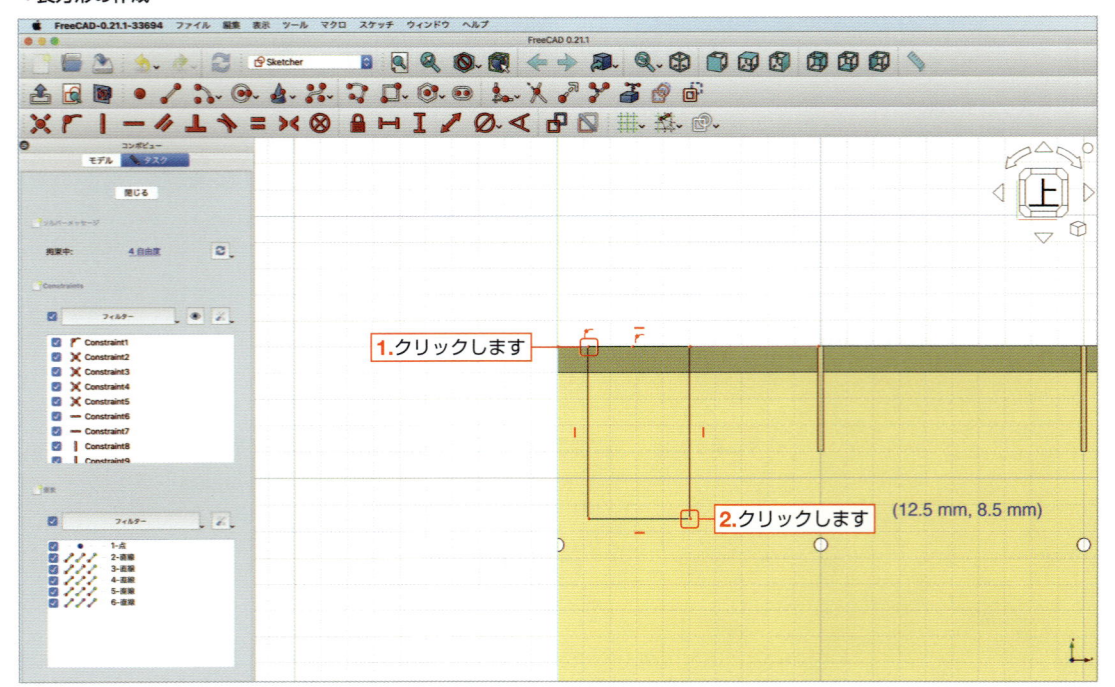

18 **1.** [esc] キーを押して、**「長方形を作成」ボタン**□を解除します。

次に、作成した点を基準に、長方形の左上端点と右上端点が対称となるように拘束します。

2. 長方形の左上端点と **3.** 右上端点をクリックします。**4.** エッジ上に作成した点をクリックして、3つの点が選択された状態で、**5.** **「対称拘束」ボタン**≫をクリックします。

▼対称拘束の方法

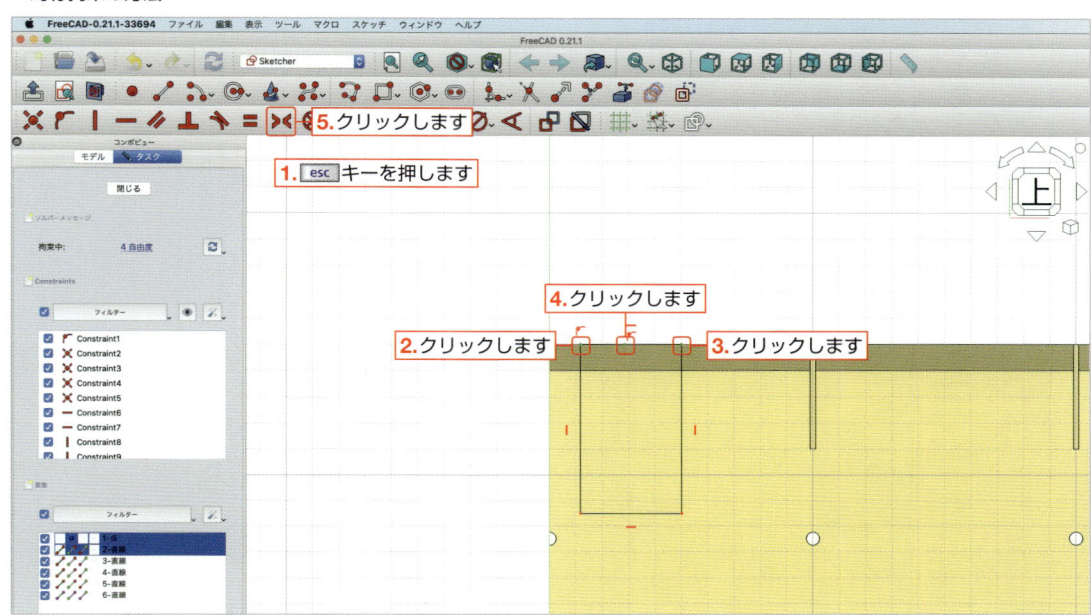

19 エッジ上に作成した点とエッジ左端点との水平寸法を拘束します。**1.** エッジの左端点と **2.** エッジ上に作成した点をクリックします。2つの点が選択された状態で、**3.** **「水平距離拘束」ボタン**↦をクリックします。

「長さを挿入」ダイアログボックスが表示されるので、**4.** **「1mm」** と入力して、**5.** **「OK」** ボタンをクリックします。

▼エッジ上に作成した点とエッジ左端点との水平寸法を拘束

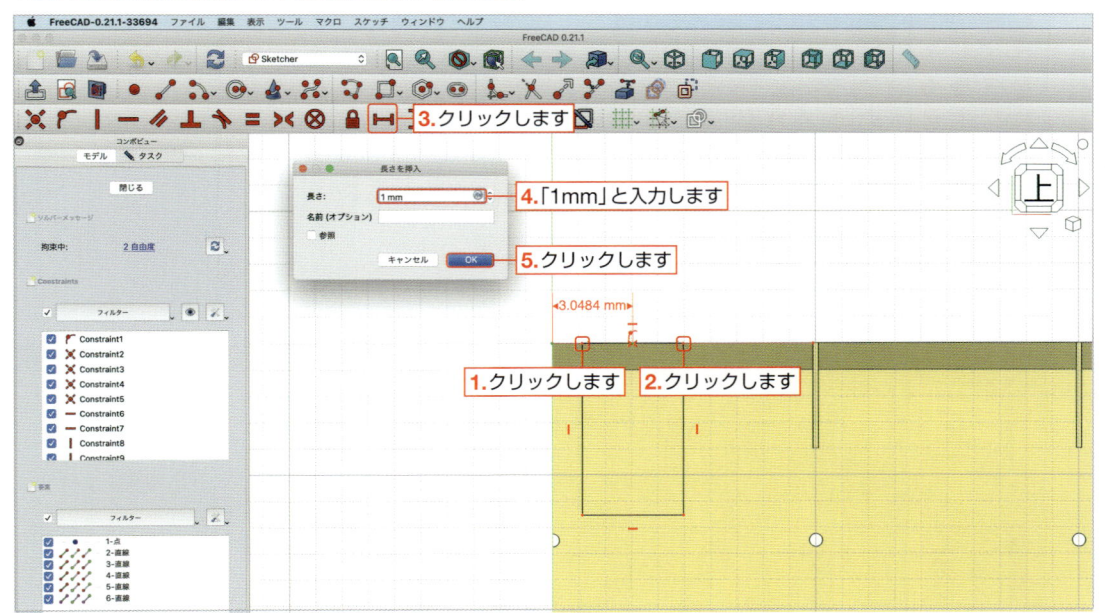

20 長方形の垂直寸法を拘束します。**1.**長方形の左上端点と**2.**左下端点をクリックします。2つの点が選択された状態で、**3.「垂直距離拘束」ボタンⅠ**をクリックします。

「長さを挿入」ダイアログボックスが表示されるので、**4.「3mm」**と入力して、**5.「OK」**ボタンをクリックします。

▼長方形の垂直寸法を拘束

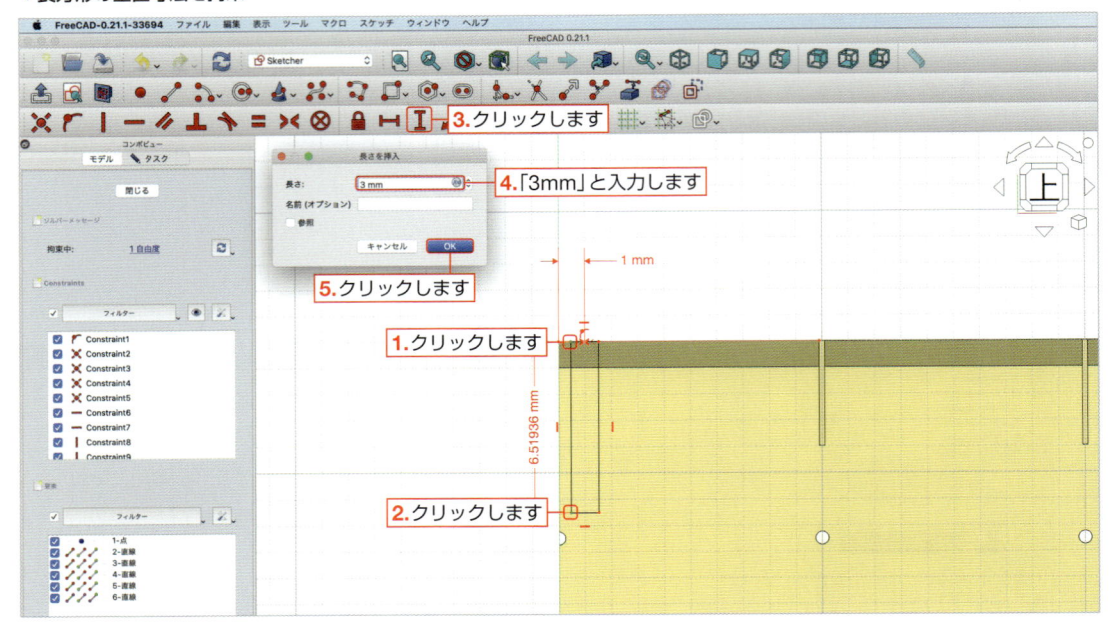

21 長方形の水平寸法を拘束します。**1.**長方形の左下端点と**2.**右下端点をクリックします。2つの点が選択された状態で、**3.「水平距離拘束」ボタン**をクリックします。

「長さを挿入」ダイアログボックスが表示されるので、**4.「0.2mm」**と入力して、**5.「OK」**ボタンをクリックします。

▼長方形の水平寸法を拘束

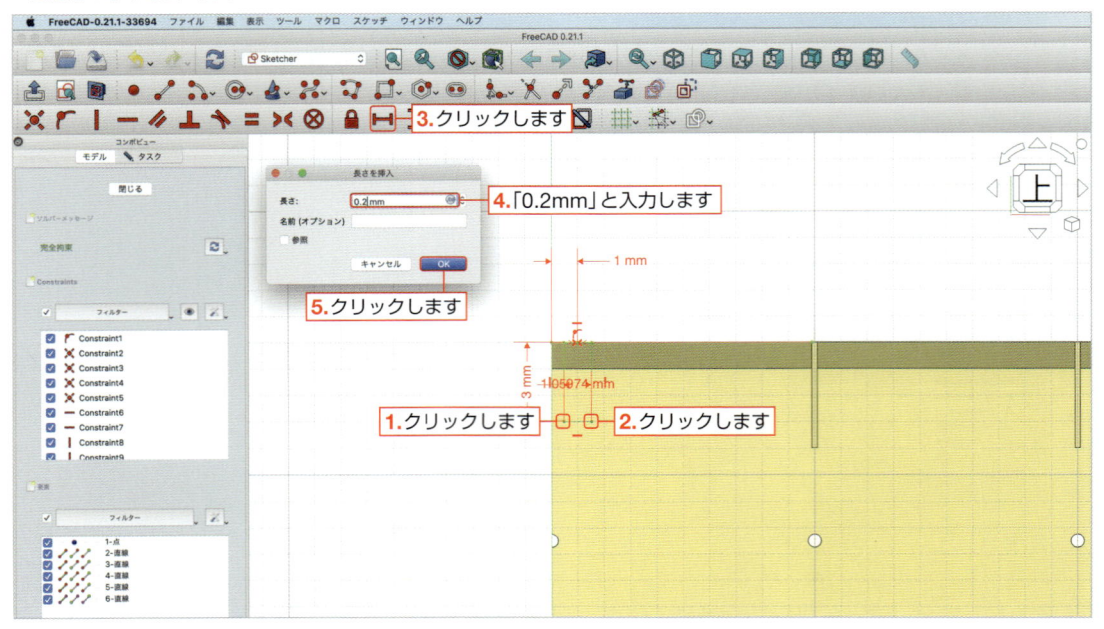

22 コンボビューの「ソルバーメッセージ」に「**完全拘束**」と表示されました。
スケッチを閉じるために、**コンボビュー**の「閉じる」をクリックしてスケッチを終了します。

▼スケッチの完全拘束

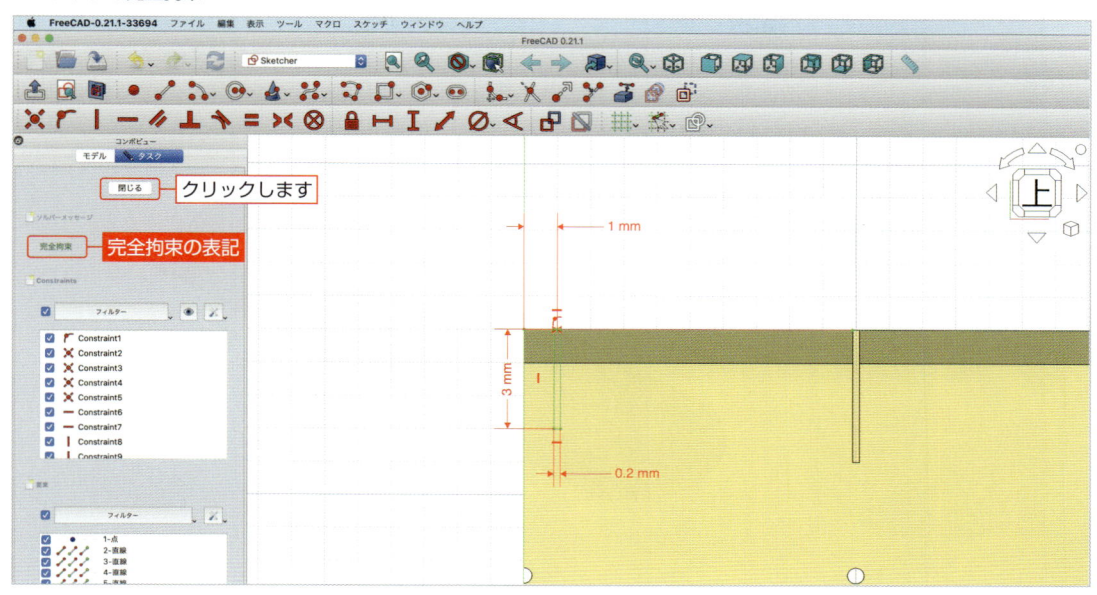

🔷 目盛りをつけよう

作成したスケッチを使って、モデルの上面に目盛りをつけていきましょう。
今回もモデルを削る「ポケット」コマンドを使用します。

23 コンボビューに新しく「Sketch004」が作成されました。スケッチに対してポケットを作成します。
1.コンボビューの「Sketch004」を選択し、**2.**「**ポケット**」ボタン🔷をクリックします。

▼ポケットの作成

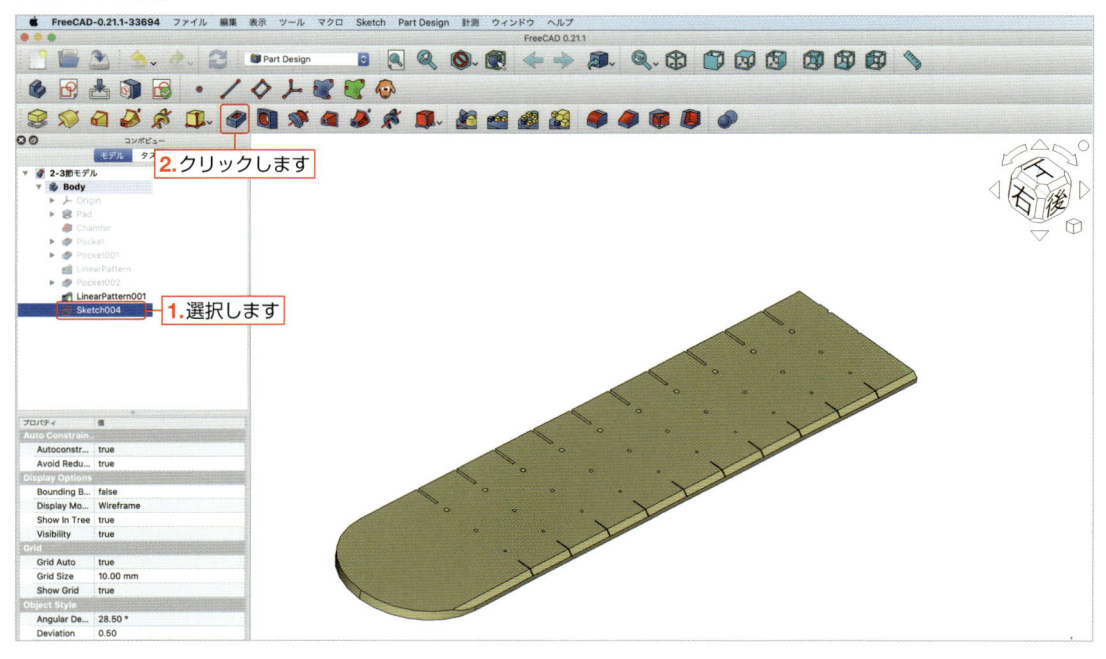

24 「**ポケットパラメーター**」が表示されます。**1.**「タイプ」を「寸法」に変更して、**2.**「長さ」に「**1mm**」と入力します。最後に **3.**「OK」ボタンをクリックして、オリジナル定規に目盛りをつけます。

▼ポケットパラメーターの設定

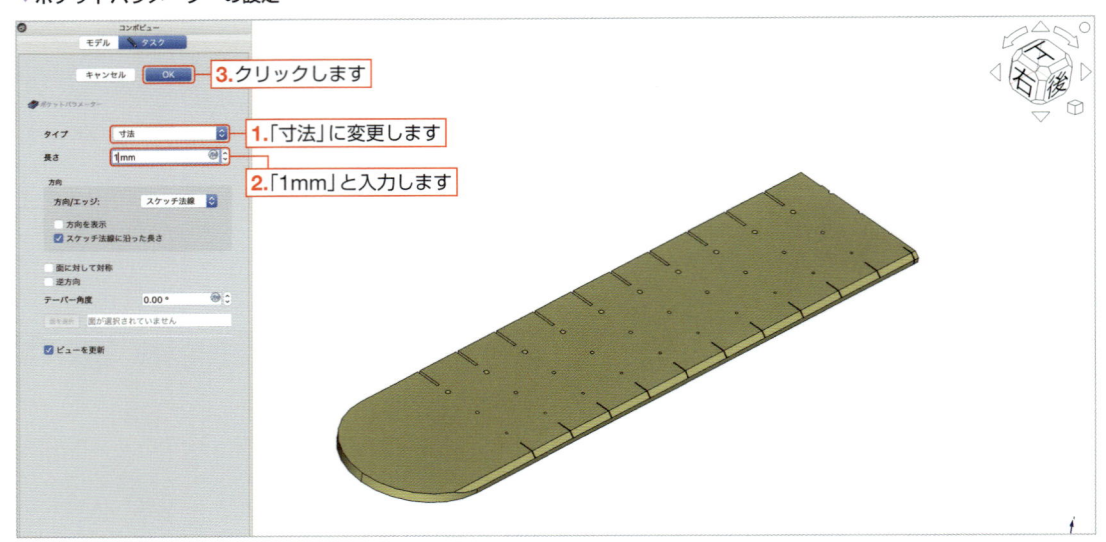

🔷 1mm間隔で目盛りをつけよう

先ほど作った目盛りを1mm間隔で複製させていきます。

まずオリジナル定規の端から9mmの位置まで等間隔に9個の目盛りをつけます。

次に、その9個の目盛りをオリジナル定規の端から100mmの位置まで等間隔に9箇所複製させます。

ここでは「マルチ変換」コマンドを使って、「直線状パターン」を2回繰り返す方法を学習していきましょう。

25 「ポケット」フィーチャを直線状に複製させ、さらに複製させたフィーチャを直線状に複製させます。
1. コンボビューの「Pocket003」を選択し、**2.**「マルチ変換を作成」ボタン🔲をクリックします。

▼マルチ変換

26 「**マルチ変換パラメーター**」が表示されます。「配置変換」の **1.「右クリックして追加」**を右クリックし、**2.「直線状パターンを追加」**を選択します。

▼マルチ変換パラメーターの設定1

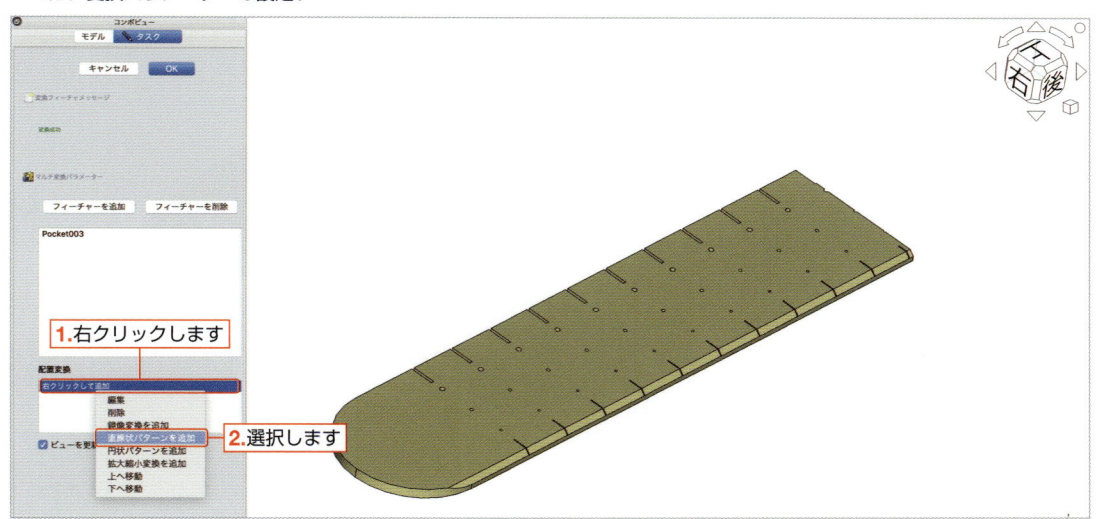

27 **1.**「方向」を「ベースX軸」に変更して、**2.**「長さ」に「**8mm**」と入力します。
3.「回数」に「**9**」と入力して、**4.**「OK」ボタンをクリックします。

▼マルチ変換パラメーターの設定2

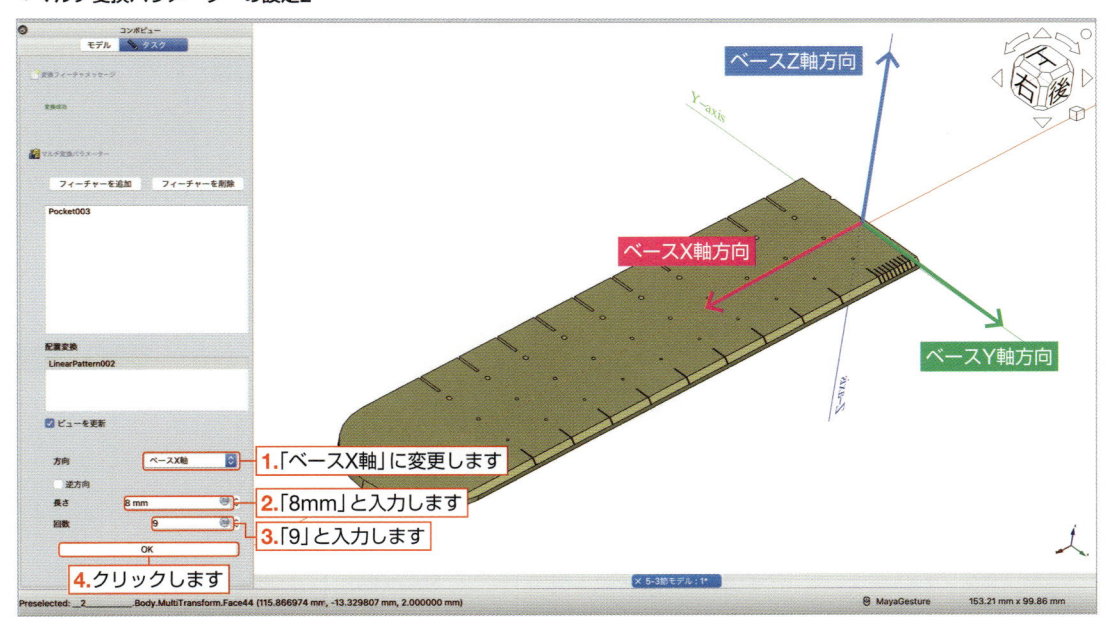

POINT 「**直線状パターン**」コマンドの復習

　今回の「**直線状パターンパラメーター**」では「フィーチャをベースX軸方向に等間隔で9個複製させ、かつ1番目と9番目のフィーチャの距離を8mmとする」という設定になります。つまり、「9個のフィーチャを直線状に1mmの等間隔で並べる」ということです。

28 **1.**「配置変換」で「LinearPattern002」を右クリックし、**2.「直線状パターンを追加」**を選択します。

▼マルチ変換パラメーターの設定3

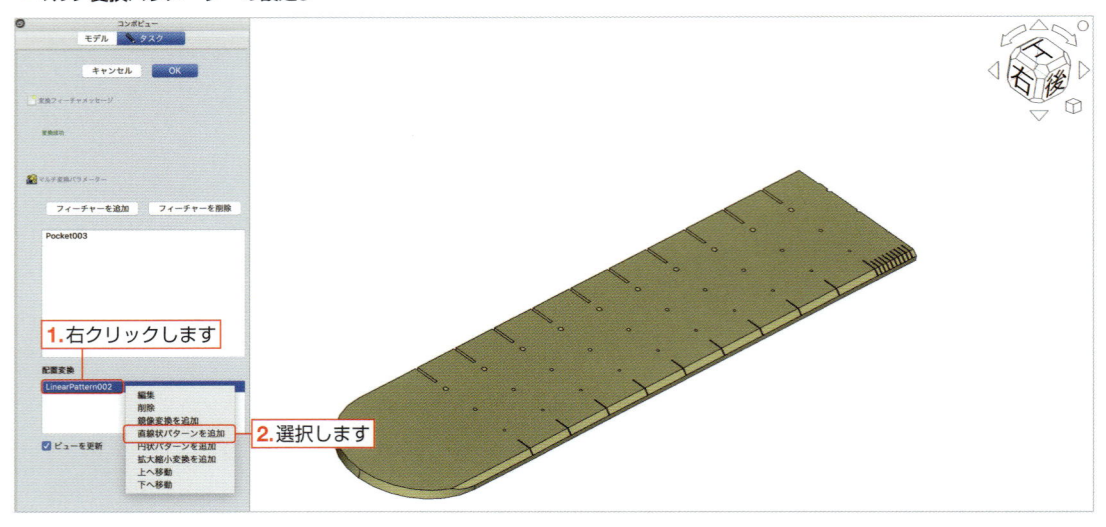

29 **1.**「方向」を**「ベースX軸」**に変更して、**2.**「長さ」に「**90mm**」と入力します。
3.「回数」に「**10**」と入力して、**4.**「OK」ボタンをクリックします。

▼マルチ変換パラメーターの設定4

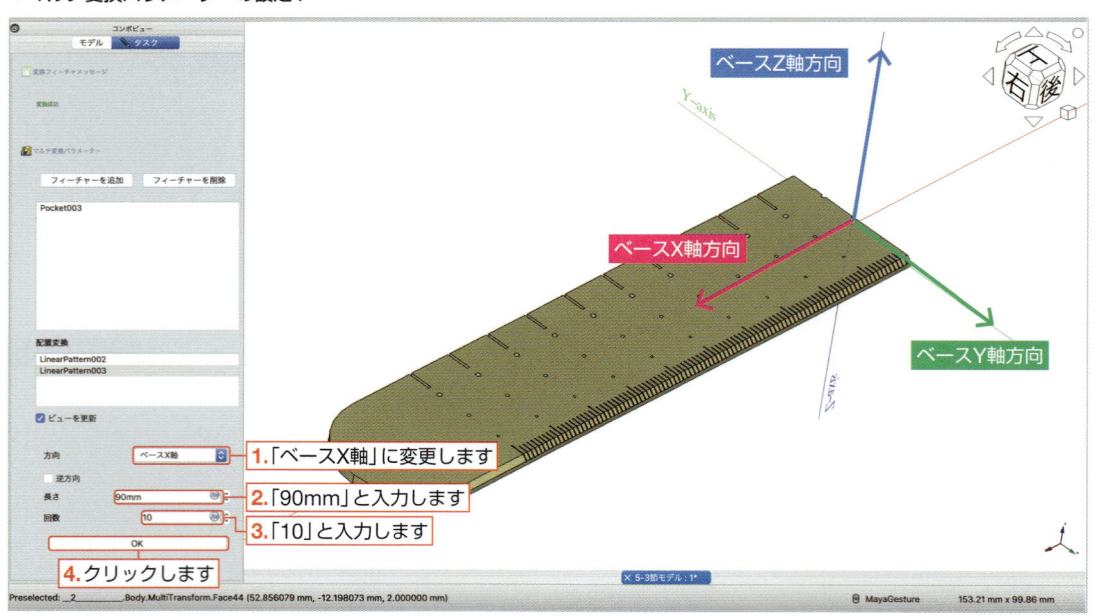

「マルチ変換を作成」について

　「マルチ変換を作成」コマンドでは1回目で複製させた全てのフィーチャを1つの要素とし、2回目ではその要素を複製させます。つまり今回の「マルチ変換を作成」コマンドでは、1回目の直線状パターンで「**9個のフィーチャを直線状に1mmの等間隔で並べて複製**」させ、それを1つの要素とし、2回目の直線状パターンで「**10個の要素を直線状に10mmの等間隔で並べて複製**」させています。

　このように「マルチ変換を作成」コマンドを活用すると、複製させた全てのフィーチャを1つの要素とし、その要素を複製させることができます。複製の方法には「鏡像」「直線状パターン」「円状パターン」の3種類あります。「鏡像」については Section 5-3 の212ページ、「円状パターン」については Chapter 8 で解説します。

▼ マルチ変換について

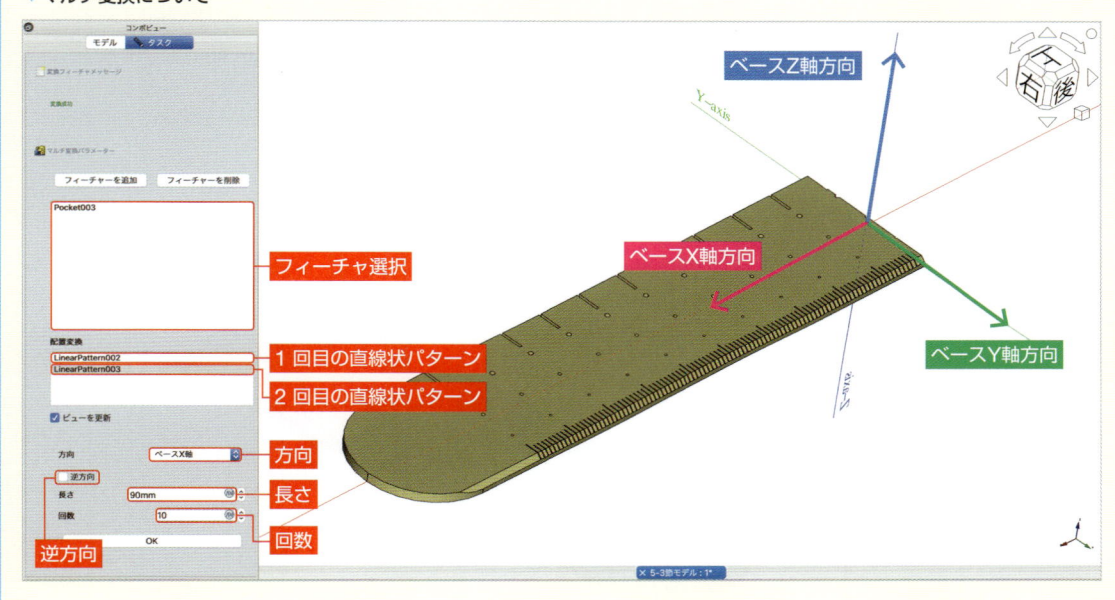

30 **コンボビュー**の「変換フィーチャメッセージ」に **変換成功** と表記されたことを確認して、「OK」ボタンをクリックします。

▼ 変換成功の表記

50mm間隔の目盛りをつけよう

続いて、オリジナル定規に50mm間隔の目盛りをつけていきます。

オリジナル定規の上面にスケッチを描いて、「ポケット」コマンドでオリジナル定規に目盛りをつけた後、今度は「直線状パターン」コマンドで複製させて、オリジナル定規に50mm間隔の目盛りをつけます。

31 オリジナル定規の上面にスケッチを作成します。

1. モデルの上面をクリックして選択された状態で、**2.「スケッチを作成」ボタン** をクリックします。

▼モデルの上面にスケッチを作成

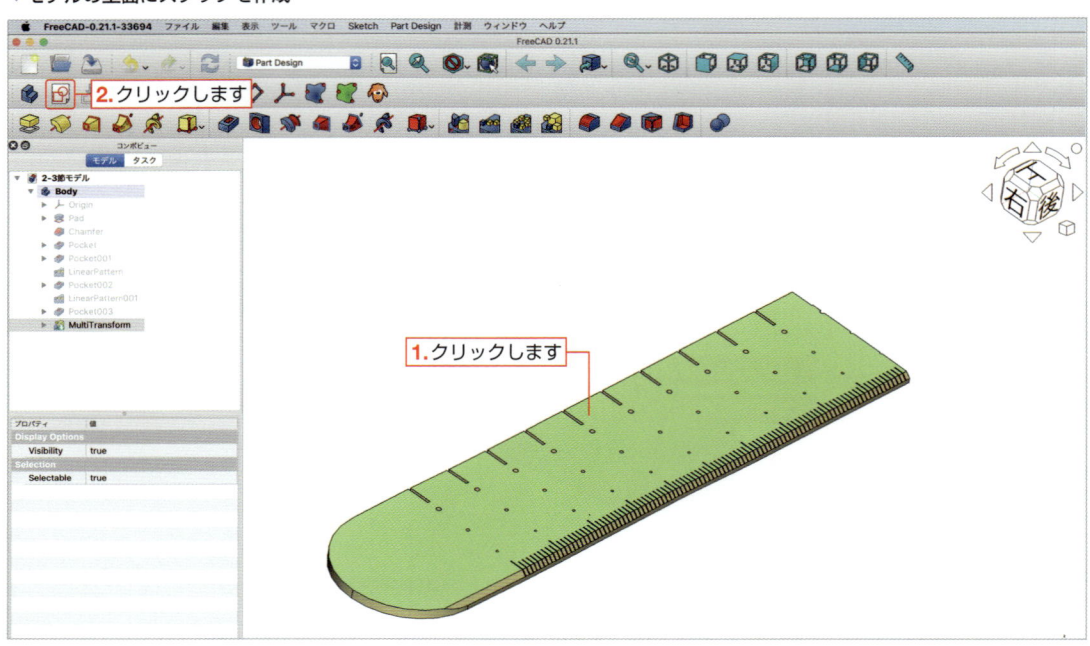

32 モデル上辺にある10mm間隔でつけた目盛りのうち、モデル左辺から右側に50mmの位置にある10mm間隔の目盛り下辺の領域を拡大します。外部形状にリンクするエッジを作成します。

1.「外部ジオメトリーを作成」ボタン をクリックし、**2.**10mm間隔の目盛り下辺をクリックします。

次に長方形を作成します。**3.「長方形を作成」ボタン** の右にある をクリックし、**4.「四角形」** を選択します。

▼スケッチの拡大1

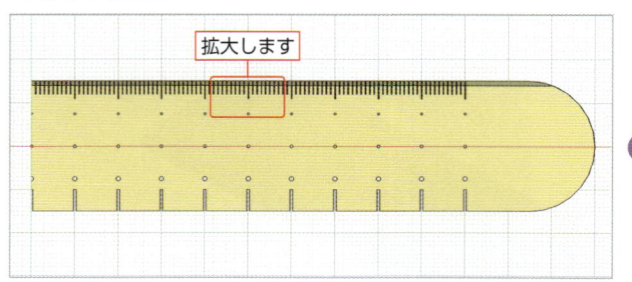

▼スケッチの拡大2

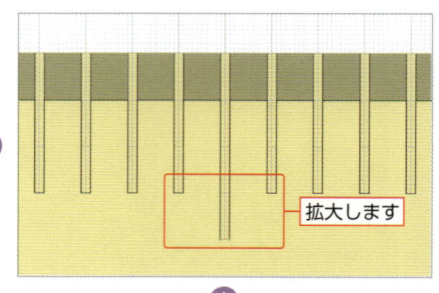

▼外部形状にリンクするエッジと長方形の作成

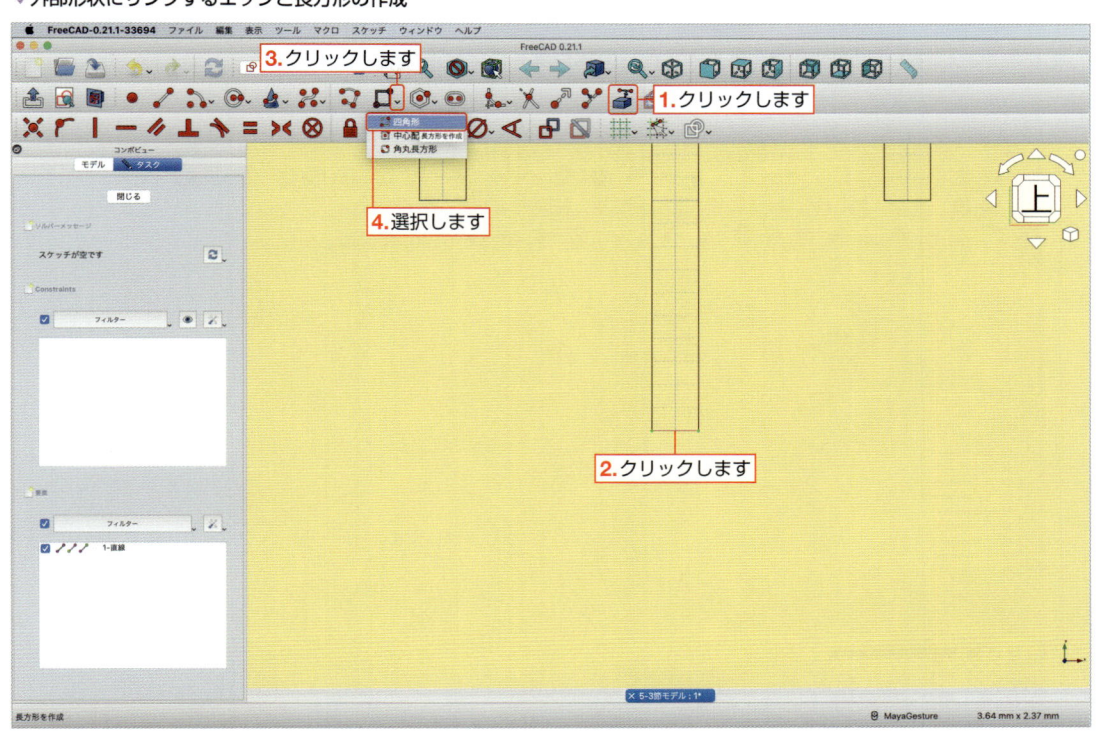

33 **1.** エッジの左端点でクリックし、**2.** 右下に移動して、適当な位置でクリックして長方形を描きます。

▼長方形の作成

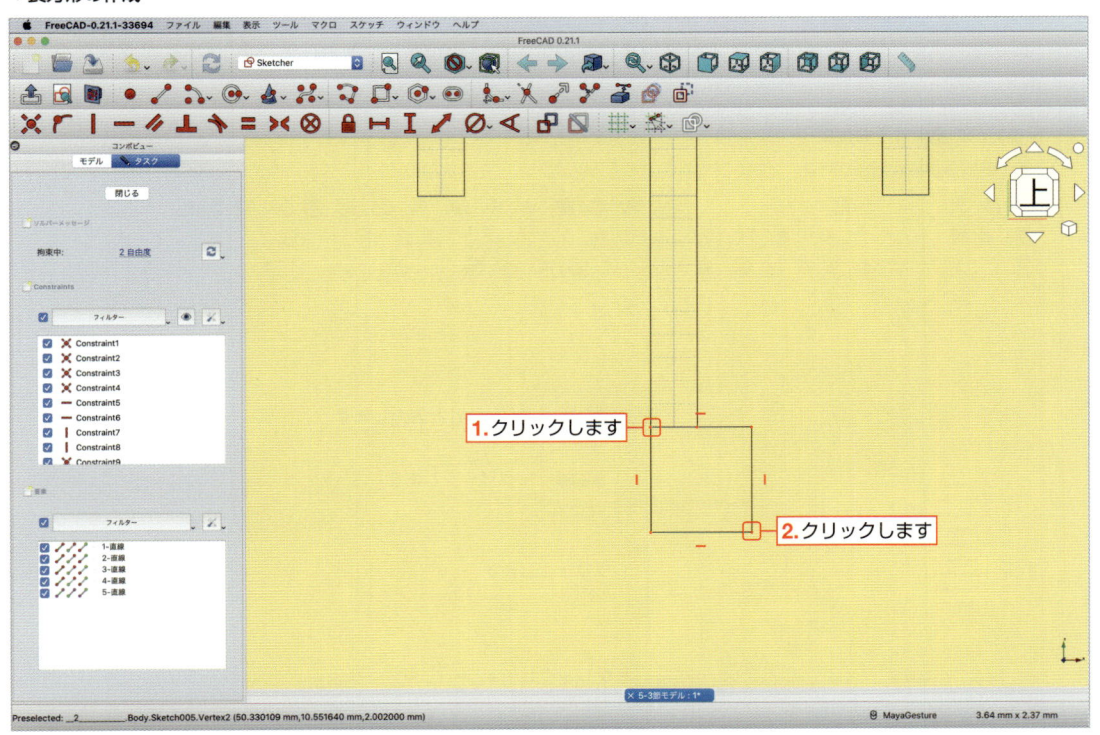

34 **1.** `esc` キーを押して、**「長方形を作成」ボタン**を解除します。

次に、エッジ右端点と長方形の右上端点を一致させます。**2.** エッジの右端点と **3.** 長方形の右上端点をクリックします。2つの点が選択された状態で、**4.「一致拘束」ボタン**をクリックします。

▼一致拘束の方法

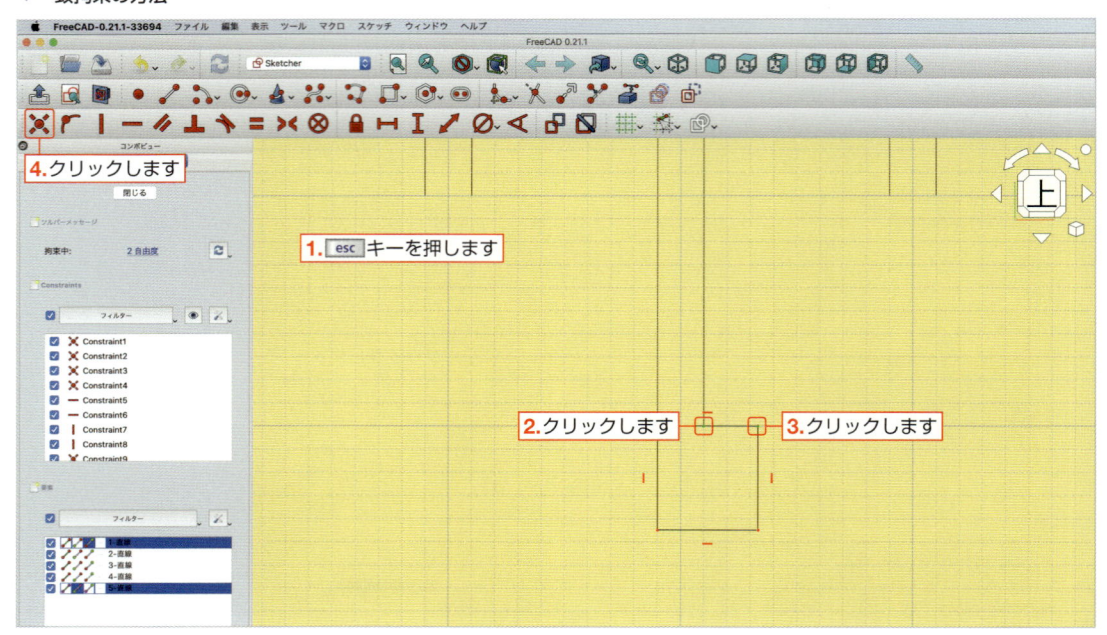

35 長方形の垂直寸法を拘束します。**1.** 長方形の左上端点と **2.** 左下端点をクリックします。2つの点が選択された状態で、**3.「垂直距離拘束」ボタン**をクリックします。

「長さを挿入」ダイアログボックスが表示されるので、**4.「2mm」**と入力して、**5.「OK」**ボタンをクリックします。

▼長方形の垂直寸法を拘束

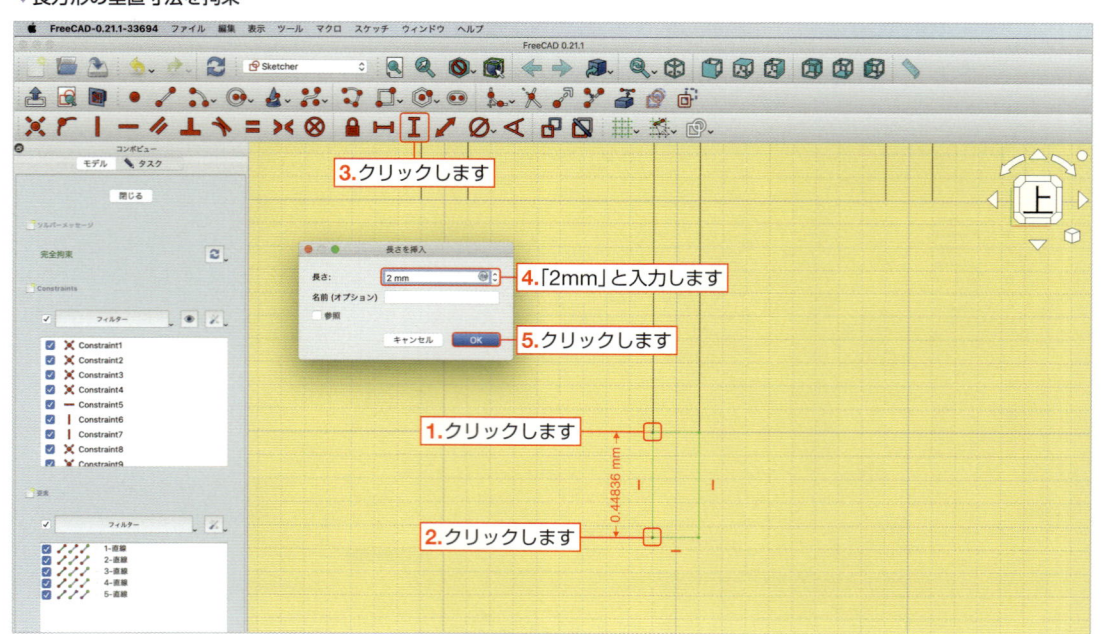

36 コンボビューの「ソルバーメッセージ」に「**完全拘束**」と表示されます。
スケッチを閉じるために、**コンボビュー**の「閉じる」をクリックして、スケッチを終了します。

▼スケッチの完全拘束

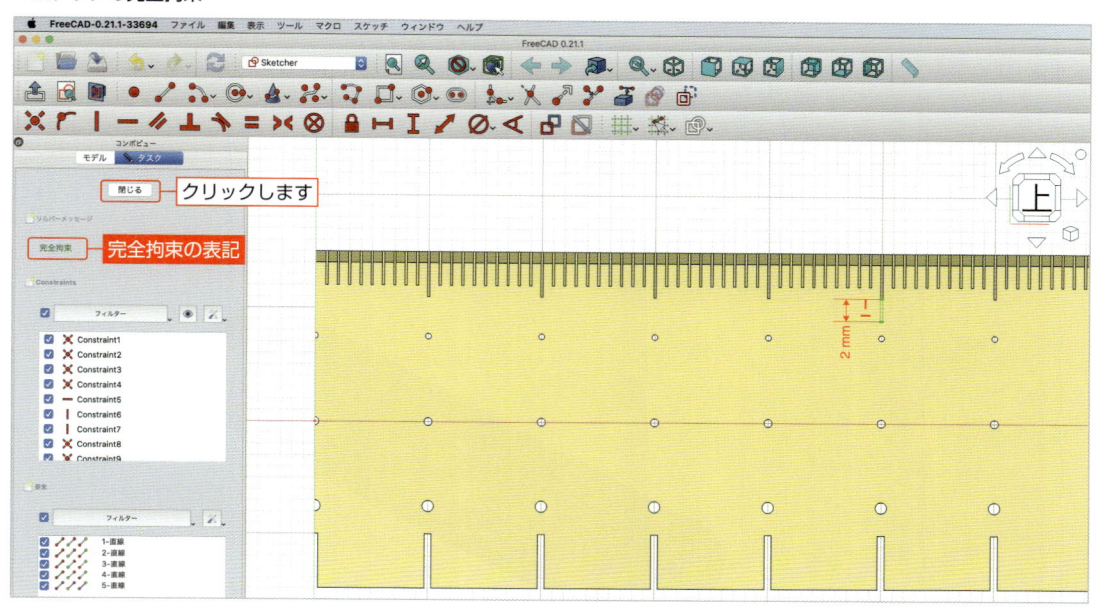

🔷 目盛りをつけよう

作成したスケッチを使って、モデルの上面に目盛りをつけていきましょう。
ここでは、モデルを削る「ポケット」コマンドを使用します。

37 コンボビューに新しく「Sketch005」が作成されました。スケッチに対してポケットを作成します。
1. コンボビューの「Sketch005」を選択し、**2.**「**ポケット**」ボタン🔲をクリックします。

▼ポケットの作成

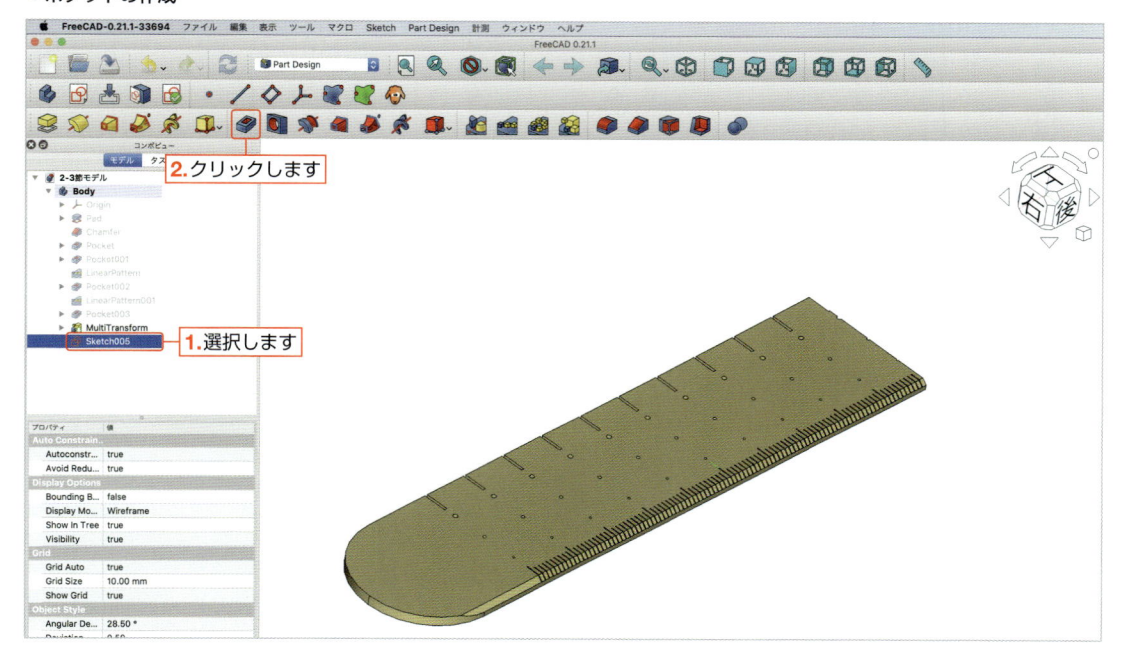

38 「**ポケットパラメーター**」が表示されます。**1.**「タイプ」を「寸法」に変更して、**2.**「長さ」に「**1mm**」と入力します。最後に **3.**「OK」ボタンをクリックして、オリジナル定規に目盛りをつけます。

▼ポケットパラメーターの設定

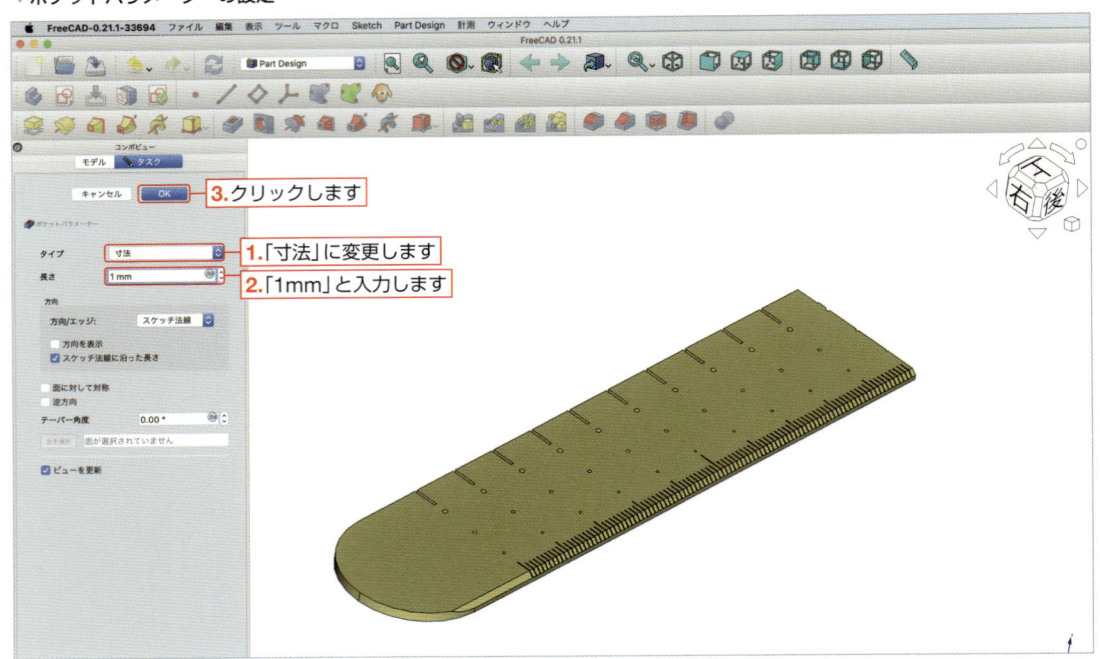

🗊 目盛りを直線状に複製させよう

「直線状パターン」コマンドを使って、先ほど作成したポケットを複製させてみましょう。

39 「ポケット」フィーチャを直線状に複製させます。
1. コンボビューの「Pocket004」を選択して、**2.** 「**直線状パターン**」ボタン📷をクリックします。

▼「ポケット」フィーチャを直線状に複製

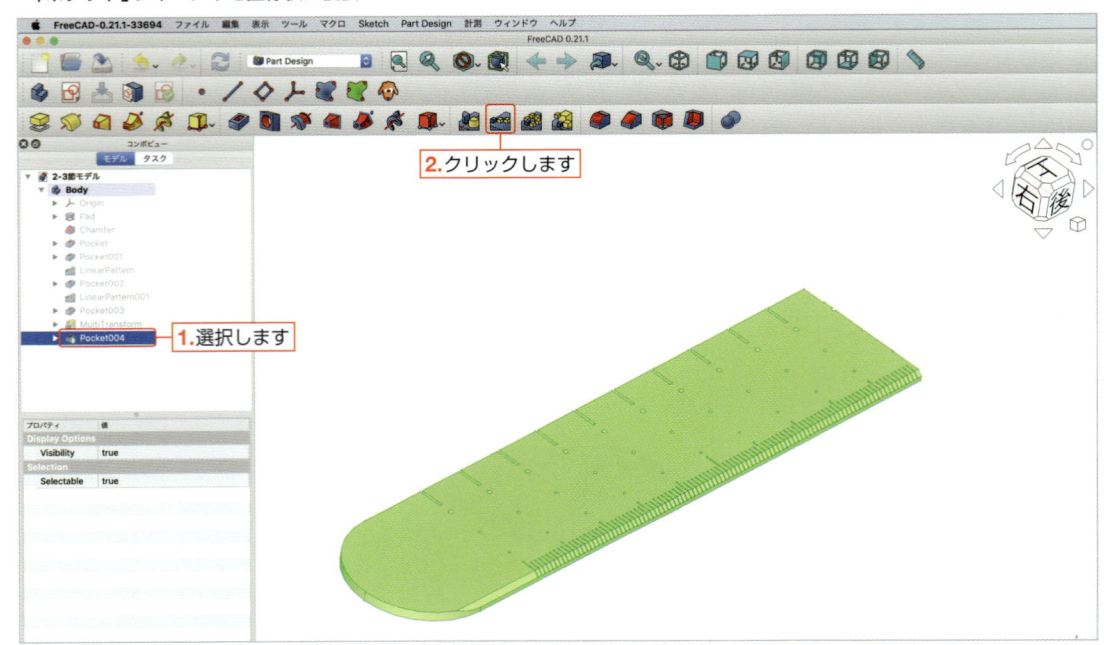

40 「**直線状パターンパラメーター**」が表示されます。**1.**「方向」を「**ベースX軸**」に変更して、**2.**「長さ」に「**50mm**」と入力します。続いて**3.**「回数」に「**2**」と入力します。**コンボビュー**の「変換フィーチャメッセージ」に「**変換成功**」と表記されたことを確認して、**4.**「OK」ボタンをクリックします。

▼ 直線状パターンパラメーターの設定

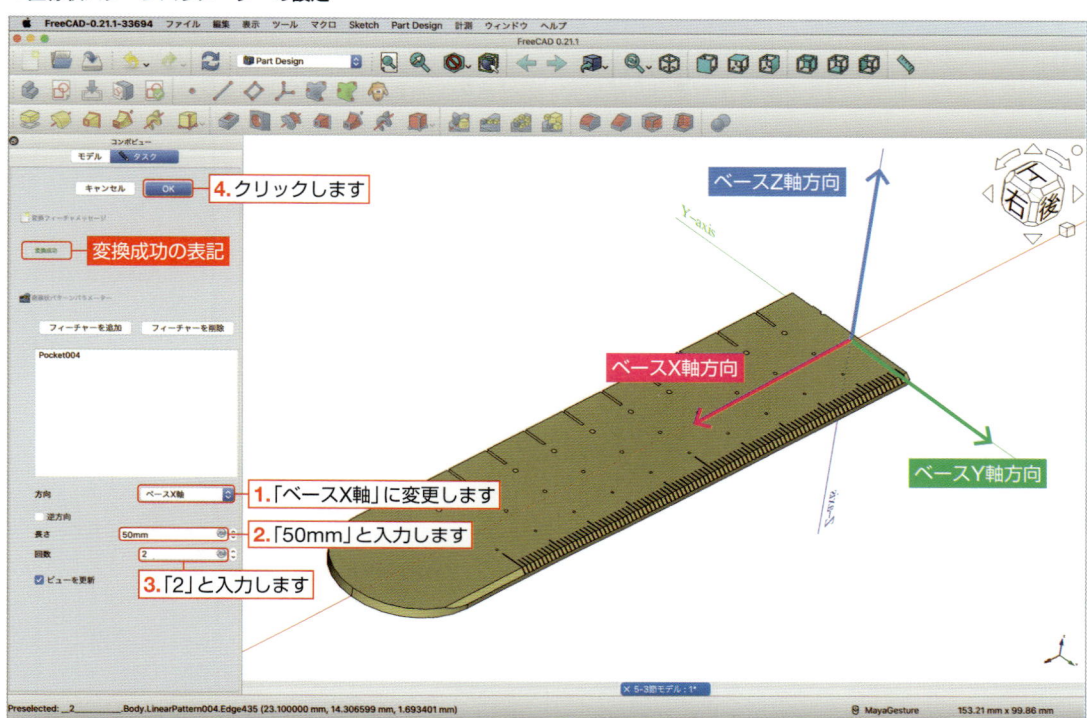

POINT

「直線状パターン」コマンドの復習

　今回の「**直線状パターンパラメーター**」では「フィーチャをベースX軸方向に等間隔で2個複製させ、かつ1番目と2番目のフィーチャの距離を50mmとする」という設定になります。つまり「2個のフィーチャを直線状に50mmの間隔で並べる」ということです。

🔷 外郭半円状の開始点に目盛りをつけよう

オリジナル定規の外郭半円状の開始点に目盛りをつけていきます。まずオリジナル定規の上面にスケッチを描き、「ポケット」コマンドでオリジナル定規に目盛りをつけ、「鏡像」コマンドで複製させます。

41 オリジナル定規の上面にスケッチを作成します。

1. モデルの上面をクリックして選択された状態で、**2. 「スケッチを作成」ボタン**をクリックします。

▼ソリッドの上面にスケッチを作成

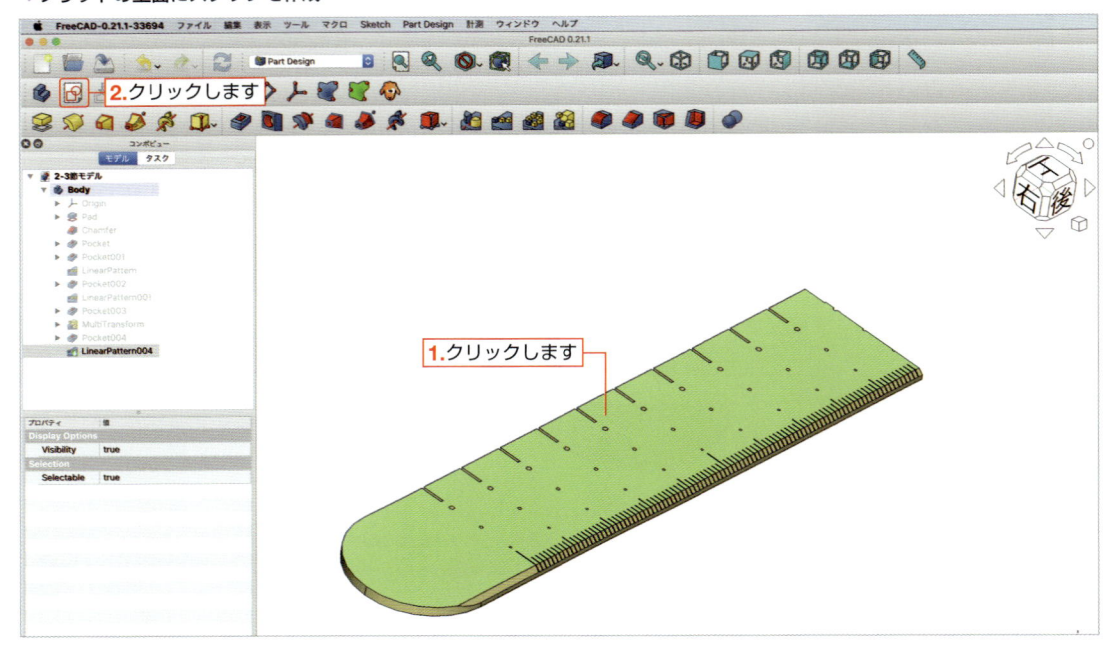

42 外部形状にリンクするエッジを作成します。**1. 「外部ジオメトリーを作成」ボタン**をクリックし、**2.** モデルの上辺、かつモデル上辺の右端点と1つ目の目盛りの間でクリックします。

次に長方形を作成します。**3. 「長方形を作成」ボタン**の右にある▼をクリックし、**4. 「四角形」**を選択します。

▼外部形状にリンクするエッジと長方形の作成

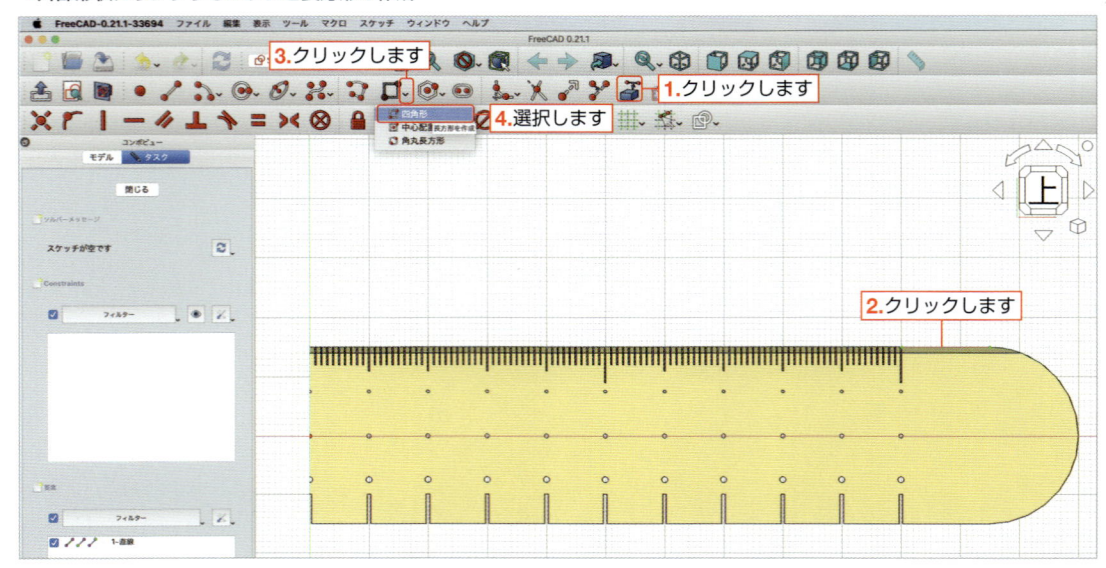

43 **1.** 作成したエッジ上でクリックします。右下に移動して、**2.** エッジの右端点よりも右側でクリックして長方形を描きます。

▼長方形の作成

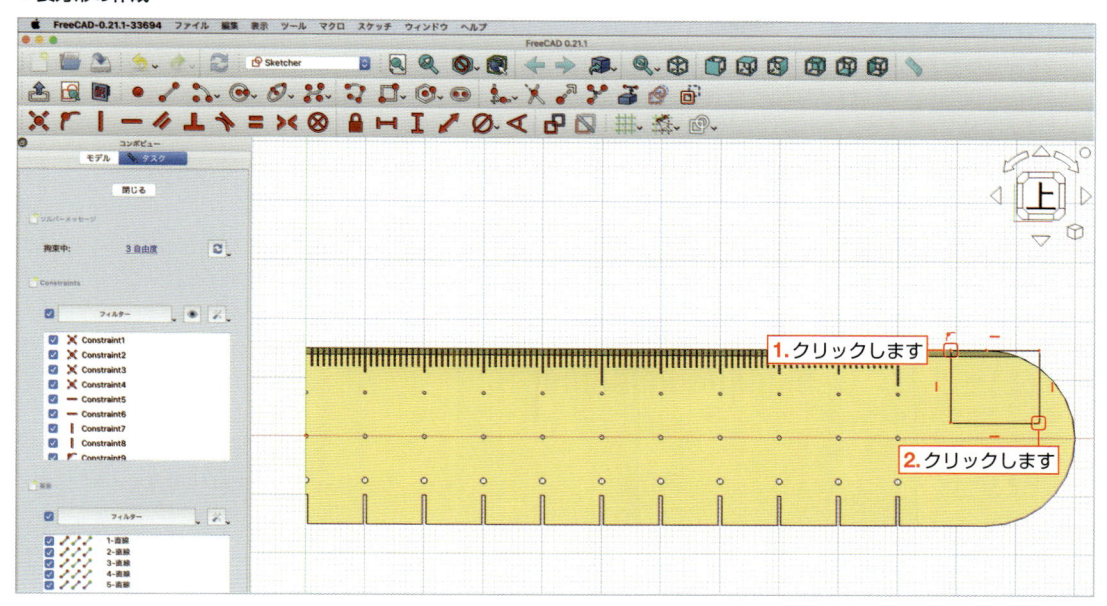

44 **1.** esc キーを押して、**「長方形を作成」ボタン** を解除します。次に、エッジの右端点を基準に長方形の左上端点と右上端点が対称となるように拘束します。**2.** 長方形の左上端点と **3.** 右上端点をクリックします。**4.** エッジの右端点をクリックし、3つの点が選択された状態で、**5.「対称拘束」ボタン** をクリックします。

▼対称拘束の方法

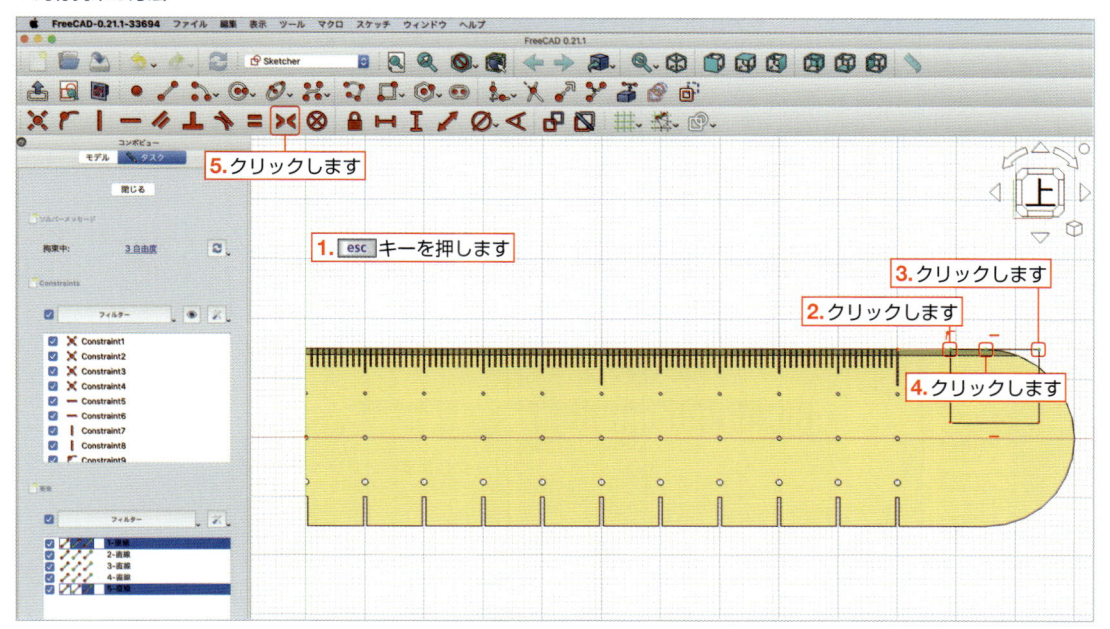

213

45 長方形の垂直寸法を拘束します。**1.**長方形の右上端点と**2.**右下端点をクリックします。

2つの点が選択された状態で、**3.「垂直距離拘束」ボタン I** をクリックします。「長さを挿入」ダイアログボックスが表示されるので、**4.「3mm」**と入力して、**5.**「OK」ボタンをクリックします。

▼長方形の垂直寸法を拘束

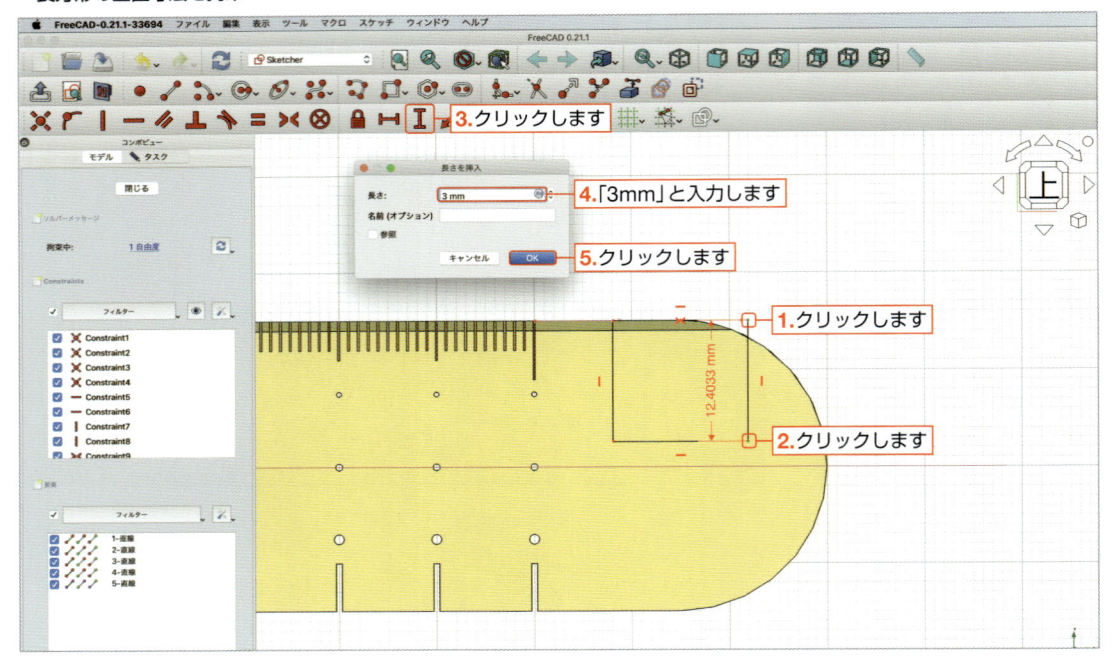

46 長方形の水平寸法を拘束します。**1.**長方形の左下端点と**2.**右下端点をクリックします。

2つの点が選択された状態で、**3.「水平距離拘束」ボタン** をクリックします。「長さを挿入」ダイアログボックスが表示されるので、**4.**「長さ」に「**0.2mm**」と入力して、**5.**「OK」ボタンをクリックします。

▼長方形の水平寸法を拘束

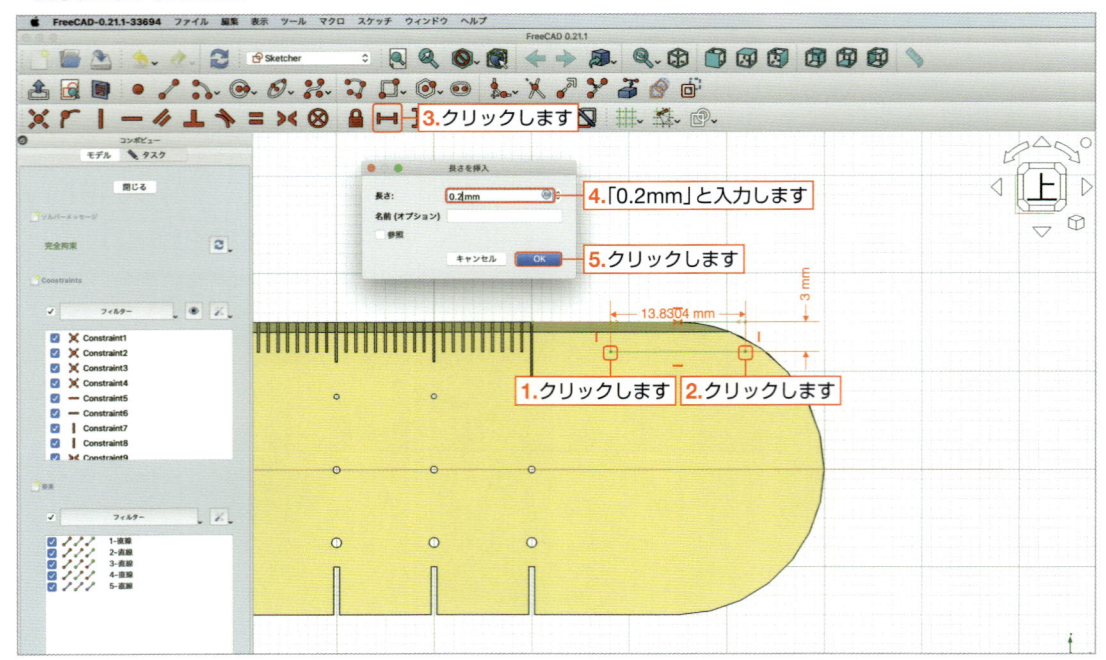

47 **コンボビュー**の「ソルバーメッセージ」に**「完全拘束」**と表示されました。
スケッチを閉じるために、**コンボビュー**の「閉じる」をクリックしてスケッチを終了します。

▼スケッチの完全拘束

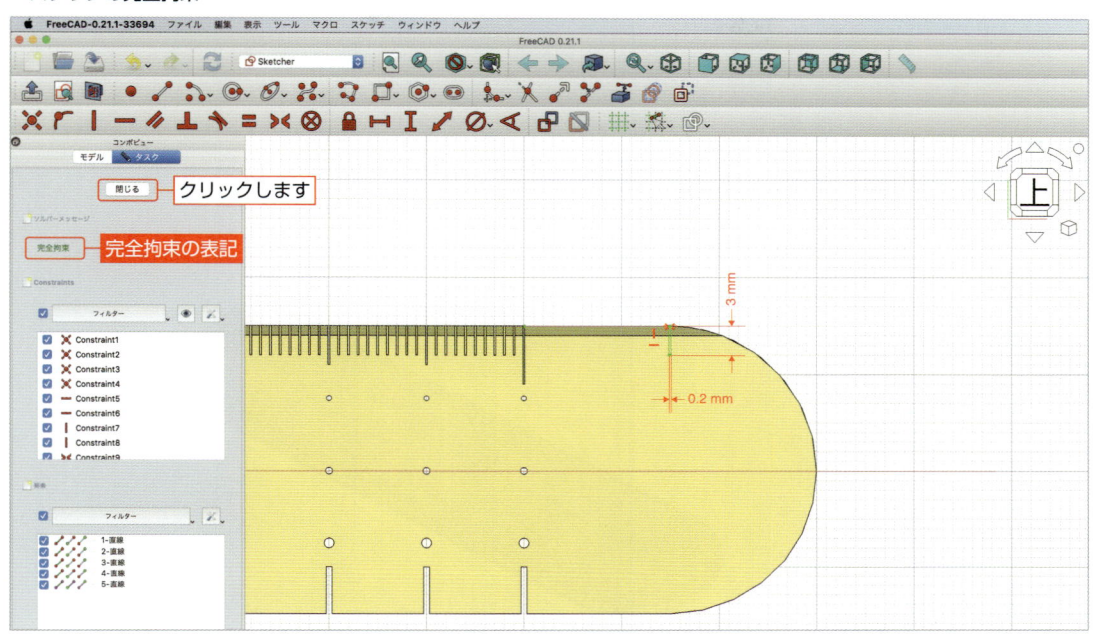

目盛りをつけよう

作成したスケッチを使って、モデルの上面に目盛りをつけていきましょう。
ここではモデルを削る「ポケット」コマンドを使用します。

48 **コンボビュー**に新しく「Sketch006」が作成されました。スケッチに対してポケットを作成します。
1.コンボビューの「Sketch006」を選択して、**2.「ポケット」ボタン** をクリックします。

▼ポケットの作成

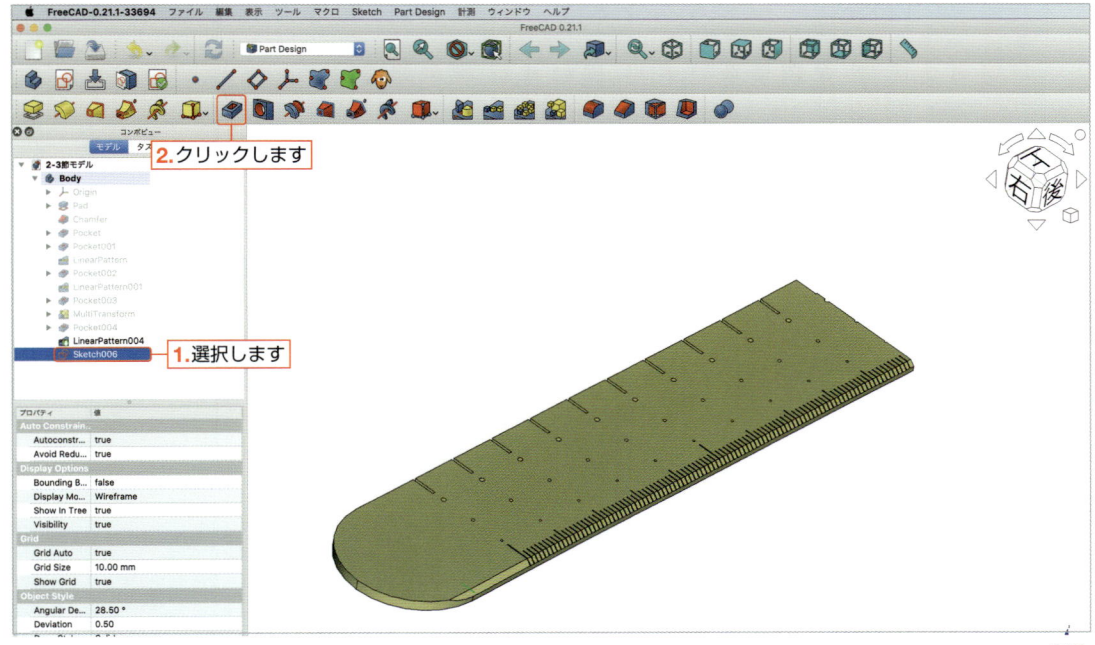

49 「**ポケットパラメーター**」が表示されます。**1.**「タイプ」を「**寸法**」に変更して、**2.**「長さ」に「**1mm**」と入力します。最後に **3.**「OK」ボタンをクリックして、オリジナル定規に目盛りをつけます。

▼ポケットパラメーターの設定

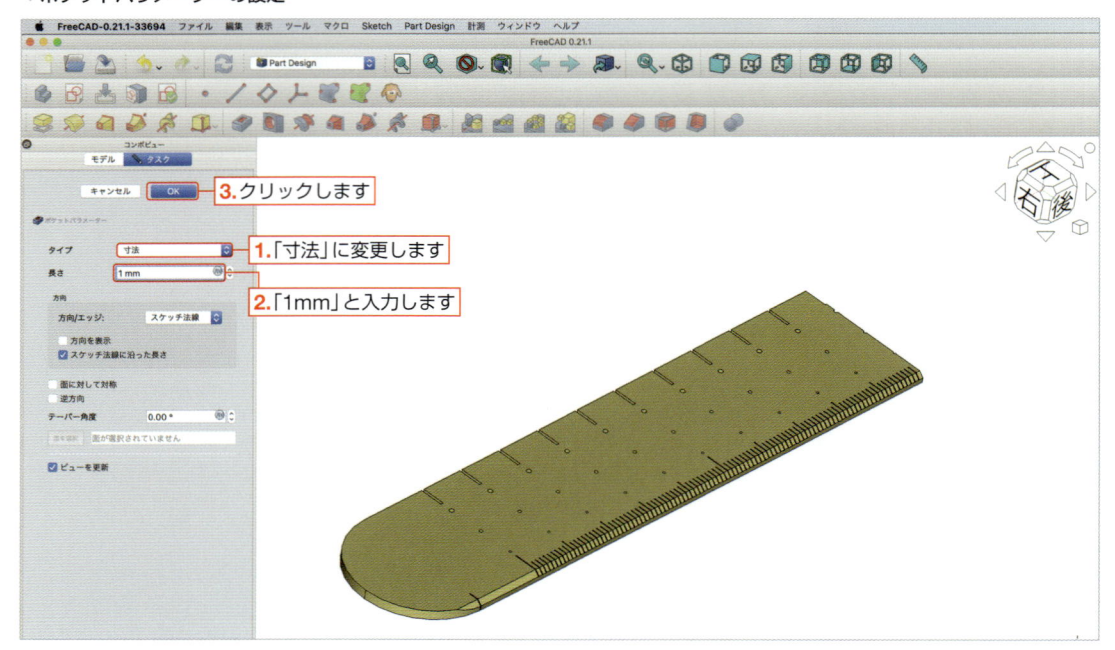

目盛りをオリジナル定規の対面に複製させよう

「鏡像」コマンドを使って、先ほど作成した目盛りをモデルの対面に複製させてみましょう。

50 「ポケット」フィーチャの鏡像を作成します。
1.コンボビューの「Pocket005」を選択して、**2.**「**鏡像**」ボタン をクリックします。

▼「ポケット」フィーチャの鏡像を作成

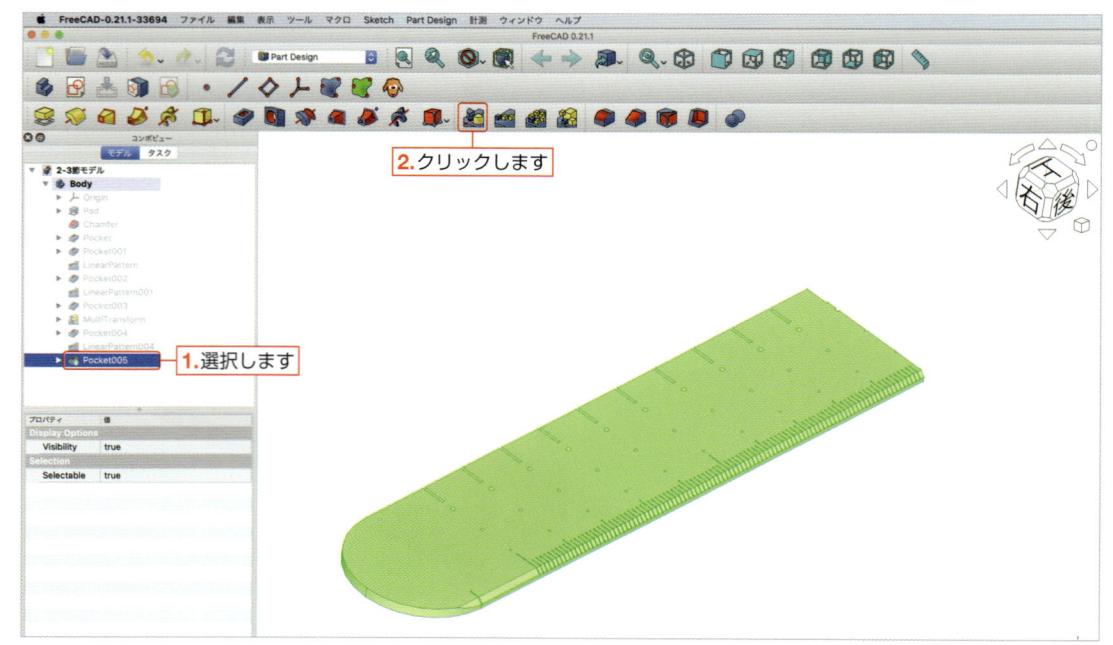

51 「**鏡像パラメーター**」が表示されます。**1.**「平面」を「**ベースXZ平面**」に変更します。**コンボビュー**の「変換フィーチャメッセージ」に「**変換成功**」と表記されたことを確認して、**2.**「OK」ボタンをクリックします。

▼鏡像パラメーターの設定

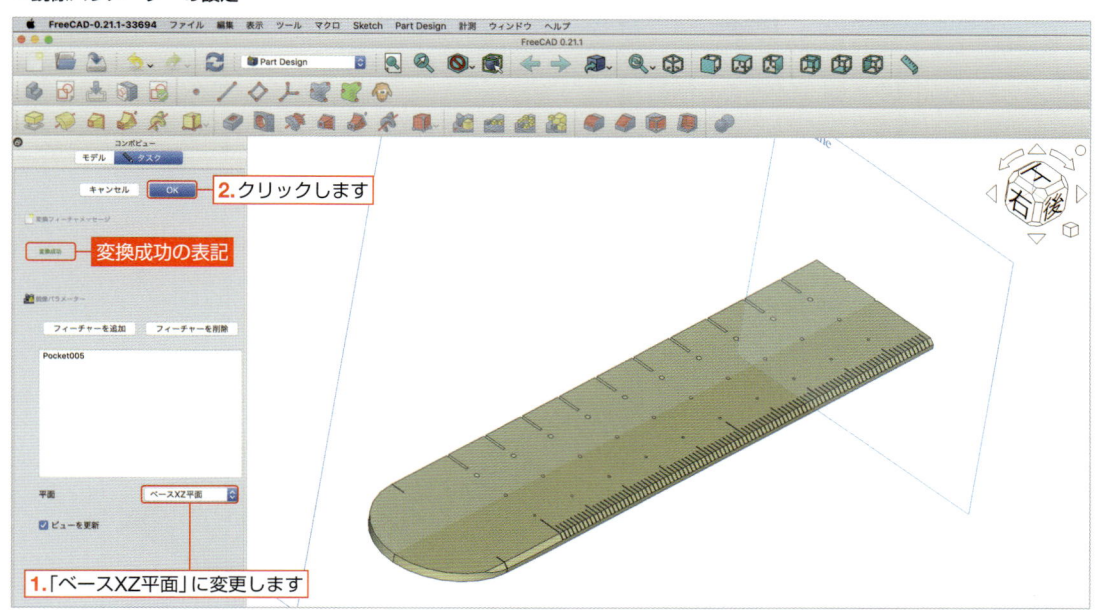

「鏡像」について

「鏡像」コマンドでは、指定した面を基準として対称の位置にフィーチャを複製させます。まず複製させたい「フィーチャ」を選択して、次に基準となる「平面」を選択します。

ここでは「**XZ平面**」を選択しているので、「XZ平面」を基準に対称となる位置にフィーチャを複製させています。

▼「鏡像」コマンドについて

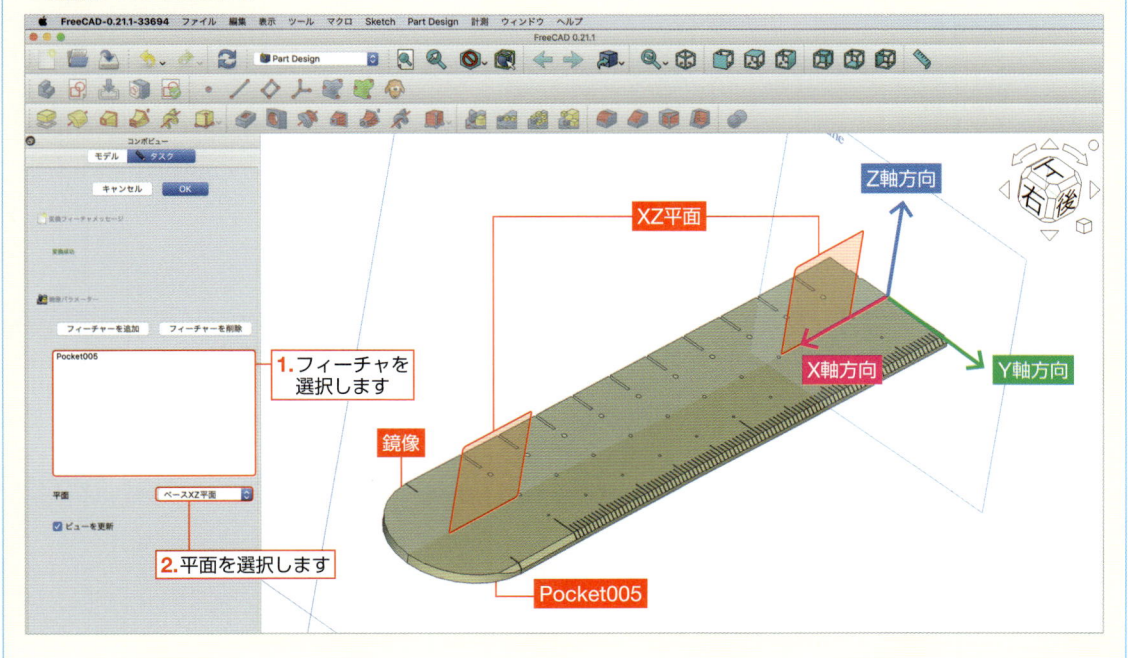

🔷 任意の位置に穴を開けてみよう

オリジナル定規の任意の位置に穴を開けていきます。今回もオリジナル定規の上面にスケッチを描きますが、新たに **「ブロック拘束」「ロック拘束」「参照拘束」** を学習します。

52 オリジナル定規の上面にスケッチを作成します。
1. モデルの上面をクリックして選択された状態で、**2.「スケッチを作成」ボタン** 🔲 をクリックします。

▼ソリッドの上面にスケッチを作成

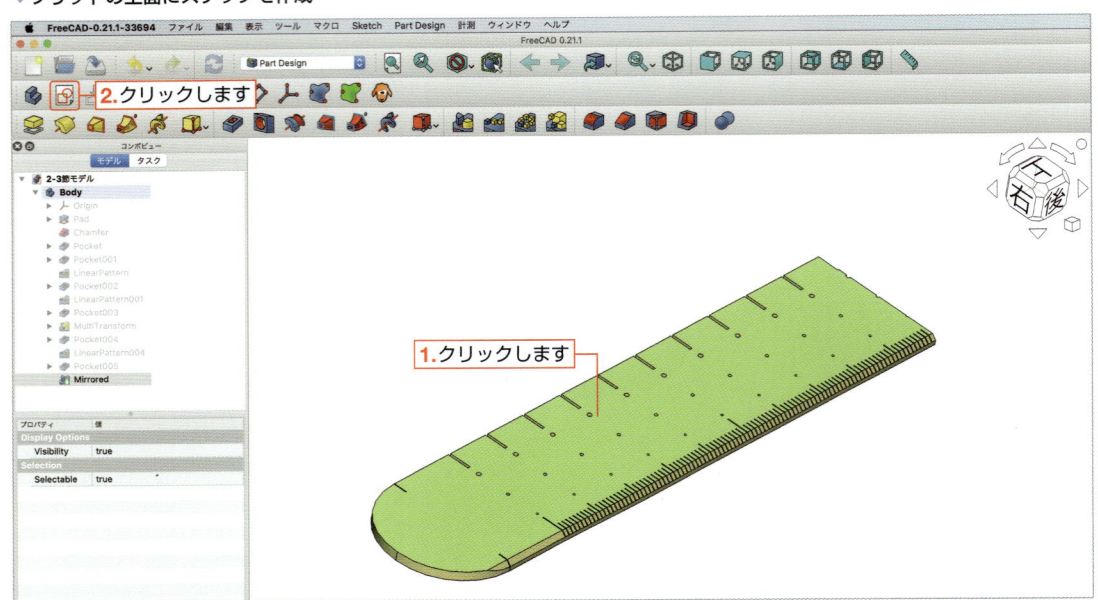

53 モデルの右側領域を拡大して、円を作成します。**1.「円を作成」ボタン** ◉ の右にある 🔽 をクリックして、**2.「中心点と周上の点から円を作成」** を選択します。スケッチ上の適当な位置に9個の円を作成します。

▼スケッチの拡大

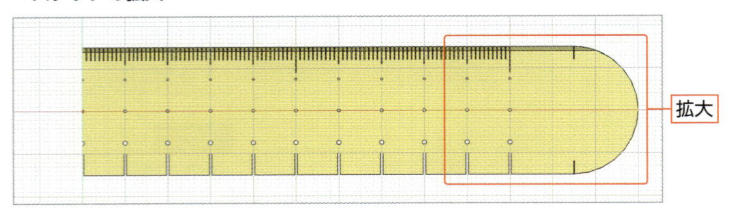

▼円の作成

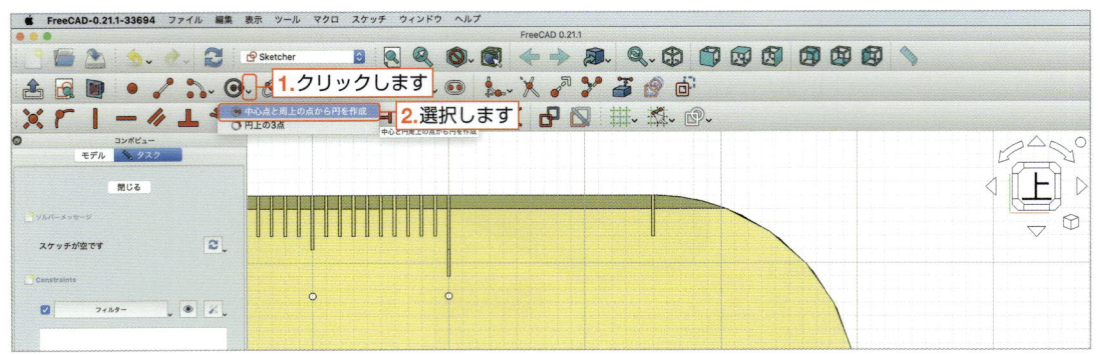

54 9つの円を作成したら、**1.** esc キーを押して **「円を作成」ボタン** ⊚ を解除します。

次に、直径を拘束します。**2.** 円の円周をクリックして選択された状態で、**3. 「円や円弧を拘束」ボタン** の右にある ▼ をクリックして、**4. 「直径拘束」** を選択します。

「直径を挿入」ダイアログボックスが表示されるので、**5.** 「直径」に「**2mm**」と入力して、**6.** 「OK」ボタンをクリックします。同様の操作を繰り返し、残り8つの円の直径を **3, 4, 5, 6, 7, 8, 9, 10mm** に拘束します。

▼直径の拘束

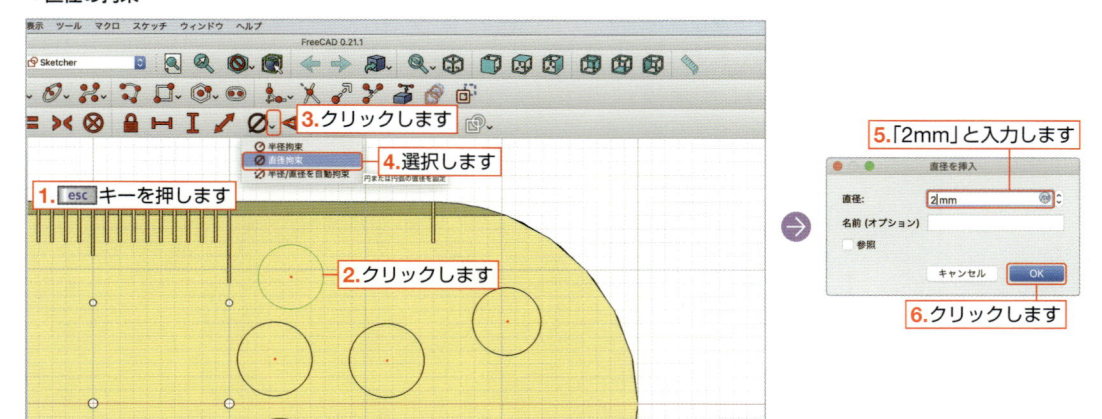

▼残り8つの円の直径拘束

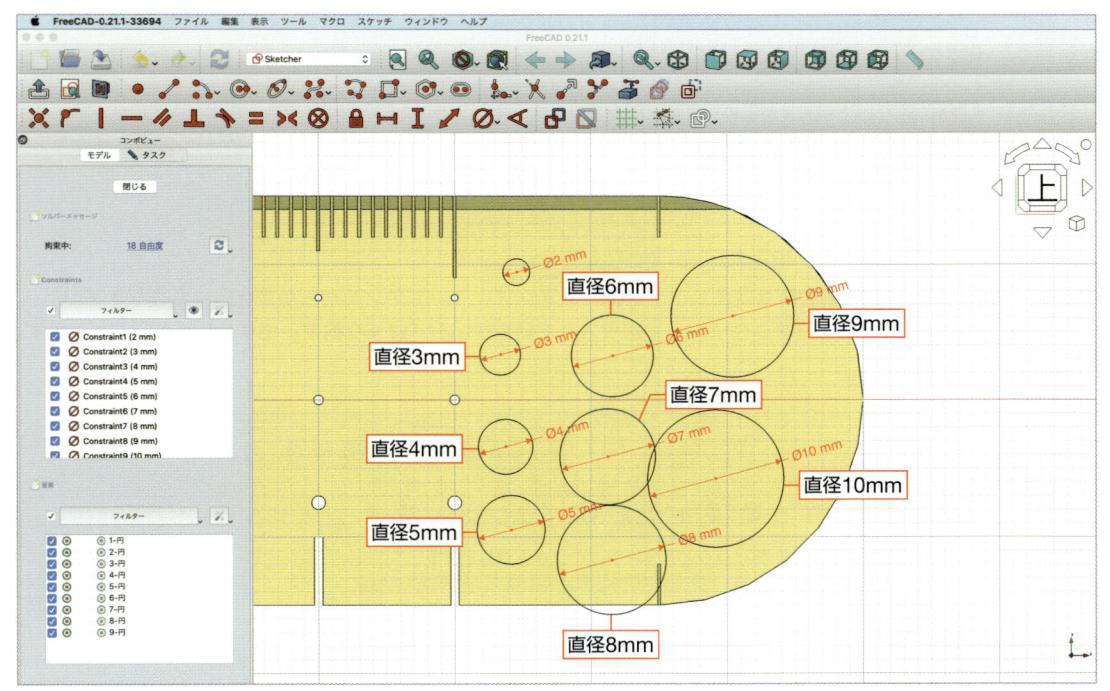

55 円の中心点をドラッグ＆ドロップすると、円を移動できます。9つの円を適当に移動させて、バランスの良い感じに配置します。ここで直径2mmの円を、その位置で拘束させます。**1.** 直径2mmの円の円周をクリックして選択された状態で、**2.**「**ブロック拘束**」ボタン⊗をクリックします。

▼ブロック拘束

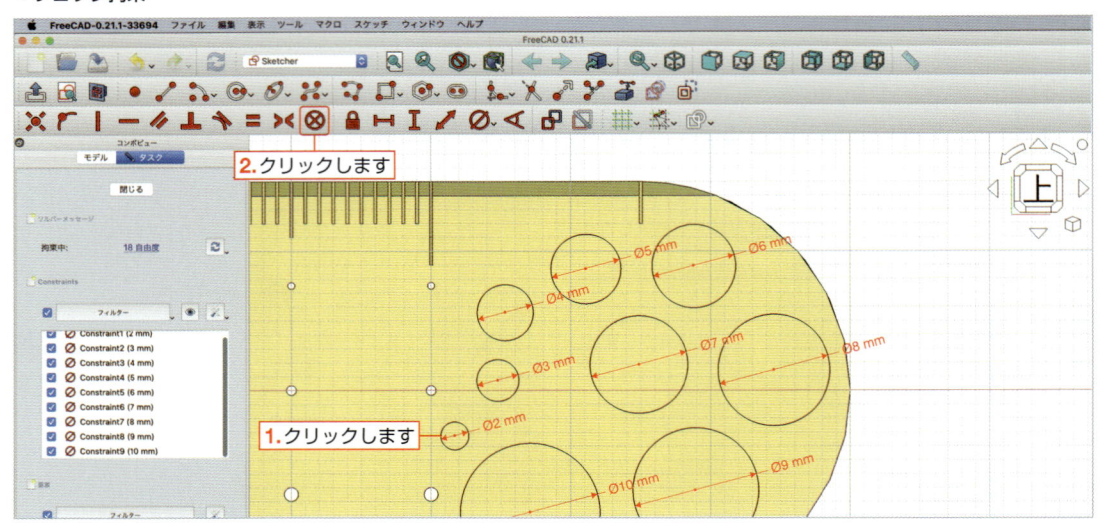

POINT 「ブロック拘束」について

「**ブロック拘束**」とはスケッチ線を任意の位置で拘束する方法です。寸法の入力が不要な場合に使用しますが、スケッチの基本は寸法を入力して拘束することです。設計変更の場合に「寸法拘束」では変更が容易ですが、「ブロック拘束」は手間がかかります。モデリング後の修正も考慮して、「寸法拘束」の使用をお勧めします。

56 次に参照拘束を使用して、直径2mmの円の位置を確認します。
1.「**駆動拘束 / 参照拘束の切り替え**」ボタン⊡をクリックして、ボタンを赤色から青色に変更します。
2. 直径2mmの円の中心点をクリックして選択された状態で、**3.**「**ロック拘束**」ボタン🔒をクリックします。

▼参照拘束とロック拘束

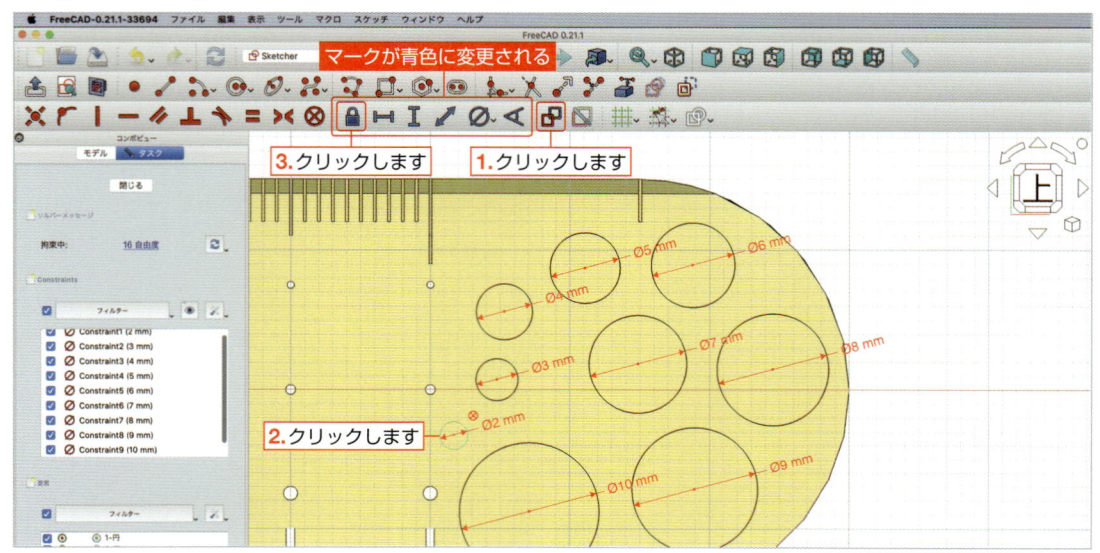

「参照拘束」について

赤色の拘束は「駆動拘束」で寸法の固定に使用します。一方で青色の拘束は「参照拘束」で寸法の参照に使用します。直径2mmの円の位置を把握するために、「参照拘束」で**ロック拘束**を使用しました。

▼参照拘束とロック拘束

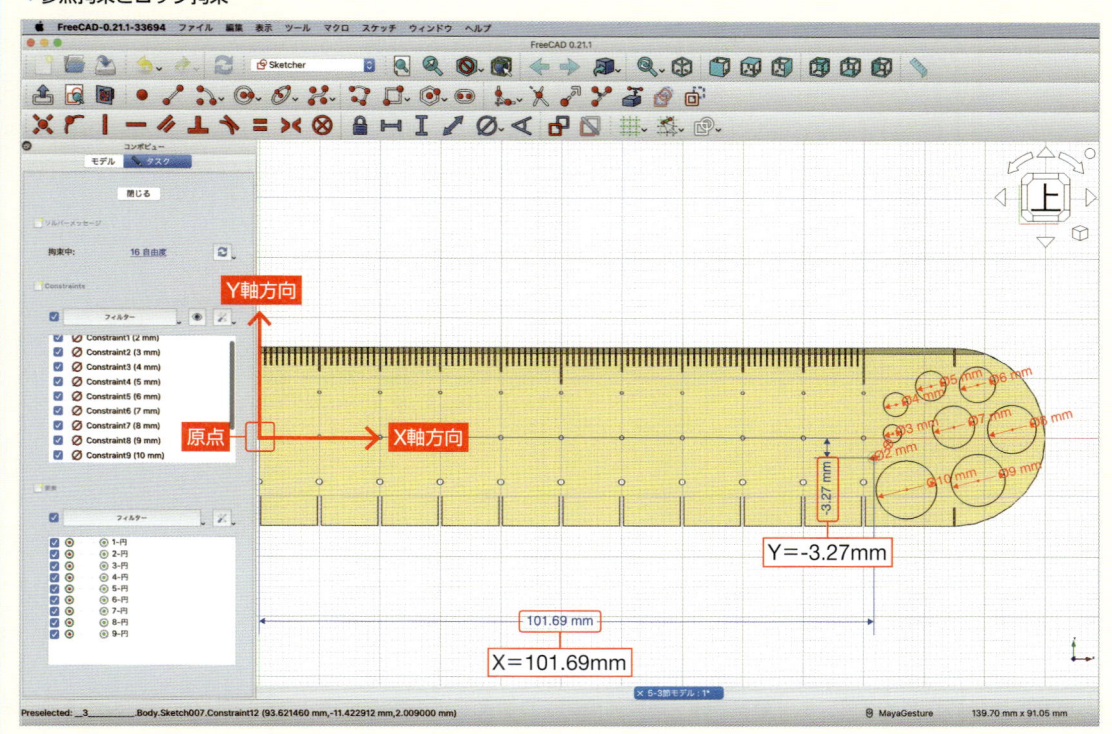

「ロック拘束」については後述します。また9つの円の位置を「ロック拘束」で確認した場合、以下の表のようになりました。本書のモデルと円の位置を同じにしたい場合は、表を参考にしてください。

直径（mm）	X軸（mm）	Y軸（mm）
2	101.69	-3.27
3	104.76	0.72
4	105.29	5.58
5	111.08	8.71
6	118.80	8.91
7	114.87	1.85
8	124.53	1.45
9	118.94	-7.20
10	107.09	-8.80

Chapter 5

「ロック拘束」について

　「ロック拘束」では原点からの水平距離および垂直距離が表記されます。このとき原点をゼロ点として軸の方向をプラス、軸の逆方向をマイナスとしています。ここでは視点が上面ですので、右方向がX軸方向、上方向がY軸方向となります。

　そのため、水平距離（X軸方向）は原点よりも右側でプラス、左側でマイナスとなり、垂直距離（Y軸方向）は原点よりも上側でプラス、下側でマイナスとなります。

▼ロック拘束について

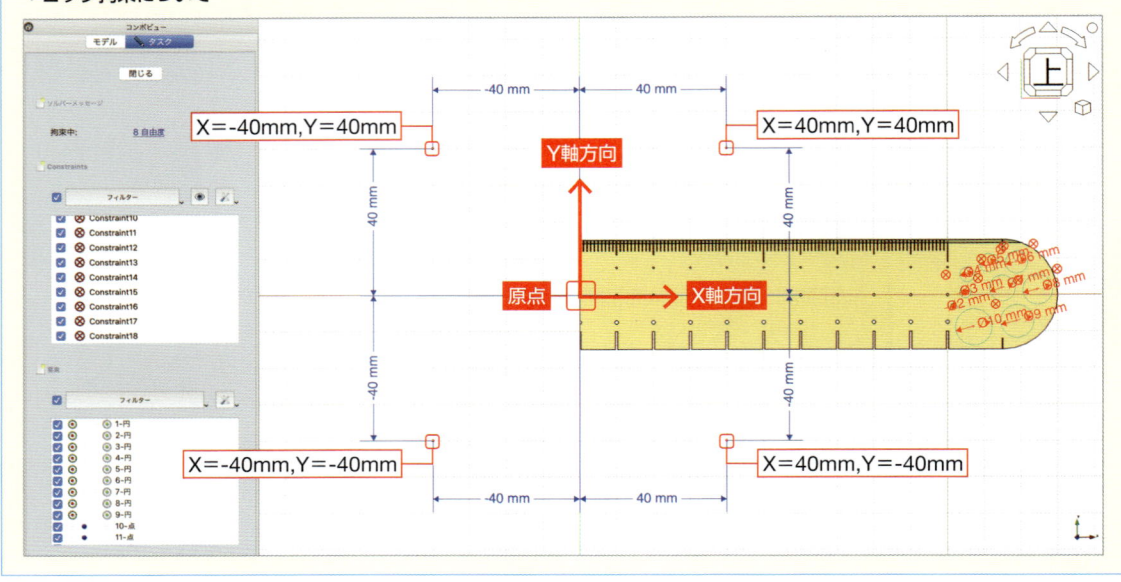

57 駆動拘束に切り替えます。**1.「駆動拘束 / 参照拘束の切り替え」ボタン**🔳をクリックして、ボタンの色を青から赤に戻します。次に、参照拘束のロック拘束を削除します。**2. コンボビュー**の「Constraints」にあるロック拘束の要素を右クリックし、**3.** ショートカットメニューの「削除」を選択します。

▼拘束の削除

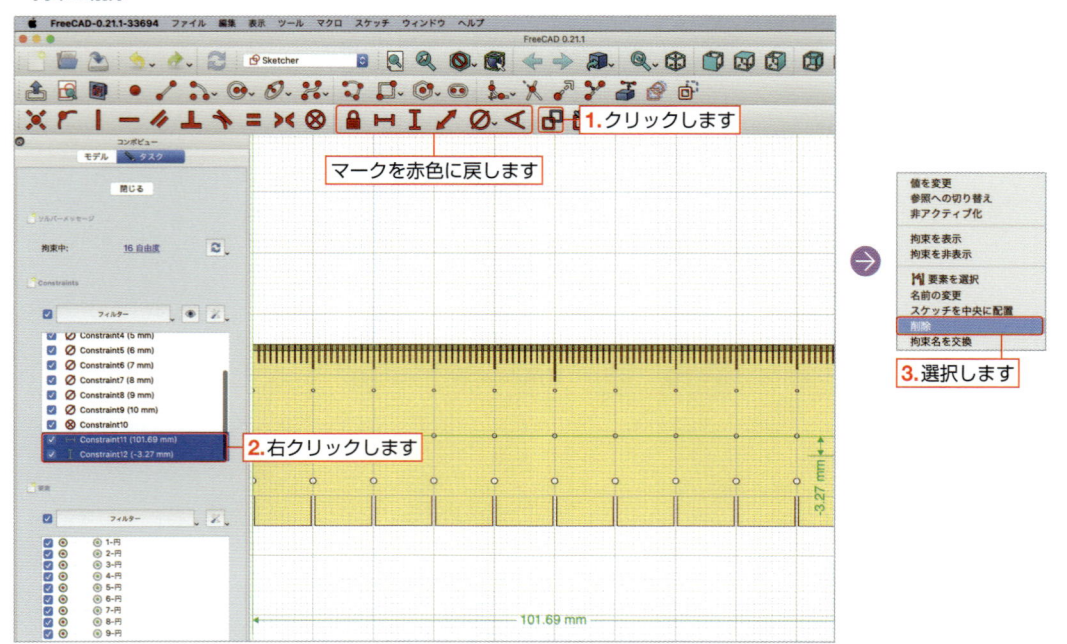

58 残り8つの円をブロック拘束で固定します。**1.**円の円周をクリックして選択された状態にして、**2.「ブロック拘束」ボタン**⊗をクリックします。同様の操作で、全ての円の位置を固定します。

▼ブロック拘束

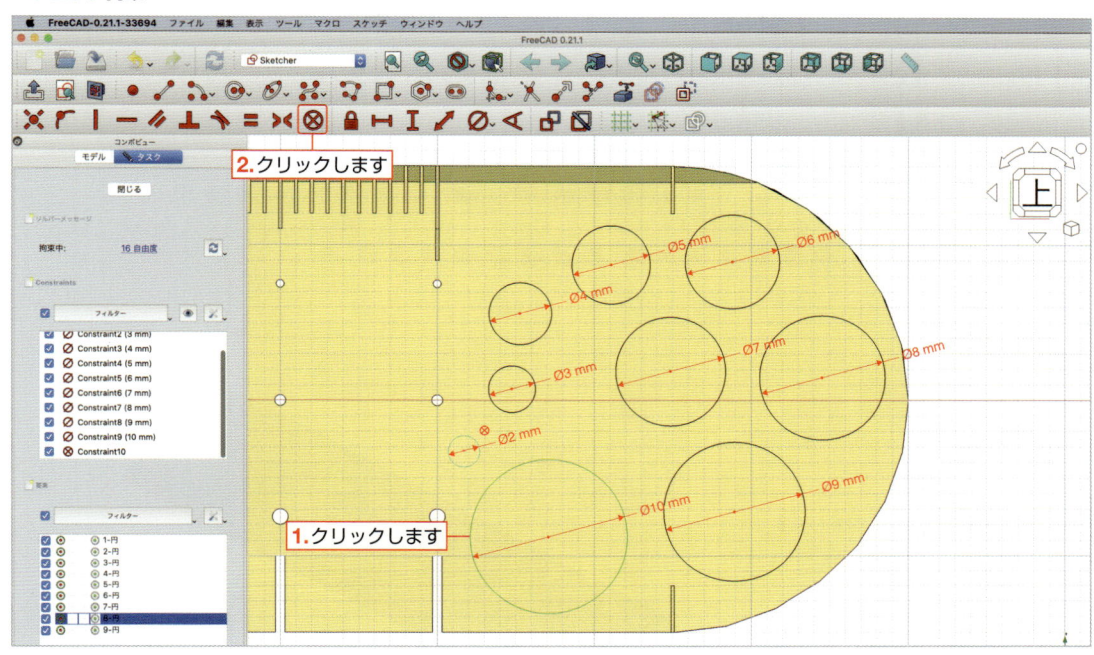

59 **コンボビュー**の「ソルバーメッセージ」に「**完全拘束**」と表示されました。
スケッチを閉じるために、**コンボビュー**の「閉じる」をクリックしてスケッチを終了します。

▼スケッチの完全拘束

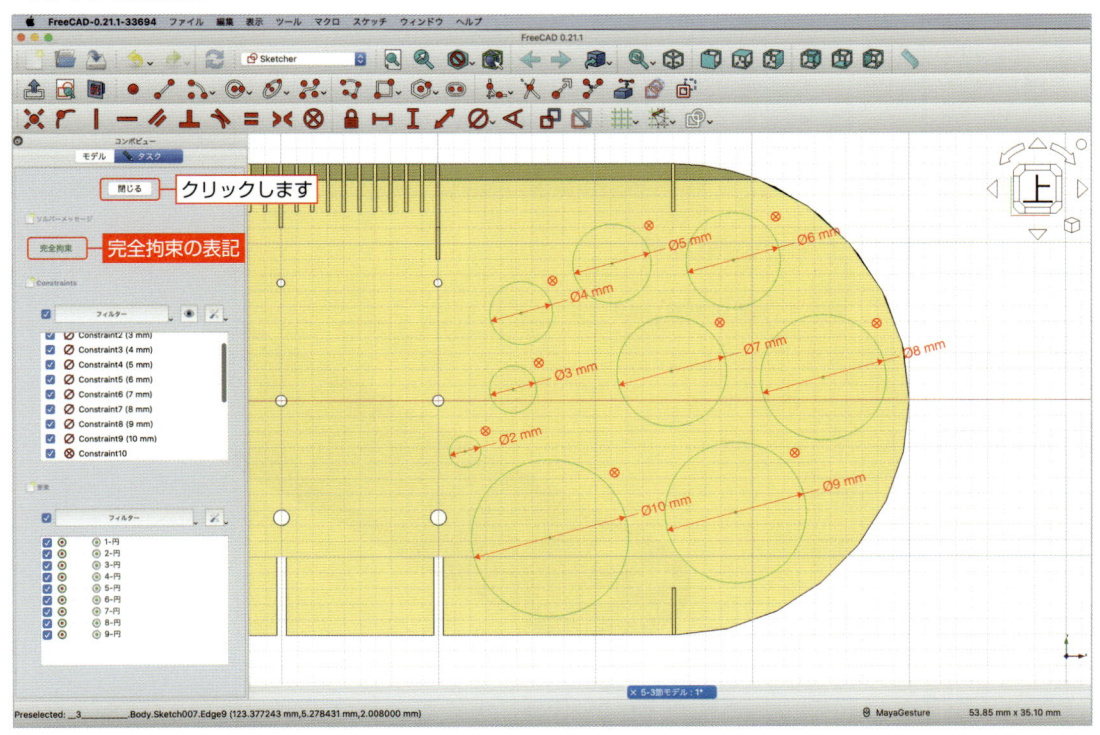

🔷 穴を空けていこう

作成したスケッチを使って、モデルの上面に穴を空けていきましょう。

ここでは、スケッチに対してモデルを削る「ポケット」コマンドを使用します。

60 **1.** に新しく作成された「**Sketch007**」を選択し、**2.**「**ポケット**」ボタン⬛をクリックします。

▼ポケットの作成

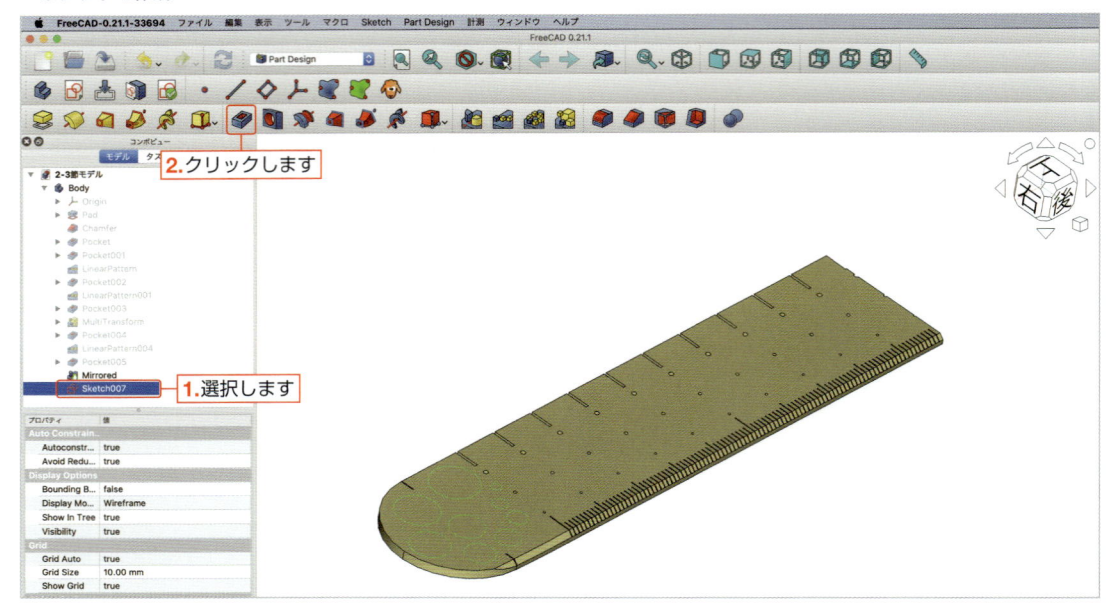

61 「**ポケットパラメーター**」が表示されます。

1.「タイプ」を「**貫通**」に変更して、**2.**「**OK**」ボタンをクリックします。

▼ポケットパラメーターの設定

これでオリジナル定規が完成しました。ファイルを保存して、ドキュメントを閉じましょう。

Chapter 6

スプーン・フォーク&
箸置きを作ろう！

ここでは、日常の食卓で使うスプーン・フォーク置きと箸置きを設計します。

新たに「加算ロフト」コマンドを使いながら、美しい曲線や形状を作成する方法を学びます。実用的で美観を兼ね備えた製品を作るコツをマスターしましょう。

ここで作る3Dモデルの完成形

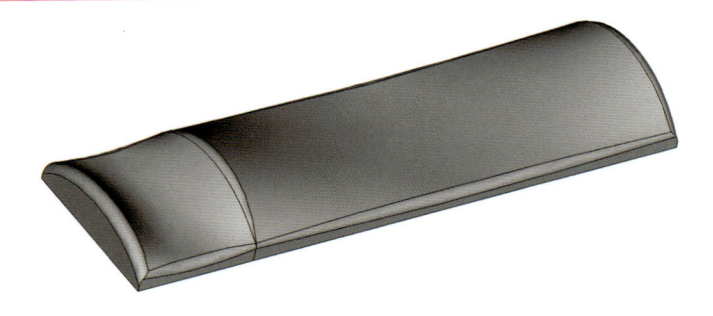

制作のポイント

■ デザインの機能性を考慮（用途に合わせた設計）

スプーンや箸がしっかりと安定して置けるように、形状やサイズを慎重に計画します。
箸やスプーンが滑りにくい形状、例えばくぼみや軽い傾斜を加えることで安定性を高めるとよいでしょう。

■ エルゴノミクスと審美性（使いやすさと見た目）

デザインは使いやすさを考慮しつつ、見た目も美しくすることが大切です。
使い勝手だけでなく、食卓に映えるようなスタイリッシュなデザインを目指しましょう。

■ 材質の選定（適切な材料の選択）

3Dプリントする材料は耐水性や耐熱性があるものを選び、食器としての安全性も考慮してください。
食品安全な樹脂や、清掃が容易な材質を選ぶとよいでしょう。

■ モデリングの技術（正確な寸法）

スプーンや箸の寸法を正確に測定し、それに合わせて箸置きのサイズを設計します。
モデリングソフトウェアでの寸法入力が正確であることが非常に重要です。

■ プロトタイプとテスト（試作品の作成）

最初のプロトタイプを作成した後、実際に箸やスプーンを置いてみて、デザインの改善点がないか確認します。
使用感をテストし、必要に応じて設計を調整してください。

■ 独創的な要素の追加（パーソナライズ）

デザインに個性を加えるため、カスタムの彫刻やパターンを追加するのも一つの方法です。
個性的なデザインが使用時の楽しさや食卓の装飾としての価値を高めます。

箸置きの形状を作ろう

Section 6-1

ここでは箸置きの形状を作りながら、モデリングの操作に慣れていきましょう。Chapter 5まで
に学習した内容に加え、「加算ロフト」コマンドを使ってモデルを作っていきます。

■「加算ロフト」コマンドを使って形状を作っていこう

これまで学習した「パッド」コマンドでは、1つのスケッチを断面として形状を作っていました。
今回の「加算ロフト」コマンドでは、2つ以上のスケッチから形状を作ります。

モデル作成の準備をしよう

最初にモデル作成の準備をします。Section 2-1 の手順 **1** 〜 **5** （53ページ参照）を行います。図は割愛しま
すが、操作方法を忘れてしまった場合には、前述したページを参照して確認してください。

1 ツールバーの【ワークベンチ】バー➡「ワークベンチを切り替える」➡「Part Design」*に変更します。
ツールバーの「新規」ボタン▢をクリックします。

＊ Chapter 1の初期設定をしている場合、ワークベンチは最初から「Part Design」です。

2 コンボビュー内に新しいドキュメントが作成されました。データが未保存のため、「Unnamed」と表記されて
います。
「保存」ボタン▣をクリックするとダイアログボックスが表示されるので、「Save As」にファイル名として「6-1
節モデル」と入力します。続いて、「Where」にファイルを格納したいフォルダを指定します。
最後に、「Save」ボタンをクリックしてドキュメントを保存します。

3 ドキュメントを保存すると、ファイル名が**コンボビュー**内と **3D ビュー**の下のタブに表記されます。
「ボディを作成」ボタン●をクリックします。

4 コンボビュー内に新しいボディが作成されました。「スケッチを作成」ボタン▣をクリックします。

5 スケッチを作成する平らな面（平面）を選択します。ここではモデルを前面から見たときの輪郭を描いていく
ため、XZ平面を選択します。**コンボビュー**の「XZ-plane」を選択して、「OK」ボタンをクリックします。

1つ目のスケッチを描いていこう

箸置きの断面を作るために、円弧と直線で形状を描いていきましょう。

6 直線を作成します。**1.「ポリラインを作成」ボタン**▣をクリックし、**2.**原点（赤線と緑線が交わる点）の左上
でクリックします。**3.**マウスポインタ（カーソル）を下方向に動かし、横軸（赤線）上に合わせて「**オブジェ
クト上の点拘束」ボタン**▣が現れたらクリックして直線を作成します。
次に **4.**マウスポインタ（カーソル）を右方向に動かし、原点より右側で横軸の上でクリックして直線を作成し
ます。
続いて **5.**マウスポインタ（カーソル）を上方向に動かし、適当な位置でクリックして直線を作成します。

最後に、**6.** esc キーを押して**「ポリラインを作成」ボタン** を解除します。

▼ポリラインを作成

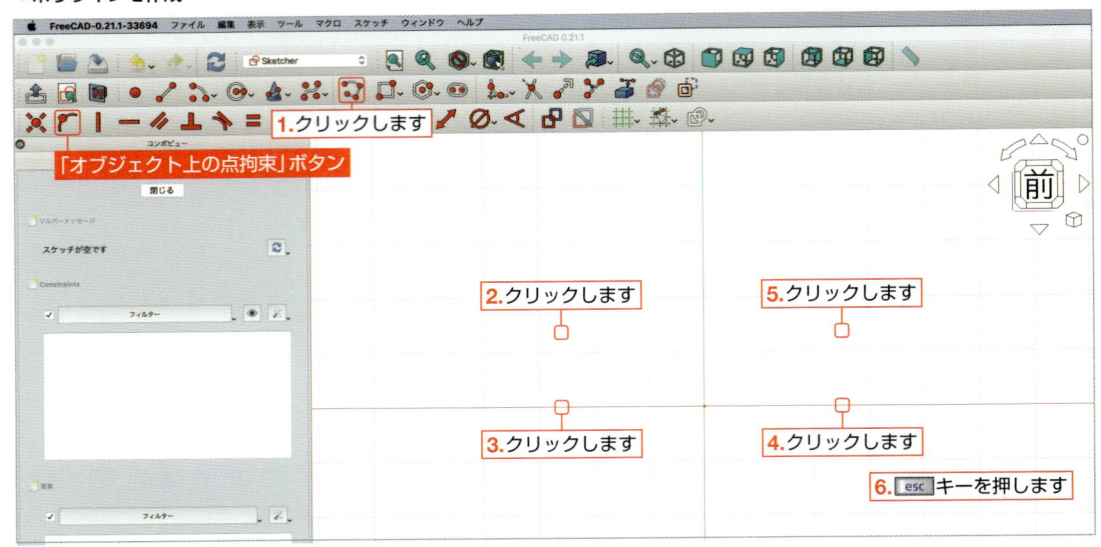

7 円弧を作成します。**1.「円弧を作成」ボタン** の右にある をクリックし、**2.「中心点と端点」**を選択します。
3. マウスポインタ（カーソル）を原点（赤線と緑線が交わる点）よりも下部で、かつ縦軸（緑線）上に合わせて、
「オブジェクト上の点拘束」ボタン が現れたらクリックします。
4. 左にある垂直線の上端点でクリックし、**5.** 右に移動して適当な位置でクリックして円弧を作成します。
6. esc キーを押して、**「円弧を作成」ボタン** を解除します。
次に**7.** 円弧の右端点を選択し、**8.** 右にある垂直線の上端点を選択します。
2つの点が選択された状態で、**9.「一致拘束」ボタン** をクリックします。

▼円弧を作成

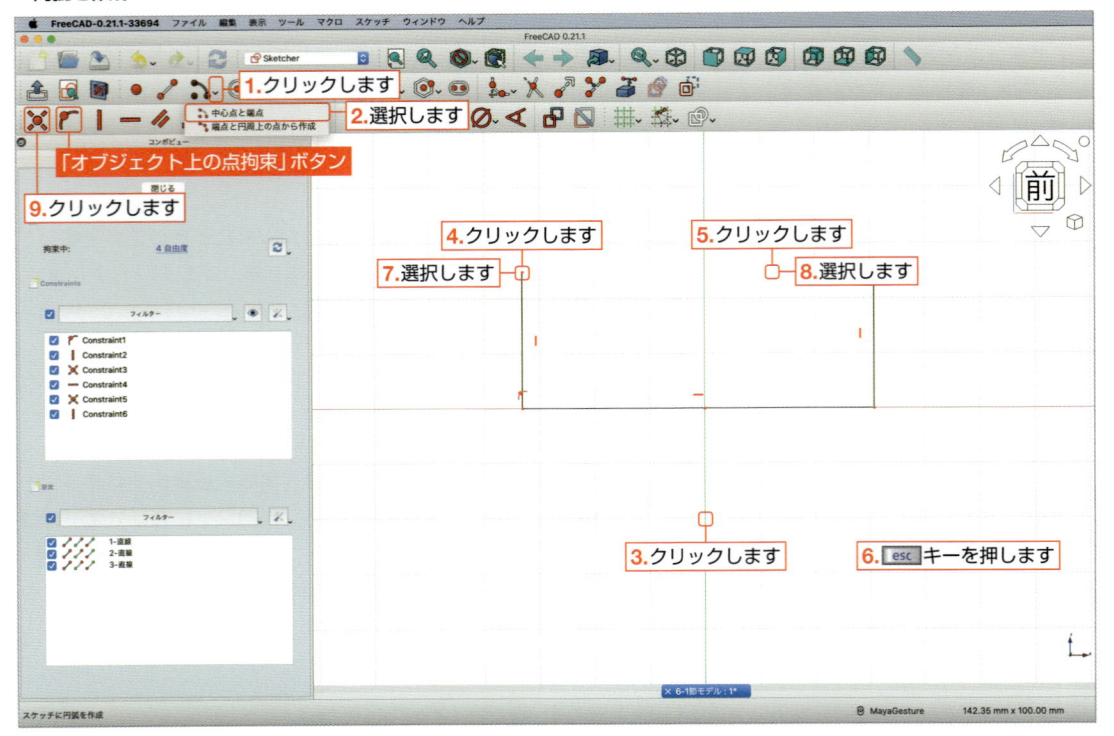

8 円弧を拘束します。**1.**円弧の左端点を選択し、**2.**右端点を選択します。

2つの点が選択された状態で、**3.「水平拘束」ボタン━**をクリックします。

再度**4.**円弧の左端点を選択し、**5.**右端点を選択します。

2つの点が選択された状態で、**6.**今度は**「水平距離拘束」ボタン┝**をクリックします。

「長さを挿入」ダイアログボックスが表示されるので（123ページ参照）、「長さ」に**「20mm」**と入力して、「OK」ボタンをクリックします。

※数値の入力は、半角で行ってください。

続いて**7.**右にある垂直線の上端点を選択し、**8.**下端点を選択します。

2つの点が選択された状態で、**9.「垂直距離拘束」ボタンＩ**をクリックします。

「長さを挿入」ダイアログボックスが表示されるので（123ページ参照）、「長さ」に**「2mm」**と入力して、「OK」ボタンをクリックします。

※数値の入力は、半角で行ってください。

▼円弧を拘束

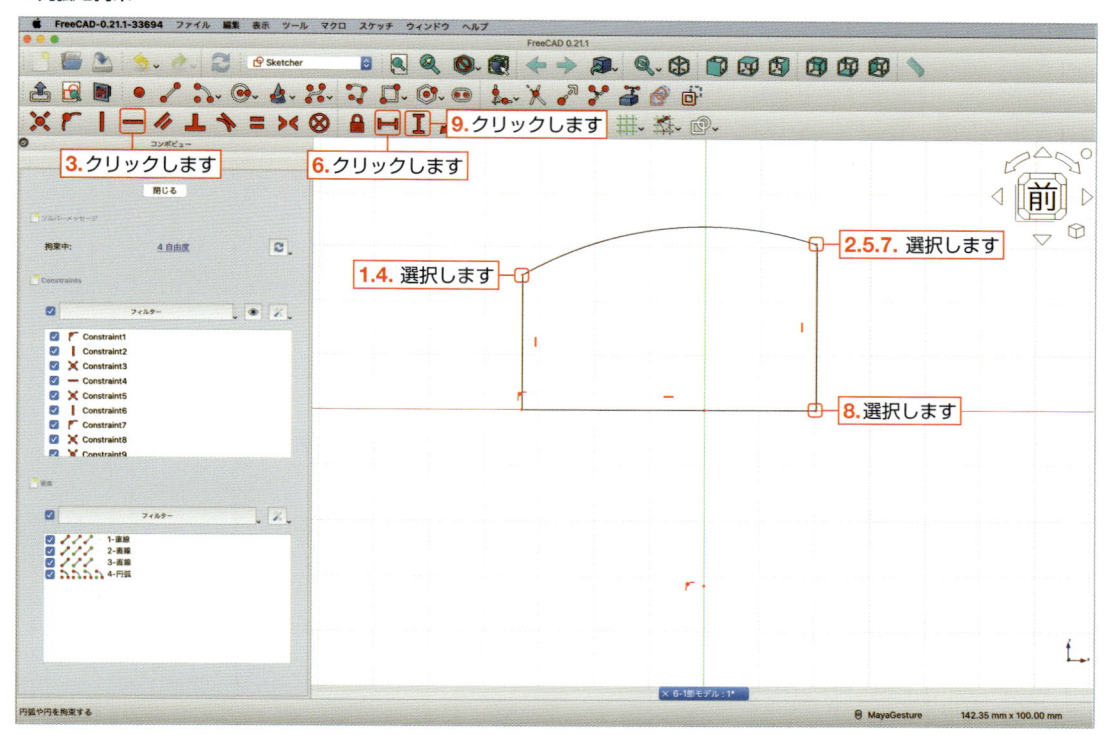

9 点を作成します。**1.「点を作成」ボタン●**をクリックし、**2.**マウスポインタ（カーソル）を円弧の円周に合わせて、**「オブジェクト上の点拘束」ボタン**が現れたらクリックして点を作成します。**3.** esc キーを押して、**「点を作成」ボタン●**を解除します。

次に**4.**作成した点を選択し、**5.**縦軸（緑線）を選択します。1つの点と1つの線が選択された状態で、**6.「オブジェクト上の点拘束」ボタン**をクリックします。

続いて**7.**作成した点を選択し、**8.**原点（赤線と緑色の交点）を選択します。2つの点が選択された状態で、**9.「垂直距離拘束」ボタンＩ**をクリックします。

「長さを挿入」ダイアログボックスが表示されるので（123ページ参照）、「長さ」に**「7mm」**と入力して、「OK」ボタンをクリックします。

※数値の入力は、半角で行ってください。

▼点を作成および拘束

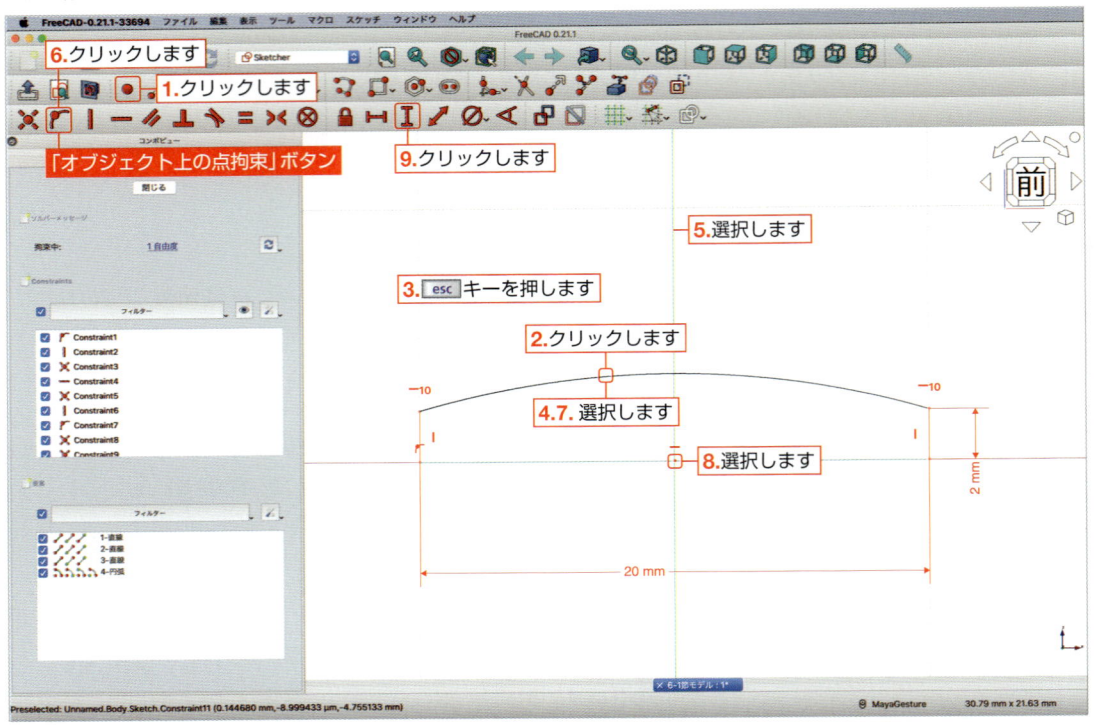

10 スケッチが完全に拘束されると、線が緑色に変わります。**コンボビュー**の「ソルバーメッセージ」にも「**完全拘束**」と表記が出ます。

スケッチを閉じるために**コンボビュー**の「閉じる」をクリックして、スケッチを終了します。

▼スケッチの完全拘束

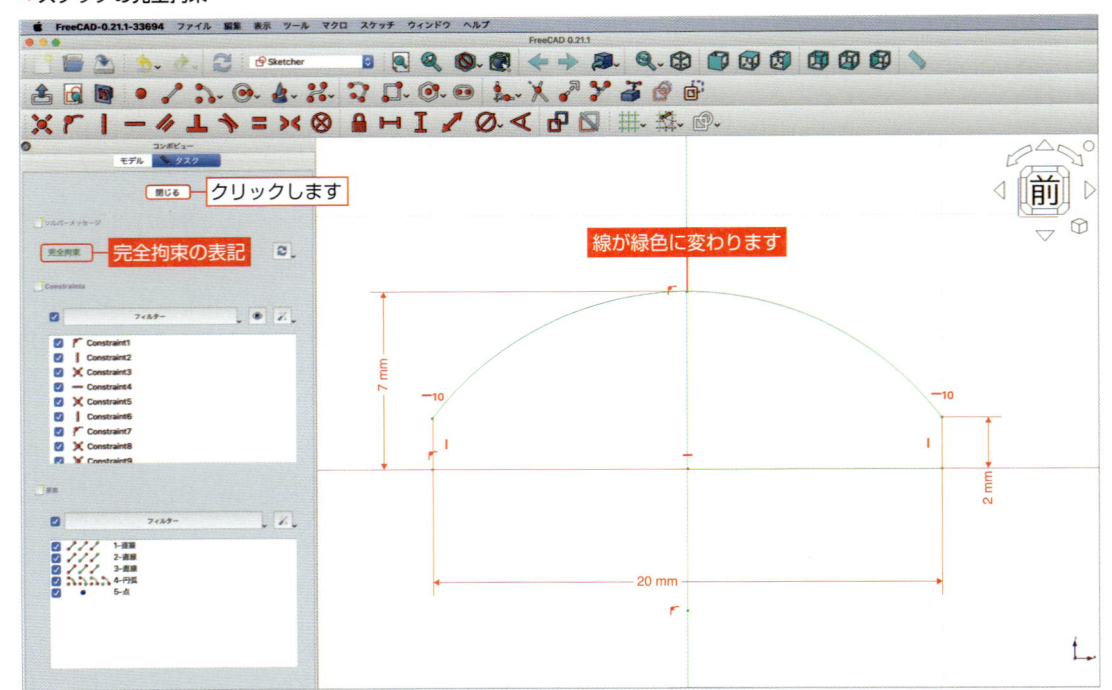

🍴 2つ目のスケッチを描いていこう

箸置きの断面を作るために、ここでは長方形を描いていきましょう。

11 視点を等角図にするために、**1.「アイソメトリック」ボタン**⊕をクリックします。
また、画面上のすべてのコンテンツにフィットさせるために、**2.「全てにフィット」ボタン**🔍をクリックします。
3.「スケッチを作成」ボタン🗐をクリックして、新規にスケッチを作成します。
モデルを前面から見たときの輪郭を描いていくため、「XZ平面」を選択します。**4.コンボビュー**の「**XZ-plane**」
を選択し、**5.**「OK」ボタンをクリックします。

▼スケッチを作成

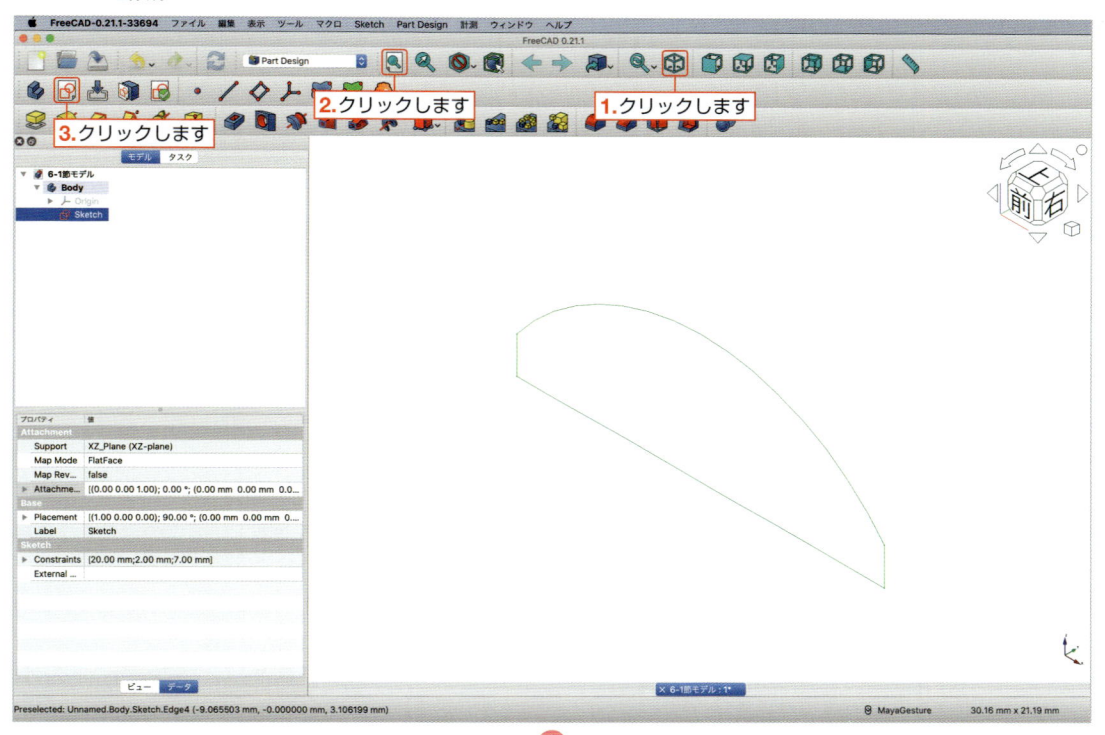

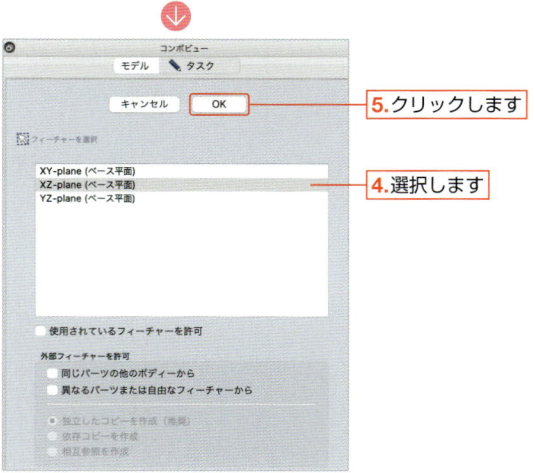

12 長方形を描きます。**1.「長方形を作成」ボタン** の右にある ▼ をクリックし、**2.「四角形」** を選択します。

3. マウスポインタ（カーソル）を原点（赤線と緑線が交わる点）よりも左側で、かつ横軸（赤線）上に合わせて、**「オブジェクト上の点拘束」ボタン** が現れたらクリックします。

4. マウスポインタ（カーソル）を右上に動かし、原点の右上付近でクリックして長方形を作成します。

最後に、**5.** esc キーを押して **「長方形を作成」ボタン** を解除します。

▼長方形を作成

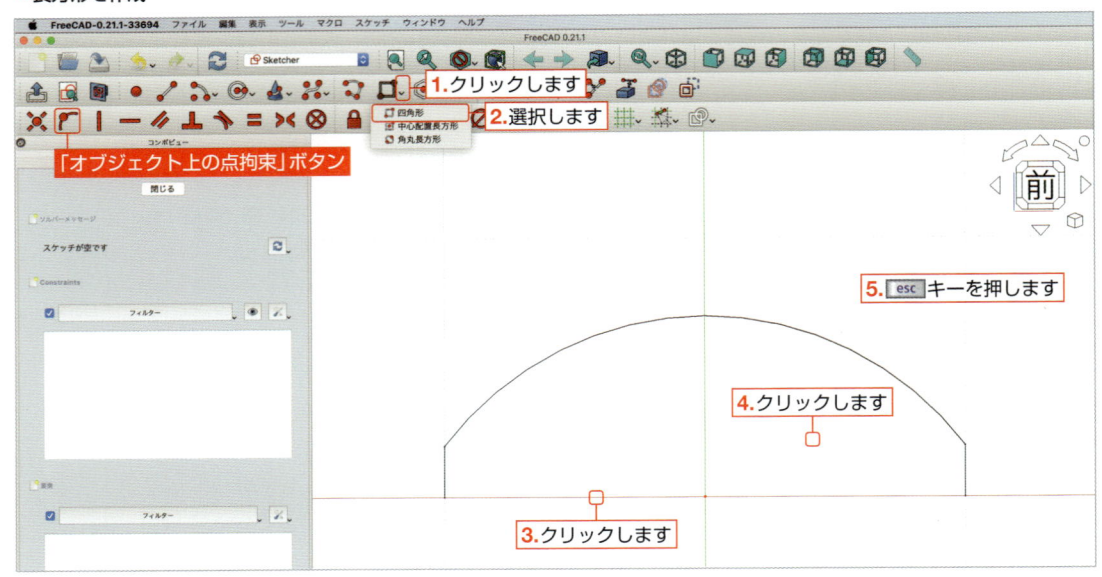

13 縦軸（緑線）を基準に長方形の左上端点と右上端点が対称となるように拘束します。

1. 長方形の左上端点を選択し、**2.** 右上端点を選択します。**3.** 縦軸（緑線）を選択し、2つの点と1つの線が選択された状態で、**4.「対称拘束」ボタン** をクリックします。

次に、長方形の縦横の寸法を拘束します。**5.** 長方形の左上端点を選択し、**6.** 右上端点を選択します。2つの点が選択された状態で、**7.「水平距離拘束」ボタン** をクリックします。

「長さを挿入」ダイアログボックスが表示されるので（123ページ参照）、「長さ」に「**20mm**」と入力して、**9.** 「OK」ボタンをクリックします。

※数値の入力は、半角で行ってください。

続いて **8.** 長方形の左上端点を選択し、**9.** 左下端点を選択します。2つの点が選択された状態で、**10.「垂直距離拘束」ボタン** をクリックします。

「長さを挿入」ダイアログボックスが表示されるので（123ページ参照）、「長さ」に「**2mm**」と入力して、「OK」ボタンをクリックします。

※数値の入力は、半角で行ってください。

▼長方形を拘束

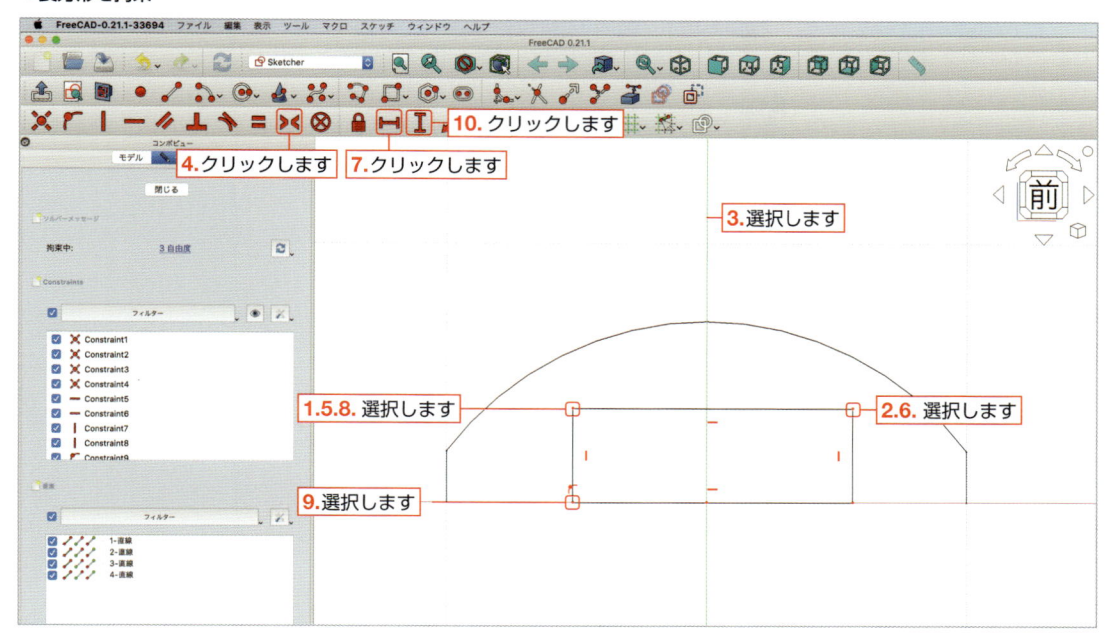

14 スケッチが完全に拘束されると、線が緑色に変わります。**コンボビュー**の「ソルバーメッセージ」にも「**完全拘束**」と表記が出ます。
スケッチを閉じるために**コンボビュー**の「閉じる」をクリックして、スケッチを終了します。

▼スケッチの完全拘束

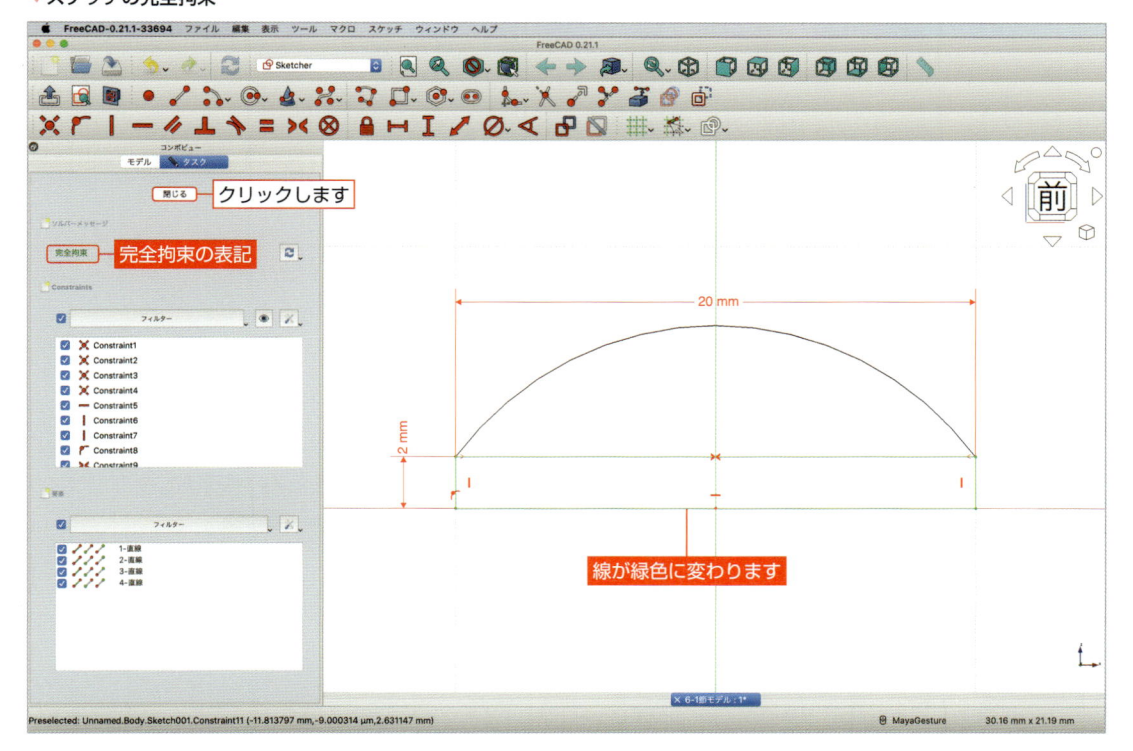

🔷 3つ目のスケッチを描いていこう

ここでは1つ目のスケッチをコピーして、3つ目のスケッチを作っていきます。

15 1つ目のスケッチをコピーします。**1.コンボビュー**の「**Sketch**」を右クリックし、**2.**「**コピー**」を選択します。
「**オブジェクト選択**」ダイアログボックスが表示されるので、**3.**「**XZ-plane**」のチェックを外して、**4.**「OK」
ボタンをクリックします。
再度 **5.コンボビュー**の「**Sketch**」を右クリックし、**6.**「**貼り付け**」を選択して3つ目のスケッチを作成します。

▼スケッチのコピー

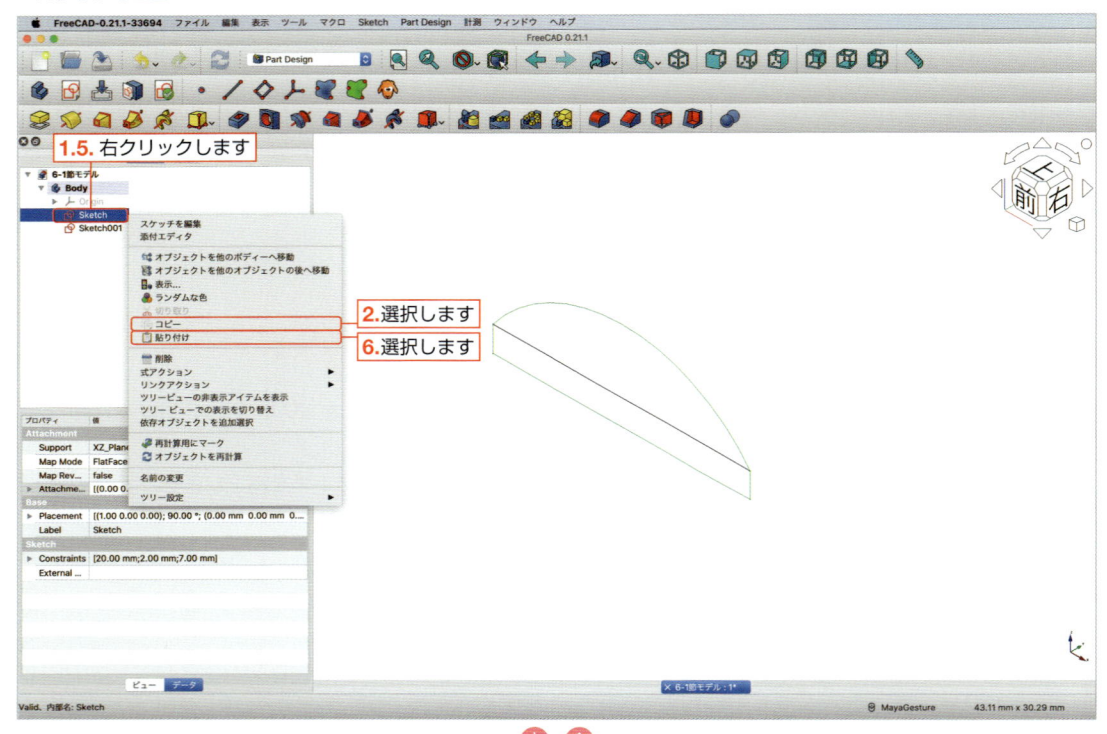

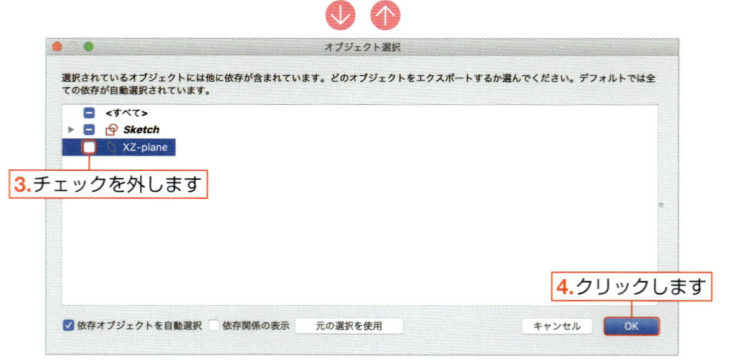

POINT

スケッチのコピー

スケッチをコピーするには、手順**15**のように**コンボビュー**で該当するスケッチを右クリックして「コピー」を選択します。
「オブジェクト選択」ダイアログボックスでコピーしたい要素を選択し、**コンボビュー**内で右クリックして「貼り付け」を選
択します。複数のスケッチを作成する場合は、スケッチのコピーを活用して作業効率を上げていきましょう。

16 スケッチをボディ内に移動します。

先ほどコピーした「Sketch002」を「Body」の上にドラッグ＆ドロップします。

▼スケッチをボディ内に移動

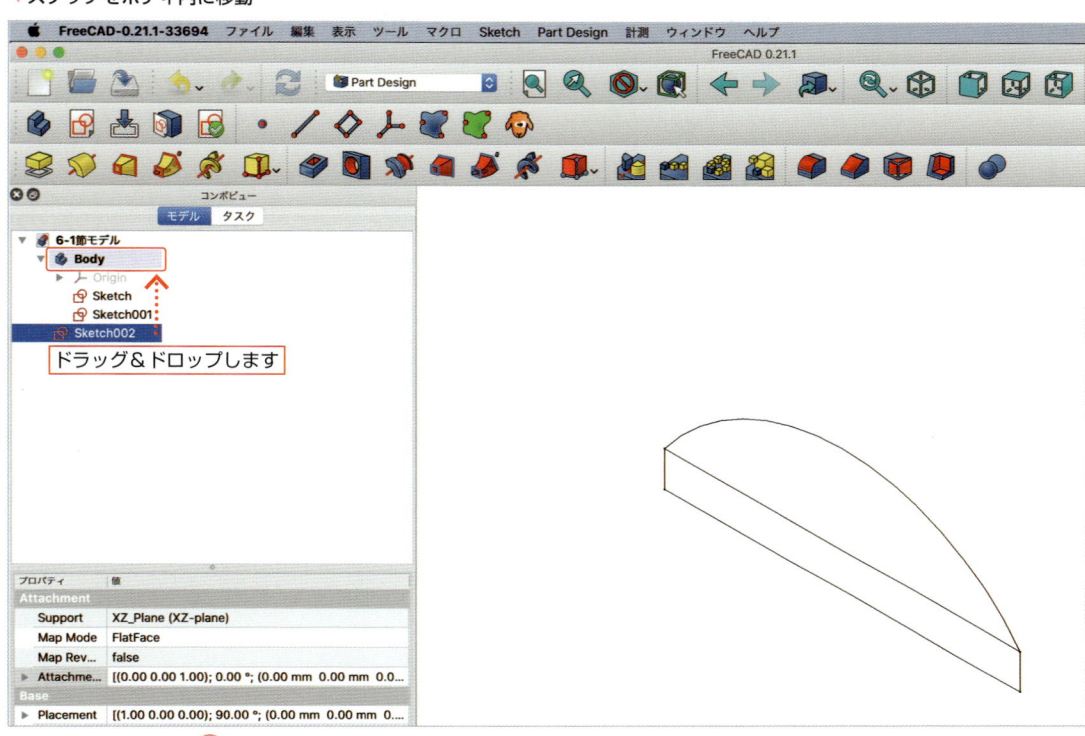

ドラッグ＆ドロップします

POINT 「スケッチをボディ内に移動」について

　スケッチのコピーはボディ（**Body**）の外に配置されます。スケッチはボディ（**Body**）内に配置しないと「パッド」や「ポケット」などのフィーチャ作成に使用できないので、ドラッグ＆ドロップしてボディ（**Body**）内に配置する必要があります。

スケッチを平行移動させよう

3つのスケッチのうち、2つのスケッチを平行移動させましょう。

17 スケッチを平行移動させます。**1.コンボビュー**の「**Sketch001**」を選択し、**2.プロパティビュー**の「**データ**」タブをクリックします。**3.**「**Attachment Offset**」の右にある□をクリックすると**コンボビュー**が切り替わるので、**4.**「平行移動量」のZ方向に「**-7.5mm**」と入力して、**5.**「OK」ボタンをクリックします。

次に**6.コンボビュー**の「**Sketch002**」を選択し、**7.プロパティビュー**の「**データ**」タブをクリックします。**8.**「**Attachment Offset**」の右にある□をクリックすると**コンボビュー**が切り替わるので、**9.**「平行移動量」のZ方向に「**-15mm**」と入力して、**10.**「OK」ボタンをクリックします。

▼スケッチの平行移動

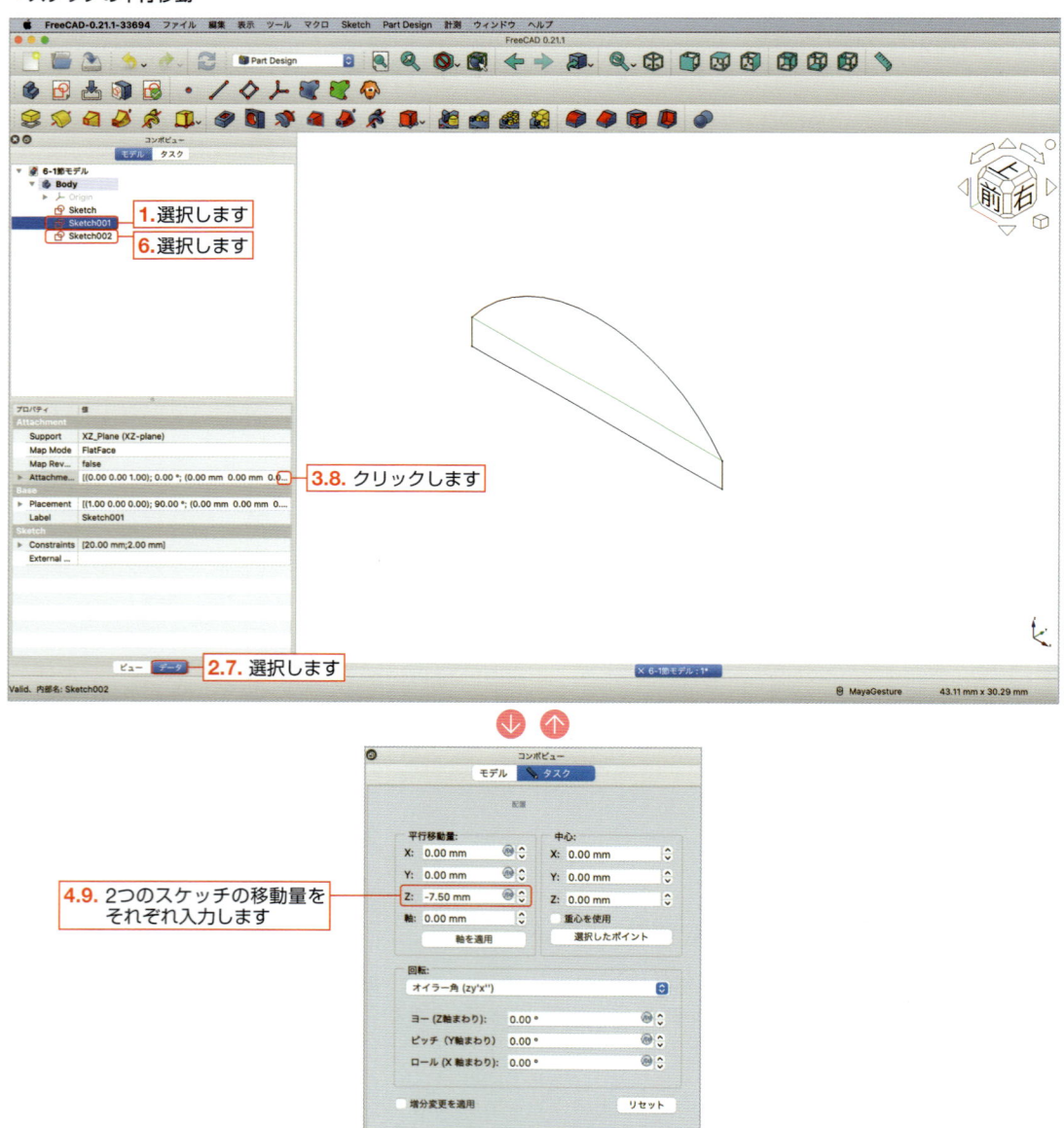

🔷 箸置きの形を作っていこう

「加算ロフト」コマンドを使って、箸置きの形を作っていきましょう。「加算ロフト」コマンドでは、同一平面でない2つ以上のスケッチが必要です。ここでは、先ほど作成した3つのスケッチを使っていきます。

18 1.コンボビューの「Sketch」を選択し、2.**「加算ロフト」ボタン**をクリックします。

▼加算ロフトの作成

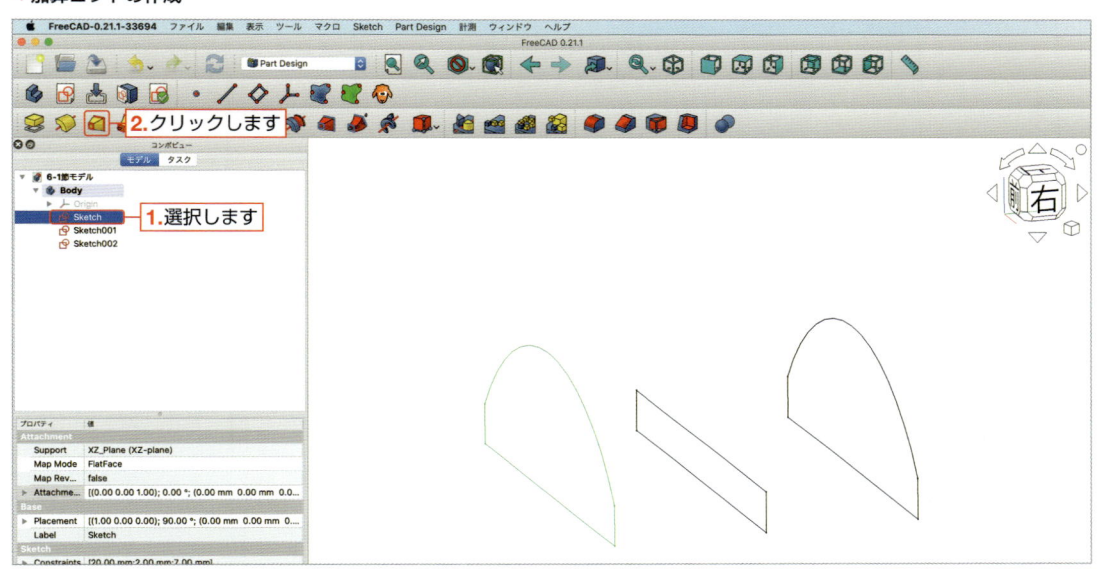

19 コンボビューが「ロフトパラメーター」に切り替わるので、1.**「セクションを追加」**をクリックして、2.**「Sketch001」**のエッジを選択します。
再度、3.**「セクションを追加」**をクリックして、4.**「Sketch002」**のエッジを選択します。
最後に5.「OK」ボタンをクリックして、加算ロフトを作成します。

▼ロフトパラメーターの設定

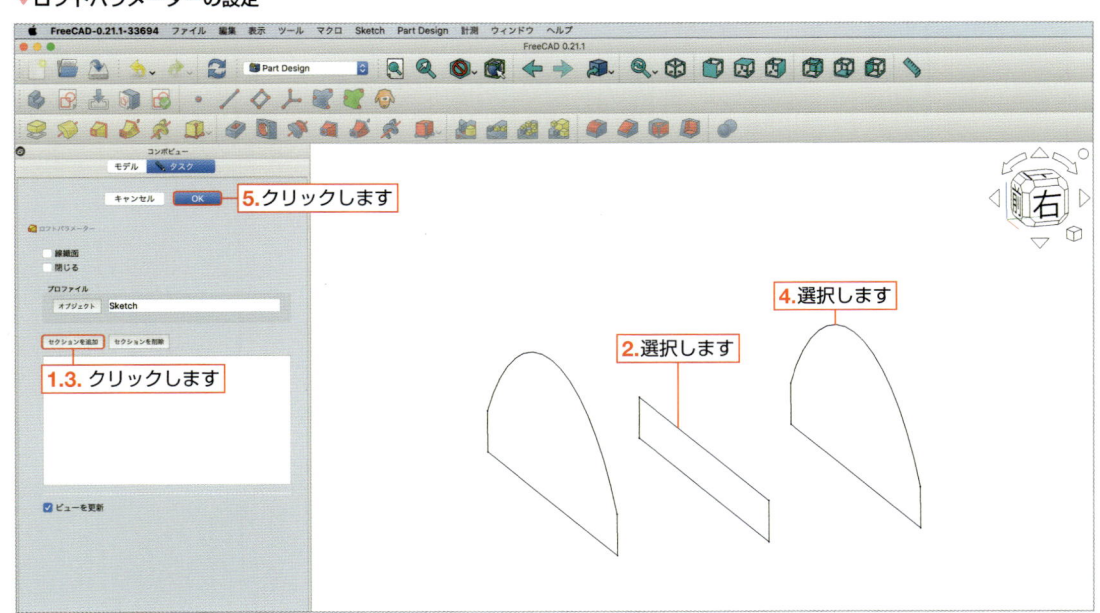

「加算ロフト」と「ロフトパラメーター」について

「**加算ロフト**」コマンドは、同一平面でない2つ以上のスケッチから形状を作成するコマンドです。

❶ 「**線織面**」とは直線が動くことで得られる曲面のことですが、「**線織面**」のチェックを入れると、スケッチとスケッチを繋ぐ曲線が線織面となります。また「**線織面**」のチェックを外すと、スケッチとスケッチを繋ぐ線が直線となります（「閉じる」のチェックボックスについては詳細が不明なので、使用しないようにしてください）。

❷ 「**プロファイル**」とは基準となるスケッチのことです。今回の場合、「**Sketch**」を基準となるスケッチにしています。

❸ 基準となるスケッチ以外を追加します。「**セクションを追加**」または「**セクションを削除**」をクリックした後に、スケッチのエッジをクリックして選択すると、スケッチの追加または削除ができます。

❹ 「**ビューを更新**」にチェックが入っていると、パラメーターを変更する度にモデルが変更されます。

▼「加算ロフト」と「ロフトパラメーター」

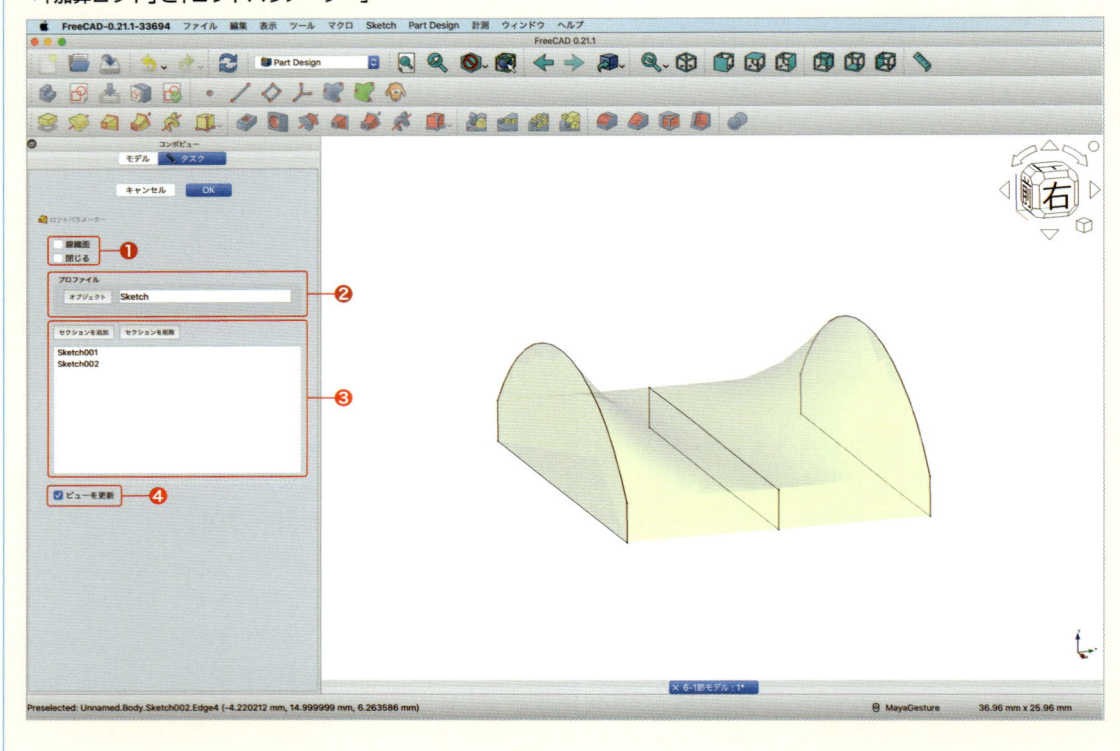

256ページのPOINT 「**「加算ロフト**」を使うときのコツ」も併せてご参照ください。

🧊 ファイルを保存してドキュメントを閉じよう

これで、**Section 6-1**のレッスンが終了しました。ファイルを保存してドキュメントを閉じましょう。

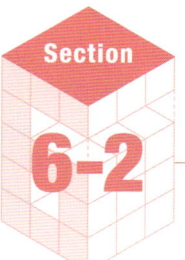

スプーン・フォーク置きの形状を作ろう

Section 6-2

ここではスプーンとフォークの形状を作りながら、モデリングの操作に慣れていきましょう。
Section 6-1で学んだ「加算ロフト」コマンドを使って、モデルを作っていきます。

🧊「加算ロフト」コマンドを使って形状を作っていこう

ここでは「加算ロフト」コマンドを使って、4つのスケッチから形状を作ります。

🧊 Section 6-1で作ったファイルを読み込もう

Section 6-1で作った箸置きのファイルを開き、新しい名前を付けて保存します。

この操作は、Section 2-2の手順 **1** 〜 **2** （68ページ参照）と同じです。図は割愛しますが、操作方法を忘れてしまった場合には、前述したページをご参照ください。

1 Section 6-1で作成したファイルを開きます。ツールバーの **「開く」ボタン**🖼をクリックします。
「**6-1節モデル**」を選択して、「Open」ボタンをクリックします。

2 名前を付けて保存します。メニューバーの「ファイル」を選択して、「名前を付けて保存」を選択します。
「Save As」に「**6-2節モデル**」と入力して、「Save」ボタンをクリックして保存します。

🧊 3つのスケッチを作ろう

すでに作成したスケッチをコピーして、新しいスケッチを作っていきます。

3 フィーチャを展開します。
1. コンボビューの「AdditiveLoft」の左にある▶をクリックして、フィーチャを展開します。
2. コンボビューの「Sketch001」を右クリックして、**3.**「コピー」を選択します。「オブジェクト選択」ダイアログボックスが表示されるので、**4.**「XZ-plane」のチェックを外して、**5.**「OK」ボタンをクリックします。
次に、**6.** コンボビューの「Sketch001」を右クリックし、**7.**「貼り付け」を選択してスケッチを作成します。
再び **8.** コンボビューの「Sketch001」を右クリックし、**9.**「貼り付け」を選択してスケッチを作成します。

Chapter 6

▼スケッチのコピー

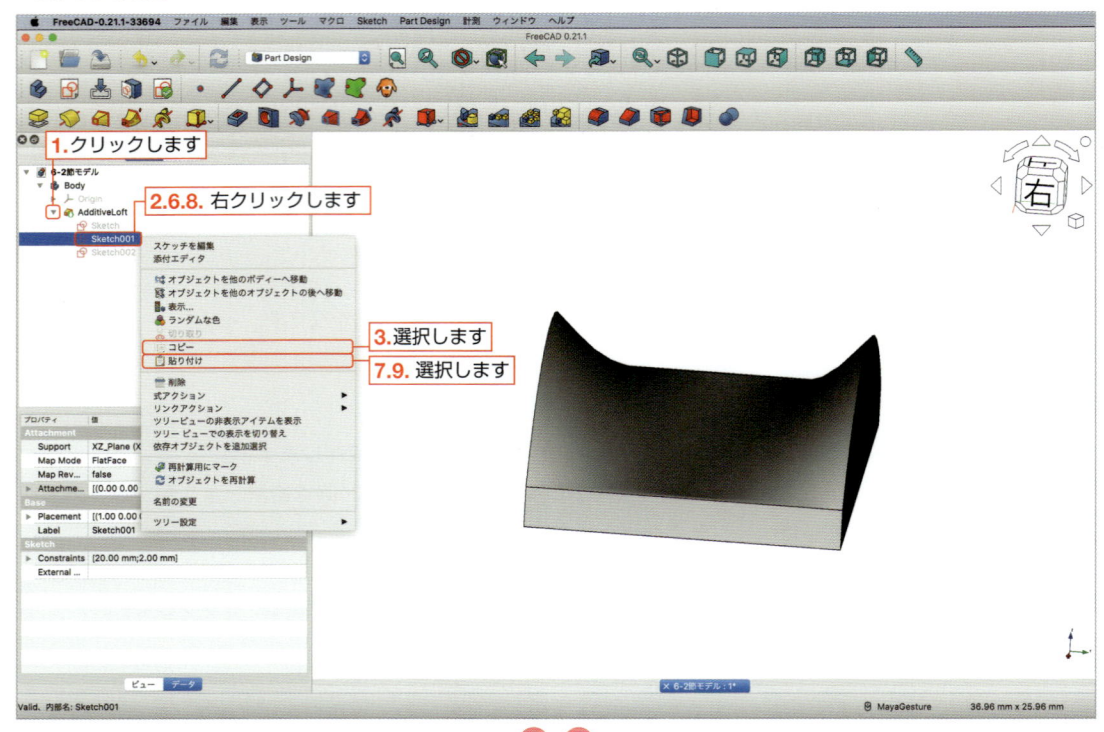

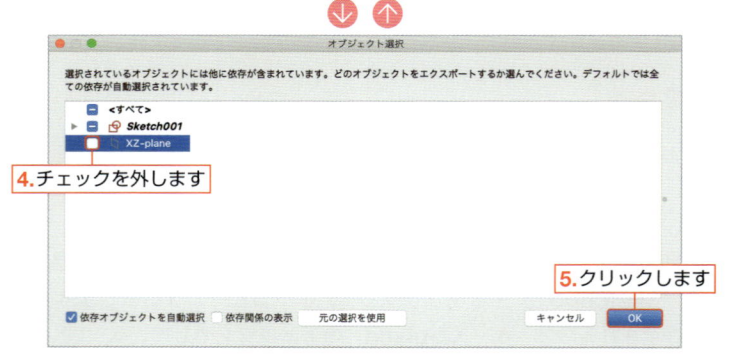

POINT

コピー＆貼り付けのショートカットキー

手順**3**で行った「コピー」と「貼り付け」の操作には、ショートカットキーがあります。

通常のパソコン操作と同じように、「コピー」は ⌘ ＋ C キー（Mac）／ Ctrl ＋ C キー（Windows）、「貼り付け」は ⌘ ＋ V キー（Mac）／ Ctrl ＋ V （Windows）となります。

4 **1.** コンボビューの「Sketch002」を右クリックして、**2.**「コピー」を選択します。「オブジェクト選択」ダイアログボックスが表示されるので、**3.**「XZ-plane」のチェックを外して、**4.**「OK」ボタンをクリックします。再び**5.** コンボビューの「Sketch002」を右クリックし、**6.**「貼り付け」を選択してスケッチを作成します。

▼ スケッチのコピー

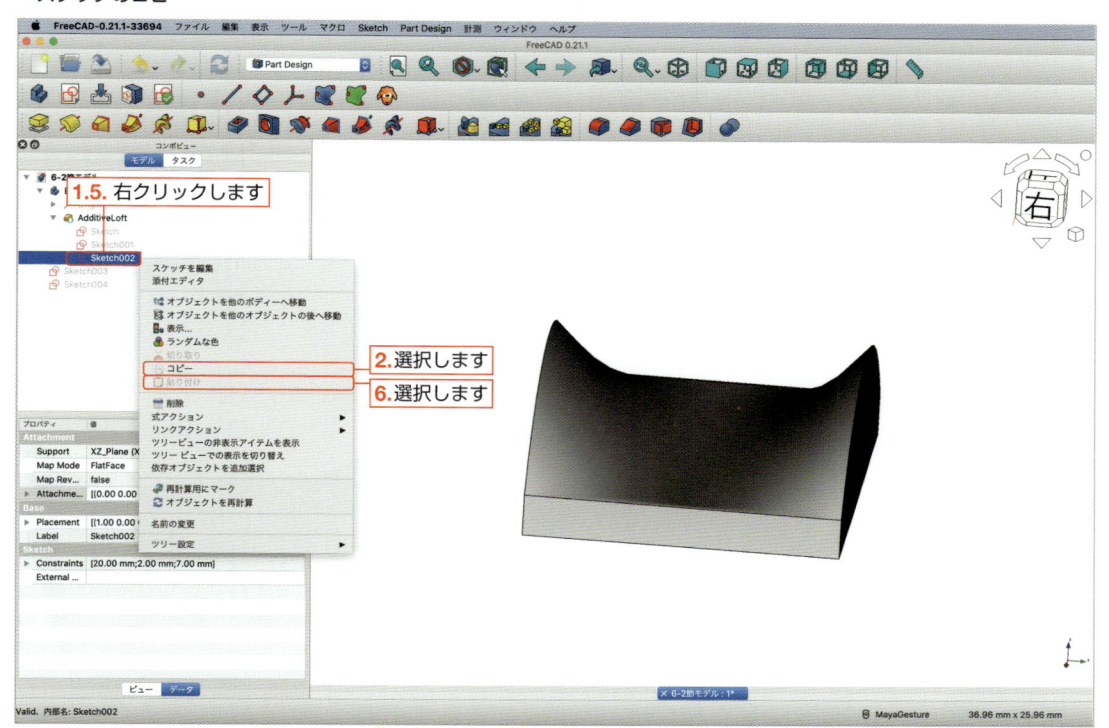

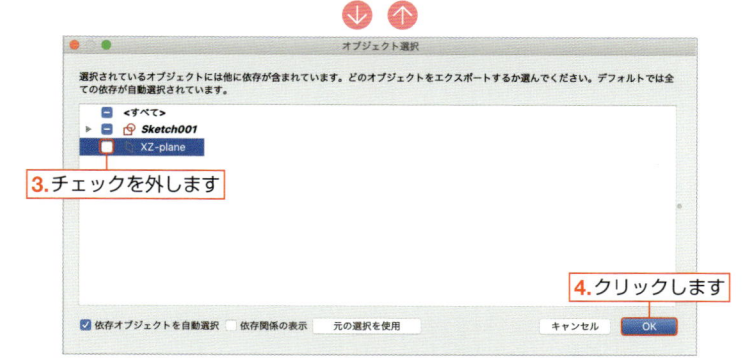

5 3つのスケッチをボディ内に移動します。

1. コンボビューの「Sketch003」を「Body」の上にドラッグ＆ドロップします。

次に **2.** コンボビューの「Sketch004」を「Body」の上にドラッグ＆ドロップします。

最後に **3.** コンボビューの「Sketch005」を「Body」の上にドラッグ＆ドロップします。

▼スケッチをボディ内に移動

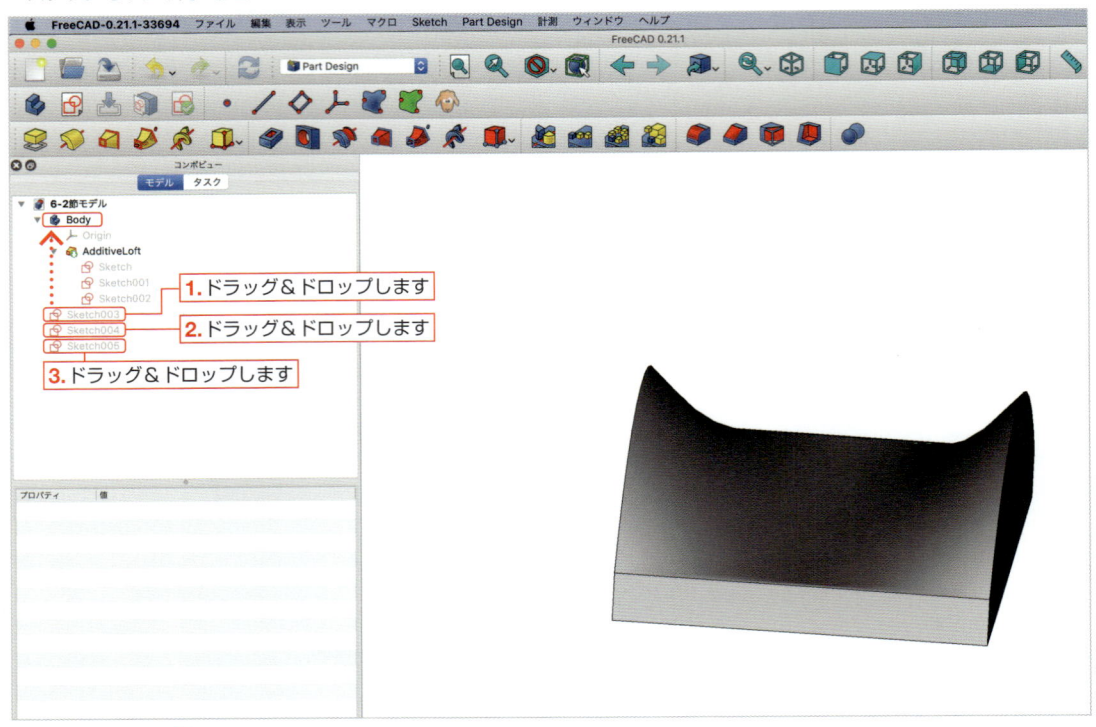

🔲 非表示のスケッチを表示させよう

「加算ロフト」コマンドを使うために、非表示のスケッチを表示させましょう。

6 非表示になった4つのスケッチを表示させます。

1. コンボビューの「**Sketch002**」を選択し、**2.** ▢（スペースキー）を押してスケッチを表示させます。
残り3つのスケッチに対しても、同様の操作を行います。

3. コンボビューの「**Sketch003**」を選択し、**4.** ▢ を押してスケッチを表示させます。

次に **5. コンボビュー**の「**Sketch004**」を選択し、**6.** ▢ を押してスケッチを表示させます。

最後に **7. コンボビュー**の「**Sketch005**」を選択し、**8.** ▢ を押してスケッチを表示させます。

▼非表示のスケッチを表示させる

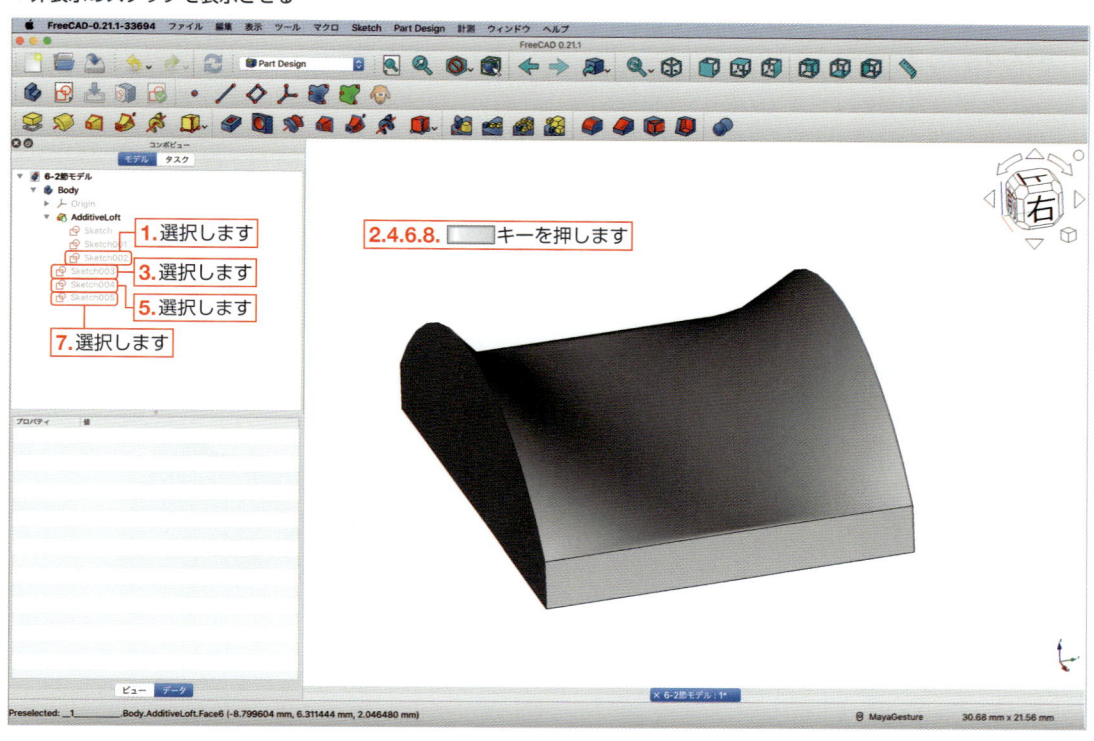

🥄 スケッチを平行移動させよう

表示させた4つのスケッチのうち、3つのスケッチを平行移動させましょう。

7 3つのスケッチを平行移動させます。**1.コンボビュー**の「Sketch003」を選択し、**2.プロパティビュー**の「データ」タブをクリックします。**3.**「Attachment Offset」の右にある□をクリックすると**コンボビュー**が切り替わるので、**4.**「平行移動量」のZ方向に「**-37.5mm**」と入力して、**5.**「OK」ボタンをクリックします。
次に **6.コンボビュー**の「Sketch004」を選択し、**7.プロパティビュー**の「データ」タブをクリックします。**8.**「Attachment Offset」の右にある□をクリックすると**コンボビュー**が切り替わるので、**9.**「平行移動量」のZ方向に「**-47.5mm**」と入力して、**10.**「OK」ボタンをクリックします。
続いて **11.コンボビュー**の「Sketch005」を選択し、**12.プロパティビュー**の「データ」タブをクリックします。**13.**「Attachment Offset」の右にある□をクリックすると**コンボビュー**が切り替わるので、**14.**「平行移動量」のZ方向に「**-70mm**」と入力して、**15.**「OK」ボタンをクリックします。

▼スケッチの平行移動

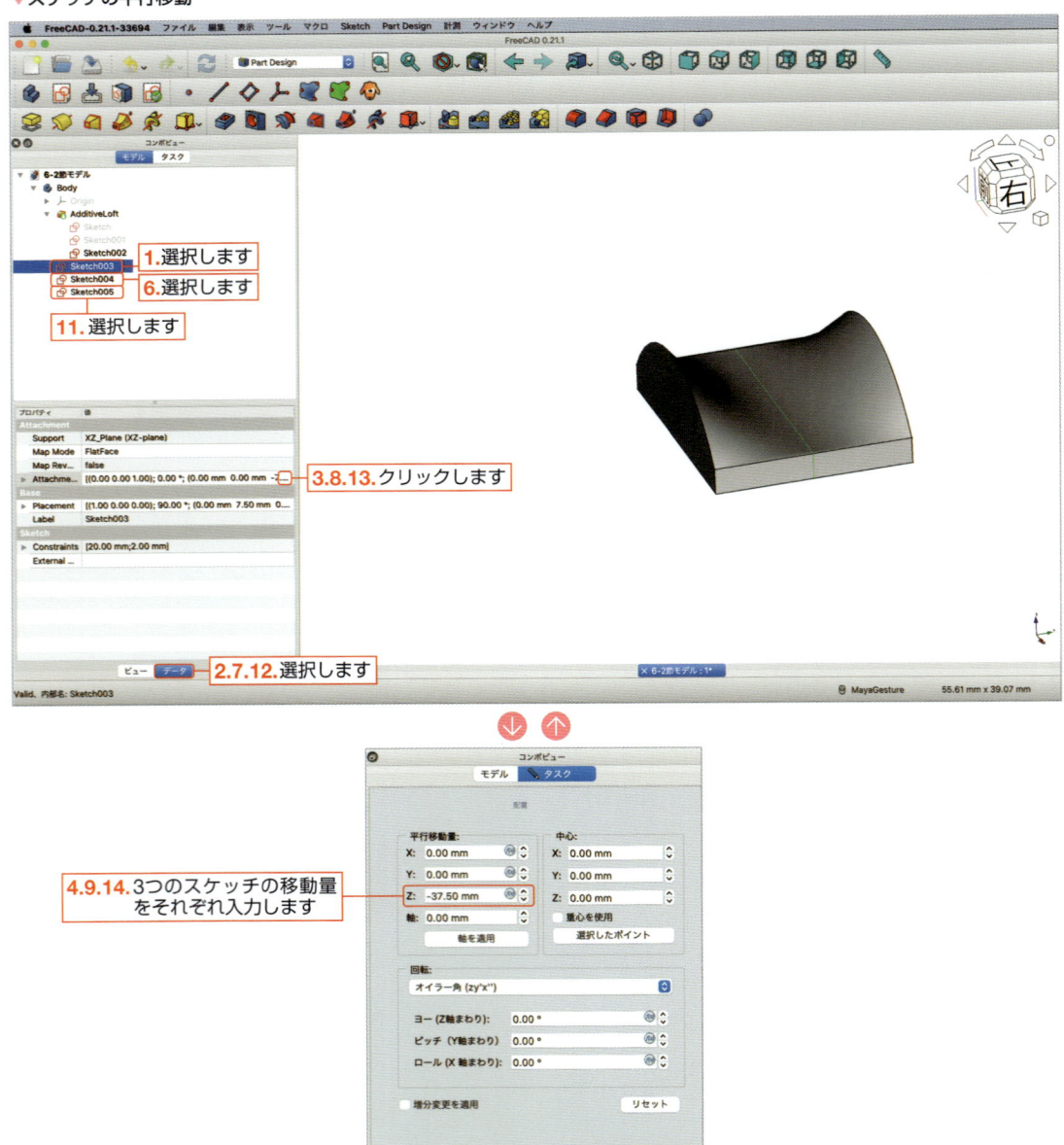

🥄 スプーン・フォーク置きの形を作っていこう

「加算ロフト」コマンドを使って、スプーン・フォーク置きの形を作っていきましょう。

前回の「加算ロフト」で使用した「Sketch002」を基準のスケッチをとして、先ほど作成した3つのスケッチを使って形状を作っていきます。

8 **1.** コンボビューの「Sketch002」を選択し、**2.**「加算ロフト」ボタン🗔をクリックします。

▼加算ロフトの作成

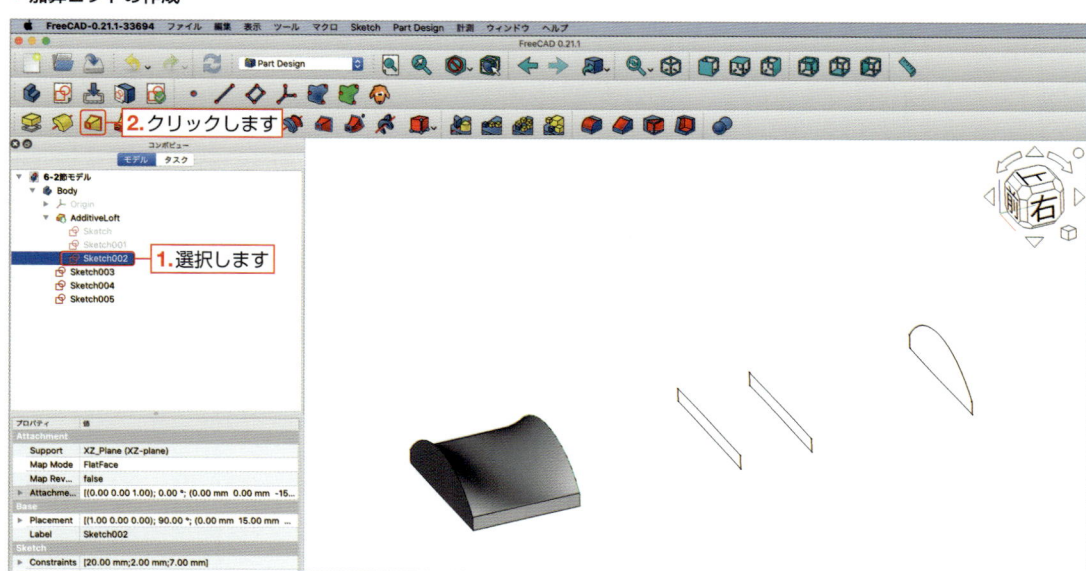

9 コンボビューが「ロフトパラメーター」に切り替わるので、**1.**「セクションを追加」をクリックして、**2.**「Sketch003」のエッジを選択します。

次に **3.**「セクションを追加」をクリックして、**4.**「Sketch004」のエッジを選択します。

さらに **5.**「セクションを追加」をクリックして、**6.**「Sketch005」のエッジを選択します。

最後に **7.**「OK」ボタンをクリックして、加算ロフトを作成します。

▼ロフトパラメーターの設定

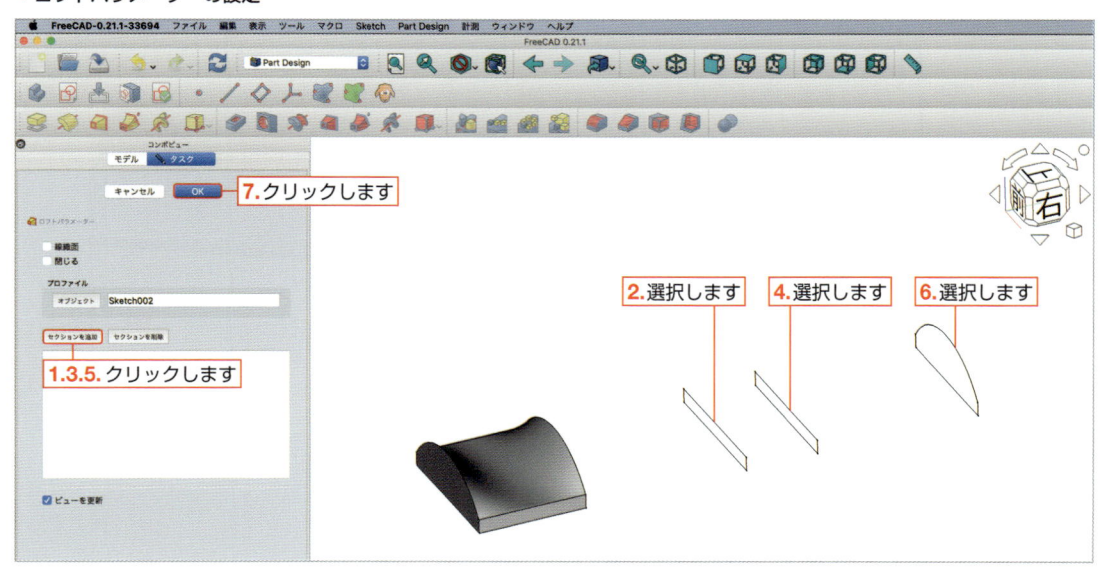

🍴 スプーン・フォーク＆箸置きのエッジを丸めよう

10 最後に、スプーン・フォーク＆箸置きのエッジを丸めます。

1. モデルのエッジを選択して、**2.**「フィレット」ボタン●をクリックします。

▼フィレットの作成

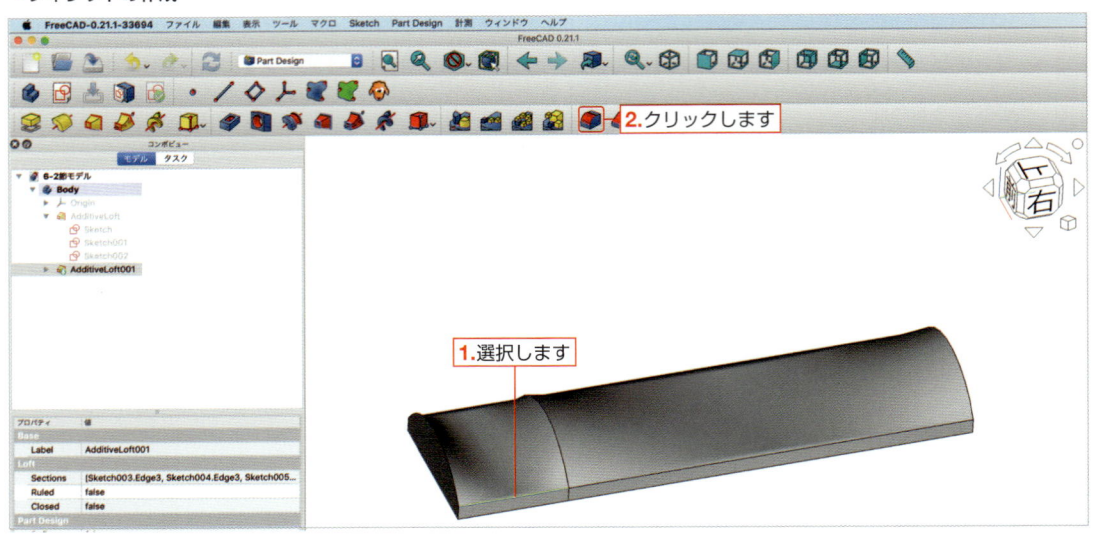

11 **コンボビュー**が「**フィレットパラメーター**」に切り替わります。

1. 半径に「**1mm**」と入力し、**2.**「**プレビュー**」をクリックします。

モデルにある7箇所のエッジ（下図の**3.**〜**9.**）を選択して、**10.**「OK」ボタンをクリックします。

▼フィレットパラメーターの設定

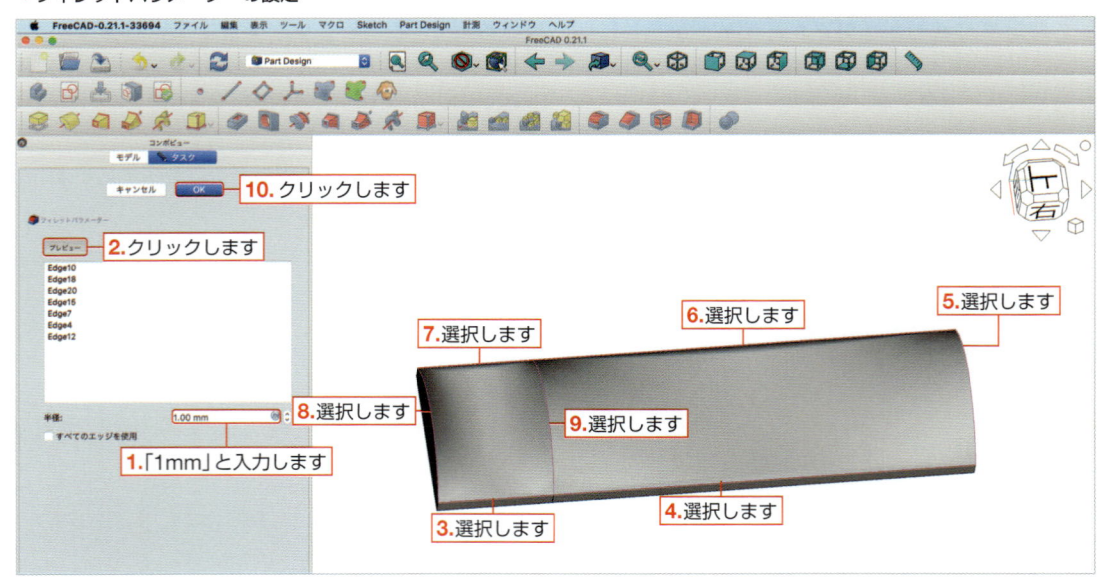

🍴 ファイルを保存してドキュメントを閉じよう

これで、**Chapter 6** のモデルが完成しました。

最後にファイルを保存して、ドキュメントを閉じましょう。

モーニングカップ
を作ろう！

ここでは、モーニングカップを設計するプロセスを学びます。基本的な形状作成には円弧とロフトコマンドを使用し、さらにカップの美観を高めるためにグループや減算ロフトを駆使します。

FreeCADの多様な機能を駆使し、実用的でありながら視覚的にも魅力的な製品を作成する技術を習得しましょう。

ここで作る3Dモデルの完成形

➡ 制作のポイント

■ デザインの基本を理解する（形状とサイズ）

カップの形状は使用時の快適さに大きく影響します。握りやすい取っ手の形や飲み口の広さ、容量など、使用者の使い勝手を考慮してデザインしましょう。

■ 材質と耐久性を考慮する（適切な材料の選択）

3Dプリントで使用される材料は耐熱性、耐水性、食品安全性が重要です。
特にカップとして使用する場合、耐熱PLAやPETGなどの材料が適しています。

■ エルゴノミクスに注意（持ち手のデザイン）

持ち手は使いやすさに直結するため、手になじむ形状を選び、適切な大きさと位置に設定してください。
3Dモデリングソフトウェアで複数のデザインを試してみるとよいでしょう。

■ モデリングの技術（壁の厚さ）

カップの壁は薄すぎると割れやすく、厚すぎると重くなります。通常、壁の厚さは1.5mmから2mmが適切です。

■ デザインの詳細を精査（平滑性とテクスチャ）

カップの内側はなめらかに仕上げることで、洗う手間が少なくなり衛生的です。
外側にはテクスチャや模様を加えることで、美観を向上させることができます。

■ プロトタイプの作成（試作品のテスト）

実際にプロトタイプを作成し、水漏れや耐熱テストを行うことで、デザインに問題がないかを確認します。
必要に応じてデザインを調整しましょう。

モーニングカップの大まかな形を作ろう

Section 7-1

ここではモーニングカップの大まかな形を作りながら、モデリングの操作に慣れていきましょう。
円弧を使いながらモーニングカップの大まかな形を描き、拘束条件を与えてスケッチを完全拘束
させます。その後、「加算ロフト」を使ってボディを作っていきましょう。

◆ スケッチを描いていこう

Section 2-1（53ページ）を参照して、「XY平面」にスケッチが描けるところまでの操作を進めてみましょう。
ファイルの保存では、ファイル名を「**7-1節モデル**」としてください。

◆ スケッチの完成図

次のスケッチが完成図です。これまで学んだことを思い出して、スケッチを描いてみてください。
「**完全拘束**」が表示されれば、スケッチが完成です。

▼スケッチの完成図

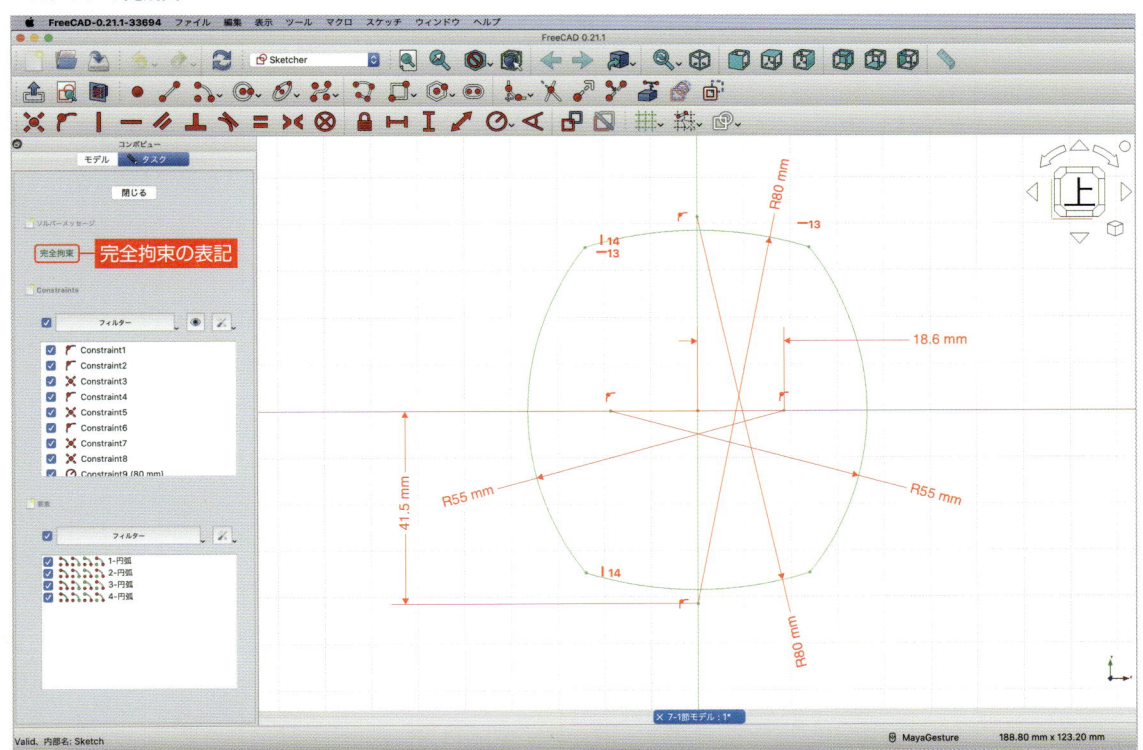

スケッチを描くコツ

スケッチを描くにあたり、次の項目を復習すると理解が深まります。

- **円弧を作成**（102ページ参照）：円弧を描きます。
- **スケッチの拘束について**（56ページ参照）：スケッチを固定させることができます。
- **垂直拘束**（56ページ参照）：円弧の端点を垂直拘束します。
- **水平拘束**（56ページ参照）：円弧の端点を水平拘束します。
- **半径拘束**（103ページ参照）：前回は直径拘束でしたが、ここでは半径拘束を使用します。
- **一致拘束**（63ページ参照）：円弧の端点と端点を一致させるときに使用します。
- **垂直距離拘束**（89ページ参照）：円弧の中心点と原点との垂直距離を拘束します。
- **水平距離拘束**（90ページ参照）：円弧の中心点と原点との水平距離を拘束します。
- **拘束の削除**（57ページ参照）：拘束を削除したいときに使用します。

1 4つの円弧を作成します（102ページ参照）。**1.**中心点をクリックしてから円弧を描きます。
次に**2**〜**4**と同様の操作で合計4つの円弧を描き、 esc キーでボタンを解除します。
5.円弧の端点をクリックして、選択された状態で一致拘束します（63ページ参照）。

▼4つの円弧を作成

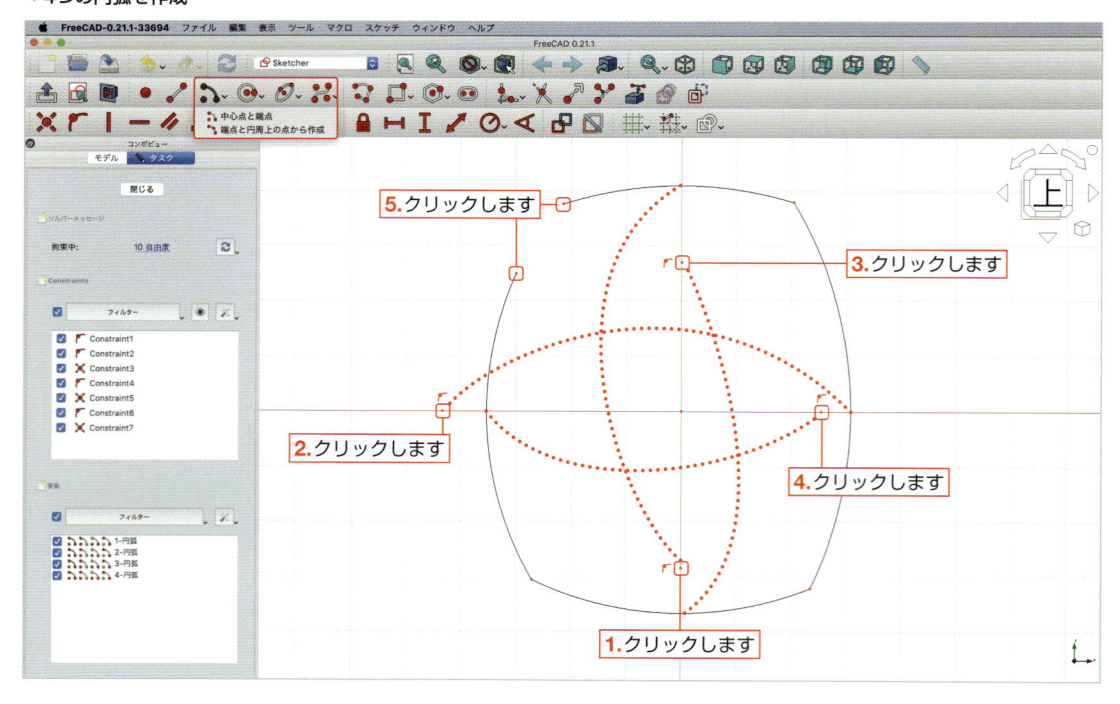

2 スケッチを拘束していきます。**1.**円弧の端点2点を選択して**水平拘束**（56ページ参照）し、**2.**別の円弧の端点2点を選択して**垂直拘束**（56ページ参照）します。

続いて、**3.**原点と円弧の中心点を選択して、**水平距離拘束**（90ページ参照）で **18.6mm** で拘束します。

4.原点と円弧の中心点を選択して、**垂直距離拘束**（89ページ参照）で **41.5mm** で拘束します。

▼スケッチの拘束

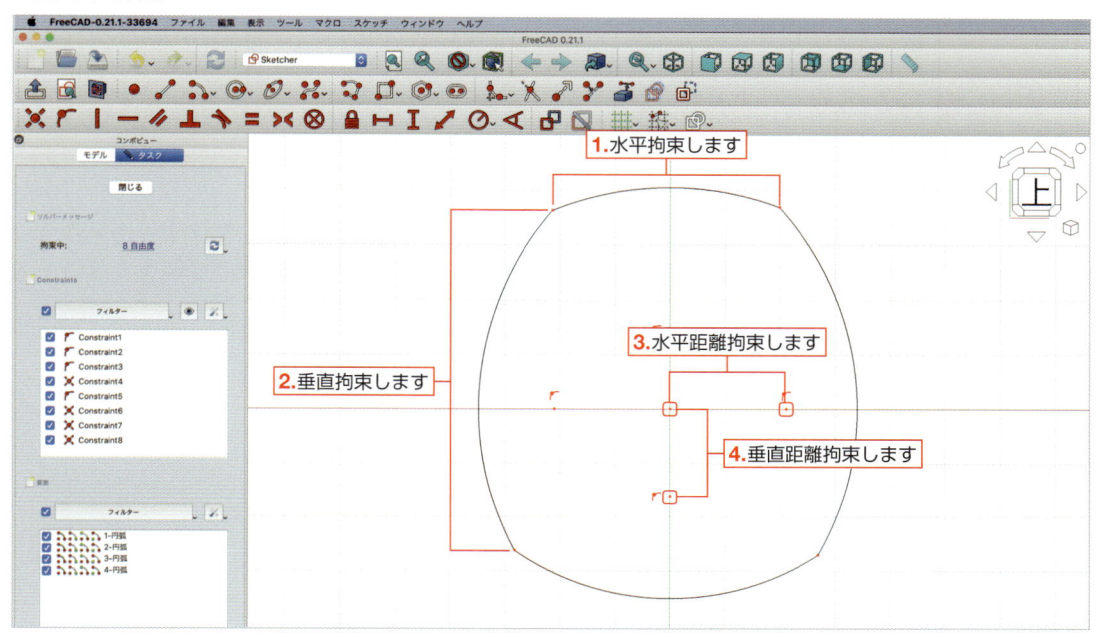

3 最後に、円弧を半径拘束します。**1.**2つの円弧に対して**半径拘束**（103ページ参照）して、半径を **80mm** とします。さらに、**2.**2つの円弧に対して半径拘束し、半径を **55mm** とします。これで、完成図と同じ状態になったはずです。「**完全拘束**」が表示されたことを確認して、スケッチを閉じます。

▼円弧の半径拘束

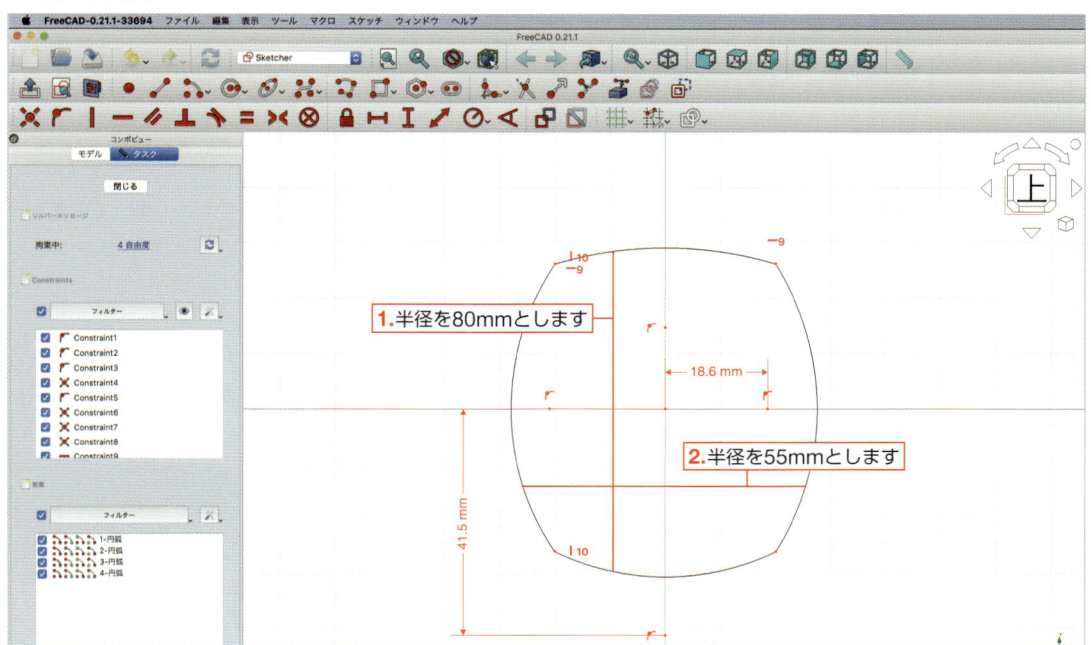

Chapter 7

🧊 スケッチを複製させよう

先ほど描いたスケッチを複製させながら、新規にスケッチを作成します。

4 新規に「XY平面」のスケッチを作成します。
「**スケッチを作成**」ボタン🗒をクリックして、「**XY平面**」を指定します（55ページ参照）。

5 先ほど描いたスケッチを複製させます。
1.「**カーボンコピーを作成**」ボタン🗒をクリックし、**2.** 先ほど描いたスケッチのエッジをクリックして選択します。

▼別のスケッチを複製

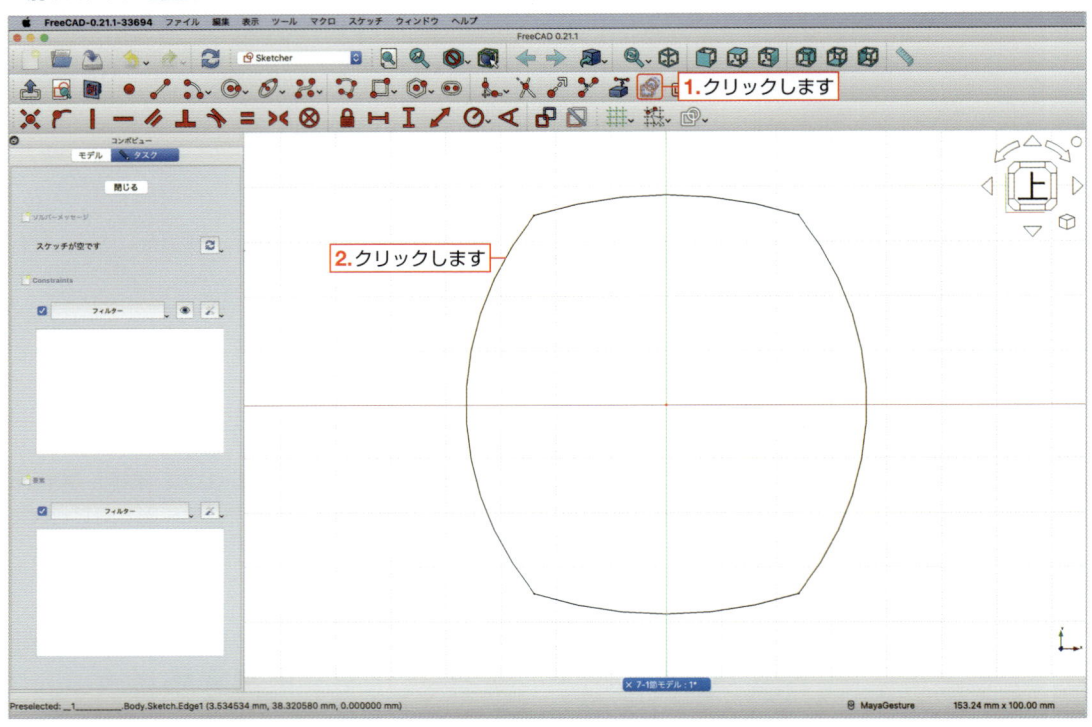

6 **1.** 寸法「**18.6mm**」をダブルクリックし、**2.**「長さを挿入」ダイアログボックスの「長さ」の横にある🔢をクリックします。**3.**「数式エディター」ダイアログボックスに「**23.5mm**」と入力して、**4.**「OK」ボタンをクリックし、さらに **5.**「OK」ボタンをクリックします。

次に、**6.** 寸法「**41.5mm**」をダブルクリックし、**7.**「長さを挿入」ダイアログボックスの「長さ」の横にある🔢をクリックします。**8.**「数式エディター」ダイアログボックスに「**46.4mm**」と入力して、**9.**「OK」ボタンをクリックし、さらに **10.**「OK」ボタンをクリックします。

▼複製したスケッチの編集

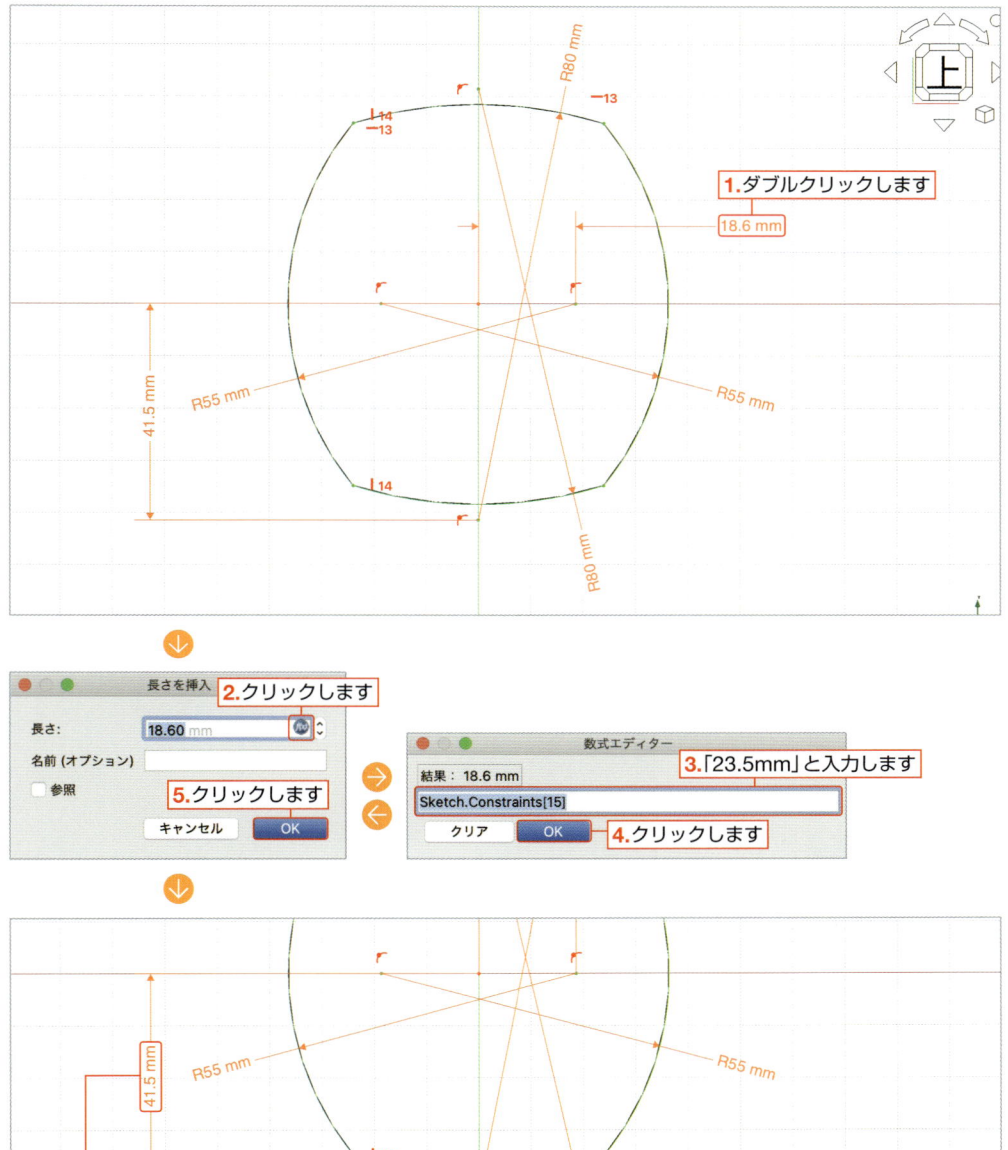

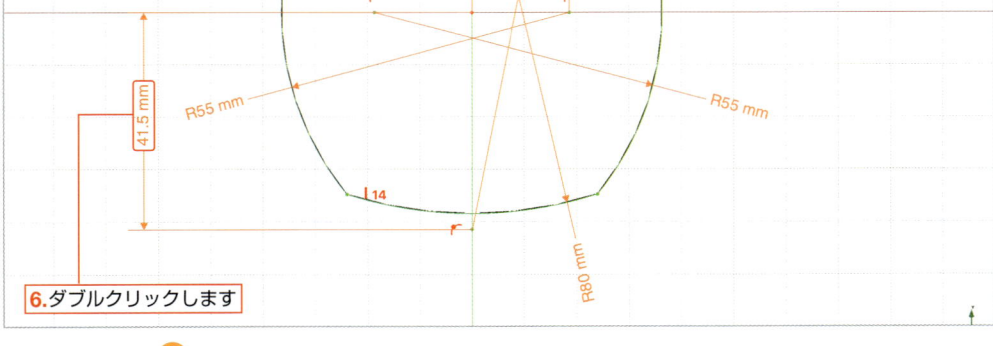

7 スケッチを閉じます。

🗔 スケッチの位置を平行移動させよう

複製させたスケッチをZ軸方向に平行移動させてみましょう。

8 スケッチが見やすいように、必要に応じて視点を動かしてください。
また視点の移動については、**Section 1-2** の【ビュー】ツール（23 〜 24 ページ）を参照してください。

9 スケッチの位置を移動させます。**1.**先ほど複製したスケッチを選択し、**2.**「データ」タブをクリックします。
3.「**Attachment Offset**」の右にある▦をクリックすると**コンボビュー**が切り替わるので、**4.**「平行移動量」
のZ方向に「**-93mm**」と入力し、**5.**「OK」ボタンをクリックします。

▼ スケッチの平行移動

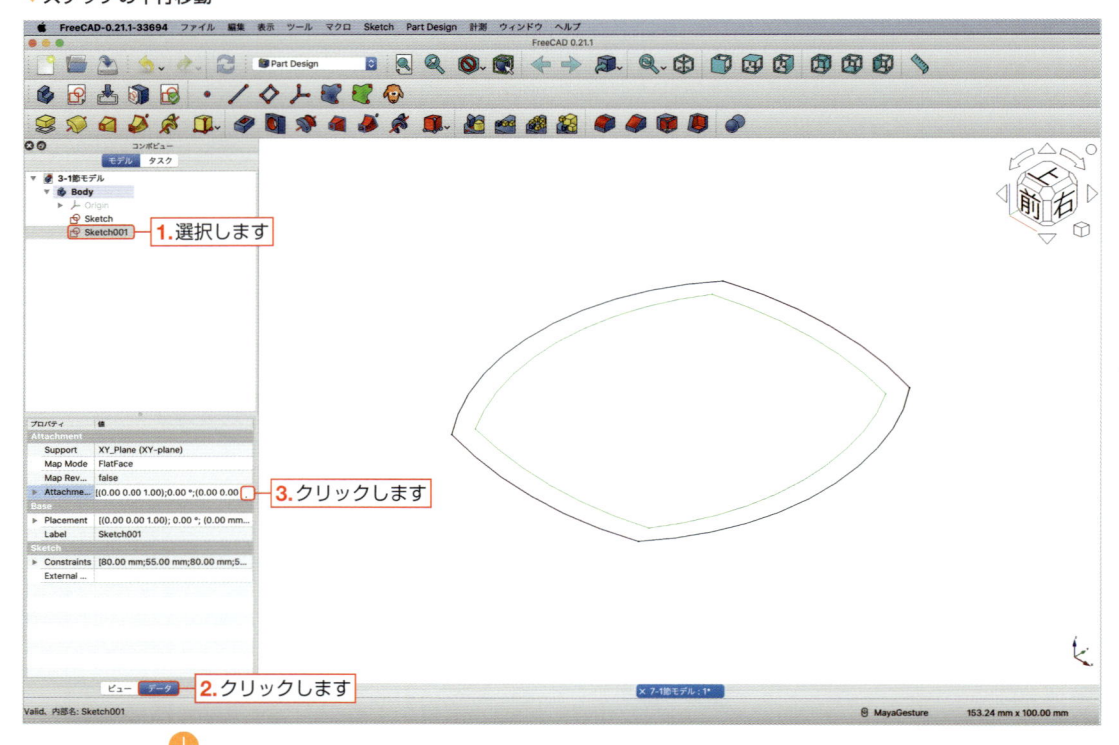

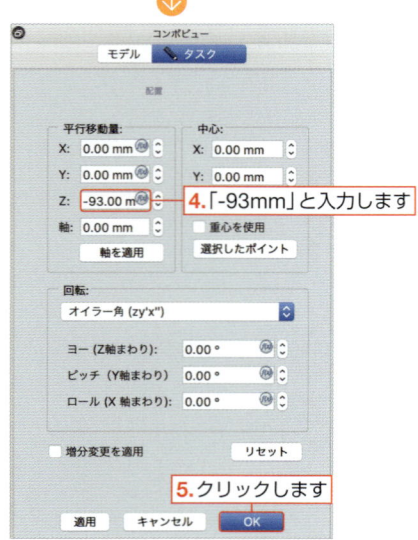

🟧 モーニングカップの形を作ろう

加算ロフトを使ってモーニングカップの形を作ってみましょう。加算ロフトでは、同一平面でない2つ以上のスケッチが必要です。

ここでは、先ほど作成した2つのスケッチを使って加算ロフトを学んでいきます。

10 **1.** コンボビューの「Sketch」を選択して、**2.**「加算ロフト」ボタン🟨をクリックします。

▼加算ロフトの作成

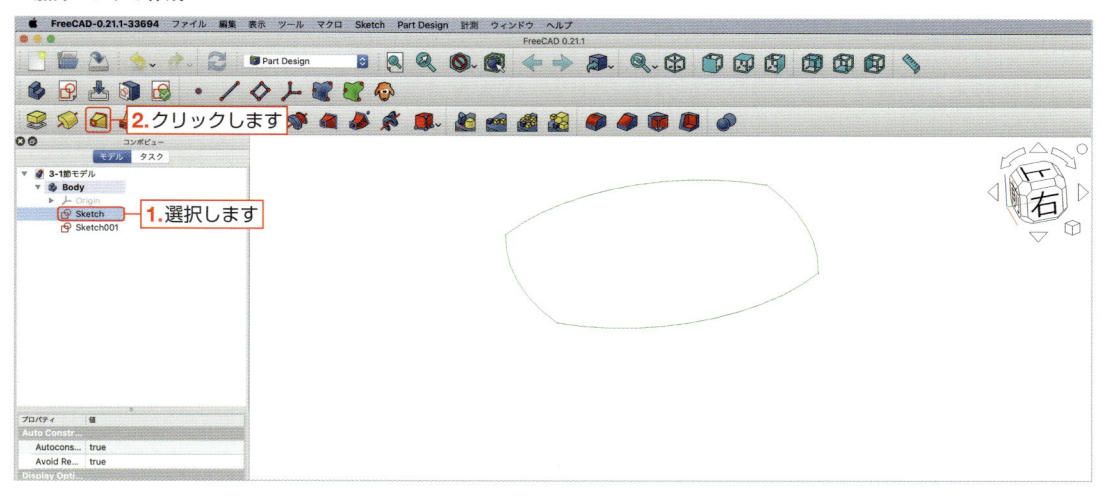

11 「ロフトパラメーター」に切り替わるので、**1.**「セクションを追加」をクリックして、**2.**「Sketch001」のエッジをクリックして選択します。最後に**3.**「OK」ボタンをクリックすると、加算ロフトが作成されます。

▼ロフトパラメーターの設定

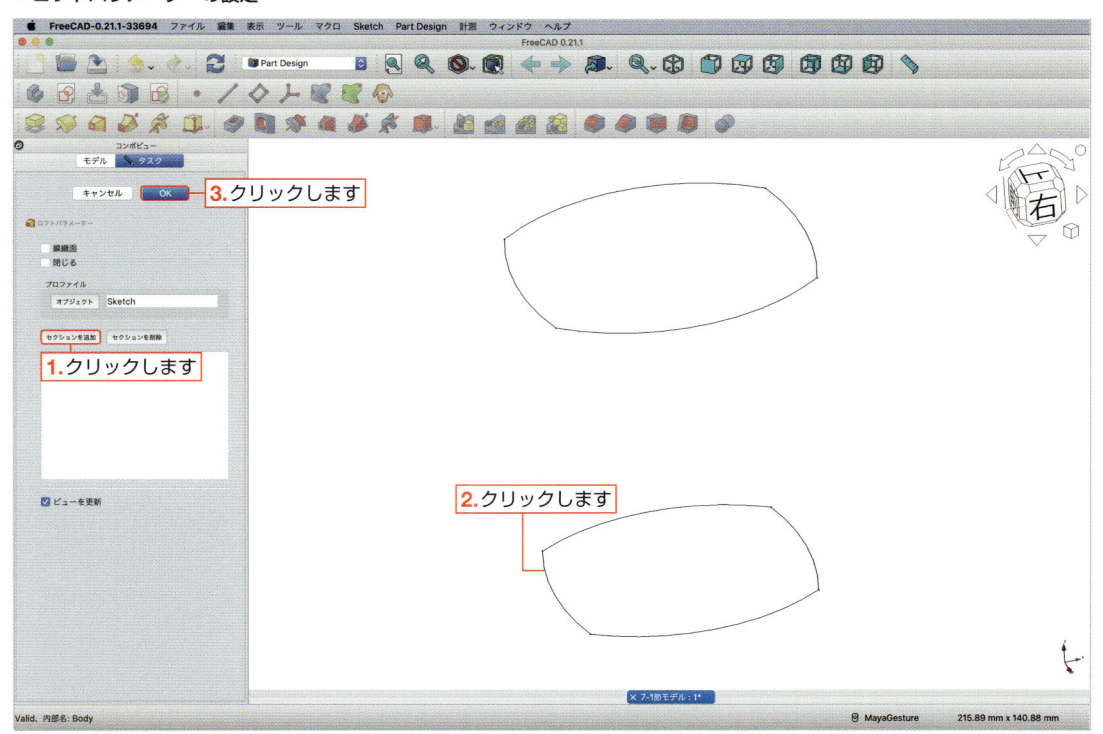

「加算ロフト」を使うときのコツ

「**加算ロフト**」は、複数の異なる平面上に描かれたスケッチから形状を作るコマンドです。
今回のモーニングカップのように少しずつ断面の形状が大きくなる場合にも利用できます。
「**ロフトパラメーター**」では、以下の4つの項目があります。

❶「**線織面**」：チェックを入れるとスケッチ間を曲線で結び、チェックを外すと直線で結びます。
❷「**プロファイル**」：基準となるスケッチのことです。今回の場合、「Sketch」を基準としています。
❸「**セクションを追加**」「**セクションを削除**」：スケッチのエッジをクリックして、セクションを追加／削除できます。
❹「**ビューを更新**」：チェックを入れると、パラメーター変更時にモデルが自動更新されます。

「**加算ロフト**」を使えば、断面の形状が円から四角に変わっていくようなモデルの作成も可能です。
色々な形状のスケッチを作って、加算ロフトを試してみましょう。

▼「加算ロフト」を使うときのコツ

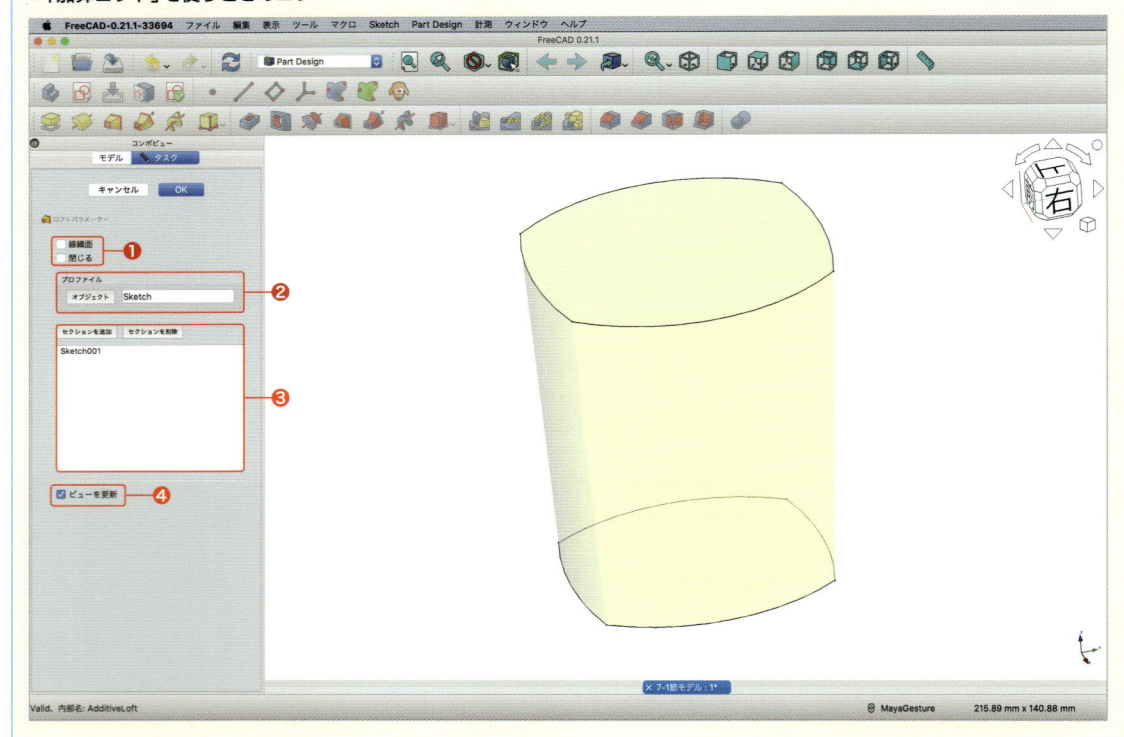

238ページのPOINT「**「加算ロフト」と「ロフトパラメーター」について**」も併せてご参照ください。

12 **1.** 描画スタイル（23ページ参照）を**「ワイヤ フレーム」**に変更して、フィレットを作成します。

⌘キーを押しながら**2.** ソリッドの4つのエッジをクリックして選択された状態で、**3.「フィレット」ボタン**
をクリックします。

▼描画スタイルの変更とフィレットの作成

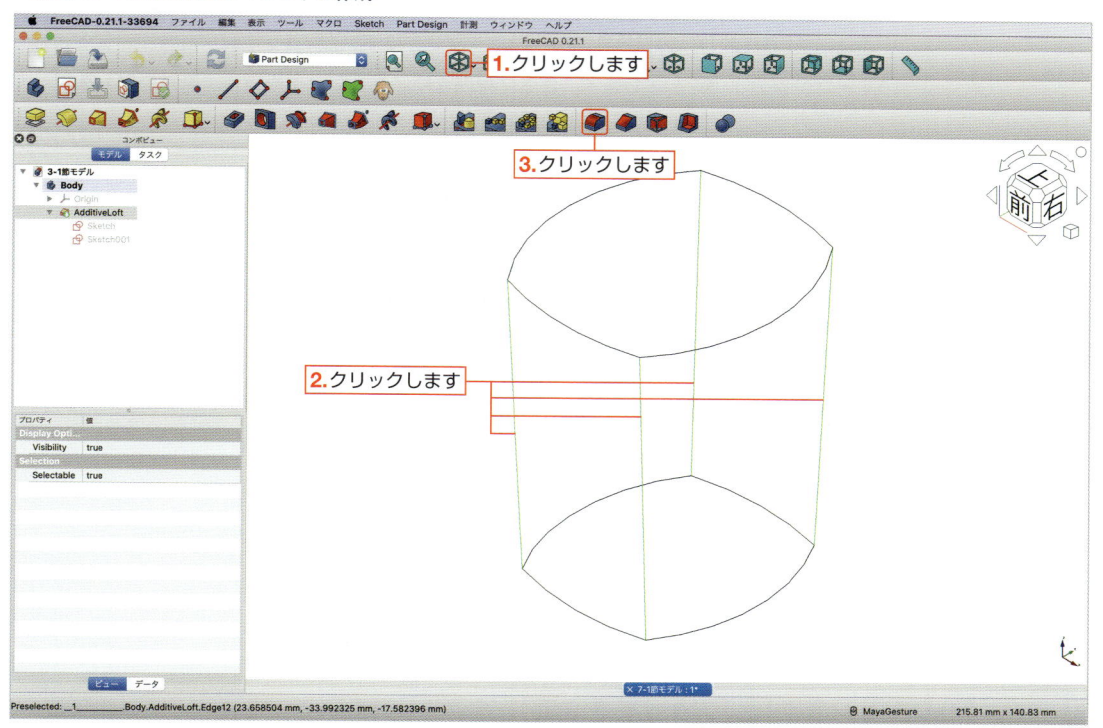

13 「**フィレットパラメーター**」（44ページ参照）に切り替わるので、半径に「**3mm**」と入力して、「OK」ボタン
をクリックします。

14 描画スタイル（23ページ参照）を**「そのまま」**に変更します。

⬢ ファイルを保存してドキュメントを閉じよう

これで、**Section 7-1** のレッスンが終了しました。**Section 2-1**（67ページ）を参考にしてドキュメントを
保存します。

最後にファイルを保存して、ドキュメントを閉じましょう。

Section 7-2

美しい形に モーニングカップを加工しよう

ここではモーニングカップを美しい形に加工しながら、モデリングの操作に慣れていきましょう。円弧や直線を使いながらスケッチを描き、「グループ」と呼ばれる回転で減算させる方法を使ってモーニングカップを加工します。さらに楕円を用いてスケッチを描き、減算ロフトを使ってモーニングカップをデザインしていきましょう。

🟧 スケッチを回転させながら加工するグループを使おう

グループとは、スケッチを断面として指定した軸を中心に回転させながらソリッドを削っていく方法です。

🟧 スケッチを描いていこう

Section 2-2（68ページ）を参照しながら、「**7-1節モデル**」を開き、「**7-2節モデル**」として別名で保存しましょう。

1 新規に「XZ平面」のスケッチを作成します。
「**スケッチを作成**」**ボタン** 📐 をクリックして、「**XZ平面**」を指定します（55ページ参照）。
※55ページでは「XY平面」ですが、ここでは「XZ平面」なのでご注意ください。

POINT 「セクション表示」と「スケッチを表示」

1.「**セクション表示**」**ボタン** 📐 をクリックすると、**2.** ソリッドが断面の表示になります。これはスケッチの平面でソリッドを断面の表示にしているため、スケッチを描くときに活用すると便利です。

また、**3.**「**スケッチを表示**」**ボタン** 📐 をクリックすると、スケッチ平面に対して垂直な向きに視点が変わります。視点を動かした後にスケッチを真上から見る視点に変えたいときは、「**スケッチを表示**」**ボタン** 📐 を活用してください。

▼セクション表示とスケッチを表示

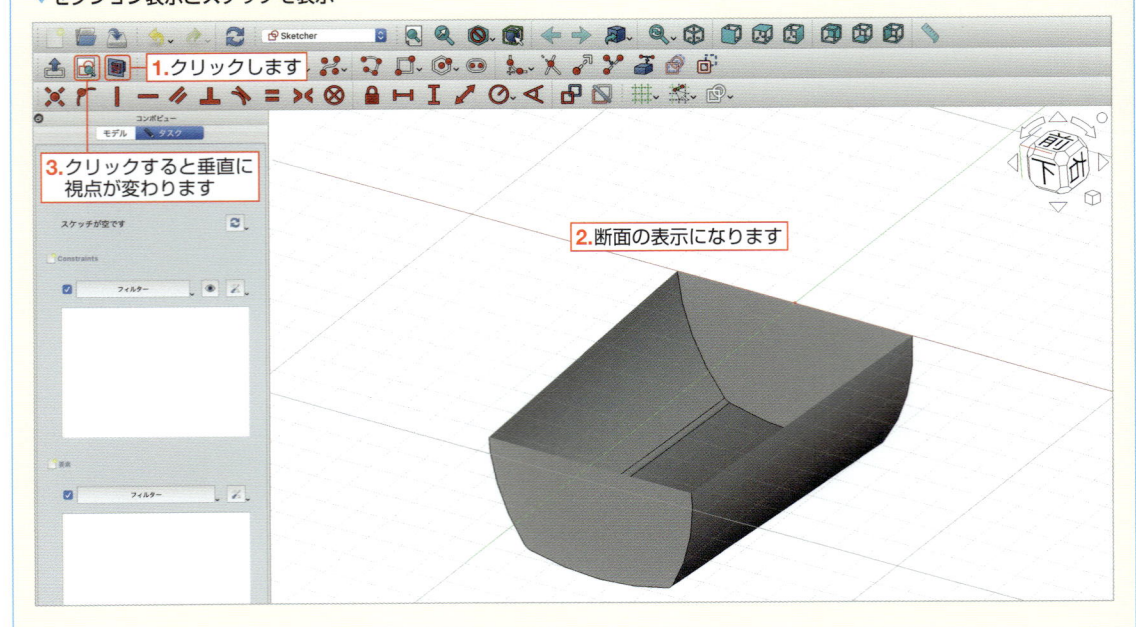

2 「**外部ジオメトリーを作成**」ボタン🖼を使って、**1.** 外部形状にリンクするエッジを作成します。

次に「**ポリラインを作成**」ボタン🖉を使って、**2.** 下図にあるポリラインを描きます。

続いて、**3.**「**円弧を作成**」ボタン🖉の右にある▼をクリックして、**4.**「**端点と円周上の点から作成**」を選択します。「**5→6→7**」の順番にクリックして円弧を描きます。

さらに、「**6→8→9**」の順番にクリックして、円弧を描きます。

▼スケッチの作成1

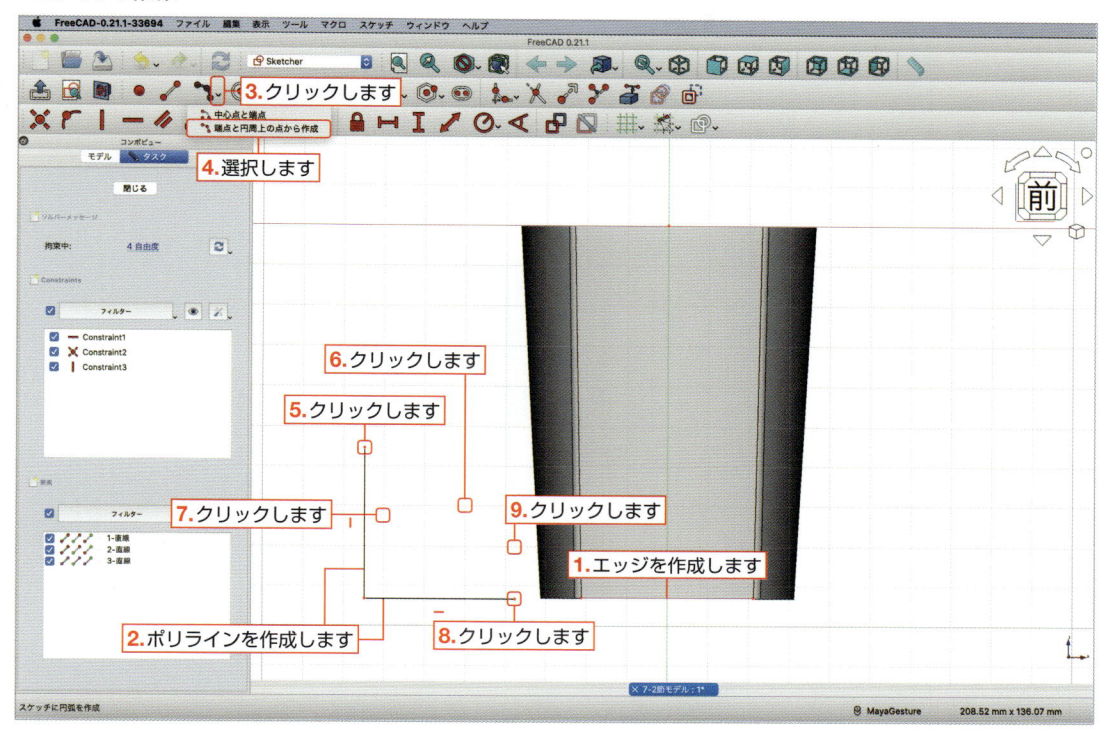

「円弧を作成」する2種類の方法

円弧を作成する方法には、「**中心点と端点**」と「**端点と円周上の点から作成**」の2種類があります。

「**中心点と端点**」では、最初に円弧の中心点を指定し、その後に円弧の両端点を指定して円弧を作成します。

「**端点と円周上の点から作成**」では、最初に円弧の両端点を指定して、最後に円弧の円周を指定して円弧を作成します。

これらの言葉ではわかりづらいと思いますので、実際に使いながら慣れていきましょう。

3 円弧を正接に拘束させます。**1.**左にある円弧の円周と、**2.**右にある円弧の円周をクリックします。

2つのエッジが選択された状態で、**3.「正接拘束」ボタン** をクリックします。

「スケッチャー拘束の置換」ダイアログボックスが表示されるので、**4.**「OK」ボタンをクリックします。

次に、右にある円弧の右端点を外部形状にリンクするエッジ上になるように拘束します。**5.**右にある円弧の右端点と**6.**外部形状にリンクするエッジをクリックします。

点とエッジが選択された状態で、**7.「オブジェクト上の点拘束」ボタン** をクリックします。

▼スケッチの作成2

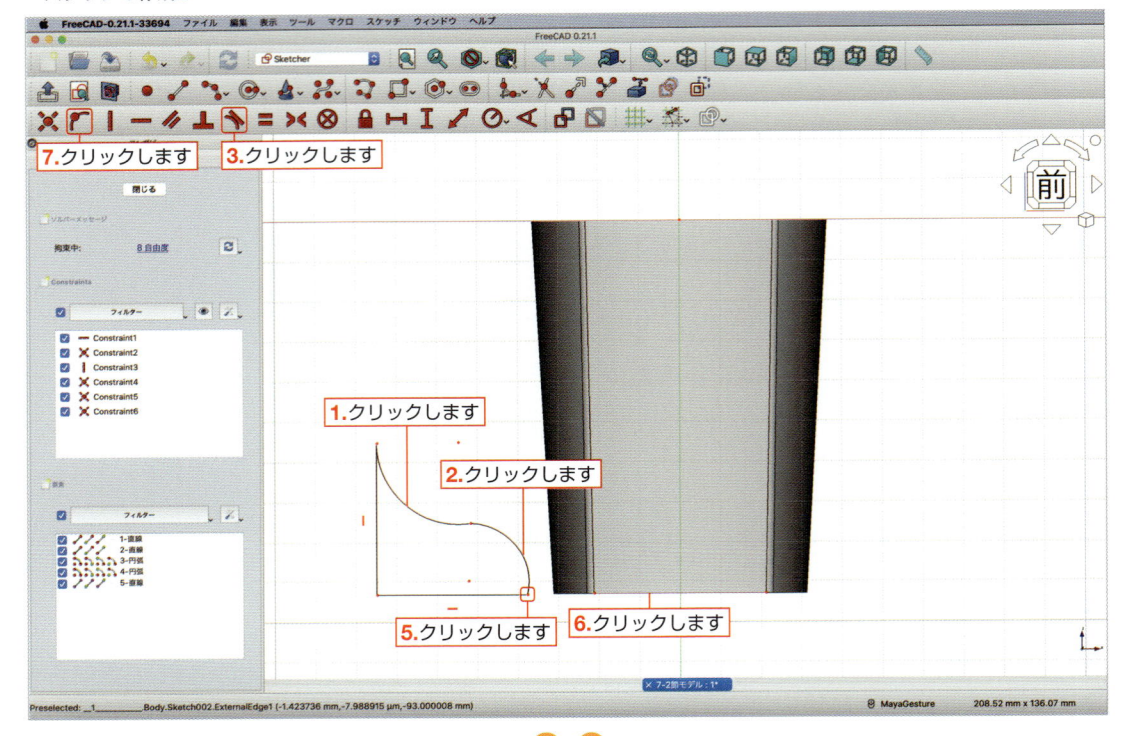

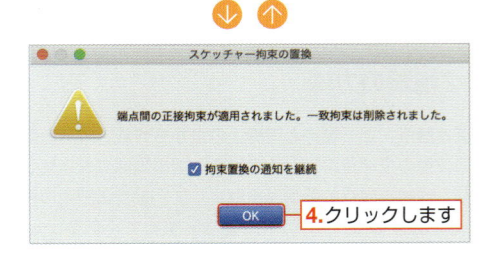

POINT

「正接拘束」とは？

正接とは「円と円が交わることがない」という意味で、「円と円が接する」という表現もできます。この拘束条件は、「円と線が接する」状態も作れます。

つまり、**正接拘束**は「円と円が接する」あるいは「円と線が接する」状態を作る拘束条件ということです。

4 最後に寸法を拘束します。

垂直距離拘束と水平距離拘束を使用して、下図**「スケッチの作成3」**のように寸法を拘束してみましょう。

コンボビューの「ソルバーメッセージ」に**「完全拘束」**と表示されれば完成です。

制作のコツとしては、エッジの位置を移動させながら拘束することです。

※拘束を削除したい場合は、57ページのPOINT「対称拘束と拘束の削除」を参考にしてください。

▼ スケッチの作成3

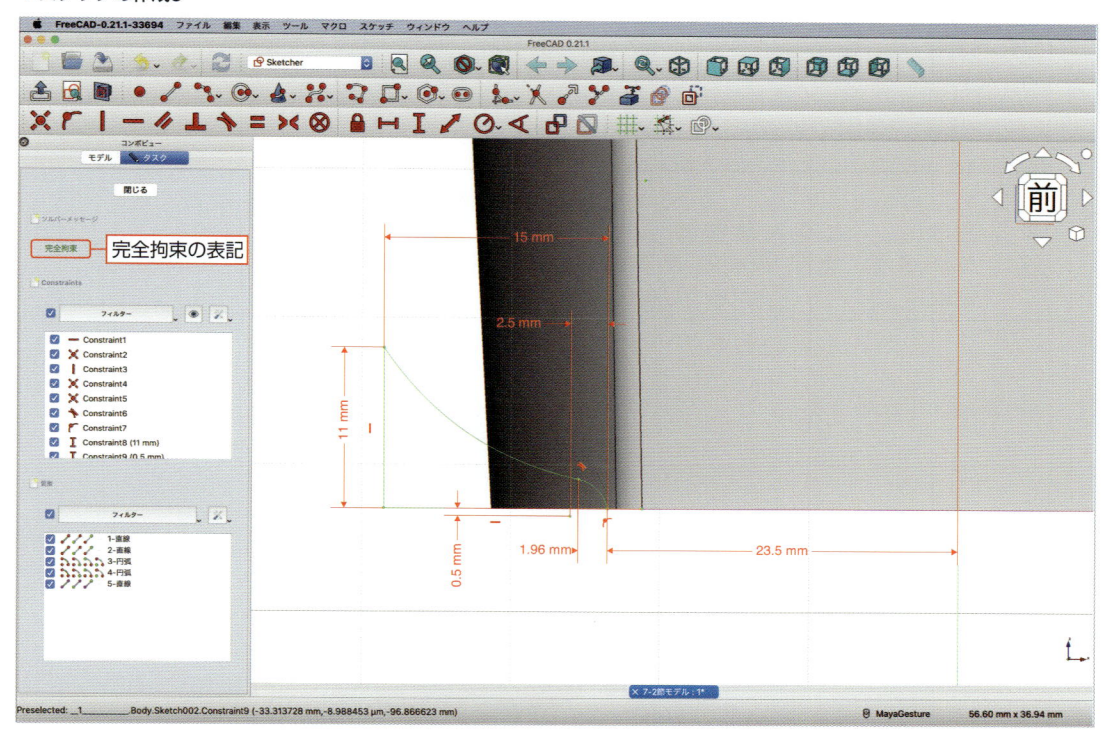

5 「**完全拘束**」が表示されたことを確認して、スケッチを閉じます。

グループを使ってモーニングカップを加工しよう

　スケッチを断面として指定した軸を中心に回転させながらソリッドを削る方法（グループ）を使って、モーニングカップを加工していきましょう。

6 **1.** コンボビューの「Sketch002」を選択して、**2.**「グループ」ボタン 🗙 をクリックします。
コンボビューが「**回転押し出しパラメーター**」に切り替わるので、**3.**「**軸**」を「**ベースZ軸**」に変更して、**4.**「**面に対して対称**」と「**逆方向**」のチェックを外して、**5.**「OK」ボタンをクリックします。

※今回の場合では、「面に対して対称」と「逆方向」にチェックが入っていても結果は同じになります。

▼グループを使ってみましょう

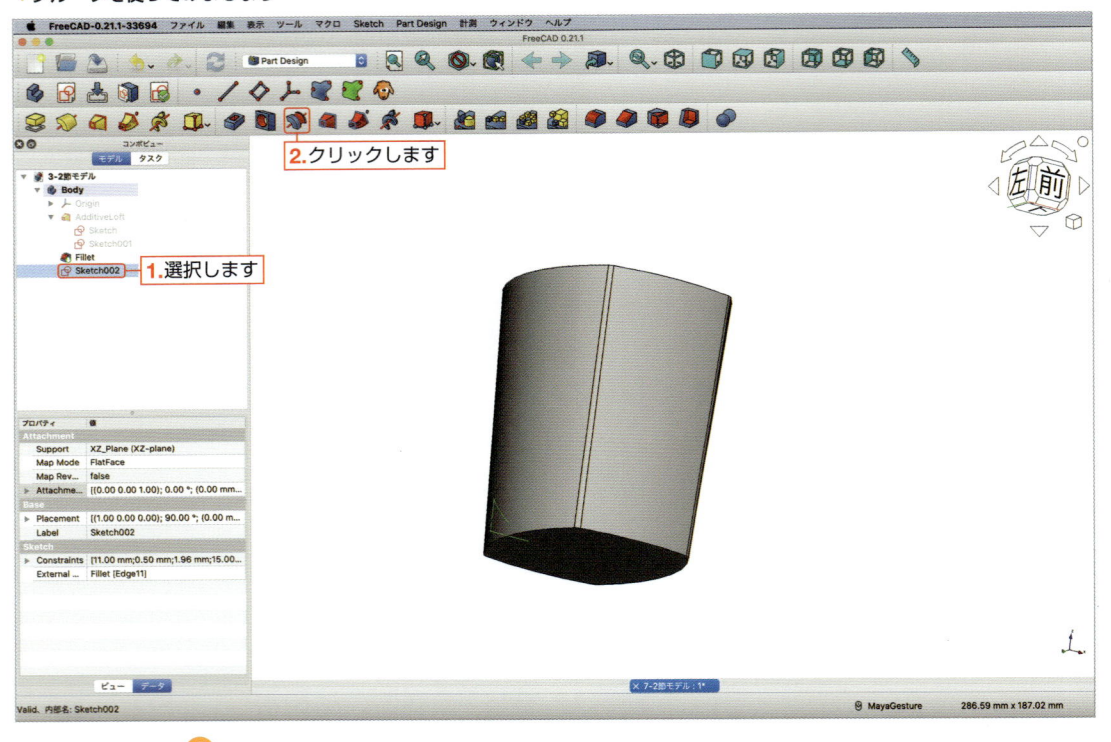

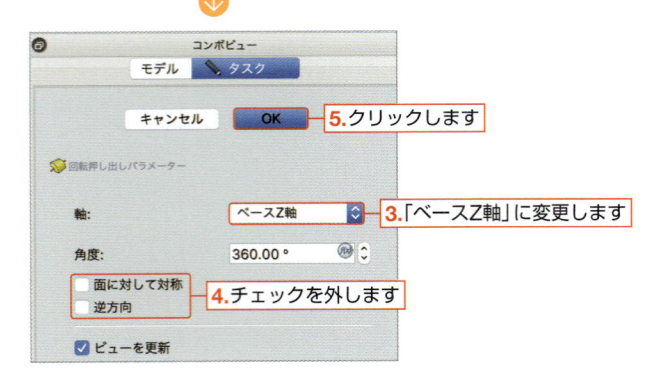

グループとは？

グループとは、スケッチを断面として指定した軸を中心に回転させながらソリッドを削る方法です。

ここでは、❶「**軸**」を「**ベースZ軸**」にしているので、Z軸を中心にスケッチを回転させながらソリッドを削ります。

❷「**角度**」は削る量を示していますが、「**360°**」に設定すると軸を中心に一回転分スケッチを削ります。例えば今回の場合、「角度」を「**90°**」に設定するとX軸からY軸に向かう方向に90度だけ削ります。

❸「**面に対して対称**」と❹「**逆方向**」については、「軸」を「**ベースZ軸**」、「角度」を「**90°**」に設定した場合で説明します。

「**面に対して対称**」にチェックを入れるとX軸からY軸に向かう方向と、X軸からY軸に向かう逆方向にそれぞれ45度分だけ削ります。つまり、スケッチ平面を基準に正方向および逆方向にそれぞれ45度ずつ削って、合計で90度削ります。

また、「**逆方向**」にチェックを入れると、X軸からY軸に向かう逆方向に90度分だけ削ります。

ここで理解を深めるために、実際に試してみましょう。

▼ グループについて

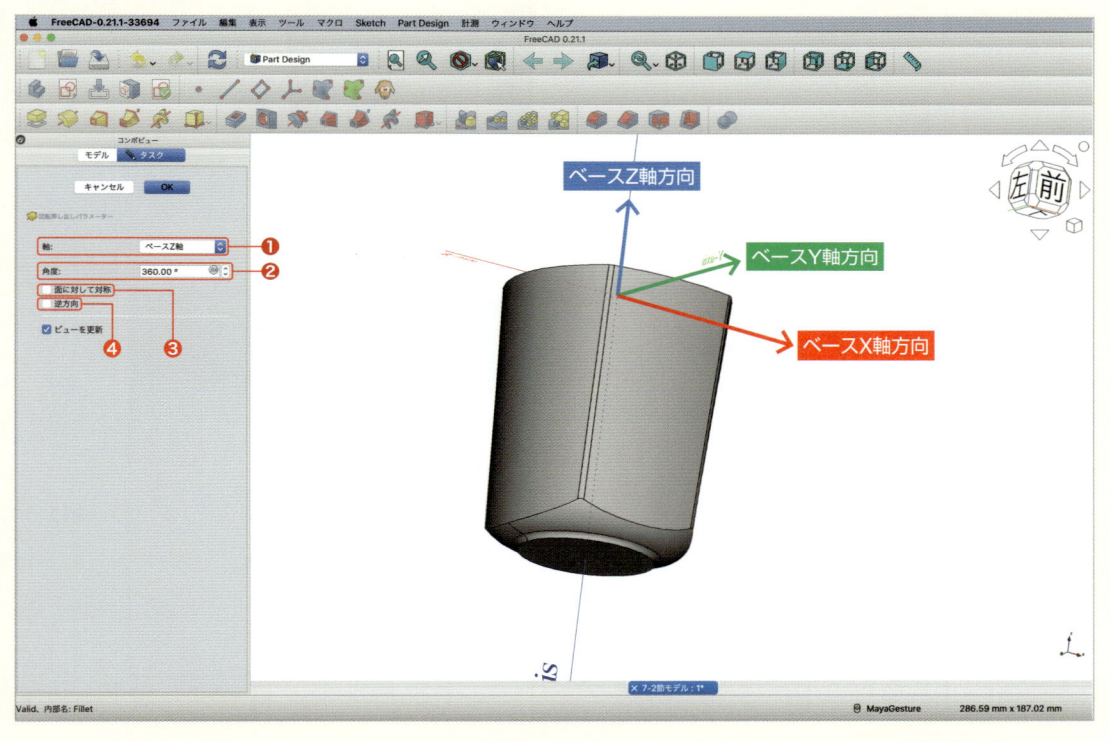

7 新規に「XZ平面」のスケッチを作成します。

「**スケッチを作成**」ボタン［図］をクリックして、「**XZ平面**」を指定します（55ページ参照）。

※55ページでは「XY平面」ですが、ここでは「XZ平面」なのでご注意ください。

8 先ほどまでの学習を通じて、「**スケッチの作成4**」を完成させてみましょう。

「**外部ジオメトリーを作成**」ボタン［図］でソリッドの底面に外部形状にリンクするエッジを作った後、「**ポリライ ンを作成**」ボタン［図］と「**円弧を作成**」ボタン［図］を使ってスケッチを描きます。

その後、「**正接拘束**」ボタン［図］（手順 **3** ・260ページ）、「**垂直距離拘束**」ボタン［図］、「**水平距離拘束**」ボタン［図］ を使用してスケッチを完全拘束すれば完成です。

263

▼スケッチの作成4

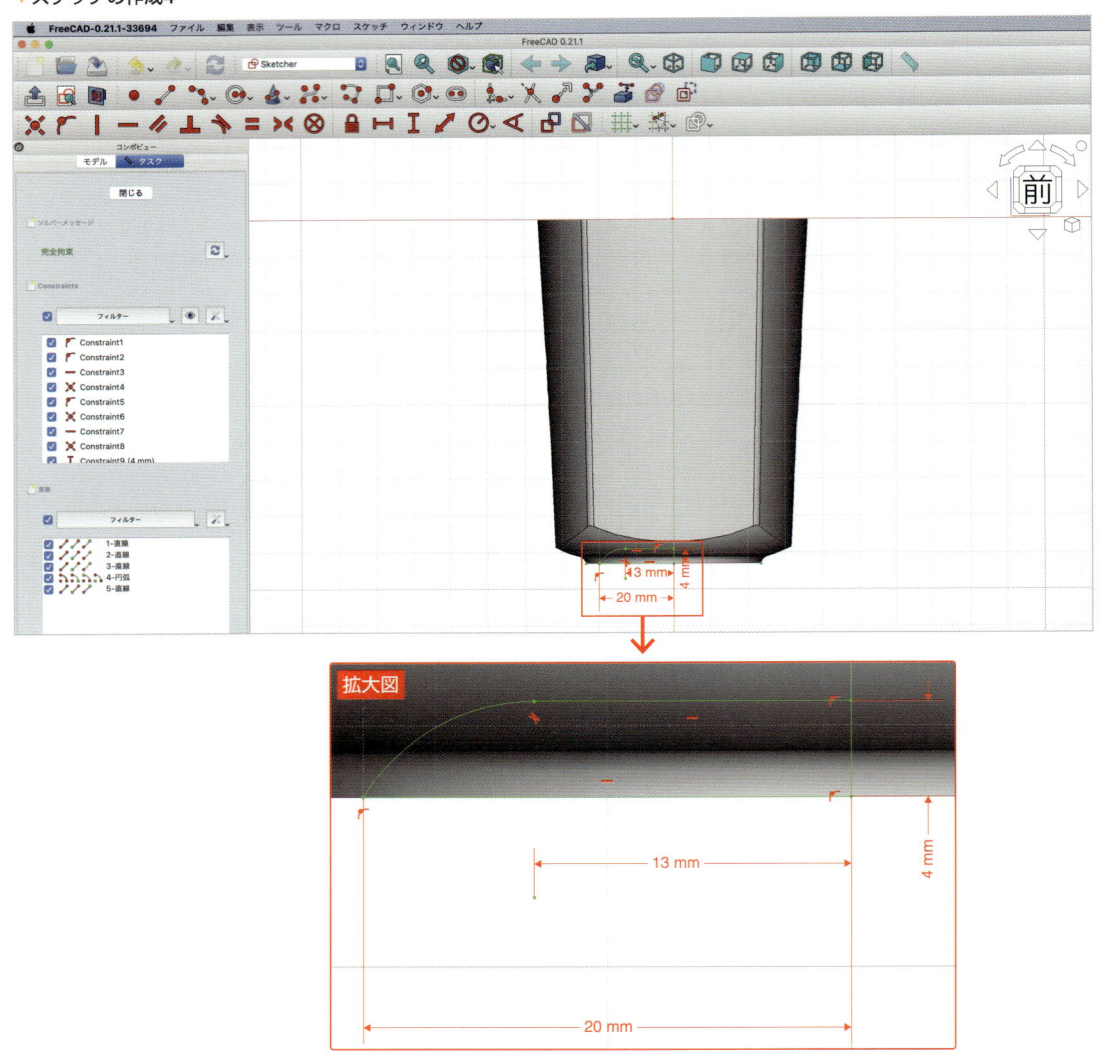

拡大図

13 mm

20 mm

4 mm

9 「**完全拘束**」が表示されたことを確認して、スケッチを閉じます。

10 「Sketch003」に対して、手順 **6** （262ページ）と同様の操作を行います。
1. コンボビューの「Sketch003」を選択して、**2.「グルーブ」ボタン** をクリックします。
コンボビューが「回転押し出しパラメーター」に切り替わるので、**3.**「軸」を「ベースZ軸」に変更し、**4.**「面に対して対称」と「逆方向」のチェックを外して、**5.** 「OK」ボタンをクリックします。

モーニングカップに楕円から円に変わる穴を開けていこう

次に、**「減算ロフト」ボタン** を使って楕円から円に変わる穴を作っていきましょう。

減算ロフトとは、同一平面でない2つ以上のスケッチからできる形状を削るコマンドです。

こちらもイメージしづらいと思いますので、実際に「減算ロフト」を使いながら学んでいきましょう。

スケッチを描いていこう

2つのスケッチを描いていきましょう。1つは楕円のスケッチ、もう1つは円のスケッチです。

11 新規に「XY平面」のスケッチを作成します。
「スケッチを作成」ボタン をクリックして、「**XY平面**」を指定します（55ページ参照）。

12 楕円を描きます。**1.「円錐曲線を作成」ボタン** の右にある ▼ をクリックして、**2.「中心、長半径、点を指定して楕円を作成**」を選択します。**3.** 最初に原点をクリックして、**4.** 移動してクリックします。**5.** さらに移動してクリックして楕円を作成します。最後に、**6.** esc キーを押して **「円錐曲線を作成」ボタン** を解除します。

▼楕円の作成

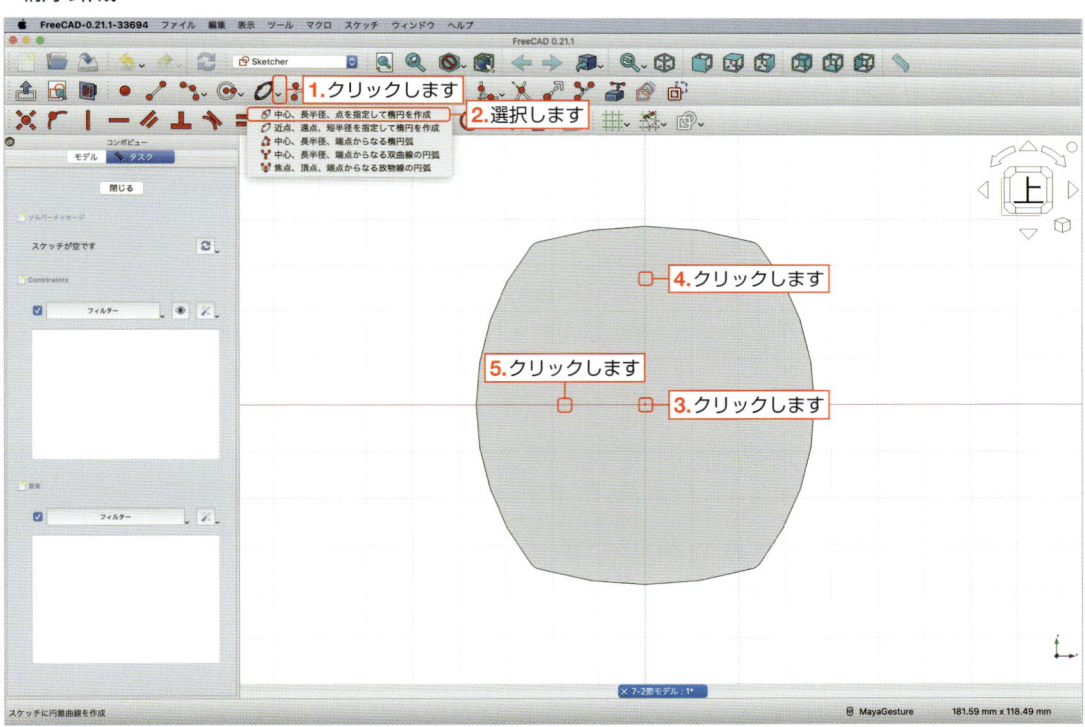

13 「**スケッチの作成5**」のように、スケッチを拘束させてみましょう。楕円の中心は、**1.** のように原点と一致しているはずです。また、**2.** は楕円の焦点となります。**3.** は楕円の長軸で長さを、「**69mm**」、**4.** は楕円の短軸で長さを「**66mm**」にしてください（**3.**「垂直距離拘束」、**4.**「水平距離拘束」で長さを拘束できます）。
最後に **5.** のように楕円短軸の右端点をX軸上に拘束すると、完全拘束されます。ここで点をX軸上に拘束するには、**「オブジェクト上の点拘束」ボタン** を使用します。

▼スケッチの作成5

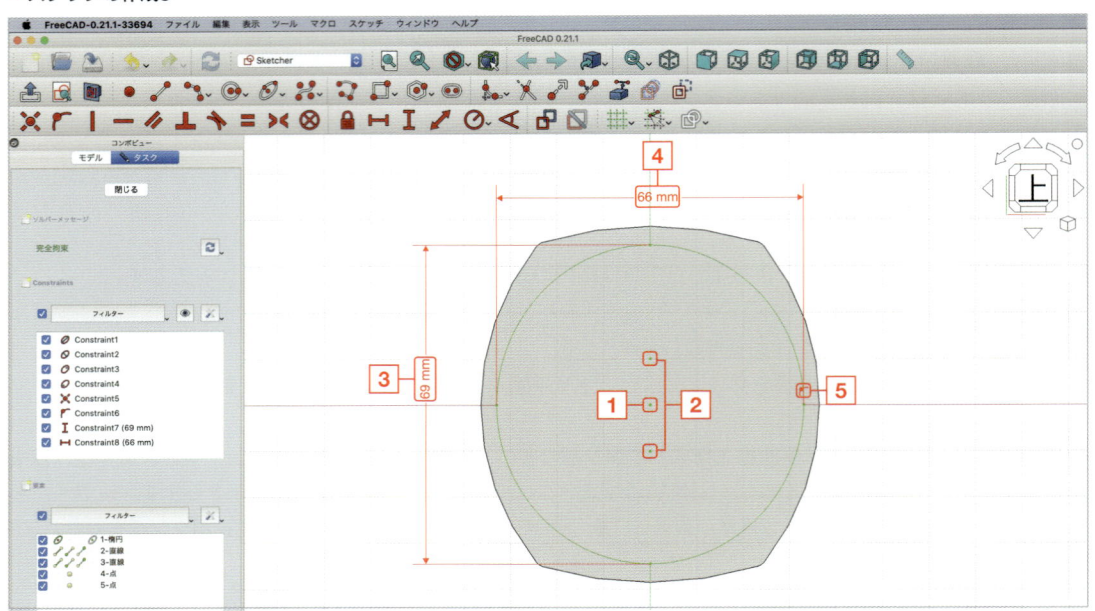

14 「**完全拘束**」が表示されたことを確認して、スケッチを閉じます。

15 さらに、新規に「XY平面」のスケッチを作成します。
「**スケッチを作成**」ボタン🔲をクリックして、「**XY平面**」を指定します（55ページ参照）。

16 「**スケッチの作成6**」のように円を作成します。
1.円の中心を原点として円を作成した後に、**2.**円の直径を「**50mm**」にしてスケッチは完成です。
これらの操作は、「**円弧を作成（中心点と端点）**」ボタン（30ページ）と「**寸法拘束（直径拘束）**」ボタン（33ページ）を参照してください。

▼スケッチの作成6

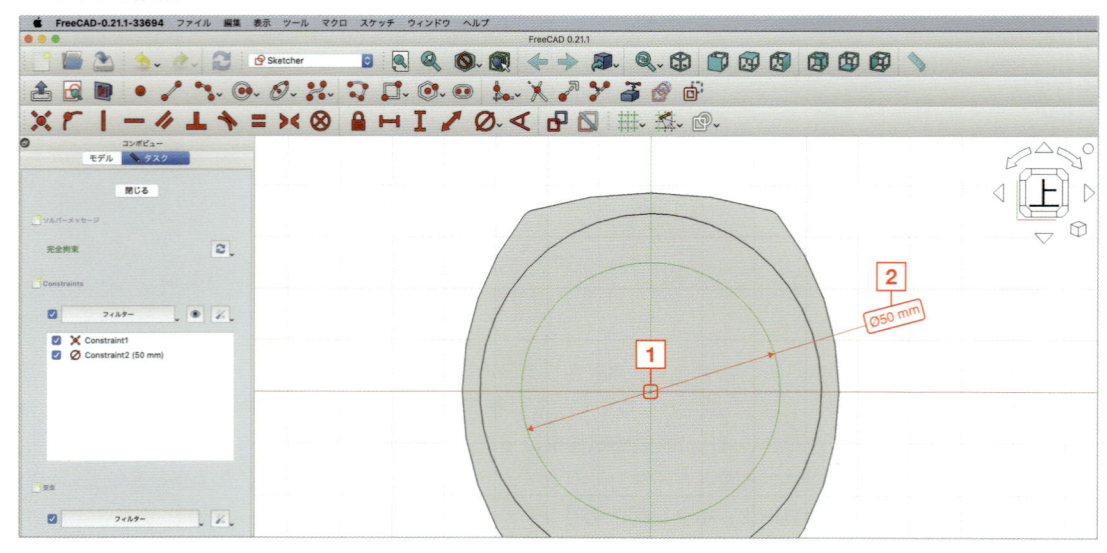

17 「**完全拘束**」が表示されたことを確認して、スケッチを閉じます。

🔷 スケッチの位置を平行移動させよう

円のスケッチをZ軸方向に平行移動させてみましょう。

18 描画スタイル（23ページ参照）を**「ワイヤ フレーム」**に変更します。

19 スケッチが見やすいように、必要に応じて視点を動かしてください。
視点の移動については、**Section 1-2**（24ページ）を参照してください。

20 円のスケッチを移動させます。**1.** コンボビューの「Sketch005」を選択して、**2.**「データ」タブをクリックします。**3.**「**Attachment Offset**」の右にある◻︎をクリックすると**コンボビュー**が切り替わるので、**4.**「平行移動量」のZ方向に**「-85mm」**と入力して、**5.**「OK」ボタンをクリックします。

▼ スケッチの平行移動

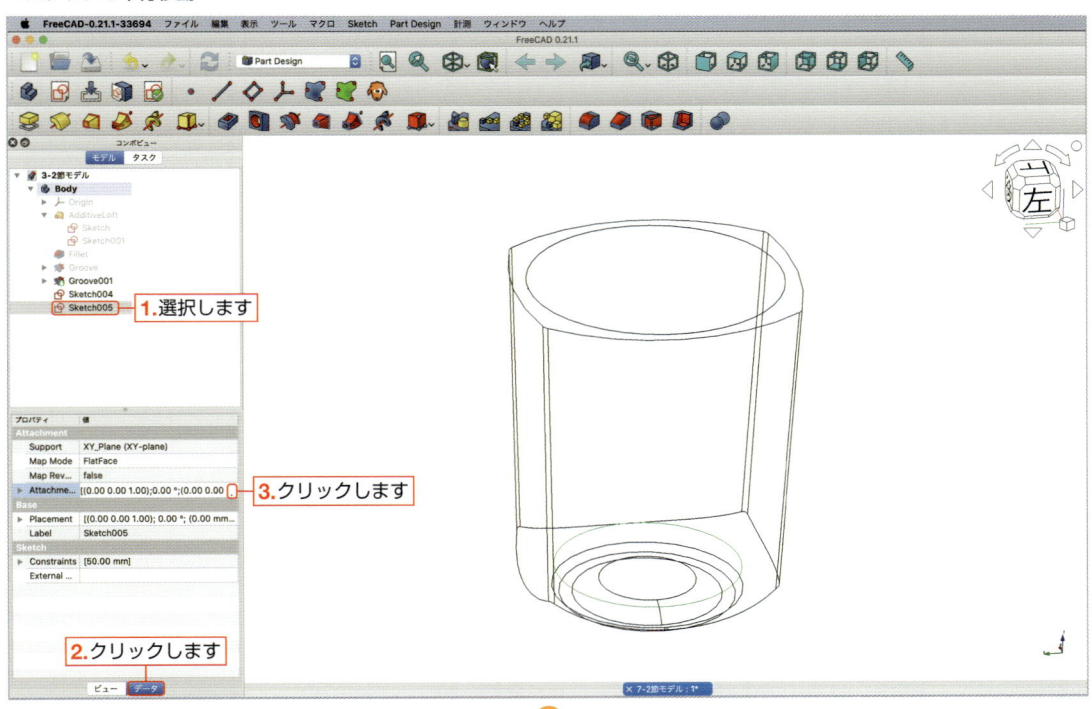

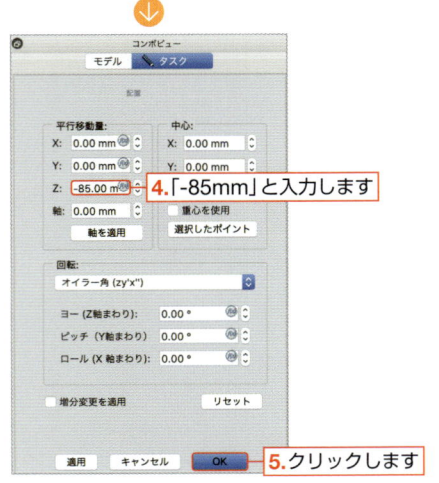

🗂 楕円から円に変わる穴を作ろう

先ほど作成した楕円のスケッチと円のスケッチを使って、楕円から円に変わる穴を作ってみましょう。

21 **1.** コンボビューの「Sketch004」を選択して、**2.「減算ロフト」ボタン**🔲をクリックします。
コンボビューが「**ロフトパラメーター**」に切り替わるので、**3.**「セクションを追加」をクリックし、**4.**「円の
スケッチ」をクリックします。
5. 描画スタイル（23ページ参照）を**「そのまま」**🔲に変更し、最後に**6.**「OK」ボタンをクリックして、楕円
から円に変わる穴を作成します。

▼楕円から円に変わる穴を作る

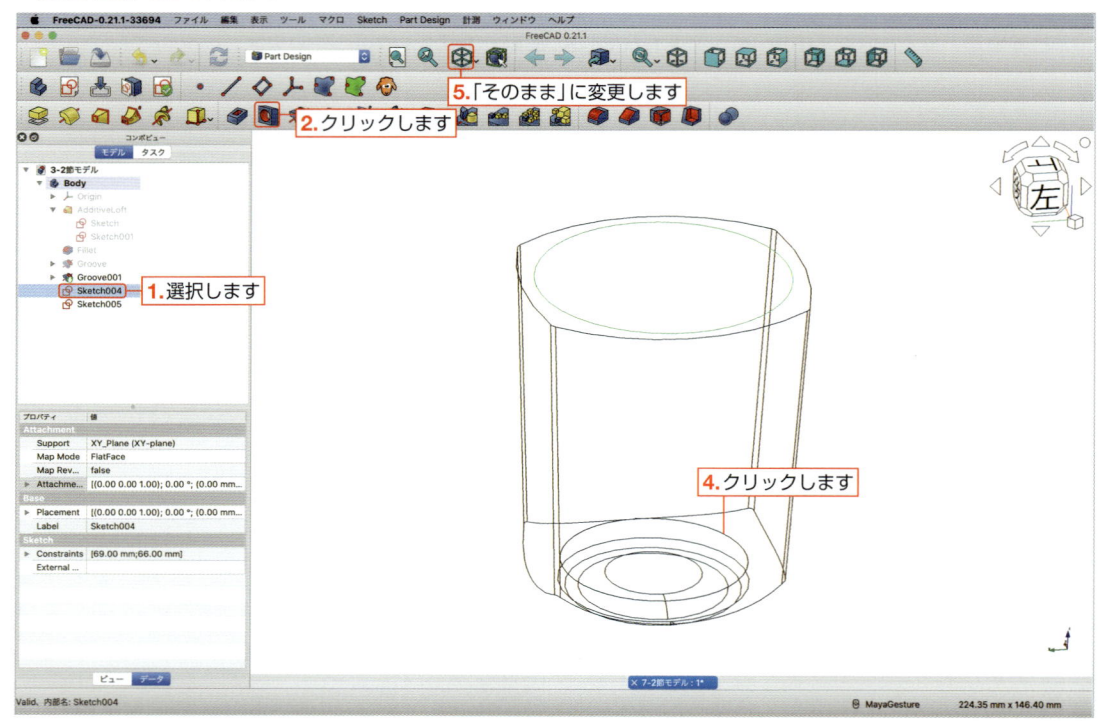

22 描画スタイル（23ページ参照）を**「そのまま」**■に変更しても表示が「ワイヤ フレーム」の場合には、**1.コ ンボビュー**の「SubtractiveLoft」を選択します。

2.プロパティビューの「データ」タブをクリックし、**3.**「Refine」を**「true」**に変更します。

▼ソリッドの更新

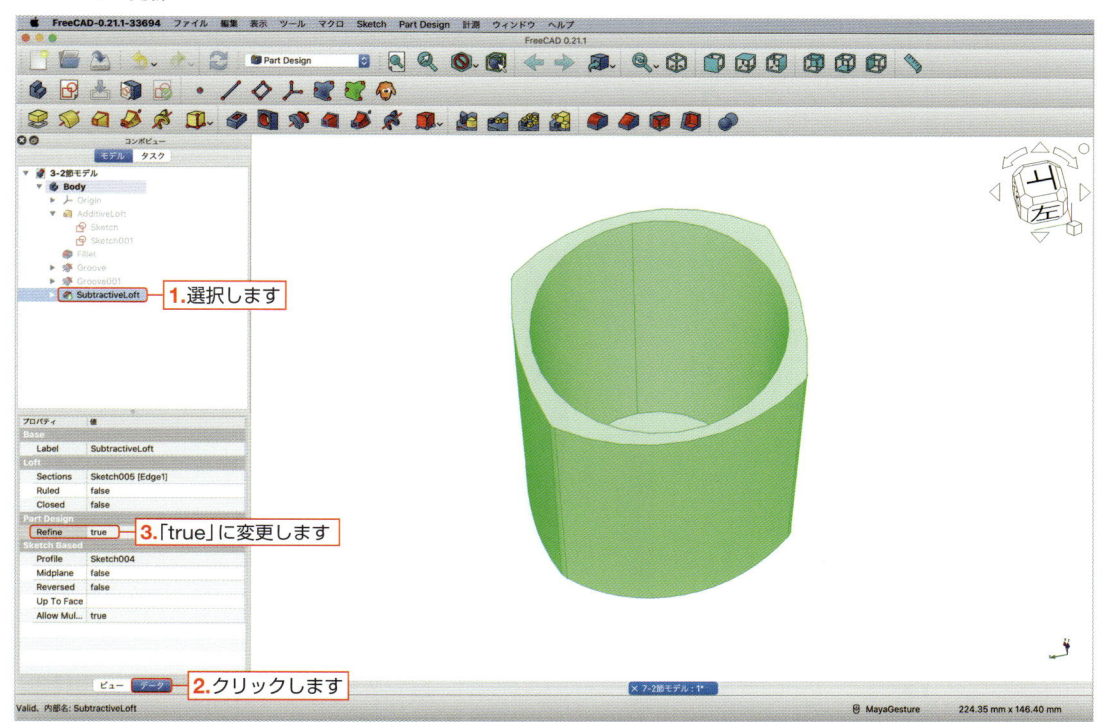

POINT

ソリッドの更新について

プロパティビューの「データ」タブにある「Refine」を**「true」**に変更すると、ソリッドが更新されます。
ソリッドの更新は、情報が反映されていない場合に行うと、正常な状態に戻ります。

Chapter 7

23 **「フィレット」ボタン** を使用して、3つのエッジにフィレットを作成します。

「フィレットの作成」にあるエッジに **1.** 「**5mm**」、**2.** 「**1.5mm**」、**3.** 「**1.5mm**」 の半径のフィレットをそれぞれ適用します。

▼フィレットの作成

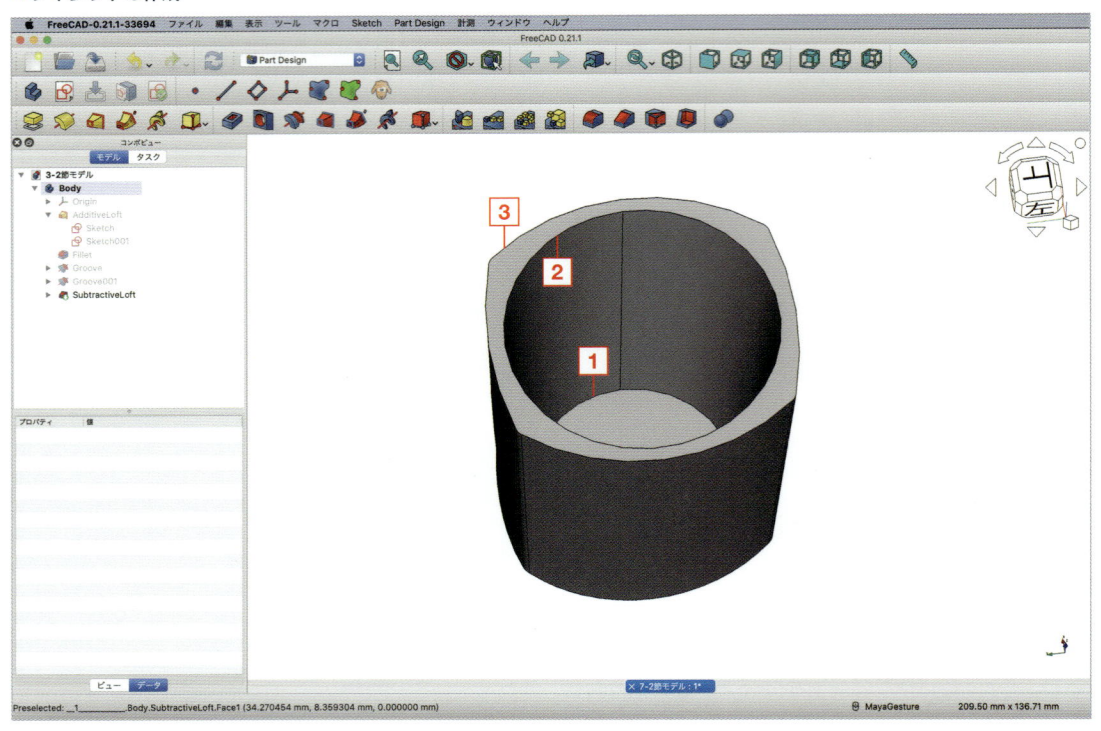

🗂 **ファイルを保存してドキュメントを閉じよう**

これで、**Section 7-2** のレッスンが終了しました。

Section 2-1（67ページ）を参考にしてファイルを保存し、ドキュメントを閉じましょう。

歯ブラシが置ける取っ手を作ろう

Section 7-3

ここでは、歯ブラシが置けるような取っ手を作りながらモデリングの操作に慣れていきましょう。楕円のスケッチを描き、そのスケッチが断面となるような取っ手にします。

◼ モーニングカップに取っ手を作ろう

「加算パイプ」とはスケッチを断面として別のスケッチに描かれた経路に沿って、断面を移動させたときの軌跡を形状とする方法です。つまり、断面を示すスケッチと経路を示すスケッチの2つが必要となります。

実際に作りながら学んでいきましょう。

◼ スケッチを描いていこう

Section 2-2の手順 **1**～**2**（68ページ）を参考にして「**3-2節モデル**」を開き、「**3-3節モデル**」として保存します。

1 新規に「XZ平面」のスケッチを作成します。

「**スケッチを作成**」ボタン🗗をクリックして、「**XZ平面**」を指定します（55ページ参照）。

※55ページでは「XY平面」ですが、ここでは「XZ平面」なのでご注意ください。

2 下図「**スケッチの作成1**」のような楕円を描き、**1.**楕円の中心点が縦軸上に「**オブジェクト上の点拘束**」ボタン🖈をクリックして、**2.**楕円の中心点と原点との垂直距離を「**15mm**」としてみましょう。

ここでスケッチを描く前に、「**セクション表示**」ボタン🔲をクリックしてソリッドを断面表示にすると、スケッチしやすくなります。また、垂直距離の拘束には「**垂直距離拘束**」ボタン🇮、楕円の作成には「**円錐曲線を作成**」ボタン🔘の「**中心、長半径、点を指定して楕円を作成**」（265ページ参照）が便利です。

▼スケッチの作成1

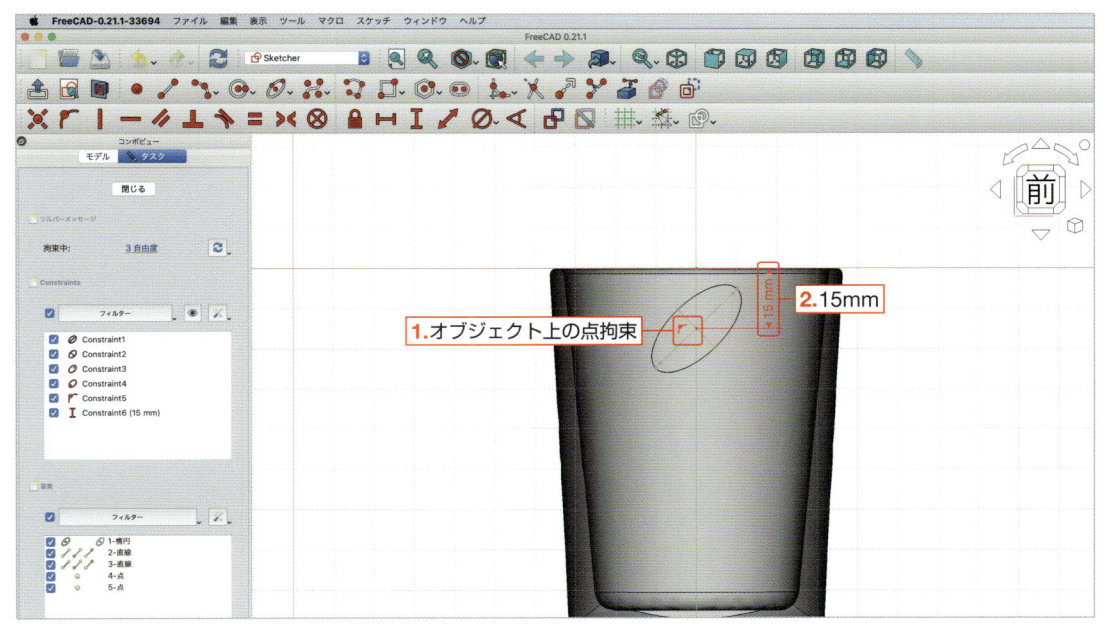

3 下図「**スケッチの作成2**」のように楕円を完全拘束させてみましょう。

1. 楕円の長軸と横軸を選択して、**2.「角度拘束」ボタン**◀をクリックすると、角度を設定できます。

3. 楕円の長軸と短軸の長さは**「距離拘束」ボタン**✐で設定できます。楕円の長軸と横軸のなす角度を「**25°**」、楕円の長軸、短軸をそれぞれ「**7mm**」「**5mm**」に設定してみましょう。

▼**スケッチの作成2**

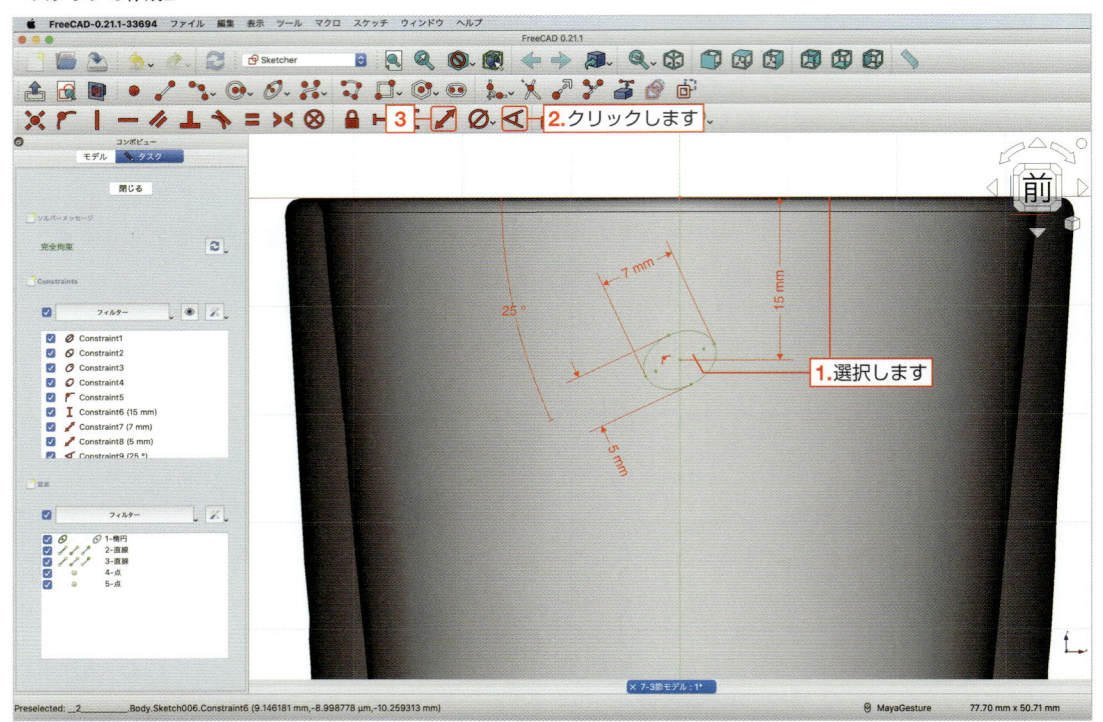

4 「**完全拘束**」が表示されたことを確認して、スケッチを閉じます。

🧊 XY平面以外のスケッチを移動させよう

Section 7-2では、「XY平面」のスケッチを平行移動させてきました（254ページ参照）。当然ですが、「XY平面」のスケッチをZ軸方向に **10mm** だけ平行移動させる設定をすれば、スケッチはZ軸方向に **10mm** だけ平行移動します。しかし、「XY平面」以外のスケッチではそのルールが適応されません。

下図「**絶対座標と相対座標について**」を見てみましょう。赤色は絶対座標で、これまでのXYZ方向です。

今回の場合、「XZ平面」にスケッチを描いたため、スケッチ上では右方向をX軸方向、上方向をY軸方向として緑色の相対座標が作られます。つまり、「XZ平面」のスケッチをZ軸方向（相対座標）に **10mm** だけ平行移動させる設定をすると、スケッチはY軸方向（絶対座標）に **-10mm** だけ平行移動することになります。

「XY平面」のスケッチのみ絶対座標と相対座標が一致するためわかりやすいのですが、「XY平面」以外のスケッチを移動させるときは注意が必要です。

▼絶対座標と相対座標について

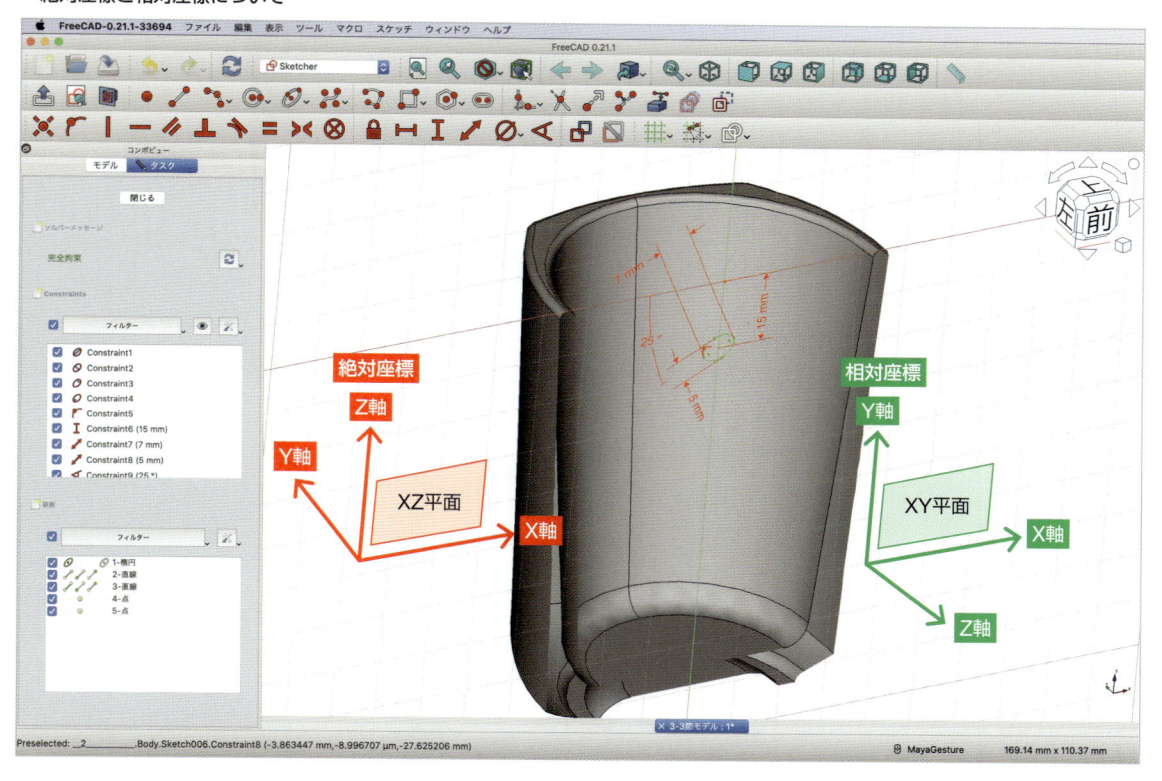

5 楕円のスケッチを移動させます。**1.** **コンボビュー**の「Sketch006」をクリックし、**2.**「データ」タブをクリックします。**3.**「Attachment Offset」の右にある□をクリックすると**コンボビュー**が切り替わるので、**4.**「平行移動量」のＺ方向に「**35mm**」と入力し、**5.**「OK」ボタンをクリックします。

▼「XY平面」以外のスケッチの平行移動

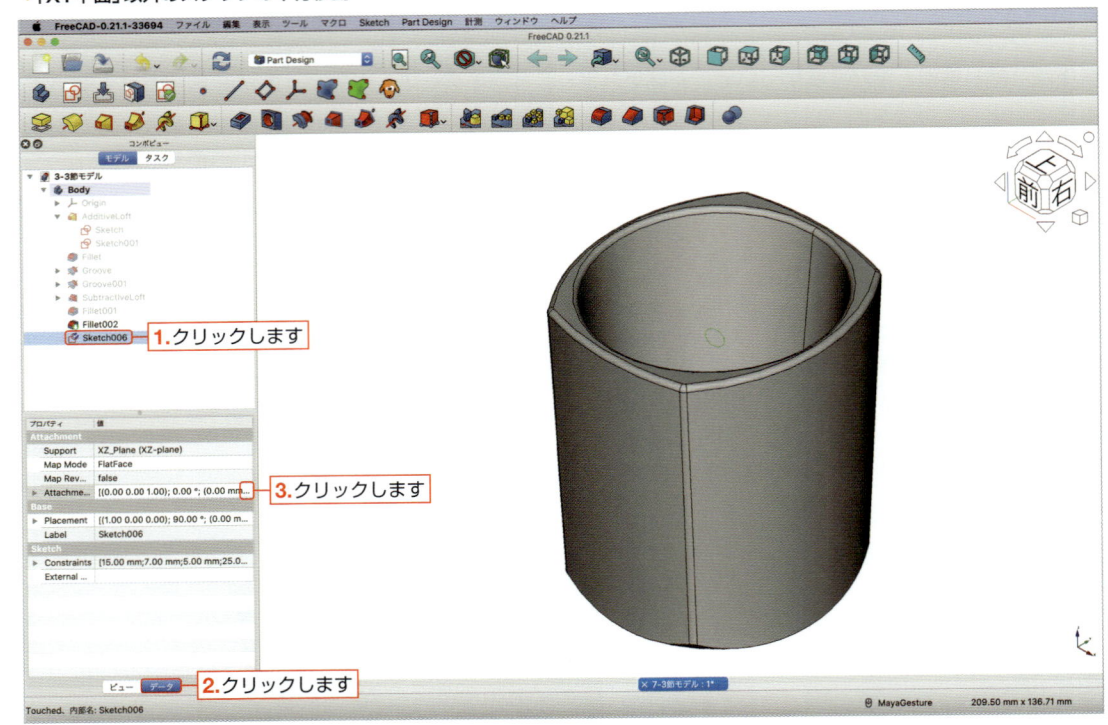

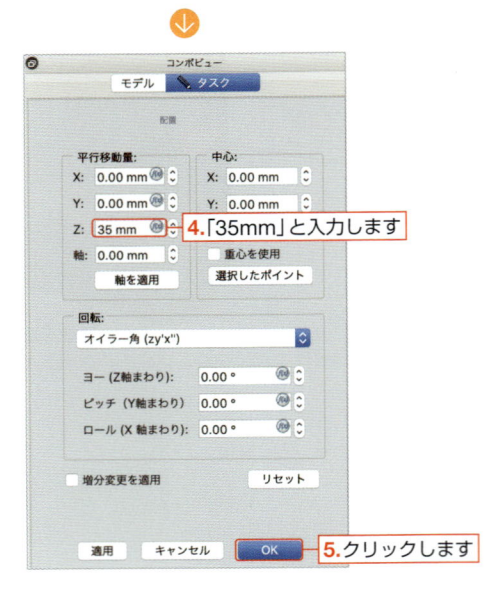

POINT **移動方向を確認しよう**

XZ平面のスケッチをZ軸方向（相対座標）に35mm平行移動させると、絶対座標ではY方向に-35mmだけ平行移動することが確認できるはずです。XZ平面以外のスケッチではどうなるか、スケッチを描いて確認してみると理解が深まりますので、ぜひ試してみてください。

「XY平面」のスケッチを回転させよう

続いて、「XY平面」のスケッチを回転させます。ここでは「XY平面」なので、絶対座標と相対座標が一致します。

6 新規に「XY平面」のスケッチを作成します。
「**スケッチを作成」ボタン**をクリックして、「**XY平面**」を指定します（55ページ参照）。

7 **コンボビュー**の「閉じる」をクリックして、スケッチを終了します。

8 「XY平面」のスケッチを回転させます。**1.** **コンボビュー**の「Sketch007」をクリックし、**2.**「**データ**」タブをクリックします。**3.**「**Attachment Offset**」の右にある□をクリックすると**コンボビュー**が切り替わるので、**4.**「平行移動量」のY方向に「**-35mm**」、**5.** Z方向に「**-15mm**」と入力します。
6.「回転」で「**オイラー角 (xy'z'')**」に変更して、**7.**「ピッチ（Y軸まわり）」に「**-25°**」と入力して、**8.**「OK」ボタンをクリックします。

▼「XY平面」のスケッチを回転および平行移動

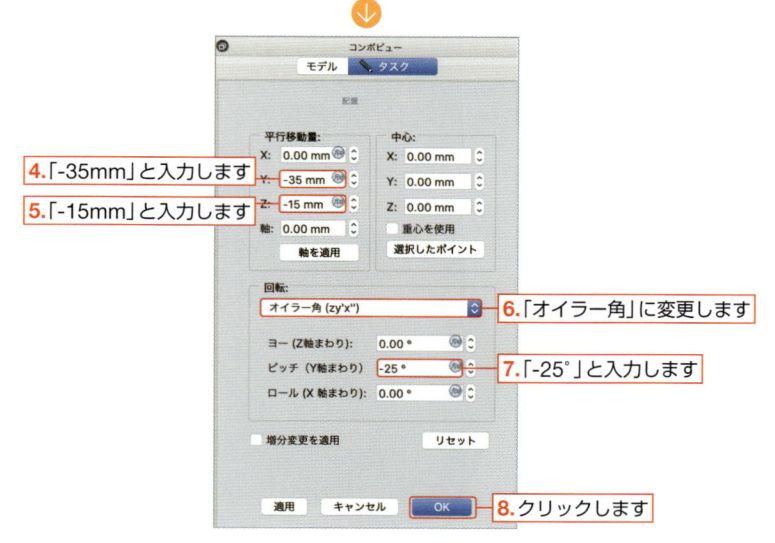

9 コンボビューの「Sketch007」をダブルクリックして開きます。

10 下図「**スケッチの作成3**」のように **1.**「**セクション表示**」**ボタン**をクリックしてソリッドを断面表示にします。
2.「**円弧を作成**」**ボタン**の「中心点と端点」を使って、円弧を作成します。
3.円弧の中心点を横軸上にして、**4.**円弧の端点を原点と **5.**原点の左上とします。
さらに「**半径拘束**」**ボタン**を使って、**6.**半径を「**17.5mm**」と設定します。

▼スケッチの作成3

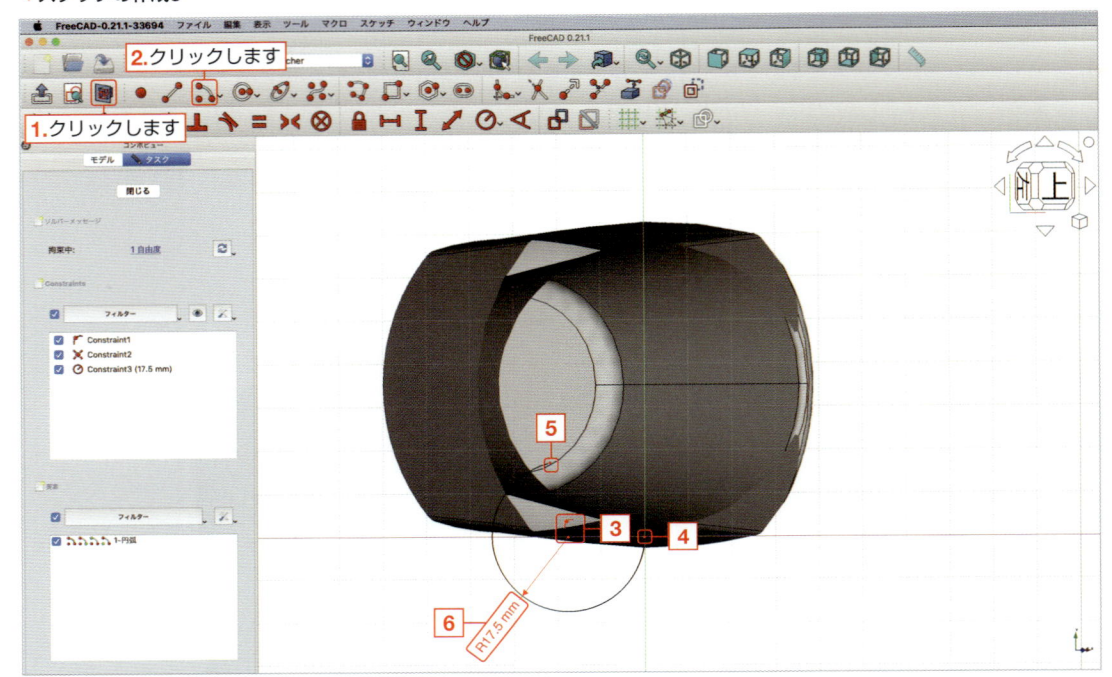

11 **1.**「**構築ジオメトリーの切り替え**」**ボタン**をクリックして、**2.**ボタンの線の色が白から青に変更したことを確認します。**3.**「**直線を作成**」**ボタン**をクリックして、**4.**円弧の中心点をクリックし、**5.**円弧の上端点をクリックして直線を描きます。最後に esc キーを押して、「**直線を作成**」**ボタン**を解除します。

▼スケッチの作成4

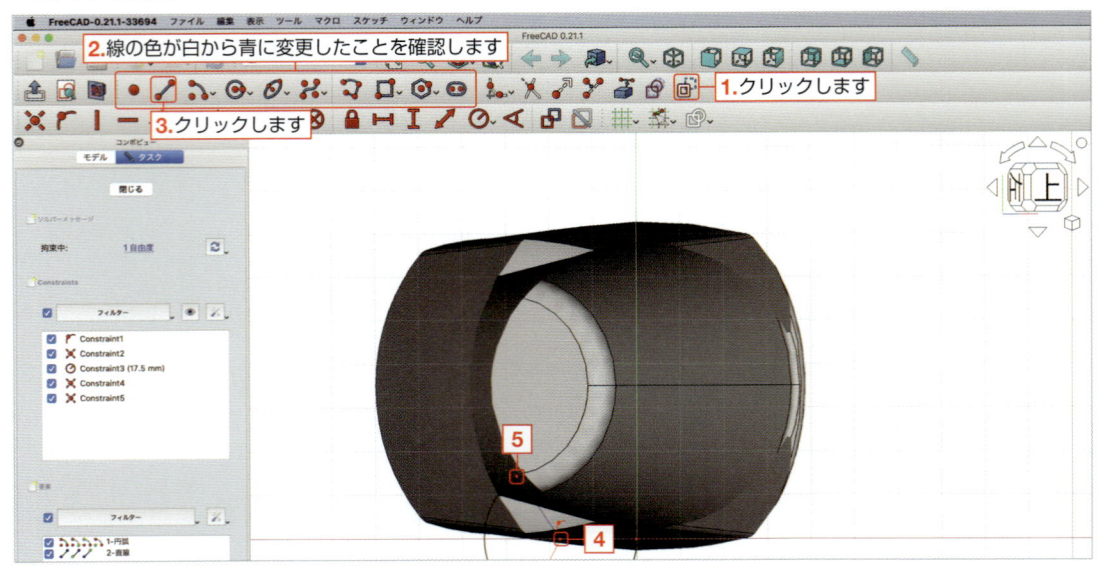

POINT 構築ジオメトリーについて

「**構築ジオメトリーの切り替え**」**ボタン**をクリックすると、スケッチ線を**構築モード**に切り替えることができます。構築モードとはスケッチを描くための補助線です。スケッチの線として認識されないので、今回のように角度を拘束するために補助線が必要な場合などに活用できます。構築モードではボタンの色が青になり、スケッチでも線が青になります。

通常モードではボタンの色は白なので、もしボタンの色が青になっていたら「**構築ジオメトリーの切り替え**」**ボタン**をクリックして、通常モードに戻しましょう。

12 1.「**構築ジオメトリーの切り替え**」**ボタン**をクリックして、**構築モード**から**通常モード**にボタンの色を戻します。2.ボタンの線の色が青（構築モード）から白（通常モード）に変更したことを確認します。

次に角度を拘束します。3.青線（構築モード）をクリックし、4.横軸をクリックします。

2つの線が選択された状態で、5.「**角度拘束**」**ボタン**をクリックすると「角度を挿入」ダイアログボックスが表示されるので、6.「角度」に「**125°**」と入力して、7.「OK」ボタンをクリックします。

「**完全拘束**」が表示されたことを確認して、8.「閉じる」をクリックしてスケッチを終了します。

▼ スケッチの作成5

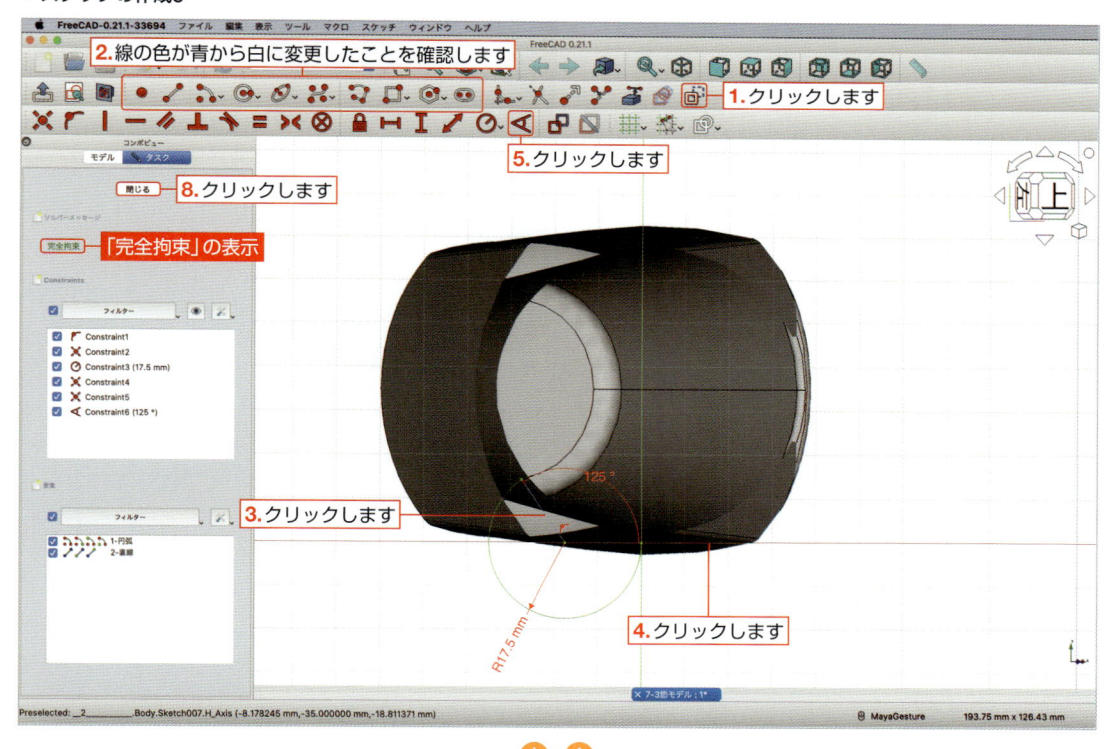

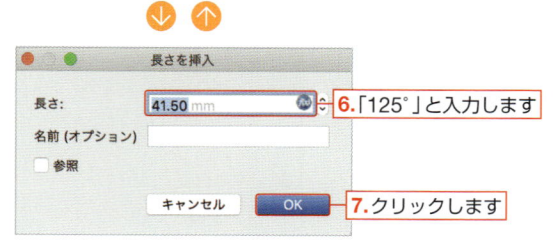

「回転させたXY平面のスケッチ」について

手順 8 （275ページ）で「ピッチ（Y軸まわり）」に回転させた「Sketch007」を見ていきましょう。

手順 8 ではY方向に「-35mm」、Z方向に「-15mm」だけ平行移動させ、Y軸まわりに「-25°」回転させました。

「Sketch007」はY軸の逆方向に 35mm、Z軸の逆方向に 15mm だけ平行移動し、Y軸を左ネジ回りに 25° 回転させていることがわかります。

ここで、軸の回転方向は右ネジ回りを正回転、左ネジ回りを逆回転とするため、マイナスの場合は左ネジ回りとなります。

▼ 回転させたXY平面のスケッチ

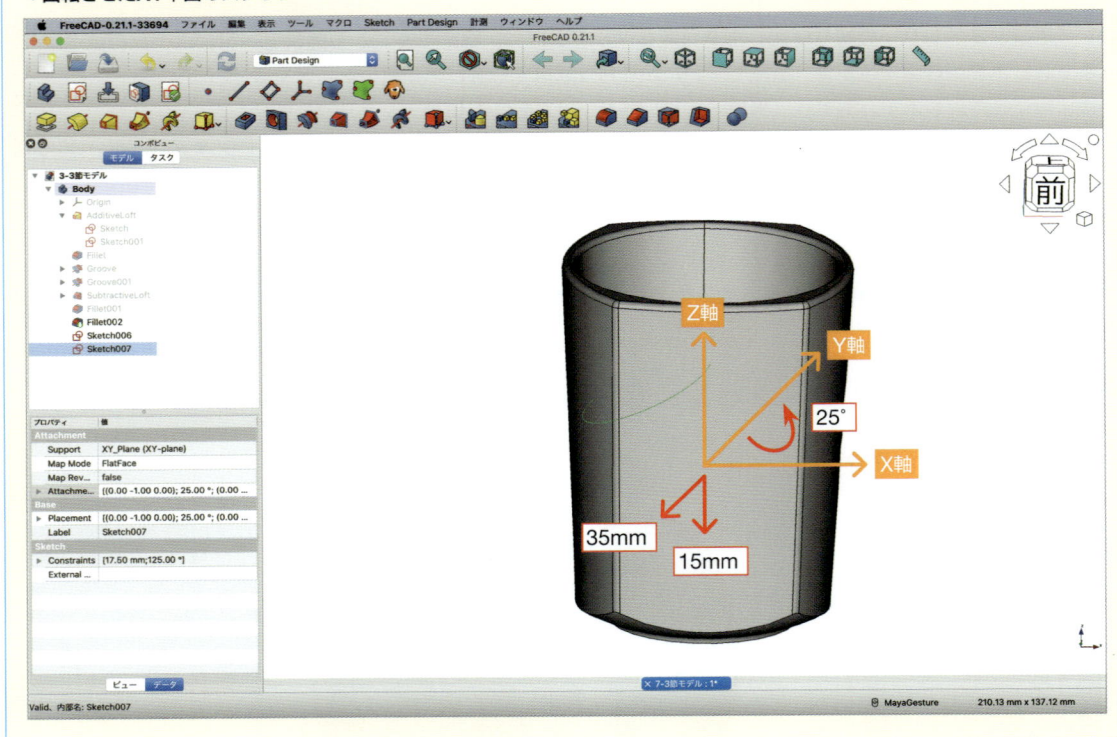

🟠 加算パイプで取っ手を作ろう

「**加算パイプ**」とは、スケッチを断面として別のスケッチに描かれた経路に沿って、断面を移動させたときの軌跡を形状とする方法です。今回の場合は「**Sketch006**」が断面のスケッチとなり、「**Sketch007**」が経路のスケッチとなります。それでは、実際に加算パイプを使ってみましょう。

13 コンボビューの「Sketch006」を選択して、**1.**「**加算パイプ**」ボタン🧽をクリックします。
2.「エッジを追加」をクリックし、**3.**「Sketch007」の「エッジ」をクリックします。
最後に **4.**「OK」ボタンをクリックすると、加算パイプが完成します。

▼加算パイプの作成

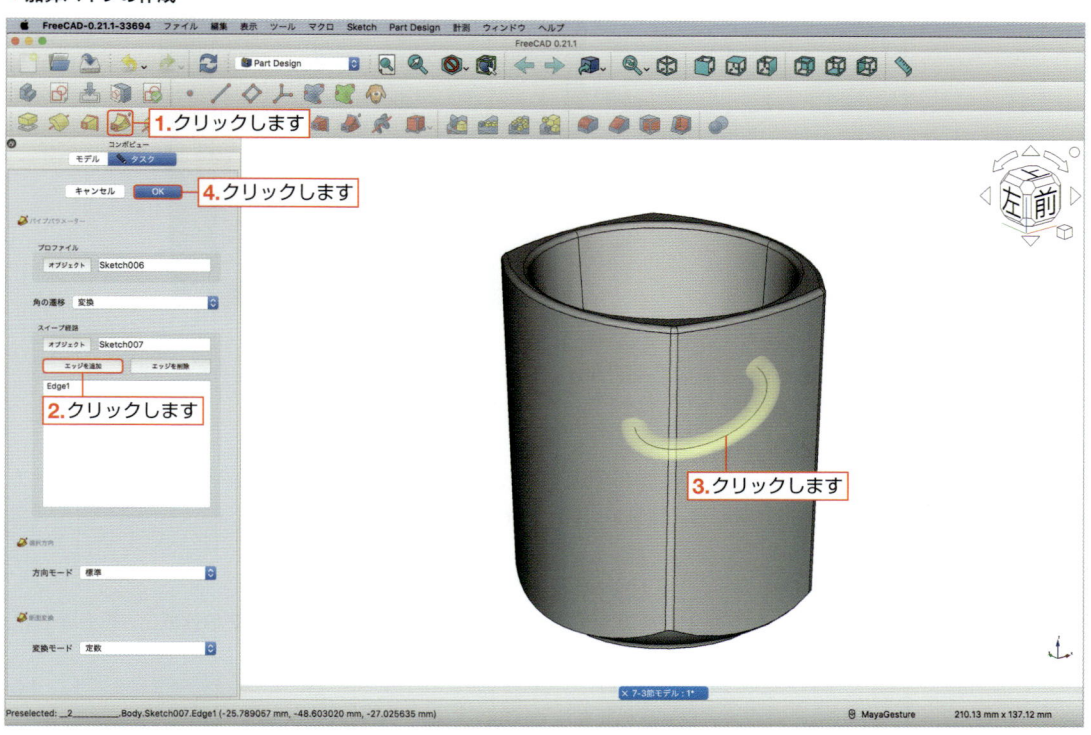

🟠 もう1つの取っ手を作ってみよう

　手順**13**までで、モーニングカップに取っ手がつきました。これで歯ブラシを立てられるようになりましたが、歯磨き粉も立てられるように、もう少し大きな取っ手を作ってみましょう。

🟠 スケッチを描いていこう

　今度は「YZ平面」にスケッチを描きながら、スケッチを平行移動させていきます。
　絶対座標と相対座標の話を思い出しながら、平行移動する方向を確認してみましょう。

14 新規に「YZ平面」のスケッチを作成します。
「**スケッチを作成**」ボタン🗺をクリックして、「**YZ平面**」を指定します（55ページ参照）。
※55ページでは「XY平面」ですが、ここでは「YZ平面」なのでご注意ください。

15 下図「**スケッチの作成6**」のような楕円のスケッチを完成させてみましょう。

これまで学習したことを思い出して、**1.**「**円錐曲線を作成（中心、長半径、点を指定して楕円を作成）**」ボタン、**2.**「**水平距離拘束**」ボタン、**3.**「**垂直距離拘束**」ボタン、**4.**「**距離拘束**」ボタン、**5.**「**角度拘束**」ボタンを使用して、スケッチを作成しましょう。

▼スケッチの作成6

16 作成した「**Sketch008**」をZ方向に「**-27mm**」だけ平行移動させてみましょう。

操作方法は、手順 **5**（274ページ）を参考にしてください。

17 手順 **6** ～ **8**（275ページ）を参考にして新たに「XY平面」のスケッチを作成し、スケッチをX方向に「**-27mm**」、Y方向に「**-25mm**」、Z方向に「**-29mm**」だけ平行移動させ、さらに「ロール（X軸まわり）」に「**-25°**」だけ回転させます。

18 手順 **9** ～ **12**（276 ～ 277ページ）を参考に「**Sketch009**」を開き、下図「**スケッチの作成7**」を完成させます。

▼スケッチの作成7

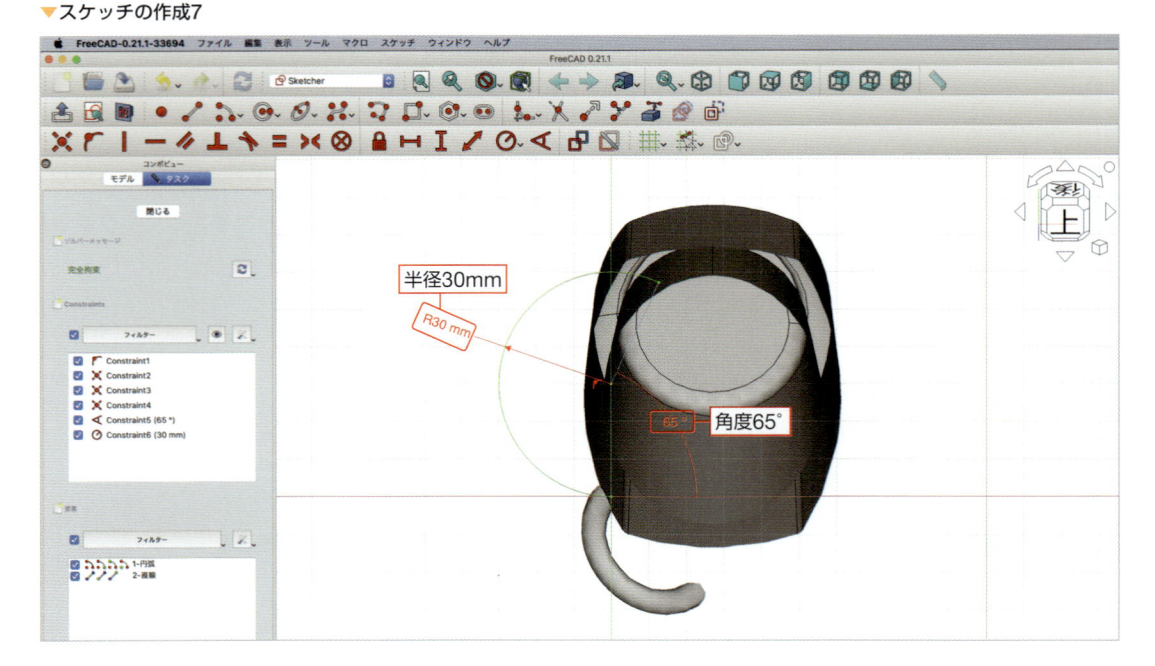

🗐 取っ手を作ろう

ここでは「Sketch008」を断面のスケッチ、「Sketch009」を経路のスケッチとした加算パイプを作成します。

19 手順**13**（279ページ）を参考にして、加算パイプを作成します。**コンボビュー**の「**Sketch008**」を選択して、「**加算パイプ**」ボタン🐝をクリックします。「**エッジを追加**」をクリックし、「**Sketch009**」の「**エッジ**」をクリックします。最後に「**OK**」ボタンをクリックすると、加算パイプが完成します。

🗐 モーニングカップの色を変えてみよう

モーニングカップの色を鋼材にして、取っ手の色も変えてみましょう。

20 **1.コンボビュー**の「**Body**」を右クリックして、**2.**「**表示**」を選択します。**コンボビュー**の「**タスク**」タブに「表示プロパティ」が表示されるので、**3.**「**マテリアル**」を「**鋼材**」に変更して、**4.**「**閉じる**」をクリックします。

▼モーニングカップの色を鋼材に変更

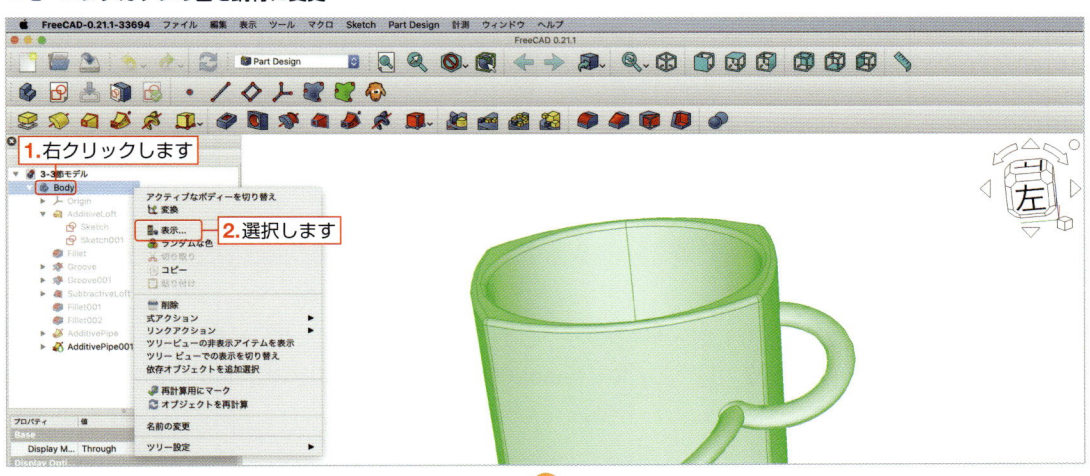

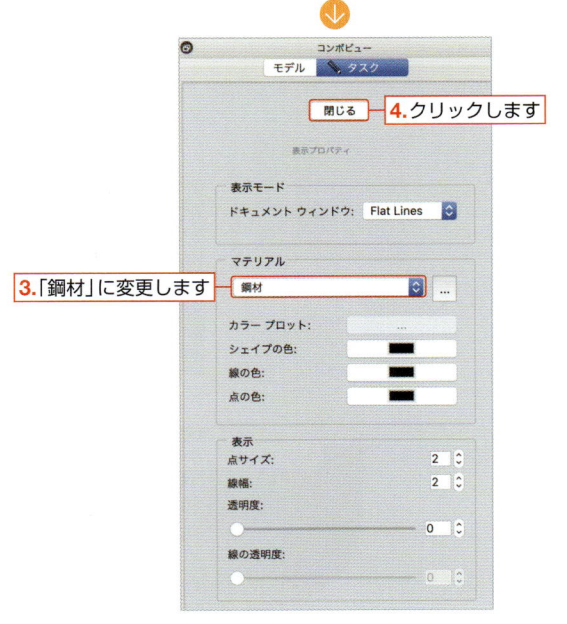

21 取っ手の色を変更します。**1.**コンボビューの「Additivepipe001」を右クリックし、**2.**「色を設定」を選択します。

▼取っ手の色を変更1

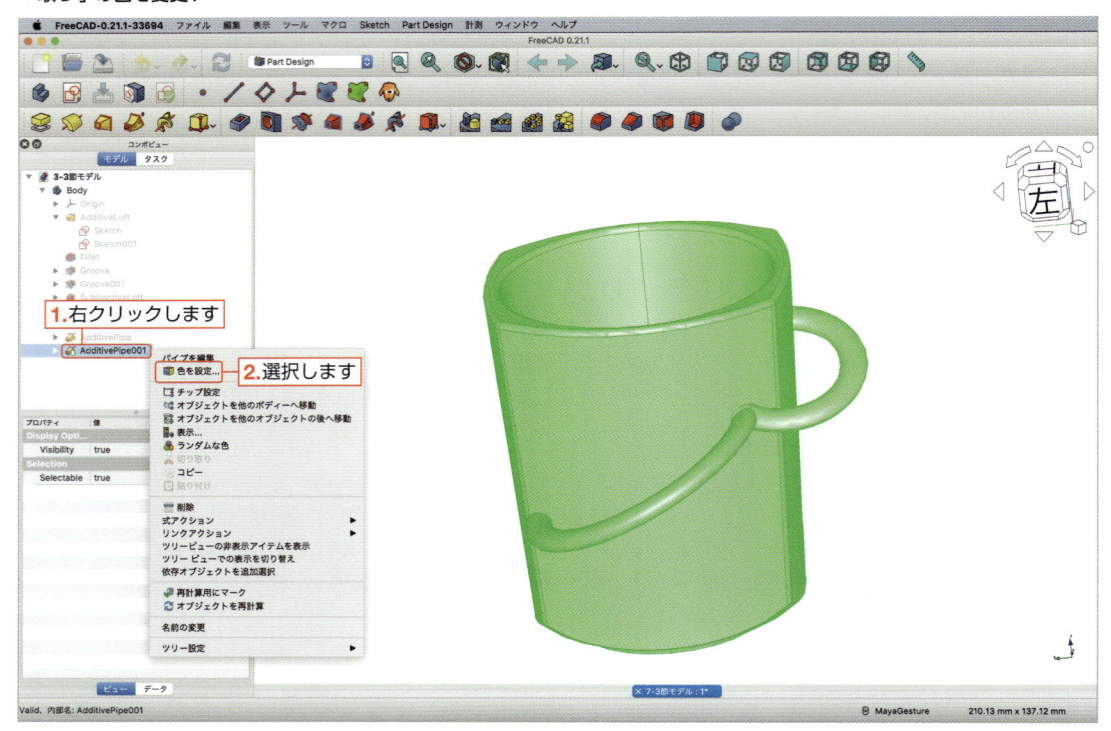

22 下図「**取っ手の色を変更2**」の**1.**取っ手をクリックして、**2.**カラーをクリックします。「色を選択」ダイアログボックスが表示されるので、**3.**「HTML」に「**#aaaa00**」と入力して、**4.**「OK」ボタンをクリックします。

▼取っ手の色を変更2

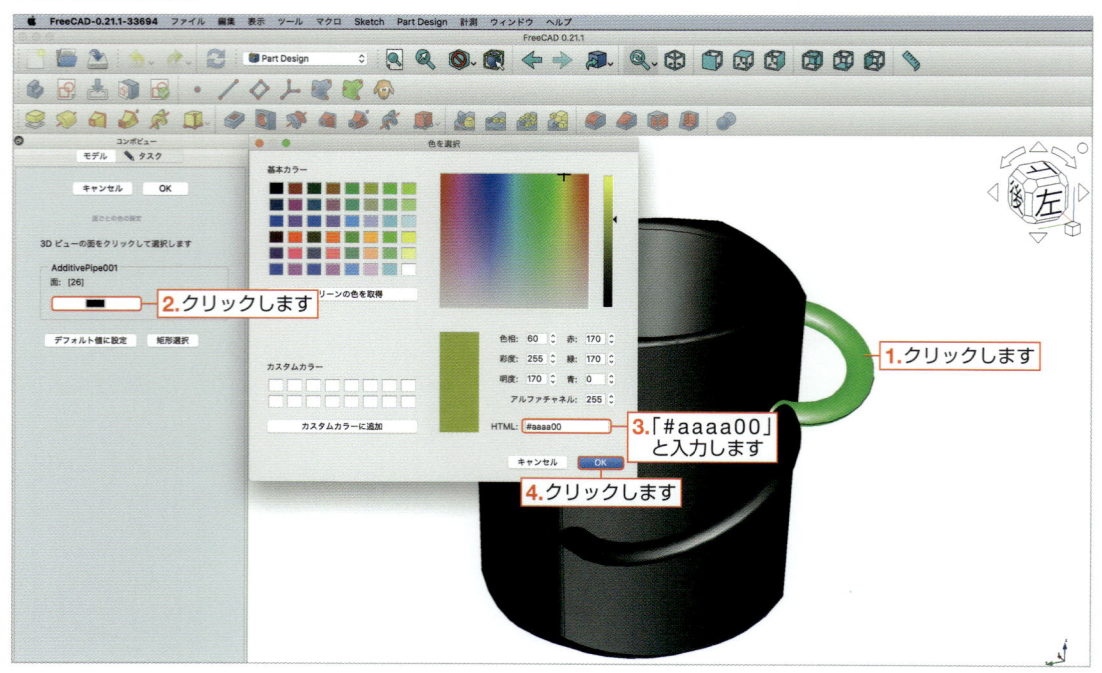

22 下図「**取っ手の色を変更3**」の**1.**取っ手をクリックして、**2.**カラーをクリックします。「色を選択」ダイアログ
ボックスが表示されるので、**3.**「HTML」に「**#aaaa7f**」と入力して、**4.**「OK」ボタンをクリックします。
最後に、**コンボビュー**の「OK」ボタンをクリックして閉じます。

▼取っ手の色を変更3

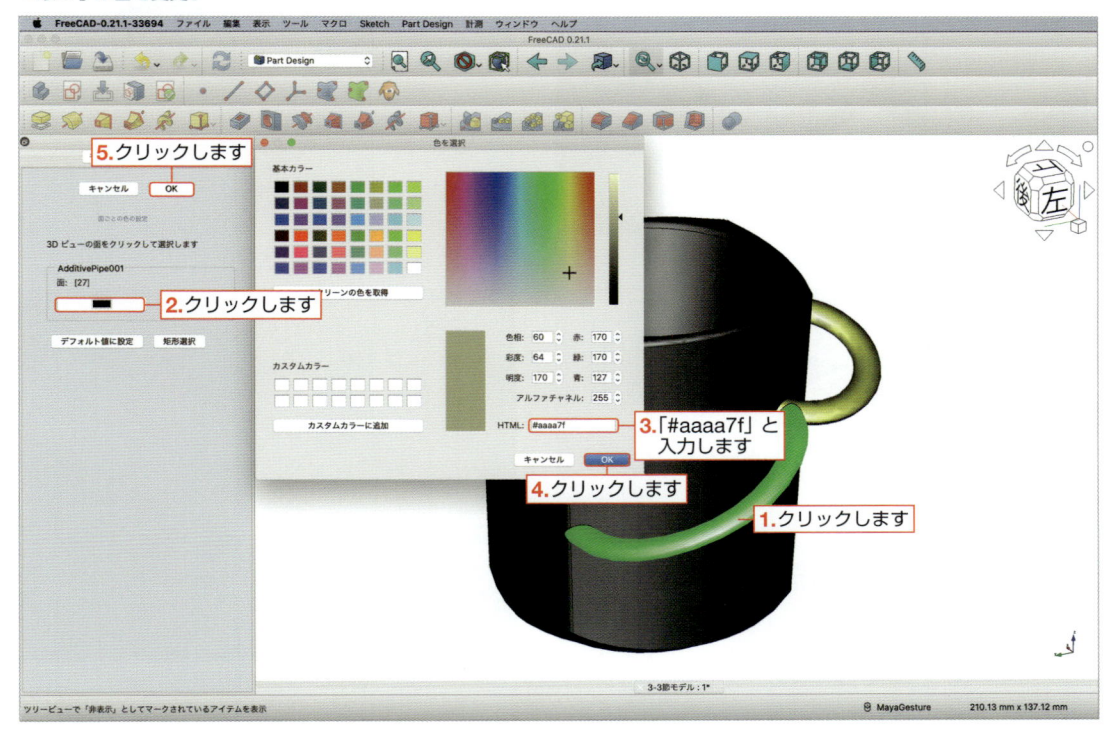

◉ ファイルを保存してドキュメントを閉じよう

モーニングカップが完成しました。これで、**Chapter 7**のレッスンが終了しました。
最後にファイルを保存して、ドキュメントを閉じましょう。

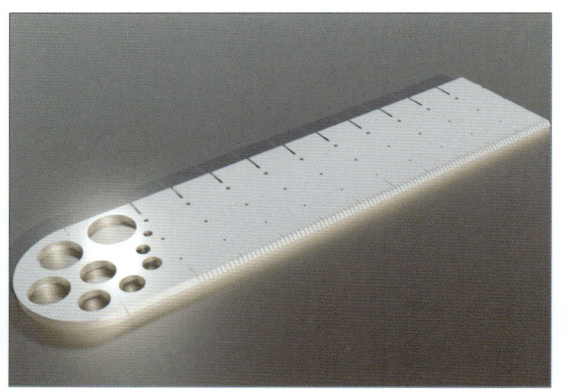

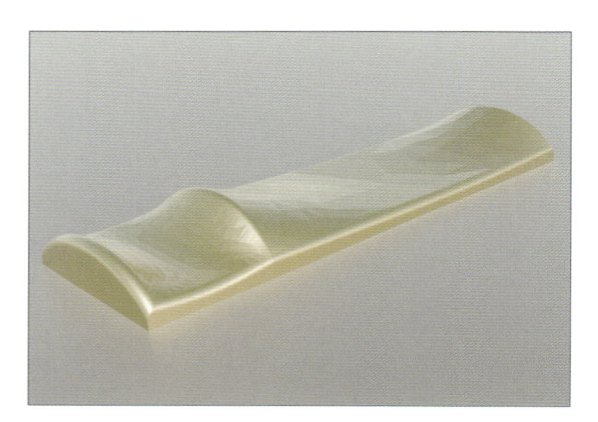

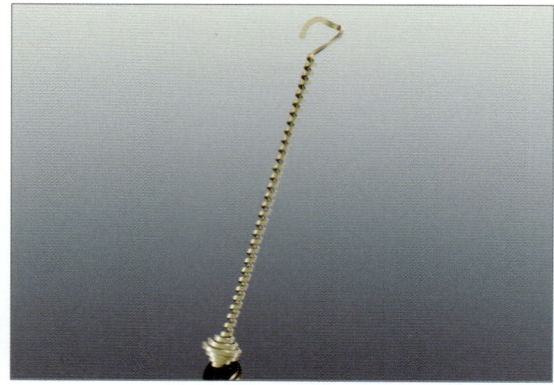

スープカップ&カバー を作ろう！

実用的かつ美しいスープカップとカバーの設計に挑みます。
ここではモデリングの基本技術から一歩進み、より複雑な形
状と機能を持つ製品を創り出す方法を学びます。
FreeCADの多様な機能を活用し、デザインと機能性が融合
した製品を作っていきましょう。

ここで作る3Dモデルの完成形

➡ 制作のポイント

■ 基本形状を理解する

カップには適切な厚みが必要です。薄すぎると強度が不足し、厚すぎると重くなるため、適切な厚さに設定しましょう。

■ 持ち手のデザイン

持ち手はカップの側面に配置します。持ち手が使いやすく、適切なサイズであることを確認します。
また、持ち手は滑らかな曲線で作成するとデザインが美しく、握りやすくなります。

■ カーブとエッジ

カップの縁や底部に丸みをつけると、デザインが優しく見え、使い勝手も良くなります。
シャープなエッジは避けて、面取りすることで安全性を高めましょう。

■ サイズと容量

スープカップとして適切な容量を持たせるため、実際の使用を想定したサイズにします。
モデリングソフトのメジャーツールを使って、各部の寸法が目的に合っているか確認します。

■ デザインのバランス

カップ全体のデザインがバランスよくまとまっていることを確認します。装飾を加える際は、実用性を損なわないように注意します。

■ 3Dプリントを考慮

もし3Dプリントを前提に作成する場合には、プリント時のサポート材の必要性やプリンタの最大サイズを考慮に入れます。

学習する項目			
レボリューション	➡	289ページ	
モデルのアクティブ化	➡	304ページ	
「厚み」ボタン	➡	308ページ	
「円状パターン」ボタン	➡	315ページ	

スープカップを作ろう

Section 8-1

ここではスープカップを作りながら、モデリングの操作に慣れていきましょう。これまで学習した「加算ロフト」や「グルーブ」、「フィレット」とともに、新たに「レボリューション」を使ってスープカップを作ります。

スープカップの形を作ろう

スケッチを断面として指定した軸を中心に回転させながらモデルを作る方法（レボリューション）を使って、スープカップの形を作りましょう。

Section 2-1の手順 1 〜 5（53ページ）を参照しながら、「XZ平面」にスケッチが描けるところまでの操作を進めてみましょう。ファイルの保存ではファイル名を「**8-1節モデル**」として、「**XZ平面**」を選択してください。

スケッチの完成図

次のスケッチが完成図です。これまで学んだことを思い出して、スケッチを描いてみてください。「**完全拘束**」の表記が出れば、スケッチが完成です。

▼スケッチの完成図

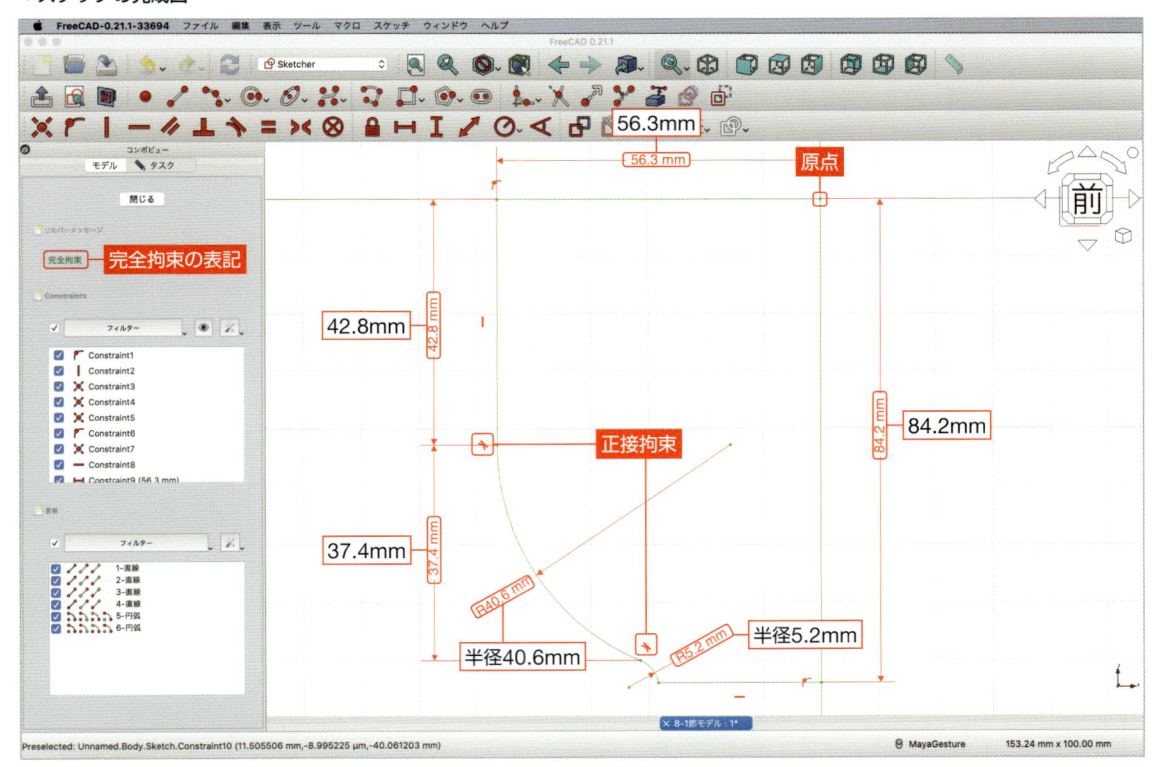

1 「**スケッチの作成1**」のように4つの直線を作成します。「**ポリラインを作成**」ボタン🔲を使って、4つの直線を描きます。次に「**垂直距離拘束**」ボタン🔳と「**水平距離拘束**」ボタン🔳を使って、直線の長さを拘束します。

▼スケッチの作成1

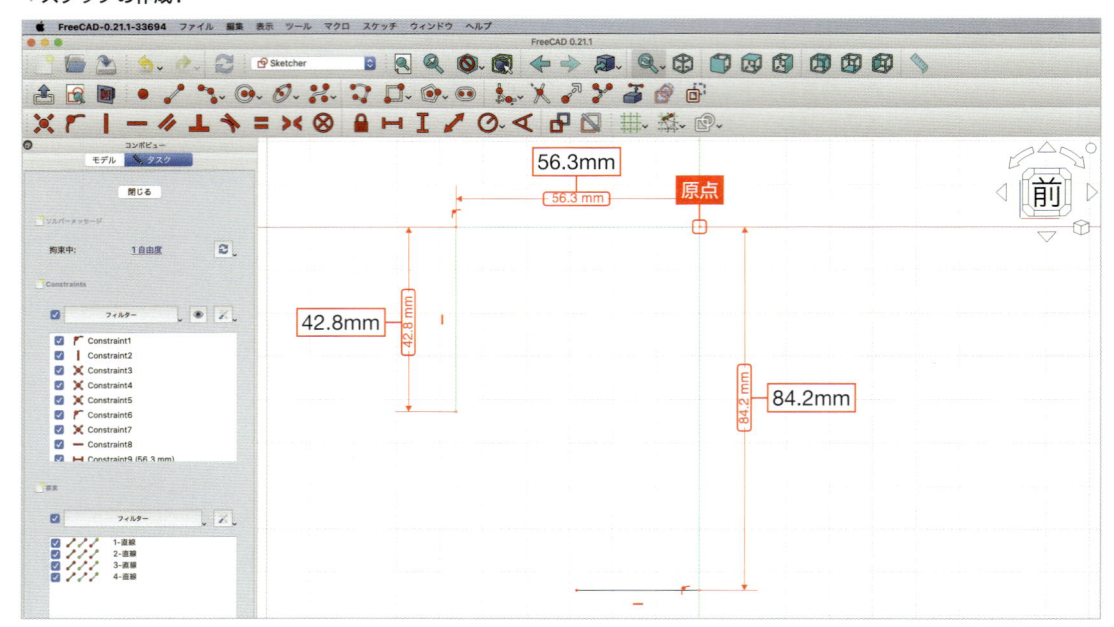

2 「**スケッチの作成2**」のように2つの円弧を作成します。「**円弧を作成（端点と円周上の点から作成）**」ボタン🔲を使って円弧を描き、「**正接拘束**」ボタン🔳を使って直線と円弧および2つの円弧を正接拘束します。

また「**半径拘束**」ボタン🔳を使って円弧の半径を「**40.6mm**」と「**5.2mm**」に拘束します。

さらに「**垂直距離拘束**」ボタン🔳を使って、円弧の上端点と下端点の垂直距離を「**37.4mm**」に拘束すると、スケッチが完成です。

コンボビューに「**完全拘束**」の表記があることを確認し、「閉じる」をクリックしてスケッチを終了します。

▼スケッチの作成2

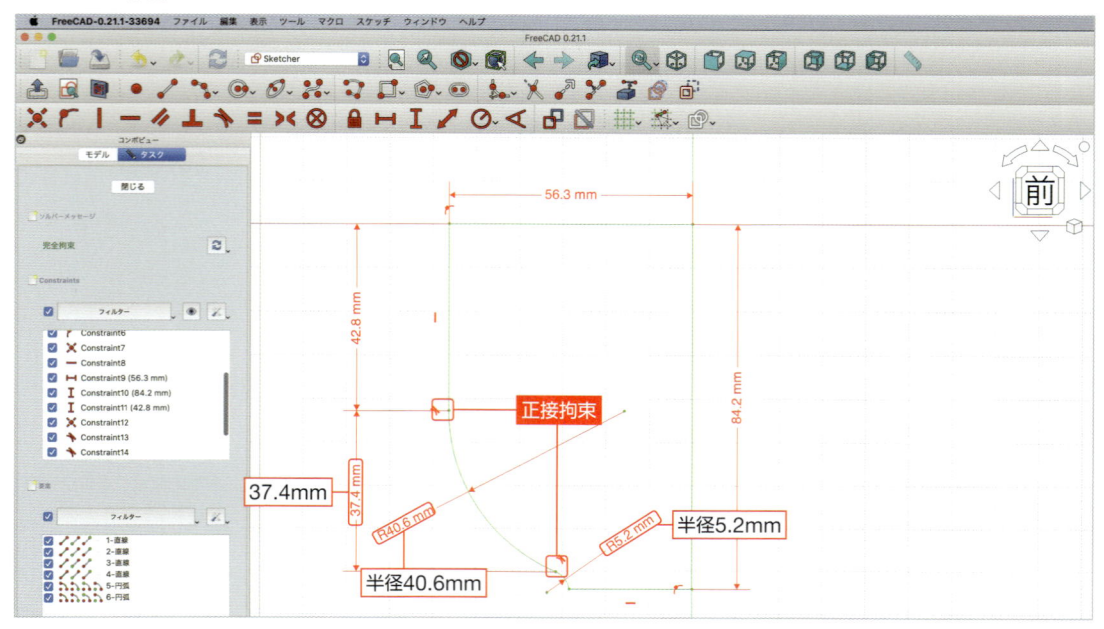

3 **1.** コンボビューの「Sketch」を選択して、**2.**「レボリューション」ボタン 🍖 をクリックします。

コンボビューが「回転押し出しパラメーター」に切り替わるので、**3.**「軸」を「ベースZ軸」に変更し、**4.**「面に対して対称」と「逆方向」のチェックを外して、**5.**「OK」ボタンをクリックします。

※今回の場合では、**4.**「面に対して対称」と「逆方向」にチェックが入っていても結果は同じになります。

▼レボリューションを使う

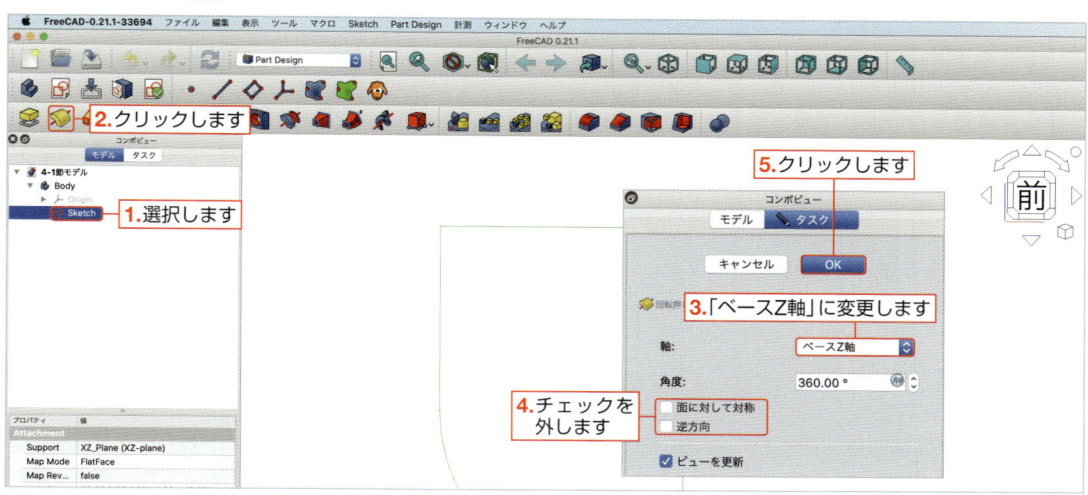

レボリューションについて

レボリューションとは、スケッチを断面として指定した軸を中心に回転させながらモデルを作る方法です。

ここでは、❶「軸」を「ベースZ軸」にしていますので、Z軸を中心にスケッチを回転させながらモデルを作ることになります。

❷「角度」は押し出し量を示しています。例えば、「360°」に設定すると軸を中心に1回転分スケッチを押し出します。今回のように「角度」を「90°」に設定すると、X軸からY軸に向かう方向に90度だけ押し出すことになります。

❸「面に対して対称」と❹「逆方向」については、「軸」を「ベースZ軸」、「角度」を「90°」に設定した場合で説明します。

「面に対して対称」にチェックを入れると、X軸からY軸に向かう方向とX軸からY軸に向かう逆方向に45度だけ押し出すことになります。つまり、スケッチ平面を基準に正方向および逆方向にそれぞれ45度ずつ押し出し、合計90度で押し出します。

また「逆方向」にチェックを入れると、X軸からY軸に向かう逆方向に90度だけ押し出すことになります。

どちらも理解を深めるために、実際に試してみてください。

▼レボリューションについて

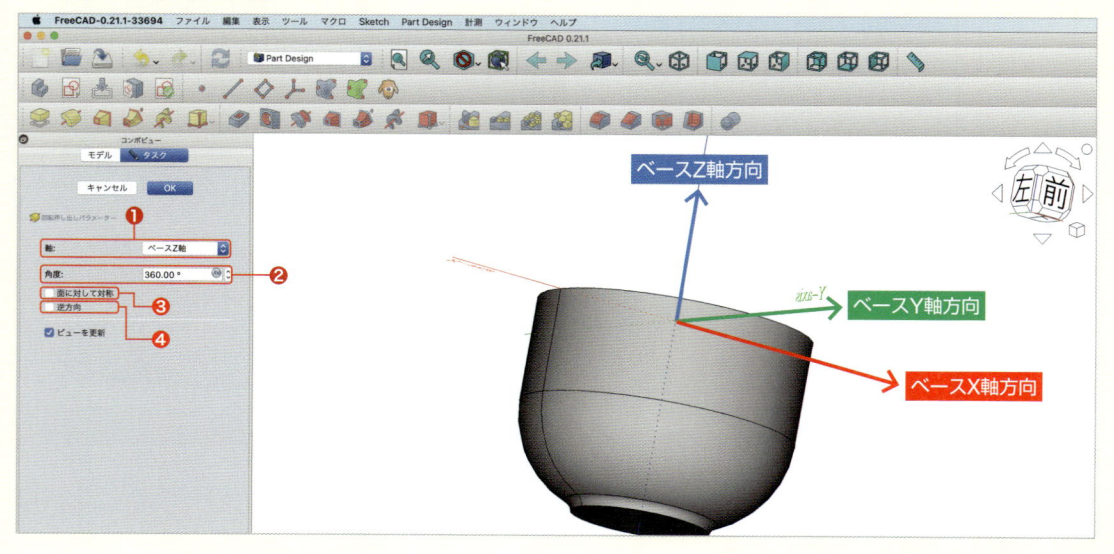

スープカップの持ち手を作っていこう

「加算パイプ」は、スケッチを断面として別のスケッチに描かれた経路に沿って、断面を移動させたときの軌跡を形状とする方法です。**Section 7-3**の手順**13**（279ページ）でも使いましたが、ここでは断面が途中で変わっていく「加算パイプ」を学習します。

持ち手断面のスケッチを描いていこう

ここでは持ち手の形状が変化するため、断面のスケッチを2つ作成します。
YZ平面にスケッチを作成し、スケッチを平行移動させていきましょう。

4 新しく「YZ平面」のスケッチを作成します。
「スケッチを作成」ボタンをクリックして、**「YZ平面」**を指定します（55ページ参照）。
※55ページでは「XY平面」ですが、ここでは「YZ平面」なのでご注意ください。

5 スケッチを閉じます。

6 スケッチの位置を移動させます。**1.**先ほど作成した「Sketch001」を選択して、**2.プロパティビュー**の「データ」タブをクリックします。**3.**「**Attachment Offset**」の右にあるをクリックすると**コンボビュー**が切り替わるので、**4.**「平行移動量」のZ方向に**55.1mm**と入力し、**5.**「OK」ボタンをクリックします。
＊ここでは「YZ平面」のスケッチを平行移動させるため、注意が必要です。詳しくは、Section 7-3「XY平面以外のスケッチを移動させよう」（273ページ）を参照してください。

▼スケッチの平行移動

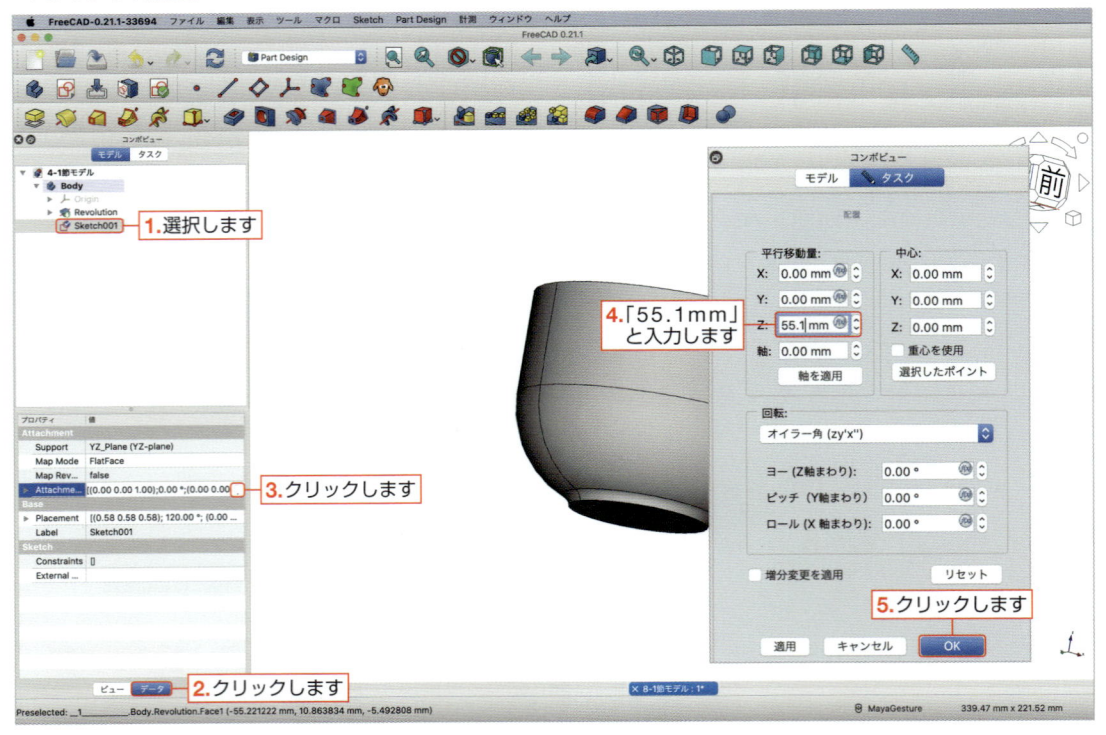

7 コンボビューの「Sketch001」をダブルクリックして開きます。

8 1.「セクション表示」ボタン■をクリックして断面表示にします。

2.「長円形を作成」ボタン■をクリックし、3.と4.の位置でクリックして長円形を描きます。

最後に、5. esc キーを押して「長円形を作成」ボタン■を解除します。

▼長円形を作成

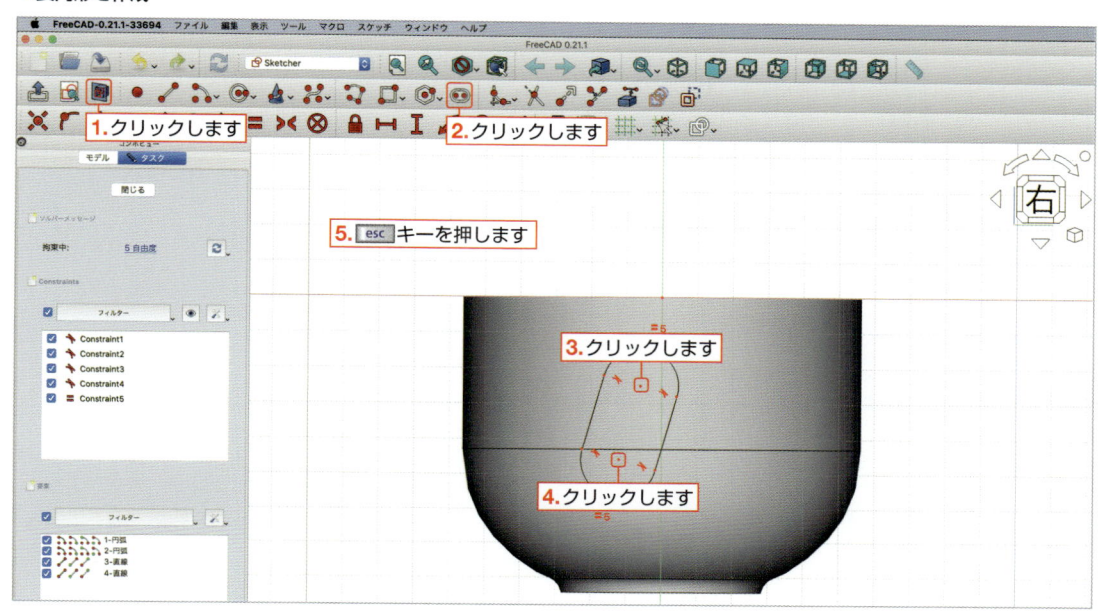

9 1.「構築ジオメトリーの切り替え」ボタン■をクリックして、構築モード（277ページ参照）に切り替えます。

2.「直線を作成」ボタン✎をクリックして、3.と4.をクリックして構築モードの直線を描きます。

5. esc キーを押して「直線を作成」ボタン✎を解除し、6.縦軸をクリックして、7.作成した構築モードの直線をクリックします。

2つの線が選択された状態で8.「角度拘束」ボタン◁をクリックし、角度を「**171°**」として角度拘束させます。

最後に「構築ジオメトリーの切り替え」ボタン■をクリックして、構築モードから通常モード（ボタンの線の色が白に変わります）に切り替えます。

▼構築モードの直線作成と角度拘束

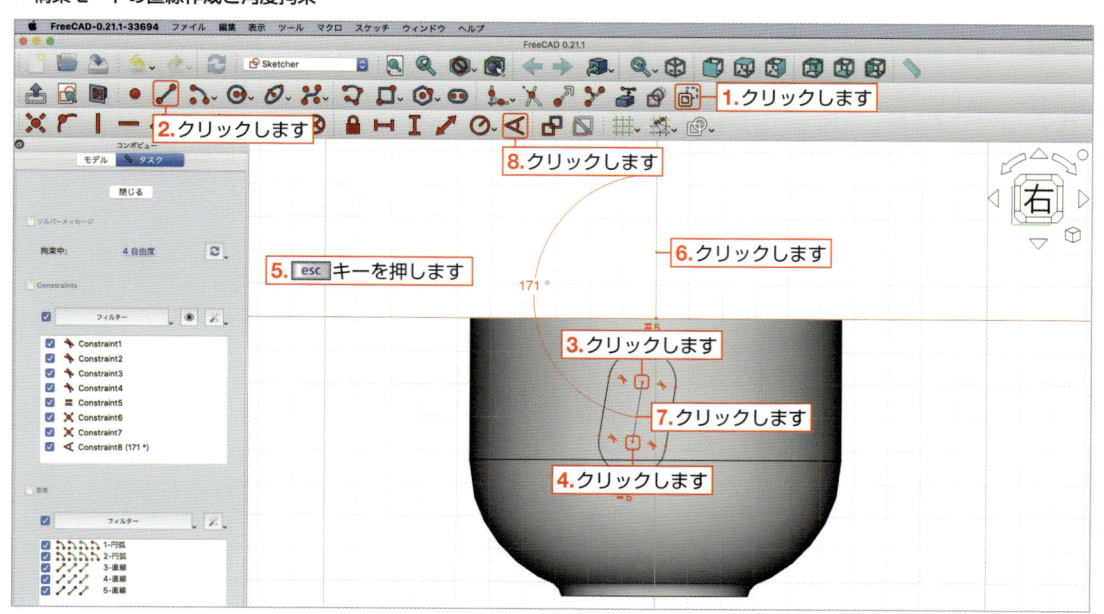

10 長円形を拘束します。**「水平距離拘束」ボタン**で **1.「1.5mm」**、**「垂直距離拘束」ボタン**で **2.「20mm」**、**「距離拘束」ボタン**で **3.「2mm」**、**「半径拘束」ボタン**で **4.「半径 (R)6mm」** に拘束してみましょう。

コンボビューに「完全拘束」の表記が出れば完成です。

最後に**コンボビュー**の「閉じる」をクリックして、スケッチを終了します。

▼スケッチの完成

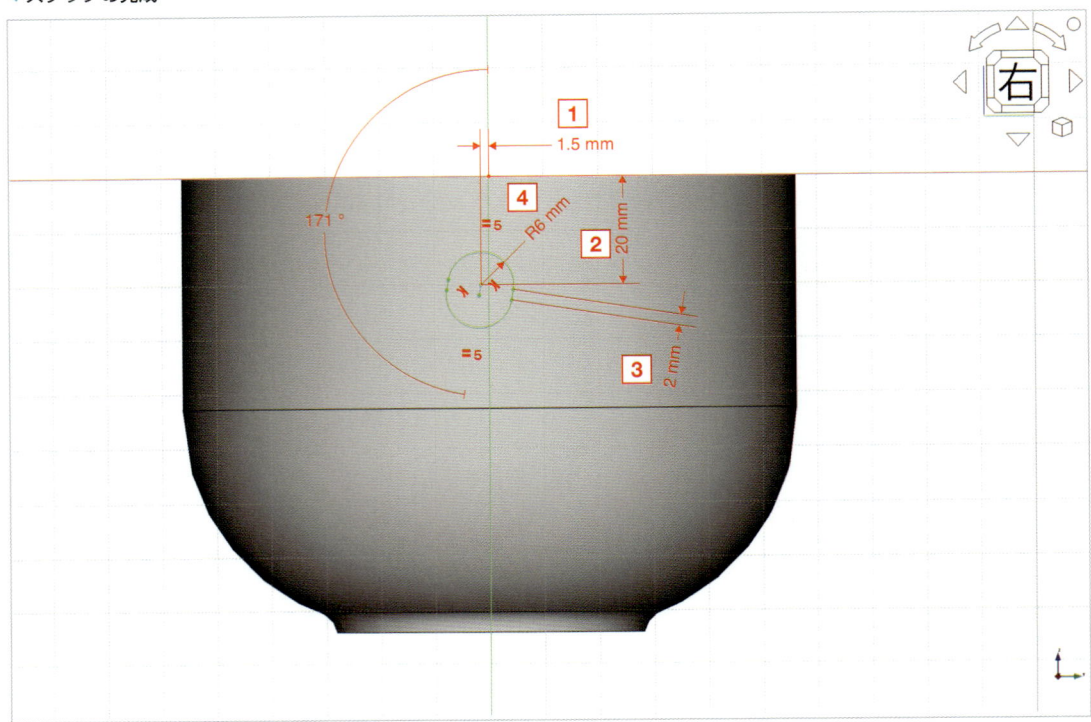

🟩 持ち手断面の2つ目のスケッチを描いていこう

続いて、持ち手の断面の2つ目のスケッチを作成します。

再び「YZ平面」にスケッチを作成し、スケッチを平行移動させていきましょう。

11 新しく「YZ平面」のスケッチを作成します。

「スケッチを作成」ボタンをクリックして、「**YZ平面**」を指定します（55ページ参照）。

※55ページでは「XY平面」ですが、ここでは「YZ平面」なのでご注意ください。

12 スケッチを閉じます。

13 手順**7**（290ページ）と同様に、スケッチの位置を移動させます。

先ほど作成した「Sketch002」を選択し、**プロパティビュー**の「データ」タブをクリックします。

「Attachment Offset」の右にあるをクリックすると**コンボビュー**が切り替わるので、「平行移動量」のY方向に「**-4mm**」、Z方向に「**79.2mm**」と入力して、「OK」ボタンをクリックします。

14 **コンボビュー**の「Sketch002」をダブルクリックして開きます。

15 下図「**スケッチの作成 1**」のようなスケッチを完成させます。

まず「**円錐曲線を作成（中心、長半径、点を指定して楕円を作成）**」ボタン◎を使って楕円を描きます。

次に「**水平距離拘束**」ボタン┣┫と「**垂直距離拘束**」ボタン工を使って、楕円の中心点と原点の水平距離、垂直距離をそれぞれ **1.**「**1.5mm**」、**2.**「**18mm**」に拘束します。

続いて「**距離拘束**」ボタン⟋を使って、楕円の短軸、長軸をそれぞれ **3.**「**7mm**」、**4.**「**12mm**」に拘束します。

最後に「**角度拘束**」ボタン◀を使って、楕円の短軸と縦軸のなす角度を **5.**「**171°**」に拘束するとスケッチが完全拘束されます。**コンボビュー**に「**完全拘束**」の表記が出たら、「閉じる」をクリックしてスケッチを終了します。

▼スケッチの作成1

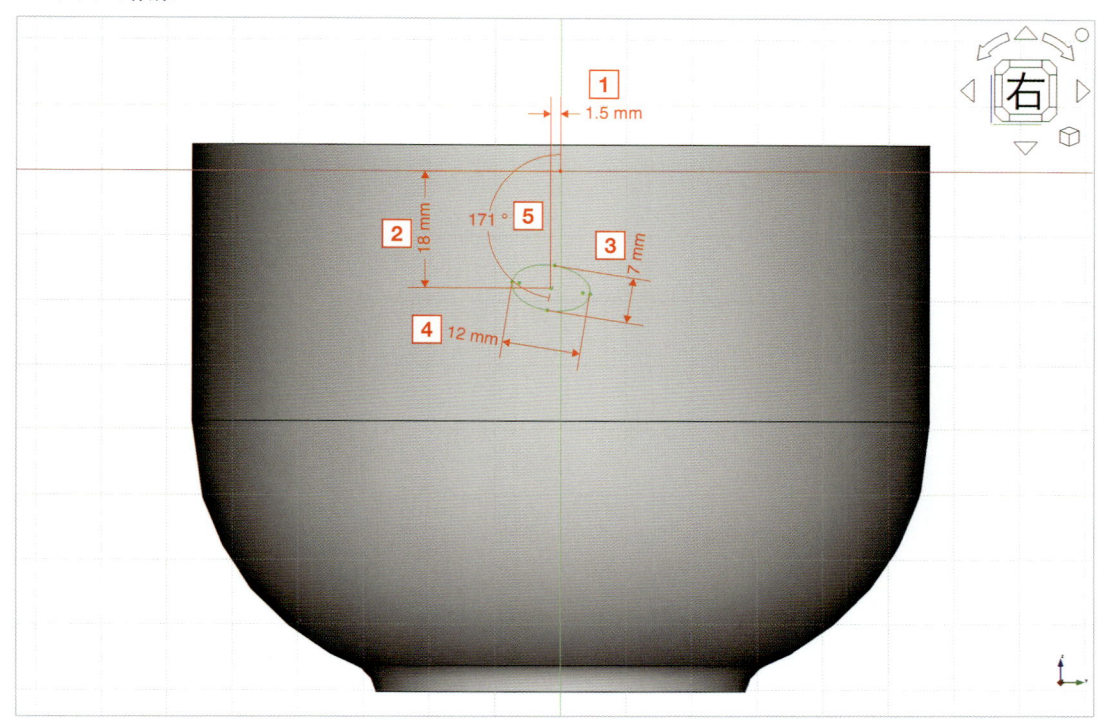

🟩 持ち手経路のスケッチを描いていこう

最後に、持ち手経路のスケッチを作成します。

経路は断面に対して垂直な面にスケッチを描く必要があるため、「YZ平面」にスケッチを作成します。

16 新しく「YZ平面」のスケッチを作成します。

「**スケッチを作成**」**ボタン**▣をクリックして、「**YZ平面**」を指定します。（55ページ参照）。

※55ページでは「XY平面」ですが、ここでは「YZ平面」なのでご注意ください。

17 下図「**スケッチの作成2**」のようなスケッチを完成させます。

まず「**円弧を作成（端点と円周上の点から作成）**」ボタン🖌を使って、3つの円弧を描きます（**1. 2. 3.**）。

次に「**正接拘束**」ボタン🖌を使って、円弧と円弧の繋ぎ目2箇所を正接拘束させます。

さらに「**半径拘束**」ボタン◎を使って、3つの円弧の円周を上からそれぞれ**1.**「**半径 (R) 21.3mm**」、**2.**「**半径 (R) 14.7mm**」、**3.**「**半径 (R) 50.2mm**」に半径拘束します。

続いて「**水平距離拘束**」ボタン⊢と「**垂直距離拘束**」ボタン⊺を使って寸法を拘束します。3つの円弧のうち、上にある円弧の左端点と原点の水平距離、垂直距離をそれぞれ**4.**「**55.1mm**」、**5.**「**21.2mm**」に拘束します。

さらに右端点と原点の水平距離を**6.**「**79.2mm**」、中心点と原点の水平距離を**7.**「**66.6mm**」に拘束します。

次に下にある円弧の右端点と原点の水平距離を**8.**「**83.9mm**」、左端点と原点の水平距離を**9.**「**35mm**」に拘束します。**コンボビュー**に「**完全拘束**」の表記が出れば完成です。

最後に**コンボビュー**の「閉じる」をクリックして、スケッチを終了します。

▼スケッチの作成2

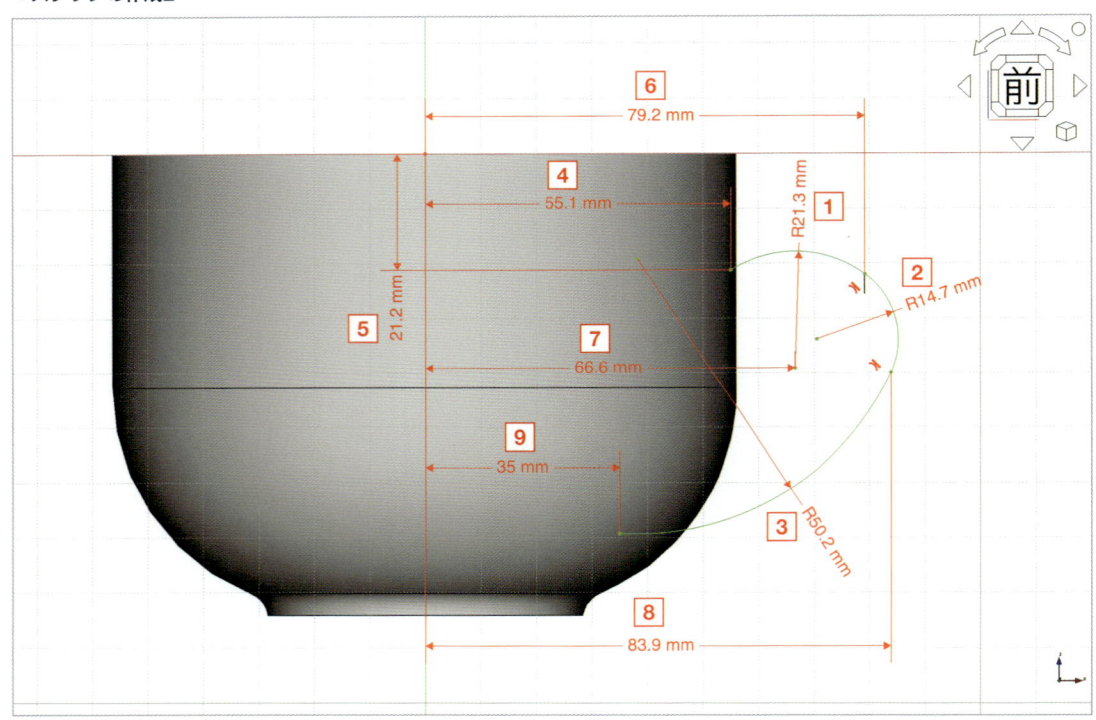

🟩 持ち手を「加算パイプ」で作っていこう

2つのスケッチを断面とした持ち手を作っていきましょう。ここでは「加算パイプ」の断面変換を使って、途中で断面が変わる持ち手の作り方を学習します。

18 **1.** **コンボビュー**の「**Sketch001**」を選択して、**2.**「**加算パイプ**」ボタン🥐をクリックします。

2つ目の断面を設定します。**コンボビュー**が「**パイプパラメーター**」に切り替わるので、**3.**「**断面変換**」を「**マルチ断面**」に変更します。**4.**「**セクションを追加**」をクリックし、**5.**「**Sketch002**」の「**エッジ**」をクリックします。

続いて、経路を設定します。**6.**「**エッジを追加**」をクリックし、**7.**「**Sketch003**」の「**エッジ**」をクリックします。最後に**8.**「**OK**」ボタンをクリックして、加算パイプを作成します。

▼加算パイプの作成1

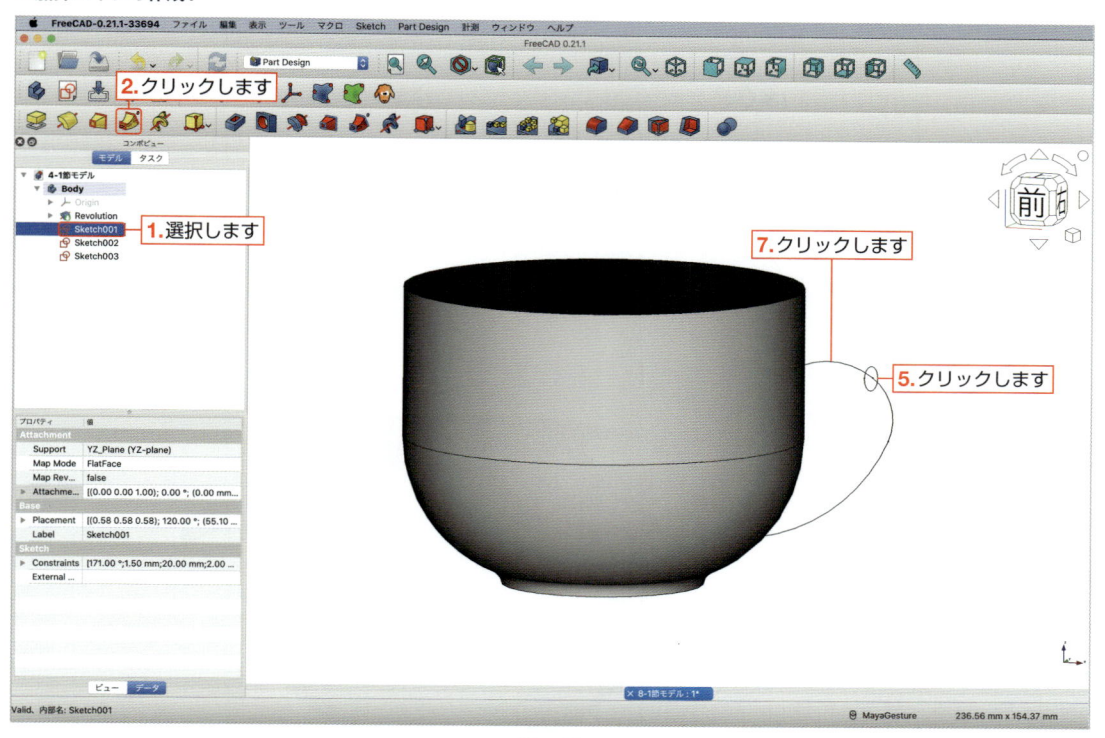

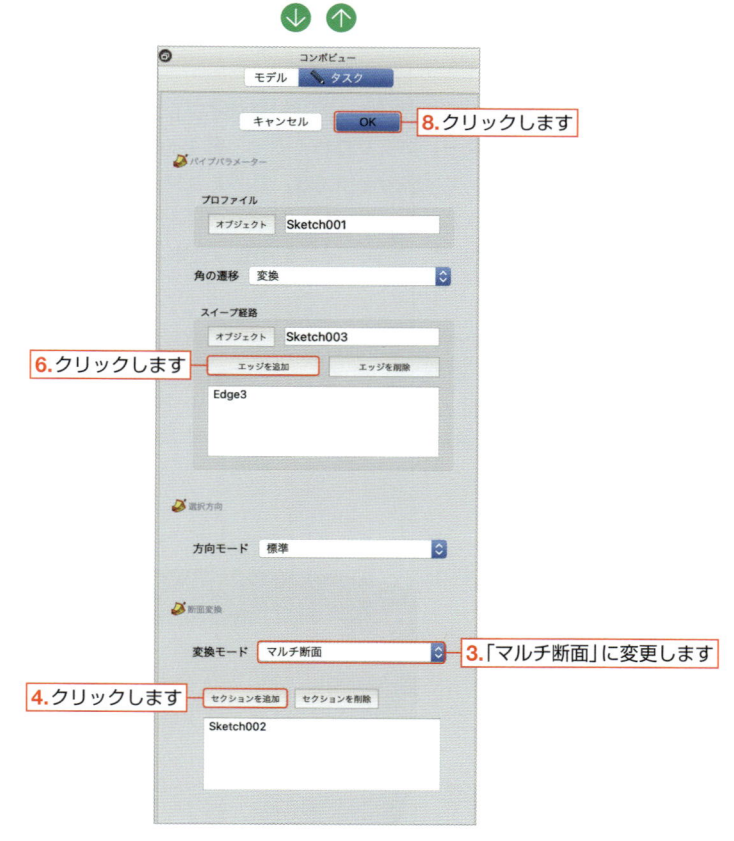

19 **1.** コンボビューの「AdditivePipe」の左にある▼をクリックします。

非表示になったスケッチを表示させます。**2.**「Sketch002」を選択して、**3.** ▭（スペースキー）を押して
スケッチを表示させます。

4.「Sketch003」を選択して、**5.** ▭を押してスケッチを表示させます。

▼スケッチの表示

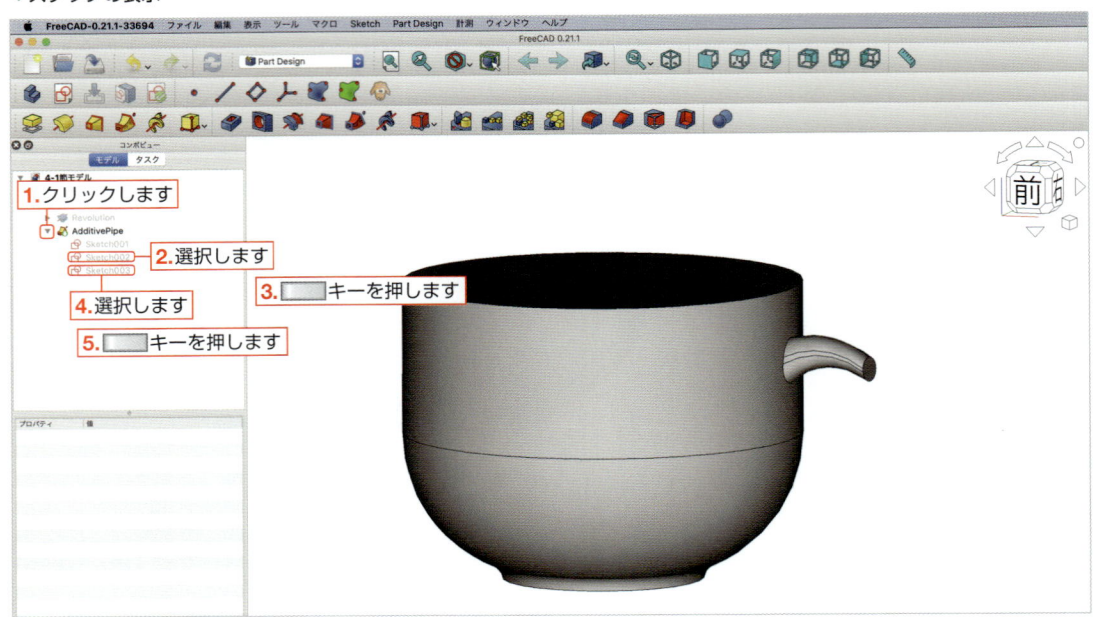

20 **1.** コンボビューの「Sketch002」を選択して、**2.**「加算パイプ」ボタン🥟をクリックします。

コンボビューが「パイプパラメーター」に切り替わるので、経路を設定します。

3.「エッジを追加」をクリックし、**4.**「Sketch003」の「エッジ」をクリックします。

再び **5.**「エッジを追加」をクリックし、**6.**「Sketch003」の「エッジ」をクリックします。

最後に **7.**「OK」ボタンをクリックして、加算パイプを作成します。

▼加算パイプの作成2

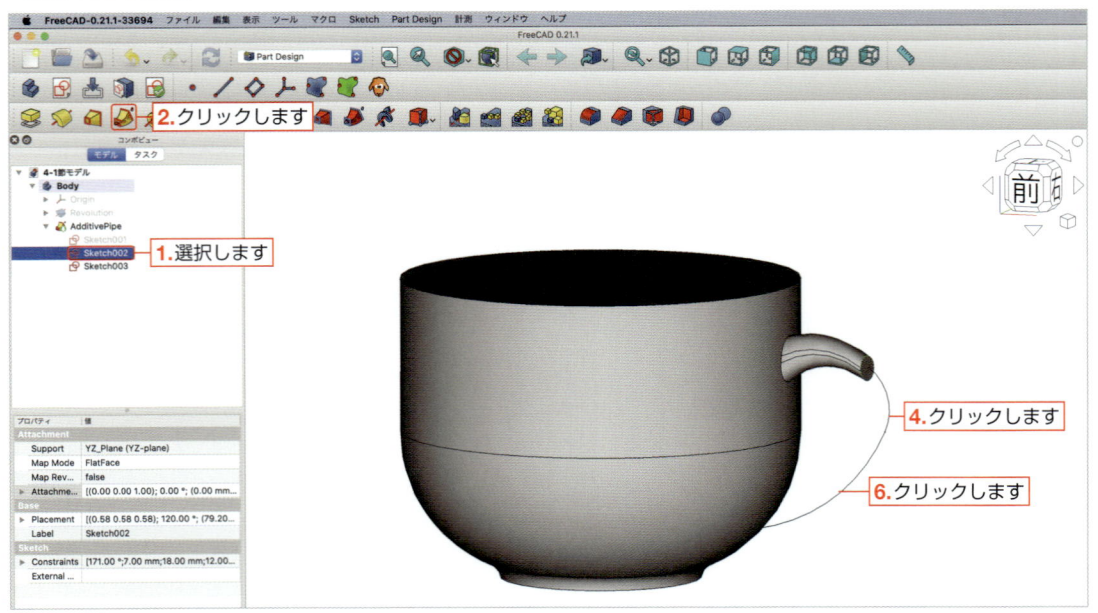

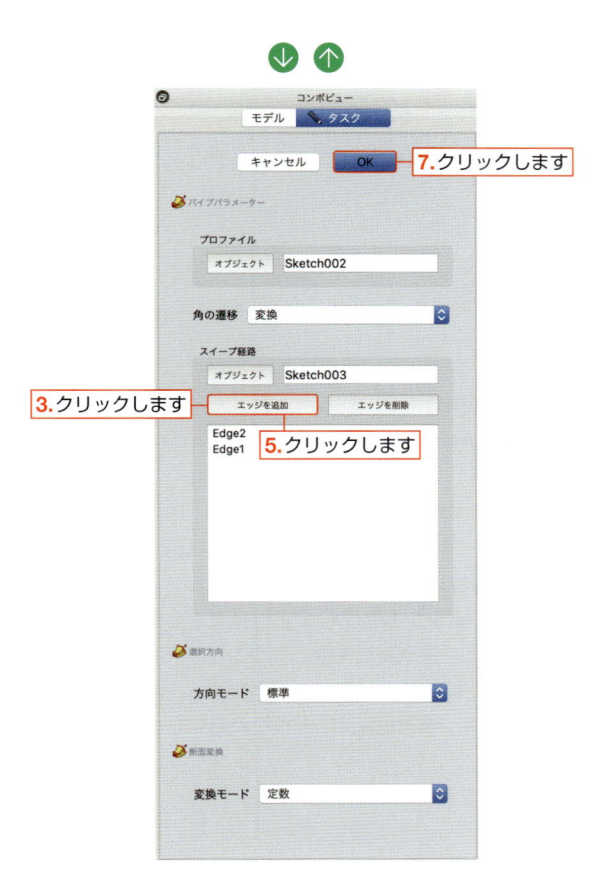

「加算パイプ」について

3Dモデリングにおける「加算パイプ」とは、特定の形状を生成するために使用される技術のことです。配管や配線、装飾的なフレーム、家具の脚など様々な用途に使用され、この技術をマスターすることで3Dモデリングの幅が大きく広がります。
初心者は簡単なプロジェクトから始めて、徐々に複雑な形状へと挑戦するとよいでしょう。

加算パイプの基本
加算パイプは、3Dモデリングで「**スイープ**」とも呼ばれる技術を利用しています。これは、ある形状（**プロファイル**）を指定した経路（**パス**）に沿って押し出して形成される形状です。この技術は、連続的な形状や複雑な曲線を持つオブジェクトのモデリングに非常に有効です。

加算パイプの作成プロセス
プロファイルの定義：最初にパイプの断面となる形状（円、長方形、カスタム形状など）を選択または作成します。
これがパイプの断面の基本となります。

パスの作成：パイプが通るべき経路を作成します。これは直線や曲線でプロファイルがこのパスに沿って押し出されます。

押し出し：プロファイルをパスに沿って押し出し、連続した3Dオブジェクトを生成します。このプロセスでは、プロファイルがパスの始点から終点まで連続的に移動し、その軌道に沿って形状が形成されます。

注意点
パスの複雑さ：パスが複雑になると生成されるパイプも複雑になり、高い計算リソースが必要とされる場合があります。
プロファイルとパスの整合性：プロファイルがパスに沿って正しく配置されているか確認することが重要です。
プロファイルがパスから逸脱すると、予期しない結果やエラーが発生する可能性があります。

Chapter 8

🟩 グルーブでスープカップの形状を加工しよう

Section 7-2の手順⑥（262ページ参照）で学んだグルーブは、スケッチを断面として指定した軸を中心に回転させながらモデルを削る方法です。このグルーブを使って、スープカップの形状を加工していきましょう。

🟩 スープカップの内側を加工しよう

スープカップの内側を加工するために、スケッチを描いていきましょう。

21 新しく「XZ平面」のスケッチを作成します。
「スケッチを作成」ボタン📐をクリックして、「**XZ平面**」を指定します。（55ページ参照）。
※55ページでは「XY平面」ですが、ここでは「XZ平面」なのでご注意ください。

22 **「セクション表示」ボタン**📑をクリックして、断面を表示させます。
下図「**スケッチの作成3**」のようなスケッチを完成させます。「**ポリラインを作成」ボタン**📐と「**円弧を作成（端点と円周上の点から作成）」ボタン**📐を使って、スケッチを描きます。
次に円弧の円周と円弧の上端点に繋がる直線を、「**正接拘束」ボタン**🔧を使って正接拘束させます。
さらに、「**半径拘束」ボタン**🕐で円弧を 1. 「**半径 (R)36mm**」、「**垂直距離拘束」ボタン**🇮で円弧の上端点と下端点の垂直距離を 2. 「**36mm**」、「**垂直距離拘束」ボタン**🇮で左にある垂直線の垂直距離を 3. 「**42.8mm**」、最後に「**水平距離拘束」ボタン**📏で上にある水平線の水平距離を 4. 「**53mm**」にそれぞれ拘束します。
コンボビューに「**完全拘束**」の表記が出れば完成です。
最後に**コンボビュー**の「**閉じる**」をクリックして、スケッチを終了します。

▼スケッチの作成3

23 **1.** コンボビューの「Sketch004」を選択して、**2.**「**グルーブ**」ボタン🔧をクリックします。
コンボビューが「**回転押し出しパラメーター**」に切り替わるので、**3.**「**軸**」を「**ベースZ軸**」に変更し、**4.**「**面
に対して対称**」と「**逆方向**」のチェックを外して、**5.**「**OK**」ボタンをクリックします。

※今回の場合では、**4.**「面に対して対称」と「逆方向」にチェックが入っていても結果は同じになります。
　263ページのPOINT「グルーブとは？」を参照してください。

▼スープカップの内側を加工する

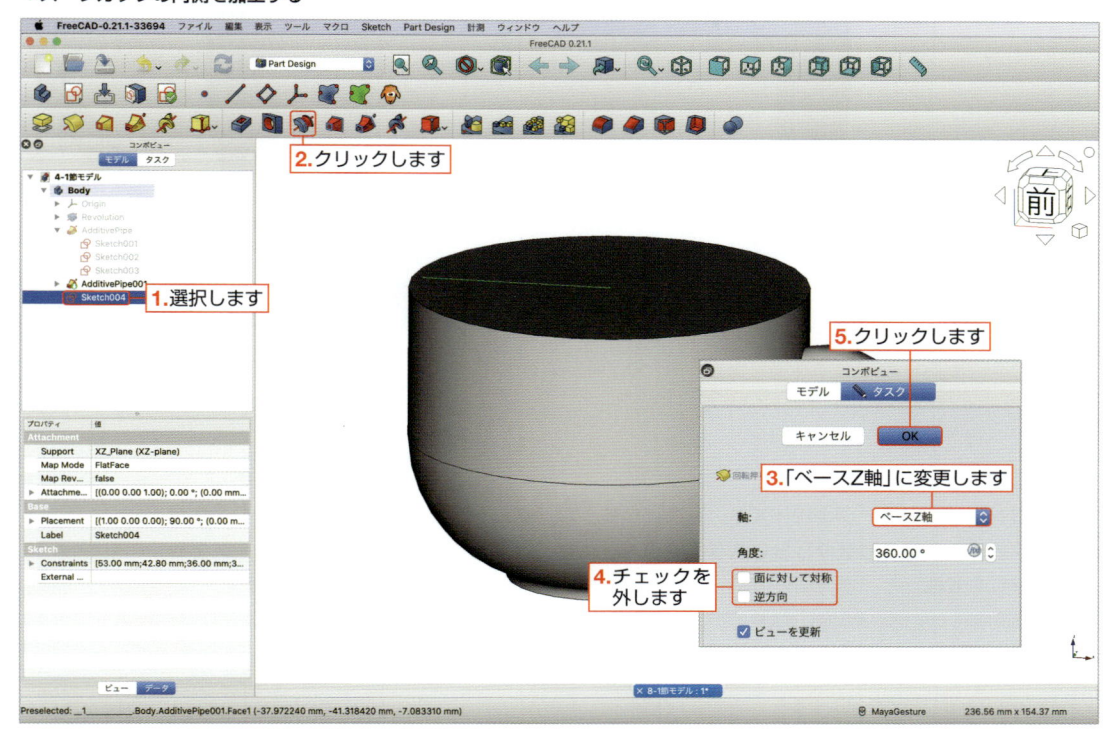

🟩 スープカップの底を加工しよう

スープカップの底を加工するために、スケッチを描いていきましょう。

24 「**スケッチを作成**」ボタン🔲をクリックして、「**XZ平面**」を指定します。（55ページ参照）。
※55ページでは「XY平面」ですが、ここでは「XZ平面」なのでご注意ください。

25 これまでの学習を思い出して、次ページの図「**スケッチの作成4**」を完成させてみましょう。
「**外部ジオメトリーを作成**」ボタン🔧でソリッドの底面に外部形状にリンクするエッジを作った後、「**ポリライ
ンを作成**」ボタン🔧と「**円弧を作成（端点と円周上の点から作成）**」ボタン🔧を使ってスケッチを描きます。
次に、円弧の円周と円弧の右端点に繋がる直線を「**正接拘束**」ボタン🔧を使って正接拘束させます。
さらに「**半径拘束**」ボタン🔧使って、円弧を **1.**「**半径 (R)5.6mm**」に半径拘束します。
続いて「**垂直距離拘束**」ボタン🔧を使って、垂直線の垂直距離を **2.**「**2mm**」に拘束します。
最後に「**水平距離拘束**」ボタン🔧を使って、円弧の中心点と下にある直線の右端点との水平距離を **3.**「**19mm**」
に拘束します。**コンボビュー**に「**完全拘束**」の表記が出れば完成です。
コンボビューの「**閉じる**」をクリックして、スケッチを終了します。

Chapter 8

▼スケッチの作成4

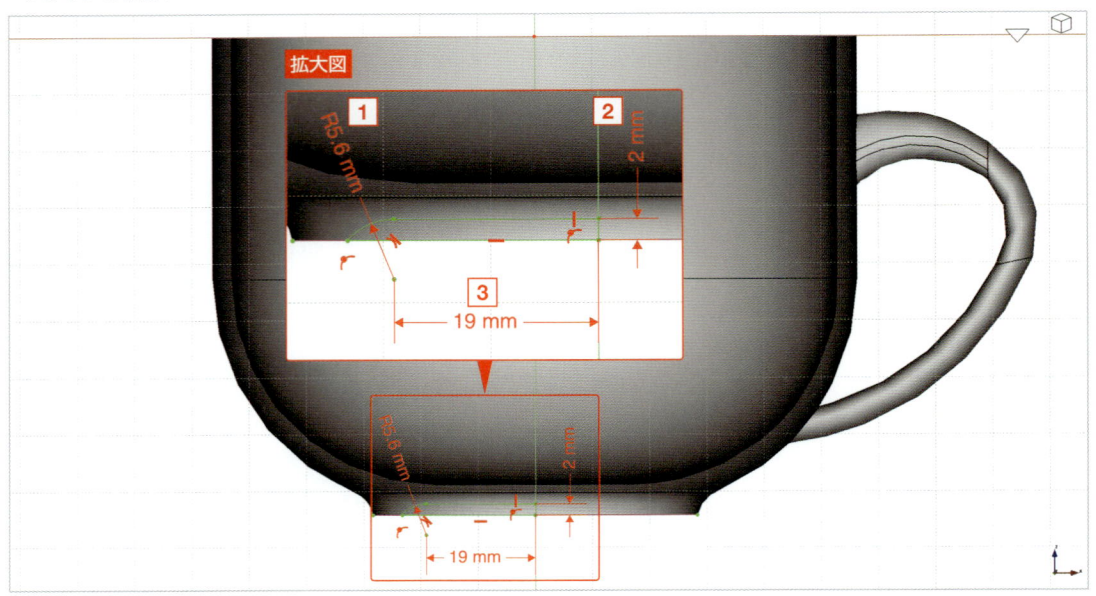

26 **1.**コンボビューの「Sketch005」を選択して、**2.**「**グループ**」ボタン🔧をクリックします。
コンボビューが「**回転押し出しパラメーター**」に切り替わるので、**3.**「**軸**」を「**ベースZ軸**」に変更し、**4.**「**面
に対して対称**」と「**逆方向**」のチェックを外して、**5.**「OK」ボタンをクリックします。

　※今回の場合では、**4.**「面に対して対称」と「逆方向」にチェックが入っていても結果は同じになります。
　　263ページの POINT 「グループとは？」を参照してください。

▼スープカップの底を加工する

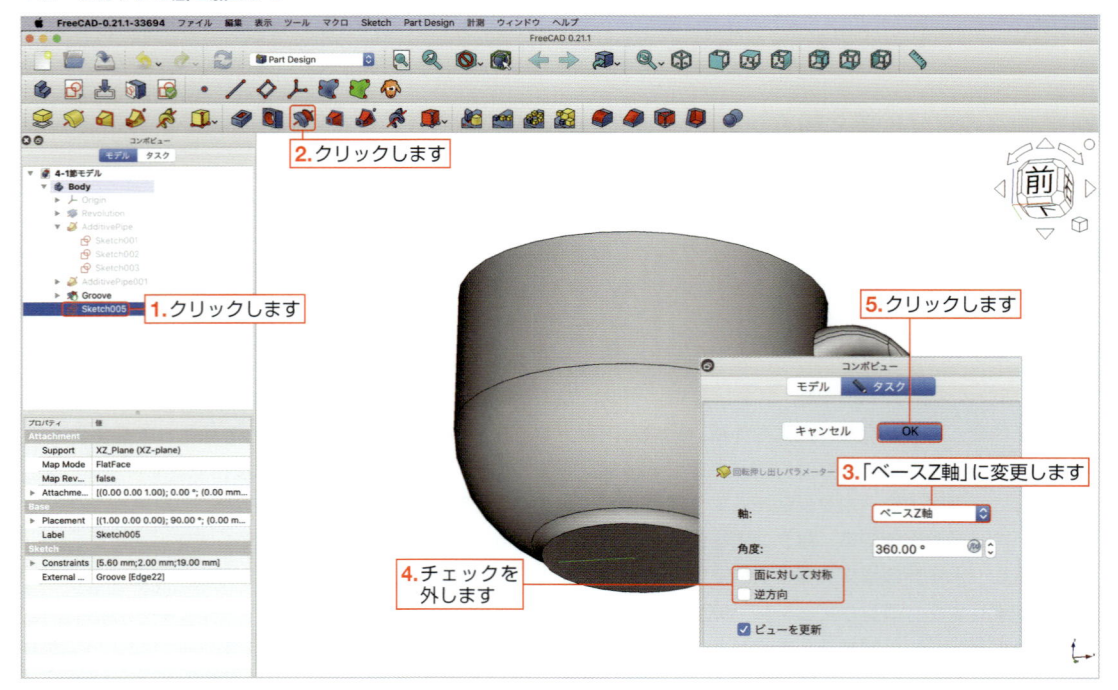

🍵 スープカップの飲み口と底に丸みをつけよう

フィレットを使って、スープカップの飲み口と底に丸みをつけていきましょう。

27 **1.** ⌘ キーを押しながら、スープカップの飲み口のエッジ2本をクリックします。

2本のエッジが選択された状態で、**2.「フィレット」ボタン**🔵をクリックします。「**フィレットパラメーター**」
に切り替わるので、**3.** 半径に「**1.5mm**」と入力して、**4.**「OK」ボタンをクリックします。

▼スープカップの飲み口に丸みをつけよう

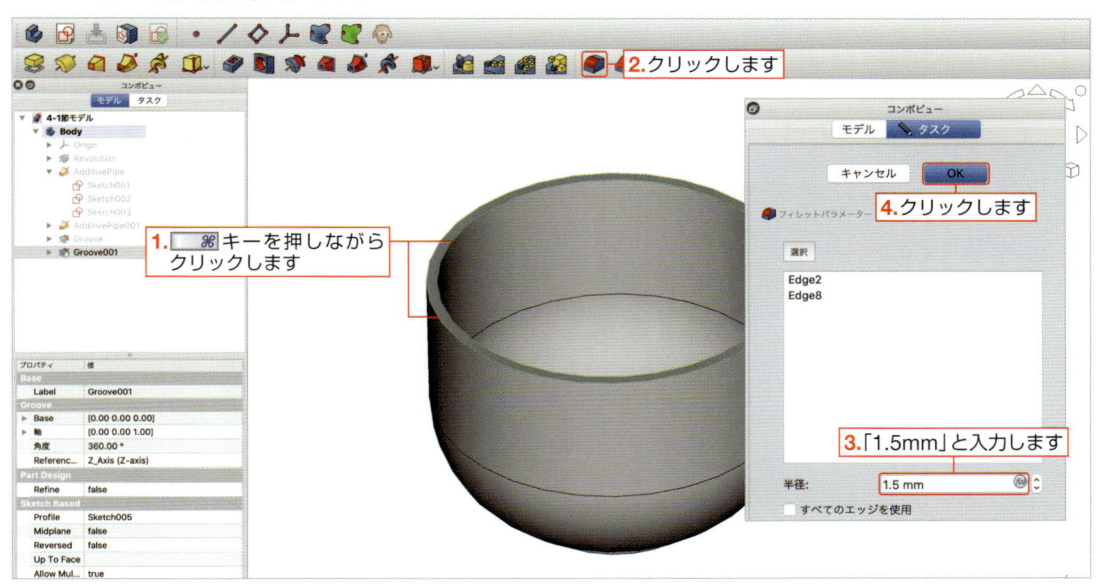

28 **1.** ⌘ キーを押しながら、スープカップの底のエッジ2本をクリックします。

2本のエッジが選択された状態で、**2.「フィレット」ボタン**🔵をクリックします。「**フィレットパラメーター**」
に切り替わるので、**3.**「半径」に「**0.5mm**」と入力して、**4.**「OK」ボタンをクリックします。

▼スープカップの底に丸みをつける

🟢 モデルの色を変更してみよう

Chapter 5でも説明しましたが、モデルの色は**プロパティビュー**の「Shape Color」から変更できます。ここでは、「HTML」のカラー指定で色を変えてみましょう。

29 **1.**コンボビューの「**Body**」を選択します。**2.**「ビュー」タブをクリックし、**3.**「Shape Color」の右にある色をクリックします。
「色を選択」ダイアログボックスが表示されるので、**4.**「HTML」に「**#e94a23**」と入力し、**5.**「OK」ボタンをクリックします。

▼モデルの色設定

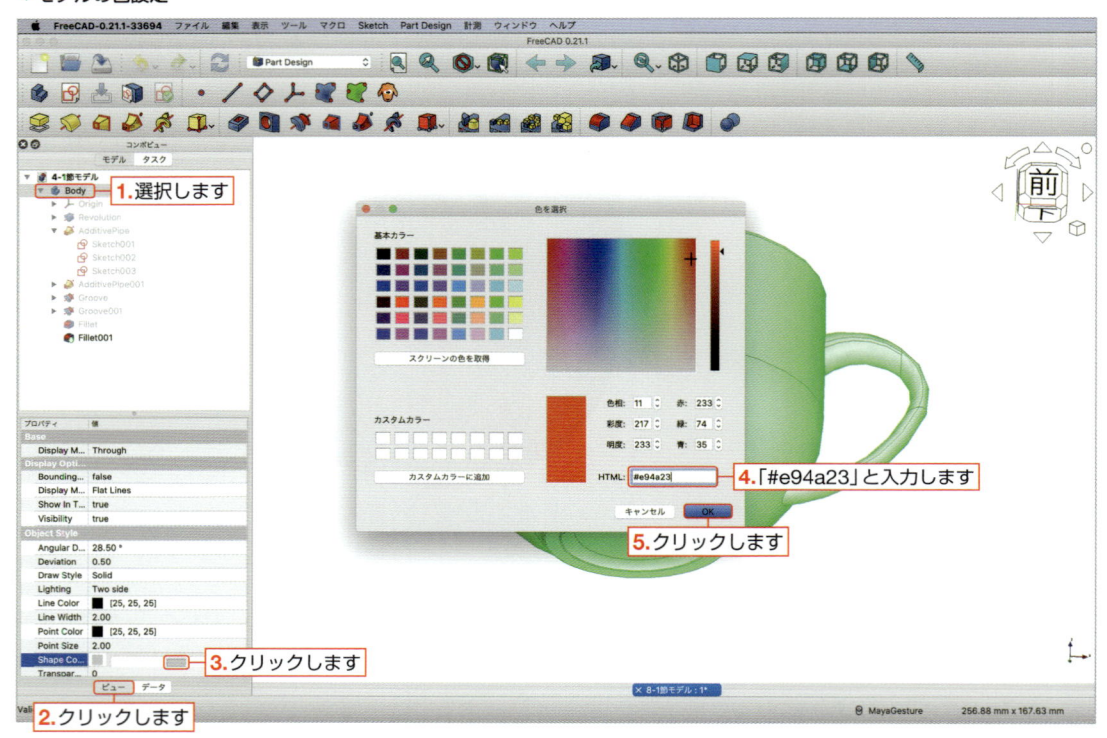

🟢 ファイルを保存してドキュメントを閉じよう

スープカップのカバーが完成しました。これで、**Section 8-1**のレッスンは終了です。
最後にファイルを保存して、ドキュメントを閉じましょう。

スープカップのカバーを作ろう

8-2

ここでは、スープカップのカバーを作りながらモデリングの操作に慣れていきましょう。
新たに「シェイプバインダーを作成」ボタンや「円状パターン」ボタン、「厚み」ボタンの使い方
を学習します。

■ スープカップの形状に合わせてカバーを作ろう

Section 8-1ではスープカップを作りましたが、ここは新たなモデルを作成して、スープカップのカバーを
作っていきます。「8-1節モデル」を開き、新しい名前「8-2節モデル」を付けて保存します。

この操作は、Section 2-2の手順 **1** ～ **2**（68ページ参照）と同じです。

■ 新しいモデルを作って座標を回転させよう

新しいモデルを作成して、位置を動かしてみましょう。

ここでは、モデルの座標をZ軸まわりに「**-1.5°**」回転させていきます。

1　**1.** コンボビューの「Body」の左にある▶をクリックして、Section 8-1で作成したモデルの中身を閉じます。
　　2.「ボディを作成」ボタン をクリックして、新しいモデルを作成します。

▼新規ボディの作成

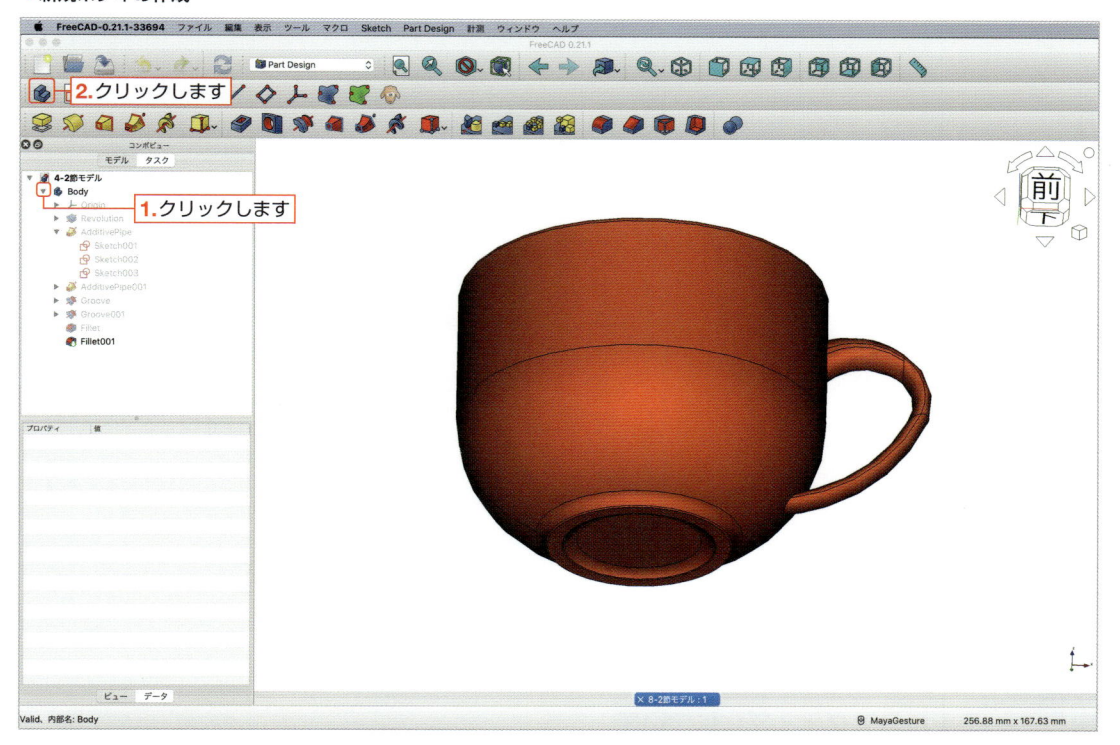

2 **1.コンボビュー**に新しく「Body001」が作成されました。次に、モデルの位置を動かします。
「Body001」が選択された状態で**2.プロパティビュー**の「データ」タブをクリックし、**3.**「Placement」の右
にある▢▢をクリックすると**コンボビュー**が切り替わります。

4.「回転」の「ヨー（Z軸まわり）」に「**-1.5°**」と入力して、**5.**「OK」ボタンをクリックします。

▼モデルの座標を回転

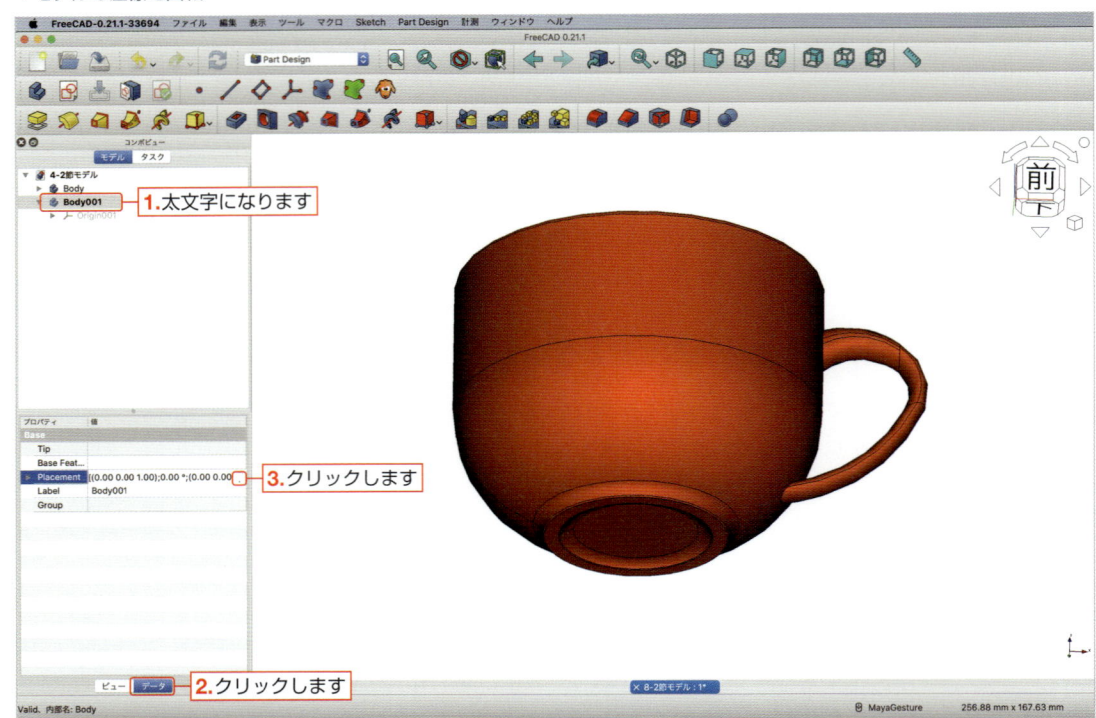

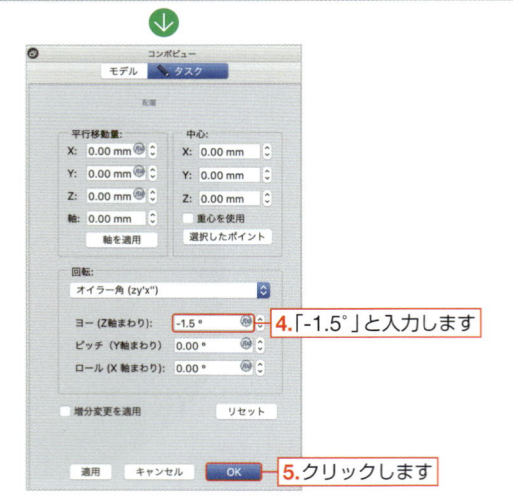

モデルのアクティブ化について

手順**2**の**1.**では「Body001」が太文字になっています。これは「Body001」がアクティブな状態という意味です。
モデルに変更を加えるときには、必ずモデルをアクティブな状態にします。例えば、**Section 8-1**で作成した「Body」のモ
デルを加工したい場合は「**Body**」をダブルクリックすることで太文字になり、アクティブな状態になります。

🔷 Section 8-1 のモデルに合わせてカバーを作ろう

「シェイプバインダー」という機能を使って、**Section 8-1** のモデルに合わせてスケッチを描いていきます。

3 1.「シェイプバインダーを作成」ボタン🖌をクリックします。
コンボビューが切り替わるので、2.「ジオメトリーを追加」ボタンをクリックして、3.の面をクリックして選択します。同様に「4.➡5.」〜「16.➡17.」の操作を行い、ジオメトリーに面を追加します。
最後に18.「OK」ボタンをクリックします。

▼シェイプバインダーを作成

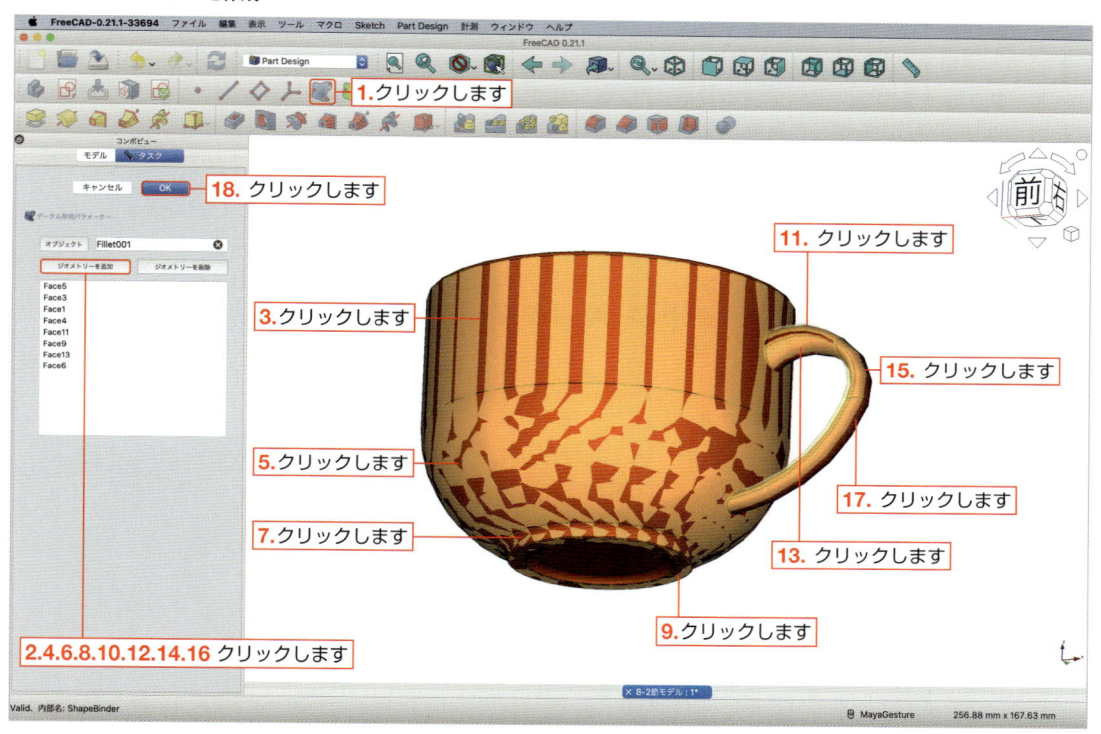

「シェイプバインダー」について

　3Dモデリングにおける「シェイプバインダー」は、特定のオブジェクトや形状の参照を新しいコンテキストで再利用するための便利なツールです。この機能は主に、複数のデザイン要素が互いに関連して動作する大規模なプロジェクトで役立ちます。

シェイプバインダーの基本概念
　シェイプバインダーは、ある部品やアセンブリ内の形状を他の部品やアセンブリで参照するために使います。これにより、元の形状に変更があった場合に、それを参照しているすべてのシェイプバインダーが自動的に更新されるため、設計の一貫性と効率が保たれます。

シェイプバインダーの利点
効率性：同じ形状を複数の場所で再利用することができるため、一貫したデザイン要素を維持しながら、時間と労力を節約できます。
一貫性：オリジナルの形状が更新された場合、それを参照しているすべてのシェイプバインダーも自動的に更新されるため、プロジェクト全体の一貫性が保たれます。
柔軟性：デザインの一部を簡単に変更でき、その変更が関連するすべての部分にすぐに適用されます。

Chapter 8

4 **1.** コンボビューの「**Body**」を選択して、**2.** ▭（スペースキー）を押して「**Body**」を非表示にします。
3.「**スケッチを作成**」ボタン▣をクリックして、スケッチを作成します。
コンボビューが切り替わるので、**4.**「**XZ-Plane**」を選択して、**5.**「**OK**」ボタンをクリックします。

▼Bodyの非表示とスケッチの作成

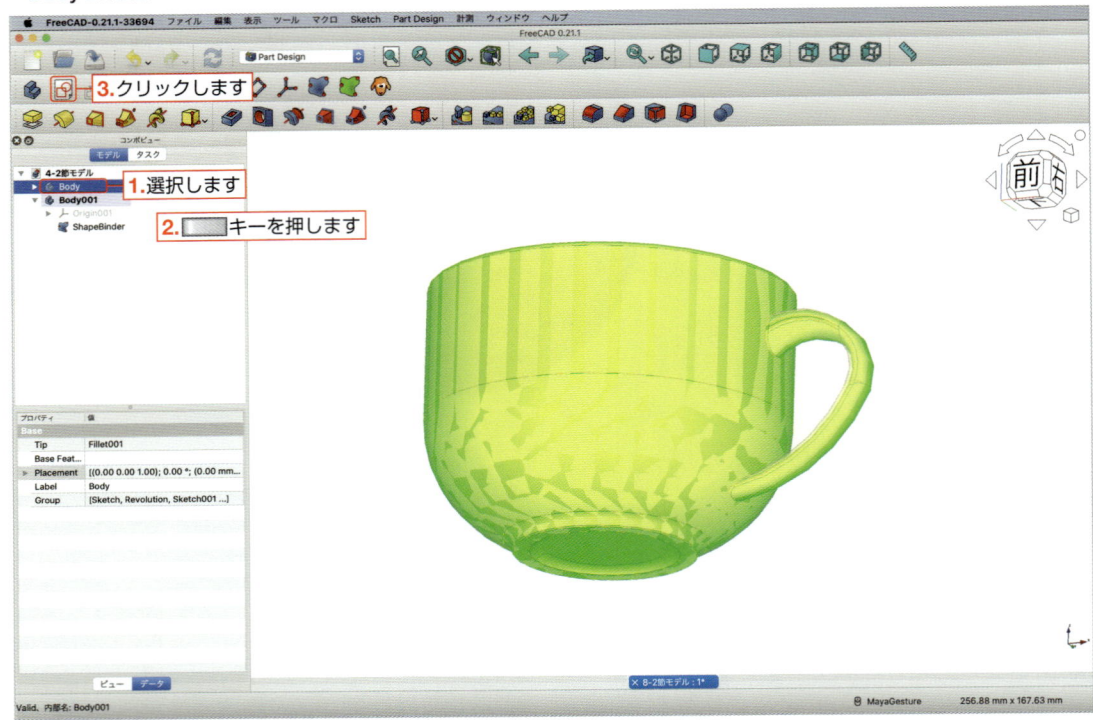

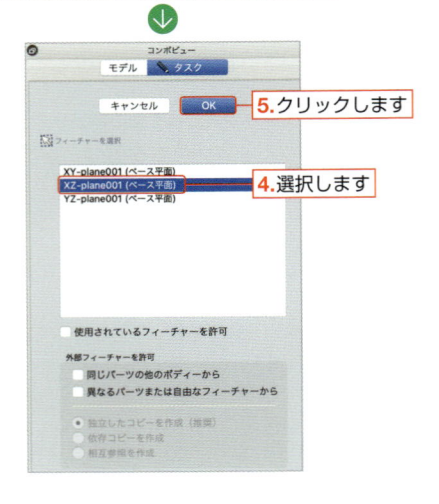

🟢 レボリューションを使ってカバーの形状を作ろう

シェイプバインダーの形状を参考にスケッチを描き、レボリューション（289ページ参照）を使ってカバーの形状を作っていきましょう。

5 下図「**スケッチの作成1**」のようなスケッチを完成させます。

「**ポリラインを作成**」ボタン🗮を使って4本の直線を描きます。

次に「**円弧を作成（端点と円周上の点から作成）**」ボタン🗮を使って、2つの円弧を描きます。

「**正接拘束**」ボタン🗮を使って、上にある円弧の円周とその円弧の上端点に繋がる直線とを正接拘束させます。

さらに「**半径拘束**」ボタン◎を使って、2つの円弧の円周を上からそれぞれ1.「**半径（R）41.9mm**」、2.「**半径（R）6mm**」に半径拘束します。

続いて「**水平距離拘束**」ボタン🗮と「**垂直距離拘束**」ボタン🗮を使って寸法を拘束します。

上にある水平線の左端点と原点との水平距離を3.「**57.2mm**」、4.垂直距離を「**26.5mm**」に拘束します。

さらに左にある垂直線の上端点と下端点の垂直距離を5.「**15.4mm**」に拘束し、2つの円弧のうち、上にある円弧の上端点と下端点の垂直距離を6.「**38.4mm**」に拘束します。

また、右にある垂直線の上端点と下端点の垂直距離を7.「**57.8mm**」に拘束します。

2つの円弧のうち、下にある円弧の中心点と下にある水平線の右端点との水平距離を8.「**23.3mm**」に拘束し、下にある水平線の右端点と左端点の水平距離を9.「**17.5mm**」に拘束します。

コンボビューに「**完全拘束**」の表記が出れば完成です。最後に**コンボビュー**の「閉じる」をクリックして、スケッチを終了します。

▼スケッチの作成1

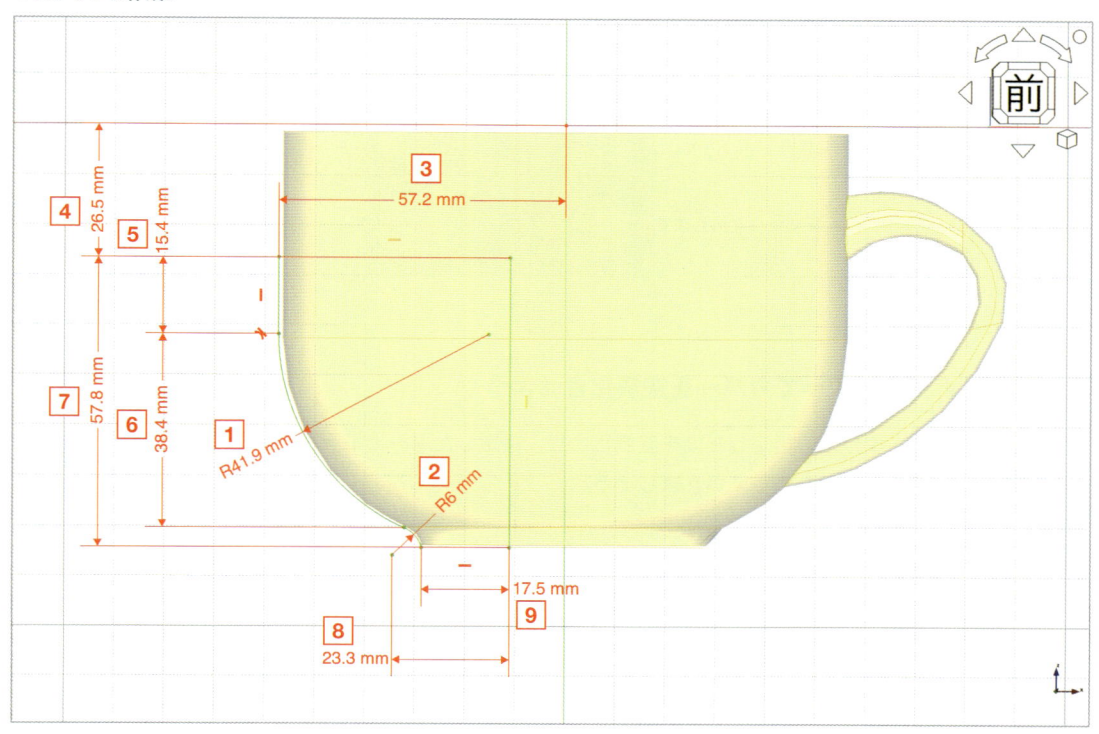

6 **1.** コンボビューの「Sketch006」を選択して、**2.**「レボリューション」ボタン🪙をクリックします。
コンボビューが「回転押し出しパラメーター」に切り替わるので、**3.**「軸」を「ベース Z 軸」に変更し、**4.**「面
に対して対称」と「逆方向」のチェックを外して、**5.**「OK」ボタンをクリックします。

※ここでは、「面に対して対称」と「逆方向」にチェックが入っていても結果は同じになります。

▼レボリューションでカバーの形状を作る

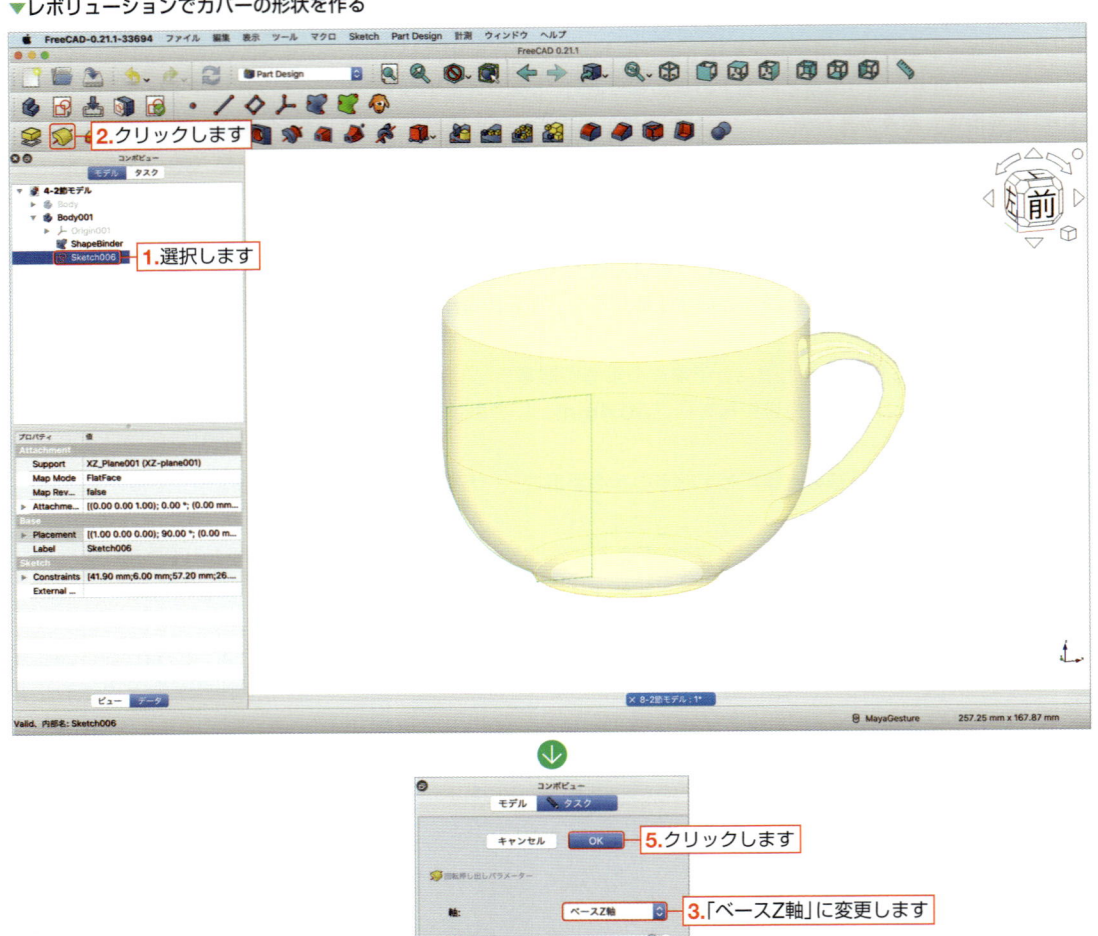

「厚み」ボタンを使ってカバーを空洞化させよう

「厚み」ボタン🟫を使うと、指定した面を空洞化させ、指定した厚みにモデルを加工できます。
ここでは、カバーの形状を作っていきましょう。

7 **1.** モデルの上面をクリックして選択された状態で、**2.**「厚み」ボタン🟫をクリックします。
コンボビューが「厚みパラメーター」に切り替わるので、**3.** 厚みに「**1.5mm**」と入力します。
4.「内側に向かって厚みを作成」のチェックが外れている状態で、**5.**「OK」ボタンをクリックします。

▼「厚み」ボタンでカバーを空洞化させる

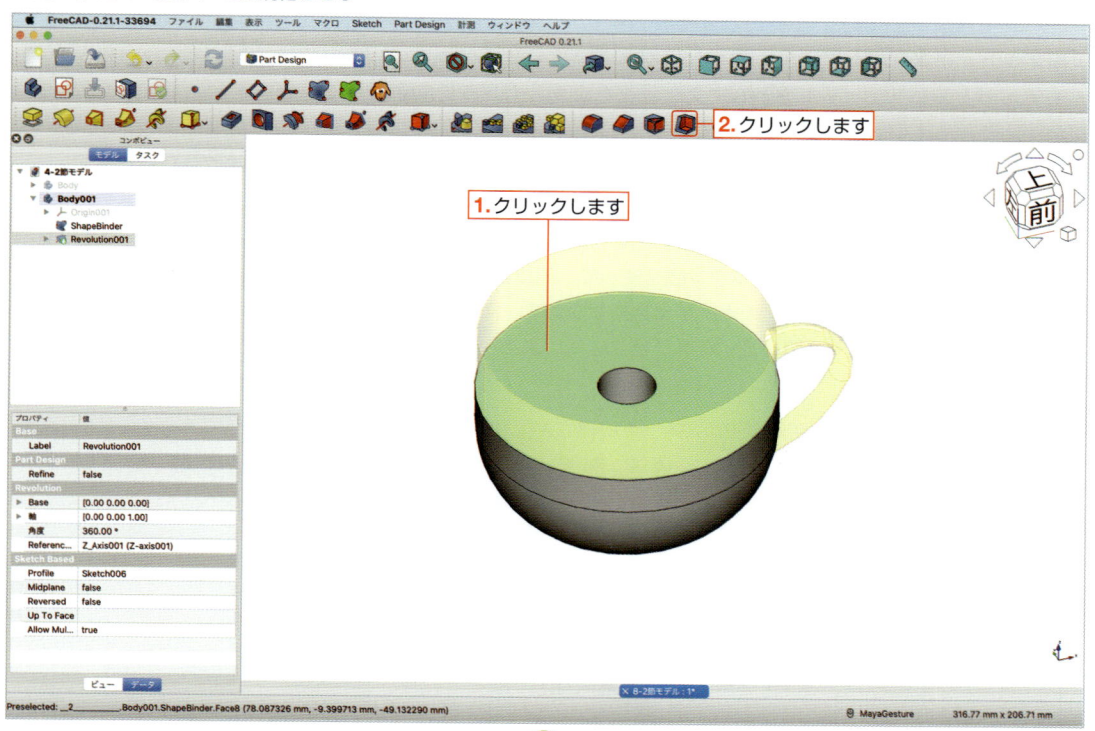

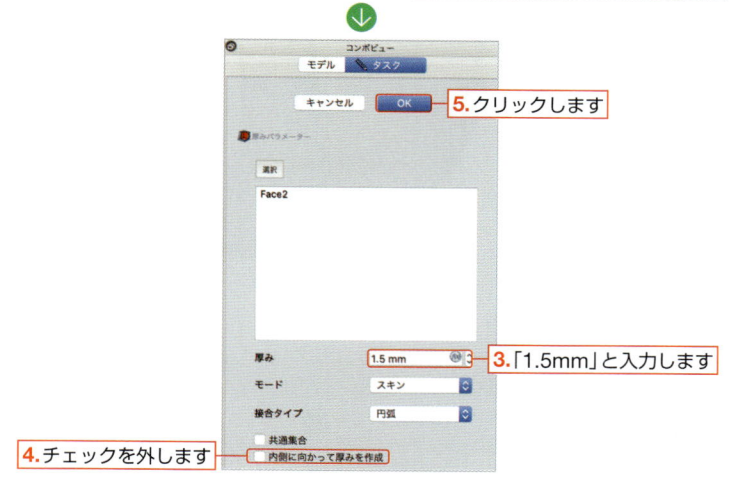

「厚みパラメーター」について

「厚みパラメーター」では厚みが外側に向かうのか、内側に向かうのかを指定します。厚みを内側に向かって作りたい場合は、手順 **7** の **4.**「**内側に向かって厚みを作成**」にチェックを入れて、外側に向かって作りたい場合はチェックを外します。また、手順 **7** の **3.**「**厚み**」で厚みの大きさも指定できます。

🔷「ポケット」ボタンを使ってカバーに穴を開けよう

「ポケット」ボタン🔷を使って、カバーに穴を開けていきましょう。

　モデルの上面をスケッチ平面としてスケッチを描き、カバーに穴を開けていきます。

8 1.モデルの上面をクリックして選択された状態で、2.**「スケッチを作成」** ボタン🔲をクリックします。

　3.のようなスケッチを描いていきましょう。

　まず**「円を作成（中心点と周上の点から円を作成）」** ボタン🔵を使って、原点を中心にした円を描きます。

　次に**「寸法拘束（直径拘束）」** ボタン🟢を使って、円の直径を「**26mm**」に拘束します。

　コンボビューに「**完全拘束**」の表記が出れば完成です。

　最後に**コンボビュー**の「閉じる」をクリックして、スケッチを終了します。

▼スケッチの作成2

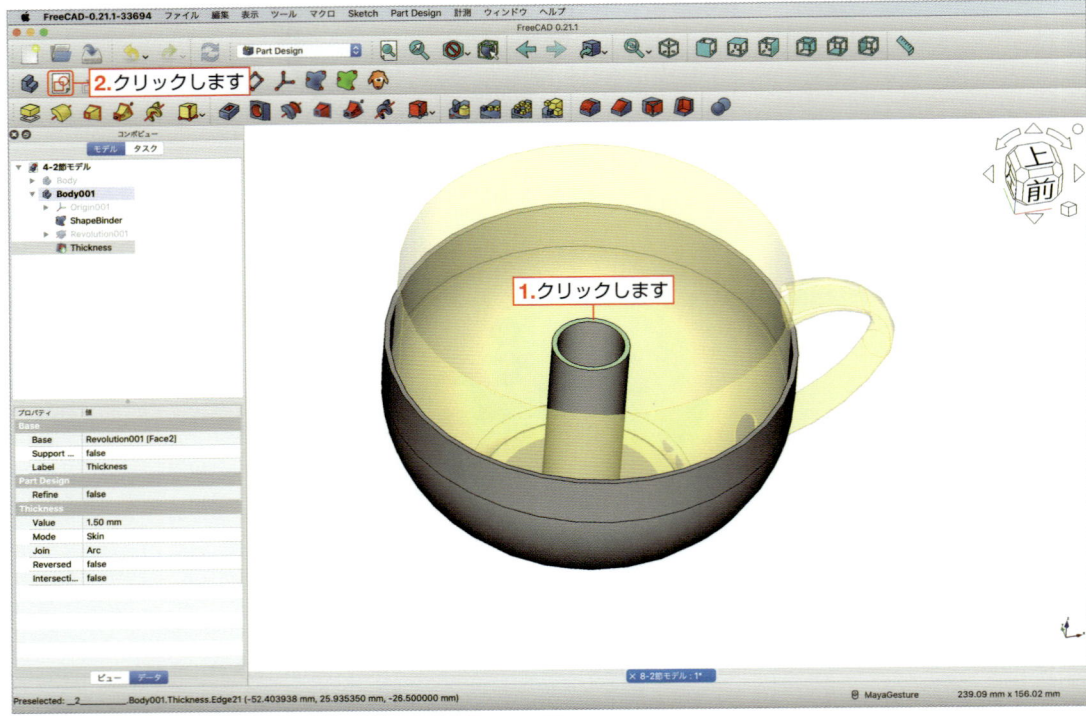

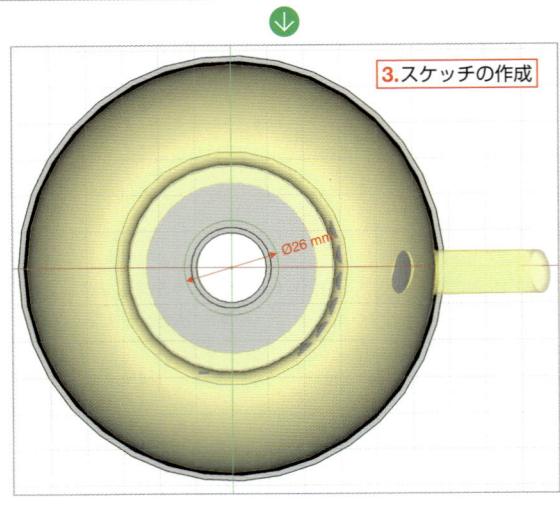

9 **1. コンボビュー**に新しく作られた「**Sketch007**」を選択して、**2.「ポケット」ボタン**をクリックします。
コンボビューが「**ポケットパラメーター**」に切り替わるので、**3.「タイプ」**を「**貫通**」に変更し、**4.「OK」ボ**
タンをクリックします。

▼ポケットの作成

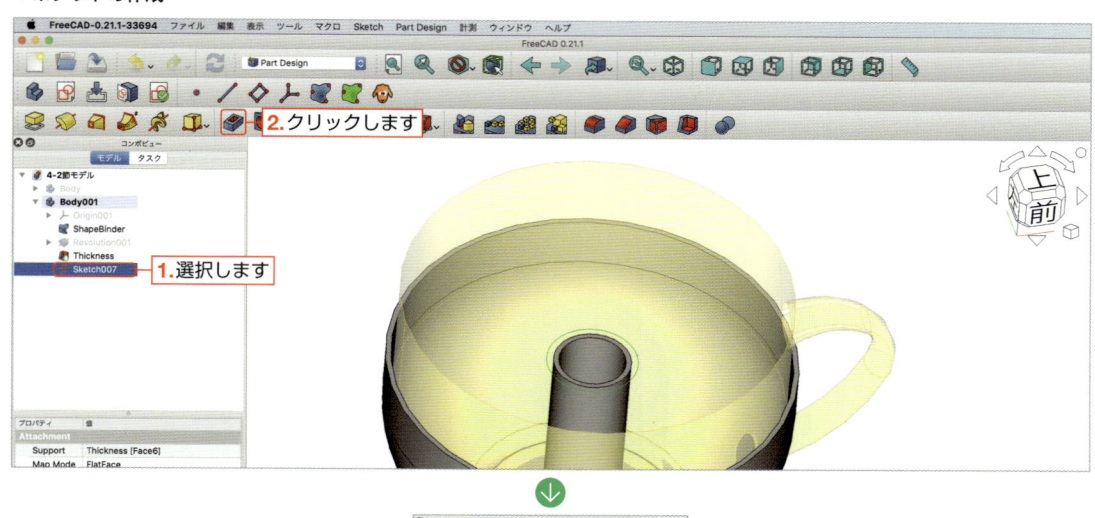

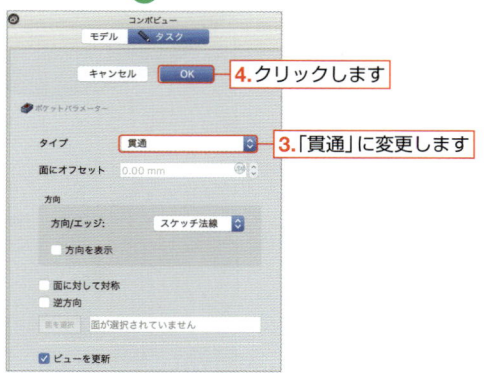

カバーのデザイン性と利便性を高めよう

スープカップの形状を参考に、カバーを作成しました。
ここではさらにカバーを加工しながら、デザイン性や利便性を高めていきましょう。

「円状パターン」ボタンを使ってカバーに穴を開けよう

まず**「ポケット」ボタン**を使ってカバーに穴を開け、その穴を円状に複製させることで、デザイン性のある
るカバーを作っていきましょう。

10 新しく「XZ平面」のスケッチを作成します。
「スケッチを作成」ボタンをクリックして、「**XZ平面**」を指定します（55ページ参照）。
※55ページでは「XY平面」ですが、ここでは「XZ平面」なのでご注意ください。

11 スケッチを閉じます。

Chapter 8

12 スケッチの位置を回転させます。**1.** 先ほど作成した「Sketch008」を選択して、**2.** プロパティビューの「データ」タブをクリックします。**3.**「Attachment Offset」の右にある......をクリックすると**コンボビュー**が切り替わるので、**4.**「回転」の「ピッチ（Y軸まわり）」に **-90°** と入力して、**5.**「OK」ボタンをクリックします。最後に、**6.**「Sketch008」をダブルクリックして開きます。

▼スケッチの回転

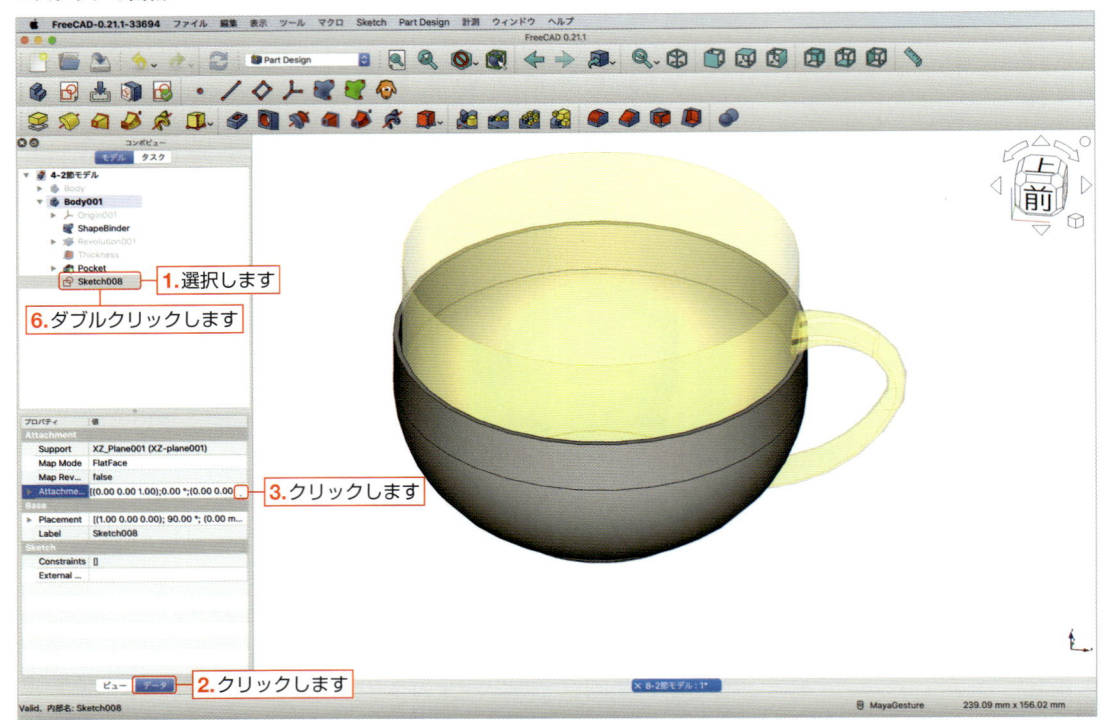

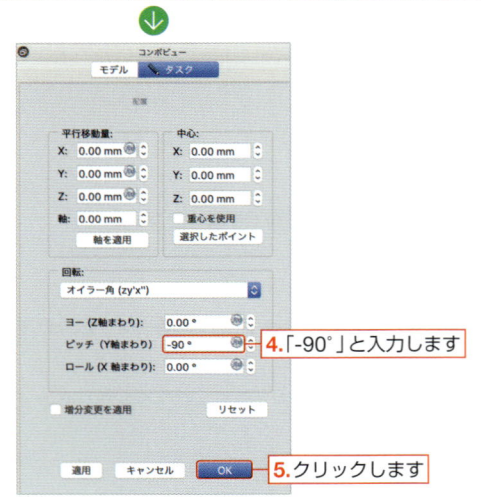

13 「**セクション表示**」**ボタン**■をクリックして、モデルを断面表示にします。

下図「**スケッチの作成3**」のようなスケッチを完成させていきましょう。

まず「**長方形を作成**」**ボタン**■を使って長方形を描き、「**対称拘束**」**ボタン**✕を使って長方形の左端点と右端点が縦軸を基準として左右対称になるように拘束します。

次に「**水平距離拘束**」**ボタン**├と「**垂直距離拘束**」**ボタン**工を使って、長方形の左下端点と右下端点の水平距離を**1.**「**15mm**」とし、長方形の右上端点と右下端点の垂直距離を**2.**「**40mm**」に拘束します。

さらに、長方形の右上端点と原点の垂直距離を**3.**「**35mm**」に拘束します。**コンボビュー**に「**完全拘束**」の表記が出れば完成です。

最後に**コンボビュー**の「閉じる」をクリックして、スケッチを終了します。

▼スケッチの作成3

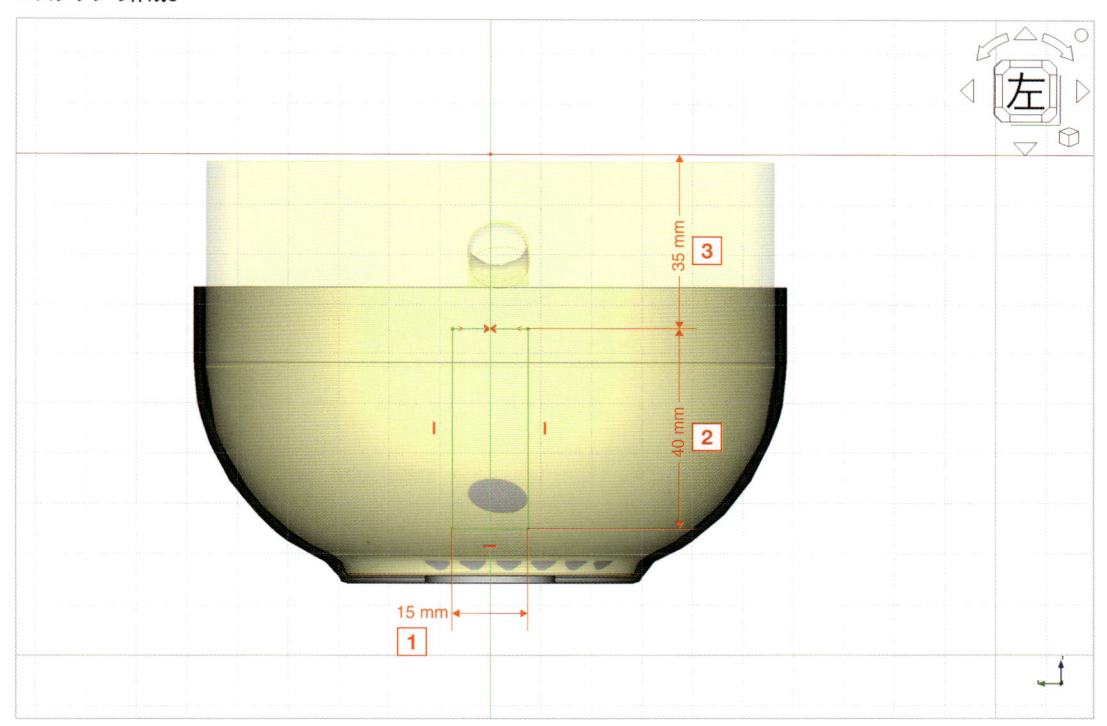

14 手順**9**（311ページ）と同様の操作を行います。**1.コンボビュー**の「**Sketch008**」を選択して、**2.**「**ポケット**」**ボタン**●をクリックします。

コンボビューが「**ポケットパラメーター**」に切り替わるので、**3.**「タイプ」を「**貫通**」に変更し、**4.**「OK」ボタンをクリックします。

15 **1.** コンボビューの「Pocket001」を選択して、**2.**「**円状パターン**」ボタン 🔲 をクリックします。
コンボビューが「**円状パターンパラメーター**」に切り替わるので、**3.**「軸」を「**ベースZ軸**」に変更し、**4.**「回数」に「**7**」と入力して、**5.**「OK」ボタンをクリックします。

▼「円状パターン」ボタンを使う

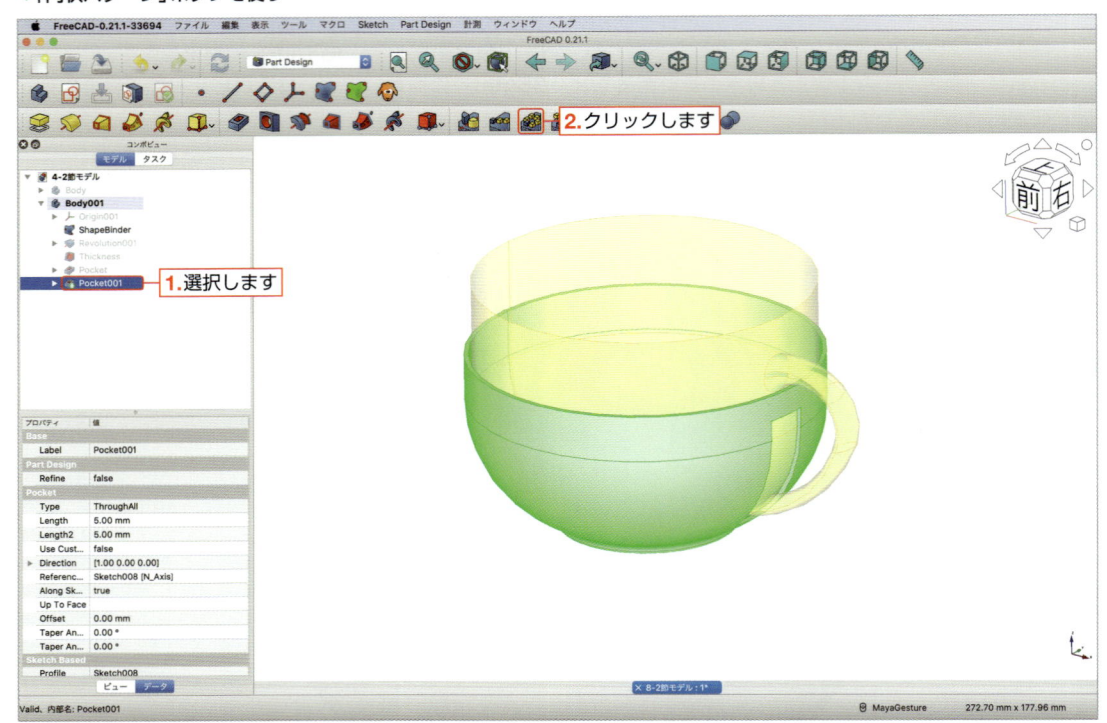

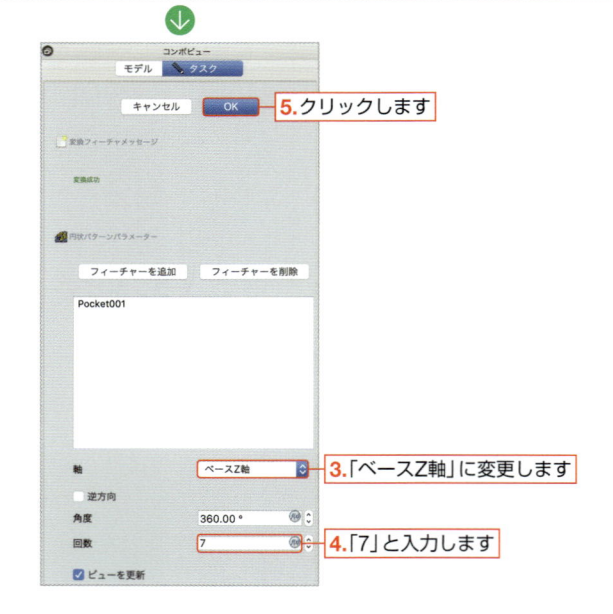

「円状パターン」ボタンについて

「円状パターン」ボタン📷は、フィーチャを円状に複製させることができます。

「円状パターンパラメーター」では❶「軸」、❷「角度」、❸「回数」、❹「逆方向」の4つの要素を設定します。

「軸」ではフィーチャを円状に複製させるときの基準軸を指定します。

「角度」と「回数」は複製させる数を指定します。例えば「軸」を「ベースZ軸」、「角度」を「90°」、「回数」を「4」とした場合、フィーチャをZ軸まわり（Z軸方向に向かって右ネジ回り）に90度回転させた位置までフィーチャを等間隔に4つ複製させることを意味します。

ここで、4つの複製とは基準となるフィーチャも含めて4つとなります。つまり、新たに複製されるフィーチャは3つです。

軸方向に向かって右ネジ回りを正方向として90度回転させた位置が複製した最後のフィーチャになるので、0°、30°、60°、90°の位置にフィーチャが並びます。

また「逆方向」にチェックを入れると、軸方向に向かって左ネジ回り（逆方向）に回転していくことになります。

この辺りは使いながら慣れていきますので、色々と試してみてください。

▼「円状パターン」ボタンについて

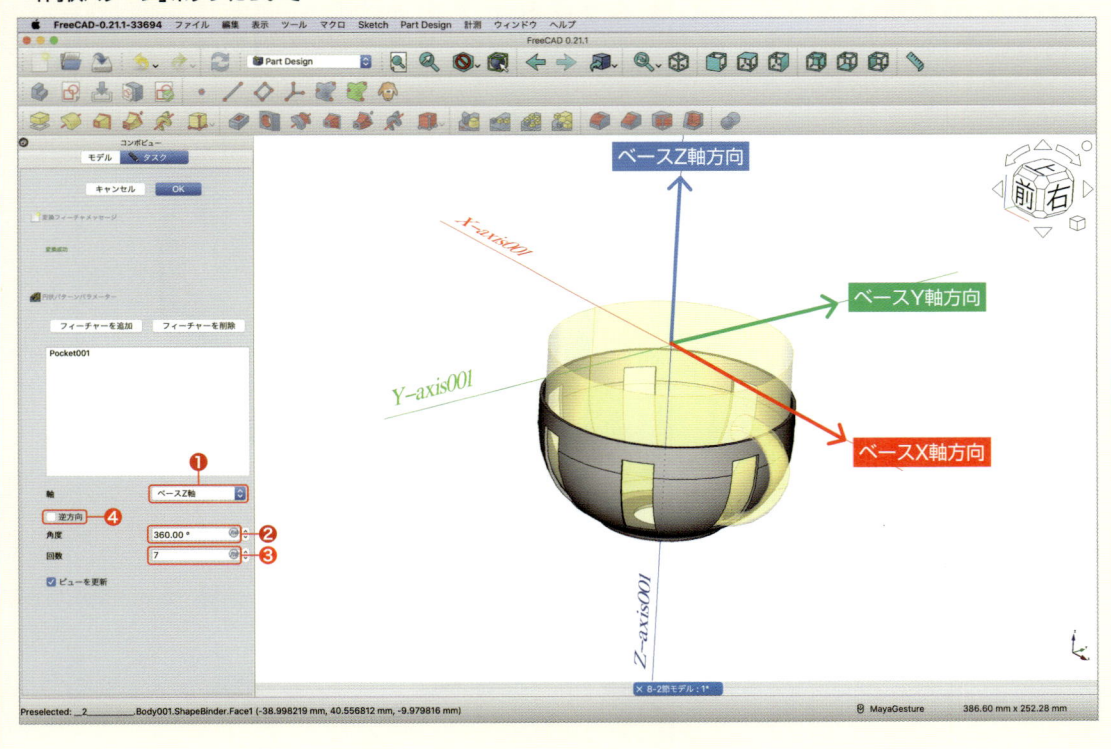

「パッド」ボタンを使ってカバーの利便性を高めよう

ここではスープカップのカバーをフックに掛けられるように加工して、利便性を高めていきましょう。

16 **1.** モデルの上面をクリックして選択された状態で、**2.「スケッチを作成」ボタン**をクリックします。
3. のようなスケッチを描きましょう。

まず**「円弧を作成（中心点と端点）」ボタン**を使って、原点を中心点として円弧を描きます。

次に**「円弧を作成（端点と円周上の点から作成）」ボタン**を使って、先ほど描いた円弧の両端点を端点とし、中心点が横軸上にある円弧を描きます。ここで、点と点を一致させたい場合は**「一致拘束」ボタン**、点を直線上に拘束させたい場合は**「オブジェクト上の点拘束」ボタン**を使います。

続いて**「水平距離拘束」ボタン**を使って、左にある円弧の中心点と原点との水平距離を「**63.4mm**」に拘束します。

さらに**「半径拘束」ボタン**を使って、左にある円弧の円周を「**半径（R）11mm**」に拘束します。

▼スケッチの作成4

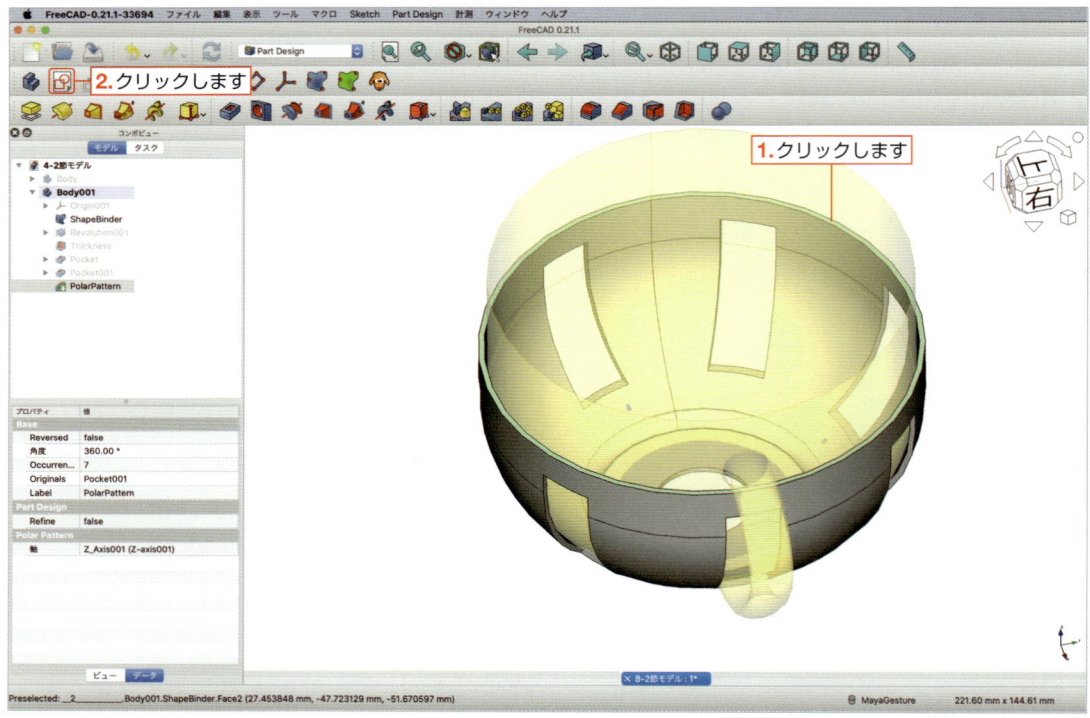

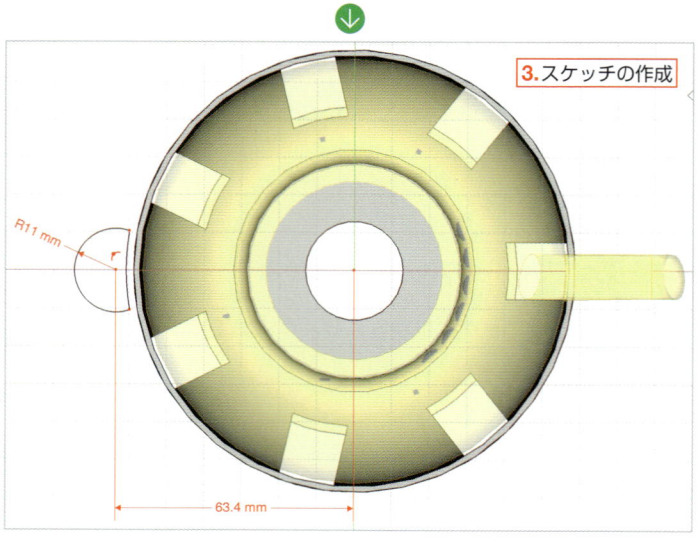

17 下図「**スケッチの作成5**」のようなスケッチを完成させていきましょう。
まず「**半径拘束**」ボタン◯を使って、右にある円弧の円周を **1.** 「半径（R）58.7mm」に拘束します。

次に円を作成します。「**円を作成（中心点と周上の点から円を作成）**」ボタン◯を使って、円の中心点を横軸上で、かつ左にある円弧の中心点よりも左側として、円を描きます。

続いて「**水平距離拘束**」ボタン┡を使って、円の中心点と左にある円弧の中心点との水平距離を **2.** 「3mm」に拘束します。

さらに「**寸法拘束（直径拘束）**」ボタン⌀を使って、円の直径を **3.** 「10mm」に拘束します。

コンボビューに「**完全拘束**」の表記が出れば完成です。
最後に**コンボビュー**の「閉じる」をクリックして、スケッチを終了します。

▼スケッチの作成5

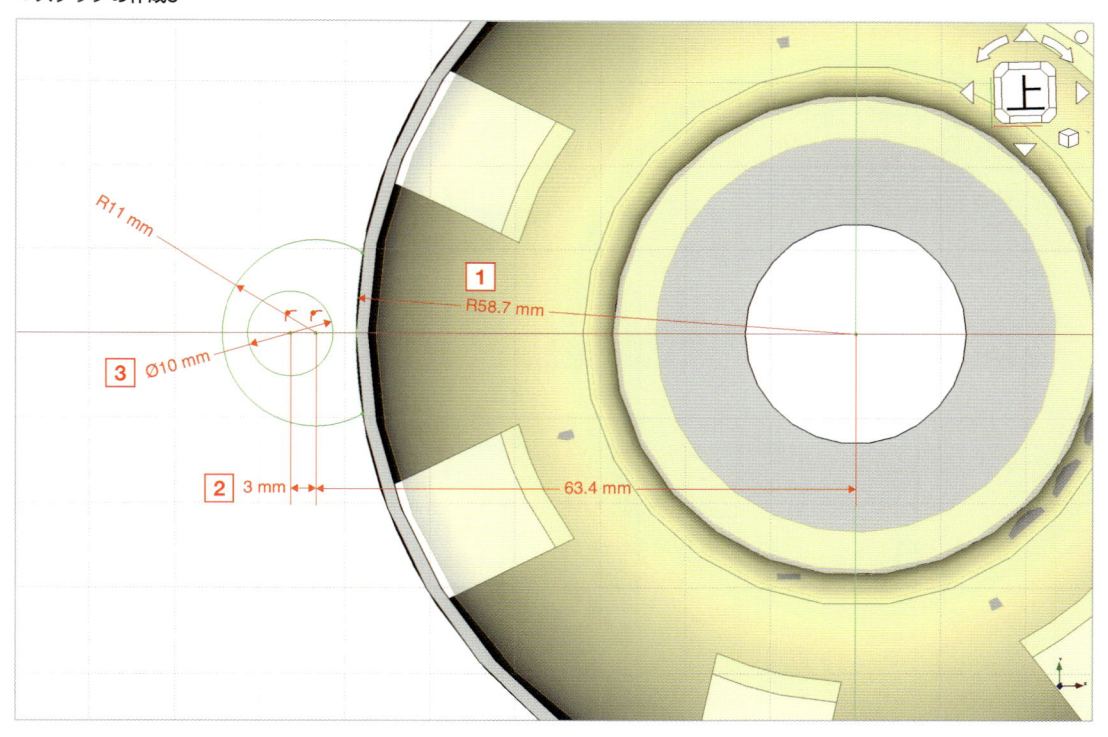

18 **1.** コンボビューの「Sketch009」を選択して、**2.**「パッド」ボタン📦をクリックします。
コンボビューが「パッドパラメーター」に切り替わるので、**3.**「**逆方向**」にチェックを入れ、**4.**「長さ」に「**3mm**」
と入力して、**5.**「OK」ボタンをクリックします。

▼パッドの作成

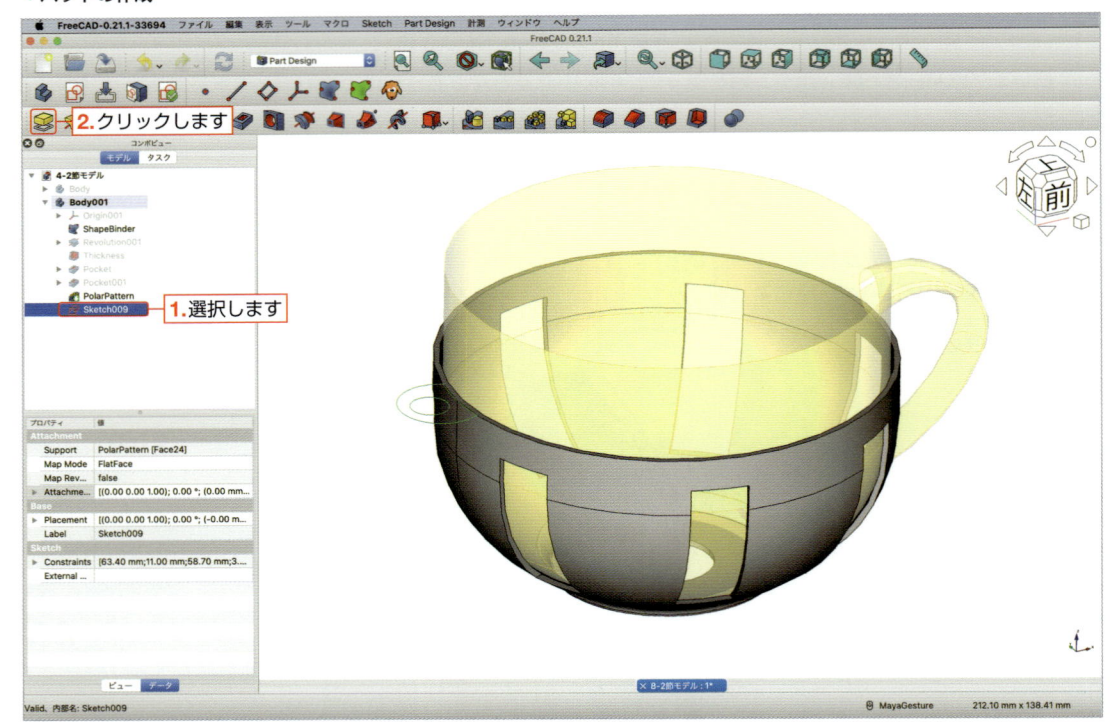

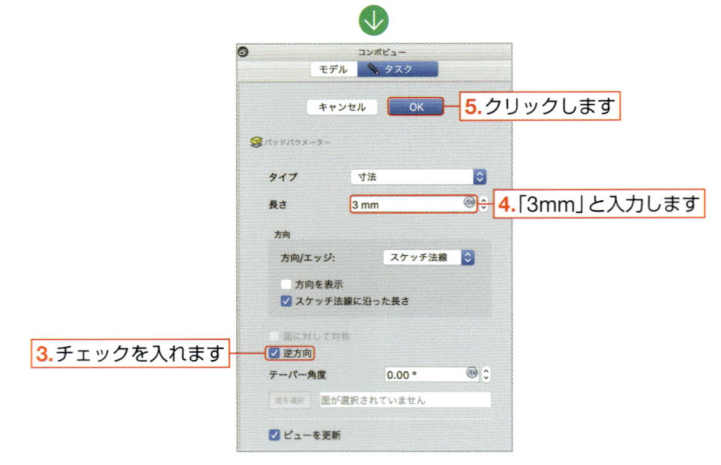

🔷 スープカップの持ち手が入るようにカバーを加工しよう

ここでは **「ポケット」ボタン**🔲 を使って、スープカップの持ち手が入るようにカバーを加工します。

19 新しく「XZ平面」のスケッチを作成します。
「スケッチを作成」ボタン📐 をクリックして、「**XZ平面**」を指定します（55ページ参照）。
※ 55ページでは「XY平面」ですが、ここでは「XZ平面」なのでご注意ください。

20 スケッチを閉じます。

21 手順**12**（312ページ）と同様の操作で、スケッチの位置を回転させます。
先ほど作成した「Sketch010」を選択し、**プロパティビュー**の「データ」タブをクリックします。
「**Attachment Offset**」の右にある🔲をクリックすると**コンボビュー**が切り替わるので、「回転」の「ピッチ（Y軸まわり）」に「**-90**°」と入力して、**5.**「OK」ボタンをクリックします。

22 **1.**コンボビューの「ShapeBinder」を選択して、**2.** [＿＿＿]（スペースキー）を押してシェイプバインダーを非表示にします。
3.コンボビューの「Sketch010」をダブルクリックして開き、**4.**のようなスケッチを描いていきましょう。
まず **「セクション表示」ボタン**🔲 をクリックして、モデルを断面表示にします。
次に **「外部ジオメトリーを作成」ボタン**🔲 を使って、モデルの上辺と長方形の上辺に外部形状にリンクしたエッジを作成します。続いて **「長方形を作成」ボタン**🔲 を使って長方形を描き、**「一致拘束」ボタン**✕ や **「オブジェクト上の点拘束」ボタン**📐 を使って長方形を拘束させます。

コンボビューに「**完全拘束**」の表記が出れば完成です。
最後に**コンボビュー**の「閉じる」をクリックして、スケッチを終了します。

▼スケッチの作成6

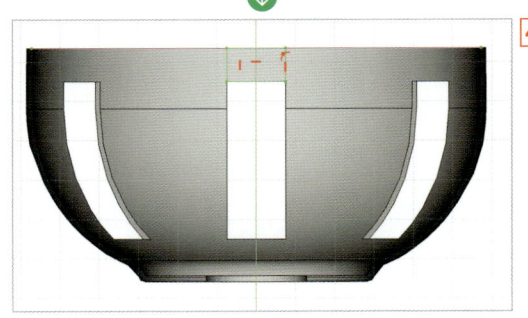

4.スケッチの作成

23 手順 **9** （311ページ参照）と同様の操作を行います。**コンボビュー**の「Sketch010」を選択して、**「ポケット」** ボタン🔵をクリックします。
コンボビューが「**フィレットパラメーター**」に切り替わるので、「タイプ」を「**貫通**」に変更し、「OK」ボタン をクリックします。

🟩 カバーに丸みをつけて色も変更しよう

最後にカバーに丸みをつけて、カバーの色も「鋼材」に変更していきましょう。

24 ⌘キーを押しながら下図の **1.** にある2箇所のエッジをクリックして選択された状態で、**2.「フィレット」** ボタン🔵をクリックします。
コンボビューが「**フィレットパラメーター**」に切り替わるので、**3.** 半径に「**3mm**」と入力して、**4.**「OK」ボ タンをクリックします。

▼フィレットの作成

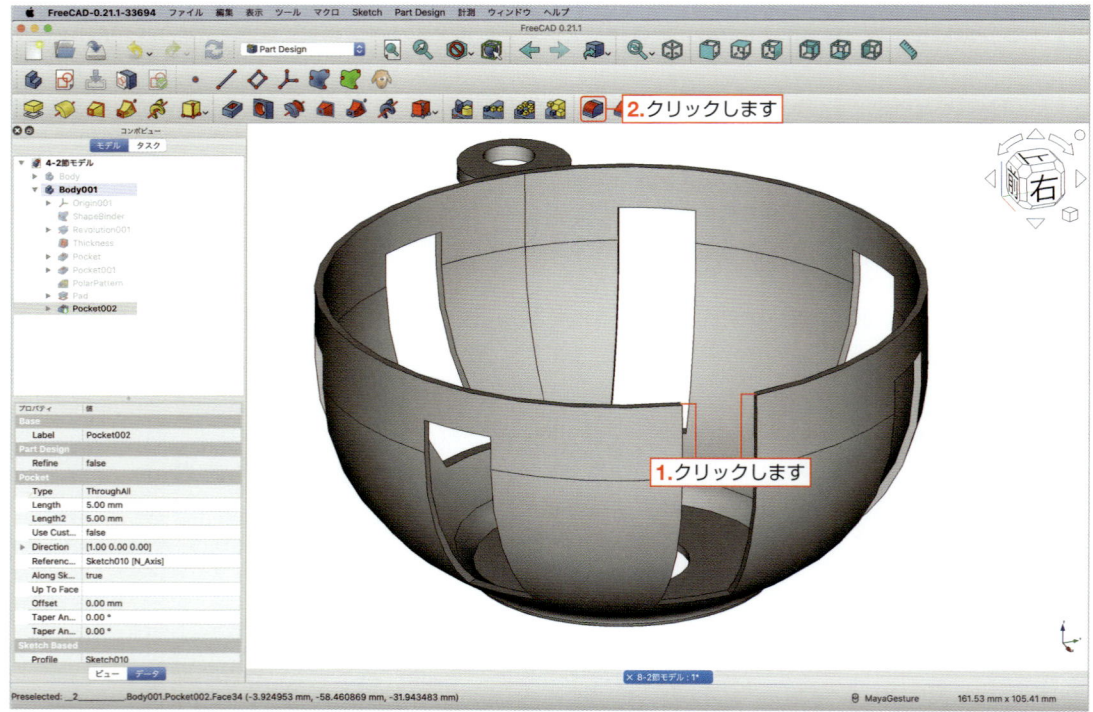

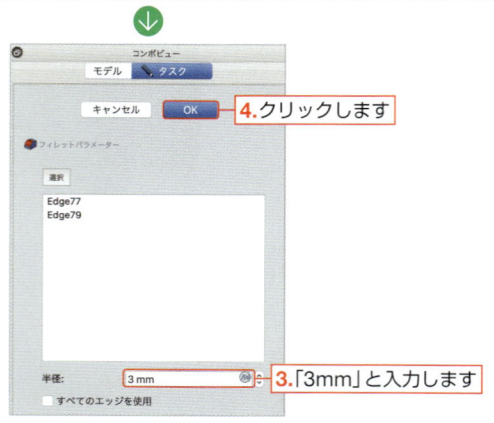

25 コンボビューの **1.**「Fillet002」を選択して、**2.** プロパティビューの「データ」タブをクリックします。
3.「Refine」を **true** に変更します。

▼モデルの更新

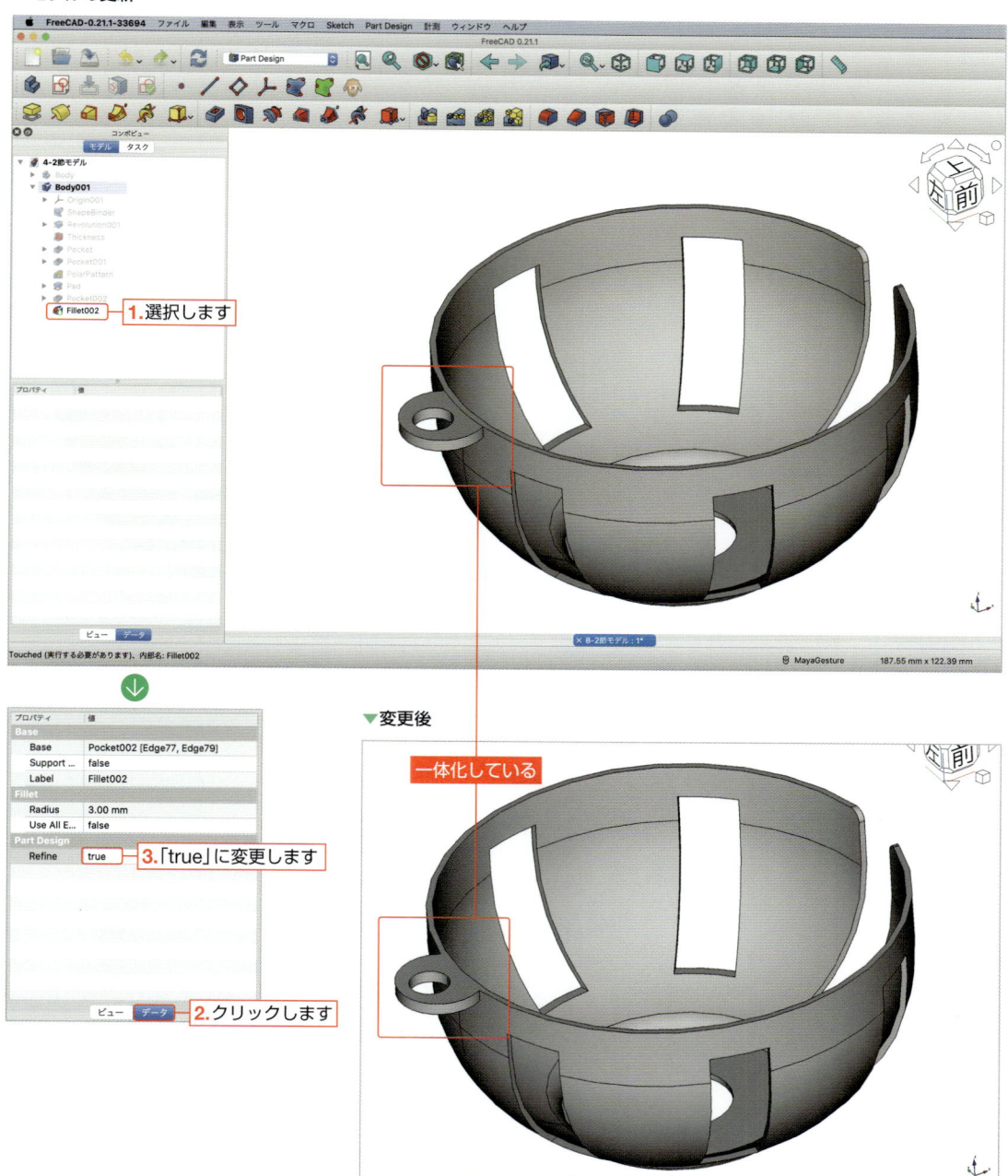

26 **1.** コンボビューの「Body001」を右クリックして、**2.**「表示」を選択します。

「表示プロパティ」が表示されるので、**3.** マテリアルを「**鋼材**」に変更して、**4.**「閉じる」をクリックします。

▼カバーの色を鋼材に変更する

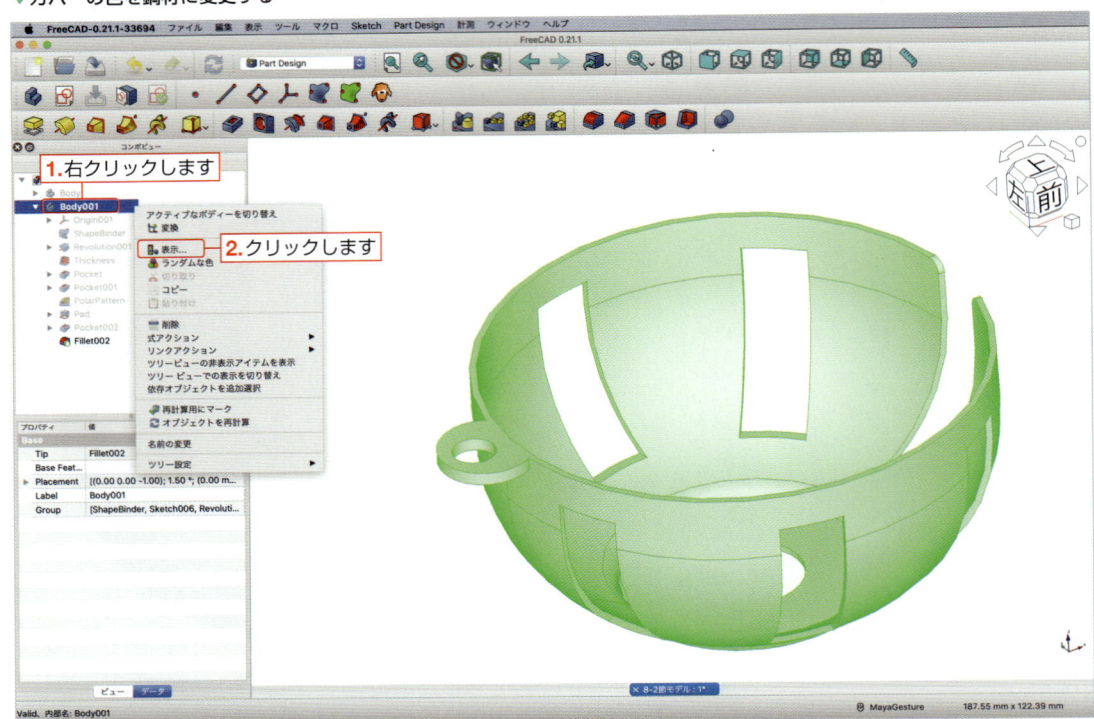

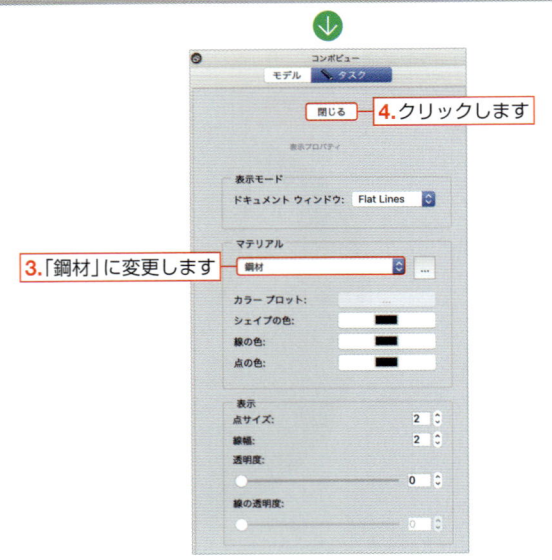

🟩 ファイルを保存してドキュメントを閉じよう

スープカップのカバーが完成しました。これで、**Section 8-2**のレッスンは終了です。

最後にファイルを保存して、ドキュメントを閉じましょう。

Chapter 9

渦巻きスティック を作ろう！

本書の最後に、ユニークな形状の渦巻きスティックの設計を行います。渦巻きの基本形状を作るために新たに「加算らせん」コマンドを活用し、従来のモデリング技術と組み合わせて複雑な形状を実現します。

また、フック部分をモデリングするために「データム線」を用いるなど、さらに高度な機能を探究します。

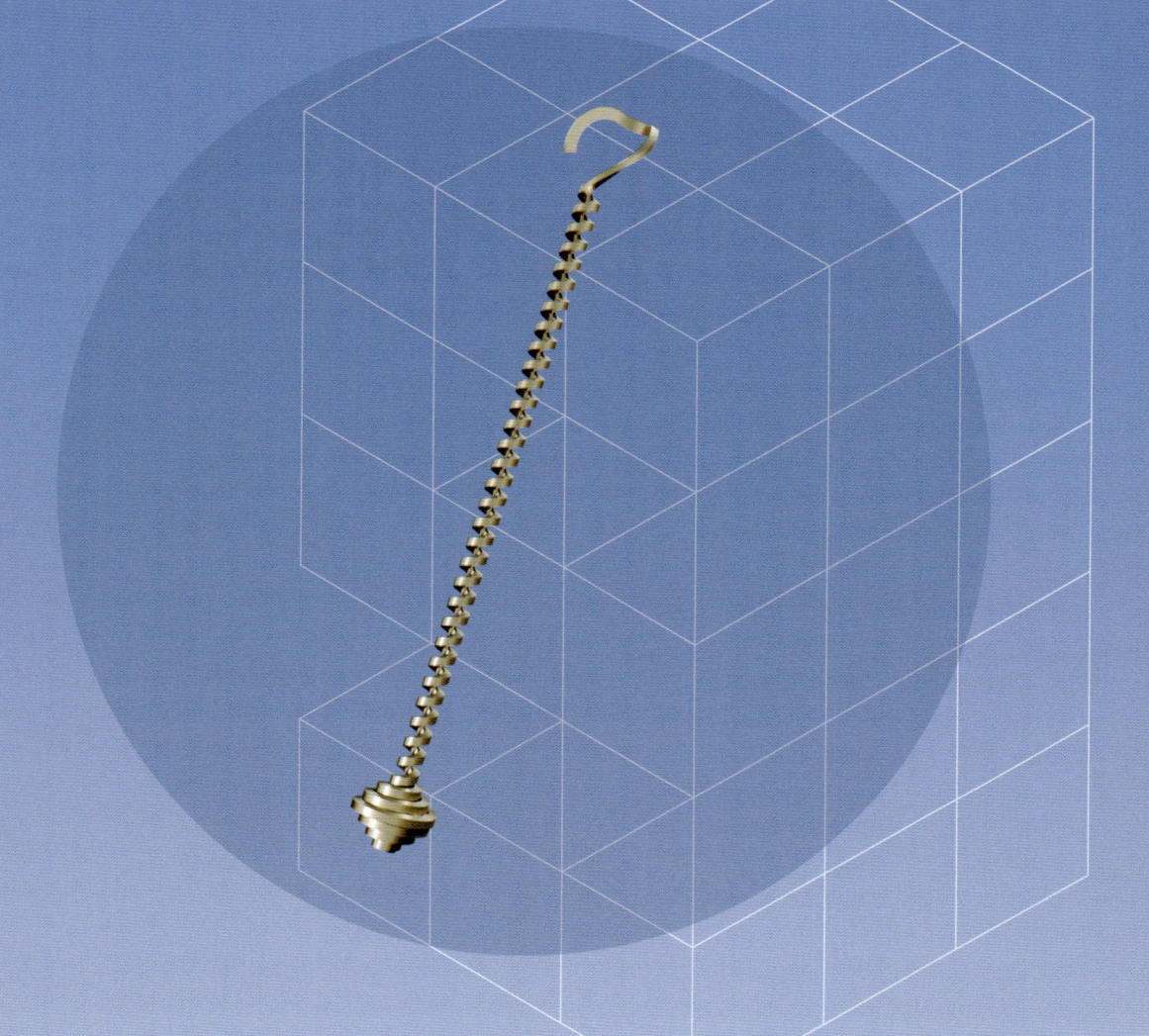

3D MODEL

ここで作る3Dモデルの完成形

→ 制作のポイント

■ 基本形状の設定

渦巻きスティックの中心となる軸を最初に決めます。この軸を基準に渦を作成します。

最初にスティックのベース部分（例えば円柱や長方形）を作成し、それを基に渦巻きを追加します。

■ 渦巻きの作成

渦巻きの形を描くためのパスをスケッチします。

螺旋状のパスを作成し、それに沿って形状を発展させます。

螺旋状のパスに沿ってスイープまたは回転ツールを使用して、立体的な渦を作成します。

■ 寸法とプロポーション

渦巻きの高さや幅を実際の用途に合わせて設定します。寸法が不適切だと見た目や機能性に影響を及ぼします。

渦の間隔や幅が均等であることを確認し、デザインの一貫性を保ちます。

■ デザインのバランス

渦の部分とスティック全体のバランスを考え、デザインが安定しているか確認します。

デザインが複雑になりすぎないようにし、見た目と実用性を兼ね備えた形状を目指します。

学習する項目

渦巻きの形状を作ろう

Section 9-1

ここでは渦巻きの形状を作りながら、モデリングの操作に慣れていきましょう。
Chapter 8までに学習した内容に加えて、新たに「加算らせん」コマンドを使ってモデルを作っていきます。

🔷 「加算らせん」コマンドを使って形状を作ろう

「加算らせん」コマンドでは、1つのスケッチと1つの軸から形状を作ります。
まずは簡単なモデルを作っていきましょう。

🔷 モデル作成の準備をしよう

最初にモデル作成の準備をします。Section 2-1の手順 1 〜 5 （53ページ参照）を見ながら、「XZ平面」にスケッチが描けるところまでの操作を進めてみましょう。

ファイルの保存ではファイル名を「**9-1節モデル**」として、「**XZ平面**」を選択してください。

🔷 スケッチを描いていこう

渦巻きの断面を作るために、直線で形状を描いていきましょう。

1 「**ポリラインを作成**」ボタン を使って、下図「**スケッチを作成1**」のような4本の直線を作成します。
4本の直線は繋がっており、縦に描かれた2本の直線は垂直拘束されています。
esc キーを押して、「**ポリラインを作成**」ボタン を解除します。
点と点を一致させるには「**一致拘束**」ボタン 、直線を垂直に拘束するには「**垂直拘束**」ボタン を使用します。

▼スケッチを作成1

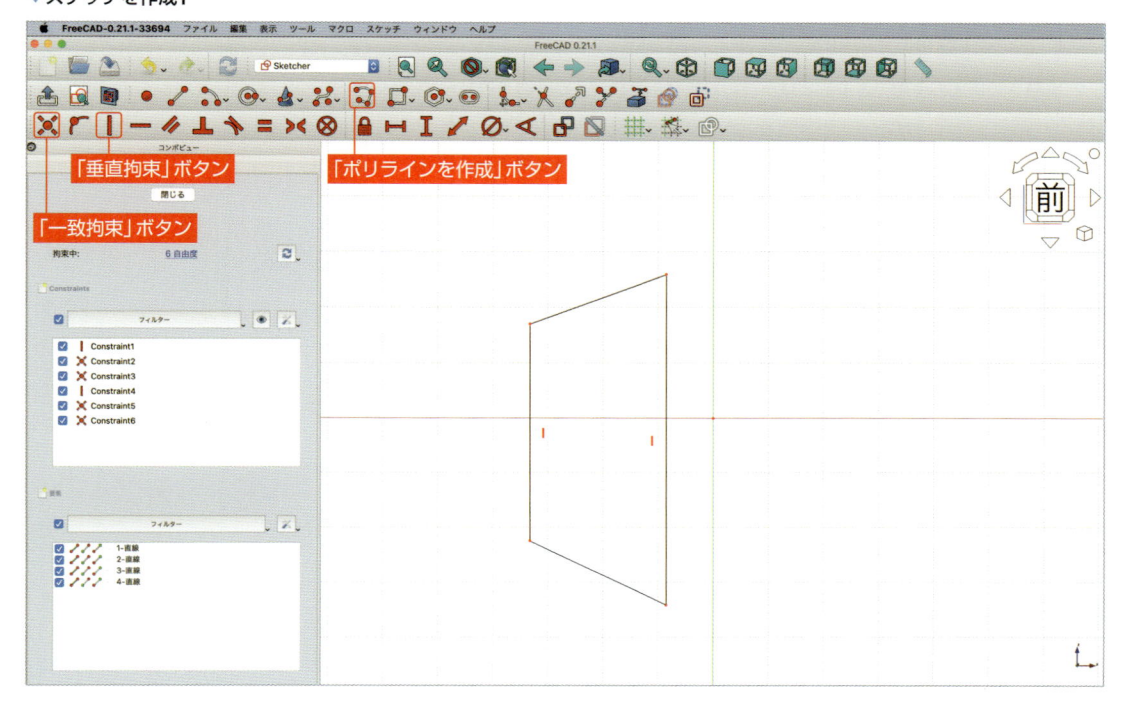

2 横軸（赤線）を基準に垂直線の上端点と下端点が対称となるように拘束します。

1.左にある垂直線の上端点と**2.**下端点をクリックします。**3.**さらに横軸をクリックして2つの点と1つの線が選択された状態で、**4.「対称拘束」ボタン**をクリックします。

次に、**5.**右にある垂直線の上端点と**6.**下端点をクリックします。**7.**さらに横軸をクリックして2つの点と1つの線が選択された状態で、**8.「対称拘束」ボタン**をクリックします。

▼2本の垂直線を対称拘束

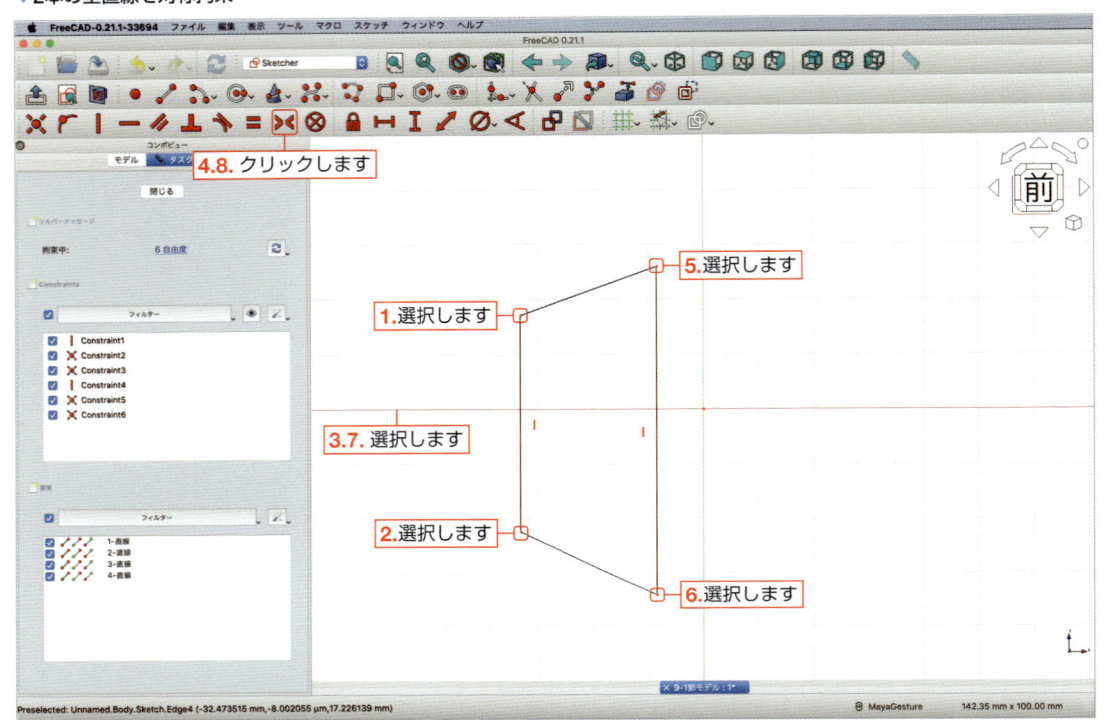

POINT

渦巻きの断面について

渦巻きの断面に使用できる形状は多岐にわたり、プロジェクトの目的やデザインの要求によって選択されます。

1. 円形
用途：最も一般的な断面で、パイプやチューブなどの渦巻きオブジェクトに使われます。
特徴：シンプルで滑らかな表面を持ち、流体の通過や電線の保護に適しています。

2. 正方形
用途：構造的要素やフレームワークに使用されることが多いです。
特徴：角があり、接続点としての強度が求められる場合に適しています。

3. 星形
用途：装飾的な用途や特殊な工業製品で見られます。
特徴：複雑な外見で、視覚的なインパクトが強いです。

4. 三角形
用途：構造的な用途や特定の工業用途に使用されます。
特徴：角があるため、強度と剛性を提供します。

5. 楕円形
用途：空気抵抗を減らすためのエアロダイナミクス的な用途や特定の流体通過用パイプに使用されます。
特徴：流体の流れをスムーズにするための形状で、空気や水の抵抗を減少させます。

6. カスタム形状

用途：特定の機能性や装飾性を求めるデザインに用いられます。

特徴：プロジェクト固有の要求に応じた形状で、独自性や特定の機能を提供します。

これらの断面形状を選択する際は、製品の用途、必要な機能性、製造のしやすさ、美観などを考慮することが重要です。渦巻きデザインを計画する際は、これらの特性を理解し、プロジェクトの要件に最も適した形状を選ぶことが成功への鍵となります。

3 直線を拘束します。**1.**左にある垂直線の上端点と**2.**下端点をクリックします。

2つの点が選択された状態で、**3.「垂直距離拘束」ボタン** をクリックします。「長さを挿入」ダイアログボックスが表示されるので、**4.**「長さ」に「**2mm**」と入力して、**5.**「OK」ボタンをクリックします。

次に、**6.**右にある垂直線の上端点と**7.**下端点をクリックします。2つの点が選択された状態で、**8.「垂直距離拘束」ボタン** をクリックします。「長さを挿入」ダイアログボックスが表示されるので、**9.**「長さ」に「**3mm**」と入力して、**10.**「OK」ボタンをクリックします。

続いて**11.**左にある垂直線の上端点と**12.**右にある垂直線の上端点をクリックします。2つの点が選択された状態で、**13.「水平距離拘束」ボタン** をクリックします。「長さを挿入」ダイアログボックスが表示されるので、**14.**「長さ」に「**2mm**」と入力して、**15.**「OK」ボタンをクリックします。

最後に、**16.**右にある垂直線の下端点と**17.**原点（赤線と緑線が交わる点）をクリックします。2つの点が選択された状態で、**18.「水平距離拘束」ボタン** をクリックします。「長さを挿入」ダイアログボックスが表示されるので、**19.**「長さ」に「**1mm**」と入力して、**20.**「OK」ボタンをクリックします。

▼直線を拘束

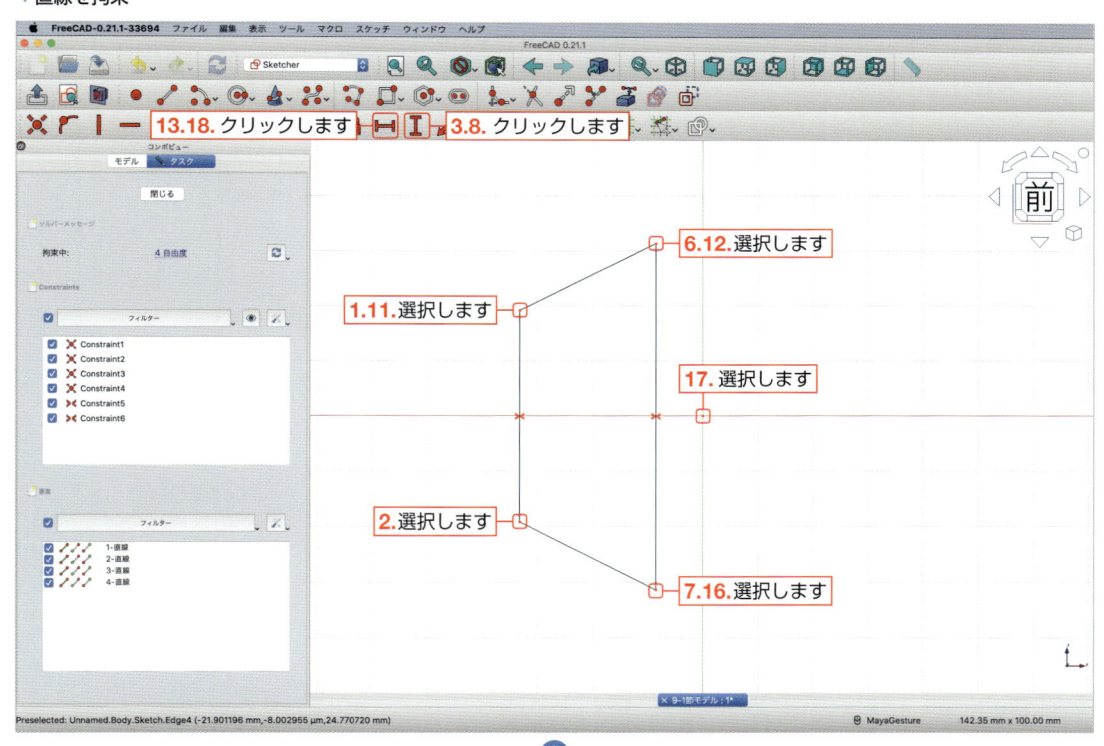

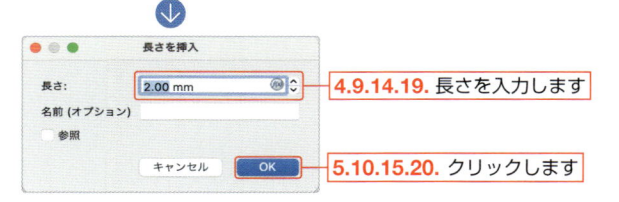

4 スケッチが完全に拘束されると、線が緑色に変わります。**コンボビュー**の「ソルバーメッセージ」にも「**完全拘束**」と表記が出ます。

スケッチを閉じるために**コンボビュー**の「閉じる」をクリックして、スケッチを終了します。

▼スケッチの完全拘束

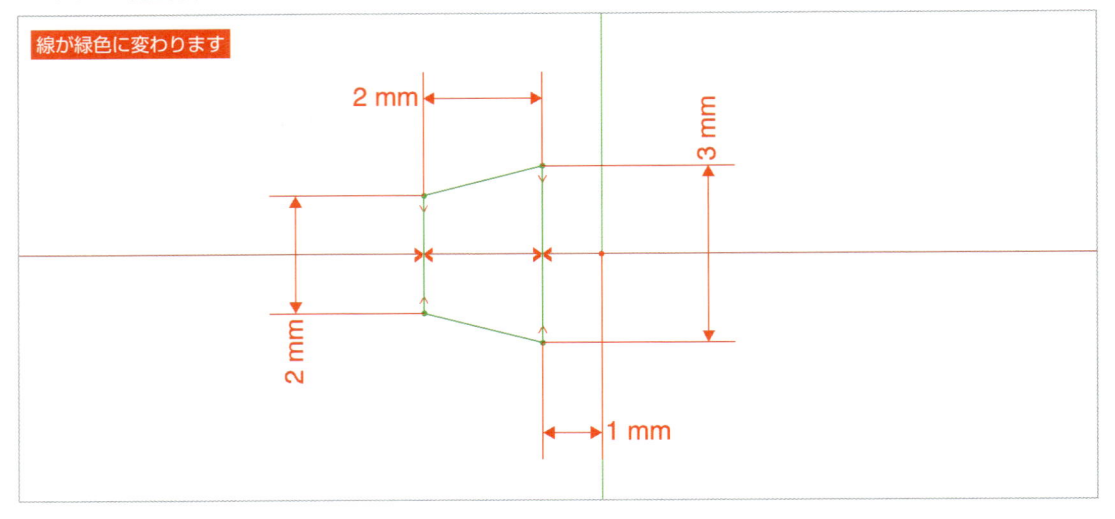

🧊 渦巻きの形を作っていこう

「**加算らせん**」コマンドを使って、渦巻きの形を作っていきましょう。「加算らせん」コマンドでは、1つのスケッチと1つの軸が必要です。ここでは、先ほど作成したスケッチとZ軸を使っていきます。

5 視点を等角図にするために、**1.「アイソメトリック」ボタン**⊞をクリックします。

2.コンボビューの「**Sketch**」を選択し、**3.「加算らせん」ボタン**🐚をクリックします。

▼「加算らせん」を作成

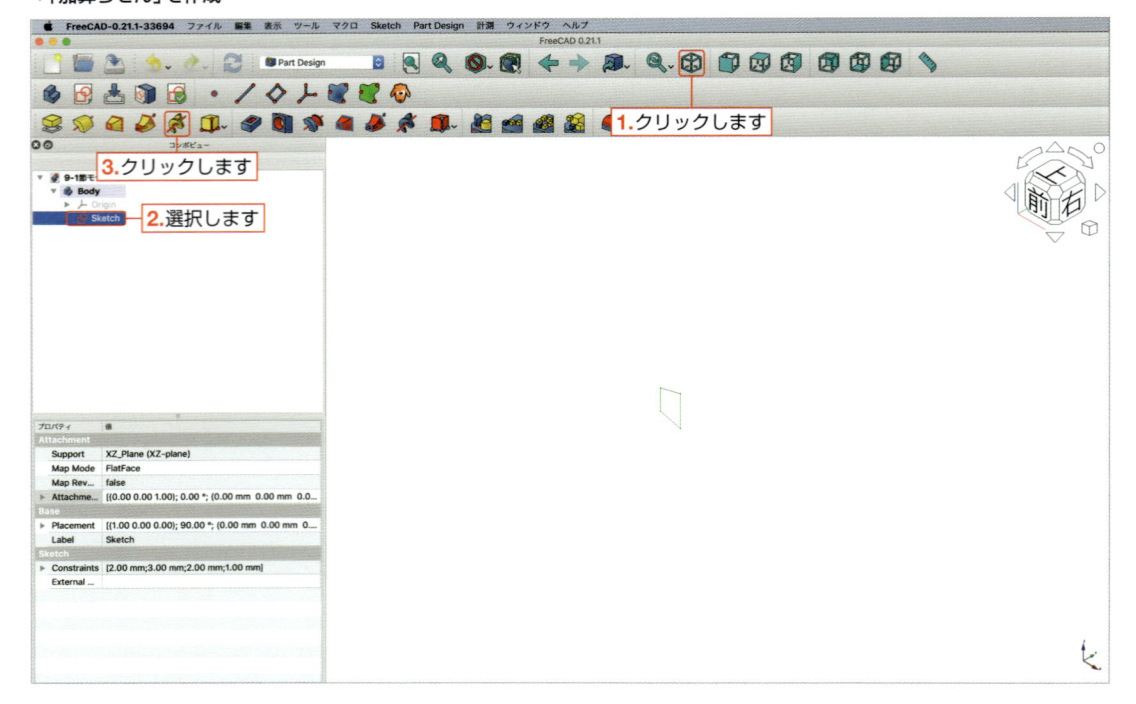

6 コンボビューが「らせんパラメーター」に切り替わります。

1.「軸」を「**ベースZ軸**」、**2.**「モード」を「**高さ-ターン-角度**」に変更します。

次に **3.**「高さ」に「**8mm**」、**4.**「ターン数」に「**3.0**」と入力します。

最後に **5.**「コーンの角度」に「**45°**」と入力して、**6.**「OK」ボタンをクリックします。

▼ らせんパラメーターの設定

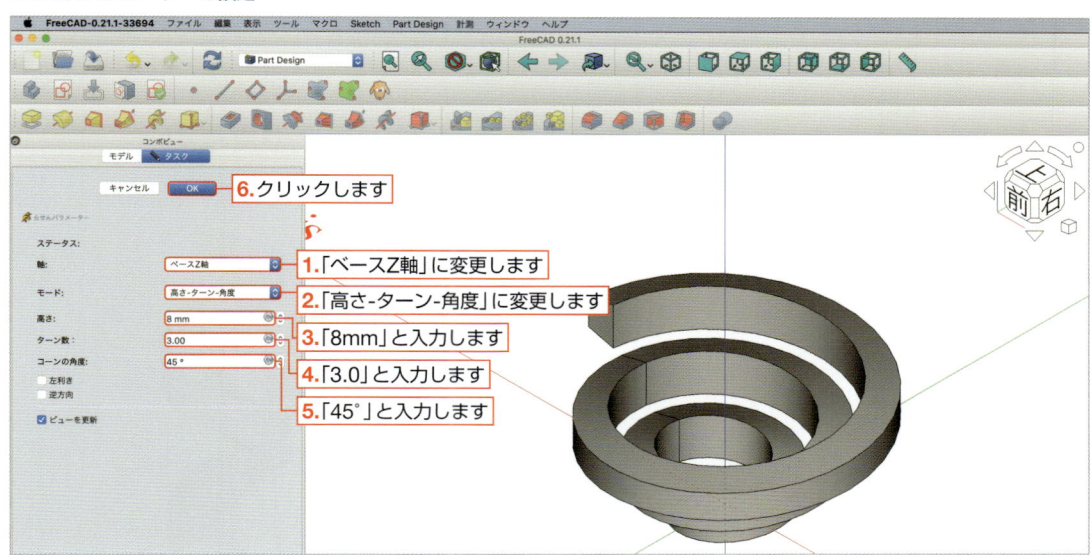

「加算らせん」について

「**加算らせん**」とは、スケッチを断面として指定した軸を中心軸に、らせん軌道を描きながらモデルを作る方法です。

「**らせんパラメーター**」では、「**加算らせん**」の要素を指定します。

❶「**軸**」では、らせん軌道を描くときの中心軸を指定します。ここでは「**ベースZ軸**」に指定したため、Z軸を中心軸にらせん軌道を描きながらモデルを作ることになります。❷「**モード**」では、らせん軌道を決める要素を選択します。「**モード**」の要素には、「**ピッチ-高さ-角度**」「**ピッチ-ターン-角度**」「**高さ-ターン-角度**」「**高さ-ターン-伸び**」の4種類があります。

▼「加算らせん」について

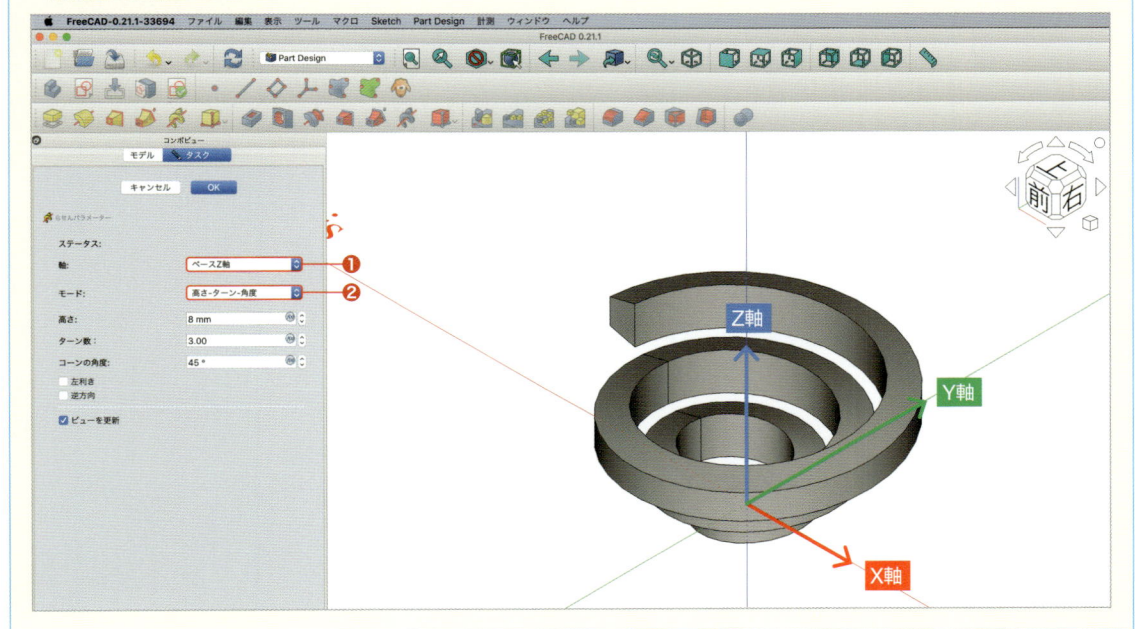

 **「加算らせん」の「ピッチ」「ターン数」「高さ」について**

　「ピッチ」とは、らせんを1回転させたとき、開始点と終了点との中心軸方向における距離（図の青矢印を参照）のことです。
　また**「ターン数」**はらせんの巻き数、**「高さ」**はらせんの開始点と終了点との中心軸方向における距離（図の緑矢印を参照）を示しています。例えば、**「ターン数」**が1回転の場合は**「ピッチ」**と**「高さ」**は同じ長さになり、**「ターン数」**が2回転の場合は**「ピッチ」**の2倍が**「高さ」**になります。

▼「加算らせん」の「ピッチ」「ターン数」「高さ」について

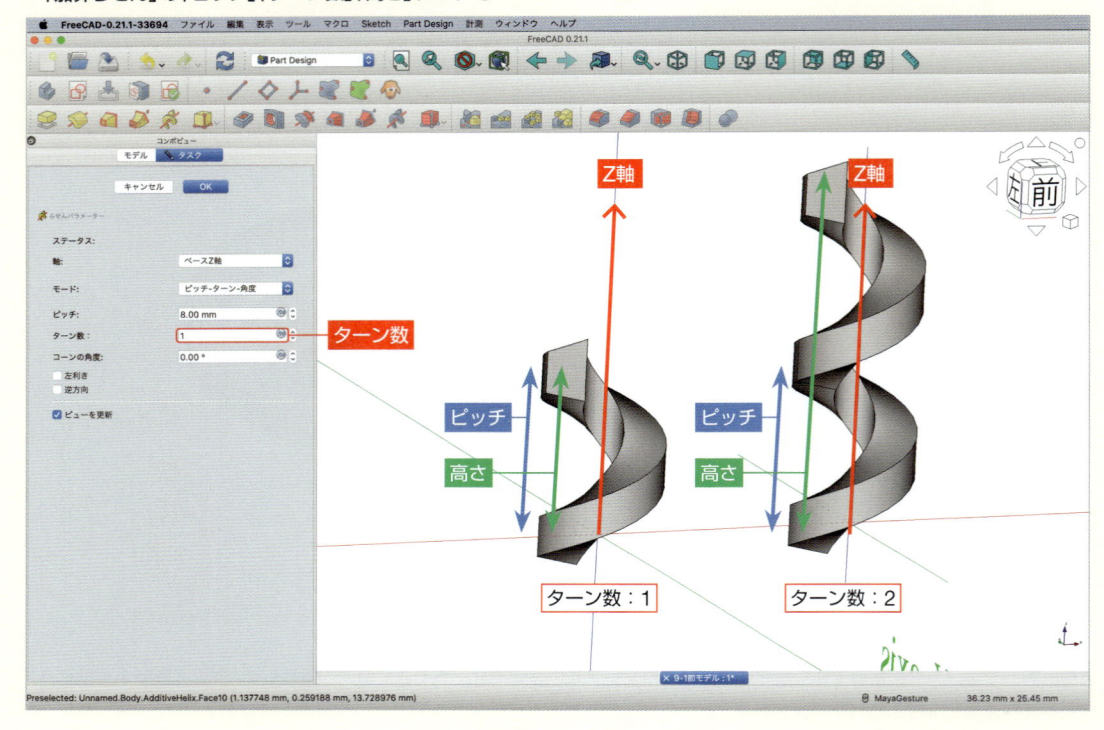

「加算らせん」の「コーンの角度」「左利き」「逆方向」について

「コーンの角度」とは、「らせんの周りに外殻を形成する円錐の角度」とされています（図の赤線参照）。

例えば「コーンの角度」を「**30°**」にした場合に、らせんの半径が少しずつ大きくなり、半頂角30度の円錐が外殻となっています。「コーンの角度」は正の値ではらせんの半径が大きくなり、負の値ではらせんの半径が小さくなります。また「**コーンの角度**」が「**0°**」の場合には、らせんの半径は同じです。

「**左利き**」とは、らせんの巻き方をモデリング方向に対して左まわりにさせるパラメーターです（図の緑線参照）。通常は、モデリング方向に対して右まわりに形状が作られます。

「**逆方向**」とは、らせんのモデリング方向を逆方向にさせるパラメーターです（図の青線参照）。通常は、軸の方向がモデリング方向ですが、「**逆方向**」では軸の反対方向に形状が作られます。

▼「加算らせん」の「コーンの角度」「左利き」「逆方向」について

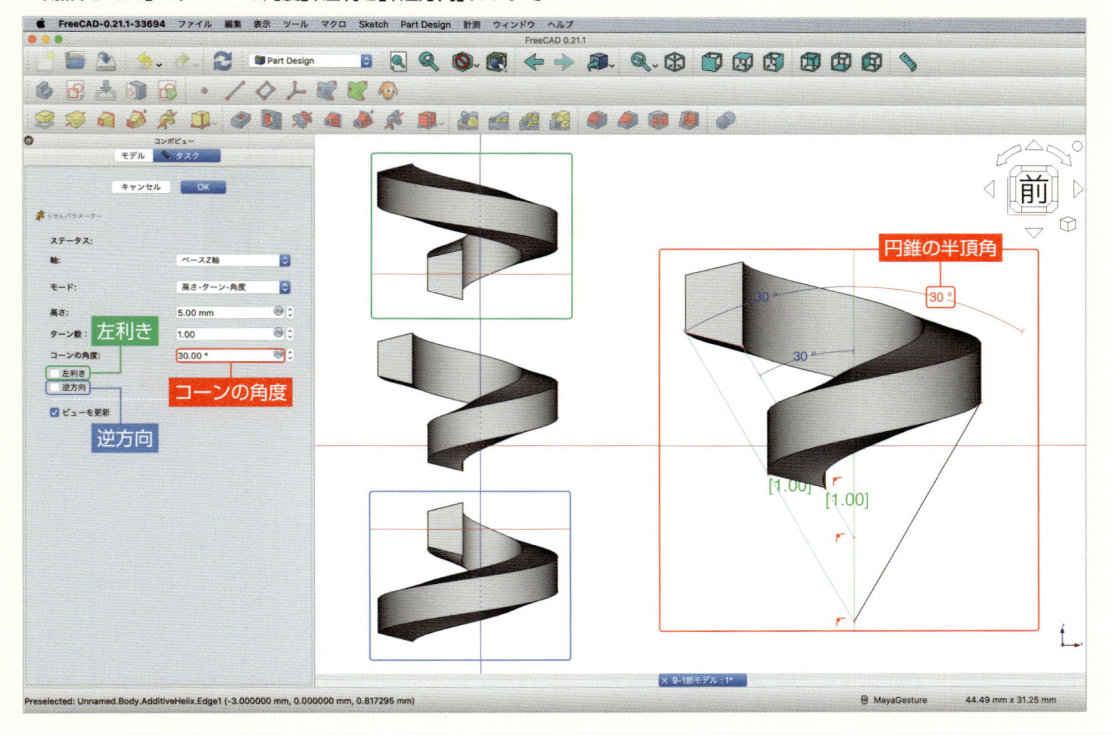

🔷 「レボリューション」コマンドを使って形状を作っていこう

「加算らせん」コマンドで形状を作成したら、次に先ほど作成したスケッチを再利用して、**Chapter 8** で学んだ「レボリューション」コマンドを使って形状を加工していきましょう。

7 **1.** コンボビューの「**AdditiveHelix**」の左にある▶をクリックして、要素を展開します。
2. 「**Sketch**」を選択し、**3.** 「**レボリューション**」ボタン🪀をクリックします。

▼「レボリューション」を作成

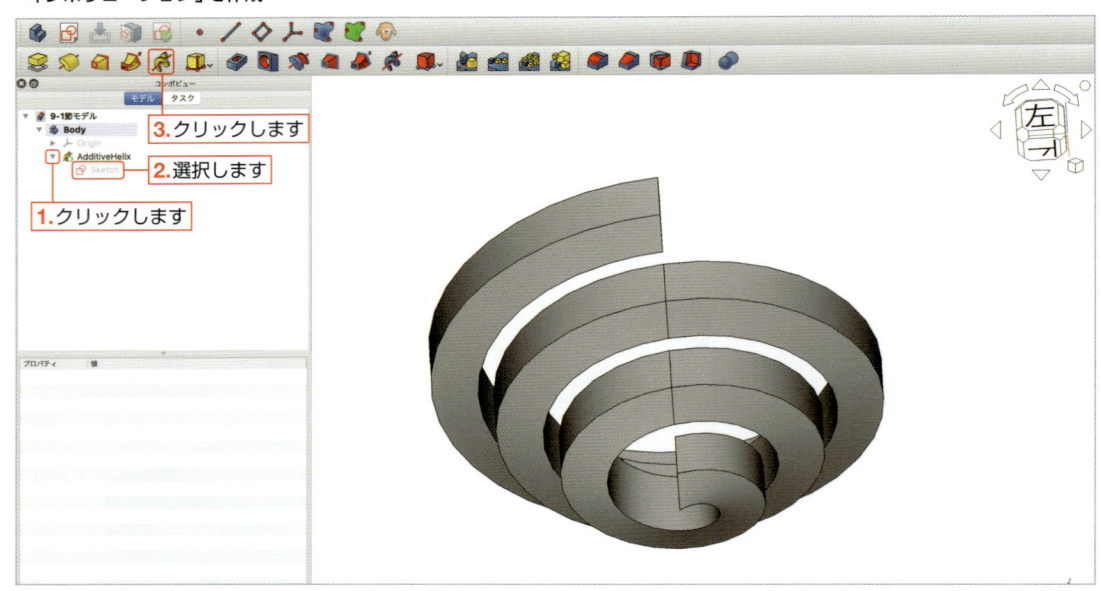

8 コンボビューが「**回転押し出しパラメーター**」に切り替わります。
1. 「**軸**」を「**ベースZ軸**」に変更し、**2.** 「**OK**」ボタンをクリックします。

▼回転押し出しパラメーターの設定

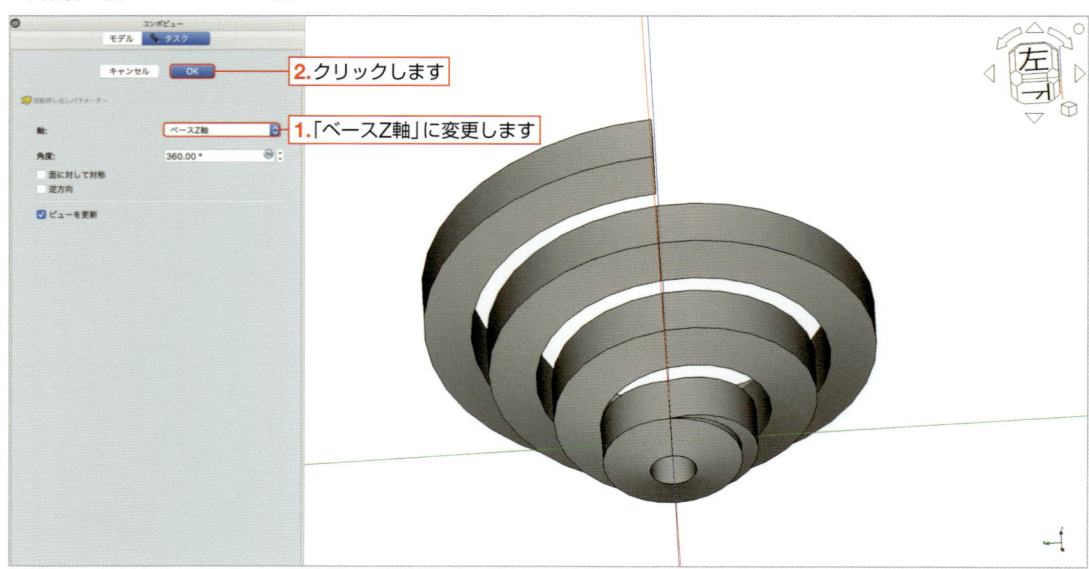

「加算らせん」の「コーンの角度」を変えて渦巻きの形を作ってみよう

先ほどまでは、「加算らせん」コマンドで「コーンの角度」を正の値にしていました。
ここでは、負の値で渦巻きの形状を作っていきます。

スケッチを描いていこう

渦巻きの断面を作るために、スケッチを描いていきましょう。

9 視点を等角図にするために、**1.「アイソメトリック」ボタン**をクリックします。
画面上のすべてのコンテンツにフィットさせるために、**2.「全てにフィット」ボタン**をクリックします。
スケッチの平面を選択して、**3.**モデルの断面を選択し、**4.「スケッチを作成」ボタン**をクリックします。

▼スケッチを作成

10 モデルを断面表示にするために **1.「セクション表示」ボタン**▣をクリックします。

次に外部形状にリンクするエッジを作成します。**2.「外部ジオメトリーを作成」ボタン**🖘をクリックして、**3.**断面の左エッジを選択し、**4.**右エッジを選択します。

最後に **5.** esc キーを押して、**「外部ジオメトリーを作成」ボタン**🖘を解除します。

▼外部ジオメトリーを作成

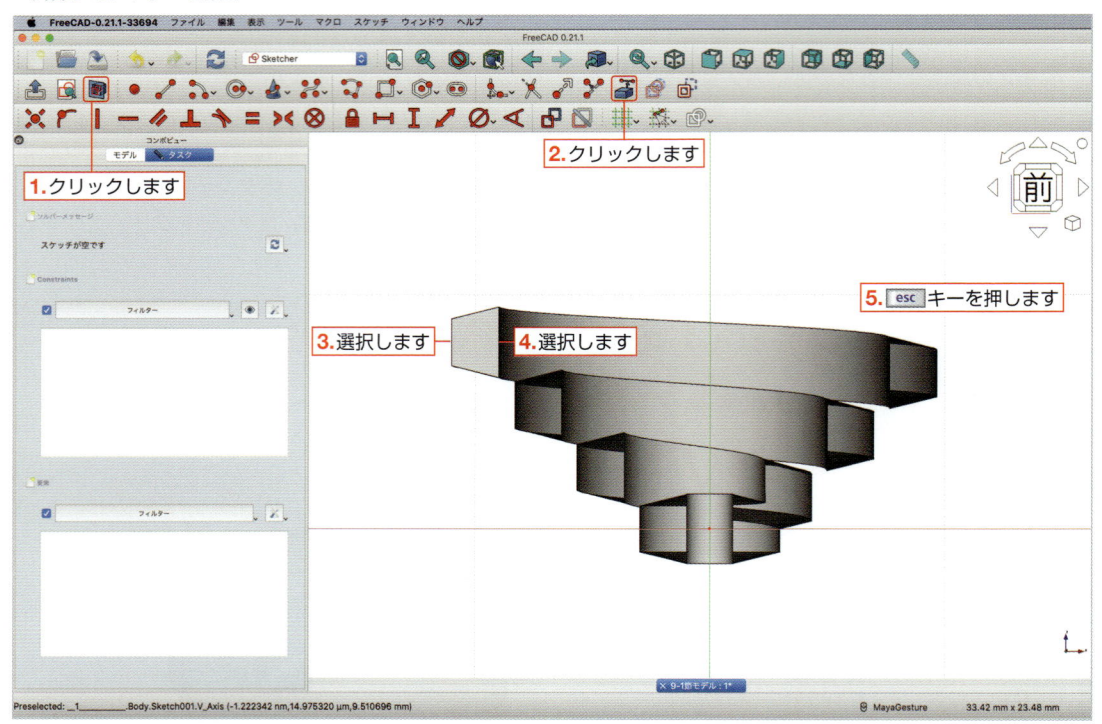

11 ポリラインを作成します。**1.「ポリラインを作成」ボタン**▨をクリックし、**2.**左にあるエッジの上端点にマウスポインタ（カーソル）を合わせて、**「一致拘束」ボタン**✖が現れたらクリックします。

3.左にあるエッジの下端点にマウスポインタ（カーソル）を合わせて、**「一致拘束」ボタン**✖が現れたらクリックします。

4.右にあるエッジの下端点にマウスポインタを合わせて、**「一致拘束」ボタン**✖が現れたらクリックします。

5.右にあるエッジの上端点にマウスポインタを合わせて、**「一致拘束」ボタン**✖が現れたらクリックします。

6.左にあるエッジの上端点にマウスポインタを合わせて、**「一致拘束」ボタン**✖が現れたらクリックします。

最後に **7.** esc キーを押して、**「ポリラインを作成」ボタン**▨を解除します。

▼ポリラインを作成

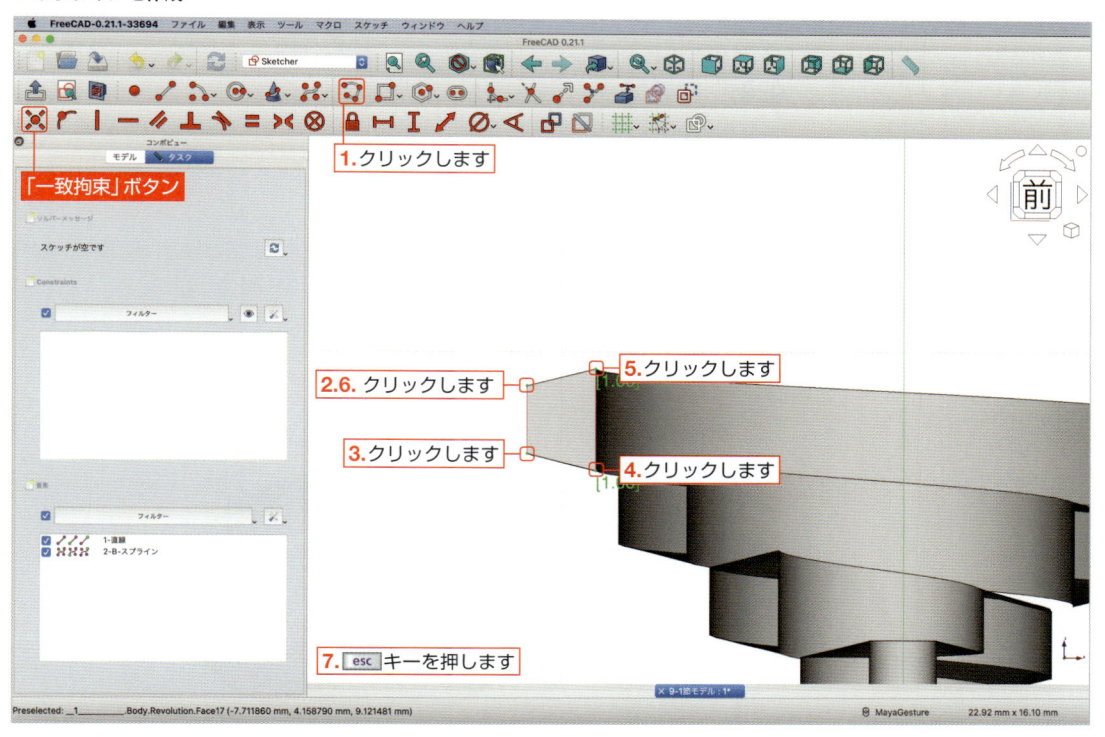

12 スケッチが完全に拘束されると、線が緑色に変わります。**コンボビュー**の「ソルバーメッセージ」にも「**完全拘束**」と表記が出ます。**コンボビュー**の「閉じる」をクリックして、スケッチを終了します。

▼スケッチの完全拘束

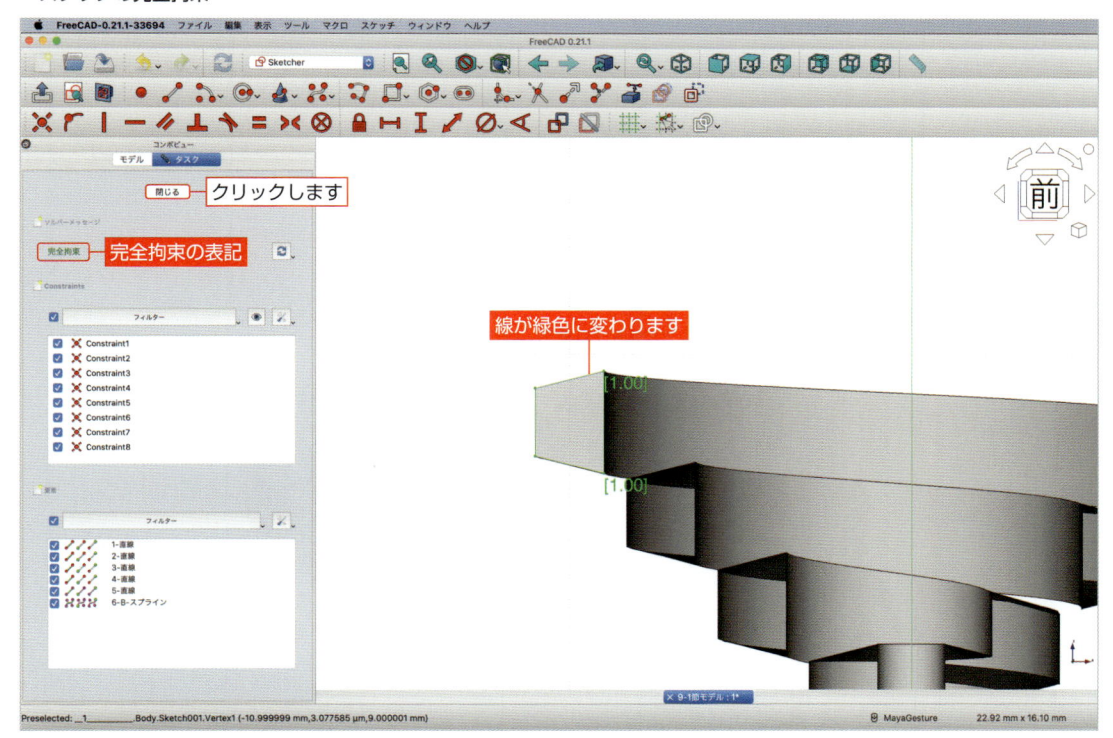

Chapter 9

🟦 渦巻きの形を作っていこう

「加算らせん」コマンドを使って渦巻きの形を作っていきましょう。「加算らせん」の「コーンの角度」に負の値を入れて、らせんの半径が少しずつ小さくなることを確認します。

13 **1.**コンボビューの「Sketch001」を選択し、**2.「加算らせん」ボタン🐾**をクリックします。

▼「加算らせん」を作成

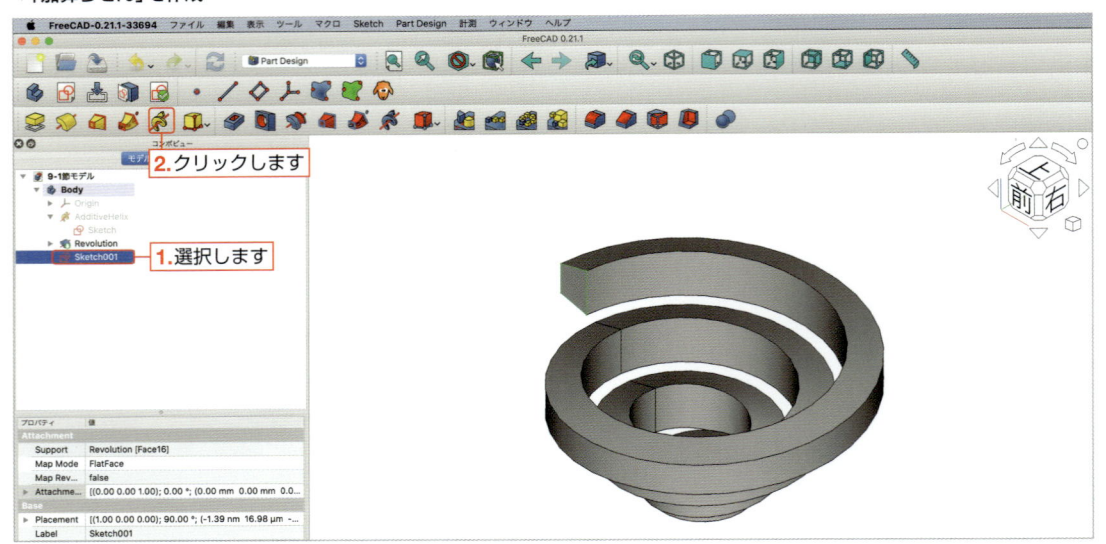

14 コンボビューが「らせんパラメーター」に切り替わります。**1.**「軸」を**「垂直スケッチ軸」**、**2.**「モード」を**「高さ-ターン-角度」**に変更します。次に**3.**「高さ」に**8mm**、**4.**「ターン数」に**3.0**と入力します。最後に**5.**「コーンの角度」に**-45°**と入力して、**6.**「OK」ボタンをクリックします。

▼らせんパラメーターの設定

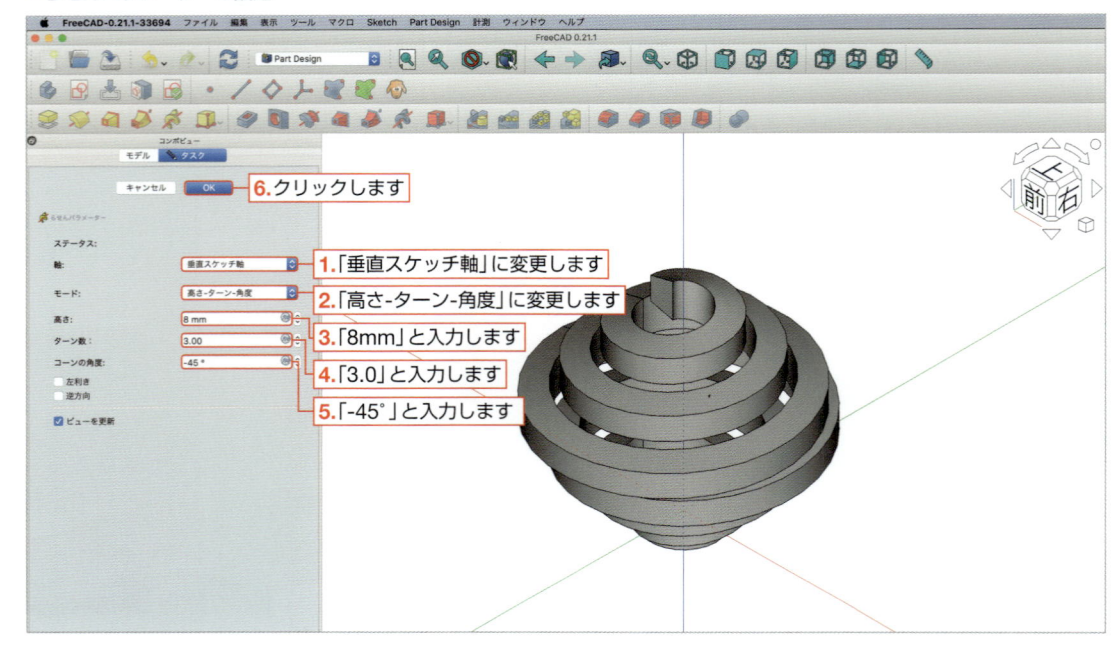

「垂直スケッチ軸」と「水平スケッチ軸」について

「**垂直スケッチ軸**」とはスケッチ平面における縦軸（緑線）を示し、「**水平スケッチ軸**」とはスケッチ平面における横軸（赤線）を示しています。例えば、スケッチ平面が「XZ平面」の場合には「**垂直スケッチ軸**」=「Z軸」および「**水平スケッチ軸**」=「X軸」になります。しかし、今回の場合はモデルの断面をスケッチ平面にしているため、「**垂直スケッチ軸**」≠「Z軸」および「**水平スケッチ軸**」≠「X軸」となります。

▼「垂直スケッチ軸」と「水平スケッチ軸」について

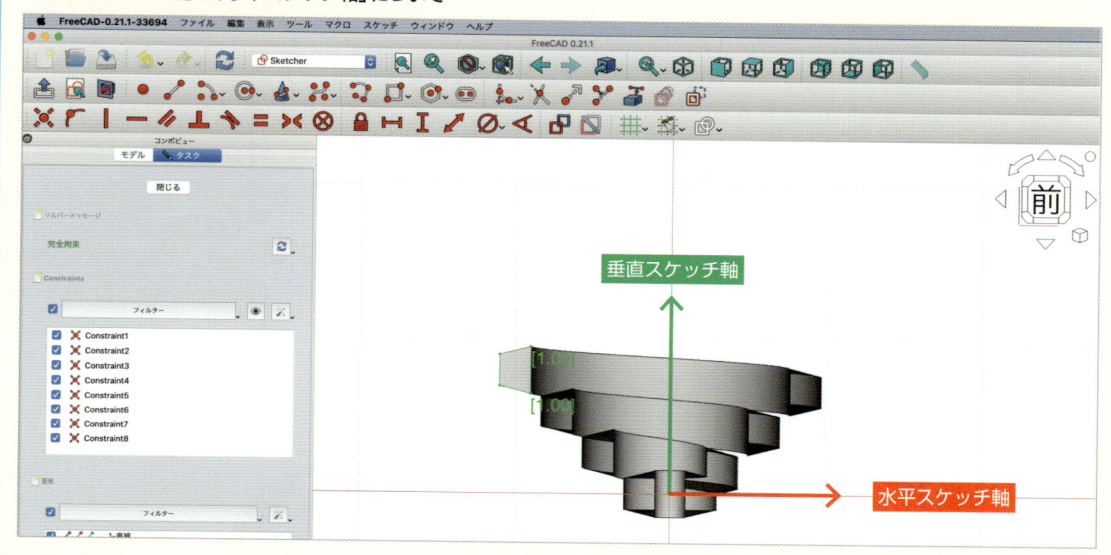

モデリングの誤差について

「**モデルの断面はXZ平面ではないか？**」と疑問に感じた方もいると思います。確かにここでは「XZ平面」にスケッチを描き、それを断面としてZ軸方向に3回巻いたらせん形状を作ったため、本来であれば「XZ平面」のスケッチをZ軸方向に3回巻いた先の断面は「XZ平面」であるべきです。しかし、実際に作ったモデルには微妙に隙間ができています（下図参照）。これは、モデリングの誤差によるものです。そのため、今回のスケッチは「XZ平面」ではないため「**垂直スケッチ軸**」≠「Z軸」となり、前ページの手順⑭の **1.**「軸」を「ベースZ軸」にできません。一方で、手順⑥（329ページ）の場合には「XZ平面」にスケッチを描いているため、「**垂直スケッチ軸**」=「Z軸」となり、**1.**「軸」が「ベースZ軸」と「垂直スケッチ軸」で同じ結果となります。

▼モデリングの誤差について

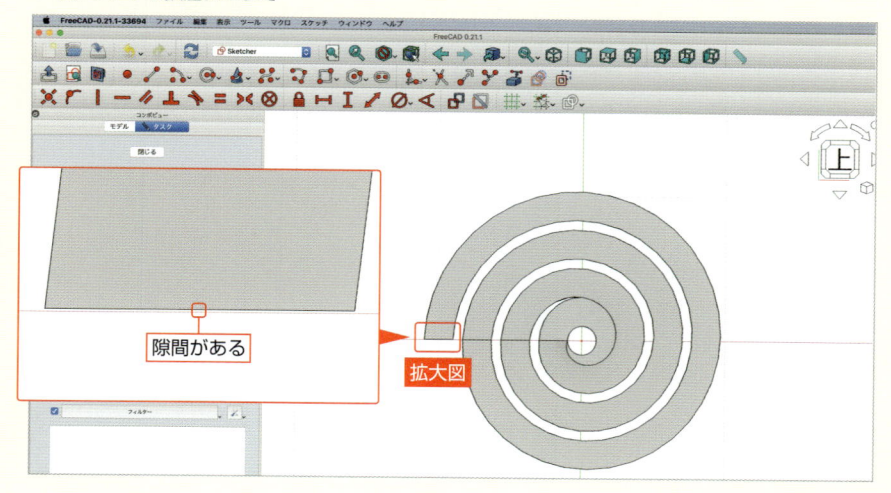

「加算らせん」の「コーンの角度」をゼロにして渦巻きの形を作ってみよう

ここでは、ゼロの値で渦巻きの形状を作っていきます。

スケッチを描いていこう

渦巻きの断面を作るために、スケッチを描いていきましょう。

15 視点を等角図にするために、**1.「アイソメトリック」ボタン**をクリックします。
画面上のすべてのコンテンツにフィットさせるために、**2.「全てにフィット」ボタン**をクリックします。
スケッチの平面を選択して、**3.**モデルの断面を選択し、**4.「スケッチを作成」ボタン**をクリックします。

▼スケッチを作成

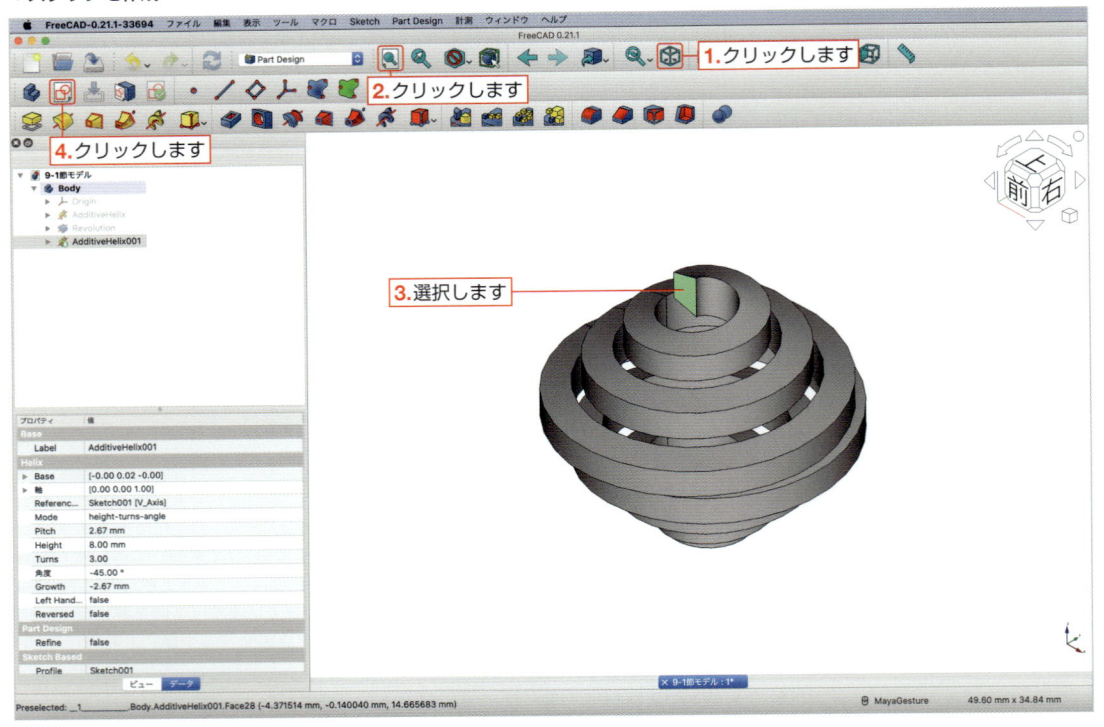

16 モデルを断面表示にするために、**1.「セクション表示」ボタン**をクリックします。
次に外部形状にリンクするエッジを作成します。**2.「外部ジオメトリーを作成」ボタン**をクリックし、**3.**断面の左エッジを選択し、**4.**右エッジを選択します。
最後に **5.** esc キーを押して、**「外部ジオメトリーを作成」ボタン**を解除します。

▼外部ジオメトリーを作成

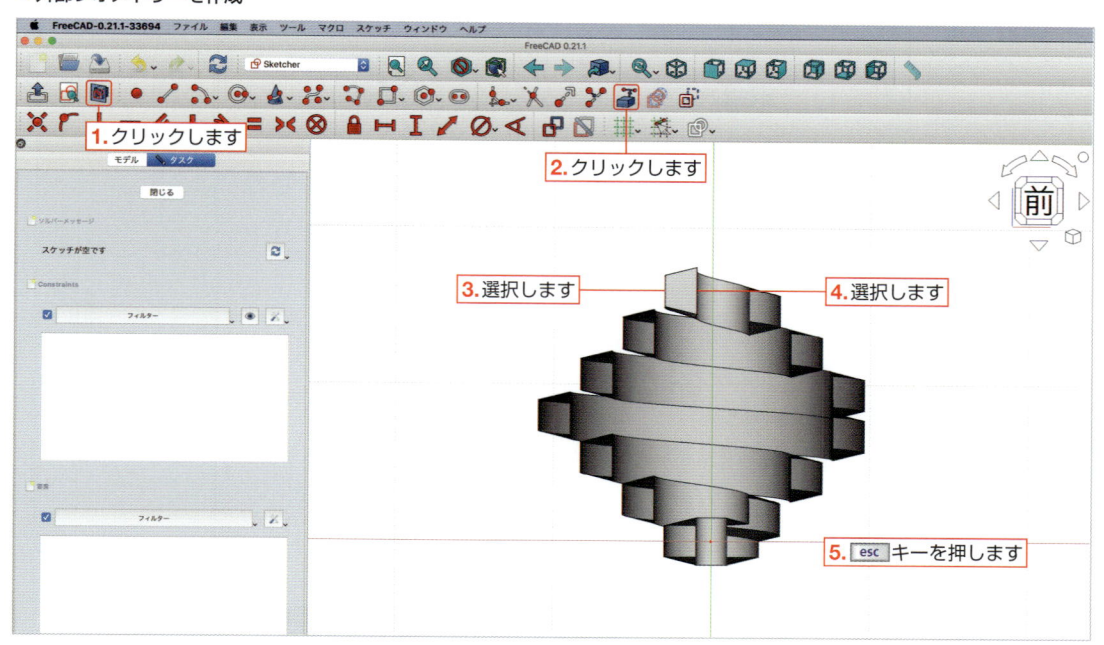

17 ポリラインを作成します。**1.「ポリラインを作成」** ボタン　をクリックし、**2.** 左にあるエッジの上端点にマウスポインタ（カーソル）を合わせて、**「一致拘束」** ボタン　が現れたらクリックします。

3. 左にあるエッジの下端点にマウスポインタ（カーソル）を合わせて、**「一致拘束」** ボタン　が現れたらクリックします。

4. 右にあるエッジの下端点にマウスポインタを合わせて、**「一致拘束」** ボタン　が現れたらクリックします。

5. 右にあるエッジの上端点にマウスポインタを合わせて、**「一致拘束」** ボタン　が現れたらクリックします。

6. 左にあるエッジの上端点にマウスポインタを合わせて、**「一致拘束」** ボタン　が現れたらクリックします。

最後に **7.** esc キーを押して、**「ポリラインを作成」** ボタン　を解除します。

▼ポリラインを作成

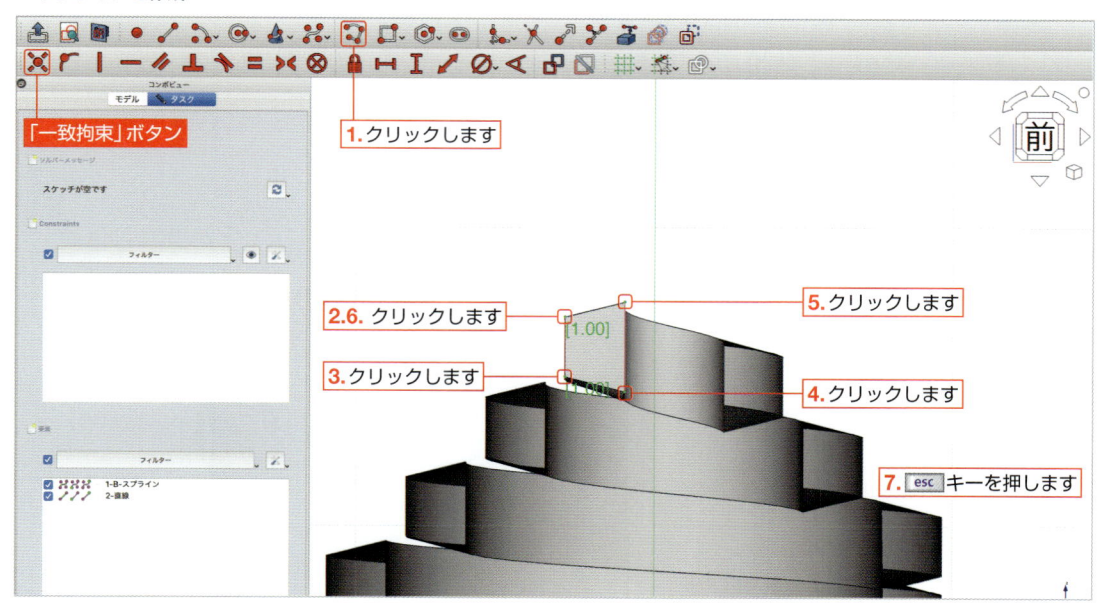

18 スケッチが完全に拘束されると、線が緑色に変わります。**コンボビュー**の「ソルバーメッセージ」にも「**完全拘束**」と表記が出ます。

スケッチを閉じるために**コンボビュー**の「閉じる」をクリックして、スケッチを終了します。

▼スケッチの完全拘束

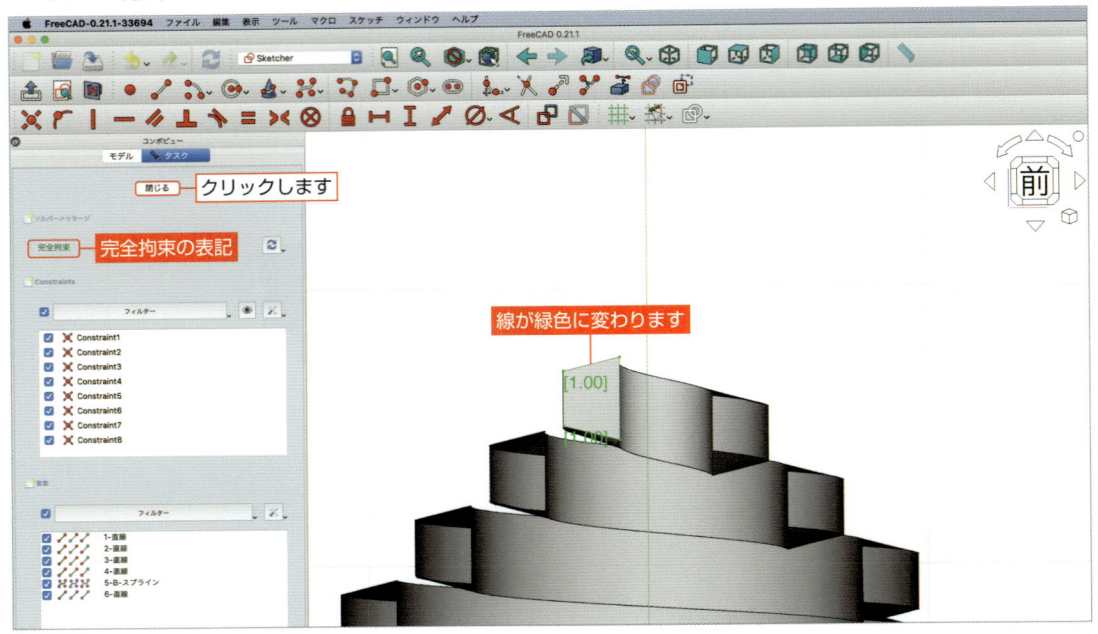

🏵 渦巻きの形を作っていこう

「加算らせん」コマンドを使って、渦巻きの形を作っていきましょう。

「加算らせん」の「コーンの角度」を「**0°**」にして、らせんの半径が一定であることを確認します。

19 **1.** コンボビューの「**Sketch002**」を選択し、**2.**「**加算らせん**」ボタン🐝をクリックします。

▼「加算らせん」を作成

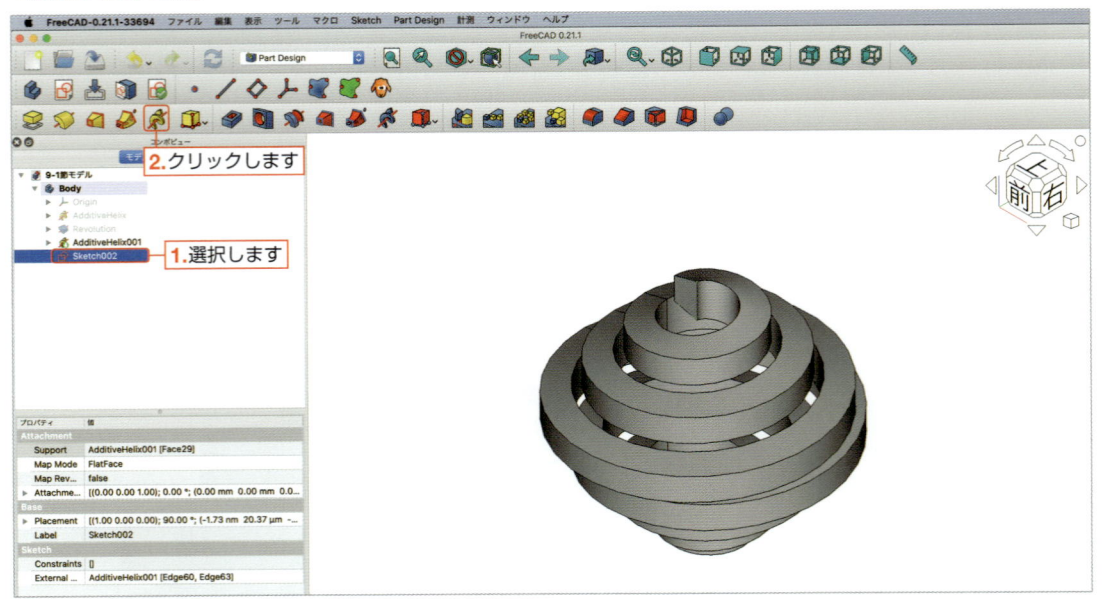

20 コンボビューが「らせんパラメーター」に切り替わります。

   1.「軸」を**垂直スケッチ軸**、**2.**「モード」を**高さ‐ターン‐角度**に変更します。

   次に**3.**「高さ」に「<mark>150mm</mark>」と入力し、**4.**「ターン数」に「<mark>30</mark>」と入力します。

   最後に**5.**「コーンの角度」に「<mark>0°</mark>」と入力して、「OK」ボタンをクリックします。

▼らせんパラメーターの設定

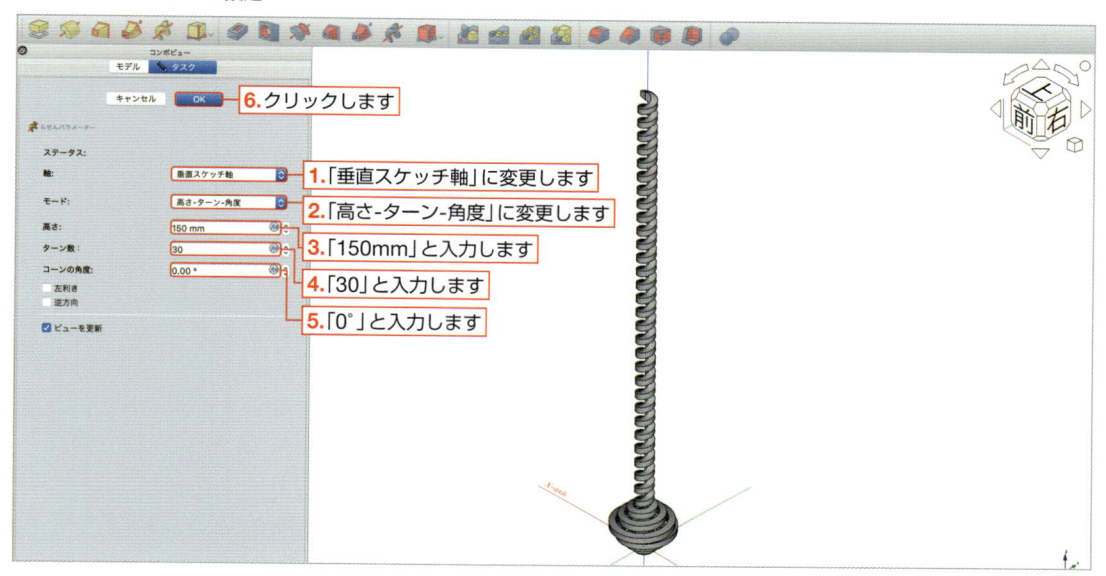

ファイルを保存してドキュメントを閉じよう

   これで、**Section 9-1**のレッスンが終了しました。ファイルを保存してドキュメントを閉じましょう。

21 **1.**「**保存**」ボタン🖫をクリックして、ファイルを保存します。

   2.メニューバーの「ファイル」を選択し、**3.**「閉じる」を選択してドキュメントを閉じます。

▼ファイル保存とドキュメントを閉じる方法

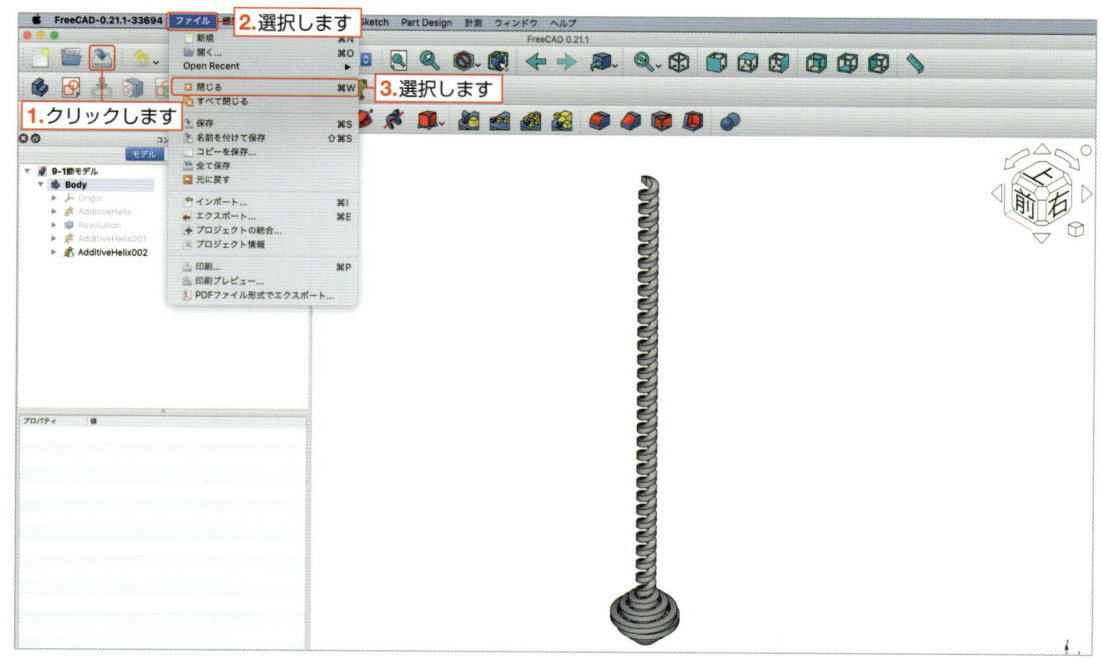

Chapter 9

Section 9-2 渦巻きスティックを完成させよう

ここでは渦巻きの形状にフックをつけながら、モデリングの操作に慣れていきましょう。
Section 9-1で学んだ「加算らせん」コマンドに続き、「データム線」を使ってモデルを作っていきます。

「加算らせん」コマンドを使って形状を作っていこう

「加算らせん」コマンドでは、1つのスケッチと1つの軸から形状を作りました。
　ここでは新たに学習する「データム線」を使って軸を指定し、「加算らせん」を作っていきます。

Section 9-1で作ったファイルを読み込もう

　Section 9-1で作った渦巻き形状のファイルを開き、新しい名前をつけて保存します。
　この操作はSection 2-1の手順 **1** 〜 **5**（53ページ参照）を行います。図は割愛しますが、操作方法を忘れてしまった場合には、前述したページを参照して確認してください。

1 Section 9-1で作成したファイルを開きます。ツールバーの **「開く」ボタン** ■をクリックします。
「**9-1節モデル**」を選択し、「Open」ボタンをクリックします。

2 名前を付けて保存します。メニューバーの「ファイル」を選択して、「名前を付けて保存」を選択します。
「Save As」に「**9-2節モデル**」と入力して、「Save」ボタンをクリックして保存します。

スケッチを描いていこう

　渦巻きの断面を作るために、スケッチを描いていきましょう。

3 視点を等角図にするために、**1.「アイソメトリック」ボタン**⊕をクリックします。
画面上のすべてのコンテンツにフィットさせるために、**2.「全てにフィット」ボタン**■をクリックします。
スケッチの平面を選択して、**3.**モデルの断面を選択し、**4.「スケッチを作成」ボタン**■をクリックします。

▼スケッチを作成

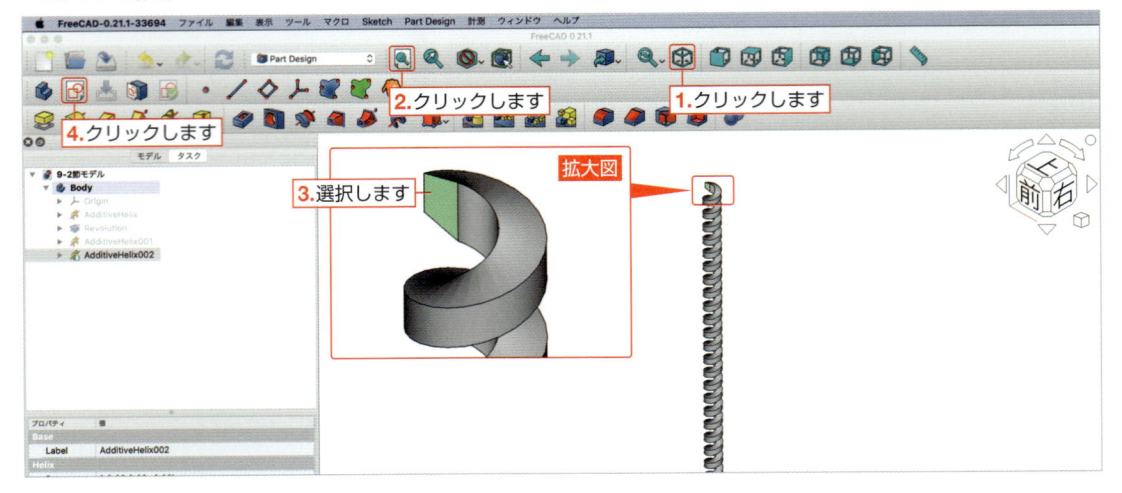

4 モデルを断面表示にするために、**1.「セクション表示」ボタン**■をクリックします。
次に外部形状にリンクするエッジを作成します。**2.「外部ジオメトリーを作成」ボタン**■をクリックし、**3.**断面の左エッジを選択し、**4.**右エッジを選択します。
最後に**5.** esc キーを押して、**「外部ジオメトリーを作成」ボタン**■を解除します。

▼外部ジオメトリーを作成

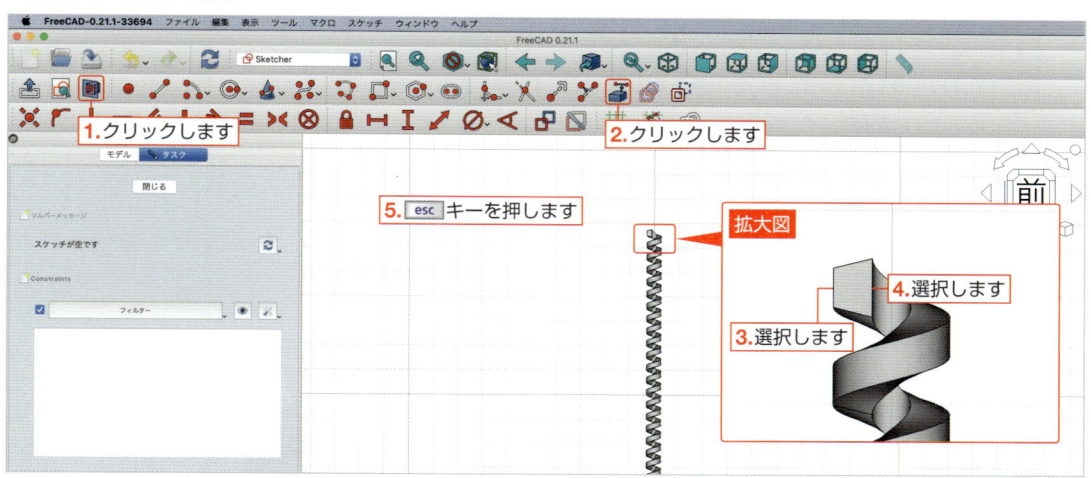

5 ポリラインを作成します。**1.「ポリラインを作成」ボタン**■をクリックし、**2.**左にあるエッジの上端点にマウスポインタ（カーソル）を合わせて**「一致拘束」ボタン**■が現れたらクリックします。
3.左にあるエッジの下端点にマウスポインタ（カーソル）を合わせて、**「一致拘束」ボタン**■が現れたらクリックします。
4.右にあるエッジの下端点にマウスポインタを合わせて、**「一致拘束」ボタン**■が現れたらクリックします。
5.右にあるエッジの上端点にマウスポインタを合わせて、**「一致拘束」ボタン**■が現れたらクリックします。
6.左にあるエッジの上端点にマウスポインタを合わせて、**「一致拘束」ボタン**■が現れたらクリックします。
最後に**7.** esc キーを押して、**「ポリラインを作成」ボタン**■を解除します。

▼ポリラインを作成

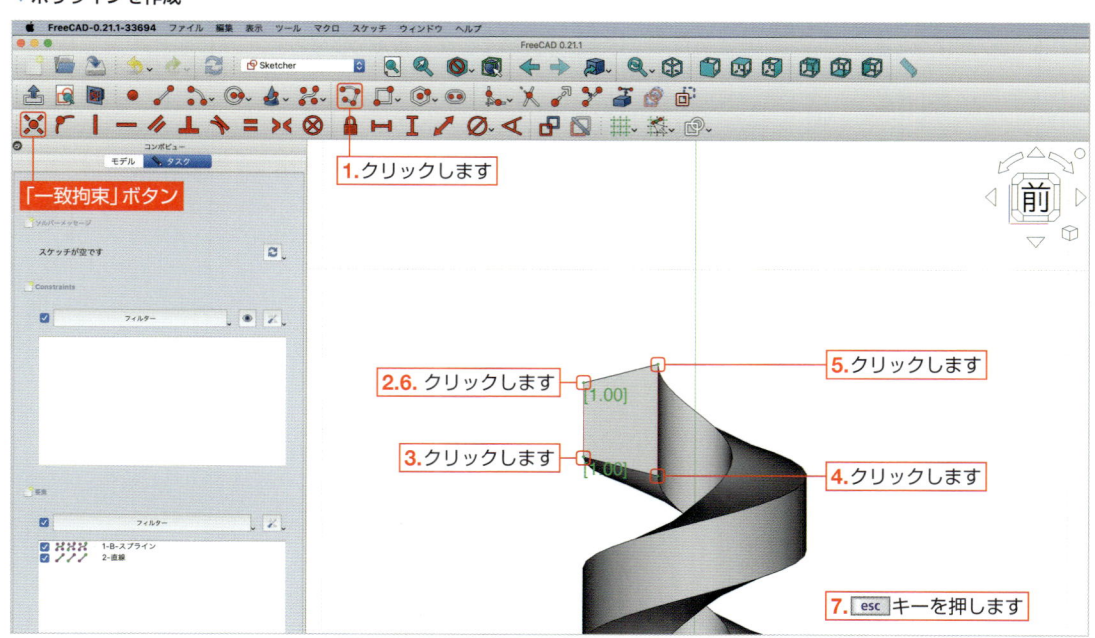

6 スケッチが完全に拘束されると、線が緑色に変わります。**コンボビュー**の「ソルバーメッセージ」にも「**完全拘束**」と表記が出ます。

スケッチを閉じるために**コンボビュー**の「閉じる」をクリックして、スケッチを終了します。

▼スケッチの完全拘束

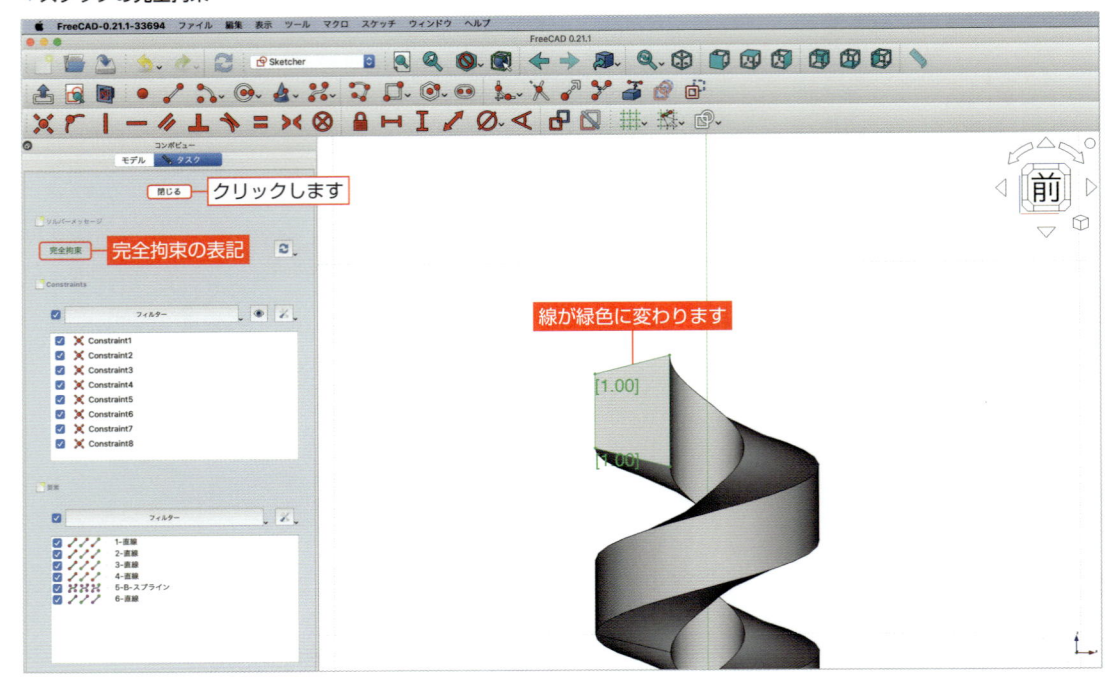

新しい軸を作ってみよう

「データム線」を使って、新しい軸を作っていきましょう。

ここでは、Z軸をX軸方向に「**-5mm**」平行移動させた軸を作っていきます。

7 新しい軸を作ります。**1.コンボビュー**の「Origin」の左にある▶をクリックして展開します。

2.コンボビューの「Z-axis」を選択し、**3.「データム線を作成」ボタン**／をクリックします。

▼データム線の作成

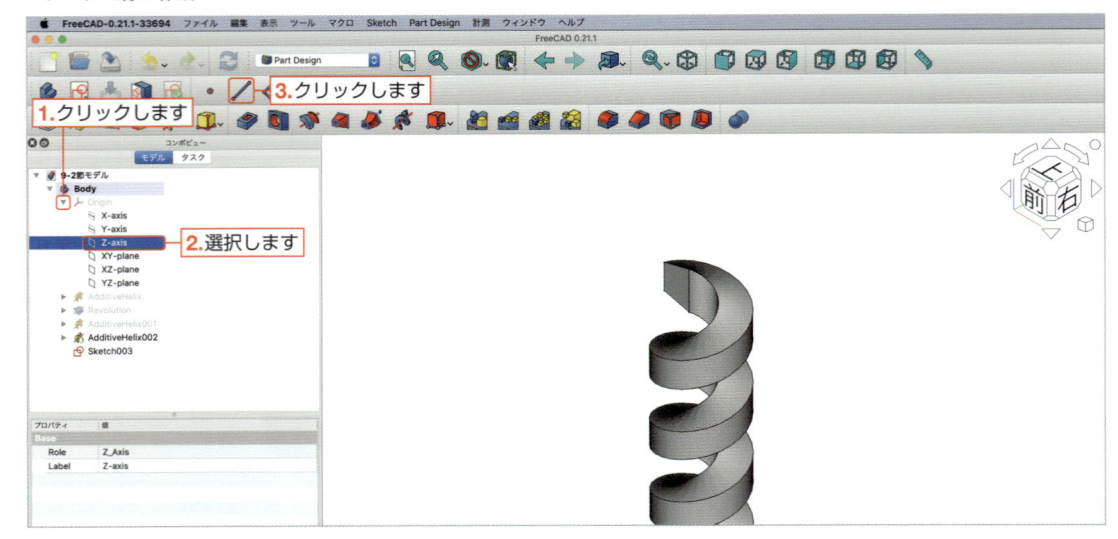

8 コンボビューが「**データム線パラメーター**」に切り替わります。**1.**「アタッチメント・オフセット」の「X方向」に「**5mm**」と入力して、**2.**「OK」ボタンをクリックします。

▼データム線パラメーターの設定

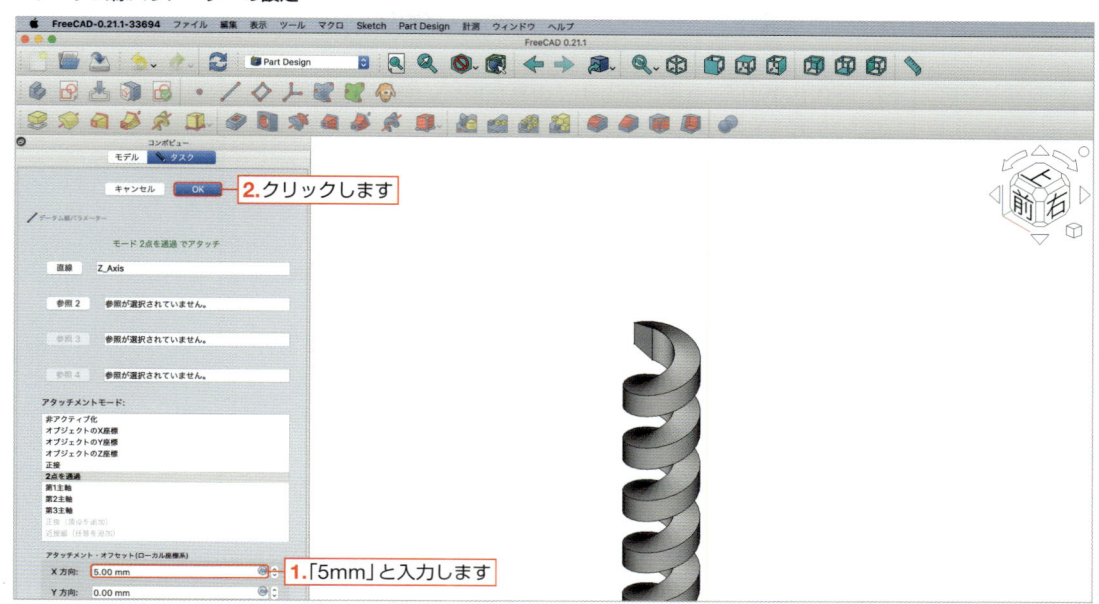

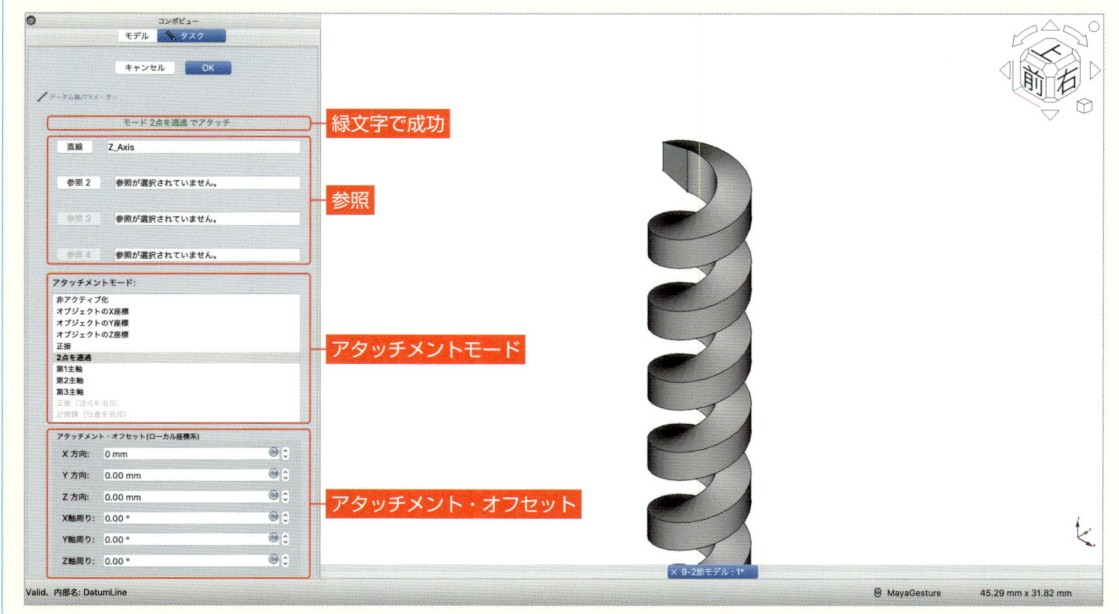

「データム線」について

「**データム線**」とは、新しい軸を作るコマンドです。ここでは「Z軸」を「**参照**」として、「**データム線**」を作成しました。

「**アタッチメントモード**」では「2点を通過」が選択されています。これは「**参照**」した「Z_Axis（Z軸）」をもとに、「**データム線**」を作成したことを示しています。例えば「**参照1**」に点を指定して「**参照2**」に別の点を指定した場合でも、「**アタッチメントモード**」が「2点を通過」として「**データム線**」が作成されます。

また「**アタッチメント・オフセット**」では「**データム線**」をXYZ軸方向に平行移動やXYZ軸まわりに回転移動させることができます。上記の手順**8**では、Z軸をX軸方向に「5mm」平行移動させた軸を「**データム線**」として作成しています。

▼「データム線」について

渦巻きの形を作ってみよう

「加算らせん」コマンドを使って、渦巻きの形を作っていきましょう。

ここでは「データム線」を軸として、0.4巻のらせん形状を作ります。

9 **1.** コンボビューの「Sketch003」を選択し、**2.「加算らせん」ボタン** をクリックします。

▼「加算らせん」を作成

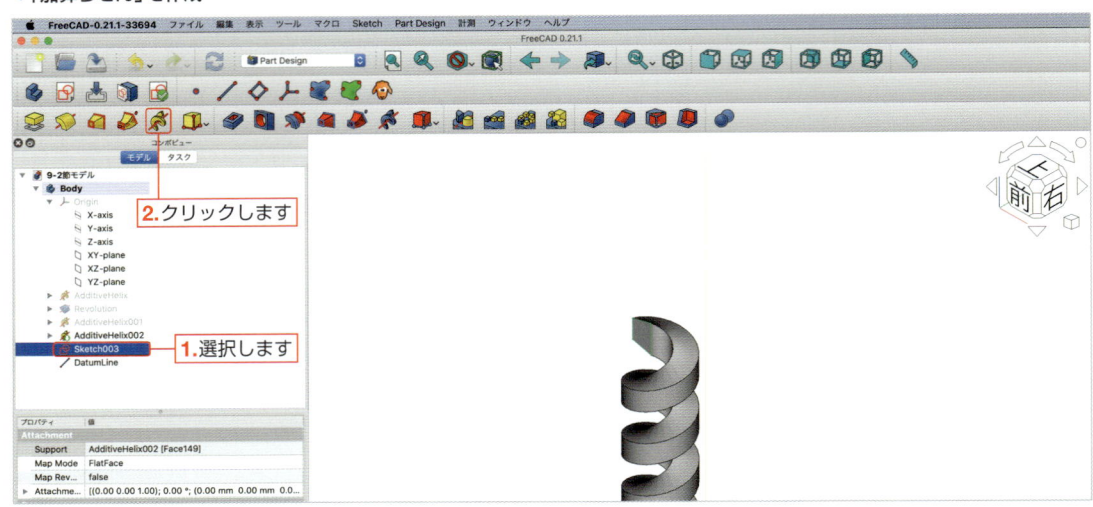

10 コンボビューが「らせんパラメーター」に切り替わります。

1.「軸」を「**参照を選択**」に変更し、**2.**「**データム線**」のエッジを選択します。**3.**「モード」を「**高さ-ターン-角度**」に変更し、**4.**「高さ」に「**20mm**」と入力して、**5.**「ターン数」に「**0.4**」と入力します。

最後に **6.**「コーンの角度」に「**0°**」と入力して、**7.**「OK」ボタンをクリックします。

▼らせんパラメーターの設定

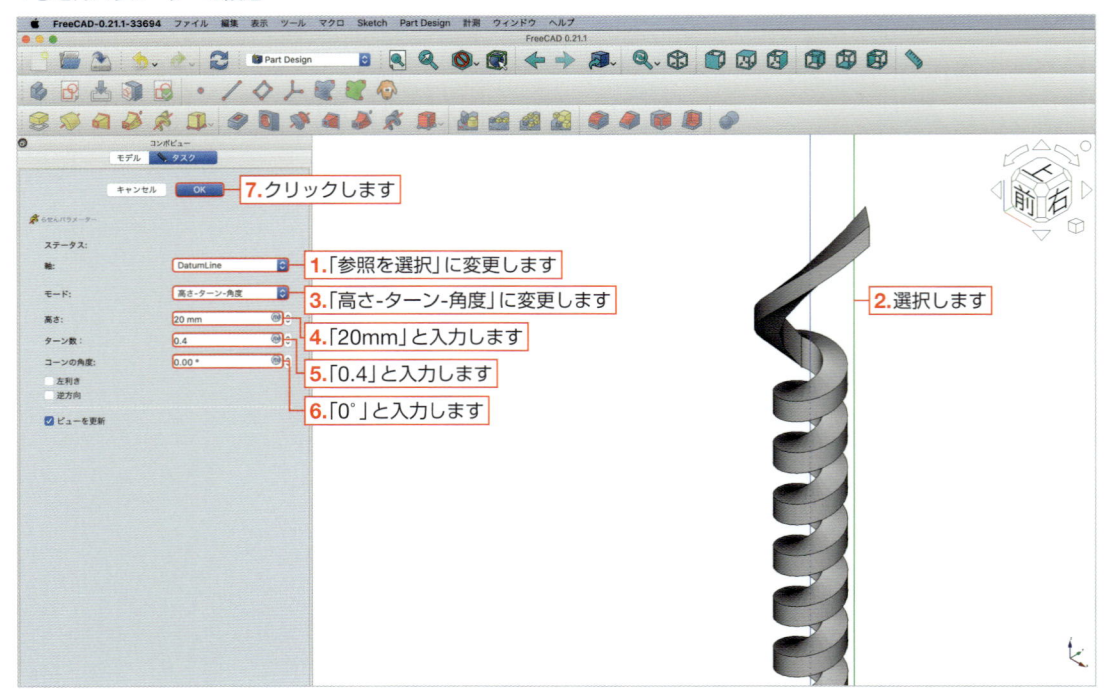

同じデータム線でらせん形状を作ってみよう

先ほど作成した「データム線」を軸として「加算らせん」を作っていきましょう。

スケッチを描いていこう

渦巻きの断面を作るために、スケッチを描いていきます。

11 モデルの断面にスケッチを作成します。

1. モデルの断面を選択し、**2.「スケッチを作成」ボタン** をクリックします。

▼スケッチを作成

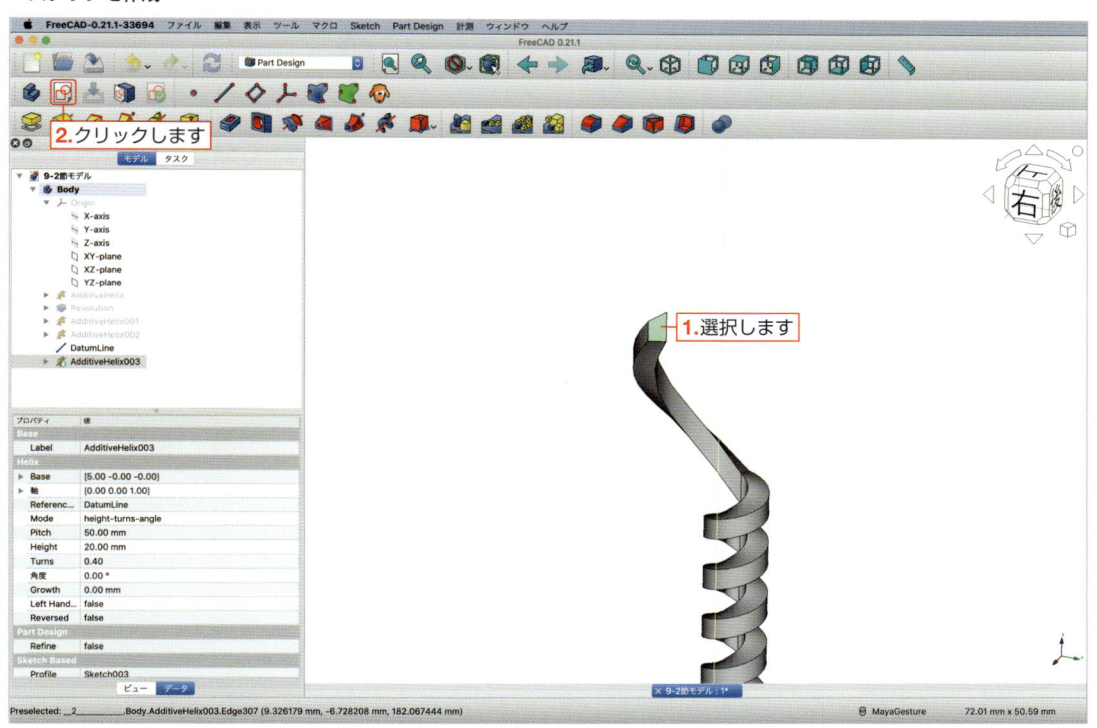

12 モデルを断面表示にするために **1.「セクション表示」ボタン**をクリックします。
次に外部形状にリンクするエッジを作成します。**2.「外部ジオメトリーを作成」ボタン**をクリックし、**3.** 断面の左エッジを選択して、**4.** 右エッジを選択します。
最後に **5.** esc キーを押して、**「外部ジオメトリーを作成」ボタン**を解除します。

▼外部ジオメトリーを作成

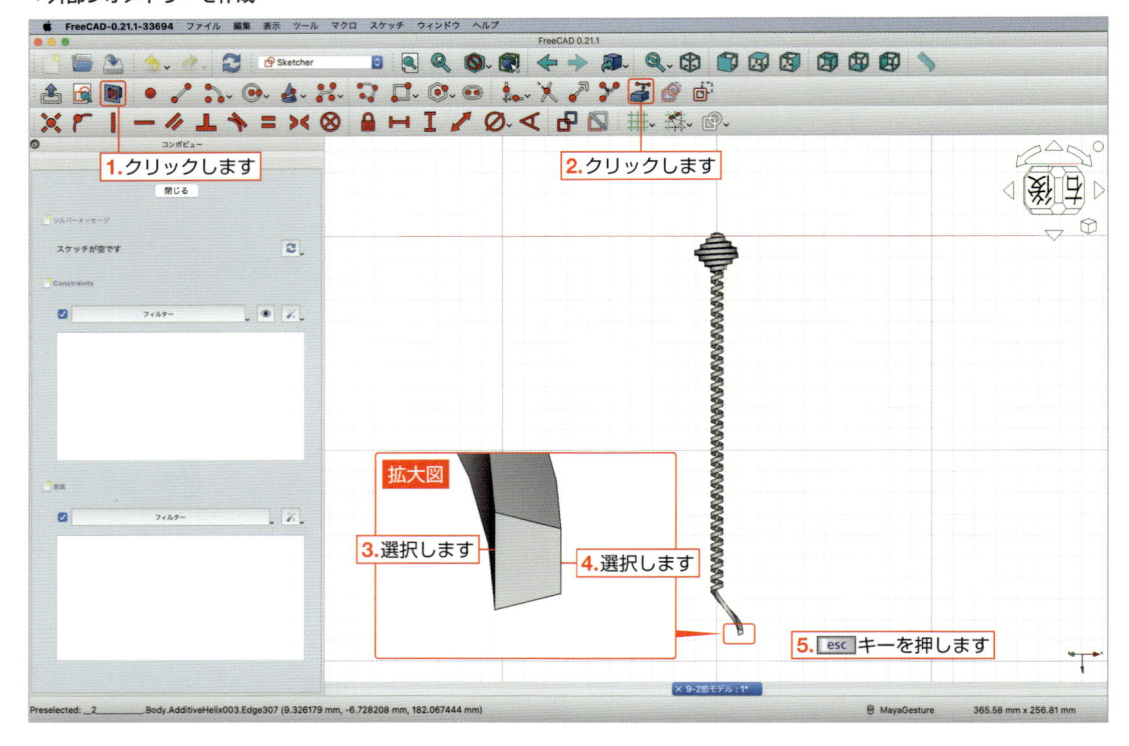

13 ポリラインを作成します。**1.「ポリラインを作成」ボタン**をクリックし、**2.**左にあるエッジの上端点にマウスポインタ（カーソル）を合わせて**「一致拘束」ボタン**が現れたらクリックします。

3.左にあるエッジの下端点にマウスポインタ（カーソル）を合わせて、**「一致拘束」ボタン**が現れたらクリックします。

4.右にあるエッジの下端点にマウスポインタを合わせて、**「一致拘束」ボタン**が現れたらクリックします。

5.右にあるエッジの上端点にマウスポインタを合わせて、**「一致拘束」ボタン**が現れたらクリックします。

6.左にあるエッジの上端点にマウスポインタを合わせて、**「一致拘束」ボタン**が現れたらクリックします。

最後に**7.** esc キーを押して、**「ポリラインを作成」ボタン**を解除します。

▼ポリラインを作成

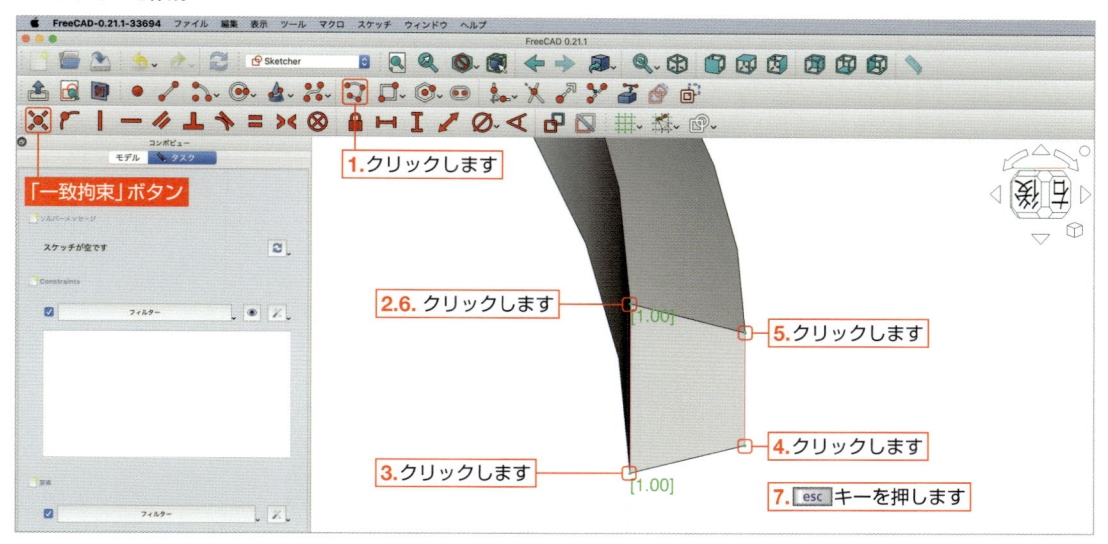

14 スケッチが完全に拘束されると、線が緑色に変わります。**コンボビュー**の「ソルバーメッセージ」にも**「完全拘束」**と表記が出ます。

スケッチを閉じるために**コンボビュー**の「閉じる」をクリックして、スケッチを終了します。

▼スケッチの完全拘束

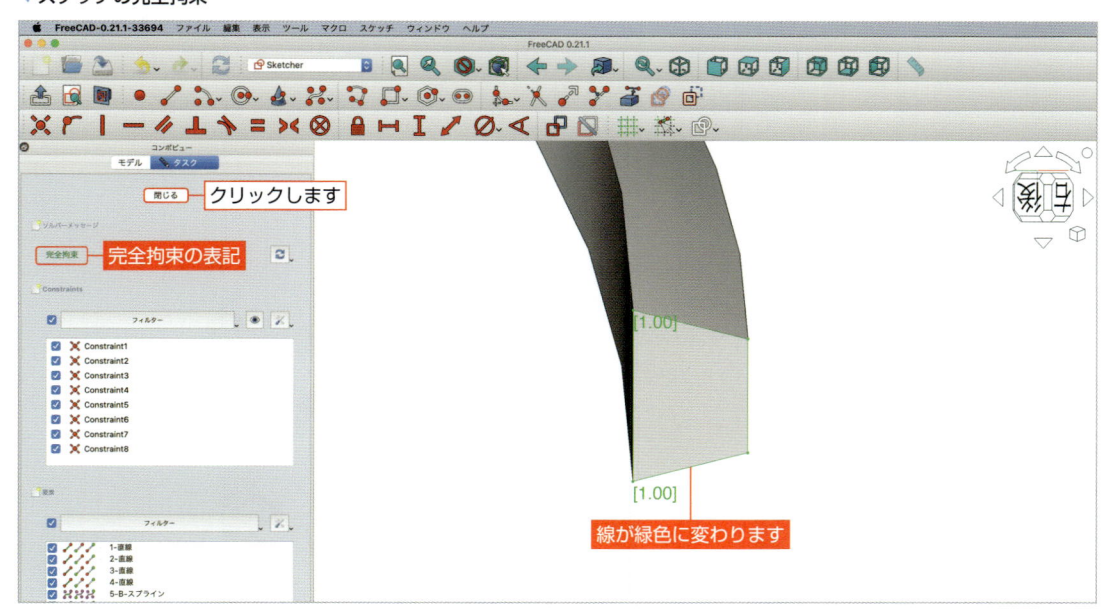

🟦 渦巻きの形を作っていこう

「加算らせん」コマンドを使って、渦巻きの形を作っていきましょう。

　ここでは「データム線」を軸として、「0.3」だけ巻いたらせん形状を作ります。

15 1.コンボビューの「Sketch004」を選択し、2.**「加算らせん」ボタン**🐶をクリックします。

▼「加算らせん」を作成

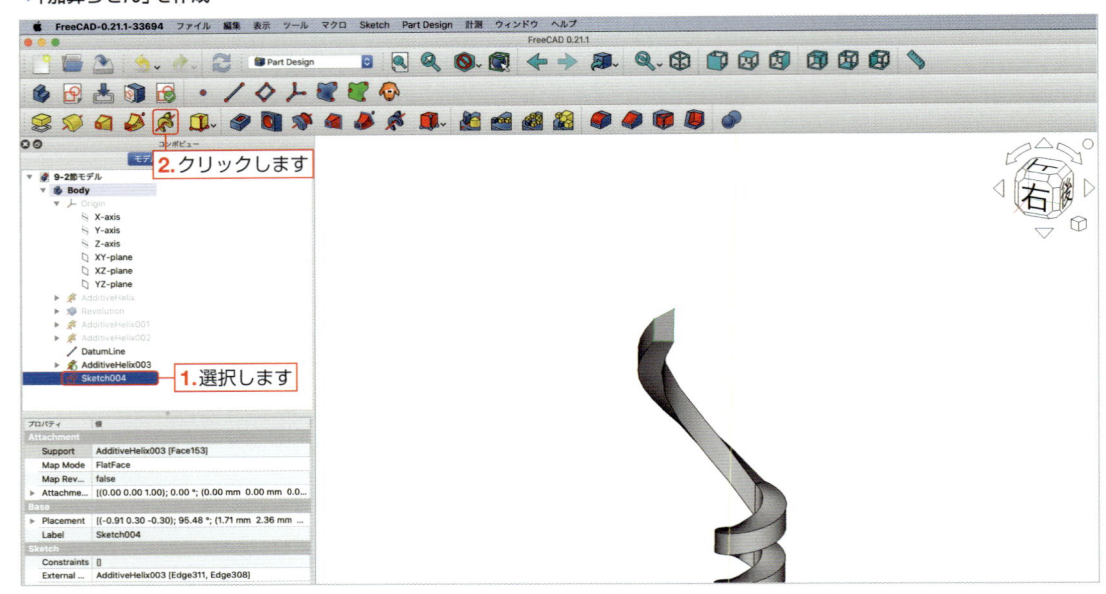

16 コンボビューが「らせんパラメーター」に切り替わります。

　1.「軸」を**「参照を選択」**に変更し、2.「データム線」のエッジを選択します。3.「モード」を**「高さ-ターン-角度」**に変更し、4.「高さ」に**2mm**、5.「ターン数」に**0.3**と入力します。

　最後に6.「コーンの角度」に**0°**と入力して、7.「OK」ボタンをクリックします。

▼らせんパラメーターの設定

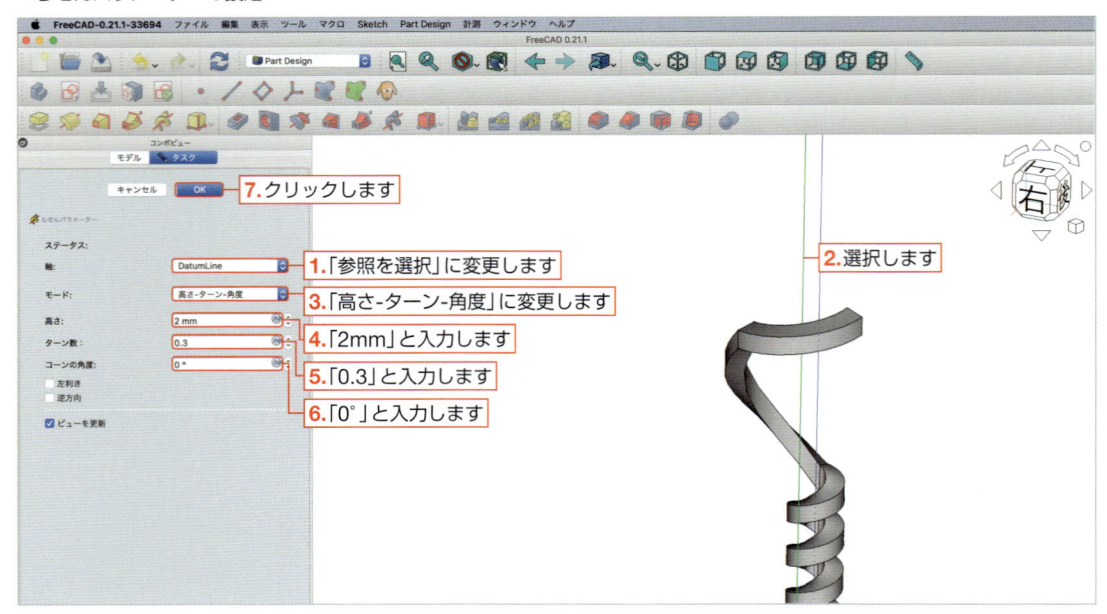

「レボリューション」コマンドを使ってフックを作ろう

新たな「データム線」を作成して軸に指定し、「レボリューション」コマンドでフックを作っていきましょう。

スケッチを描いていこう

フックの断面を作るために、スケッチを描いていきます。

17 **1.** コンボビューの「DatumLine」を選択し、**2.** ▭（スペースキー）を押してデータム線を非表示にします。次にモデルの断面にスケッチを作成します。**3.** モデルの断面を選択して、**4.**「スケッチを作成」ボタン🖼をクリックします。

▼スケッチを作成

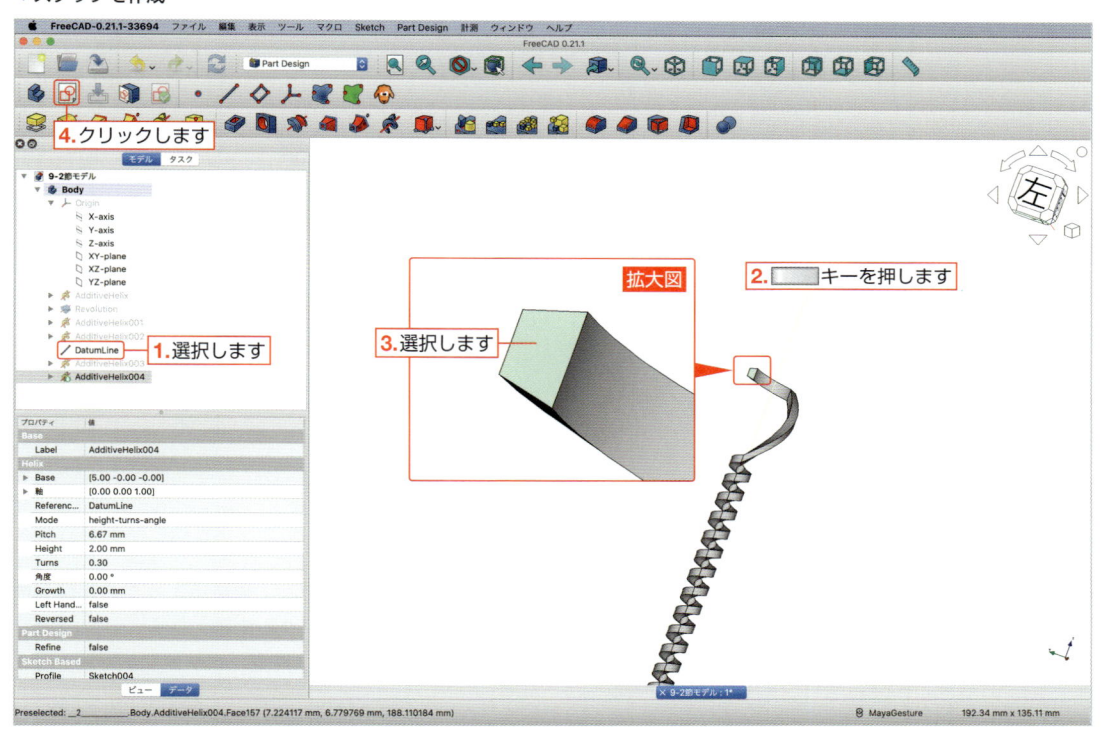

Chapter 9

18 モデルを断面表示にするために、**1.「セクション表示」ボタン**をクリックします。

次に外部形状にリンクするエッジを作成します。**2.「外部ジオメトリーを作成」ボタン**をクリックし、**3.**断面の下エッジを選択し、**4.**上エッジを選択します。

最後に **5.** esc キーを押して、**「外部ジオメトリーを作成」ボタン**を解除します。

▼外部ジオメトリーを作成

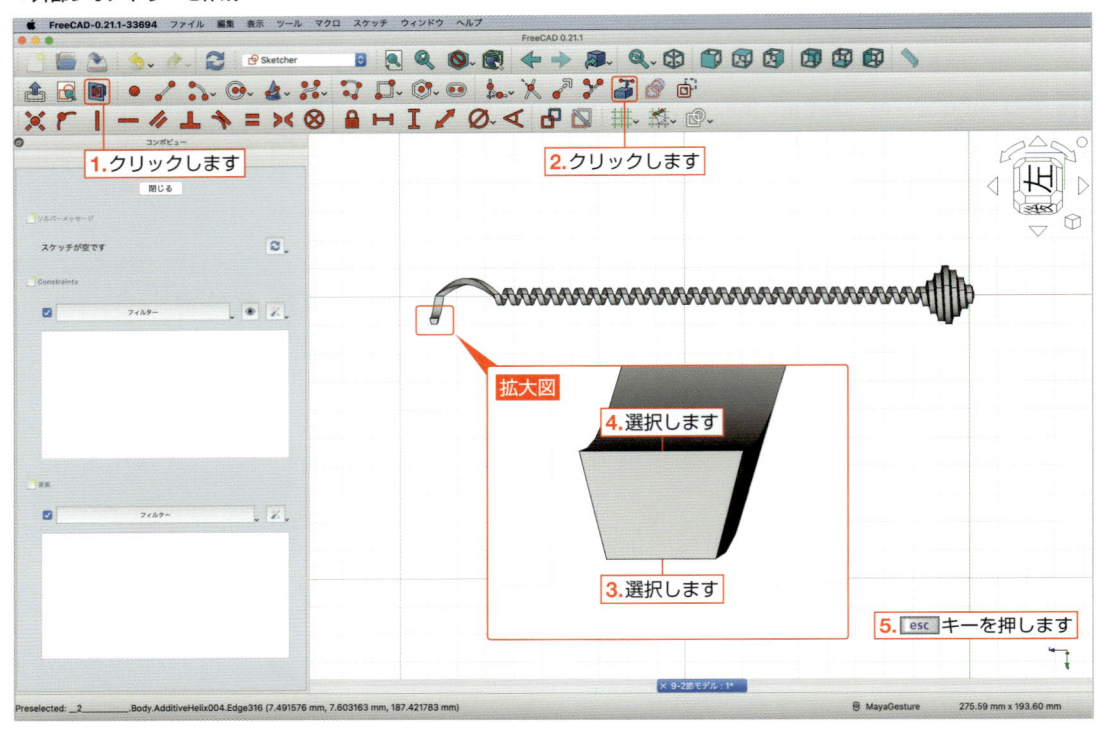

19 ポリラインを作成します。**1.「ポリラインを作成」ボタン**をクリックし、**2.**上にあるエッジの左端点にマウスポインタ（カーソル）を合わせて、**「一致拘束」ボタン**が現れたらクリックします。

3.下にあるエッジの左端点にマウスポインタ（カーソル）を合わせて、**「一致拘束」ボタン**が現れたらクリックします。

同様に、**4.**下にあるエッジの右端点、**5.**上にあるエッジの右端点、**6.**上にあるエッジの左端点にマウスポインタを合わせて、**「一致拘束」ボタン**が現れたらクリックします。

最後に **7.** esc キーを押して、**「ポリラインを作成」ボタン**を解除します。

▼ポリラインを作成

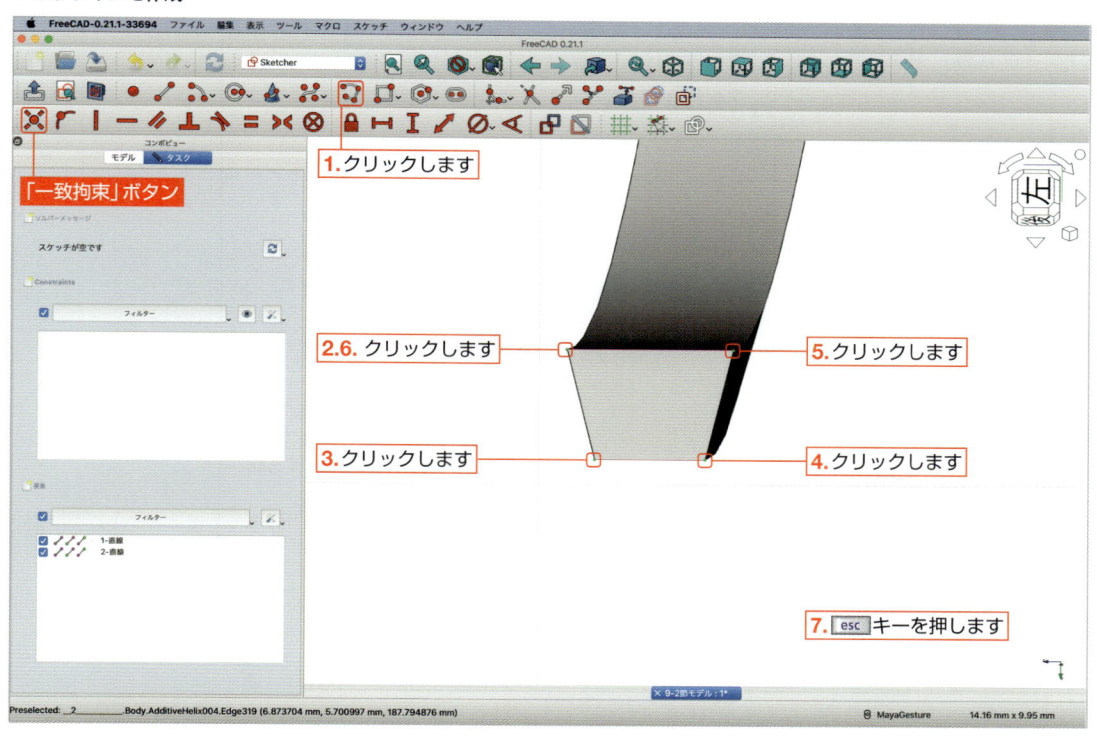

20 スケッチが完全に拘束されると、線が緑色に変わります。**コンボビュー**の「ソルバーメッセージ」にも「**完全拘束**」と表記が出ます。

スケッチを閉じるために**コンボビュー**の「閉じる」をクリックして、スケッチを終了します。

▼スケッチの完全拘束

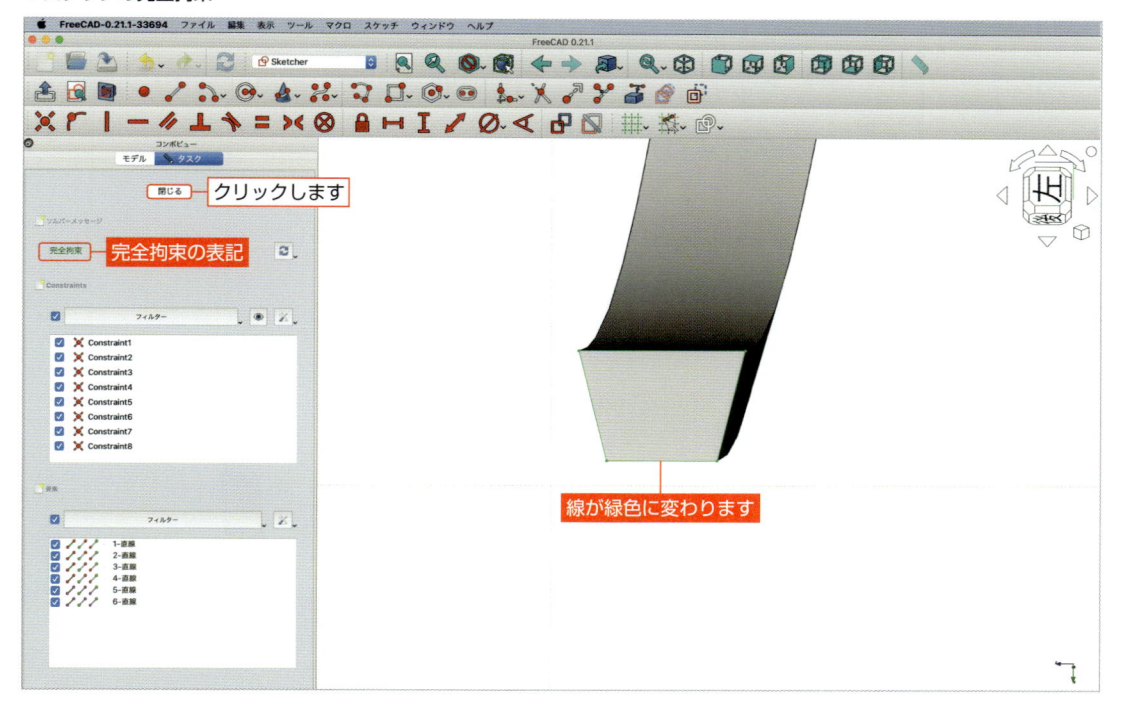

🔷 新しい軸を作ってみよう

「データム線」を使って、新しい軸を作っていきましょう。

ここでは、モデル断面に平行な線を作っていきます。

21 新しい軸を作ります。**1.** モデル断面を選択して、**2.「データム線を作成」ボタン** ✏ をクリックします。

▼データム線の作成

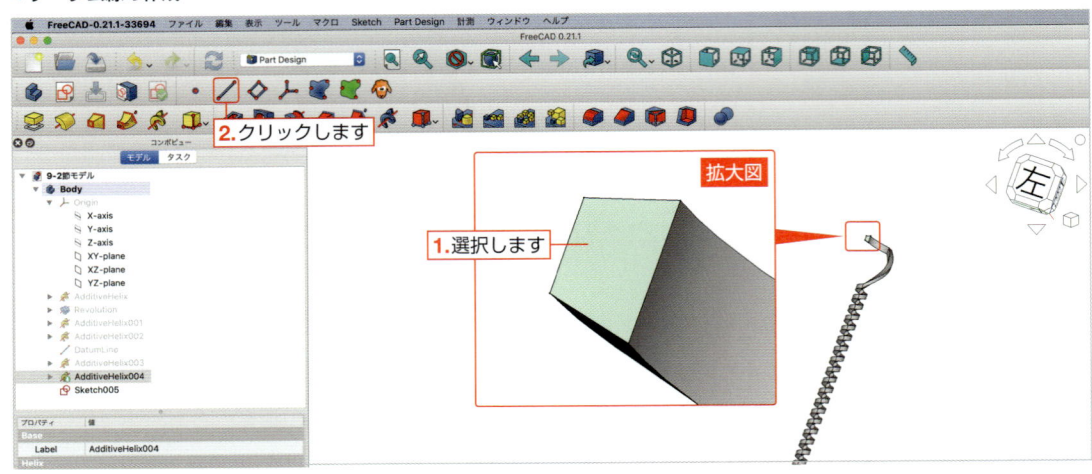

22 コンボビューが「**データム線パラメーター**」に切り替わります。
1.「アタッチメントモード」で「**第2主軸**」を選択し、**2.**「アタッチメント・オフセット」の「Y方向」に
「**-10mm**」と入力して、**3.**「OK」ボタンをクリックします。

▼データム線パラメーターの設定

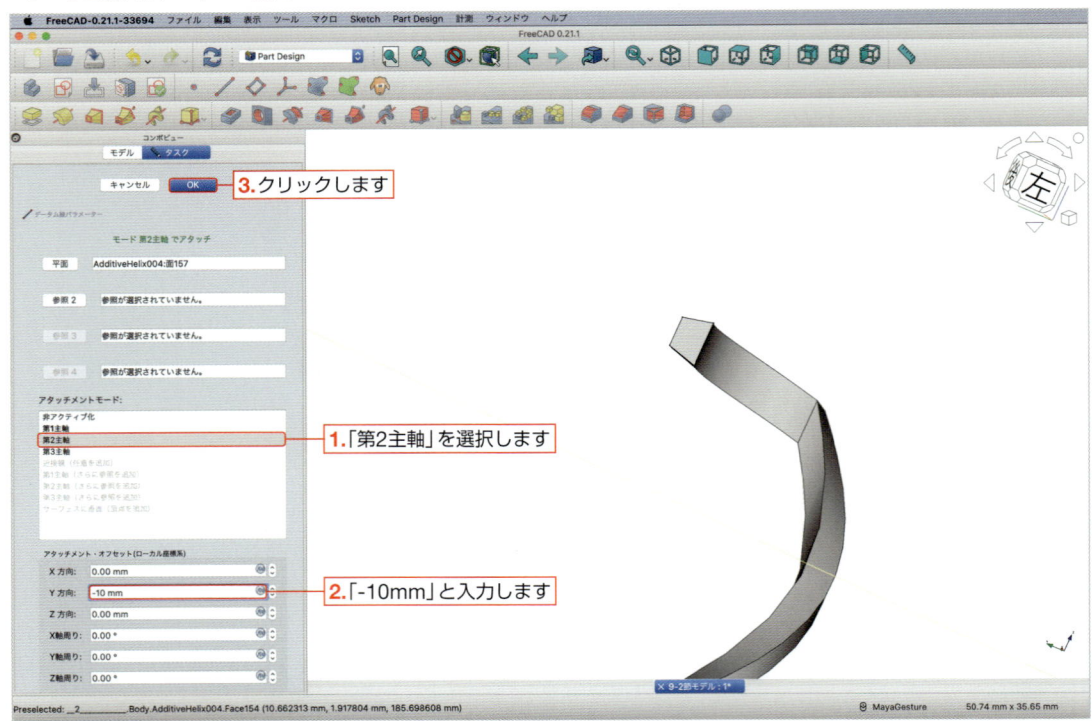

データム線のアタッチメントモード「第1・2・3主軸」について

モデル断面を参照にした「データム線」では軸の方向を指定します。

前ページの手順22のように「**アタッチメントモード**」で「**第1主軸**」「**第2主軸**」「**第3主軸**」から選択します。

「**第1主軸**」はモデル断面の重心を通り、かつモデル断面に垂直な方向です（下図の緑線）。

「**第2主軸**」はモデル断面の重心を通り、スケッチ平面における縦軸の方向です（下図の青線）。

「**第3主軸**」はモデル断面の重心を通り、スケッチ平面における横軸の方向です（下図のオレンジ線）。

▼データム線のアタッチメントモード「第1主軸」「第2主軸」「第3主軸」について

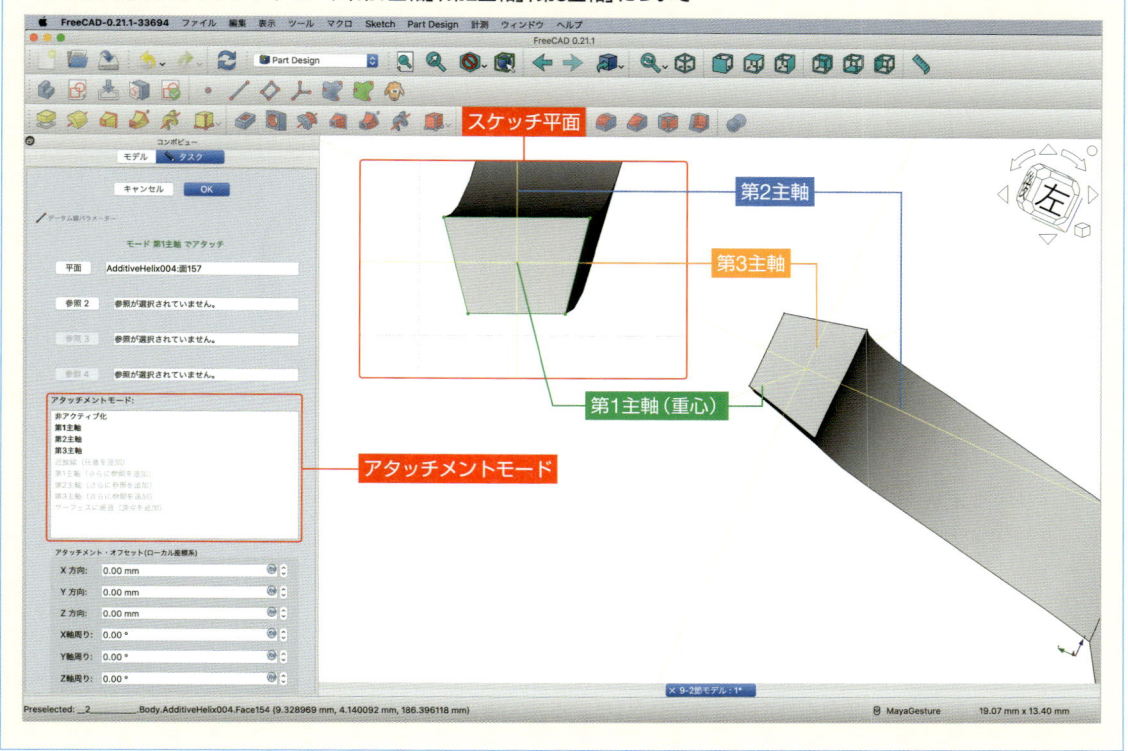

Chapter 9

🟦 渦巻きスティックのフックを作ろう

「レボリューション」コマンドを使って、渦巻きスティックのフックを作りましょう。

23 **1.**コンボビューの「Sketch005」を選択し、**2.「レボリューション」ボタン**🟡をクリックします。

▼「レボリューション」を作成

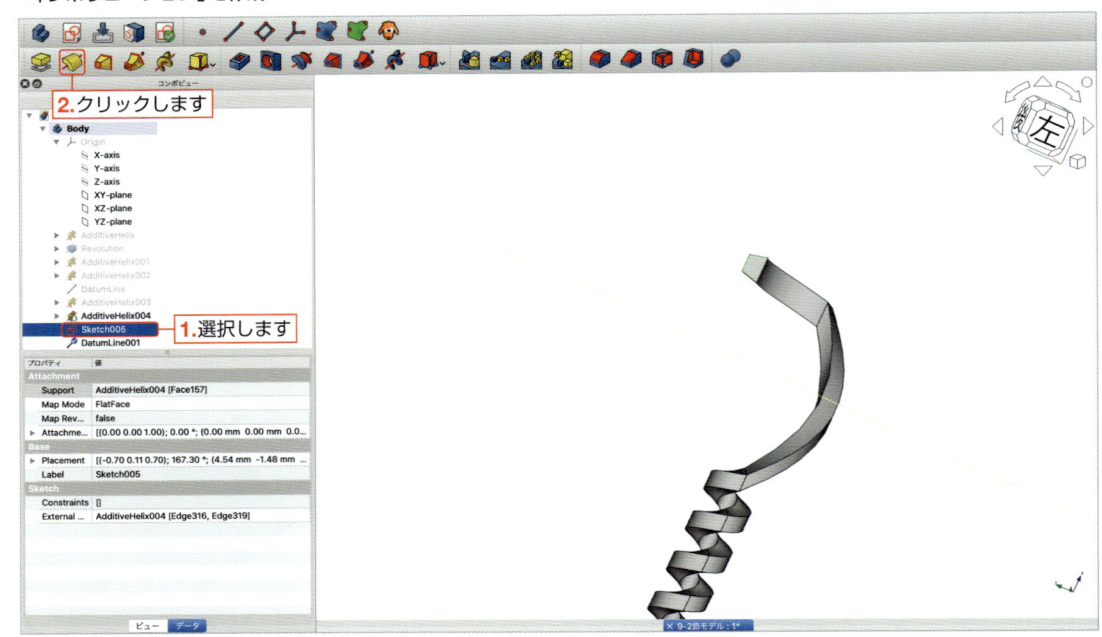

24 コンボビューが「**回転押し出しパラメーター**」に切り替わります。

1.「軸」を「**参照を選択**」に変更し、**2.**「データム線」のエッジを選択します。**3.**「角度」に「**110°**」と入力し、**4.**「逆方向」にチェックを入れて、最後に **5.**「OK」ボタンをクリックします。

▼回転押し出しパラメーターの設定

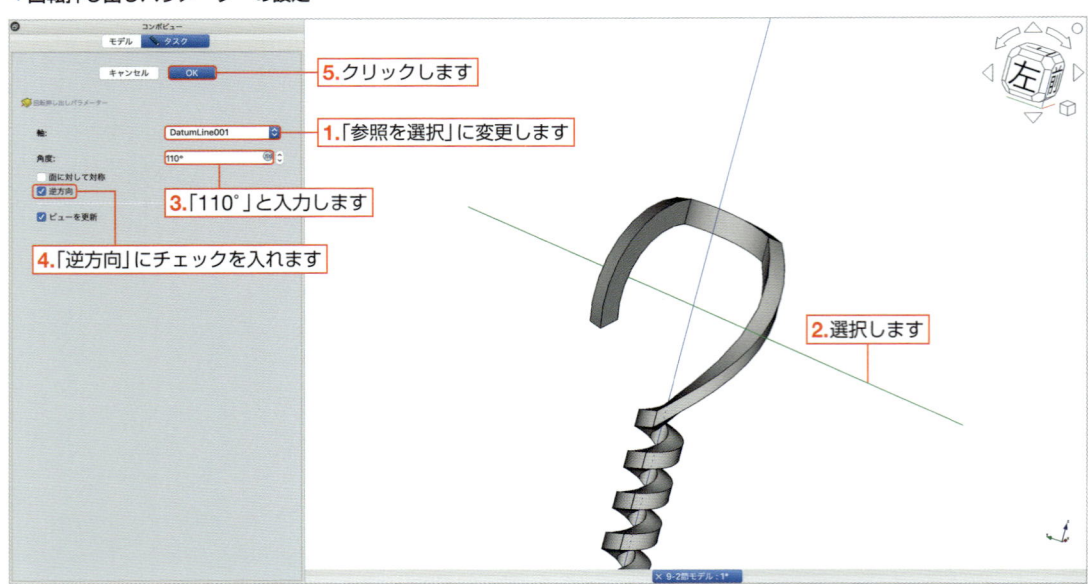

25 **1.** コンボビューの「DatumLine001」を選択して、**2.** [　　　]（スペースキー）を押し、データム線を非表示にします。

▼データム線の非表示

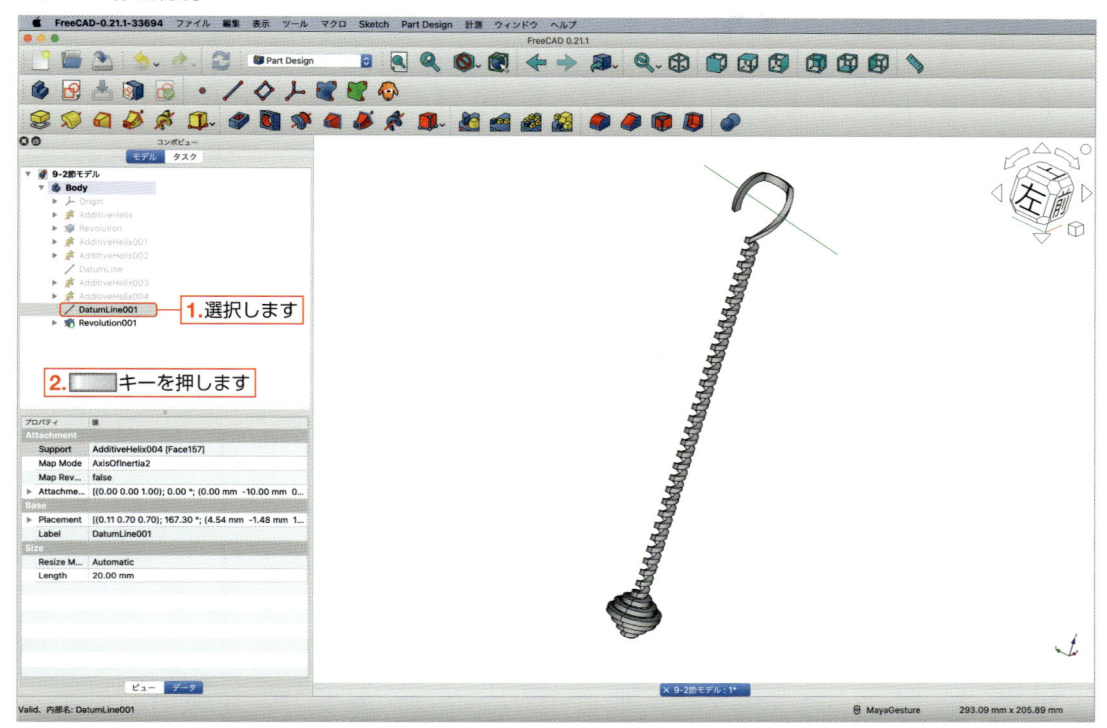

ファイルを保存してドキュメントを閉じよう

これで、**Chapter 9** のモデルが完成しました。

最後にファイルを保存して、ドキュメントを閉じましょう。

3Dプリンターによる出力を考えている場合

実際に3Dプリンターによる出力を考えている場合には、プリント可能な角度やサポート材の必要性を検討します。
スティックが3Dプリンターのビルドボリューム内に収まるかなど、プリントの仕様を確認しましょう。

著者プロフィール

原田 将孝（はらだ まさたか）

静岡大学工学部卒。専門の機械工学をマッサージ理論に応用し、毛細血管を蘇らせる血管蘇生療法を考案。「ゴルフパフォーマンス」千葉店を拠点に6年間、施術家として活動。多くのプロゴルファーも血管蘇生療法を実践し、クチコミで広がる。

2020年新型コロナウイルス感染症の流行により対面を避けるため、血管蘇生療法のロボット化に向けて動き出す。試作機のハードウェアを作るため、FreeCADを学び始める。学習効率の向上を目的にYouTubeチャンネル「DIY Lab」を立ち上げ、FreeCADの使い方を配信。2023年にはA&C合同会社を創業し、浅草「Cafe&Bar HIBIKI」の経営、血管蘇生療法の人材育成・サービス提供、書籍出版、IT事業、試作機の開発などを手掛ける。

FreeCAD モデリングマスター
フ リ ー キ ャ ド

2024年9月30日　　初版　第1刷発行

著　　　　者	原田将孝
装　　　　丁	広田正康
発　行　人	柳澤淳一
編　集　人	久保田賢二
発　行　所	株式会社ソーテック社
	〒102-0072　東京都千代田区飯田橋4-9-5　スギタビル4F
	電話（注文専用）03-3262-5320　FAX 03-3262-5326
印　刷　所	株式会社シナノ